제 8 판

ELECTRICAL NETWORK THEORY

최신

회로(망)이론

최수열 · 정명덕 공저

기초·핵심·응용 지침서

연습문제 풀이집 수록

B.C.Info

머 리 말

Preface

회로(망)이론은 전기회로의 기초에서 정현파 교류와 라플라스 변환에 이르기까지 수학적, 물리적으로 근본적 이해를 제공해 주는 학문으로써 대학 및 전문대학의 전기, 전자, 통신 및 제어공학 등의 계통을 전공하는 학생들에겐 가장 기본적이고, 필수적인 교과목 중의 하나이다. 그러나 회로(망)이론은 복잡한 수학적인 내용이 많아 좀처럼 이해하기 힘든 학문이라고 인식되어 있지만, 또한 반드시 이해하고 넘어가야 할 과목 중의 하나이다.

본서는 이러한 문제점을 조금이나마 해결하기 위해서 20여년 간의 실무 및 강의 경험을 토대로 대학 및 전문대학의 학생들과 일반기술자들이 충분히 이해할 수 있도록 기초적인 수학의 지식으로도 회로(망)이론을 쉽게 이해하고 문제를 풀 수 있도록 각 장마다 본문내용의 이해를 돕기 위해 충분한 예제와 국가기술 자격시험을 대비한 수험생들을 위하여 과년도 문제들을 기본문제와 핵심문제로 재편집 수록하여 전기, 전자, 통신 및 제어공학 분야의 응용력 배양과 가장 짧은 시간 내에 능률적으로 각종 국가기술 자격시험에도 대비할 수 있도록 각별히 배려하였다.

이 책의 특색은 다음과 같다.

① 알기 쉬운 설명　② 간결한 표현　③ 풍부한 예제
④ 과년도 기출문제를 중심으로 각장마다 연습문제 1과 연습문제 2 및 풀이를 수록

저자는 학생의 입장에 서서 보다 쉽고, 보다 많이 응용될 수 있도록 또한 꼭 필요하다고 생각되는 내용을 수록하려고 노력하였으나 여러 가지 미비한 점이 많을 것으로 사료되나 여러분의 도움으로 수정, 보완되리라 믿는다.

앞으로 본서가 전기, 전자, 통신 및 제어를 전공하는 공학도 뿐만 아니라 일반기술자들에게도 교과서, 참고서 및 각종 국가 기술 자격시험대비의 지침서로서 많은 도움이 되기를 바란다.

끝으로 "최고가 되려거든 기초부터"라는 말을 명심하기 바라며 본서가 출판되기까지 교정과 수정에 협조와 정성을 기울여 주신 복두출판사 송광헌 사장님과 편집부 여러분의 노고에 진심으로 감사드린다.

대표 저자 씀

차 례

Contents

제 1 편

Chapter 1. 디지털 신호처리

제 2 장 정현파 교류와 복소수

제 3 장 교류회로

제 4 장 교류전력

제 5 장 상호유도 결합회로와 벡터궤적

제 6 장 일반선형회로망

제 7 장 다상교류

제 8 장 비정현파의 해석

제 9 장 2단자 회로망

제 10 장 4단자 회로망

제 11 장 과도현상

제 12 장 라플라스(Laplace) 변환과 회로해석

부록

1 전기회로의 기초

회로(망)이론(circuit network theory)은 각종 회로소자를 서로 연결하여 만들어진 전기회로의 전기적 · 물리적 성질을 수학적으로 해석하는 학문이다. 전기회로를 구성하는 기본소자는 저항, 콘덴서, 인덕턴스와 트랜지스터 등으로 구성된다. 전기회로의 동작 상태를 수학적으로 기술하는 가장 기본적이고 대표적인 것은 옴(ohm's law)의 법칙과 키르히호프 법칙(kirchhoff's law)이다. 전기회로의 방식은 직류회로와 병렬회로 구분된다. 직류회로에서는 한 방향으로만 전류가 흐르고, 각 소자마다 전체전류가 흐르는 하나의 경로로 구성된다. 병렬회로에서는 회로가 분기되어 있으며, 전체전류의 일부분이 각각 분기회로로 흐른다. 이 장에서는 전기 회로를 이용하여 회로이론(망)을 해석하는 기본적인 사항과 주요 소자에 대한 개념에 대해 살펴본다.

1.1 전하

"두 물체가 마찰에 의해서 전기적 성질을 띠는 현상을 말한다."이 때 물체가 갖는 전기량을 전하(charge)라고 한다. 전하는 양자 (양전하 or 정전하 + : positive charge) 또는 전자(음전하 − : negative charge)로 나눌 수 있으며 이들 사이에 작용하는 힘을 정전력이라 하고, 동일한 부호의 전하 사이에는 서로 밀어내는 척력이, 다른 부호의 전하 사이에는 서로 잡아당기는 인력이 작용한다. 전하의 양을 전하량 또는 전기량으로 부르며 단위는 쿨롱(Coulomb)을 사용하고 [C]로 표시한다. 전하를 나타내는 기호는 Q 또는 q로 나타내고, Q는 시간에 따라 일정한 상수 전하를, q는 시간에 따라 변하는 전하를 의미한다. 전자 한 개가 갖는 전하량(Q) $e = 1.602 \times 10^{-19}$[C]이고, 1[C]의 전하량은 $\fallingdotseq 6.24 \times 10^{18} \left(\dfrac{1}{1.602 \times 10^{-19}} \right)$개의 전자가 필요하다. 전자수를 n개라고 하고, 전자 1개가 갖는 전하량을 e라고 한다면 전하량 Q는 다음과 같이 계산할 수 있다.

$$Q = n e \tag{1-1}$$

예제 1-1

전하량이 1000[C]일 때, 전자의 수를 계산하라.

[풀이] ☞ ① $1000 \times (6.24 \times 10^{18}) = 6.24 \times 10^{21}$

② $Q = ne$ 에서

$$n = \frac{Q}{e} = \frac{1000}{1.602 \times 10^{-19}} = 6.24 \times 10^{21}$$

1.2 전류

전기회로에서 에너지가 전송되려면 전하의 이동이 있어야 하는데 이 "전하의 이동"을 전류(electric current)라 부른다. 전류의 크기는 회로의 어느 단면을 단위 시간에 통과하는 전하의 양으로 정의되며 단위는 암페어[Ampere: A]이고, 기호는 I나 i로 표시한다. I는 시간에 따라 크기와 방향이 변하지 않는 전류를 나타내고, i는 시간에 따라 변하는 변위 전류를 의미한다. 전류의 방향은 관례상 양(+)전하에서 부(−)전하로 이동한다. 전류 1[A]는 임의의 도선 단면적을 1초 동안에 1[C]의 전하가 통과할 때의 크기다. 따라서 t[sec] 동안에 Q [C]의 전하가 이동하였다면 이때의 전류 I 는 다음과 같다.

$$I=\frac{Q}{t}\left(\frac{c}{s}=A\right) \text{ 또는 } Q=It\ [A \cdot S = C] \tag{1-2}$$

전하가 이동하는 시간적 변화율이 일정하지 않을 때에는 각 순간의 변위전류를 생각하여야 하며, 미소시간 dt[sec] 간에 dq[C]의 전하량이 이동하였을 때 전류 i[A]는

$$i=\frac{dq}{dt}[A] \tag{1-3}$$

가 되며 임의의 시간 t_1에서 t_2 사이에 회로를 이동하는 총 전하량은 다음과 같다.

$$q=\int_{t_1}^{t_2} i\,dt[C] \tag{1-4}$$

예제 1-2

어떤 도체에 5초 동안 150[C]의 전하가 이동하였다면 이 도체에 흐르는 전류를 구하라.

[풀이] ☞ 식(1-2)로부터

$$I=\frac{Q}{t}=\frac{150}{5}=30[A]$$

예제 1-3

어떤 도체에 7[sec] 동안 이동한 전하량 $q=t^2[C]$이다. 이 도체에 흐르는 전류를 구하라.

[풀이] ☞ 식(1-3)과 미분공식 $\frac{d}{dx}(x^n) = (x^n)' = nx^{n-1}$로부터

$$i = \frac{dq}{dt} = \frac{dt^2}{dt} = 2t = 14[A]$$

예제 1-4

$i = (2t + 3t^2)[A]$의 전류가 어떤 도선에 5초간 흘렀다. 이 때 통과한 전하량을 구하라.

[풀이] ☞ 식(1-4)와 적분공식 $\int x^n dx = \frac{1}{n+1}x^{n+1} + c$로부터

$$q = \int_{t1}^{t_2} i\,dt = \int_0^5 (2t + 3t^2)\,dt$$
$$= [t^2 + t^3]_0^5 = 25 + 125$$
$$= 150[C]$$

1.3 전압

"전하가 회로의 두 점 사이를 이동할 때 얻거나 혹은 잃는 에너지를" 두 점간의 전위차(electric potential difference) 또는 전압(voltage)이라 한다. 전압의 단위는 볼트(volt: V)이며 J/C의 단위와 등가이고 기호는 V 또는 v로 표시한다. 대문자인 V는 시간에 따라 크기가 일정한 전압(직류)을 나타내고, 소문자인 v는 시간에 따라 크기가 주기적으로 변하는 전압(교류)을 의미한다. 1[V]는 1[C]의 전하가 두 점 사이에서 이동하였을 때, 하는 일이 1주울[Joule]일 때의 전위차를 말한다. 두 점 사이에서 Q[C]의 전하를 이동하는데 W[J]의 에너지가 소비 또는 발생하였다면, 이 때 두 점 사이의 전위차 또는 전압은 다음과 같다.

$$V = \frac{W}{Q}\left[\frac{J}{C} = V\right] \text{ 또는 } W = V \cdot Q[V \cdot C = J] \tag{1-5}$$

또한 전하가 시간에 따라 변하는 함수일 때, 즉 미소전하 dq[C]가 이동하여, 수반되는 에너지가 dw[J]이라면 두 점 간의 전위차는 아래 식과 같다.

$$v = \frac{dw}{dq}\,[\mathrm{V}] \tag{1-6}$$

식(1-6)의 양변에 적분을 취하면 $\int v \cdot dq = \int dw$이므로 두 점 사이에 발생한 전체 에너지는 식(1-7)과 같다.

$$w = \int v \cdot dq\ [\mathrm{J}] \tag{1-7}$$

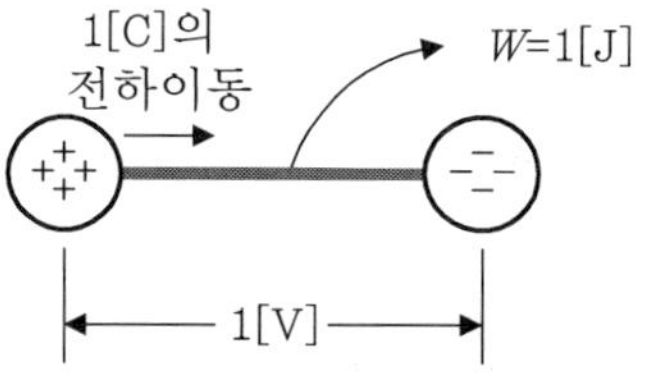

그림 1.1 1[V]의 정의

예제 1-5

어떤 도선에 100[C]의 전하량이 이동하여 200[J]의 일을 했다면 이때의 전압은 몇 볼트인가?

[풀이] ☞ 식(1-5)로부터

$$V = \frac{W}{Q} = \frac{200}{100} = 2\,[\mathrm{V}]$$

예제 1-6

어떤 전기소자에 $v = 10t^2$[V]의 전압과 $i = 5t^2 + 2t$[A]의 전류를 2초 동안 가할 때 소자양단에 축적되는 에너지를 구하라.

[풀이] ☞ 식(1-7)에서

$$w = \int v \cdot dq \quad \left(i = \frac{dq}{dt} \text{에서} \quad dq = i\,dt \right)$$

$$= \int v\ i\,dt = \int_0^2 10t^2\,(5t^2 + 2t)dt$$

$$= \int_0^2 (50t^4 + 20t^3)dt = \left[\frac{50}{5}t^5 + \frac{20}{4}t^4\right]_0^2$$
$$= 10 \times 2^5 + 5 \times 2^4 = 320 + 80$$
$$= 400\,[\mathrm{J}]$$

전압과 전류의 파형이 시간적으로 어떻게 변하는가에 따라 직류와 교류로 구분한다. 직류는 그림 1.2의 (a)와 같이 "시간에 따라 크기와 방향이 항상 일정"하며, 기호는 DC(direct current wave)로 나타내고, 건전지, 축전지, DC발전기, 정류기 등이 여기에 해당된다.

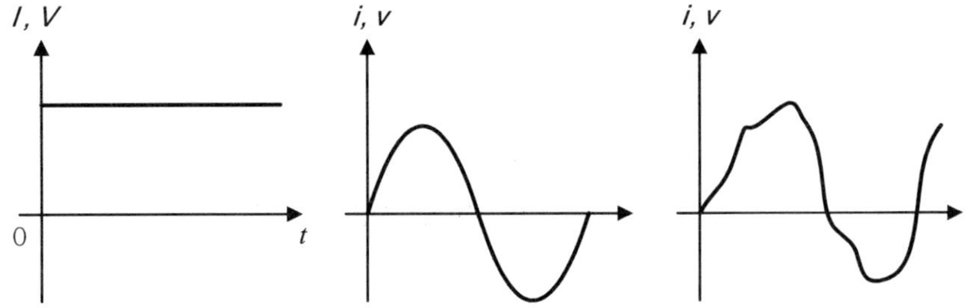

(a) 직류 (b) 정현파 교류 (c) 왜형파 교류

그림 1.2 직류와 교류

교류는 그림 1.2의 (b)와 같이 "시간에 따라 크기와 방향이 주기적으로 변하는 파형"이며, 기호는 AC(alternating current)로 나타낸다. 가정용이나 산업용에서 사용되는 전압이나 전류 등이 여기에 해당된다. 그림 1.2의 (c)는 정현파 교류가 일그러진 모양의 파형으로, 왜형파 교류라 한다.

1.4 전원

(1) 정전원

"전기회로를 동작시키기 위해서 외부에서 전기에너지를 공급하는 장치"이며, 회로 내에서 전력 공급을 담당하므로 능동소자로 구분한다. 전원(power source)은 부하에 관계없이 항상 일정한 전압이나 전류를 공급하는 장치로 정전압원(constant voltage power source), 정전류원(constant current power source)이 있으며, 이를 통틀어 정전원(constant power source)이라 한다. 그림 1.3은 정전원의 기호이다.

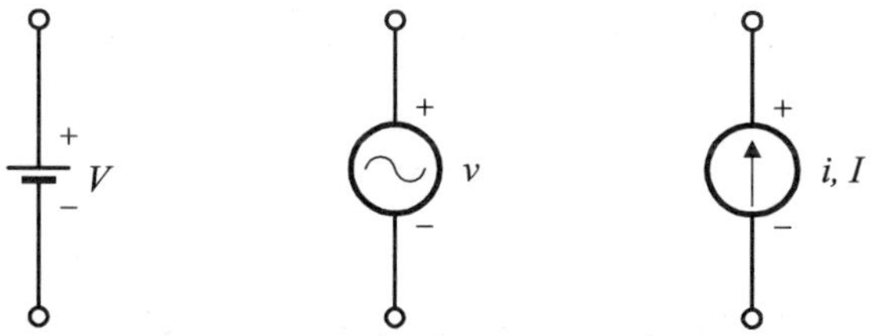

(a) 직류전압전원 (b) 교류전압전원 (c) 정전류원 전원

그림 1.3 정전원의 기호

일반적으로 전원이 직류의 경우 전압이나 전류는 대문자로 각각 V, I로 표시하고, 교류의 경우 전압이나 전류는 v나 $v(t)$로, i나 $i(t)$와 같이 소문자를 사용한다.

(2) 종속전원

정전원은 그 값이 회로내의 다른 부분에 영향을 전혀 받지 않는 독립전원이며, 이와는 대조적으로 회로 내의 다른 부분에 존재하는 전압 또는 전류에 의해서 정해지는 전원을 종속전원(dependence power source)이라 하고 기호는 그림 1-4와 같이 다이아몬드형의 기호를 사용한다.

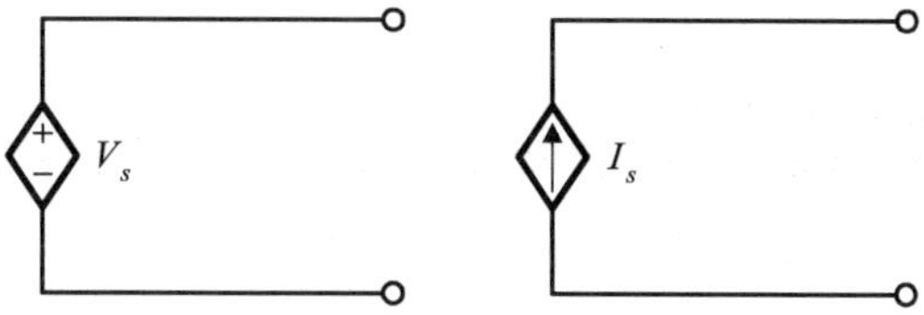

(a) 종속 전압원 (b) 종속 전류원

그림 1.4 종속 전원의 기호

1.5 저항

"도체에서 전류의 흐름을 방해하는 작용을 하는 것"을 저항(resistance) 한다. 저항이 "0"이면 전류가 방해 없이 흐른다는 의미이고, 반대로 저항이 무한대라면 전혀 흐를 수 없다는 것을 의미한다. 우리가 사용하는 전구나 커피포트기 등 모든 전자 제품도 하나의 저항으로 볼 수도 있다. 저항의 크기를 나타내는 단위는 옴(ohm, Ω)을 사용하고 기호는 R로 표시한다. 저항의 역수 즉 $1/R$을 컨덕턴스(Conductance)라고 부르며 기호는 G로 표시하고 단위는 모[mho : ℧]이다.

균일한 단면적을 갖는 금속도체는 금속의 종류, 길이, 단면적 및 온도 등의 영향에 의하여 저항이 결정되며, 일반적으로 도체의 저항은 길이에 비례하고 단면적에 반비례하는 특성을 갖는다. 도선의 길이를 l[m], 단면적을 S[m^2]라 하면 저항 R은 다음과 같이 된다.

$$R = \rho \frac{l}{S} [\Omega] \tag{1-8}$$

여기서, 비례상수 ρ을 고유저항(intrinsic resistance) 또는 저항률(resistivity)이라하며 물질에 따라 정해지는 정수로 단위는 [Ω · m]로 표시한다. 전선의 저항이 크면 부하에 흐르는 전류가 감소하여 충분한 전기를 공급하지 못하므로 전선의 저항은 적을수록 좋다. 〈표 1-1〉은 중요한 금속의 고유저항 크기를 나타낸 것이다.

표 1-1 중요한 금속의 고유저항

재료	저항률 10^{-8}[Ωm]	재료	저항률 10^{-8}[Ωm]
은	1.64	아연	6.1
구리	1.72	니켈	7.8
금	2.40	백금	10.0
알루미늄	2.83	납	22.1
텅스텐	5.52	니크롬	100~110

예제 1-7

지름이 4[mm]이고 길이가 1[km]인 구리의 저항은 얼마인가?

[풀이] ☞ 지름이 4[mm]이므로 반지름 $r = 2$[mm]이다.

$$\therefore \text{ 면적 } S = \pi r^2 = 3.14 \times (2 \times 10^{-3}\text{m})^2 = 12.56 \times 10^{-6}[\text{m}^2]$$

구리의 고유저항은 [표 1-1]로부터 1.72×10^{-8}[Ω·m]이므로 식(1-8)에서

$$R = \rho \frac{l}{S}[\Omega] = 1.72 \times 10^{-8}[\Omega \cdot \text{m}] \times \frac{1000[\text{m}]}{12.56 \times 10^{-6}[\text{m}^2]} = 1.3694[\Omega]$$

1.6 옴의 법칙

전기회로를 구성하는 세 가지 요소인 저항과 전류, 그리고 전압 사이의 관계를 나타내는 법칙으로 1827년 독일의 물리학자 옴(ohm)이 발견한 것으로, 도체에 흐르는 "전류는 도체에 인가한 전압에 비례하고 저항에 반비례한다." 그림 [1-5]의 회로에서

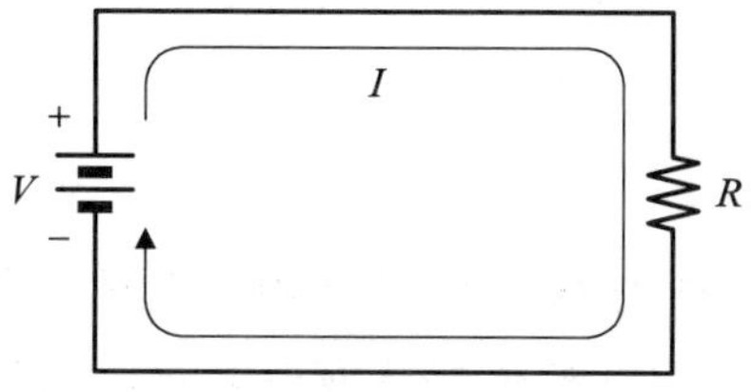

그림 1.5

도체에 흐르는 전류의 크기를 I [A], 도체에 가한 전압을 V[V], 도체의 저항을 R[Ω]이라 하면 다음과 같은 식이 성립한다.

$$I=\frac{V}{R}[\mathrm{A}] \quad \text{또는} \quad V=IR\ [\mathrm{V}] \tag{1-9}$$

식(1-9)와 같은 상호관계를 옴의 법칙이라 하며 전기회로의 가장 기본이 되는 법칙이다. $G=\frac{1}{R}$ 이므로 식(1-9)는 아래와 같이 표현할 수 있다.

$$I=\frac{V}{R}=GV\ [\mathrm{A}] \quad \text{또는} \quad V=\frac{I}{G}\ [\mathrm{V}] \tag{1-10}$$

예제 1-8

100[Ω]의 저항에 2[A]의 전류가 흐르려면 몇 볼트의 전압을 인가하여야 하는가?

[풀이] ☞ 식(1-9)로부터

$$V=IR=2\times 100=200[\mathrm{V}]$$

예제 1-9

9[V]의 건전지에 전구를 연결하였더니 0.3[A]의 전류가 흘렀다. 이 전구의 저항 값은 얼마인가?

[풀이] ☞ $R=\frac{V}{I}=\frac{9}{0.3}=30[\Omega]$

1.7 전력

가정이나 산업체에서 사용되는 각종 전기 및 전자 기기에 "전원을 인가하여 전류가 흐르면 단위 시간 동안 공급되는 전기에너지 또는 다른 형태의 에너지로 변환되는 전기에너지"를 전력(power)이라 하며 전력의 단위는 와트(watt : W) 또는 킬로와트(kW)를 사용하며 기호는 P나 p로 표시한다. P는 전력이 시간에 따라 일정한 경우를 나타내고, p는 시간에 따라 변하는 순시전력을 의미한다. 1[W]는 1[sec] 동안에 전송 또는 변환되는 에너지가 1[Joule]일 때의 전력을 말한다. 따라서 전송 또는 변환되는 전기 에너지의 시간적인 변화율이 일정할 때의 전력 P[W]는 다음과 같다.

$$P=\frac{W}{t}[\mathrm{J/S=W}] \text{ 혹은 } W=P\cdot t\ [\mathrm{W\cdot sec=J}] \tag{1-11}$$

식(1-11)에 $W=VQ$, $Q=I\cdot t$ 두 식을 이용하여 전력, 전압, 전류 및 시간과의 관계를 정리하면 다음과 같고

$$P=\frac{W}{t}=\frac{VQ}{t}=\frac{VIt}{t}=VI[\mathrm{W}] \tag{1-12}$$

옴의 법칙을 적용하면 식(1-13)으로 표현할 수 있다.

$$P=VI=(IR)I=I^2R=\left(\frac{V^2}{R^2}\right)R=\frac{V^2}{R}[W] \tag{1-13}$$

만약 t초 동안에 소비한 총 전력량의 계산은 다음과 같다.

$$W=Pt=VIt=I^2Rt=\frac{V^2}{R}t[\mathrm{J}] \tag{1-14}$$

실제로 사용되는 전기요금은 전력에다 사용시간을 곱하여 부과된다. 전력량의 단위[Wh], [KWh]로 환산한 식은 아래 식과 같이 쓸 수 있다.

$$W = P(W) \times \text{시간}(h)[\text{Wh}] \text{ or } [\text{KWh}] \tag{1-15}$$

또한 전송 또는 변환되는 전기에너지가 시간에 따라 변화할 경우 미소 변위시간 dt초 동안에 변환된 에너지가 dw[J]일 때를 순시전력 p[W] 라하고, 분모 분자에 각각 dq을 도입하면 다음과 같고

$$p = \frac{dw}{dt} = \frac{dw}{dq} \cdot \frac{dq}{dt} = v\,i[\text{W}] \tag{1-16}$$

임의의 시간 t[sec] 동안 변환되는 전체에너지 또는 전체전력량으로 환산하려면 식 (1-16)을 적분형으로 표시하면 다음과 같다.

$$w = \int_0^t p\,dt = \int_0^t v\,i\,dt\,[\text{W} \cdot \text{s}] \tag{1-17}$$

예제 1-10

5분간 6000[J]의 일을 했다. 전력은 얼마[W]인가?

[풀이] ☞ 식(1-11)에서

$$P = \frac{W}{t} = \frac{6000J}{5 \times 60s} = 20[\text{W}]$$

예제 1-11

60[W]의 전구를 6시간 사용하였다면 소비전력량은 몇 [Kwh]인가?

[풀이] ☞ 식(1-15)로부터

$$\begin{aligned} W &= P[\text{W}] \times \text{시간}[\text{h}] = 60[\text{W}] \times 6[\text{h}] \\ &= 360[\text{Wh}] \\ &= 0.36[\text{kWh}] \end{aligned}$$

예제 1-12

220[V]의 전압을 가할 때 6[A]의 전류가 흐르는 전기 장판을 하루에 2시간씩 한 달(30일) 사용할 때 이 전기장판의 전력과 한 달간의 전력량[kWh]을 구하시오.

[풀이] ☞ 식(1-12)와 (1-15)에서

① 전력 $P=VI=220\times6=1320[W]=1.32[kW]$

따라서 한 달간 총 전력량

② $W=Pt=1.32[kW]\times2[h]\times30$일$=79.2[kWh]$

1.8 주울의 법칙

"전류에 의해 생기는 열량 H는 전류의 세기 I의 제곱과, 도체의 전기저항 R 및 전류가 흐른 시간 t에 비례한다". 이 때 발생하는 열을 주울열(Joule heat)이라하고 다음과 같이 표현된다.

$$H=I^2Rt[J] \tag{1-18}$$

상기 식에 식(1-13)을 적용하면 아래와 같다.

$$H=I^2Rt=Pt[J] \tag{1-19}$$

여기서, 1[J]=0.24[cal], 1[cal]=4.186[J]이므로

$$H=0.24I^2Rt=0.24Pt[cal] \tag{1-20}$$

이다. 줄열을 이용한 장치들은 전기다리미, 전기밥솥, 전기로, 헤어드라이기 인두기, 전기용접기, 백열등, 전기건조장치, 전기식 사우나 등 수없이 많다.

예제 1-13

어떤 회로에 220[V]의 전압을 20초 동안 인가하였더니 1000[C]의 전하량이 이동하였다. 이 때, 전력(P), 전력량([kW·s]), 열량(H)을 구하라.

[풀이] ☞ 식(1-2)에서 $I=\dfrac{Q}{t}=\dfrac{1000}{20}=50[A]$

∴ ① 전력 $P = VI = 220 \times 50 = 11000[W] = 11[kW]$

② 식(1-15)로부터 전력량 $W = P \cdot t = 11000 \times 20 = 220{,}000[W \cdot s]$

$= 220[kW \cdot s]$

③ 식(1-20)로부터 열량 $H = 0.24\,VI = 0.24Pt = 0.24\,W$

$= 0.24 \times 220{,}000 = 52{,}800[cal]$

$= 52.8[kcal]$

1.9 키르히호프의 법칙

비교적 간단한 회로에서는 전류와 전압의 계산은 옴의 법칙으로 쉽게 구할 수 있다. 그러나 두 개 이상의 전원을 가졌거나 복잡한 회로의 전류와 전압 계산에는 키르히호프법칙이 사용된다. 키르히호프법칙(kirchhoff's law)은 제1법칙과 제2법칙이 있다.

(1) 키르히호프 제1법칙(전류법칙=KCL : Kirchhoff's Current Law)

키르히호프 제1법칙은 "전기회로망의 임의의 한 접속점(Node)에 유입되는 전류의 총합과 나가는 전류의 총합은 같다." 이를 표현하면 식(1-21)과 같고,

$$\sum_{i=1}^{n} I_i = \sum_{i=1}^{n} I_0 \tag{1-21}$$

또는 "전기회로망의 임의의 한 접속점(Node)에 유출입하는 전류의 대수합은 0이다." 이를 아래와 같이 나타낼 수 있다.

$$\sum_{i=1}^{n} I_{i0} = 0 \tag{1-22}$$

그림 1-6에서 접속점 a에 들어가는 전류를 I_1, I_2, I_5라 하고 나가는 전류를 I_3, I_4라 하면 아래식과 같다.

$$I_1 + I_2 + I_5 = I_3 + I_4 \tag{1-23}$$

$$I_1 + I_2 - I_3 - I_4 + I_5 = 0 \tag{1-24}$$

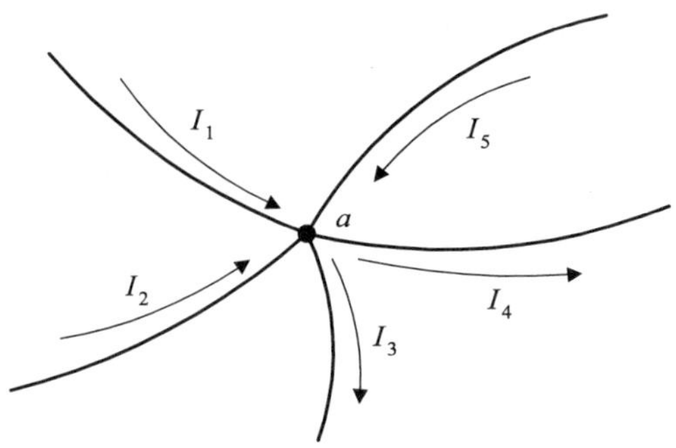

그림 1.6 키르히호프의 전류법칙

예제 1-14

그림 [1-7]에서 미지전류 I_5을 구하시오

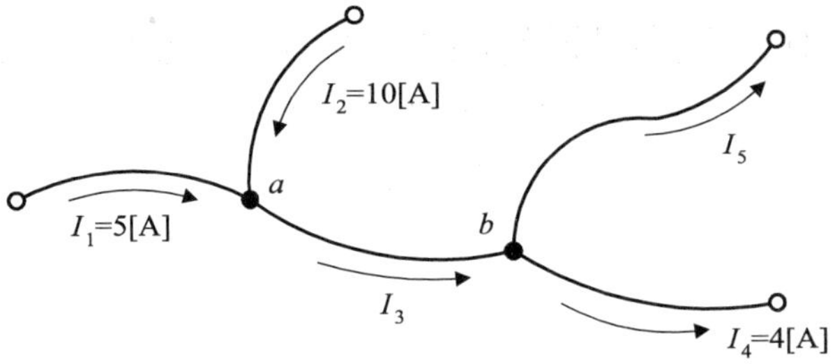

그림 1.7

[풀이] ☞ 그림 1-7에서 a점에서 키르히호프 전류법칙을 적용하면

$$I_3 = I_1 + I_2 = 15[A]$$

b점에서는

$$I_3 = I_4 + I_5 \text{ 에서 } I_5 = I_3 - I_4 = 15-4 = 11[A]$$

(2) 키르히호프 제2법칙 (전압법칙=KVL : Kirchhoff's Voltage Law)

키르히호프 제2법칙은 "임의의 폐회로 내의 기전력의 총합과 전압강하의 총합은 같다". 이를 수식으로 표현하면 아래식과 같다.

$$\sum \text{기전력} = \sum \text{전압강하} \tag{1-25}$$

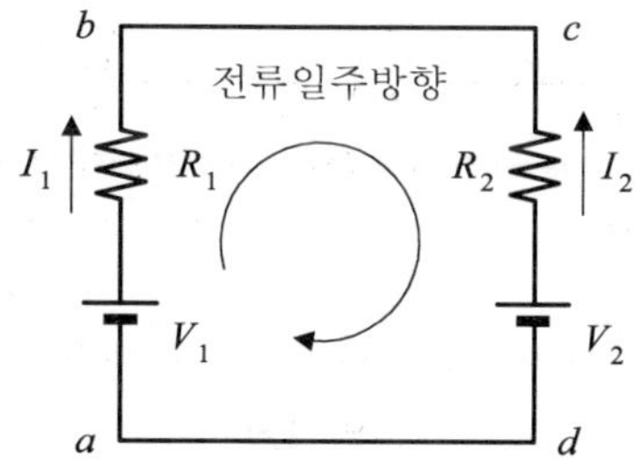

그림 1.8

그림 1-8의 폐회로에서 전류의 일주방향 ($a \to b \to c \to d \to a$)에 대해 V_1 은 전류의 일주방향과 같으므로 (+), V_2는 다르므로 (−)이다. 따라서 기전력은 다음과 같다.

$$\sum \text{기전력} = V_1 - V_2 \tag{1-26}$$

또한 R_1 에서의 전압강하의 방향은 전류방향과 같으므로 (+), R_2는 다르므로 (−)이다. 따라서 전압강하는 다음과 같다.

$$\sum \text{전압강하} = R_1 I_1 - R_2 I_2 \tag{1-27}$$

기전력과 전압강하의 합은 같으므로 식(1-27)의 좌측에 식(1-26)을 대입하면 아래와 같다.

$$V_1 - V_2 = R_1 I_1 - R_2 I_2 \tag{1-28}$$

이 식을 다시 쓰면

$$V_1 - V_2 - R_1 I_1 + R_2 I_2 = 0 \tag{1-29}$$

가 된다.

예제 1-15

그림 1-9에서 키르히호프 제2법칙을 적용하여 전류 I을 구하시오.

[풀이] ☞ 그림 1.9에서 전류의 방향으로 전압의 법칙을 적용하면 $30 = 6I + 4I = 10I$이므로 이 회로의 전류 I 는

$$I = \frac{30}{10} = 3[\text{A}]$$

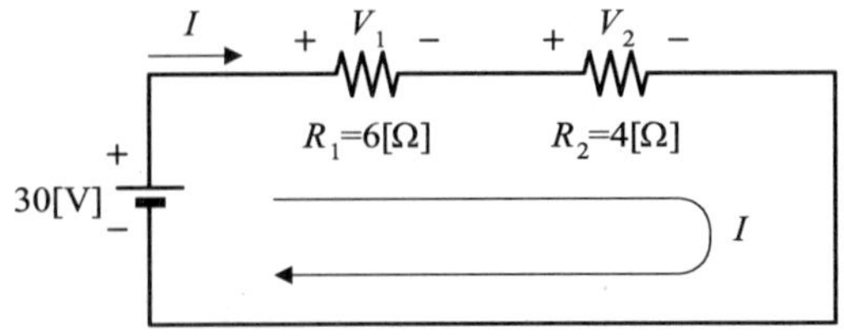

그림 1.9

예제 1-16

그림 1-10에서 종속전원을 갖는 회로에 흐르는 전류 I와 전압 V_1을 구하고, 키르히호프 제2법칙이 성립함을 보여라.

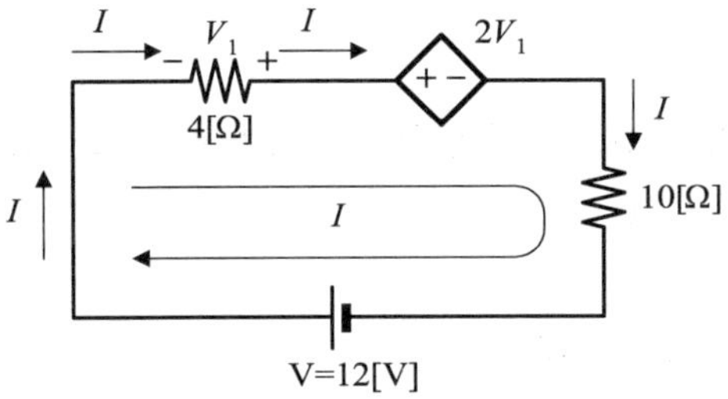

그림 1.10

[풀이] ☞ 기전력 12[V]와 전압강하 V_1 및 종속전원의 $2V_1$, $10I$의 값은 같아야 하므로

$$12 = -V_1 + 2V_1 + 10I,\quad \text{여기서 } -V_1 = 4I \text{ or } V_1 = -4I\text{을 대입하면}$$
$$= 4I - 8I + 10I$$
$$= 6I$$
$$\therefore\ I = 2[\text{A}],\quad V_1 = -4I = -4\times 2 = -8[\text{V}]\text{이다.}$$

따라서 $12 = 6I$에서 $12 = 6\times 2 = 12$이므로 키르히호프 제2법칙이 성립한다.

1.10 저항의 접속

저항을 연결하는 방법에는 직렬접속, 병렬접속, 직・병렬연결이 있다.

(1) 저항의 직렬접속

그림 1.11과 같이 "한 개의 저항 끝과 다른 저항의 끝이 서로 연속적으로 연결되어 있는 회로"를 직렬접속(series connection) 또는 직렬연결이라 한다.

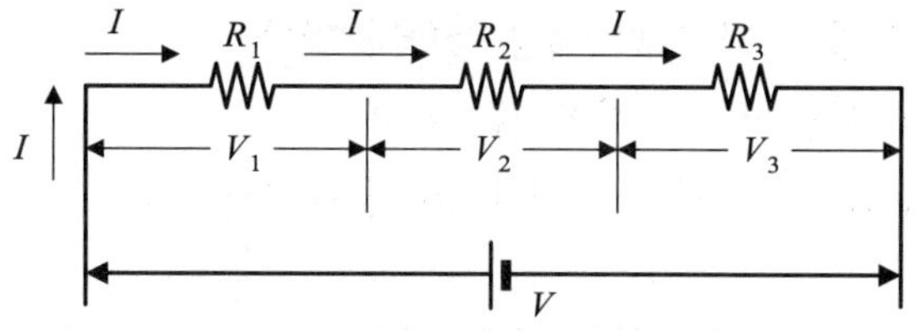

그림 1.11 저항의 직렬접속회로

직렬 접속된 회로에서는 각 저항 R_1, R_2, R_3에 흐르는 전류는 같고, 전체 저항을 합성저항(R_T= resistance total)이라고 한다.

그림 1.11에서 각 저항의 양단에 걸리는 전압을 V_1, V_2, V_3이라 하면, 옴의 법칙에 의해

$$V_1 = IR_1[\mathrm{V}], \quad V_2 = IR_2[\mathrm{V}], \quad V_3 = IR_3[\mathrm{V}] \tag{1-30}$$

가 된다. 회로에 인가한 전압 V는 키르히호프의 전압법칙에 의하여 V_1, V_2, V_3의 합이 인가전압 V와 같으므로

$$\begin{aligned} V &= V_1 + V_2 + V_3 \\ &= (IR_1 + IR_2 + IR_3) \\ &= I \cdot (R_1 + R_2 + R_3) \\ &= I \cdot R_T\ [\mathrm{V}] \end{aligned} \tag{1-31}$$

가 된다. ∴ 회로에 흐르는 전체전류 I는 옴의 법칙에 따라

$$I = \frac{V}{R_1 + R_2 + R_3} = \frac{V}{R_T}[\mathrm{A}] \tag{1-32}$$

로 나타낼 수 있다. 따라서 R_T는 합성저항으로 각각 저항의 총합과 같다. 식(1-32)를 식(1-30)에 대입하면 아래와 같다.

$$V_1 = \frac{V}{R_T} R_1[\text{V}], \quad V_2 = \frac{V}{R_T} R_2[\text{V}], \quad V_3 = \frac{V}{R_T} R_3[\text{V}] \tag{1-33}$$

직렬 접속된 회로에서는 다음과 같은 특징이 있다.

① 회로의 합성 저항 값은 각 각의 저항 총합과 같다.
② 회로에 흐르는 전류는 어느 저항에서든 같다.
③ 회로에 인가한 전압은 각 저항의 전압강하의 총합과 같다.

예제 1-17

그림 1-12에서 전체전류 I 와 각 저항에 걸리는 전압을 구하시오.

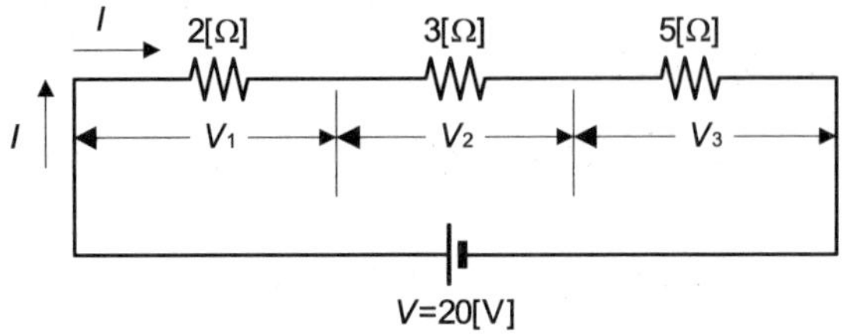

그림 1.12

[풀이] ☞ 그림 1-12에서 합성저항 $R_T = 2+3+5$ 에서 $10[\Omega]$ 이므로

① 전체전류

$$I = \frac{V}{R_T} = \frac{20}{10} = 2[\text{A}]$$

② 각 저항에 걸리는 전압 즉 전압강하는 식(1-33)으로부터

$$V_1 = IR_1 = \frac{V}{R_T} R_1 = 2 \times 2 = 4[\text{V}]$$

$$V_2 = IR_2 = \frac{V}{R_T} R_2 = 2 \times 3 = 6[\text{V}]$$

$$V_3 = IR_3 = \frac{V}{R_T} R_3 = 2 \times 5 = 10[\text{V}]$$

(2) 저항의 병렬접속

n개의 저항이 그림 1.13과 같이 연결되어 있는 방법을 병렬접속(parallel connection)이라 한다.

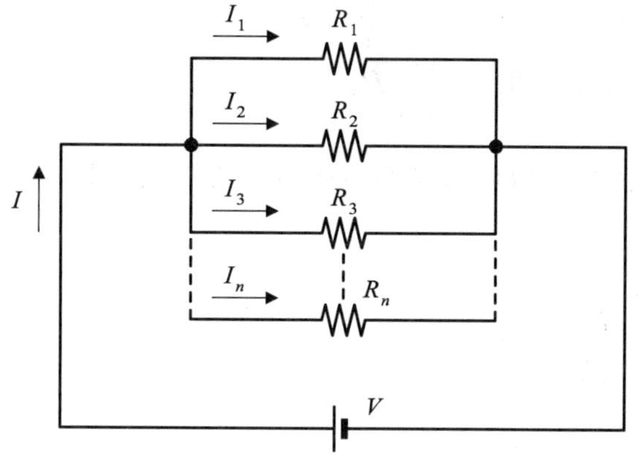

그림 1.13 저항의 병렬접속회로

병렬 접속된 회로에서는 각 저항 R_1, R_2, R_3, R_n에 걸리는 전압은 같고 각각의 지로에는 다른 값의 전류가 흐른다. 그림 [1-13]에서 각 저항 R_1, R_2, R_3에 흐르는 전류를 각각 I_1, I_2, I_3라 하고, 인가한 전압을 V라 하면 옴의 법칙에 의하여

$$I_1 = \frac{V}{R_1}[\mathrm{A}], \quad I_2 = \frac{V}{R_2}[\mathrm{A}], \quad I_3 = \frac{V}{R_3}[\mathrm{A}], \quad I_n = \frac{V}{R_n} \tag{1-34}$$

이 된다. 인가전압(전원)으로부터 흐르는 전체 전류 I는 키르히호프 전류법칙(KCL)에 의하여 각 저항에 흐르는 전류 I_1, I_2, I_3, I_n과 같게 된다. 즉

$$\begin{aligned} I &= I_1 + I_2 + I_3 + \cdots + I_n \\ &= \frac{V}{R_1} + \frac{V}{R_2} + \frac{V}{R_3} + \cdots \frac{V}{R_n} \\ &= V\left(\frac{1}{R_1} + \frac{1}{R_2} + \frac{1}{R_3} + \cdots \frac{1}{R_n}\right) \\ &= \frac{V}{R_T}[\Omega] \end{aligned} \tag{1-35}$$

가 된다. 여기서 R_T는 합성저항으로 아래와 같이 표현할 수 있다.

$$\frac{1}{R_T} = \frac{1}{R_1} + \frac{1}{R_2} + \frac{1}{R_3} + \cdots + \frac{1}{R_n} [\Omega] \tag{1-36}$$

또는
$$R_T = \frac{1}{\frac{1}{R_1} + \frac{1}{R_2} + \frac{1}{R_3} + \ldots + \frac{1}{R_n}} [\Omega] \tag{1-37}$$

각 저항에 흐르는 전류는 식(1-35)에 합성저항을 도입하면 아래와 같은 식으로 나타 낼 수 있다.

$$I_1 = \frac{V}{R_1} = \frac{R_T}{R_1} I \text{ [A]}, \quad I_2 = \frac{V}{R_2} = \frac{R_T}{R_2} I \text{ [A]}, \quad I_3 = \frac{V}{R_3} = \frac{R_T}{R_3} I \text{ [A]}$$

$$I_n = \frac{V}{R_n} = \frac{R_T}{R_n} I \text{ [A]} \tag{1-38}$$

병렬 접속된 회로에서는 다음과 같은 특징이 있다.

① 회로의 합성 저항 값은 각 각의 저항 값 역수의 합계를 나눈 값이다.
② 회로에 흐르는 전체 전류는 각 저항에 흐르는 전류의 합과 같다.
③ 회로에 인가한 전압은 각 저항의 양단에 걸리는 전압강하와 같다.

예제 1-18

그림 1-13에서 $R_1 = 1[\Omega]$, $R_2 = 2[\Omega]$, $R_3 = 3[\Omega]$이고, $V = 6[V]$이면 전체전류 I와 각 저항에 흐르는 전류를 구하고 키르히호프 전류법칙이 성립함을 증명하라.

[풀이] ☞ 식(1-36)으로부터 합성저항을 구하면

$$\frac{1}{R_T} = \frac{1}{R_1} + \frac{1}{R_2} + \frac{1}{R_3} = \frac{1}{1} + \frac{1}{2} + \frac{1}{3} = \frac{11}{6} [\Omega]$$

$$\therefore \ R_T = \frac{6}{11} [\Omega]$$

따라서 ① 회로에 흐르는 전체전류

$$I = \frac{V}{R_T} = \frac{6}{\frac{6}{11}} = 11 [A]$$

② 병렬의 경우 각 저항에 걸리는 전압이 같으므로 식(1-38)로부터 I_1, I_2, I_3을 계산하면

$$I_1 = \frac{6}{1} = 6[\text{A}], \quad I_2 = \frac{6}{2} = 3[\text{A}], \quad I_3 = \frac{6}{3} = 2[\text{A}]$$

③ 따라서, $I(11) = I_1(6) + I_2(3) + I_3(2)$이므로 전체전류(들어가는 전류)와 나가는 전류의 합이 같으므로 키르히호프 전류법칙이 성립한다.

그림 1.14는 2개의 저항을 이용하는 병렬회로에서 각 저항에 흐르는 전류를 구해 보자.

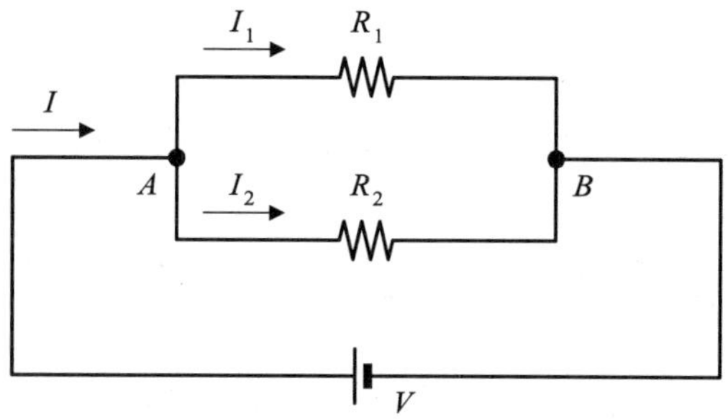

그림 1.14 2개의 저항을 이용한 병렬회로

위의 회로에서 합성저항은

$$\frac{1}{R_T} = \frac{1}{R_1} + \frac{1}{R_2} = \frac{R_2 + R_1}{R_1 R_2}$$

$$\therefore R_T = \frac{R_1 R_2}{R_1 + R_2}[\Omega] \quad (1\text{-}39)$$

가 된다. 또한 전체전류와 각 저항에 흐르는 전류를 구해보면 다음과 같다.

$$I = \frac{V}{R_T}[\text{A}] \quad (1\text{-}40)$$

$$I_1 = \frac{V}{R_1} = \frac{R_T \cdot I}{R_1} = \frac{\frac{R_1 R_2}{R_1 + R_2}}{R_1} \cdot I = \frac{R_2}{R_1 + R_2} \cdot I\ [\text{A}] \quad (1\text{-}41)$$

$$I_2 = \frac{V}{R_2} = \frac{R_T \cdot I}{R_2} = \frac{\frac{R_1 R_2}{R_1 + R_2}}{R_2} \cdot I = \frac{R_1}{R_1 + R_2} \cdot I\ [\text{A}] \quad (1\text{-}42)$$

예제 1-19

그림 1.14에서 $R_1 = 2[\Omega]$, $R_2 = 3[\Omega]$이고, $V = 24[V]$이면 전체전류 I 와 각 저항에 흐르는 전류와 전압을 구하시오.

[풀이] ☞ 회로에서 합성저항은 식 (1-39)로부터 계산하면 다음과 같다.

$$R_T = \frac{R_1 R_2}{R_1 + R_2} = \frac{2 \times 3}{2 + 3} = 1.2[\Omega]$$

① 전체전류 $I = \dfrac{V}{R_T} = \dfrac{24}{1.2} = 20[A]$

② 각 저항에 흐르는 전류는 식(1-41), (1-42)로부터 계산하면

$$I_1 = \frac{R_2}{R_1 + R_2} \cdot I = \frac{3 \times 20}{2 + 3} = \frac{60}{5} = 12[A]$$

$$I_2 = \frac{R_1}{R_1 + R_2} \cdot I = \frac{2 \times 20}{2 + 3} = \frac{40}{5} = 8[A]$$

이다.

③ 각 저항에 걸리는 전압은 다음과 같다.

$$V_1 = I_1 \cdot R_1 = 12 \times 2 = 24[V]$$

$$V_2 = I_2 \cdot R_2 = 8 \times 3 = 24[V]$$

∴ 병렬의 경우 인가전압은 각 저항에 걸리는 전압과 같다는 것도 증명된다.

(3) 저항의 직·병렬접속

그림 1.15와 같은 회로를 저항의 직·병렬회로라 한다.

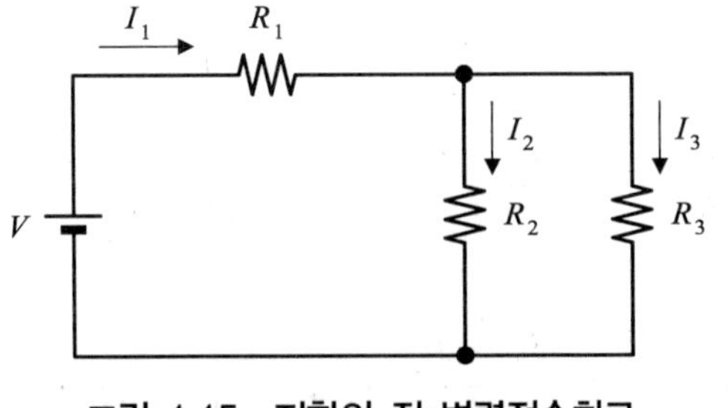

그림 1.15 저항의 직·병렬접속회로

회로에서 전체 합성저항은

$$R_T = R_1 + \frac{R_2\ R_3}{R_2 + R_3} \tag{1-43}$$

가 되므로 회로에 흐르는 전체전류와 각 저항에 흐르는 전류는 다음과 같다.

$$I_1 = \frac{V}{R_T} = \frac{V}{R_1 + \dfrac{R_2\ R_3}{R_2 + R_3}} [A] \tag{1-44}$$

$$I_2 = \frac{R_3}{R_2 + R_3} \cdot I_1 [A] \tag{1-45}$$

$$I_3 = \frac{R_2}{R_2 + R_3} \cdot I_1 [A] \tag{1-46}$$

예제 1-20

그림 1.15의 회로에서 $R_1 = 3.8[\Omega]$, $R_2 = 2[\Omega]$, $R_3 = 3[\Omega]$이고, $V = 25[V]$이면 전체전류 I_1와 각 저항에 흐르는 전류를 구하시오.

[풀이] ☞ 회로의 합성저항은 식(1-43)로부터 계산하면

$$\begin{aligned} R_T &= R_1 + \frac{R_2\ R_3}{R_2 + R_3} \\ &= 3.8 + \frac{2 \times 3}{2 + 3} \\ &= 5[\Omega] \end{aligned}$$

이다. 따라서

① 전체전류 $I_1 = \dfrac{V}{R_T} = \dfrac{25}{5} = 5[A]$

② 각 저항에 흐르는 전류는 식(1-45)와 (1-46)로부터 계산하면

$$I_2 = \frac{R_3}{R_2 + R_3} \cdot I_1 = \frac{3 \times 5}{2+3} = 3[\text{A}]$$

$$I_3 = \frac{R_2}{R_2 + R_3} \cdot I_1 = \frac{2 \times 5}{2+3} = 2[\text{A}]$$

가 된다.

1.11 인덕턴스(Inductance)

(1) 정의

코일 모양의 "도체에 전류가 흐르면 그 주위의 일정영역까지 자속이 발생되는 성질을 인덕턴스라 하며, 이러한 성질을 나타나도록 다수의 코일을 감아서 만든 2단 소자를 인덕터"(Inductor)라 한다. 인덕턴스는 에너지를 저장하기도 하고 저항의 기능을 갖고 있으며, 전압을 유도하기도 한다. 인덕턴스는 L로 표시하며, 헨리(Henry : H)라고 읽고, 단위는 [mH]나 [μH]를 사용한다.

(2) 인덕턴스에 의한 유도전압과 전류특성

도체에 전류가 흐르면 그림 1.16의 앙페르의 오른나사법칙에 의해 전류의 진행방향에서 나사를 오른쪽으로 돌리듯 그 주위에 자속이 발생한다. 자속(Magnetic flux)은 Φ로 표시하며, 단위는 웨버(Weber : Wb)로 쓴다.

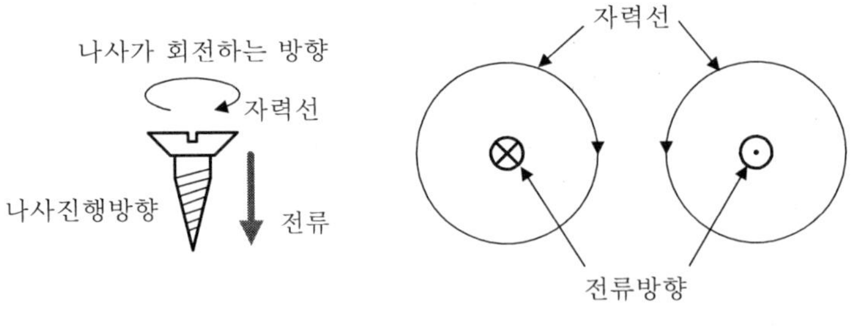

그림 1.16 앙페르의 오른나사법칙

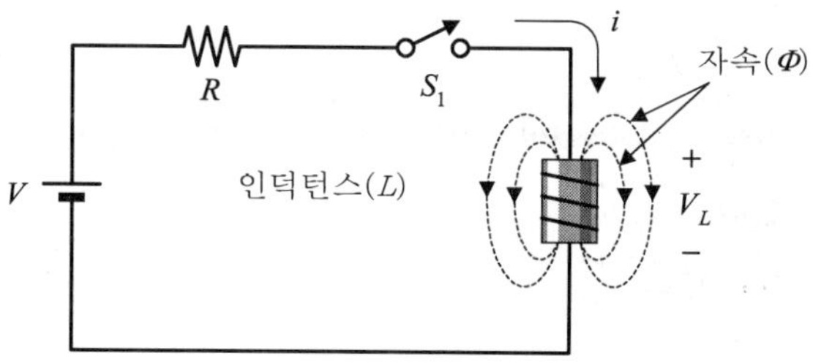

그림 1.17 인덕터의 유도기전력과 전류

그림 1.17에서 코일의 권수를 n, 전류를 i, 인덕턴스를 L, 전류주변에 발생하는 자속을 Φ라 하면 쇄교자속수 λ는 다음과 같다.

$$\lambda = n \cdot \Phi[\text{Weber}\cdot\text{Tune}] = L \cdot i \tag{1-47}$$

패러데이 법칙(Faraday's Law)에 의하면 쇄교 자속수가 변하면 그 시간적 변화율에 따라 기전력이 유기된다. 이를 유도기전력이라 하고 다음과 같이 된다.

$$v_L = \frac{d\lambda}{dt}[\text{V}] \tag{1-48}$$

식(1-48)에 식(1-47)을 대입하면

$$v_L = L\frac{di}{dt}[\text{V}] \tag{1-49}$$

로 되며 인덕턴스 유도 기전력은 전류의 시간적 변화율에 비례함을 알 수 있다.

식(1-49)의 양변에 적분을 취하면 $\int d\ i = \frac{1}{L}\int v_L \cdot dt$이므로 전류 i는 다음과 같다.

$$i = \frac{1}{L}\int v_L \cdot dt\ [\text{A}] \tag{1-50}$$

예제 1-21

100[mH]의 인덕턴스에 흐르는 전류가 1초간에 5[A]에서 10[A]로 변화했을 때, 인덕터에 발생되는 유도기전력은 얼마인가?

[풀이] ☞ 식(1-49)로부터

$$v_L = L\frac{di}{dt}\ [\mathrm{V}] = 100\times 10^{-3}\times\frac{(10-5)}{1}$$
$$= 500\times 10^{-3}$$
$$= 0.5[\mathrm{V}]$$

예제 1-22

인덕터에 흐르는 전류 $i_L = 10t^2$의 전류를 2초간 흘렸을 때, 인덕터에 유도되는 전압을 구하라. 〈단, 자기인덕턴스 $L=5$[H]이다.〉

[풀이] ☞ 식(1.49)로부터

$$v_L = L\frac{di_L}{dt} = 5\cdot\frac{d(10t^2)}{dt} = 5\cdot(10t^2)' = 5\times 20\,t$$
$$= 5\times 20\times 2$$
$$= 200[\mathrm{V}]$$

예제 1-23

인덕턴스가 20[H]인 소자양단에 전압 $v_L = 20\,t$[V]가 10초 동안 가했을 때, 흐르는 전류 i을 구하시오.

[풀이] ☞ 식(1-50)로부터

$$i = \frac{1}{L}\int v_L\,dt = \frac{1}{20}\int_0^{10} 20\,t\,dt = \frac{20}{20}\left[\frac{t^2}{2}\right]^{10} = 50[\mathrm{A}]$$

(3) 인덕턴스의 접속

3-1) 직렬접속

그림 1.18과 같이 n개의 인덕턴스가 직렬 연결된 회로에서 전체전압은

$$v = v_1 + v_2 + \cdots + v_n$$
$$= L_1\frac{di}{dt} + L_2\frac{di}{dt} + \cdots + L_n\frac{di}{dt}$$

$$= (L_1 + L_2 + \cdots + L_n)\frac{di}{dt}$$

$$= L_T \frac{di}{dt}[\mathrm{V}] \tag{1-51}$$

가 된다. 여기서

$$L_T = L_1 + L_2 + \cdots + L_n \tag{1-52}$$

이며 이를 합성인덕턴스라 부른다. 따라서 직렬 연결한 인덕턴스의 합성인덕턴스는 저항을 직렬 연결한 것과 같다.

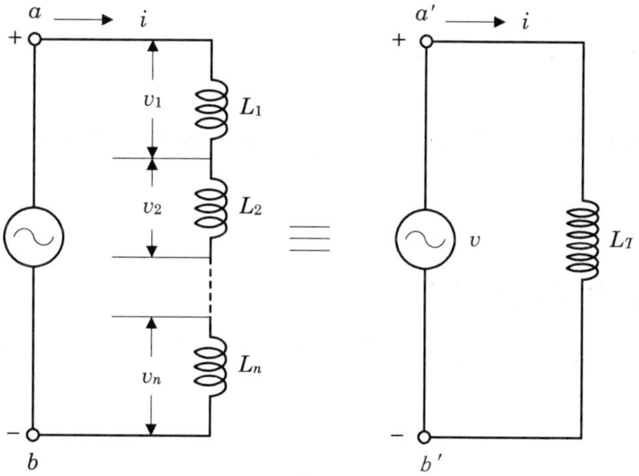

그림 1.18 인덕턴스의 직렬연결

3-2) 병렬접속

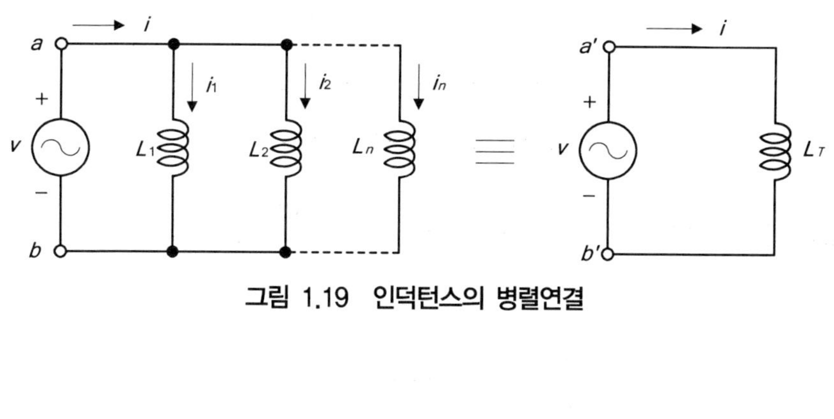

그림 1.19 인덕턴스의 병렬연결

그림 1.19과 같이 n개의 인덕턴스가 병렬 연결된 회로에서 전체전류는

$$\begin{aligned} i &= i_1 + i_2 + \cdots + i_n \\ &= \frac{1}{L_1}\int v\,dt + \frac{1}{L_2}\int v\,dt + \cdots + \frac{1}{L_n}\int v\,dt \\ &= \left(\frac{1}{L_1} + \frac{1}{L_2} + \cdots + \frac{1}{L_n}\right)\cdot \int v\,dt \\ &= \frac{1}{L_T}\int v\,dt\,[\mathrm{A}] \end{aligned} \tag{1-53}$$

가 된다. 여기서

$$\frac{1}{L_T} = \frac{1}{L_1} + \frac{1}{L_2} + \cdots + \frac{1}{L_n} \tag{1-54}$$

이며 이를 합성인덕턴스라 부른다. 따라서 병렬 연결한 인덕턴스의 합성인덕턴스는 저항을 병렬 연결한 것과 같다.

(4) 인덕턴스에 축적되는 에너지

인덕턴스 L은 전원으로부터 공급받은 전력을 열로 소비하기도 하지만 인덕턴스 자체가 에너지를 축적하기도 한다.

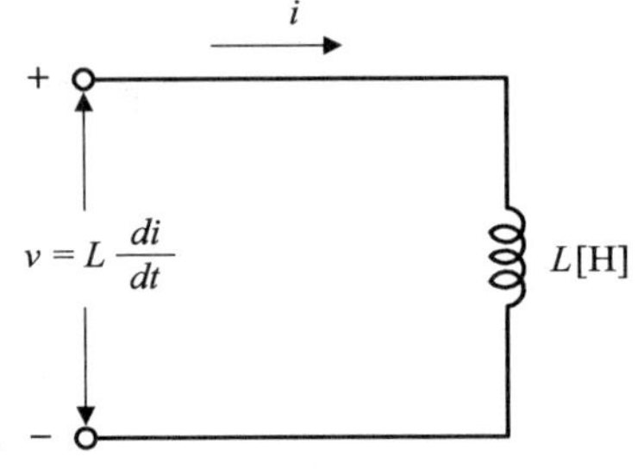

그림 1.20 인덕턴스 회로

그림 1-20에서 인덕턴스 양단의 유도전압은 $v = v_L = L\dfrac{di}{dt}$ 이므로, 이 인덕터에 유입되는 전력 p는

$$p = v\,i = L\frac{di}{dt}\cdot i = L\,i\frac{di}{dt} \tag{1-55}$$

가 된다. 인덕턴스 L에 임의의 시간 t_1과 t_2 동안 유입된 총에너지는 $w_L = \int p \cdot dt$이므로 p에 식(1-55)를 대입하면

$$w_L = \int_{t_1}^{t_2} p\ dt = \int_{t_1}^{t2} Li\frac{di}{dt}\ dt = L\int_{i_1}^{i_2} i\ di$$

$$= \frac{1}{2}L({i_2}^2 - {i_1}^2)[\mathrm{J}] \qquad (1\text{-}56)$$

이 되며, i_1과 i_2는 각각 t_1과 t_2 순간 시간에 인덕터에 흐르는 전류이다.

인덕턴스 L에는 처음부터 급격히 큰 전류가 흐를 수 없기 때문에 초기전류를 $i_1 = 0$으로 보면, 전류값이 i_2가 되는 순간에 인덕턴스의 순간 축적에너지는 $w_L = \frac{1}{2}L{i_2}^2$ [J]가 되며, 최종전류는 결국 인가전류 i가 되므로 식(1-56)을 다음과 같이 쓸 수 있다.

$$w_L = \frac{1}{2}Li^2[\mathrm{J}] \qquad (1\text{-}57)$$

만약, 직류전류가 인덕턴스에 흐르고 있다면 식(1-57)을 아래와 같이 표현할 수 있다.

$$W_L = \frac{1}{2}LI^2\ [\mathrm{J}] \qquad (1\text{-}58)$$

1.12 커패시턴스(Capacitance)

(1) 정의

두 도체 사이에 유전체 혹은 절연물을 넣어 전하를 축적할 수 있도록 만든 소자를 콘덴서(Condenser) 또는 커패시터(Capacitor)라 한다. 커패시터가 전하를 축적하는 능력을 표현할 때, 커패시턴스(Capacitance)혹은 정전용량이라고 한다. 정전용량을 나타낼 때는 대문자 C를 사용하며 단위는 F(Farad)를 사용하지만, 1[F]의 단위는 매우 큰 값이기 때문에 대개는 [μF], [pF] 등이 쓰이고, 1[μF]= 10^{-6}[F], 1[PF]= 10^{-12}[F]를 의미한다. 1[F]라 함은 "1[V]의 전위차에 의하여 1[C]의 전하가 축적될 때의 정전용량"이다.

(2) 커패시턴스에 의한 충전전압과 전류특성

그림 1.21과 같은 두 개의 도체 사이에 절연물 또는 유전체를 삽입한 콘덴서의 두 전극 사이에 V[V]의 전압을 가하면 "커패시턴스 C 값은 극판의 유효면적 S 및 극판 간 절연체의 유전율 ϵ에 비례하며 극판의 거리 d에 반비례하게 된다."

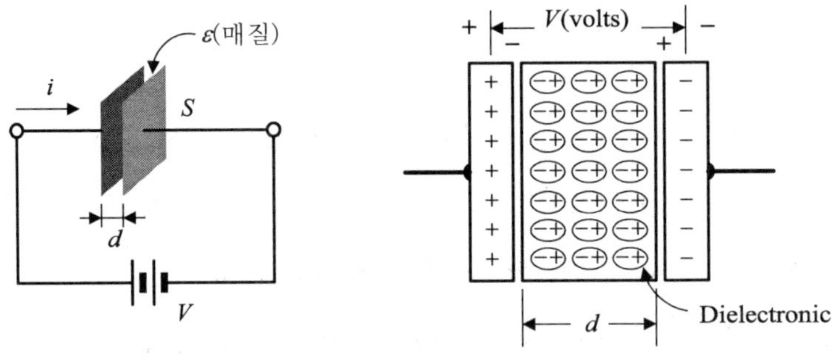

그림 1.21 평형판 콘덴서

$$C = \frac{\epsilon \cdot S}{d} = \varepsilon_0 \epsilon_s \frac{S}{d} \text{ [F]} \quad (1\text{-}59)$$

여기서, ϵ_0는 진공중의 유전율(8.855×10^{-12}[F/m])이고 ϵ_s는 콘덴서 내부 유전체의 비유전율이라 하고 유전체의 종류에 따라 값이 다르다. 정전용량을 크게 하기 위해서는 도체간의 간격 d[m]을 작게 하고, 면적 S를 크게 할 필요가 있다. 커패시턴스 C, 전압 V에 의해 축적되는 전하량 Q는 아래의 관계가 성립한다.

$$Q = C\,V \text{ [C]} \quad (1\text{-}60)$$

따라서

$$V = \frac{Q}{C} \quad \text{혹은} \quad C = \frac{Q}{V} \quad (1\text{-}61)$$

가 된다. 만약 전압과 전하, 전류의 시간적 변화량이 일정하지 않을 때 전하량은 q, 전압은 v, 전류를 i로 표시하면 다음과 같다.

$$q = C \cdot v \text{ [C]} \quad (1\text{-}62)$$

$$v = \frac{q}{C} \text{ [V]} \quad (1\text{-}63)$$

따라서, 전류

$$i = i_C = \frac{dq}{dt} = \frac{dCv}{dt} = C\frac{dv}{dt}\,[\mathrm{A}] \tag{1-64}$$

가 된다. 식(1-64)를 변형하면 $\frac{i}{C}dt = dv$로부터 양변에 적분을 취하면

$$\int \frac{i}{C} \cdot dt = \int dv$$

이고, 따라서 전압 v는

$$v = \frac{1}{C}\int i \cdot dt\ [\mathrm{V}] \tag{1-65}$$

이 된다. 이 전압을 콘덴서에 충전되는 충전전압이라 한다.

예제 1-24

500[μC]의 전하량이 충전된 캐패시터(콘덴서)의 양단전압이 100[V]이다. 커패시턴스 C[μF]는 얼마인가?

[풀이] ☞ 식(1-61)로부터

$$C = \frac{Q}{V} = \frac{500\times10^{-6}}{100} = 5\times10^{-6} = 5\ [\mu\mathrm{F}]$$

예제 1-25

커패시턴스 C가 50[μF]인 콘덴서 양단에 $v = 3t^2$[V]인 전압을 30초 동안 인가할 때, 흐르는 전류 i을 구하시오.

[풀이] ☞ 식(1-64)로부터

$$i = C\frac{dv}{dt} = 50\times10^{-6} \cdot \frac{d(3t^2)}{dt}$$
$$= 50\times10^{-6}\times(3t^2)'$$

$$= 50 \times 10^{-6} \times 6t$$
$$= 50 \times 10^{-6} \times 6 \times 30$$
$$= 9000 \times 10^{-6}$$
$$= 9[\mathrm{mA}]$$

예제 1-26

커패시턴스 C가 100[F]인 콘덴서 양단에 $i = 20t^3$의 전류를 10초간 흘렸을 때, 콘덴서가 축척하는 전압을 구하라.

[풀이] ☞ 식(1-65)로부터

$$v = \frac{1}{C}\int i \cdot dt = \frac{1}{100}\int_0^{10} 20\, t^3 \cdot dt$$
$$= \frac{1}{5}\left[\frac{t^4}{4}\right]_0^{10}$$
$$= \frac{1}{20}[10]^4$$
$$= 500[\mathrm{V}]$$

(3) 콘덴서의 접속

3-1) 직렬접속

그림 1-22와 같이 3개의 콘덴서가 직렬 연결된 회로에서 전체전압을 V, 각 콘덴서에 걸리는 전압을 V_1 , V_2, V_3라 하면 다음의 관계가 성립된다.

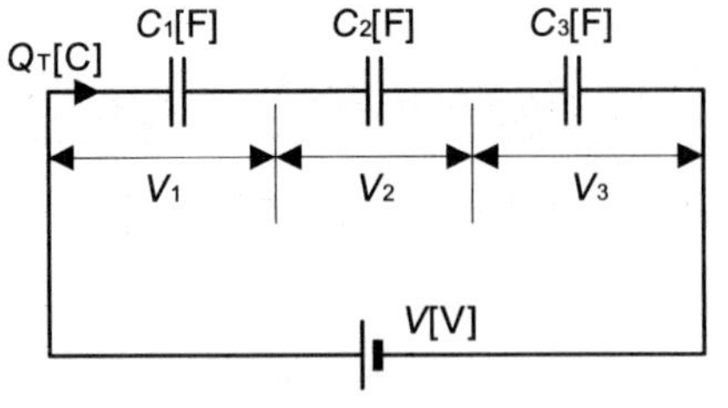

그림 1.22 콘덴서의 직렬접속

$$V = V_1 + V_2 + V_3$$
$$= \frac{Q_T}{C_1} + \frac{Q_T}{C_2} + \frac{Q_T}{C_3}$$

$$= (\frac{1}{C_1} + \frac{1}{C_2} + \frac{1}{C_3})\ Q_T$$

$$= \frac{1}{C_T}\ Q_T\ [\mathrm{V}] \qquad (1\text{-}66)$$

여기서,

$$\frac{1}{C_T} = \frac{1}{C_1} + \frac{1}{C_2} + \frac{1}{C_3}\ [\mathrm{F}] \qquad (1\text{-}67)$$

이며 이를 합성 커패시턴스 혹은 합성정전용량이라 부른다. 따라서 직렬 연결한 콘덴서의 합성정전용량의 계산은 저항을 병렬연결한 것과 같다. 각 콘덴서에 양단에 걸리는 전압 V_1, V_2, V_3는 다음과 같이 계산할 수 있다.

$$\left.\begin{aligned} V_1 &= \frac{Q_T}{C_1} = \frac{C_T\ V}{C_1}[\mathrm{V}] \\ V_2 &= \frac{Q_T}{C_2} = \frac{C_T\ V}{C_2}[\mathrm{V}] \\ V_3 &= \frac{Q_T}{C_3} = \frac{C_T\ V}{C_3}[\mathrm{V}] \end{aligned}\right\} \qquad (1\text{-}68)$$

예제 1-27

그림 1-22에서 $C_1=20[\mu\mathrm{F}]$, $C_2=30[\mu\mathrm{F}]$, $C_3=50[\mu\mathrm{F}]$인 콘덴서가 직렬접속된 회로에서 $V=62$ [V]의 전압이 인가되었을 때,

① 콘덴서의 합성정전용량(C_T)

② 전체전하량 (Q_T)

③ 각 콘덴서의 양단에 걸리는 전압 V_1, V_2, V_3을 구하시오.

[풀이] ☞ ① 콘덴서의 합성정전용량(C_T)

직렬접속이므로 $\frac{1}{C_T} = \frac{1}{C_1} + \frac{1}{C_2} + \frac{1}{C_3}$

$$= \frac{1}{20} + \frac{1}{30} + \frac{1}{50}$$

$$= \frac{62}{600}$$

$$\therefore\ C_T = \frac{600}{62}[\mu\text{F}]$$

② 전체전하량

직렬 접속의 경우 어느 점이든 전하량이 같으므로 전체전하량

$$Q_T = C_T \cdot V = \frac{600}{62} \times 10^{-6} \times 62 = 6 \times 10^{-4}\ [\text{C}]$$

③ 각 콘덴서의 양단에 걸리는 전압 V_1, V_2, V_3를 식 (1-68)을 이용하여 계산하면 아래와 같다.

$$V_1 = \frac{Q_T}{C_1} = \frac{6 \times 10^{-4}}{2 \times 10^{-5}} = 30[\text{V}]$$

$$V_2 = \frac{Q_T}{C_2} = \frac{6 \times 10^{-4}}{3 \times 10^{-5}} = 20[\text{V}]$$

$$V_3 = \frac{Q_T}{C_3} = \frac{6 \times 10^{-4}}{5 \times 10^{-5}} = 12[\text{V}]$$

따라서 $V_1 + V_2 + V_3 = 62[\text{V}]$가 되어 인가전압과 같음을 알 수 있다.

3-2) 병렬접속

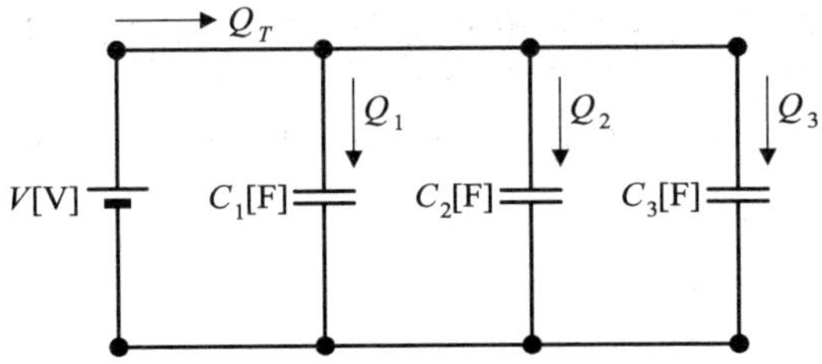

그림 1.23 콘덴서의 병렬연결

그림 1.23과 같이 3개의 콘덴서가 병렬 연결된 회로에서 전체전하량은

$$\begin{aligned} Q_T &= Q_1 + Q_2 + Q_3 \\ &= C_1 V + C_2 V + C_3 V \\ &= (C_1 + C_2 + C_3) V \\ &= C_T V\ [\text{C}] \end{aligned} \tag{1-69}$$

여기서,

$$C_T = C_1 + C_2 + C_3[\mathrm{F}] \tag{1-70}$$

이며 이를 합성 커패시턴스 혹은 합성정전용량이라 부른다. 따라서 병렬 연결한 콘덴서의 합성정전용량의 계산은 저항을 직렬연결 한 것과 같다. 콘덴서에 흐르는 전하량 Q_1, Q_2, Q_3는 다음과 같이 계산할 수 있다.

$$\left.\begin{aligned} Q_1 &= C_1 V = C_1 \frac{Q_T}{C_T} = \frac{C_1}{C_1+C_2+C_3} Q_T[\mathrm{C}] \\ Q_2 &= C_2 V = C_2 \frac{Q_T}{C_T} = \frac{C_2}{C_1+C_2+C_3} Q_T[\mathrm{C}] \\ Q_3 &= C_3 V = C_3 \frac{Q_T}{C_T} = \frac{C_3}{C_1+C_2+C_3} Q_T[\mathrm{C}] \end{aligned}\right\} \tag{1-71}$$

예제 1-28

그림 1-24와 같은 병렬회로에서 각 커패시터에 충전되는 전하량을 구하시오.

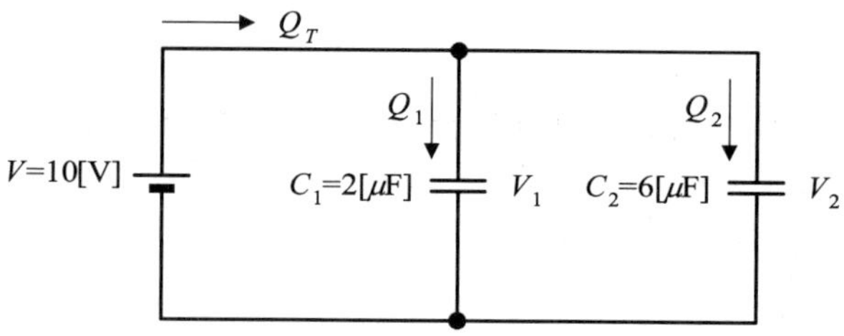

그림 1.24

[풀이] ☞ 그림 1-24에서 병렬의 경우 전압은 같으므로 $V = V_1 = V_2$ [V]이고 병렬합성 커패시턴스를 C_T, 전체 전하량을 Q_T라고 하면

$$\begin{aligned} Q_T &= Q_1 + Q_2 = C_T V = C_1 V_1 + C_2 V_2 = C_1 V + C_2 V \\ &= (C_1 + C_2) V \\ &= (2+6)[\mu\mathrm{F}] \times 10[\mathrm{V}] \\ &= 80[\mu\mathrm{C}] \end{aligned}$$

이고, 각 커패시터에 축적(충전)되는 전하량은 식(1-71)에 의해 다음과 같다.

$$Q_1 = C_1 V_1 = C_1 V = C_1 \frac{Q_T}{C_T} = \frac{C_1 Q_T}{C_1 + C_2} = \frac{2 \times 80}{2+6} = 20\,[\mu\mathrm{C}]$$

$$Q_2 = C_2 V_2 = C_2 V = C_2 \frac{Q_T}{C_T} = \frac{C_2 Q_T}{C_1 + C_2} = \frac{6 \times 80}{2+6} = 60\,[\mu\mathrm{C}]$$

따라서 $Q_T = Q_1 + Q_2 = 80\,[\mu\mathrm{C}]$가 되어 전체 전하량과 같음을 알 수 있다.

(4) 커패시터(콘덴서)에 축적되는 에너지

커패시터 C 에 인가된 전압을 v, 이때 흐르는 전류 i라고 하면 식(1-64)로부터 $i = i_C = C\dfrac{dv}{dt}$[A]이므로 이 커패시터에 유입되는 전력 p는

$$p = v \cdot i = v \cdot C\frac{dv}{dt} \tag{1-72}$$

이 된다. 따라서 커패시터 C에 임의의 시간 t_1과 t_2 동안 유입된 총에너지 $w_c = \int p \cdot dt$ 이므로 p에 식(1-72)를 대입하면

$$w_C = \int_{t_1}^{t_2} p \cdot dt = \int_{t_1}^{t2} v \cdot C\frac{dv}{dt}\,dt = C \cdot \int_{v_1}^{v_2} v \cdot dv$$

$$= \frac{1}{2} C \cdot ({v_2}^2 - {v_1}^2)\,[J] \tag{1-73}$$

이 되며, 여기서 v_1과 v_2는 각각 t_1과 t_2 순간 시간에서의 전압이다. 커패시터 C의 양단전압은 연속적으로 변할 수 있기 때문에 단자전압의 초기값 $v_1 = 0$으로 보고 최종전압이 $v(v_2)$가 되는 순간에 커패시터의 순간 축적(충전)에너지는 $w_C = \dfrac{1}{2} C \cdot v_2^2$[J]가 되며, 결국 식(1-73)을 다음과 같이 쓸 수 있다.

$$w_C = \frac{1}{2} C\, v^2 \text{ [J]} \tag{1-74}$$

만약, 직류전압이 커패시터 C 양단에 인가되어 있다면, 전하량 $Q = C \cdot V$ 이므로 식(1-74)를 아래와 같이 표현할 수 있다.

$$W_C = \frac{1}{2} Q V = \frac{1}{2} C V^2 = \frac{1}{2} \frac{Q^2}{C} \text{ [J]} \tag{1-75}$$

예제 1-29

2[μF]와 3[μF]의 콘덴서가 직렬로 접속된 회로에 어떤 전압을 가하여 3750[μJ]의 에너지를 충전하였다면, 2[μF]와 3[μF]에 축척(충전)된 에너지는 각각 얼마인가?

[풀이] ☞ 식(1-75)에서 전체 축척에너지

① $W_{C_T} = \frac{1}{2} \frac{{Q_T}^2}{C_T}$ 에서 ${Q_T}^2 = 2 C_T \cdot W_{C_T}$ 이고, 직렬연결이므로 전체합성용량

② $C_T = \frac{1}{\frac{1}{C_1} + \frac{1}{C_2}} = \frac{C_1 C_2}{C_1 + C_2}$ 이고, 두 콘덴서에 흐르는 전하량(Q)은 같다.

③ 2[μF]를 C_1, 3[μF]를 C_2라 하고, 2[μF] C_1에 충전된 에너지를 W_{C_1}이라고 하면

$$W_{C_1} = \frac{1}{2} \frac{{Q_T}^2}{C_1} = \frac{2 C_T W_{C_T}}{2 C_1} = \frac{C_1 C_2}{C_1 (C_1 + C_2)} \cdot W_{C_T}$$

$$= \frac{C_2}{C_1 + C_2} \cdot W_{C_T} = \frac{3}{2+3} \times 3750 = 2250 [\mu \text{J}]$$

이고

$$W_{C_2} = \frac{1}{2} \cdot \frac{{Q_T}^2}{C_2} = \frac{2 C_T W_{C_T}}{2 C_2}$$

$$= \frac{C_1 \cdot C_2 \cdot W_{C_T}}{C_2 (C_1 + C_2)}$$

$$= \frac{C_1 \cdot W_{C_T}}{C_1 + C_2}$$

$$= \frac{2}{5} \times 3750$$

$$= 1500 [\mu \text{J}]$$

연습문제 1

해설은 437쪽에 있습니다.

[문제1] 어떤 도체에 5초 동안 이동한 전하량 $q = t^3[\mu C]$일 때, 전류[μA]를 구하라.

㉮ 55 ㉯ 65 ㉰ 75 ㉱ 85

[문제2] $i = 3000(2t + 3t^2)$[A]의 전류가 어떤 도선을 2[sec] 동안 흘렀다. 통과한 전기량은 몇 [Ah]인가?

㉮ 1.33 ㉯ 10 ㉰ 13.3 ㉱ 36

[문제3] 어떤 소자 양단에 다음의 전압과 전류가 2초 동안 가해질 때, 소자양단의 축척에너지 [J]를 구하라.

$$v = 3t\text{[V]},\quad i = 3t^2\ \text{[A]}$$

㉮ 36 ㉯ 46 ㉰ 56 ㉱ 66

[문제4] 정격전압에서 1[kW]의 전력을 소비하는 저항에 정격의 80[%]의 전압을 가할 때의 전력[W]은 얼마인가?

㉮ 320 ㉯ 580 ㉰ 640 ㉱ 860

[문제5] 직경 1[mm], 길이 10[m]인 동선의 저항[Ω]은 얼마인가?
(단, 동선의 고유저항은 $1.673 \times 10^{-8}[\Omega \cdot m]$이다.)

㉮ 0.113 ㉯ 0.213 ㉰ 0.313 ㉱ 0.413

[문제6] 아래 그림과 같은 회로에서 a, b단자에서 본 합성저항은 몇 [Ω]인가?

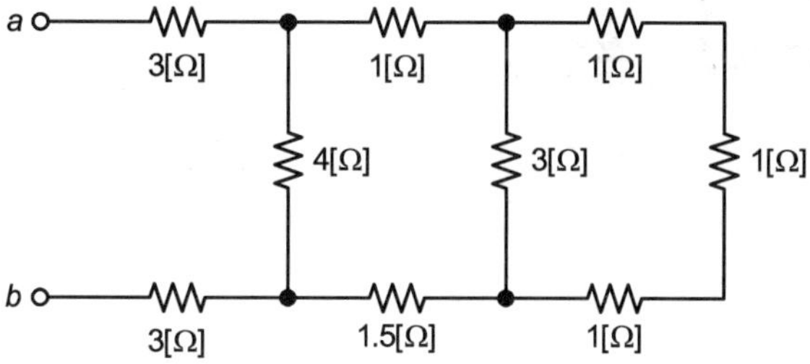

㉮ 6　　㉯ 7　　㉰ 8　　㉱ 9

[문제7] 하루에 어느 가정에서 60[W]의 전구 5개를 6시간, 40[W]의 전구 4개를 5시간, 900[W]의 전기오븐을 1시간, 600[W]의 청소기를 30분, 100[W]의 TV를 5시간 사용했을 경우 이 가정에서 사용한 하루 전력량 [kWh]은 얼마인가?

㉮ 1.3　　㉯ 2.3　　㉰ 3.3　　㉱ 4.3

[문제8] 어떤 저항에 220[V]의 전압을 인가해서 10[A]의 전류가 1분 동안 흘렀다면, 이때 전력 [kW]과 저항에서 발생한 열량[kcal]은 각각 얼마인가?

㉮ 2.2, 31.68　　㉯ 3.3, 41.68　　㉰ 4.3, 51.68　　㉱ 5.3, 61.68

[문제9] 어떤 코일에 흐르는 전류가 0.01[sec] 사이에 일정하게 50[A]에서 10[A]로 변할 때, 20[V]의 기전력이 발생한다고 하면 자기인덕턴스[mH]는 얼마인가?

㉮ 2　　㉯ 5　　㉰ 30　　㉱ 40

[문제10] 5[μF]와 3[μF]의 콘덴서 2개를 직렬로 연결하였을 때와 병렬로 연결하였을 때 합성용량을 각각 C_s 및 C_p라 하면 $\frac{C_P}{C_S}$는 몇 배인가?

㉮ 약 2.3　　㉯ 약 3.3　　㉰ 약 4.3　　㉱ 약 5.3

연습문제 2

해설은 439쪽에 있습니다.

[문제1] 어떤 도선에 $i = 5t^3 - 4t$[mA]의 전류가 2초 동안 흐를 때, 이 도선을 통과한 전하량을 구하시오

[문제2] 아래 회로에서 I_1, I_2, I_3를 구하고 키르히호프 전류법칙이 성립함을 보여라.

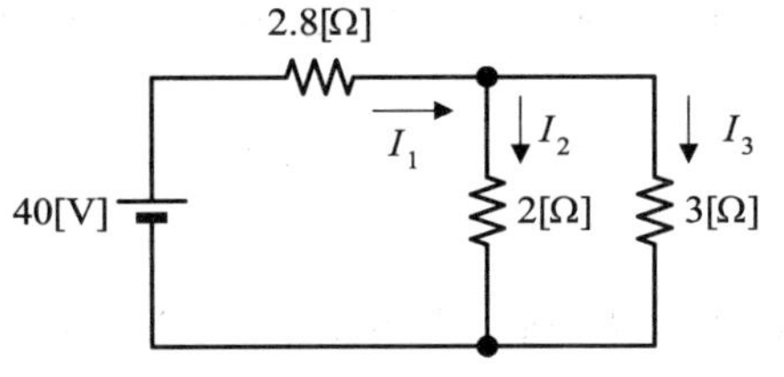

[문제3] 아래 회로에서 ab 양단전압을 구하라.

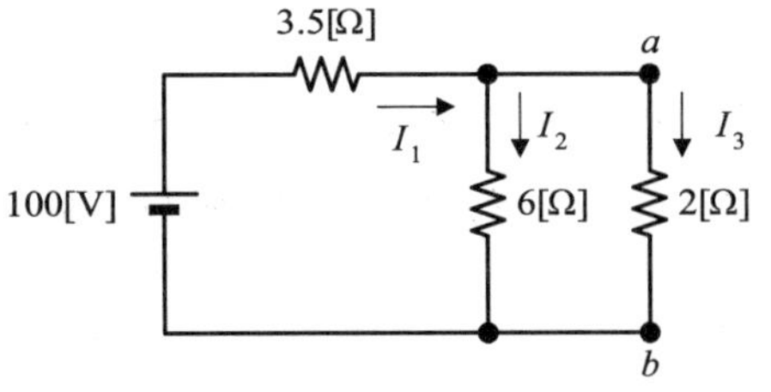

[문제4] 아래 회로에서 단자 a, b 사이에 24[V]의 전압을 가하여 2[A]의 전류를 흘리고 r_1, r_2에 흐르는 전류를 1:2로 하고자 한다. r_1의 값[Ω]을 구하시오.

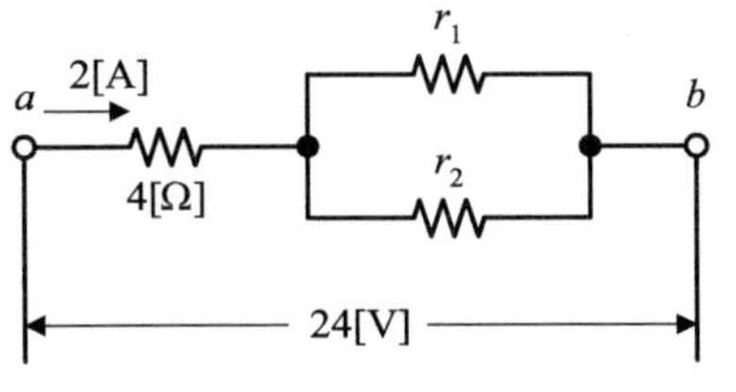

[문제5] 10[H]의 인덕턴스에 아래 그림과 같은 전류가 흐를 경우 인덕턴스에 유도되는 기전력을 구하고, 그 파형을 그리시오. (단, 초기값은 없다)

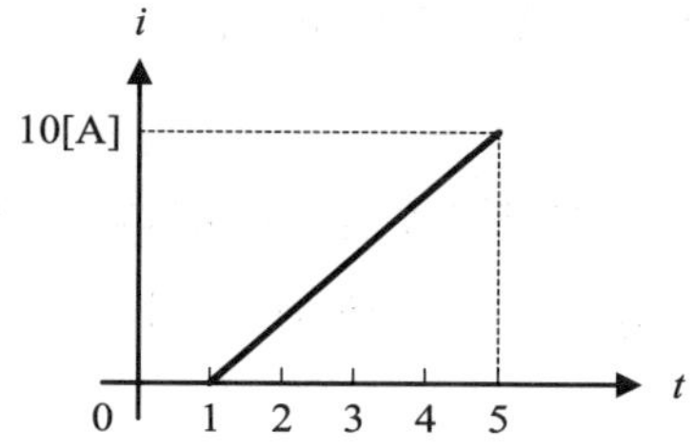

[문제6] 100[μF]인 커패시터 양단에 $v = 5t^3$[V]인 전압을 10초 동안 인가할 때, 흐르는 전류 i을 구하시오.

[문제7] 0.01[F]인 커패시터에 초기전압이 50[V]이었다. 같은 방향으로 1[A]의 전류가 5초 동안 흐를 때, 이 커패시터의 전압은 얼마로 증가하는가?

[문제8] 5[F]의 커패시터에 아래 그림과 같은 전압을 인가할 때, 흐르는 전류의 파형을 그리시오. (단, 초기값은 없다)

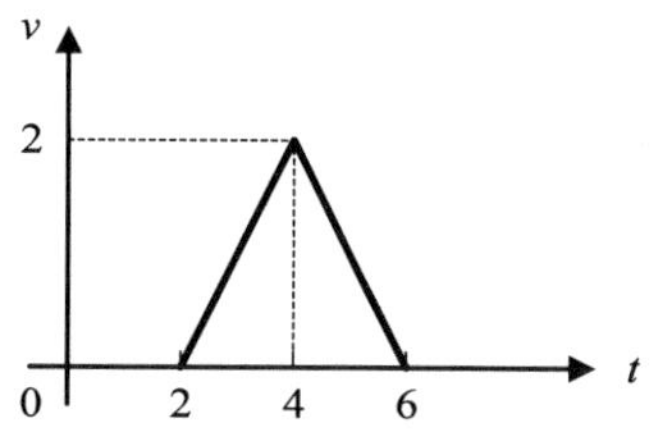

[문제9] 아래 그림과 같이 10[μF], 20[μF], 30[μF]인 콘덴서가 직렬 접속된 회로에서 110[V]의 직류전압이 인가되었을 때,

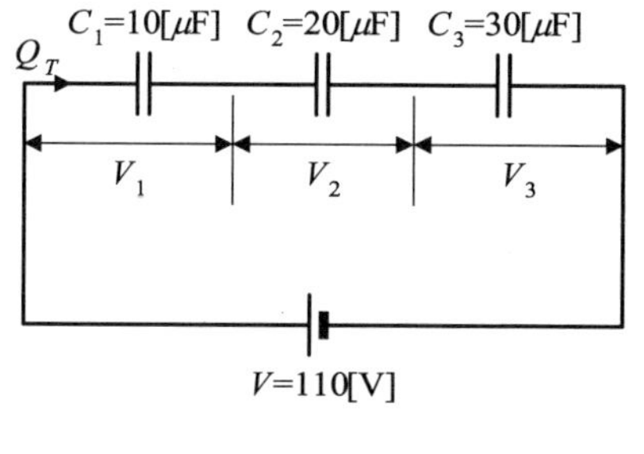

① 콘덴서의 합성정전용량(C_T)

② 전체전하량 (Q_T)

③ 각 콘덴서의 양단에 걸리는 전압 V_1, V_2 , V_3을 구하시오.

[문제10] 콘덴서를 아래 그림과 같이 접속했을 때, C_x의 정전용량[μF]을 계산하라.
(단, $C_1 = 3[\mu F]$, $C_2 = 2[\mu F]$, $C_3 = 2.8[\mu F]$, a, b간의 합성정전용량 $C_T = 5[\mu F]$이다.)

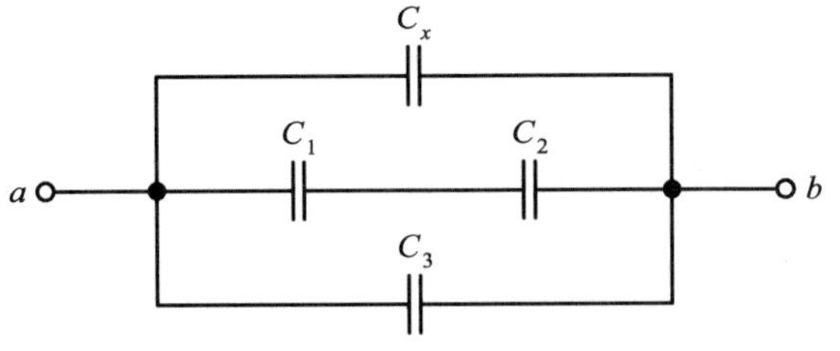

2 정현파 교류와 복소수

교류는 우리들의 일상생활이나 각종 산업용으로 가장 널리 사용되는 방식이다. 교류는 직류에 비해 전압의 크기를 비교적 용이하게 변화시킬 수 있으며 대전력의 발생과 송전 및 배전이 경제적이고 효율 좋게 행할 수 있는 등의 장점이 있다. 또한 교류의 성질을 이용 정보통신의 신호전달 매체로도 광범위하게 이용되고 있다. 그러나 교류는 직류와 달리 회로의 분석이나 해석이 다소복잡하다. 따라서 본 장에서는 교류 중에서 가장 기본적이며 중요한 파형인 정현파(sinusoidal wave) 교류를 중심으로 그 특징과 교류회로 해석의 기초가 되는 복소수의 기본개념 및 응용 등에 대해 알아보기로 한다.

2.1 교류

전기회로에는 전원과 회로소자의 종류 및 상태에 따라 여러 가지의 전류가 흐른다. "전류는 크게 시간에 관계없이 크기가 일정한 직류(direct current : DC)와 크기가 시간에 따라 변하는 교류"(alternating current : AC)로 나뉘어진다.

교류는 다시 정현파 (sinusoidal wave)와 비정현파 혹은 왜형파(distorted wave)로 나뉘어 진다. 그림 2-1은 여러 가지 전류의 파형을 나타내었다.

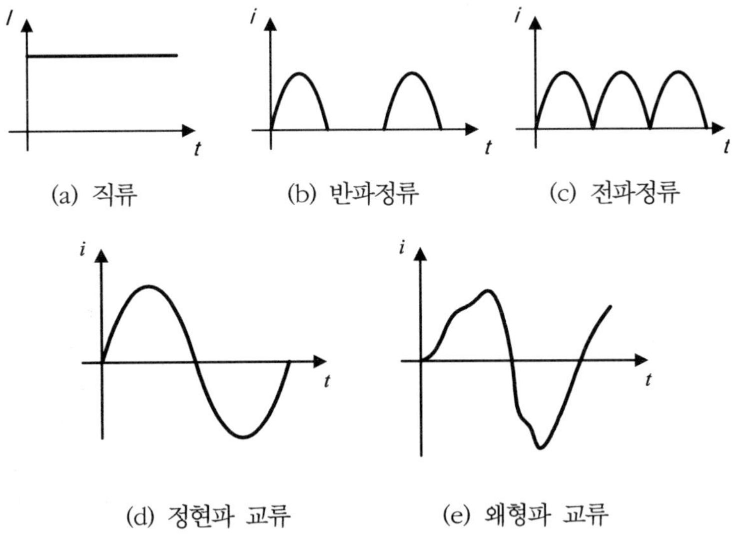

그림 2.1 여러 가지 전류의 파형

그림 2.1의 (a), (b), (c)와 같은 전류를 직류라 하며, 일반적으로 직류는 (a)와 같이 크기가 시간에 따라 변하지 않는 전류 또는 전압을 말한다. 그림 2.1의 (d), (e)는 일정한 시간 간격을 두고 크기가 변하거나 동일한 파형이 반복되는 파를 말하며 특히 (d)와 같이 사인(sine)곡선을

그리는 전류나 전압을 정현파(sinusoidal wave) 교류라 하며 그림(e)와 같이 정현파가 일그러진 모양의 파형을 왜형파(distorted wave)라 하며 이는 부하의 성질 또는 철심의 포화, 히스테리시스 등의 현상에 영향을 받아 발생한다. 일반적으로 교류라 함은 "정현파"를 의미한다.

2.2 정현파 기전력의 발생

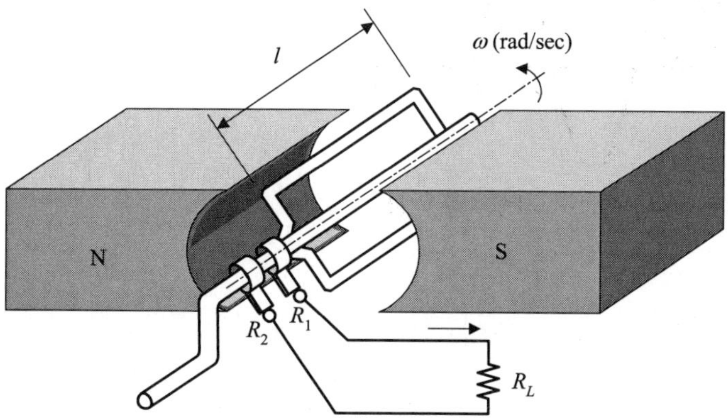

(a) 발전기의 원리

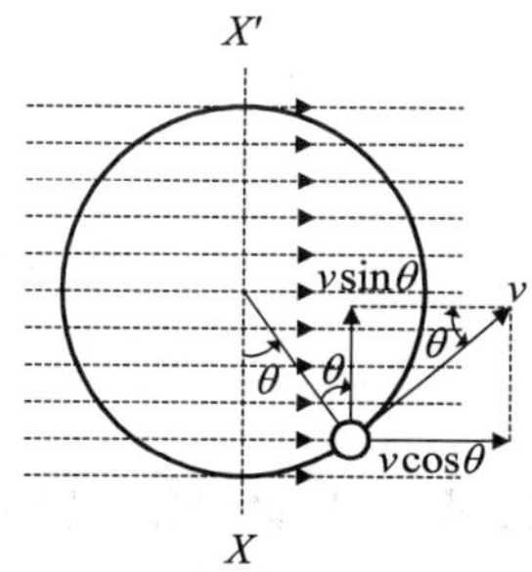

(b) 전기자의 단면도

그림 2.2 정현파 기전력의 발생원리

그림 2.2의 (a)는 정현파를 발생하는 2극 발전기이며 자속밀도 B [wb/m^2]의 평등자계 내에서 한 변의 길이 l[m], 권수 n의 직사각형 코일을 배치하고, 매초 f회의 일정한 속도로 반시계 방향으로 회전시키면, 그림 2.2의(b)와 같이 코일의 변이 $X-X'$면 즉, 한쪽 도체를 통과 할 때부터 t초 후에 플레밍의 오른손 법칙에 의해 코일에 유기되는 기전력은 $Blv\sin\theta$가 되며, 정현파의 모양이며, 코일이 양쪽도체를 통과했을 때는 다음과 같다.

$$v = 2Blv\sin\theta [V] \tag{2-1}$$

또 도체가 회전을 시작하여 t(sec)동안 각도 θ만큼 회전하였다고 하면 $\theta = \omega t$[rad]이므로 식 (2-1)은

$$v = 2Blv\sin\omega t [V] \tag{2-2}$$

와 같이 표현된다. 여기서 ω을 각주파수(angular frequency) 또는 각속도라 한다. 한편, $2Blv$을 V_m으로 표시하며 이를 정현파의 진폭(Amplitude) 또는 최대값(Maximum value)이라 하고 식 (2-2)를 다음과 같이 나타낼 수 있다.

$$v = V_m \sin\omega t \ [\mathrm{V}] \tag{2-3}$$

따라서, $\theta = \omega t$[rad]을 횡축, v을 종축으로 하여 식(2-3)은 그림 2-3과 같은 정현파 교류의 파형으로 표시할 수 있다.

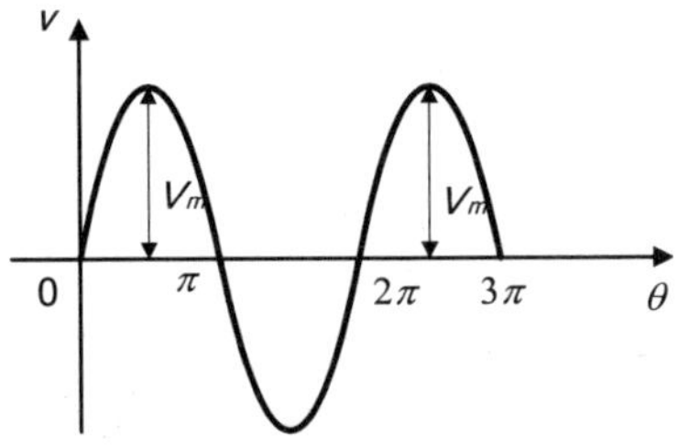

그림 2.3 정현파 기전력의 파형

2.3 주기와 주파수

정현파 교류 파형이 (+) 사이클에서 (−) 사이클로 한 번 변화하여 처음의 상태로 되돌아 오는데 걸리는 시간을 주기(period)라 하고, T(sec)로 표시한다. 또한 1초 동안에 나타나는 교류의 변화 회수, 즉 사이클(cycle)수를 주파수(frequency)라고하며, f로 나타내고, 단위는 헤르츠(Hertz ; Hz)를 사용한다. 주파수의 단위는 [Hz] 외에도 [kHz$=10^3$Hz], [MHz$=10^6$Hz], [GHz$=10^9$Hz] 등이 사용된다. 주기 T(sec)와 주파수 f(Hz)의 관계는 다음과 같다.

$$T = \frac{1}{f}(\mathrm{sec}), \quad f = \frac{1}{T}[\mathrm{Hz}] \tag{2-4}$$

한편 각속도(ω)는 1초간의 각의 증가를 나타내며, 그 단위는 [rad/s]이다. 1주기 T초간에 각은 2π만큼 증가하므로 1초간에는 $\frac{2\pi}{T}$[rad] 만큼 증가한다.

따라서,

$$\omega = \frac{2\pi}{T} = 2\pi f \ [\mathrm{rad/s}] \tag{2-5}$$

이고, 주기 T (sec)와 주파수 f(Hz), 각속도(ω) 관계는 다음과 같다.

$$T = \frac{1}{f} = \frac{2\pi}{\omega} \qquad (2\text{-}6)$$

또한, 파장(λ)은 주기의 변화를 거리에 대해 나타낸 것으로 1 사이클에 포함되는 거리를 말하며 주파수와의 관계는 다음과 같다.

$$\lambda = \frac{C_0}{f} = \frac{3\times 10^8}{f}[\mathrm{m}] \qquad (2\text{-}7)$$

여기서, $C_0 \fallingdotseq 3\times 10^8$[m/s]로 진공중의 빛의 속도이다. 그림 2-4는 정현파 교류의 주기, 주파수, 파장의 관계를 나타내었다.

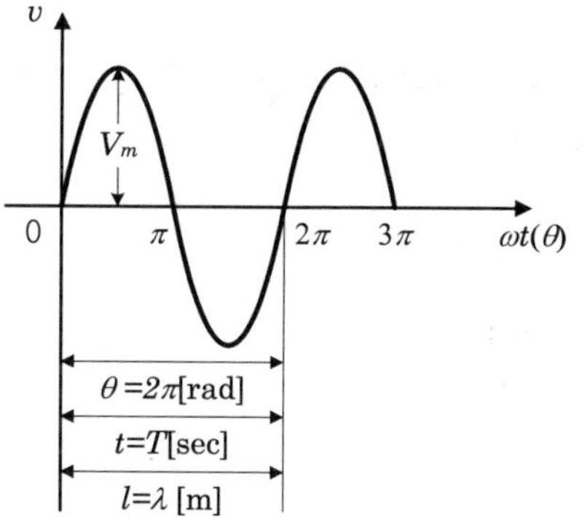

그림 2.4 정현파 교류의 주기, 주파수, 파장의 관계

예제 2-1

$v = 100\sin 400\pi t$[v]인 정현파 교류의 주파수와 주기를 구하시오.

[풀이] ☞ $\omega = 400\pi$ 이므로, $2\pi f = 400\pi$

$\therefore$ 주파수 $f = 200$[Hz], 주기 $T = \frac{1}{f} = \frac{1}{200} = 0.005$[s]$=5$[ms]

예제 2-2

$v = V_m \sin(\omega t + \theta)$ 인 정현파에서 주기 T를 표시하시오.

[풀이] ☞ $w = 2\pi f = \frac{2\pi}{T}$ $\quad \therefore T = \frac{2\pi}{w} = \frac{2\pi}{2\pi f} = \frac{1}{f}$

2.4 위상과 위상차

그림 2-5에서 v_1, v_2, v_3 3개의 정현파 교류가 있다.

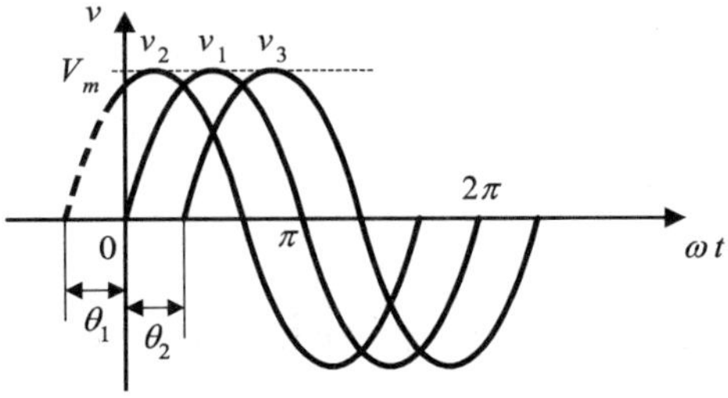

그림 2.5 정현파의 위상

v_1의 위상을 기준으로 할 때, v_2의 위상은 θ_1[rad]만큼 앞서고, v_3의 위상은 θ_2[rad]만큼 뒤진다. 이를 식으로 표시하면 다음과 같고,

$$\begin{aligned} v_1 &= V_{m1} \sin\omega t \\ v_2 &= V_{m2} \sin(\omega t + \theta_1) \\ v_3 &= V_{m3} \sin(\omega t - \theta_2) \end{aligned} \tag{2-8}$$

2개의 정현파 교류의 위상이 일치하면 동상이라 하고, 어긋나면 위상차가 있다고 한다.

예제 2-3

$i = I_m \sin(\omega t - \frac{\pi}{4})$이고, $v = V_m \sin(\omega t - \frac{\pi}{6})$이라면 전류, 전압의 위상차를 구하시오.

[풀이] ☞ $\theta = \theta_1 - \theta_2 = -\frac{\pi}{4} - (-\frac{\pi}{6}) = -\frac{\pi}{12}$

예제 2-4

$v_1 = 30\sin(\omega t + 30^0)$와 $v_2 = 50\cos(\omega t - 30^0)$인 두 전압파형의 위상차를 구하시오.

[풀이] ☞ 위상차를 구하기 위해서는 같은 함수이어야 하므로 $\cos\theta = \sin\theta + 90^0$를 v_2함수에 적용하면

$$v_2 = 50\cos(\omega t - 30^0) = 50\sin(\omega t + 90^0 - 30^0) = 50\sin(\omega t + 60^0)$$

$$\therefore \text{ 위상차 } \theta = \theta_2 - \theta_1 = 60^0 - 30^0 = 30^0$$

2.5 정현파 교류의 표시

(1) 순시값

일반적으로 정현파 교류 전압은 식(2-3)과 같이 $v = V_m \sin wt$로 나타내며 소문자 v의 값은 회전각 θ 또는 시간 t의 값에 따라 각 순간에서 값이 달라지므로 이를 순시값(Instantaneous value)이라 부른다. V_m는 순시값 중 가장 큰 값으로 최대값(Maximum value)이라 한다. 그림 2-6은 순시값을 표현한 것이다.

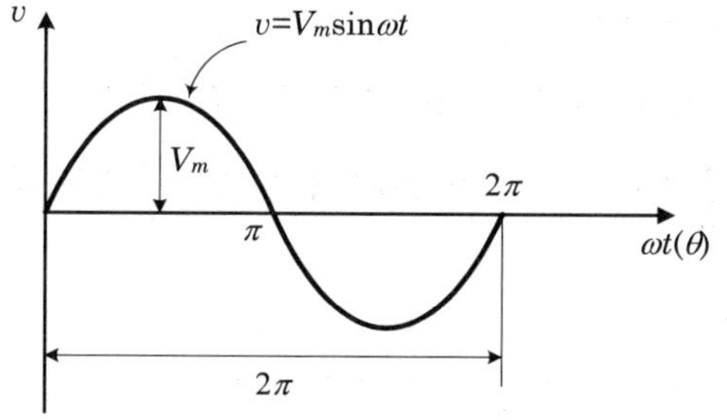

그림 2.6 정현파 순시 교류의 표시

순시값에 각속도 $w = 2\pi f$와 우리나라 상용주파수 $f = 60$[Hz]를 도입하여 표현하면 다음과 같다

$$\left.\begin{aligned} v &= V_m \sin\theta \\ &= V_m \sin\omega t \\ &= V_m \sin 2\pi f t \\ &= V_m \sin 377t\ [\mathrm{V}] \end{aligned}\right\} \tag{2-9}$$

예제 2-5

정현파 전압의 최대값이 100[V]이고, $t=0$에서 순시값이 50[V]이었다. 이 정현파를 순시값으로 표시하라. (단, $t=0$인 순간에 정현파는 증가한다.)

[풀이] ☞ $v = V_m \sin(wt+\theta)$에서 $t=0$일 때, $v=50$, $V_m=100$을 대입하면

$50 = 100\sin\theta$에서 $\theta = 30^0$이다. 따라서 순시값은 다음과 같다.

$$v = 100\sin(wt + 30^0)[\mathrm{V}]$$

(2) 평균값(average value, mean value)

정현파 교류전압이나 전류는 한 주기 내에서 (+)파형과 (−)파형이 서로 대칭이므로, 1주기 값의 평균값은 "0"이다. 따라서 평균값의 계산은 "(+)파형의 반주기 동안의 교류전압 또는 교류전류를 평균"하여 구한다. 평균값의 기호로는 v_{av}, I_{av}를 사용하며, 주기파의 평균값을 구하는 공식은 다음과 같다.

$$I_{av} = \frac{1}{T}\int_0^T i\,dt \quad \text{혹은} \quad v_{av} = \frac{1}{T}\int_0^T v\,dt \tag{2-10}$$

여기서, T는 주기이고, 적분기호의 T는 적분구간이다.

그림 2-7에서 $i = I_m \sin\omega t$[A]로 표시되는 정현파 교류 전류의 평균값을 구해보면, 주기 T는 $\frac{T}{2}$이고, 적분구간은 0~$\frac{T}{2}$이다. 이를 식(2-10)에 대입하면 다음과 같다.

$$I_{av} = \frac{1}{\frac{T}{2}}\int_0^{\frac{T}{2}} i\,dt = \frac{2}{T}\int_0^{\frac{T}{2}} I_m \sin\omega t\,dt \tag{2-11}$$

정현파 교류 전류의 반주기의 각도는 $\pi(180°)$이므로 위의 식을 다음과 같이 계산할 수 있다.

$$I_{av} = \frac{1}{\pi}\int_0^{\pi} i\,d\theta = \frac{1}{\pi}\int_0^{\pi} I_m \sin\theta\,d\theta \tag{2-12}$$

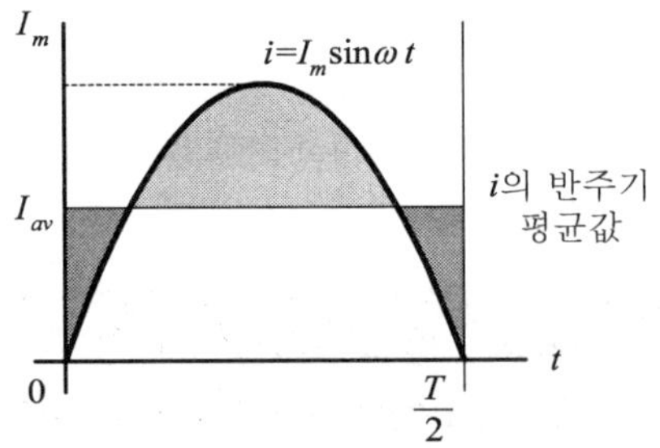

그림 2.7 정현파 교류전류의 평균값

식(2-11)과 (2-12)를 풀면 결과는 같으므로 적분이 용이한 식(2-12)를 이용 평균값을 계산해보자. 여기서 적분공식 $\int \sin x dx = -\cos x + c$을 도입한다.

$$I_{av}=\frac{1}{\pi}\int_0^{\pi} i\,d\theta=\frac{1}{\pi}\int_0^{\pi} I_m \sin\theta\,d\theta$$
$$=\frac{I_m}{\pi}\int_0^{\pi}\sin\theta\,d\theta=\frac{I_m}{\pi}[-\cos\theta]_0^{\pi}$$
$$=-\frac{I_m}{\pi}[\cos\pi-\cos o^0]=-\frac{I_m}{\pi}[-1-1]$$
$$=\frac{2I_m}{\pi}=0.637\,I_m \qquad (2\text{-}13)$$

전압의 경우에도 동일하게 계산되므로 결국 정현파 교류의 전류 및 전압의 평균값은 다음과 같다.

$$\left.\begin{aligned} I_{av}&=\frac{2\,I_m}{\pi}\fallingdotseq 0.637\,I_m \\ v_{av}&=\frac{2\,V_m}{\pi}\fallingdotseq 0.637\,V_m \end{aligned}\right\} \qquad (2\text{-}14)$$

즉 정현파 교류의 평균값은 최대값의 $\frac{2}{\pi}$배 또는 약 0.637배가 된다.

예제 2-6

$v=200\sqrt{2}\,\sin(377t+30^0)$[V]의 평균값을 구하시오.

[풀이] ☞ $v_{av}=\frac{2\,V_m}{\pi}=\frac{2\times 200\sqrt{2}}{\pi}\fallingdotseq 179$[V]

(3) 실효값(effective value or root mean square)

교류의 실효값은 그림 2-8과 같이 "교류전류 i를 같은 저항 $R[\Omega]$에 임의의 시간 동안 흘렸을 때의 소비전력이 직류전류 I를 같은 시간동안 흘렸을 때의 소비전력과 같다면", 이때, 교류전류 i를 실효값 또는 실효치(effective value)라 부른다. 실효값을 표시할 때는 I로 표시하거나 I_{eff} 혹은 I_{rms}로 표시하기도 한다.

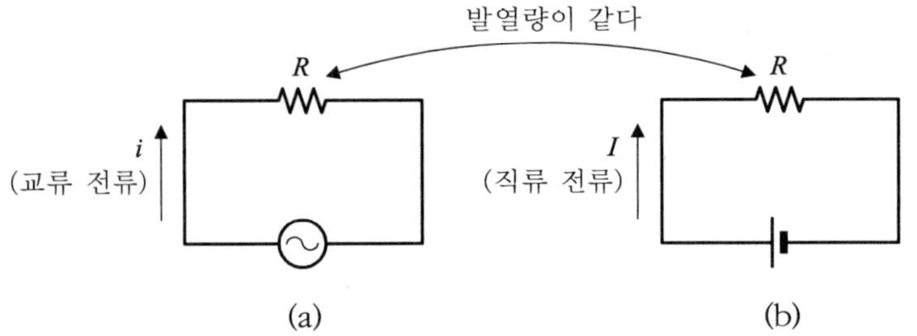

그림 2.8 정현파교류의 실효값

그림 2-8(a)에서 소비전력 P_{ac}는

$$P_{ac} = \int_0^T i^2 R\,dt [\mathrm{W}] \tag{2-15}$$

이고, (b)에서 T초간 소비전력 P_{dc}는

$$P_{dc} = \int_0^T I^2 R\,dt [\mathrm{W}] \tag{2-16}$$

이다. 따라서 실효값의 정의에 따라 $P_{ac} = P_{dc}$이므로

$$\int_0^T I^2 R\,dt = \int_0^T i^2 R\,dt \tag{2-17}$$

으로 놓을 수 있다. 여기서 좌변항의 적분을 계산하면 $I^2 R T$ 가 되므로 식(2-17)은

$$I^2 R T = \int_0^T i^2 R\,dt \tag{2-18}$$

가 된다. 따라서 실효전류 I 는 다음과 같다.

$$I = I_{eff} = \sqrt{\frac{1}{T}\int_0^T i^2\,dt}\ [\mathrm{A}] \quad \text{또는} \quad I = I_{eff} = \sqrt{i^2\text{의 평균}}\ [\mathrm{A}] \tag{2-19}$$

전압으로 표시할 경우

$$V = V_{eff} = \sqrt{\frac{1}{T}\int_0^T v^2\,dt}\,[\mathrm{V}] \text{ 또는 } V = V_{eff} = \sqrt{v^2\text{의 평균}}\,[\mathrm{V}] \tag{2-20}$$

이다. 따라서 실효값 I는 식(2-19)에 주기 T는 2π, 적분구간은 0~2π와 교류전류의 순시값 $i = I_m \sin\theta$[A]를 대입하고 2배각의 공식 $\sin^2\theta = \frac{1}{2}(1-\cos 2\theta)$과 적분공식 $\int \cos ax dx = \frac{1}{a}\sin ax + c$을 이용하여 계산하면

$$\begin{aligned}
I = I_{eff} &= \sqrt{\frac{1}{T}\int_0^T i^2\,dt} = \sqrt{\frac{1}{2\pi}\int_0^{2\pi} I_m^2 \sin^2\theta\,d\theta} \\
&= \sqrt{\frac{I_m^2}{2\pi}\int_0^{2\pi}\frac{1}{2}(1-\cos 2\theta)\,d\theta} = \sqrt{\frac{I_m^2}{4\pi}\int_0^{2\pi}(1-\cos 2\theta)\,d\theta} \\
&= \sqrt{\frac{I_m^2}{4\pi}\left[\int_0^{2\pi} d\theta - \int_0^{2\pi}\cos 2\theta\,d\theta\right]} = \sqrt{\frac{I_m^2}{4\pi}\left(2\pi - \left[\frac{1}{2}\sin 2\theta\right]_0^{2\pi}\right)} \\
&= \sqrt{\frac{I_m^2}{4\pi}2\pi} = \sqrt{\frac{I_m^2}{2}} = \frac{1}{\sqrt{2}}I_m \fallingdotseq 0.707 I_m
\end{aligned} \tag{2-21}$$

이다. 전압의 경우에도 동일하게 계산되므로 결국 정현파 교류의 전류 및 전압의 실효값은 다음과 같다.

$$\left.\begin{aligned}
I = I_{eff} &= \frac{1}{\sqrt{2}}I_m \fallingdotseq 0.707 I_m \\
V = V_{eff} &= \frac{1}{\sqrt{2}}V_m \fallingdotseq 0.707 V_m
\end{aligned}\right\} \tag{2-22}$$

즉, 정현파 교류의 실효값은 최대값의 $\frac{1}{\sqrt{2}}$배 또는 약 0.707배이다. 식(2-22)에서 최대값을 구하면 다음과 같다.

$$I_m = \sqrt{2}\,I \quad \text{or} \quad V_m = \sqrt{2}\,V \tag{2-23}$$

그림 2.9는 정현파 교류의 최대값, 평균값, 실효값의 관계이다.

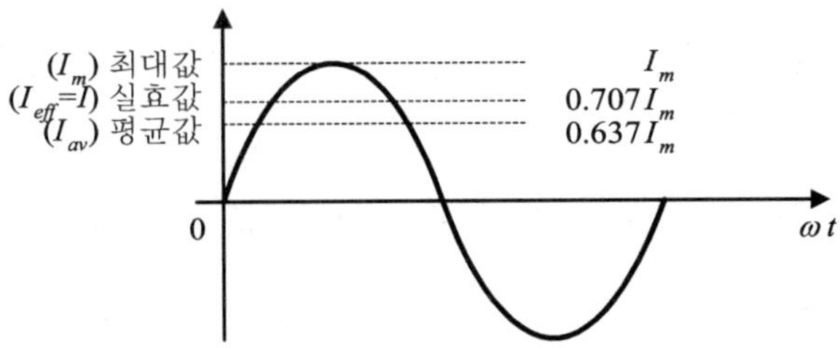

그림 2.9 정현파 교류의 최대값, 평균값, 실효값의 관계

예제 2-7

어떤 정현파 교류전압의 평균값이 300[V]일 때, 실효값은 얼마인가?

[풀이] ☞ 정현파의 평균값 $v_{av} = \dfrac{2}{\pi} V_m$ 에서

$$V_m = \frac{\pi}{2} \times v_{av} = \frac{\pi}{2} \times 300 = 150\pi[\mathrm{V}]$$

$$\therefore \text{ 실효값 } V_{eff} = \frac{V_m}{\sqrt{2}} = \frac{150\pi}{\sqrt{2}} ≒ 333.1[\mathrm{V}]$$

2.6 기타 파형의 평균값과 실효값

(1) 반파정류

그림 2.10은 정현반파전압파형으로 $v = V_m \sin\theta$이다. 주기 T는 2π이고, 적분 구간은 0 ~ π이다.

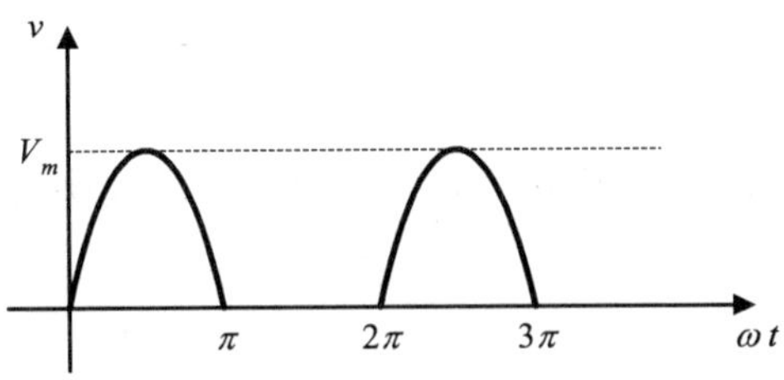

그림 2.10 반파정류파형

1-1) 평균값

식(2-10)의 평균값 공식에 의해서 계산하면 다음과 같다.

$$v_{av}=\frac{1}{T}\int_0^T v\,dt=\frac{1}{2\pi}\int_0^{\pi} v\,d\theta=\frac{1}{2\pi}\int_0^{\pi} V_m\sin\theta\,d\theta$$

$$=\frac{V_m}{2\pi}\int_0^{\pi}\sin\theta\,d\theta=\frac{V_m}{2\pi}[-\cos\theta]_0^{\pi}$$

$$=-\frac{V_m}{2\pi}[\cos\pi-\cos o^0]=-\frac{V_m}{2\pi}[-1-1]$$

$$=\frac{V_m}{\pi}$$

$$\fallingdotseq 0.318\,V_m \qquad (2\text{-}24)$$

전류의 경우에도 동일하게 계산되므로 결국 반파 정류의 전압 및 전류의 평균값은 다음과 같다.

$$\left.\begin{aligned} v_{av}&=\frac{V_m}{\pi}\fallingdotseq 0.318\,V_m \\ I_{av}&=\frac{I_m}{\pi}\fallingdotseq 0.318\,I_m \end{aligned}\right\} \qquad (2\text{-}25)$$

즉 반파정류의 평균값은 최대값의 $\frac{1}{\pi}$배 또는 약 0.318배가 된다.

1-2) 실효값

평균값 구할 때의 주기와 적분구간을 적용하고 2배각의 공식 $\sin^2\theta=\frac{1}{2}(1-\cos 2\theta)$과 적분 공식 $\int\cos ax\,dx=\frac{1}{a}\sin ax+c$을 이용하여 식(2-20)의 실효값 공식에 의해서 계산하면 다음과 같다.

$$V=V_{eff}=\sqrt{\frac{1}{T}\int_0^T v^2\,dt}=\sqrt{\frac{V_m^2}{2\pi}\int_0^{\pi}\sin^2\theta\,d\theta}$$

$$=\sqrt{\frac{V_m^2}{2\pi}\int_0^{\pi}\frac{1}{2}(1-\cos 2\theta)\,d\theta}=\sqrt{\frac{V_m^2}{4\pi}\int_0^{\pi}(1-\cos 2\theta)\,d\theta}$$

$$=\sqrt{\frac{V_m^2}{4\pi}\left[\int_0^{\pi}d\theta-\int_0^{\pi}\cos 2\theta\right]}=\sqrt{\frac{V_m^2}{4\pi}\left(2\pi-\left[\frac{1}{2}\sin 2\theta\right]_0^{\pi}\right)}$$

$$= \sqrt{\frac{V_m^2}{4\pi}\pi} = \sqrt{\frac{V_m^2}{4}} = \frac{1}{2}V_m \tag{2-26}$$

전류의 경우에도 동일하게 계산되므로 결국 반파 정류 정현파 교류의 전압 및 전류의 실효값은 다음과 같다.

$$\left.\begin{aligned} V &= V_{eff} = \frac{1}{2}V_m = 0.5V_m \\ I &= I_{eff} = \frac{1}{2}I_m = 0.5I_m \end{aligned}\right\} \tag{2-27}$$

예제 2-8

그림 2-11에서 $0 \le t \le \pi$일 때, $i = 2\sin wt$이고, $\pi \le t \le 2\pi$일 때 $i=0$인 주기함수의 평균값과 실효값을 구하라.

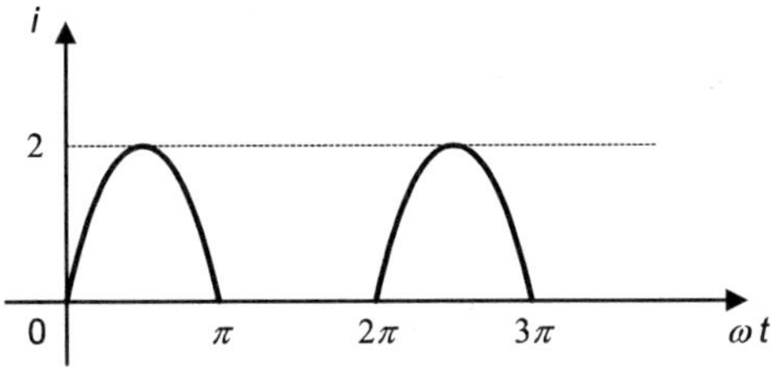

그림 2.11

[풀이] ☞ 그림 2-11은 반파 정류이고, 최대값은 2[A]이므로,

① 식(2-25)로부터 평균값

$$I_{av} = \frac{I_m}{\pi} \fallingdotseq 0.318\,I_m = 0.318 \times 2 = 0.636[A]$$

② 식(2-27)로부터 실효값

$$I = I_{eff} = \frac{1}{2}I_m = \frac{1}{2} \times 2 = 1[A]$$

(2) 삼각파

2-1) 평균값

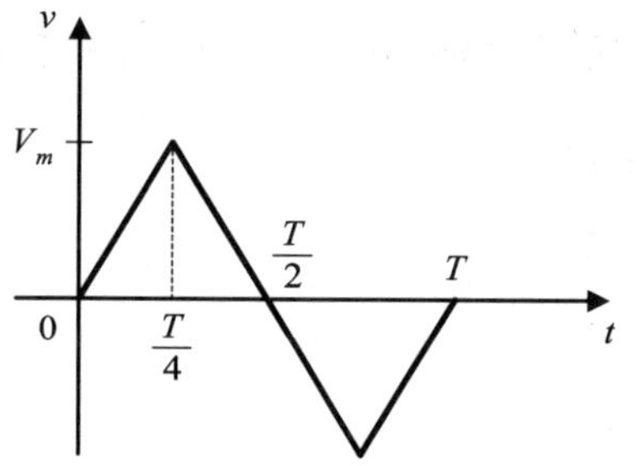

그림 2.12 삼각파

그림 2.12에서 삼각파의 경우도 정현파 교류와 같이 주기 내에서 (+) 파형과 (−) 파형이 서로 대칭이므로, 1주기 값의 평균값은 "0"이다. 따라서 평균값의 계산은 (+)파형의 반주기 동안의 전압 또는 전류를 평균하여 구한다. 그러나 전압의 크기가 정현이 아니고 최대값만 V_m이므로 반주기($\frac{T}{2}$)에는 전압이 0이므로 (+)파형 $\frac{1}{4}$주기에 대하여 해석하여 전압의 크기를 구하면 다음과 같다.

$$\frac{v}{t} = \frac{V_m}{\frac{T}{4}} \qquad \therefore\ v = \frac{4}{T} V_m\, t \tag{2-28}$$

따라서 주기 $T = \frac{T}{4}$, 적분구간= $0 \sim \frac{T}{4}$를, 식(2-28)의 전압 v을 평균값 공식인 아래의 식에 대입하여 계산하면 다음과 같다.

$$\begin{aligned} v_{av} &= \frac{1}{T}\int_0^T v\, dt = \frac{1}{\frac{T}{4}}\int_0^{\frac{T}{4}} \frac{4}{T} V_m\, t\, dt \\ &= \frac{4}{T}\int_0^{\frac{T}{4}} \frac{4}{T} V_m\, t\, dt = \frac{16\, V_m}{T^2}\int_0^{\frac{T}{4}} t\, dt \\ &= \frac{16\, V_m}{T^2}\left[\frac{t^2}{2}\right]_0^{\frac{T}{4}} = \frac{8\, V_m}{T^2}\,[t^2]_0^{\frac{T}{4}} \end{aligned}$$

$$= \frac{8\,V_m}{T^2} \cdot \frac{T^2}{16} = \frac{V_m}{2} \tag{2-29}$$

전류의 경우에도 동일하게 계산되므로 결국 삼각파의 평균값은 다음과 같다.

$$\left.\begin{aligned} v_{av} &= \frac{V_m}{2} = 0.5\,V_m \\ I_{av} &= \frac{I_m}{2} = 0.5\,I_m \end{aligned}\right\} \tag{2-30}$$

즉 삼각파교류의 평균값은 최대값의 $\frac{1}{2}$배 또는 약 0.5배가 된다.

예제 2-9

그림 2-13과 같이 시간축에 대하여 대칭인 3각파 교류전압의 평균값을 구하시오.

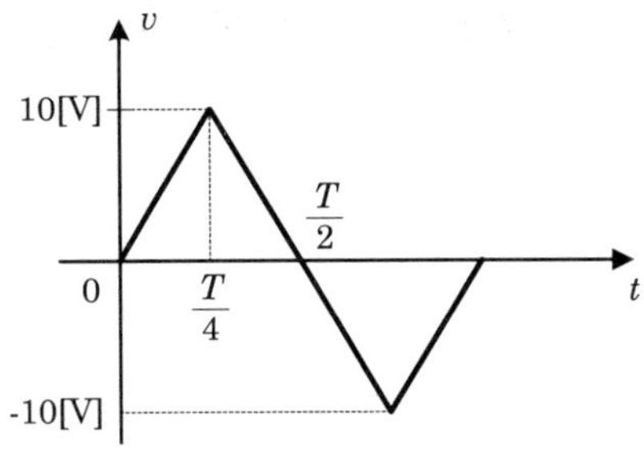

그림 2.13

[풀이] ☞ 방법 ① 그림 2-13은 그림 2-12와 같은 형태이므로 식(2-30)에서

$$v_{av} = \frac{V_m}{2} = \frac{10}{2} = 5[\mathrm{V}]$$

방법 ② 식(2-29)의 과정으로 계산하면, 그림 2-13에서 전압과 시간축에서 v를 계산하면

$$\frac{v}{t} = \frac{10}{\frac{T}{4}} \qquad \therefore v = \frac{4}{T}10\,t$$

따라서 주기 $T = \frac{T}{4}$, 적분구간은 0 ~ $\frac{T}{4}$, $v = \frac{4}{T}10\,t$를 아래 식에 대입하면

$$
\begin{aligned}
v_{av} &= \frac{1}{T}\int_0^T v\,dt = \frac{4}{T}\int_0^{\frac{T}{4}} \frac{4}{T}10\,t\,dt \\
&= \frac{160}{T^2}\int_0^{\frac{T}{4}} t\,dt = \frac{160}{T^2}\cdot\frac{1}{2}\left[t^2\right]_0^{\frac{T}{4}} \\
&= \frac{80}{T^2}\cdot\frac{T^2}{16} \\
&= 5[\mathrm{V}]
\end{aligned}
$$

로 방법 ①과 방법 ②가 같은 결과임을 알 수 있다.

2-2) 실효값

실효값도 평균값 구할 때의 주기와 적분구간, 전압을 아래 식에 대입하면

$$
\begin{aligned}
V = V_{eff} &= \sqrt{\frac{1}{T}\int_0^T v^2\,dt} \\
&= \sqrt{\frac{4}{T}\int_0^{\frac{T}{4}} \left(\frac{4}{T}V_m\,t\right)^2 dt} \\
&= \sqrt{\frac{64\,V_m^2}{T^3}\int_0^{\frac{T}{4}} t^2\,dt} \\
&= \sqrt{\frac{64\,V_m^2}{T^3}\left[\frac{t^3}{3}\right]_0^{\frac{T}{4}}} \\
&= \sqrt{\frac{64\,V_m^2}{3T^3}\cdot\frac{T^3}{64}} \\
&= \frac{V_m}{\sqrt{3}}[\mathrm{V}]
\end{aligned}
\tag{2-31}
$$

가 된다.

전류의 경우에도 동일하게 계산되므로 결국삼각파 교류의 전압 및 전류의 실효값은 다음과 같다.

$$
\left.
\begin{aligned}
V = V_{eff} &= \frac{V_m}{\sqrt{3}} = 0.577\,V_m \\
I = I_{eff} &= \frac{I_m}{\sqrt{3}} = 0.577\,I_m
\end{aligned}
\right\}
\tag{2-32}
$$

예제 2-10

그림 2.14와 같은 파형에서 실효값을 구하시오.

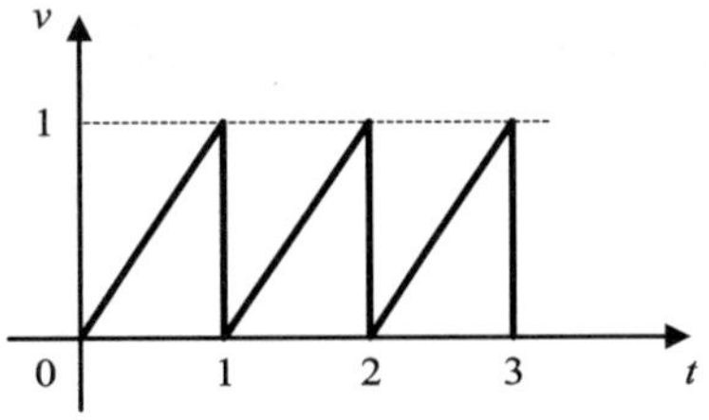

그림 2.14

[풀이] ☞ 방법 ① 식(2-31)에서

$$V = V_{eff} = \frac{V_m}{\sqrt{3}} = \frac{1}{\sqrt{3}} [\mathrm{V}]$$

방법 ② 식(2-31)의 과정으로 계산하면, 그림 2-14에서 전압과 시간축에서 v를 계산하면

$$\frac{v}{t} = \frac{1}{1} \qquad \therefore v = t$$

따라서 실효값 구하는 식에 주기 T=1, 적분구간 = 0~1, $v = t$를 아래 식에 대입하면

$$V = V_{eff} = \sqrt{\frac{1}{T}\int_0^T v^2\, dt} = \sqrt{\frac{1}{1}\int_0^1 t^2\, dt}$$

$$= \sqrt{\left[\frac{t^3}{3}\right]_0^1} = \frac{1}{\sqrt{3}} [\mathrm{V}]$$

로 방법 ①과 방법 ②가 같은 결과임을 알 수 있다.

(3) 구형파

그림 2.15의 구형파의 경우도 정현파 교류와 같이 주기 내에서 (+)파형과 (−)파형이 서로 대칭이므로, 주기(T)는 (+)파형의 0~$\frac{T}{2}$로 해석하고 전류값은 변동이 없으므로 I_m으로 한다.

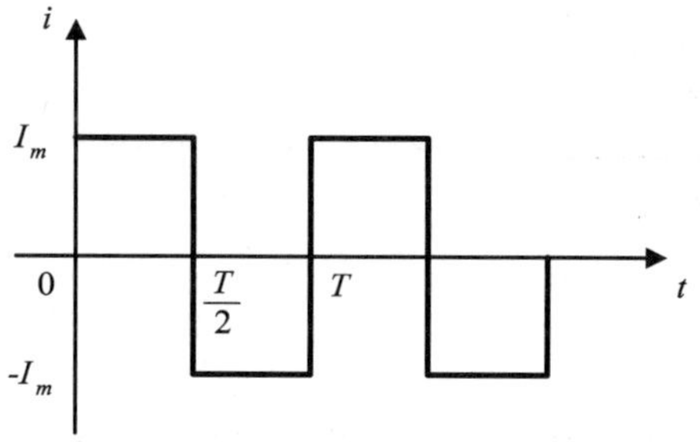

그림 2.15 구형파

3-1) 평균값

주기 $T=\frac{T}{2}$와 $i=I_m$을 평균값의 공식에 대입하면

$$I_{av}=\frac{1}{T}\int_0^T i\,dt=\frac{1}{\frac{T}{2}}\int_0^{\frac{T}{2}} I_m\,dt$$

$$=\frac{2}{T}I_m\frac{T}{2}$$

$$=I_m\ [\mathrm{A}] \qquad (2\text{-}33)$$

전압의 경우에도 동일하게 계산되므로 결국 구형파의 평균값은 다음과 같다.

$$\left.\begin{aligned} I_{av} &= I_m \\ v_{av} &= V_m \end{aligned}\right\} \qquad (2\text{-}34)$$

즉, 구형파의 평균값은 최대값과 같다

3-2) 실효값

실효값도 평균값 구할 때의 주기와 전류값을 아래 공식에 대입하여 계산하면

$$I=I_{eff}=\sqrt{\frac{1}{T}\int_0^T i^2\,dt}$$

$$=\sqrt{\frac{1}{\frac{T}{2}}\int_0^{\frac{T}{2}} I_m^2\,dt}$$

$$= \sqrt{\frac{2}{T}\int_0^{\frac{T}{2}} I_m^2 \, dt}$$

$$= \sqrt{\frac{2}{T} I_m^2 \cdot \frac{T}{2}}$$

$$= I_m [\mathrm{A}] \tag{2-35}$$

이다. 전압의 경우에도 동일하게 계산되므로 결국 구형파의 실효값은 다음과 같다.

$$I = I_{eff} = I_m$$
$$V = V_{eff} = V_m \tag{2-36}$$

그러므로, 구형파의 경우 평균값이나 실효값은 모두 최대값과 같다는 것을 알 수 있다.

예제 2-11

그림 2.16과 같은 구형반파의 실효값과 평균값을 구하시오.

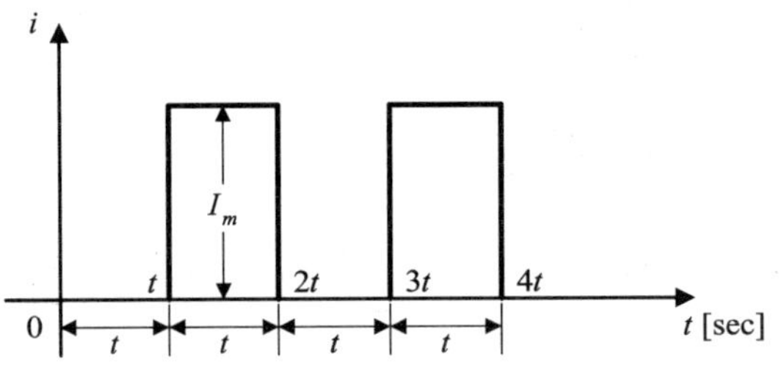

그림 2.16

[풀이] ☞ 그림 2.16의 구형 반파에서 전류의 크기는 한 주기 내에서 $t \sim 2t$에서는 I_m이고, $0 \sim t$ 까지는 전류가 흐르지 않으므로, 주기는 $2t$이고, 적분구간은 $t \sim 2t$이다. 따라서 실효값과 평균값의 계산은 다음과 같다.

① 실효값 $I = I_{eff} = \sqrt{\frac{1}{T}\int_0^T i^2 \, dt}$

$$= \sqrt{\frac{1}{2t}\int_t^{2t} I_m^2 \cdot dt} = \sqrt{\frac{1}{2t} I_m^2 (2t - t)}$$

$$= \frac{I_m}{\sqrt{2}} [\mathrm{A}]$$

② 평균값 $I_{av}=\dfrac{1}{T}\displaystyle\int_0^T i\,dt = \dfrac{1}{2t}\int_t^{2t} I_m \cdot dt$

$= \dfrac{I_m}{2}$ [A]

2.7 파고율과 파형률(peak factor and wave form factor)

교류는 정현파교류가 대부분 차지하고 있지만 이 외에도 여러 가지 파형이 있다. 교류의 크기는 일반적으로 실효값으로 나타내는데 이 실효값만으로 파형까지는 알 수 없으므로 파형의 개략을 알아보기 위한 방법으로 다음 식으로 정의된다.

$$※ \text{ 파고율} = \frac{\text{최대값}}{\text{실효값}} \tag{2-37}$$

$$※ \text{ 파형률} = \frac{\text{실효값}}{\text{평균값}} \tag{2-38}$$

즉, 파고율은 교류의 최대값과 실효값의 비이고, 파형의 평활도를 나타낸다. 파형률은 실효값과 평균값과의 비로, 파형의 날카로운 정도를 나타낸다.

(1) 각종 파형의 파고율과 파형률의 계산

1-1) 정현파

정현파 교류의 경우 전압을 기준으로 평균값과 실효값의 관계는 식(2-14), (2-22)에서

$$v_{av}=\frac{2V_m}{\pi}, \quad V=V_{eff}=\frac{V_m}{\sqrt{2}} \tag{2-39}$$

이므로 이 값을 식(2-37)과 (2-38)에 대입하여 계산하면 다음과 같다.

$$① \text{ 파고율} = \frac{\text{최대값}}{\text{실효값}} = \frac{V_m}{\dfrac{V_m}{\sqrt{2}}} = \sqrt{2} = 1.414$$

$$② \text{ 파형률} = \frac{\text{실효값}}{\text{평균값}} = \frac{\dfrac{V_m}{\sqrt{2}}}{\dfrac{2V_m}{\pi}} = \frac{\pi}{2\sqrt{2}} = 1.111$$

1-2) 반파 정류

반파 정류 정현파 교류의 전압을 기준으로 평균값과 실효값은 식(2-25), (2-27)에서

$$v_{av} = \frac{V_m}{\pi}, \quad V = V_{eff} = \frac{V_m}{2} \tag{2-40}$$

이므로 역시 이 값도 식(2-37)과 (2-38)에 대입하여 계산하면 다음과 같다.

$$① \text{ 파고율 } = \frac{\text{최대값}}{\text{실효값}} = \frac{V_m}{\frac{V_m}{2}} = 2$$

$$② \text{ 파형률 } = \frac{\text{실효값}}{\text{평균값}} = \frac{\frac{V_m}{2}}{\frac{V_m}{\pi}} = \frac{\pi}{2} = 1.57$$

1-3) 삼각파

삼각파의 경우 전압을 기준으로 평균값과 실효값은 식(2-30), (2-32)에서

$$v_{av} = \frac{V_m}{2}, \quad V = V_{eff} = \frac{V_m}{\sqrt{3}} \tag{2-41}$$

이므로 역시 이 값을 식(2-37)과 (2-38)에 대입하여 계산하면 다음과 같다.

$$① \text{ 파고율 } = \frac{\text{최대값}}{\text{실효값}} = \frac{V_m}{\frac{V_m}{\sqrt{3}}} = \sqrt{3} = 1.732$$

$$② \text{ 파형률 } = \frac{\text{실효값}}{\text{평균값}} = \frac{\frac{V_m}{\sqrt{3}}}{\frac{V_m}{2}} = \frac{2}{\sqrt{3}} = 1.155$$

1-4) 구형파

구형파의 경우 식(2-34), (2-36)에서 평균값이나 실효값은 모두 최대값과 같으므로 파고율과 파형률은 모두 "1"이 된다.

예제 2-12

최대값이 200[V]인 삼각파의 실효값과 평균값을 구하시오. (단, 삼각파의 파고율은 1.732, 파형률은 1.155이다)

[풀이] ☞ 파고율 $= \dfrac{\text{최대값}}{\text{실효값}}$ 에서, 실효값$= \dfrac{\text{최대값}}{\text{파고율}} = \dfrac{200}{1.732} = 115.5$[V]

파형률 $= \dfrac{\text{실효값}}{\text{평균값}}$ 에서, 평균값$= \dfrac{\text{실효값}}{\text{파형률}} = \dfrac{115.5}{1.155} = 100$[V]

지금까지 대표적인 정현파형의 파고율과 파형률을 관계를 비교하면 표 2-1과 같다.

표 2-1 각종 파형의 파고율과 파형률

명칭	파형	파고율	파형률	실효값
구형파	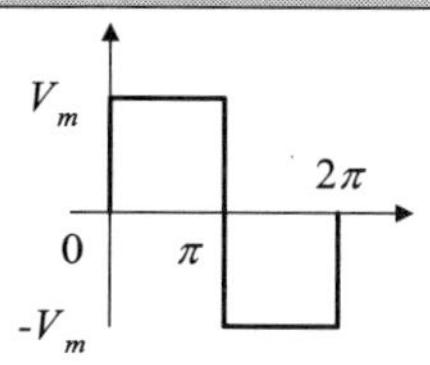	1.0	1.0	V_m
정현파	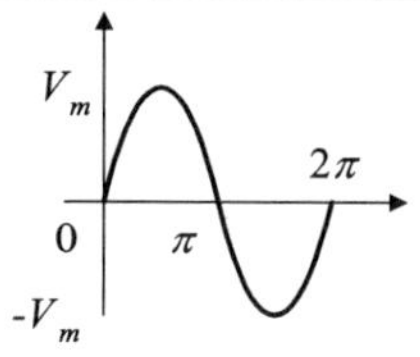	1.414	1.11	$\dfrac{V_m}{\sqrt{2}} = 0.707\,V_m$
삼각파	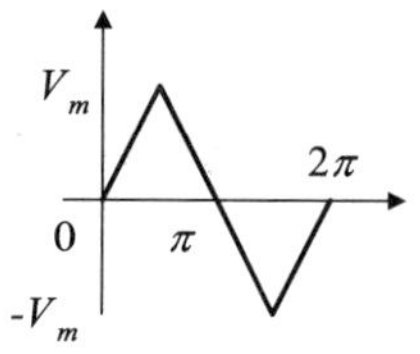	1.732	1.155	$\dfrac{V_m}{\sqrt{3}} = 0.577\,V_m$
반파정류	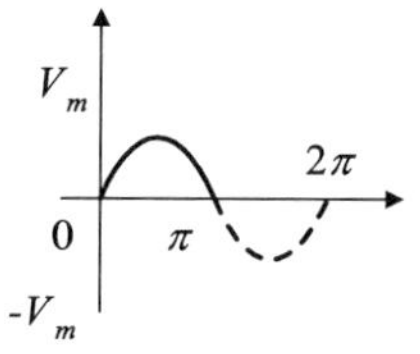	2	1.57	$\dfrac{V_m}{2} = 0.5\,V_m$
구형반파	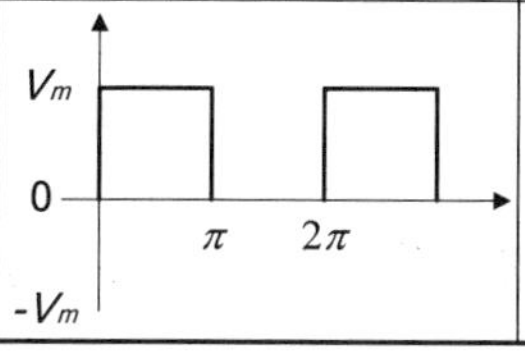	$\sqrt{2}$	$\sqrt{2}$	$\dfrac{V_m}{\sqrt{2}} = 0.707\,V_m$

2.8 복소수와 벡터

(1) 복소수의 개념

스칼라(scaiar)량은 길이와 온도 등과 같이 크기로 표시되지만 힘, 속도와 같이 크기와 방향을 동시에 가지는 것을 벡터(vector)량이라 하고, 벡터량의 기호는 $\boldsymbol{A}$, $\grave{A}$, $\overrightarrow{A}$ 등을 사용한다. 벡터값은 복소수(complex number)로 나타 낼 수 있으며, 복소수는 실수와 허수의 합으로 다음과 같이 표시된다.

$$\boldsymbol{A} = a + jb \tag{2-42}$$

여기서, a를 실수부(real part), b를 허수부(imaginary part)라 하고, j는 허수단위(imaginary unit)로 다음과 같이 정의한다.

$$j = \sqrt{-1} \quad \text{또는} \quad j^2 = -1 \tag{2-43}$$

그러므로

$$\begin{aligned} j^3 &= j^2 \times j = -1 \times j = -j \\ j^4 &= j^2 \times j^2 = -1 \times -1 = 1 \end{aligned} \tag{2-44}$$

이다.

(2) 공액복소수

복소수에서 실수부는 같고 허수부의 부호만 다른 복소수를 공액복소수라 한다.
복소수 $\boldsymbol{A} = a + jb$의 공액복소수는 다음과 같다.

$$\boldsymbol{A} = a - jb \tag{2-45}$$

공액 복소수의 곱은 다음과 같이 표시된다.

$$\boldsymbol{A} \times \boldsymbol{A} = (a + jb)(a - jb) = a^2 + b^2 \tag{2-46}$$

(3) 복소수의 표현

복소수는 직각좌표형식, 삼각함수형식, 극좌표, 지수함수형식 등으로 표시할 수 있다.

3-1) 직각좌표형식

복소수 $\boldsymbol{A}=a+jb$의 형태로 나타내는 형식이며, 여기서 실수부 a와 허수부 b는 각각

$$a = Re[A], \quad b = Im[A] \tag{2-47}$$

이다. 직각좌표평면에서 가로축에 실수값을 나타내고, 세로축에 허수값을 나타내는 표현 형식을 복소평면이라 하며 그림 2-17과 같다.

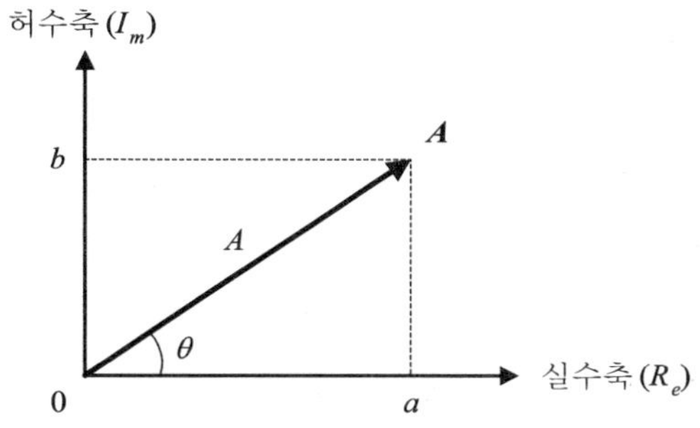

그림 2.17

3-2) 삼각함수 형식

복소수의 실수 a와 허수 b를 삼각함수의 형식으로 나타내는 방식으로, 그림 2-17의 실수 a와 허수 b를 삼각함수로 나타내면 다음과 같다.

$\cos\theta=\dfrac{a}{A}$, $\sin\theta=\dfrac{b}{A}$이므로 $a=A\cos\theta$, $b=A\sin\theta$이다. 이를 그림으로 나타낸 것이 그림 2-18이다.

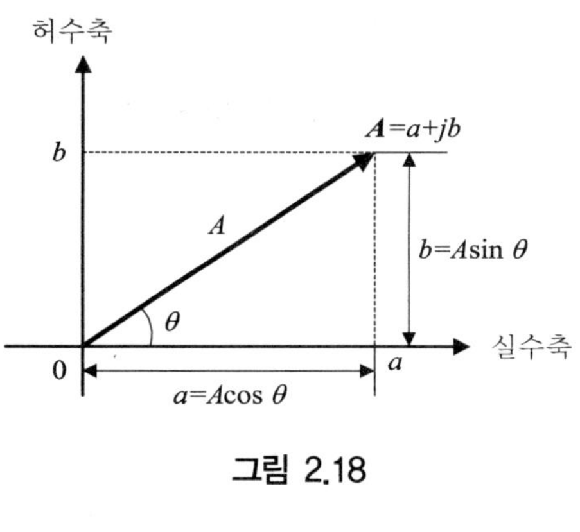

그림 2.18

따라서 복소수 $\boldsymbol{A}=a+jb$를 삼각함수 형태로 표시하면 다음과 같다.

$$\boldsymbol{A}=a+jb=A\cos\theta+jA\sin\theta=A(\cos\theta+j\sin\theta) \tag{2-48}$$

3-3) 극좌표 형식

그림 2.18에서 크기와 각도는 다음과 같이 구할 수 있다.

$$|\boldsymbol{A}| = A = \sqrt{a^2+b^2} \tag{2-49}$$

$$\theta=\tan^{-1}\frac{b}{a} \tag{2-50}$$

극좌표형식은 실수축을 기준위상으로 하여 크기와 편각을 동시에 표현하는 형식을 말하며 다음과 같이 표현할 수 있다.

$$\boldsymbol{A}=a+jb=A\angle\theta=\sqrt{a^2+b^2}\angle\tan^{-1}\frac{b}{a} \tag{2-51}$$

3-4) 지수함수 형식

오일러 정리와 극좌표형식을 이용하여 삼각함수형식으로 표현된 복소수를 지수함수형식으로 표현하기 방식으로 그림 2.19의 오일러 정리의 표현과 공식을 이용한다.

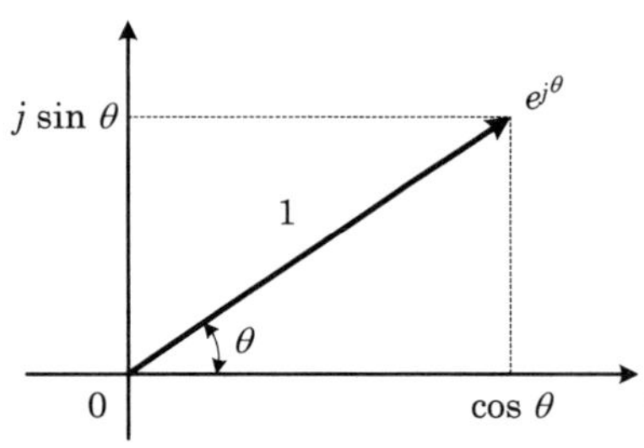

그림 2.19 오일러 정리의 표현

$$e^{j\theta}=\cos\theta+j\sin\theta \tag{2-52}$$

여기서, $e^{j\theta}$의 절대값(크기)은

$$|e^{j\theta}|=|\cos\theta+j\sin\theta|=\sqrt{\cos^2\theta+\sin^2\theta}=1 \tag{2-53}$$

이므로 식(2-52)의 오일러 공식을 극좌표 형식으로 표시하면

$$e^{j\theta} = \cos\theta + j\sin\theta = 1\angle\theta \tag{2-54}$$

가 된다. 따라서 크기가 A이고 편각이 θ인 복소수 $\boldsymbol{A}$를 삼각함수 형식을 이용하여 지수함수 형식으로 표시하면 다음과 같다.

$$\boldsymbol{A} = A\angle\theta = A(\cos\theta + j\sin\theta) = Ae^{j\theta} \tag{2-55}$$

예제 2-13

$4+j3$을 극좌표와 지수함수 형식으로 나타내시오.

[풀이] ☞ $4+j3 = \sqrt{4^2+3^2}\angle\tan^{-1}\dfrac{3}{4} = 5\angle 36.9^0$ ← 극좌표형식

$= 5e^{j36.9^0}$ ← 지수함수형식

예제 2-14

$8\angle 30^0$을 직각좌표형식으로 고치시오.

[풀이] ☞ $8\angle 30^0 = 8(\cos 30^0 + j\sin 30^0)$

$= 6.93 + j4$

(4) 복소수의 연산

4-1) 복소수의 합과 차

두 복소수 $\boldsymbol{A_1} = a_1 + jb_1$, $\boldsymbol{A_2} = a_2 + jb_2$의 합과 차에 대한 계산은 다음과 같다.

$$\begin{aligned} \boldsymbol{A} = \boldsymbol{A_1} + \boldsymbol{A_2} &= (a_1 + jb_1) + (a_2 + jb_2) \\ &= (a_1 + a_2) + j(b_1 + b_2) \\ &= a + jb \end{aligned} \tag{2-56}$$

$$\begin{aligned} \boldsymbol{A} = \boldsymbol{A_1} - \boldsymbol{A_2} &= (a_1 + jb_1) - (a_2 + jb_2) \\ &= (a_1 - a_2) + j(b_1 - b_2) \\ &= a + jb \end{aligned} \tag{2-57}$$

즉, 두 복소수의 합과 차는 실수부는 실수부끼리, 허수부는 허수부끼리 합과 차를 구하면 된다.

4-2) 복소수의 곱

두 복소수 $A_1 = a_1 + jb_1$, $A_2 = a_2 + jb_2$의 곱에 대한 계산은 다음과 같다.

① 직각좌표 형식인 경우

$$A_1 \times A_2 = (a_1 + jb_1)(a_2 + jb_2) = a_1a_2 + ja_1b_2 + jb_1a_2 + j^2b_1b_2$$
$$= (a_1a_2 - b_1b_2) + j(a_1b_2 + b_1a_2) \qquad (2\text{-}58)$$

② 극좌표 형식인 경우

$$A_1 \times A_2 = A_1 \angle\theta_1 \times A_2 \angle\theta_2 = A_1 \cdot A_2 \angle\theta_1 + \theta_2 \qquad (2\text{-}59)$$

③ 지수함수 형식인 경우

$$A_1 \times A_2 = A_1 e^{j\theta_1} \times A_2 e^{j\theta_2} = A_1 \cdot A_2 \angle e^{j(\theta_1 + \theta_2)} \qquad (2\text{-}60)$$

이상에서 두 복소수의 크기(절대값)와 편각의 계산은 다음과 같다.

$$|A_1| = A_1 = \sqrt{a_1^2 + b_1^2}, \quad \theta_1 = \tan^{-1}\frac{b_1}{a_1} \qquad (2\text{-}61)$$

$$|A_2| = A_2 = \sqrt{a_2^2 + b_2^2}, \quad \theta_2 = \tan^{-1}\frac{b_2}{a_2} \qquad (2\text{-}62)$$

따라서, 두 복소수의 곱의 계산에서 크기(절대값)는 두 복소수의 크기(절대값)의 곱과 같고, 편각은 두 복소수의 편각의 합과 같다.

예제 2-15

두 복소수 $A_1 = 4 + j3$, $A_2 = 6 + j8$의 곱을 극좌표 형식으로 구하라.

[풀이] ☞ 두 복소수의 크기와 편각은 식(2-61)과 (2-62)에 의해

$$|A_1| = A_1 = \sqrt{4^2 + 3^2} = 5, \quad \theta_1 = \tan^{-1}\frac{3}{4} = 36.9^0$$

$$|A_2| = A_2 = \sqrt{6^2 + 8^2} = 10, \quad \theta_2 = \tan^{-1}\frac{8}{6} = \tan^{-1}\frac{4}{3} = 53.1^0$$

이고, 극좌표 형식의 두 복소수의 곱은 식(2-59)에 의해 다음과 같다.

$$\boldsymbol{A_1} \times \boldsymbol{A_2} = A_1 \angle\theta_1 \times A_2 \angle\theta_2 = A_1 \times A_2 \underline{/\theta_1 + \theta_2} = 5 \times 10 \angle 36.9^0 + 53.1^0$$
$$= 50 \angle 90^0$$

4-3) 복소수의 나눔

두 복소수 $\boldsymbol{A_1} = a_1 + jb_1$, $\boldsymbol{A_2} = a_2 + jb_2$의 나눔에 대한 계산은 분모항의 공액복소수를 분모, 분자에 곱하며 다음과 같다.

① 직각좌표 형식인 경우

$$\frac{\boldsymbol{A_1}}{\boldsymbol{A_2}} = \frac{a_1 + jb_1}{a_2 + jb_2} = \frac{(a_1 + jb_1)(a_2 - jb_2)}{(a_2 + jb_2)(a_2 - jb_2)}$$
$$= \frac{a_1 a_2 + b_1 b_2}{a_2^2 + b_2^2} + j\frac{a_2 b_1 - a_1 b_2}{a_2^2 + b_2^2} \tag{2-63}$$

② 극좌표 형식인 경우

$$\frac{\boldsymbol{A_1}}{\boldsymbol{A_2}} = \frac{A_1 \angle\theta_1}{A_2 \angle\theta_2} = \frac{A_1}{A_2} \angle\theta_1 - \theta_2 \tag{2-64}$$

③ 지수함수 형식인 경우

$$\frac{\boldsymbol{A_1}}{\boldsymbol{A_2}} = \frac{A_1 e^{j\theta_1}}{A_2 e^{j\theta_2}} = \frac{A_1}{A_2} e^{j(\theta_1 - \theta_2)} \tag{2-65}$$

이상에서 두 복소수의 크기(절대값)와 편각의 계산은 식(2-61)과 식(2-62)와 같고 따라서, 두 복소수의 나눔은 계산에서 크기(절대값)는 두 복소수의 크기(절대값)의 나눔과 같고, 편각은 두 복소수의 편각의 차와 같다.

예제 2-16

두 복소수 $\boldsymbol{A_1} = 6 + j8$, $\boldsymbol{A_2} = 3 + j4$의 나눔을 극좌표 형식으로 구하라.

[풀이] ☞ 두 복소수의 크기와 편각은 식(2-61)과 (2-62)에 의해

$$|\boldsymbol{A}_1| = A_1 = \sqrt{6^2+8^2} = 10,\quad \theta_1 = \tan^{-1}\frac{8}{6} = \tan^{-1}\frac{4}{3} = 53.1^0$$

$$|\boldsymbol{A}_2| = A_2 = \sqrt{3^2+4^2} = 5,\quad \theta_2 = \tan^{-1}\frac{4}{3} = \tan^{-1}\frac{4}{3} = 53.1^0$$

이고, 극좌표 형식의 두 복소수의 나눔은 식(2-64)에 의해 다음과 같다.

$$\frac{\boldsymbol{A}_1}{\boldsymbol{A}_2} = \frac{A_1\angle\theta_1}{A_2\angle\theta_2} = \frac{A_1}{A_2}\angle\theta_1-\theta_2 = \frac{10\angle 53.1^0}{5\angle 53.1^0} = 2\angle 0^0$$

(5) 페이저(phasor)

페이저는 정현파교류를 복소수로 표현하는 방법으로 그림 2.20과 같이 나타낸다.

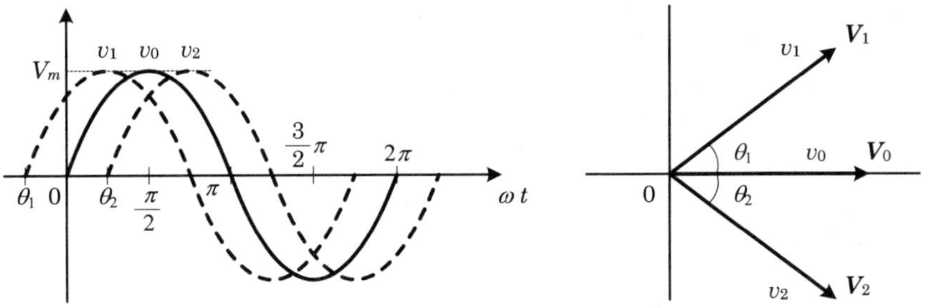

(a) 정현파의 순시값 표시　　(b) 페이저 표시

그림 2.20 정현파 교류의 페이저 표시

정현파 교류의 순시값 $v = \sqrt{2}\sin(wt+\theta)$를 페이저로 표시하면 다음과 같다.

$$\begin{aligned} \boldsymbol{V} = V\angle\theta &= \frac{\sqrt{2}}{\sqrt{2}}\angle\theta \\ &= \cos\theta + j\sin\theta \end{aligned} \tag{2-66}$$

여기서, V는 실효값이다.

예제 2-17

$v = 100\sqrt{2}\sin(wt+\frac{\pi}{3})$를 페이저로 표시하라.

[풀이]　☞ 정현파의 복소수 표시는 페이저 표시이고 크기는 실효값으로 나타낸다.

$$\text{실효값} = \frac{\text{최대값}}{\sqrt{2}} = \frac{100\sqrt{2}}{\sqrt{2}} = 100,\ \theta = \frac{\pi}{3} \text{이다.}$$

$$\therefore \boldsymbol{V} = 100\angle\frac{\pi}{3} = 100(\cos 60^0 + j\sin 60^0)$$

$$= 50 + j50\sqrt{3}\,[\mathrm{V}]$$

예제 2-18

어떤 회로의 전압 및 전류의 순시값이 $v = 200\sqrt{2}\sin 314t$[V], $i = 10\sqrt{2}\sin(314t - \frac{\pi}{6})$[A]일 때, 이회로의 임피던스를 페이저로 표시하라.

[풀이] ☞ 전압, 전류의 순시값을 페이저로 나타내면

$$\boldsymbol{V} = 200\angle 0^0\ ,\ \boldsymbol{I} = 10\angle -\frac{\pi}{6}$$

이므로, 임피던스를 페이저로 나타내면 다음과 같다.

$$\boldsymbol{Z} = \frac{\boldsymbol{V}}{\boldsymbol{I}} = \frac{200\angle 0^0}{10\angle -\frac{\pi}{6}}$$

$$= 20\angle\frac{\pi}{6}$$

$$= 20(\cos 30^0 + j\sin 30^0)$$

$$= 10\sqrt{3} + j10$$

연습문제 1

해설은 442쪽에 있습니다.

[문제1] $v = 141\sin(377t - \frac{\pi}{6})$인 주파수는 얼마인가?

㉮ 377 ㉯ 100 ㉰ 60 ㉱ 50

[문제2] 2개의 교류전압 $e_1 = 141\sin(120\pi t - 30^0)$과 $e_2 = 150\cos(120\pi t - 30^0)$의 위상차를 시간으로 표시하면 몇 초인가?

㉮ $\frac{1}{60}$ ㉯ $\frac{1}{120}$ ㉰ $\frac{1}{240}$ ㉱ $\frac{1}{360}$

[문제3] $v = 100\cos(120\pi t + \frac{\pi}{3})$[V]인 교류에서 $t = 0$일 때, 순시전압은 몇 [V]인가?

㉮ 0 ㉯ 50 ㉰ $50\sqrt{3}$ ㉱ 100

[문제4] 어떤 정현파 전압의 평균값이 191[V]이면 최대값[V]은 얼마인가?

㉮ 약 150 ㉯ 약 250 ㉰ 약 300 ㉱ 약 400

[문제5] 정현파 교류의 평균값에 어떤 수를 곱하면 실효값을 얻을 수 있는가?

㉮ $\frac{2\sqrt{2}}{\pi}$ ㉯ $\frac{\sqrt{3}}{2}$ ㉰ $\frac{2}{\sqrt{3}}$ ㉱ $\frac{\pi}{2\sqrt{2}}$

[문제6] 삼각파에서 평균값이 100[V], 파형률이 1.155, 파고율이 1.732일 때, 이 삼각파의 최대값은 얼마인가?

㉮ 약 150 ㉯ 약 200 ㉰ 약 300 ㉱ 약 400

[문제7] 삼각파의 최대값이 1이라면 실효값, 평균값은 각각 얼마인가?

㉮ $\frac{1}{\sqrt{2}}, \frac{1}{\sqrt{3}}$ ㉯ $\frac{1}{\sqrt{3}}, \frac{1}{2}$

㉰ $\frac{1}{\sqrt{2}}, \frac{1}{2}$ ㉱ $\frac{1}{\sqrt{2}}, \frac{1}{3}$

[문제8] 아래 그림과 같은 파형의 파고율은 얼마인가?

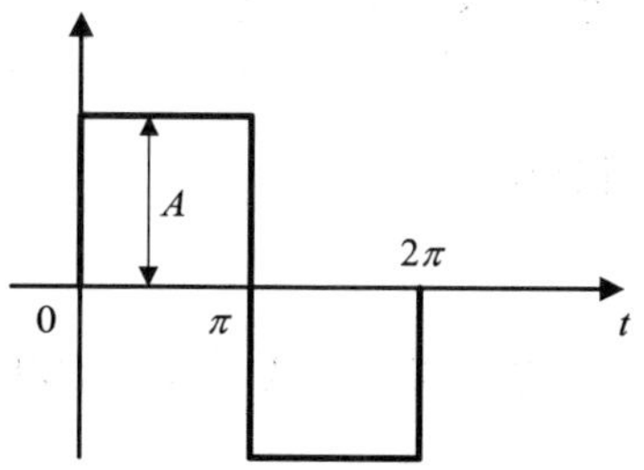

㉮ 1 ㉯ $\sqrt{2}$ ㉰ $\sqrt{3}$ ㉱ 2

[문제9] 아래 그림과 같은 파형의 실효값은 약 얼마인가?

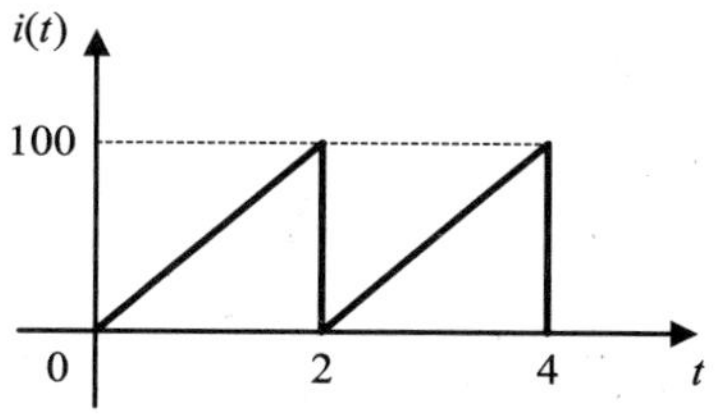

㉮ 47.7 ㉯ 57.7 ㉰ 67.7 ㉱ 77.7

[문제10] 정현파 $v = 14.14\cos(wt + 30^0)$를 phasor로 나타내면?

㉮ $10\angle 30^0$ ㉯ $10\angle 60^0$

㉰ $10\angle 90^0$ ㉱ $10\angle 120^0$

연습문제 2

해설은 443쪽에 있습니다.

[문제1] $A_1 = 20(\cos\frac{\pi}{3} + j\sin\frac{\pi}{3})$, $A_2 = 5(\cos\frac{\pi}{6} + j\sin\frac{\pi}{6})$로 표시되는 두 벡터가 있다. $A_3 = \frac{A_1}{A_2}$의 값은 얼마인가?

[문제2] 어떤 회로의 정현파 전압, 전류의 순시값이 $v = 200\sin 314t$ [V]이고, $i = 10\sin(314t - \frac{\pi}{6})$[A]일 때, 이 회로의 임피던스를 복소수로 표시하시오.

[문제3] 아래 그림에서 $t = 0$에서 0.02[sec] 사이에는 $v = 5\times10^4(t-0.02)^2$이고, 0.02[sec]에서 0.04[sec]까지는 $v = 0$이다. 전압의 평균값을 구하시오.

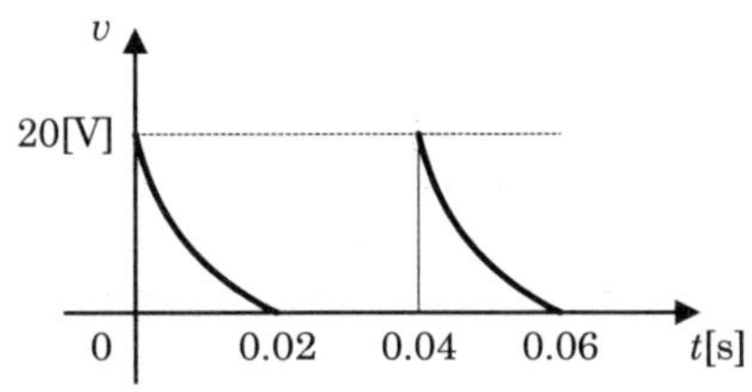

[문제4] 아래 그림과 같이 처음 10초간은 50[A]의 전류를 흘리고, 다음 20초간은 40[A]의 전류를 흘렸다. 이때의 실효값을 구하시오.

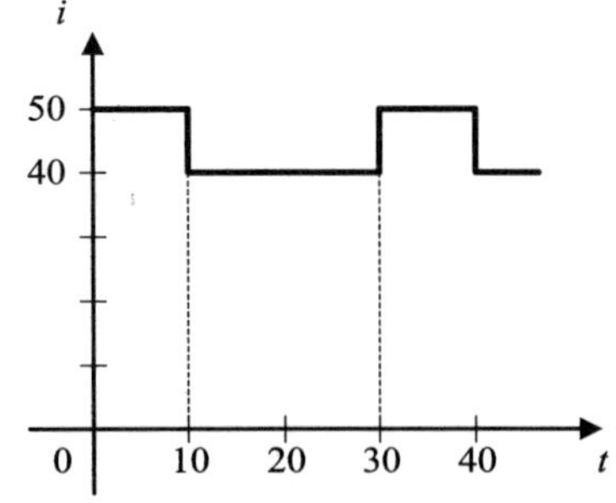

[문제5] 아래 그림과 같은 파형에서 전류의 평균값이 10[A]라고 하면 실효값은 얼마인가?

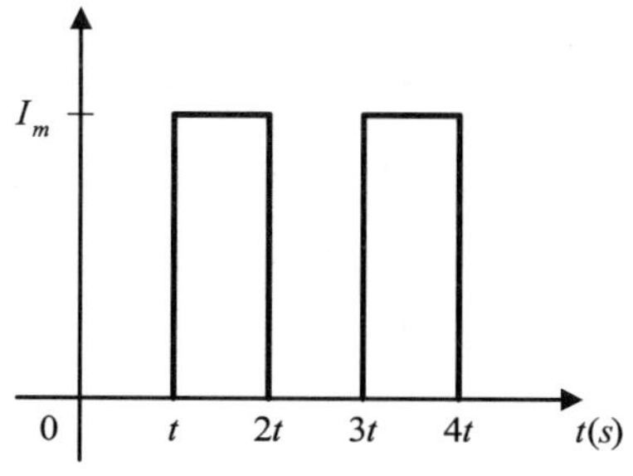

[문제6] 아래 그림과 같은 파형의 실효값와 평균값을 구하시오.

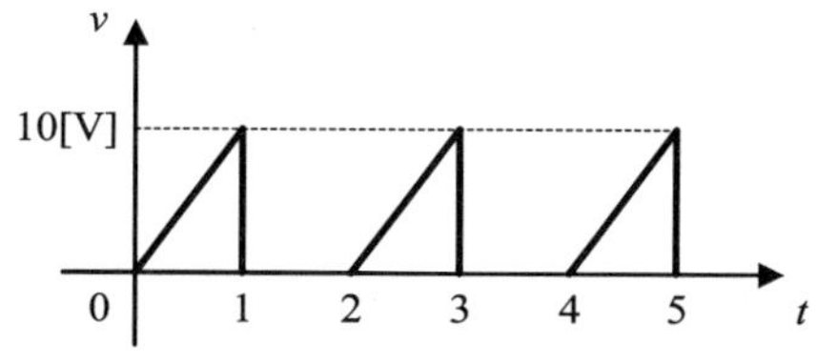

[문제7] $I_1 = 5(\cos\frac{\pi}{6} + j\sin\frac{\pi}{6})$와 $I_2 = 4(\cos\frac{\pi}{3} + j\sin\frac{\pi}{3})$로 표시되는 두 벡터의 곱을 구하시오.

[문제8] 정현파 교류 $i = 10\sqrt{2}\sin(wt + \frac{\pi}{3})$[A]를 복소수의 극좌표형식으로 표시하라.

[문제9] 다음은 phasor이다. 이를 정현파교류로 표시하라.

(1) $\boldsymbol{I} = 4 + j3$

(2) $\boldsymbol{V} = 10\,e^{-j\frac{\pi}{3}}$

[문제10] $v_1 = 20\sqrt{2}\sin wt$, $v_2 = 50\sqrt{2}\cos(wt - \frac{\pi}{6})$일 때, $v_1 + v_2$의 실효값을 구하라.

3 교류회로

이 장에서는 전기회로에서 가장 기본적인 소자인 R, L, C의 직렬 및 교류회로에 정현파 전압이 인가되었을 때 전압, 전류, 위상, 임피던스, 리액턴스, 공진조건의 관계에 대해 알아보도록 한다.

3.1 저항만의 회로

그림 3.1의 (a)와 같이 저항 R인 회로에 교류전압 $v = V_m \sin wt$[V]를 인가했을 때, 회로에 흐르는 전류는 옴의 법칙에 의해 다음과 같다.

$$i = \frac{v}{R} = \frac{V_m}{R}\sin wt = I_m \sin wt\,[\mathrm{A}] \tag{3-1}$$

여기서, $I_m = \dfrac{V_m}{R}$으로 전류의 최대값이고, $V_m = I_m R$이다. 이것을 파형으로 표시하면 그림 3.1의 (b)와 같고 벡터도로 나타내면 그림 3.1의 (c)와 같다. 따라서 저항만의 회로에서는 전압과 전류는 동위상이 된다.

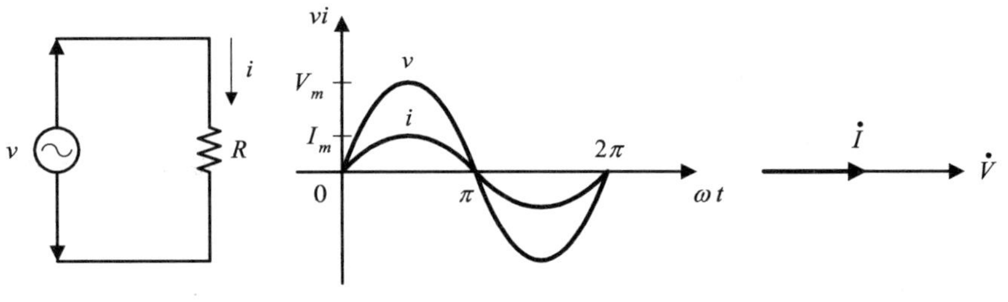

(a) (b) (c)

그림 3.1 저항만의 회로에서 전압과 전류 사이의 위상관계

전압과 전류의 실효값을 V, I라 하면, $V_m = \sqrt{2}\,V, I_m = \sqrt{2}\,I$의 관계가 성립하므로 $I_m = \dfrac{V_m}{R}$은 다음과 같이 표현할 수 있다.

$$\sqrt{2}\,I = \frac{\sqrt{2}\,V}{R} \quad \text{또는} \quad I = \frac{V}{R} \tag{3-2}$$

예제 3-1

저항 R_1 =40[Ω], R_2 = 60[Ω]이 직렬로 연결된 회로에 200[V], 주파수 60[Hz]인 교류전압을 인가할 때, 회로에 흐르는 전류 i와 I 를 구하시오.

[풀이] ☞ 교류 200[V]라 함은 실효값을 의미하므로 순시전압은

$$v = \sqrt{2} \cdot 200\sin wt = 200\sqrt{2}\sin 2\pi 60t$$
$$≒ 200\sqrt{2}\sin 377t$$

가 되며, 순시전류 i는

$$i = \frac{v}{R_1 + R_2} = \frac{200\sqrt{2}\sin 377t}{100} = 2\sqrt{2}\sin 377t$$

이고, I는 실효값을 의미하고, 실효값은 최대값의 $\frac{1}{\sqrt{2}}$ 이므로

$$I = \frac{2\sqrt{2}}{\sqrt{2}} = 2[\mathrm{A}]$$

3.2 인덕턴스만의 회로

그림 3.2의 (a)와 같이 인덕턴스 $L[\mathrm{H}]$만을 가지는 회로에 교류전압 $v = V_m \sin wt[\mathrm{V}]$를 인가하면 회로에 흐르는 전류 $i = I_m \sin wt[\mathrm{A}]$이므로, 자기 인덕턴스에 유기되는 유기기전력은 다음과 같다.

$$v = v_L = L \cdot \frac{di}{dt} = L\frac{d}{dt} I_m \sin wt = L \cdot I_m (\sin wt)'$$
$$= wLI_m \cos wt = wLI_m \sin(wt + 90^0)$$
$$= V_m \sin\left(wt + \frac{\pi}{2}\right)[\mathrm{V}] \tag{3-3}$$

여기서,

$$V_m = wLI_m = X_L I_m \tag{3-4}$$

이다. 식(3-3)을 파형으로 표시하면 그림 3.3의 (b)와 같고 벡터도로 나타내면 그림 3.2의 (c)와 같다.

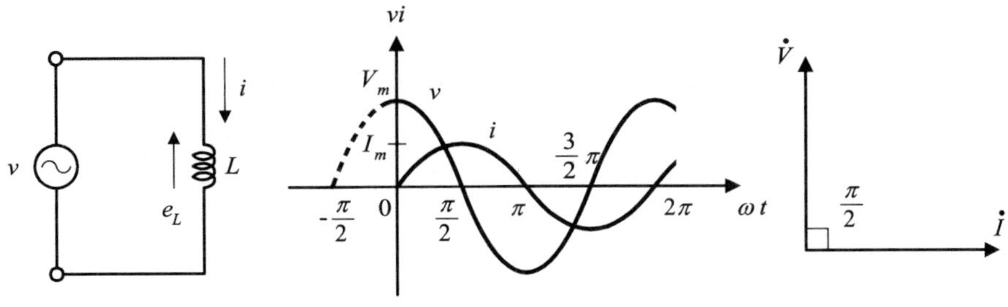

(a) (b) (c)

그림 3.2 인덕턴스만의 회로에서 전압과 전류의 위상관계

따라서, 인덕턴스만의 회로에서는 전압이 전류보다 90°앞선다는 것을 알 수 있다. 식(3-4)에서 X_L은 유도성리액턴스(inductive reactance)라 하고 저항[Ω]과 같은 성질을 가지고 있으며 크기는 $X_L = wL = 2\pi f L$로 나타낸다. 또한 유도성리액턴스는 허수이기 때문에 j를 붙여 90°의 위상을 의미하므로 다음과 같이 표현할 수 있다.

$$X_L = jX_L = jwL = X_L\angle 90^0 = wL\angle 90^0 \tag{3-5}$$

오옴의 법칙을 이용하여 그림 3.2의 (a)에 흐르는 순시전류 i를 계산하면 다음과 같다.

$$i = \frac{v}{jX_L} = \frac{V_m}{jwL}\sin wt = \frac{V_m \sin wt}{wL\angle 90^0} = \frac{V_m}{X_L}\sin(wt - 90^0) \tag{3-6}$$

식(3-6)에서 인덕턴스만의 회로에서는 전류가 전압보다 90°뒤진다는 것도 알 수 있다.

예제 3-2

1[H]의 인덕터 양단에 $v = 400\sqrt{2}\sin 200t$[V]의 교류전압을 가할 때 흐르는 전류 i와 I를 구하시오.

[풀이] ☞ $wL = 200 \times 1 = 200$이고,

① i는 순시전류이므로 식(3-6)으로부터

$$i = \frac{v}{jX_L} = \frac{V_m}{jwL}\sin w\,t = \frac{V_m \sin w t}{w L \angle 90^0} = \frac{V_m}{w L}\sin(wt - 90^\circ)$$

$$= \frac{400\sqrt{2}}{200}\sin(200t - 90^\circ) = 2\sqrt{2}\sin(200t - 90^\circ)[A]$$

② I 는 실효값이므로

$$I = \frac{\text{최대값}}{\sqrt{2}} = \frac{2\sqrt{2}}{\sqrt{2}} = 2[A]$$

3.3 커패시턴스만의 회로

그림 3.3의 (a)와 같이 커패시턴스 C[F]만을 가지는 회로에 교류전압 $v = V_m \sin wt$[V]를 인가하면 회로에 흐르는 전류 $i = I_m \sin wt$[A]이므로, 커패시터의 충전전압 $v = v_C$는 다음과 같다.

$$v = v_C = \frac{1}{C}\int i\,dt = \frac{1}{C}\int I_m \sin wt\,dt = -\frac{1}{wC}I_m \cos wt$$

$$= \frac{1}{wC}I_m \sin(wt - \frac{\pi}{2})$$

$$= V_m \sin(wt - \frac{\pi}{2}) \qquad (3\text{-}7)$$

여기서, $$V_m = \frac{1}{wC}I_m = X_C I_m \qquad (3\text{-}8)$$

식(3-7)을 파형으로 표시하면 그림 3.3의 (b)와 같고 벡터도로 나타내면 그림 3.3의 (c)와 같다.

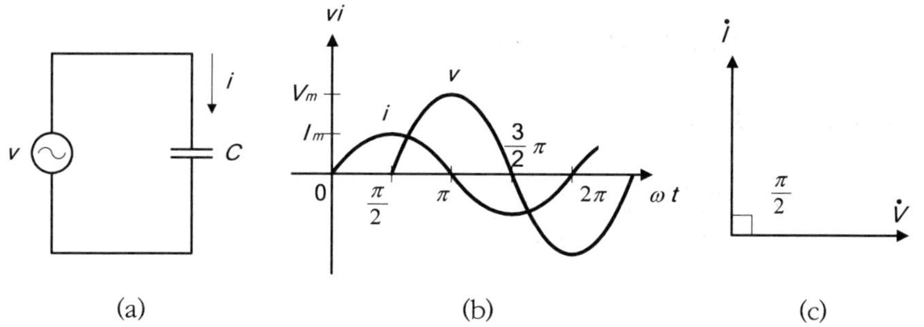

(a) (b) (c)

그림 3.3 커패시턴스만의 회로에서 전압과 전류의 위상관계

식(3-7)에서 커패시턴스만의 회로에서는 전압이 전류보다 90°뒤진다는 것을 알 수 있다. 식(3-8)에서 X_C는 용량성리액턴스(capacitive reactance)라 하고 저항[Ω]과 같은 성질을 가지고 있으며 크기는 $X_C = \frac{1}{wC} = \frac{1}{2\pi f C}$로 나타낸다. 또한 용량성 리액턴스도 허수이기 때문에 j를 붙여 90°의 위상을 의미하므로 다음과 같이 표현할 수 있다.

$$X_C = \frac{1}{jwC} = \frac{1}{wC\angle 90^0} = X_C\angle -90^0 \tag{3-9}$$

오옴의 법칙을 이용하여 그림 3.3의 (a)에 흐르는 순시전류 i를 계산하면 다음과 같다.

$$i = \frac{v}{X_C} = \frac{V_m}{\frac{1}{jwC}}\sin wt = \frac{V_m \sin wt}{X_C\angle -90^0} = \frac{V_m}{X_C}\sin(wt + 90^0) \tag{3-10}$$

식(3-10)에서 커패시턴스만의 회로에서는 전류가 전압보다 90°앞선다는 것도 알 수 있다

예제 3-3

100[μF] 커패시터 양단의 전압이 $v = 50\sqrt{2}\sin 100t$[V]로 주어졌을 때, 커패시터에 흐르는 전류 i와 I를 구하라.

[풀이] ☞ $X_C = \frac{1}{wC} = \frac{1}{100\times 100\times 10^{-6}} = 100[\Omega]$

① i는 순시전류이므로 식(3-10)으로부터

$$i = \frac{V_m}{X_C}\sin(wt + 90^0) = \frac{50\sqrt{2}}{100}\sin(100t + 90^0)$$
$$= 0.5\sqrt{2}\sin(100t + 90^0)\text{[A]}$$

② I 는 실효값이므로

$$I = \frac{\text{최대값}}{\sqrt{2}} = \frac{0.5\sqrt{2}}{\sqrt{2}} = 0.5\text{[A]}$$

3.4 *R*-*L* 직렬회로

그림 3.4(a)와 같은 $R-L$ 직렬회로에서 실수인 순수저항(R)과 허수인 유도성리액턴스($X_L = wL$)의 합을 합성 또는 복소 임피던스(complex impedance)라하고 다음과 같이 표현한다.

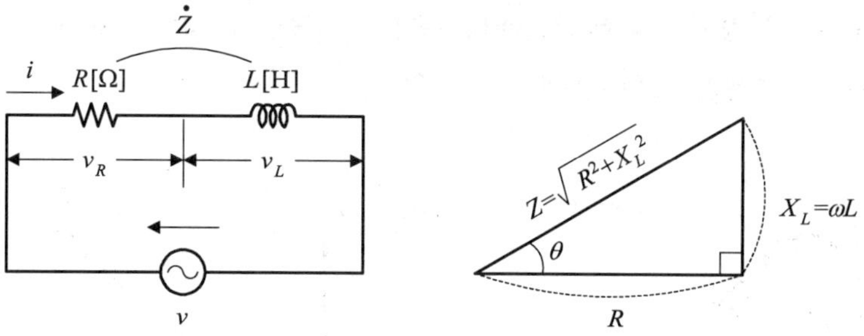

(a) $R-L$ 직렬회로　　　　(b) 합성임피던스

그림 3.4 R-L 직렬회로와 합성임피던스

$$\boldsymbol{Z} = R + jX_L = R + jwL = Z\angle\theta \tag{3-11}$$

여기서, 임피던스의 크기 Z와 각도 θ는 그림 3.4(b)에서

$$\begin{aligned} |Z| = Z &= \sqrt{(\text{실수})^2 + (\text{허수})^2} = \sqrt{(R)^2 + (X_L)^2} \\ &= \sqrt{(R)^2 + (wL)^2} \\ &= \sqrt{(R)^2 + (2\pi f L)^2} \end{aligned} \tag{3-12}$$

이고, 각도θ(위상차)는 $\tan\theta = \dfrac{\text{허수}}{\text{실수}} = \dfrac{wL}{R}$ 이므로

$$\theta = \tan^{-1}\frac{wL}{R} \tag{3-13}$$

이다. 그림 3.4(a)와 같은 직렬회로에서 각 소자에 걸리는 전압과 전류를 구해보자.

우선 인가되는 순시전압 v는 저항과 인덕턴스에 걸리는 전압의 합과 같으므로 식(3-11)~ (3-13)을 적용하며 다음과 같다.

$$v = v_R + v_L = iZ = i\sqrt{(R)^2 + (X_L)^2}\angle\tan^{-1}\frac{X_L}{R}$$

$$= I_m \sin wt \cdot Z\angle\theta = I_m Z \sin(wt+\theta)$$
$$= V_m \sin(wt+\theta)][V] \qquad (3\text{-}14)$$

이다. 여기서, $V_m = I_m Z$이다.

따라서 식(3-14)에서 $R-L$ 직렬회로에서 전압은 전류보다 위상이 θ만큼 앞선다는 것을 알 수 있고 이들의 관계를 그림 3.5에 나타내었다.

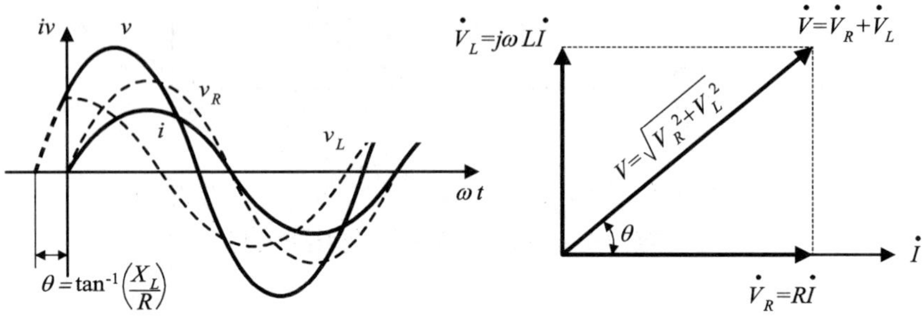

(a) 위상관계 (b) 벡터도

그림 3.5 $R-L$ 직렬회로의 전압, 전류 위상관계 및 벡터도

그림 3.5(b)를 참고로 식(3-14)을 실효값으로 나타내면 다음과 같고,

$$V = \sqrt{V_R^2 + V_L^2} = I \cdot Z = \frac{I_m}{\sqrt{2}} \cdot Z \qquad (3\text{-}15)$$

순시전류

$$i = \frac{v}{Z\angle\theta}$$
$$= \frac{V_m}{\sqrt{(R)^2 + (X_L)^2}\ \angle\theta} \sin wt$$
$$= \frac{V_m}{\sqrt{(R)^2 + (wL)^2}\ \angle\theta} \sin wt$$
$$= \frac{V_m}{Z} \sin(wt-\theta)[A]$$
$$= I_m \sin(wt-\theta)[A] \qquad (3\text{-}16)$$

이다. 이를 실효값으로 나타내면 다음과 같다.

$$I = \frac{V}{Z} = \frac{\frac{V_m}{\sqrt{2}}}{Z} \text{[A]} \quad \text{or} \quad I = \frac{I_m}{\sqrt{2}} \tag{3-17}$$

식(3-16)에서 $R-L$직렬회로에서 전류는 전압보다 위상이 θ만큼 뒤진다는 것도 알 수 있다.

예제 3-4

$R-L$ 직렬회로에서 $R=6[\Omega]$, $L=8[\text{mH}]$, $v = 100\sqrt{2}\sin 1000t[V]$의 정현파 교류전압을 인가했다면 전류($i, I$)를 구하고 위상관계를 설명하라.

[풀이] ☞ $jX_L = jwL = j \times 1000 \times 8 \times 10^{-3} = j8[\Omega]$

합성임피던스 $\dot{Z} = 6 + j8$

임피던스의 크기 $|Z| = \sqrt{6^2 + 8^2} = 10[\Omega]$

위상차 $\theta = \tan^{-1}\frac{X_L}{R} = \tan^{-1}\frac{8}{6} = \tan^{-1}\frac{4}{3} \fallingdotseq 53.1^0$

따라서, ① $i = \frac{V_m}{Z}\sin(wt - \theta)$에서

$$= \frac{100\sqrt{2}}{10}\sin(1000t - 53.1^0)$$

$$= 10\sqrt{2}\sin(1000t - 53.1^0)\text{[A]}$$

② $I = \frac{V}{Z} = \frac{\frac{100\sqrt{2}}{\sqrt{2}}}{10} = 10\text{[A]}$ or $I = \frac{I_m}{\sqrt{2}} = \frac{10\sqrt{2}}{\sqrt{2}} = 10[\text{A}]$

③ 전류는 전압보다 53.1°뒤진다.

3.5 *R-C* 직렬회로

그림 3.6(a)의 $R-C$ 직렬회로에서 합성임피던스(complex impedance)는 다음과 같다.

$$\dot{Z} = R + \frac{1}{jwC} = R - jX_C = Z\angle -\theta \tag{3-18}$$

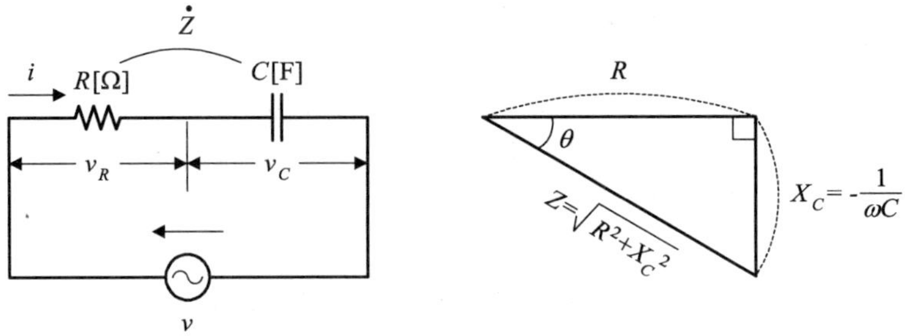

(a) $R-C$ 직렬회로 (b) 합성임피던스

그림 3.6 R–C 직렬회로와 합성임피던스

여기서, 임피던스의 크기 Z와 각도 θ는 그림 3.6(b)에서

$$|Z| = Z = \sqrt{(R)^2 + (X_C)^2} = \sqrt{(R)^2 + (\frac{1}{wC})^2}$$
$$= \sqrt{(R)^2 + (\frac{1}{2\pi f C})^2} \quad (3\text{-}19)$$

이고, 각도 θ(위상차)는 $\tan\theta = \frac{허수}{실수} = \frac{-X_C}{R} = -\frac{1}{wCR}$ 이므로

$$\theta = \tan^{-1}\frac{-1}{wCR} \quad (3\text{-}20)$$

이다. (-)는 전압이 전류보다 θ만큼 뒤진다는 의미이다. 그림 3.6(a)와 같은 직렬회로에서 각 소자에 걸리는 전압과 전류를 구해보자. 우선 인가되는 순시전압 v는 저항과 콘덴서에 걸리는 전압의 합과 같으므로 식(3-18)~(3-20)을 적용하며 다음과 같다.

$$v = v_R + v_C = i\dot{Z} = i(R - jX_C) = i\sqrt{(R)^2 + (X_C)^2}\ \angle\tan^{-1}\frac{-1}{wCR}$$
$$= I_m \sin wt \cdot Z\angle -\theta = I_m Z\sin(wt-\theta)$$
$$= V_m \sin(wt-\theta)[\text{V}] \quad (3\text{-}21)$$

이다. 여기서, $V_m = I_m Z$이다.

따라서 식(3-21)에서 $R-C$ 직렬회로에서 전압은 전류보다 위상이 θ만큼 뒤진다는 것을 알 수 있고, 이들의 관계를 그림 3.7에 나타내었다.

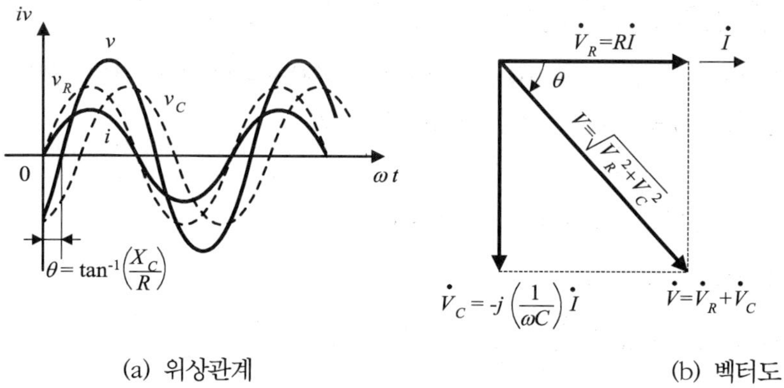

그림 3.7 R-C 직렬회로의 전압, 전류 위상관계 및 벡터도

그림 3.7을 참고로 하여 식(3-21)을 실효값으로 나타내면 다음과 같고,

$$V = \sqrt{V_R^2 + V_C^2} = I \cdot Z = \frac{I_m}{\sqrt{2}} \cdot Z \tag{3-22}$$

순시전류

$$\begin{aligned} i &= \frac{v}{Z\angle -\theta} \\ &= \frac{V_m}{\sqrt{(R)^2 + (X_C)^2}\ \angle -\theta} \sin wt \\ &= \frac{V_m}{\sqrt{(R)^2 + (\frac{1}{wC})^2}\ \angle -\theta} \sin wt \\ &= \frac{V_m}{Z} \sin(wt + \theta)\ [\mathrm{A}] \\ &= I_m \sin(wt+\theta)[\mathrm{A}] \end{aligned} \tag{3-23}$$

이다. 이를 실효값으로 나타내면 다음과 같다.

$$I = \frac{V}{Z} = \frac{\frac{V_m}{\sqrt{2}}}{Z}[\mathrm{A}] \quad \text{or} \quad I = \frac{I_m}{\sqrt{2}} \tag{3-24}$$

∴ 식(3-23)에서 $R-C$ 직렬회로에서 전류는 전압보다 위상이 θ만큼 앞선다는 것도 알 수 있다.

예제 3-5

$R-C$ 직렬회로에서 $R=4[\Omega]$, $X_C=3[\Omega]$, $v=100\sqrt{2}\sin wt[V]$의 정현파 교류전압을 인가했다면 전류(i, I)를 구하고 위상관계를 설명하라.

[풀이] ☞ 합성임피던스 $\dot{Z}=R-jX_C=4-j3$

임피던스의 크기 $|Z| = \sqrt{4^2+3^2} = 5[\Omega]$

위상차 $\theta=\tan^{-1}\frac{X_C}{R}=\tan^{-1}\frac{3}{4} \fallingdotseq 36.9^0$

따라서,

① $$i = \frac{V_m}{Z}\sin(wt+\theta)$$

$$= \frac{100\sqrt{2}}{5}\sin(wt+36.9^0)$$

$$= 20\sqrt{2}\sin(wt+36.9^0)[A]$$

② $$I = \frac{V}{Z} = \frac{\frac{100\sqrt{2}}{\sqrt{2}}}{5} = 20[A] \quad \text{or} \quad I = \frac{I_m}{\sqrt{2}} = \frac{20\sqrt{2}}{\sqrt{2}} = 20[A]$$

③ 전류는 전압보다 36.9°앞선다.

3.6 *R-L-C* 직렬회로

그림 3.8(a)과 같은 $R-L-C$ 직렬회로에서 합성임피던스(complex impedance)는 다음과 같이 표현한다.

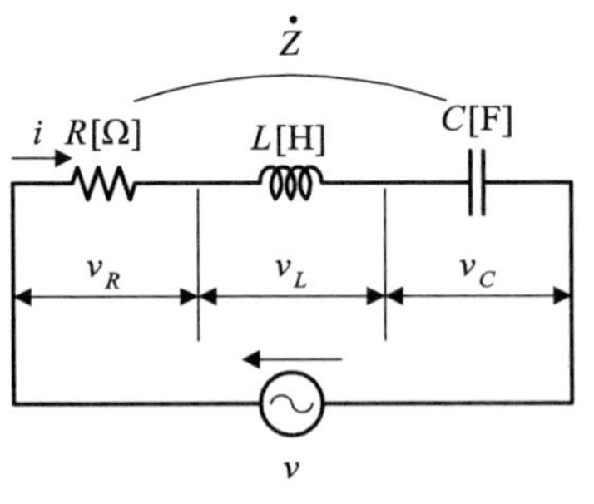

(a) $R-L-C$ 직렬회로

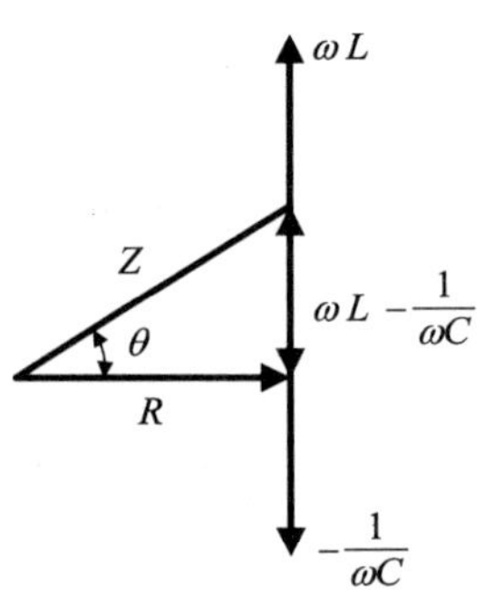

(b) 합성임피던스

그림 3.8 R-L-C 직렬회로와 합성임피던스

$$\dot{Z} = R + jwL + \frac{1}{jwC} = R + j\left(wL - \frac{1}{wC}\right)$$
$$= R + j(X_L - X_C) \qquad (3\text{-}25)$$
$$= \sqrt{(R)^2 + (X_L - X_C)^2} \angle \tan^{-1}\frac{X_L - X_C}{R}$$
$$= Z \angle \theta$$

그림 3.8(a)와 같은 직렬회로에서 각 소자에 걸리는 전압과 전류를 구해보자. 먼저 인가되는 순시전압 v는 저항과 인덕턴스, 콘덴서에 걸리는 전압의 합과 같으므로

$$v = v_R + v_L + v_C = i\left(R + jwL - j\frac{1}{wC}\right)$$
$$= i\left\{R + j\left(wL - \frac{1}{wC}\right)\right\} = i\{R + j(X_L - X_C)\}$$
$$= i \cdot \sqrt{(R)^2 + (X_L - X_C)^2} \angle \tan^{-1}\frac{X_L - X_C}{R}$$
$$= i \cdot Z\angle\theta = I_m \sin wt \cdot Z\angle\theta$$
$$= I_m Z \sin(wt + \theta)$$
$$= V_m \sin(wt + \theta) \qquad (3\text{-}26)$$

이다. 여기서, $V_m = I_m Z$ 이다

따라서, 식(3-26)에서 $R-L-C$ 직렬회로에서 $X_L > X_C$ 이면 전압은 전류보다 위상이 θ만큼 앞선다는 것을 알 수 있고 그림 3.9의 벡터도로 나타내었다.

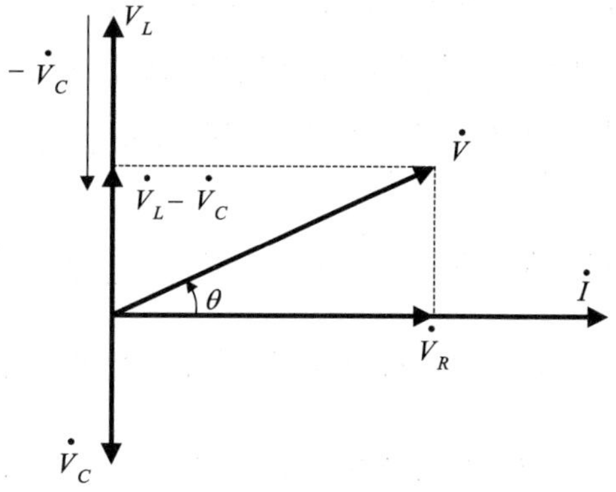

그림 3.9 R–L–C 직렬회로의 전압벡터도

그림 3.9를 참고로 식(3-26)을 실효값으로 나타내면 다음과 같고

$$V = \sqrt{V_R^2 + (V_L - V_C)^2} = I \cdot Z = \frac{I_m}{\sqrt{2}} \cdot Z = \frac{V_m}{\sqrt{2}} \tag{3-27}$$

순시전류

$$\begin{aligned} i &= \frac{v}{Z\angle\theta} \\ &= \frac{V_m}{\sqrt{(R)^2 + (X_L - X_C)^2}\ \angle\tan^{-1}\dfrac{X_L - X_C}{R}} \sin wt \\ &= \frac{V_m}{\sqrt{(R)^2 + (X_L - X_C)^2}\ \angle\theta} \sin wt \\ &= \frac{V_m}{Z} \sin(wt - \theta) \\ &= I_m \sin(wt - \theta) \end{aligned} \tag{3-28}$$

이다. 이를 실효값으로 나타내면 다음과 같다.

$$I = \frac{V}{Z} = \frac{\dfrac{V_m}{\sqrt{2}}}{Z} [\text{A}] \quad \text{or} \quad I = \frac{I_m}{\sqrt{2}} \tag{3-29}$$

식(3-28)에서 $R-L-C$ 직렬회로에서 $X_L > X_C$ 이면 전류는 전압보다 위상이 θ만큼 뒤진다는 것도 알 수 있다. $R-L-C$ 직렬회로의 임피던스 $Z = \sqrt{(R)^2 + (X_L - X_C)^2}$ 에서 리액턴스 $(X_L - X_C)$의 크기에 따라 임피던스 Z의 값이 변하므로 전류, 전압의 크기와 위상도 변한다. 따라서 리액턴스의 특성에 따라서 다음 3가지 조건을 고려할 수 있다.

① $X_L(wL) > X_C\ (\frac{1}{wC})$일 때 : 유도성 회로가 되어 전류가 전압보다 θ만큼 뒤진다.

② $X_L(wL) < X_C\ (\frac{1}{wC})$일 때 : 용량성 회로가 되어 전류가 전압보다 θ만큼 앞선다.

③ $X_L(wL) = X_C(\frac{1}{wC})$일 때 : 리액턴스가 "0"이 되어 저항만의 회로가 되며, 전압과 전류는 동위상이 되고, 크기는 최대가 되는 직렬공진회로가 된다.

예제 3-6

$R-L-C$ 직렬회로에서 $R=4[\Omega]$, $X_L=8[\Omega]$, $X_C=5[\Omega]$, $V=100[V]$일 때, 이 회로의 전류의 크기(i, I)와 위상의 관계를 설명하시오.

[풀이] ☞ $\dot{Z}=R+j(X_L-X_C)=4+j3$

$$|Z| = \sqrt{4^2+3^2} = 5[\Omega]$$

$$\text{위상차 } \theta = \tan^{-1}\frac{X_L-X_C}{R} = \tan^{-1}\frac{3}{4} \fallingdotseq 36.9^\circ$$

따라서,

① $$i = \frac{V_m}{Z}\sin(wt-\theta)\text{에서}$$
$$= \frac{100\sqrt{2}}{5}\sin(wt-36.9^0)$$
$$= 20\sqrt{2}\sin(wt-36.9^0)[A]$$

② $$I = \frac{20\sqrt{2}}{\sqrt{2}} = 20[A]$$

③ $X_L > X_C$이므로 유도성 회로이고 전류는 전압보다 36.9°뒤진다.

3.7 *R-L* 병렬회로

병렬회로에서는 전류를 기준으로 벡터로 해석한다. 그림 3.10과 같은 $R-L$ 병렬회로에서는 합성임피던스가 직렬의 역수개념이기 때문에 이것을 어드미턴스(admittance) Y라 하고 다음과 같이 표현한다.

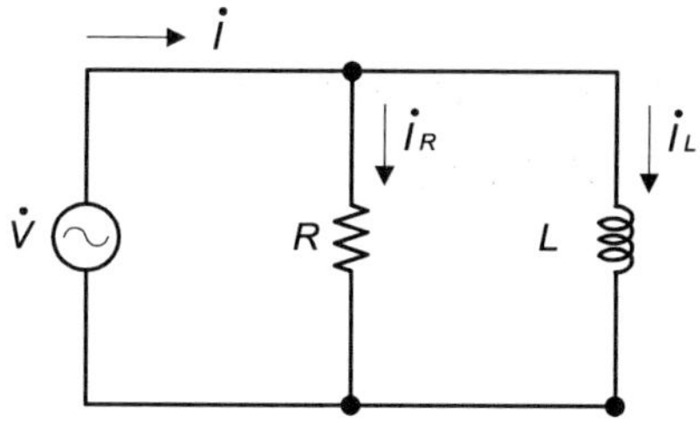

그림 3.10 R-L 병렬회로

$$\dot{Y}=\frac{1}{\dot{Z}}=\frac{1}{R}+\frac{1}{jwL}=\frac{1}{R}-j\frac{1}{wL}=\frac{1}{Z}\angle\theta \tag{3-30}$$

여기서 크기와 각도는 다음과 같다.

$$Y=\left|\frac{1}{Z}\right|=\frac{1}{Z}=\sqrt{(\frac{1}{R})^2+(\frac{1}{wL})^2}=\sqrt{(\frac{1}{R})^2+(\frac{1}{X_L})^2} \tag{3-31}$$

$$\theta=\tan^{-1}\frac{-\frac{1}{wL}}{\frac{1}{R}}=-\tan^{-1}\frac{R}{wL} \tag{3-32}$$

여기서, (−)는 전류가 전압보다 θ만큼 뒤진다는 의미이다.

따라서 그림 3.10에서 전체전류는 각 소자에 흐르는 전류의 합과 같으므로 식(3-30)~(3-32)을 적용하면

$$\dot{I}=\dot{I}_R+\dot{I}_L=\frac{\dot{V}}{R}+\frac{\dot{V}}{jX_L}=\frac{\dot{V}}{R}-j\frac{\dot{V}}{X_L}=I\angle\tan^{-1}\frac{-R}{wL} \tag{3-33}$$

$$\therefore I=\sqrt{I_R^2+I_L^2}=\sqrt{(\frac{V}{R})^2+(\frac{V}{X_L})^2}$$

$$=\sqrt{(\frac{1}{R})^2+(\frac{1}{X_L})^2}\cdot V=Y\cdot V \tag{3-34}$$

이고, 이를 순시값으로 나타내면 다음과 같다.

$$i=Y\cdot v=\sqrt{(\frac{1}{R})^2+(\frac{1}{X_L})^2}\cdot V_m\sin wt=Y\cdot V_m\sin(\omega t-\theta) \tag{3-35}$$

이다. 따라서 $R-L$ 병렬회로에서 전류는 전압보다 위상이 θ만큼 뒤진다.

이들의 관계를 나타낸 것이 그림 3.11이다.

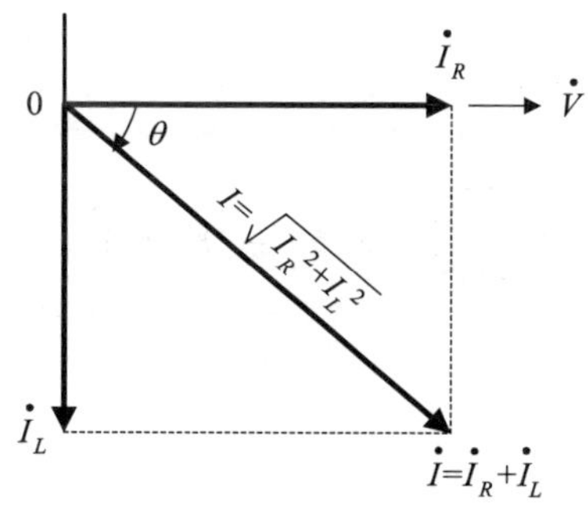

그림 3.11 R–L 병렬회로의 전류, 전압 벡터도

한편 어드미턴스

$$\dot{Y}=\frac{1}{\dot{Z}}=\frac{1}{R}+\frac{1}{jwL}=\frac{1}{R}-j\frac{1}{wL}=G-jB \tag{3-36}$$

이다. 여기서 어드미턴스의 실수부를 콘덕턴스(conductance)라 하고 $G=\frac{1}{R}$, 허수부를 서셉턴스(susceptance)라하며 $B=\frac{1}{wL}=\frac{1}{X_L}$로 표시한다. 어드미턴스의 크기를 구하면

$$Y=\frac{1}{Z}=\sqrt{(\frac{1}{R})^2+(\frac{1}{wL})^2}=\frac{\sqrt{R^2+(\omega L)^2}}{R\cdot\omega L} \tag{3-37}$$

이고, 합성임피던스는 다음과 같다.

$$Z=\frac{R\cdot\omega L}{\sqrt{R^2+(\omega L)^2}}=\frac{R\cdot X_L}{\sqrt{R^2+X_L{}^2}} \tag{3-38}$$

예제 3-7

30[Ω]의 저항과 40[Ω]의 유도성 리액턴스가 병렬로 연결되어 있다. 이 $R-L$ 병렬회로에 $V=220$ [V]의 전압을 가할 때, 흐르는 전체전류를 구하라.

[풀이] ☞

$$Y=\frac{1}{Z}=\sqrt{(\frac{1}{R})^2+(\frac{1}{wL})^2}=\sqrt{(\frac{1}{30})^2+(\frac{1}{40})^2}=\frac{5}{120}$$

$$\theta=\tan^{-1}\frac{-R}{wL}=\tan^{-1}\frac{-30}{40}=-36.9^0$$

방법 [1]

① 실효값은 식(3-34)로부터

$$I=\sqrt{(\frac{1}{R})^2+(\frac{1}{X_L})^2}\ \cdot\ V\ =\ Y\ \cdot\ V$$
$$=\frac{5}{120}\times 220$$
$$\fallingdotseq 9.16\ [A]$$

② 순시값은 식(3-35)로부터

$$i=\ Y\ \cdot\ V_m\sin(wt-\theta)$$
$$=\frac{5}{120}\ \cdot\ 220\sqrt{2}\sin(wt-36.9^0)$$
$$=\sqrt{2}\times 9.16\sin(wt-36.9^0)$$
$$=12.96\sin(wt-36.9^0)[A]$$

방법 [2]

$$I_R=\frac{V}{R}=\frac{220}{30}=7.33[A],\quad I_L=\frac{V}{X_L}=\frac{220}{40}=5.5[A]$$

$$\theta=\tan^{-1}\frac{I_L}{I_R}=\tan^{-1}\frac{\frac{220}{40}}{\frac{220}{30}}=\tan^{-1}\frac{3}{4}=36.9^\circ$$

∴ ① $I=\sqrt{I_R^2+I_L^2}=\sqrt{(7.33)^2+(5.5)^2}\fallingdotseq 9.16\ [A]$

② $i=\sqrt{2}\,I\sin(wt-36.9^0)=\sqrt{2}\times 9.16\sin(wt-36.9^0)$

$=12.96\sin(wt-36.9^0)$

3.8 *R-C* 병렬회로

그림 3.12와 같은 $R-C$ 병렬회로에서 어드미턴스(admittance)는 다음과 같다.

$$\dot{Y}=\frac{1}{\dot{Z}}=\frac{1}{R}+\frac{1}{\frac{1}{jwC}}=\frac{1}{R}+jwC=\frac{1}{Z}\angle\theta \tag{3-39}$$

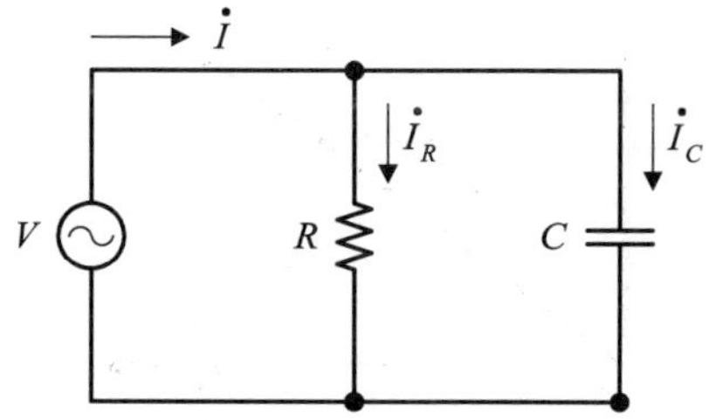

그림 3.12 R–C 병렬회로

여기서, 크기와 각도는

$$Y=\left|\frac{1}{Z}\right|=\frac{1}{Z}=\sqrt{(\frac{1}{R})^2+(wC)^2} \tag{3-40}$$

$$\theta=\tan^{-1}\frac{wC}{\frac{1}{R}}=\tan^{-1}wCR \tag{3-41}$$

이다. 따라서 그림 3.12에서 전체전류는 각 소자에 흐르는 전류의 합과 같으므로 식(3-39)~ (3-41)를 적용하면

$$\dot{I}=\dot{I}_R+\dot{I}_C=\frac{\dot{V}}{R}+\frac{\dot{V}}{\frac{1}{jwC}}=\frac{\dot{V}}{R}+j\frac{\dot{V}}{X_C}=I\angle\tan^{-1}wCR \tag{3-42}$$

$$\therefore\ I=\sqrt{I_R^2+I_C^2}=\sqrt{(\frac{V}{R})^2+(\frac{V}{X_C})^2}$$

$$=\sqrt{(\frac{1}{R})^2+(wC)^2}\cdot V=Y\cdot V \tag{3-43}$$

이고, 이를 순시값으로 나타내면 다음과 같다.

$$i=Y\cdot v=\sqrt{(\frac{1}{R})^2+(wC)^2}\cdot V_m\sin wt=Y\cdot V_m\sin(wt+\theta) \tag{3-44}$$

이다. 따라서 $R-C$ 병렬회로에서 전류는 전압보다 위상이 θ만큼 앞선다.

이들의 관계를 나타낸 것이 그림 3.13이다.

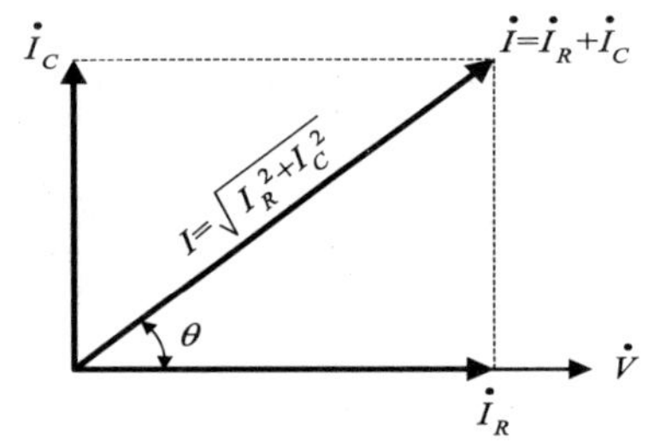

그림 3.13 R–C 병렬회로의 전류, 전압 벡터도

예제 3-8

$R=3[\Omega]$, $X_C=4[\Omega]$의 용량성 리액턴스가 병렬로 연결되어 있다. 이 $R-C$ 병렬회로에 $v=220\sqrt{2}\sin 377t[\mathrm{V}]$의 전압을 가할 때, 흐르는 전체전류를 구하라.

[풀이] ☞

$$Y=\frac{1}{Z}=\sqrt{(\frac{1}{R})^2+(wC)^2}=\sqrt{(\frac{1}{3})^2+(\frac{1}{4})^2}=\frac{5}{12}$$

$$\theta=\tan^{-1}wCR=\tan^{-1}\frac{R}{X_C}=\tan^{-1}\frac{3}{4}=36.9^0$$

방법 [1]

① 실효값은 식(3-43)로부터

$$I=\sqrt{(\frac{1}{R})^2+(\frac{1}{X_C})^2}\ \cdot\ V\ =\ Y\ \cdot\ V$$

$$=\frac{5}{12}\times 220 \fallingdotseq 91.6\ [\mathrm{A}]$$

② 순시값은 식(3-44)로부터

$$i=\ Y\ \cdot\ V_m\sin(wt+\theta)$$

$$=\frac{5}{12}\cdot 220\sqrt{2}\sin(377t+36.9^\circ)$$

$$=91.6\times\sqrt{2}\ \sin(377t+36.9^\circ)$$

$$=129.6\sin(377t+36.9^\circ)[\mathrm{A}]$$

방법 [2]

$$I_R=\frac{V}{R}=\frac{220}{3}=73.3[\mathrm{A}],\qquad I_C=\frac{V}{X_C}=\frac{220}{4}=55[\mathrm{A}]$$

$$\theta = \tan^{-1}\frac{I_C}{I_R} = \frac{\frac{220}{4}}{\frac{220}{3}} = \tan^{-1}\frac{3}{4} = 36.9^\circ$$

$\therefore$ ① $I = \sqrt{I_R^2 + I_C^2} = \sqrt{(73.3)^2 + (55)^2} \fallingdotseq 91.6[A]$

② $i = \sqrt{2}\, I \sin(377t + 36.9^\circ) = \sqrt{2} \times 91.6 \sin(377t + 36.9^\circ)$

$= 129.6 \sin(377t + 36.9^\circ)$

3.9 *R-L-C* 병렬회로

그림 3.14와 같은 $R-L-C$ 병렬회로에서 어드미턴스(admittance)는 다음과 같다.

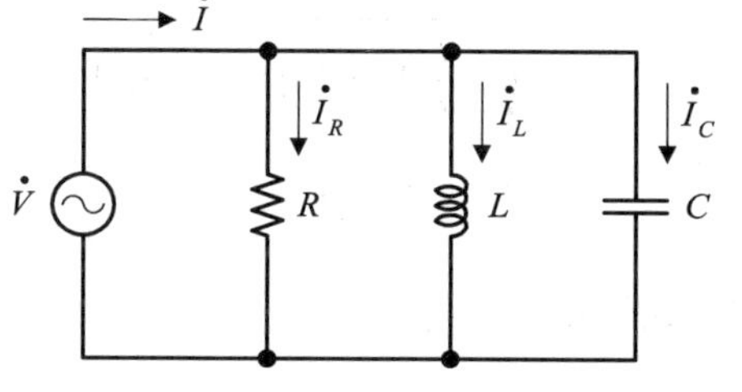

그림 3.14 R-L-C 병렬회로

$$\dot{Y} = \frac{1}{\dot{Z}} = \frac{1}{R} + \frac{1}{jwL} + \frac{1}{\frac{1}{jwC}}$$

$$= \frac{1}{R} - j\frac{1}{wL} + jwC$$

$$= \frac{1}{R} + j\left(wC - \frac{1}{wL}\right) = \frac{1}{Z}\angle\theta \qquad (3\text{-}45)$$

여기서, 크기와 각도는 다음과 같다.

$$Y = \left|\frac{1}{Z}\right| = \frac{1}{Z} = \sqrt{\left(\frac{1}{R}\right)^2 + \left(wC - \frac{1}{wL}\right)^2} \qquad (3\text{-}46)$$

$$\theta = \tan^{-1}\frac{\left(wC - \frac{1}{wL}\right)}{\frac{1}{R}} = \tan^{-1}\left(wC - \frac{1}{wL}\right)R \qquad (3\text{-}47)$$

따라서 그림 3.14에서 전체전류는 각 소자에 흐르는 전류의 합과 같으므로 그림 식 (3-45)~(3-47)을 적용하면

$$\dot{I} = \dot{I}_R + \dot{I}_L + \dot{I}_C = \frac{\dot{V}}{R} - j\frac{\dot{V}}{wL} + j\omega C\dot{V}$$
$$= \dot{V}\left\{\frac{1}{R} + j(wC - \frac{1}{wL})\right\}$$
$$= I\angle\tan^{-1}(w\,C - \frac{1}{w\,L})R\ \text{[A]} \tag{3-48}$$

이다. 실효값의 크기

$$I = \sqrt{I_R^2 + (I_C - I_L)^2} = \sqrt{(\frac{V}{R})^2 + (w\,CV - \frac{V}{wL})^2}$$
$$= \sqrt{(\frac{1}{R})^2 + (w\,C - \frac{1}{wL})^2}\ \bullet\ V \tag{3-49}$$
$$= Y\ \bullet\ V\ \text{[A]}$$

이고, 이를 순시값으로 나타내면 다음과 같다.

$$i = Y \bullet v = \sqrt{(\frac{1}{R})^2 + (w\,C - \frac{1}{wL})^2}\ \bullet\ V_m \sin(w\,t + \theta)$$
$$= Y\ \bullet\ V_m \sin(w\,t + \theta) \tag{3-50}$$

따라서 $R-L-C$ 병렬회로에서 용량성 리액턴스가 유도성 리액턴스보다 큰 경우 전류는 전압보다 위상이 θ만큼 앞선다. 이들의 관계를 나타낸 것이 그림 3.15이다.

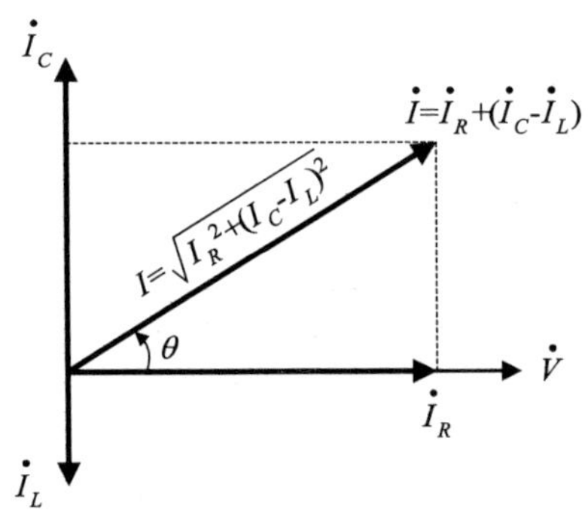

그림 3.15 R-L-C 병렬회로의 전류, 전압 벡터도

$R-L-C$ 병렬회로의 어드미턴스 $Y=\dfrac{1}{Z}=\sqrt{(\dfrac{1}{R})^2+(wC-\dfrac{1}{wL})^2}$ 에서 리액턴스 $(wC-\dfrac{1}{wL})$의 크기에 따라 어드미턴스 Y의 값이 변하므로 전류, 전압의 크기와 위상도 변한다. 따라서 리액턴스의 특성에 따라서 다음 3가지 조건을 고려할 수 있다.

① $wC > \dfrac{1}{wL}$일 때 : 용량성 회로가 되어 전류가 전압보다 θ만큼 앞선다.

② $wC < \dfrac{1}{wL}$일 때 : 유도성 회로가 되어 전류가 전압보다 θ만큼 뒤진다.

③ $wC=\dfrac{1}{wL}$일 때 : 리액턴스가 "0"이 되어 저항만의 회로가 되며, 전압과 전류는 동위상이 되고, 크기는 최소가 되는 병렬공진 회로가 된다.

예제 3-9

$R-L-C$ 병렬회로에서 $R=5[\Omega]$, $X_C=2[\Omega]$, $X_L=6[\Omega]$, $V=100$일 때, 흐르는 전류 i, I를 구하라.

[풀이] ☞

$$Y=\sqrt{(\frac{1}{R})^2+(wC-\frac{1}{wL})^2}$$

$$=\sqrt{(\frac{1}{5})^2+(\frac{1}{2}-\frac{1}{6})^2}=\sqrt{(\frac{1}{5})^2+(\frac{1}{3})^2}=\frac{5.83}{15}$$

$$\theta=\tan^{-1}(wC-\frac{1}{wL})R=\tan^{-1}(\frac{1}{2}-\frac{1}{6})\times 5=59.03°$$

방법 [1]

① $I=Y\cdot V$에서

$$=\frac{5.83}{15}\times 100$$

$$≒ 39[A]$$

② $i=Y\cdot V_m\sin(wt+\theta)$

$$=\frac{5.83}{15}\times 100\sqrt{2}\sin(wt+59.03°)$$

$$≒ 55\sin(wt+59.03°)[A]$$

방법 [2]

$$I_R = \frac{V}{R} = \frac{100}{5} = 20\ [A], \quad I_C = \frac{V}{X_C} = \frac{100}{2} = 50[A]$$

$$I_L = \frac{V}{X_L} = \frac{100}{6} = 16.67[A]$$

$$\theta = \tan^{-1}\frac{I_X}{I_R} = \tan^{-1}\frac{I_C - I_L}{I_R} = \tan^{-1}\frac{50 - 16.67}{20}$$

$$= \tan^{-1}\frac{33.33}{20} = 59.03°$$

∴ ① $I = \sqrt{I_R^2 + (I_C - I_L)^2} = \sqrt{(20)^2 + (33.33)^2} \fallingdotseq 39[A]$

② $i = \sqrt{2}\, I \sin(\omega t + 59.03°) = \sqrt{2} \times 39\ \sin(\omega t + 59.03°)$

$\fallingdotseq 55 \sin(\omega t + 59.03°)$

3.10 공진회로(resonance circuit)

공진회로는 임피던스나 어드미턴스의 허수부가 "0"이 되었을 때, 저항만의 회로가 되어 어느 특정한 주파수에서 전압이나 전류가 최대값이 되는 현상을 말한다. 공진회로의 종류는 RLC의 연결방법에 따라 $R-L$ 직•병렬공진회로와 $R-C$ 직•병렬공진 회로, $R-L-C$ 직•병렬공진회로가 있다. 본 절에서는 대표적으로 많이 사용하는 $R-L-C$ 직•병렬공진회로에 대해서 알아본다.

(1) 공진조건

① 임피던스 Z나 어드미턴스 Y의 허수부 즉 리액턴스 성분이 "0"이 되어 저항만 존재하여 전압과 전류의 위상차가 $0^0(\theta = 0)$이 되는 경우이다.

② 이 때, 임피던스나 어드미턴스의 값이 최소가 되어 전류가 최대 또는 최소가 되는 상태를 말한다.

③ 공진 시 각 주파수를 ω_0, 공진주파수를 f_0로 표시한다.

(2) R-L-C 직렬공진회로

그림 3.16과 같은 $R-L-C$ 회로의 임피던스와 위상, 전류는 다음과 같다.

$$\dot{Z} = R + j\omega_0 L + \frac{1}{j\omega_0 C} = R + j(w_0 L - \frac{1}{w_0 C}) \angle\theta$$

$$= \sqrt{(R)^2 + (\omega_0 L - \frac{1}{\omega_0 C})^2} \angle \tan^{-1} \frac{\omega_0 L - \frac{1}{\omega_0 C}}{R}$$

$$= Z \angle \theta \quad (3\text{-}51)$$

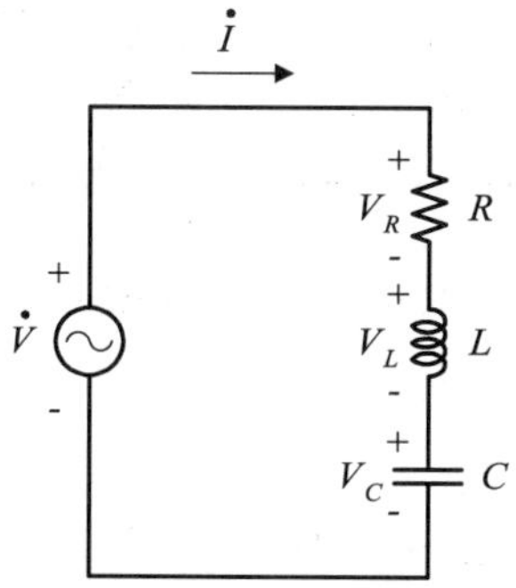

그림 3.16 R-L-C 직렬공진회로

$$I = \frac{V}{Z} = \frac{V}{\sqrt{R^2 + (\omega_0 L - \frac{1}{\omega_0 C})^2} \angle \tan^{-1} \frac{\omega_0 L - \frac{1}{\omega_0 C}}{R}} \quad (3\text{-}52)$$

2-1) 공진주파수

앞에서 설명한 것과 같이 허수부가 "0"일 때 공진조건이 만족하므로 $w_0 L - \frac{1}{w_0 C}$가 되어 공진전류 $I_0 = \frac{V}{R}$가 되어 최대전류가 된다. 또한 공진주파수 f_0(resonance frequency $=f_0$)는 다음과 같다.

$$w_0 L = \frac{1}{w_0 C} \rightarrow w_0^2 LC = 1$$

$$w_0^2 = \frac{1}{LC} \rightarrow w_0 = \frac{1}{\sqrt{LC}}$$

$$\therefore\ f_0 = \frac{1}{2\pi\sqrt{LC}} \quad (3\text{-}53)$$

그림 3.17은 공진곡선을 나타내었다.

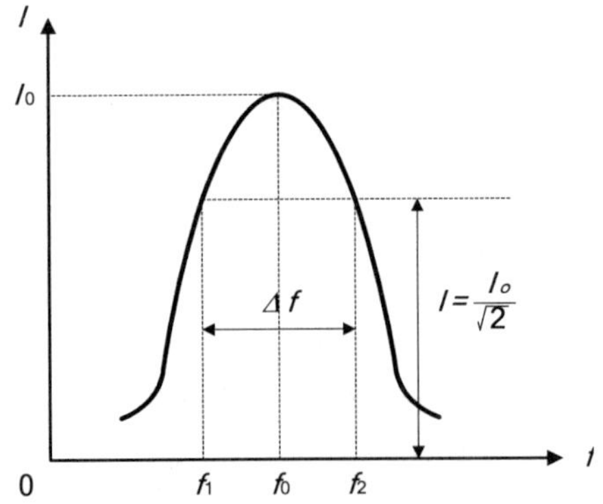

그림 3.17 R–L–C 직렬공진회로의 공진곡선

2-2) 선택도(quality factor : Q)

선택도 Q는 공진곡선의 뾰족한 정도를 나타낸 것으로 공진의 예민(resonance sharpness)의 정도를 나타낸다. 또 그림 3.17에서 f_1을 저역차단주파수, f_2를 고역차단주파수라하고, $\Delta f = f_2 - f_1$을 대역폭이라 하면 선택도 Q는

$$Q = \frac{f_0}{f_2 - f_1} = \frac{f_0}{\Delta f} \tag{3-54}$$

가 되어 Q의 값이 클수록 공진곡선이 날카로워진다. 그림 3.16에서 R, L, C의 단자전압 V_R, V_L, V_C 는

$$V_R = R \cdot I_0 = V \tag{3-55}$$

$$V_L = j\omega_0 L \cdot I_0 = j\omega_0 L \cdot \frac{V}{R} = j\left(\frac{\omega_0 L}{R}\right) V = jQV \tag{3-56}$$

$$V_C = \frac{1}{j\omega_0 C} \cdot I_0 = -j\left(\frac{1}{\omega_0 C}\right)\frac{V}{R} = -j\left(\frac{1}{\omega_0 CR}\right) V = -jQV \tag{3-57}$$

이 된다. 공진시의 V_L과 V_C는 역위상이므로 $V_L + V_C = 0$으로 되나, V_L, V_C의 실효값은 인가 전원전압보다 Q배 큰 전압을 얻을 수 있다. 이러한 관점으로 볼 때, Q를 전압확대율이라고도 부르고 다음과 같다.

$$Q = \frac{w_0 L}{R} = \frac{1}{\sqrt{LC}} \cdot \frac{L}{R} = \frac{1}{R} \cdot \sqrt{\frac{L^2}{LC}} = \frac{1}{R}\sqrt{\frac{L}{C}} \tag{3-58}$$

예제 3-10

$R-L-C$ 직렬공진회로에서 $R=5[\Omega]$, $C=20[\mu F]$, $L=50[mH]$, $V=100[V]$일 때 공진주파수(f_0), 선택도(Q), C의 양단전압$|V_C|$을 구하라.

[풀이] ☞ ① 공진주파수(f_0)는 식(3-53)로부터

$$f_0 = \frac{1}{2\pi\sqrt{LC}} = \frac{1}{2\pi\sqrt{50\times10^{-3}\times20\times10^{-6}}}$$
$$= \frac{1}{2\pi\sqrt{1000\times10^{-9}}} \fallingdotseq 159[Hz]$$

② 선택도(Q)는 식(3-58)로부터

$$Q = \frac{1}{R}\sqrt{\frac{L}{C}} = \frac{1}{5}\sqrt{\frac{50\times10^{-3}}{20\times10^{-6}}} = 10$$

③ $|V_C|$는 식(3-57)로부터

$$|V_C| = QV = 10\times100 = 1000[V]$$

(3) 일반적인 R-L-C 병렬공진회로

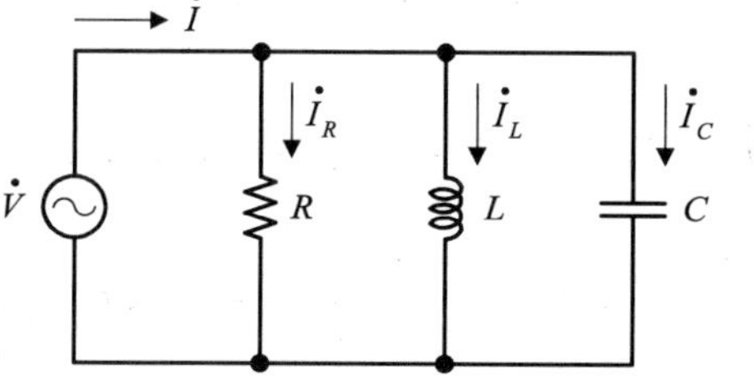

그림 3.18 일반적인 R-L-C 병렬공진회로

그림 3.18과 같은 $R-L-C$ 병렬공진회로의 합성어드미턴스와 위상, 전류는 다음과 같다.

$$\dot{Y} = \frac{1}{\dot{Z}} = \frac{1}{R} + j(\omega_0 C - \frac{1}{\omega_0 L})\angle\theta$$
$$= \sqrt{(\frac{1}{R})^2 + (\omega_0 C - \frac{1}{\omega_0 L})^2}\angle\tan^{-1}R(\omega_0 C - \frac{1}{\omega_0 L}) \quad (3\text{-}59)$$

$$I = Y \cdot V = \sqrt{(\frac{1}{R})^2 + (\omega_0 C - \frac{1}{\omega_0 L})^2}\cdot V \quad (3\text{-}60)$$

병렬에서도 허수부가 "0"일 때 공진조건이 만족하므로 $\omega_0 C - \dfrac{1}{\omega_0 L}$가 되어 어드미턴스 Y가 최소로 되기 때문에 공진전류 $I_0 = Y \cdot V$가 되어 최소전류가 된다. 그러므로 병렬공진주파수 $f_0 = \dfrac{1}{2\pi\sqrt{LC}}$이고 직렬과 같음을 알 수 있고 Q는 직렬의 역수이므로 다음과 같다.

$$Q = R\sqrt{\frac{C}{L}} \tag{3-61}$$

3-1) 실제의 R-L-C 병렬공진회로

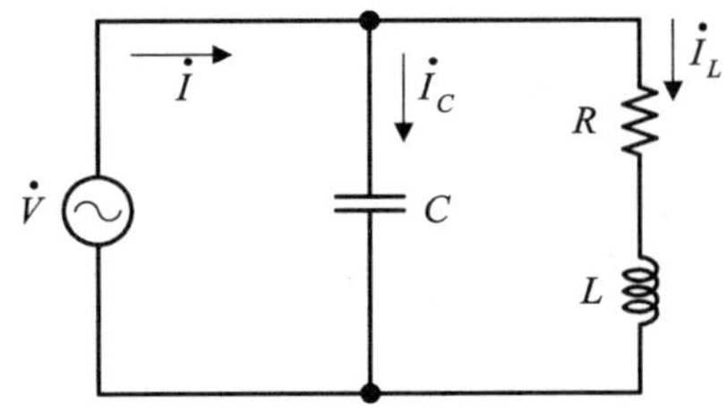

그림 3.19 실제의 R-L-C 병렬공진회로

그림 3.19에서 I_L과 I_C는

$$\dot{I}_L = \frac{\dot{V}}{R + j\omega_0 L}, \quad \dot{I}_C = j\omega_0 C\dot{V} \tag{3-62}$$

$$\therefore \text{ 전전류 } \dot{I} = \dot{I}_L + \dot{I}_C = \left(\frac{1}{R + j\omega_0 L} + j\omega_0 C\right)\dot{V}$$

$$= \left\{\frac{R}{R^2 + (\omega_0 L)^2} + j\left(\omega_0 C - \frac{\omega_0 L}{R^2 + (\omega_0 L)^2}\right)\right\} \cdot \dot{V}$$

$$= \dot{Y} \cdot \dot{V} \tag{3-63}$$

이다. 직렬병진과 마찬가지로 병렬공진 조건도 허수부가 "0"이 되는 조건이므로 즉,

$$\frac{\omega_0 L}{R^2 + (\omega_0 L)^2} - \omega_0 C = 0 \quad \text{or} \quad \frac{\omega_0 L}{R^2 + (\omega_0 L)^2} = \omega_0 C \tag{3-64}$$

로 된다. 식(3-64)에서

$$L = C(R^2 + \omega_0^2 L^2) \tag{3-65}$$

로부터

$$\omega_0 = \sqrt{\frac{1}{LC} - \frac{R^2}{L^2}} \tag{3-66}$$

$$2\pi f_0 = \sqrt{\frac{1}{LC} - \frac{R^2}{L^2}} \tag{3-67}$$

$$\therefore\ f_0 = \frac{1}{2\pi}\sqrt{\frac{1}{LC} - \frac{R^2}{L^2}} \tag{3-68}$$

이 된다. 그러나 보통 R가 아주 작고, 고주파의 경우 $\frac{1}{LC} \gg \frac{R^2}{L^2}$ 로 되므로 식(3-68)은

$$f_0 = \frac{1}{2\pi}\sqrt{\frac{1}{LC}} \tag{3-69}$$

이 되어 수식적으로 직렬공진주파수와 같게 된다. 공진시 전류 I_0 및 공진시의 임피던스 Z_r은 다음 식과 같다.

$$I_0 = \frac{R}{R^2 + (w_0 L)^2} V \fallingdotseq \frac{R}{w_0^2 L^2} V = \frac{CR}{L} V \tag{3-70}$$

$$Z_r = \frac{V}{I_0} = \frac{L}{CR} \tag{3-71}$$

Q도 직렬의 역수이므로 $Q = R\sqrt{\frac{C}{L}}$ 로 계산한다.

예제 3-11

$R = 10[\Omega]$, $C = 250\,[pF]$, $L = 0.5$[mH]인 $R-L-C$ 병렬공진회로에서 공진 임피던스는 얼마인가?

[풀이] ☞ 식(3-71)로부터

$$Z_r = \frac{V}{I_0} = \frac{L}{CR} = \frac{0.5\times 10^{-3}}{250\times 10^{-12}\times 10} = 200[\mathrm{k}\Omega]$$

연습문제 1

해설은 446쪽에 있습니다.

[문제1] 어떤 회로소자에 $v = 125\sin 377t[\mathrm{V}]$를 가했을 때, 전류 $i = 25\sin 377t[\mathrm{A}]$가 흐른다. 이 소자는 어떤 것인가?

㉮ 다이오드　　㉯ 순저항
㉰ 유도리액턴스　　㉱ 용량리액턴스

[문제2] 4[H]의 인덕터에 $V = 10\angle -50^0$의 전압을 가했을 때, 흐르는 전류의 순시값은? (단, $w = 100$[rad/s]이다.)

㉮ $\sin(100t - 140^0)$　　㉯ $0.025\sqrt{2}\sin(100t - 140^0)$
㉰ $\cos(100t - 140^0)$　　㉱ $0.025\sqrt{2}\cos(100t - 140^0)$

[문제3] 1[μF]커패시터 양단의 전압이 $v = 100\sqrt{2}\sin 400t[V]$로 주어졌을 때, 커패시터에 흐르는 전류 i는 얼마인가?

㉮ $0.04\sqrt{2}\sin(400t + 90^0)$[A]　　㉯ $0.04\sqrt{2}\sin(400t - 90^0)$[A]
㉰ $0.02\sqrt{2}\sin(400t + 90^0)$[A]　　㉱ $0.02\sqrt{2}\sin(400t - 90^0)$[A]

[문제4] $R-L$ 직렬회로에서 저항 10[Ω], 인덕터스 10[mH]에 실효값이 100[V]인 정현파 전압을 인가했을 때, 흐르는 전류의 최대값은 얼마인가?
(단, 정현파의 각주파수는 1000[rad/s]이다)

㉮ 5　　㉯ $5\sqrt{2}$　　㉰ 10　　㉱ $10\sqrt{2}$

[문제5] 저항 8[Ω]과 용량리액턴스 X_C[Ω]이 직렬로 접속된 회로에 100[V], 60[Hz]의 교류를 가하니 10[A]의 전류가 흐른다. 이때, X_C[Ω]의 값은 얼마인가?

㉮ 10　　㉯ 8　　㉰ 6　　㉱ 4

[문제6] 정현파 교류전원 $v = V_m \sin(wt+\theta)[V]$가 인가된 $R-L-C$ 직렬회로에서 $\omega L > \frac{1}{\omega C}$일 경우, 이 회로에 흐르는 전류 i는 인가전압 v와의 위상은 어떻게 되는가?

㉮ $\tan^{-1}\frac{wL-\frac{1}{wC}}{R}$ 앞선다.
㉯ $\tan^{-1}\frac{wL-\frac{1}{wC}}{R}$ 뒤진다.
㉰ $\tan^{-1}R(\frac{1}{wL}-wC)$ 앞선다.
㉱ $\tan^{-1}R(\frac{1}{wL}-wC)$ 뒤진다.

[문제7] $R-L-C$ 직렬회로에서 $R=\sqrt{2}[\Omega]$, $wL=10[\Omega]$, $\frac{1}{wC}=10[\Omega]$, $v=\sqrt{2}\times 110\sin(wt+10^0)[V]$일 때, 전류 I의 최대값은 몇 [A]인가?

㉮ 55
㉯ $\sqrt{2}\times 100$
㉰ 220
㉱ 110

[문제8] $R-L$ 병렬회로에서 $R=\frac{1}{3}[\Omega]$이고, $X_L=\frac{1}{4}[\Omega]$인 회로에서 벡터 어드미턴스 $\dot{Y}$를 구하면?

㉮ $3-j4$
㉯ $4+j3$
㉰ $3+j4$
㉱ $5-j4$

[문제9] $R-C$ 병렬회로에서 전압 $v=V_m\cos wt[V]$를 인가했을 때, 흐르는 전체 전류는?

㉮ $\sqrt{(\frac{1}{R})^2+(wC)^2}\ \cdot\ V_m\sin(wt+\theta)$
㉯ $\sqrt{(\frac{1}{R})^2+(wC)^2}\ \cdot\ V_m\cos(wt+\theta)$
㉰ $\sqrt{(\frac{1}{R})^2+(\frac{1}{wC})^2}\ \cdot\ V_m\cos(wt+\theta)$
㉱ $\sqrt{(\frac{1}{R})^2+(\frac{1}{wC})^2}\ \cdot\ V_m\sin(wt+\theta)$

[문제10] 그림과 같은 회로에서 a, b 사이의 임피던스는 몇 [Ω]인가?

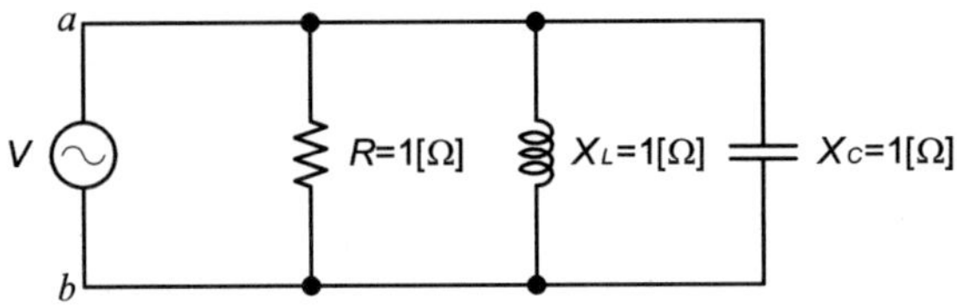

㉮ 1　　㉯ j　　㉰ $1+j$　　㉱ $1-j$

연습문제 2

해설은 447쪽에 있습니다.

[문제1] 60[Hz]에서 3[Ω]의 리액턴스를 갖는 자기인덕턴스 L 및 정전용량 C의 값을 구하시오.

[문제2] $R-L$ 직렬회로에서 저항 4[Ω]과 인덕턴스 L의 코일에 100[V], 60[Hz]의 교류를 가하니 20[A]의 전류가 흘렀다. L은 얼마인가?

[문제3] $R-C$ 직렬회로에서 저항 3[Ω], 콘덴서 1[F], $V=200\sqrt{2}$ [V]인 정현파 전압을 인가했을 때, 전류 i, I를 구하고, 전압, 전류의 위상관계를 설명하시오.
(단, 정현파의 각주파수는 0.25[rad/s]이다)

[문제4] 아래회로에서 전류 i를 구하시오. (단, $v=\sin\left(2t+\frac{\pi}{3}\right)$[V]이다.)

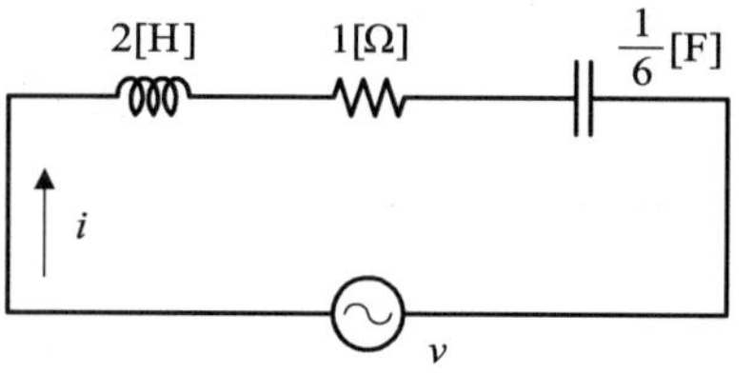

[문제5] 저항 4[Ω]과 X_L의 유도리액턴스가 병렬로 접속된 회로에 12[V]의 교류전압을 가하니 5[A]의 전류가 흘렀다. 이 회로의 리액턴스 X_L값을 구하라.

[문제6] $R-C$ 병렬회로에서 $v=7.07\sin 377t$[V]인 전압을 인가할 때, 전류의 순시값을 구하시오. (단, $R=3$[Ω], $C=100[\mu F]$, $f=60$[Hz] 이다.)

[문제7] $R=15[\Omega]$, $X_C = 30[\Omega]$, $X_L = 12[\Omega]$이 병렬로 된 회로에 120[V]의 교류전압을 가하면 전체에 흐르는 (I)의 크기와 위상의 관계를 설명하라.

[문제8] $R=5[\Omega]$, $L=20[mH]$ 및 가변용량 C로 구성된 $R-L-C$ 직렬회로에 주파수 1[kHz]인 교류를 가한다음, C를 가변하여 직렬 공진시켰다. 이때, $C[\mu F]$의 값과 선택도 Q를 구하시오.

[문제9] 아래 그림과 같은 회로에서 공진시 임피던스를 구하라. (단, $Q=\dfrac{\omega_0 L}{R}$ 이다.)

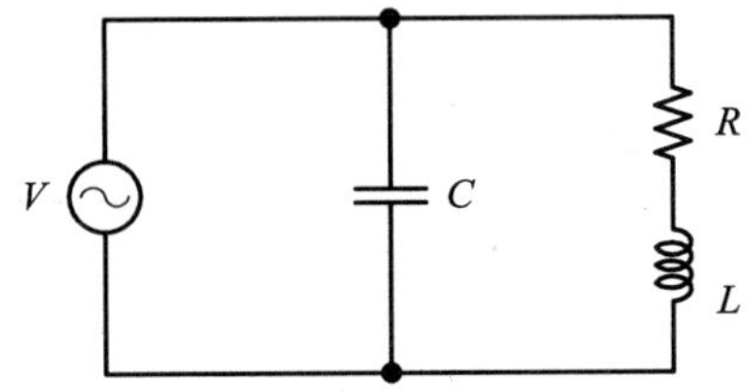

[문제10] 아래 그림과 같은 회로에 교류전압을 인가하여 I가 최소로 될 때, 리액턴스 X_C의 값을 구하라.

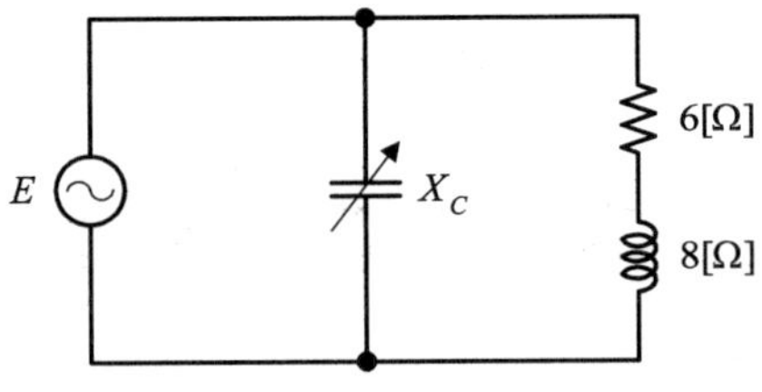

4 교류전력

본 장에서는 교류회로에서 전력을 구하는 방법에 대해 알아본다. 직류 회로에서는 전압과 전류의 곱으로 소비전력을 구하면 되지만, 교류회로에서는 부하의 특성에 따라 전압과 전류의 위상이 달라지므로 교류전력도 부하에 따라 변한다. 교류전력의 표시 방법에는 순시전력과 피상전력, 유효전력, 무효전력 등이 있다. 본 장에서는 R, L, C 수동소자에서 교류전력의 계산과 표시방법에 대해 알아본다.

4.1 순시전력과 평균전력

회로소자에 임의의 시간 t에 인가된 순시전압 v와 이때 흐르는 전류 i의 곱을 순시전력(instantaneous power)이라 하고, 순시전력 p의 1주기 동안의 평균치를 평균전력(aver power)이라 한다.

4.2 R, L, C 단일 수동소자에서의 전력

(1) 저항 부하의 전력

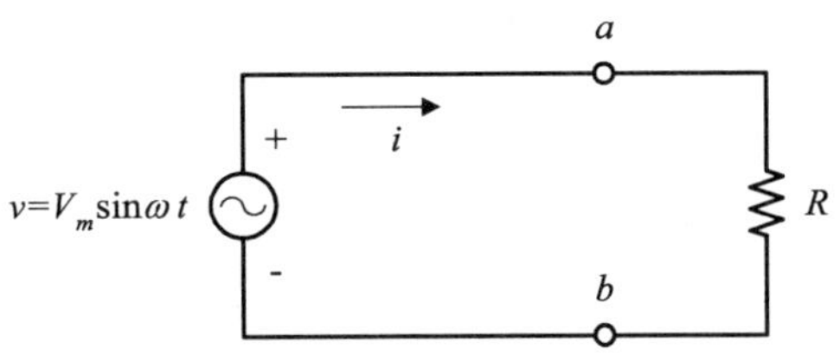

그림 4.1 저항 부하의 전력

그림 4.1과 같이 저항만의 회로에서 $v = V_m \sin\omega t$[V]를 인가하면 흐르는 전류는 동위상이므로 $i = I_m \sin\omega t$[A]가 되고 이 때, 저항에서 소비되는 순시 전력 p는 다음과 같다.

$$
\begin{aligned}
p = v \cdot i &= \sqrt{2}\, V\sin\omega t \cdot \sqrt{2}\, I\sin\omega t \\
&= 2\, VI\sin^2\omega t \\
&= 2\, VI\frac{(1-\cos 2wt)}{2} \\
&= VI(1-\cos 2\omega t)[W] \qquad (4\text{-}1)
\end{aligned}
$$

가 되고, 순시전력의 주파수는 전압이나 전류의 주파수의 2배가 됨을 알 수 있다. 평균전력 P는 순시전력 p의 1주기 동안의 평균이므로

$$
\begin{aligned}
P &= \frac{1}{T}\int_0^T p\,dt = \frac{1}{T}\int_0^T VI(1-\cos 2\omega t)\,dt \\
&= \frac{1}{2\pi}\int_0^{2\pi} VI(1-\cos 2\theta)\,d\theta \\
&= \frac{1}{2\pi}\left[\int_0^{2\pi} VI\,d\theta - \int_0^{2\pi} VI\cos 2\theta\,d\theta\right] \\
&= \frac{1}{2\pi}\cdot VI\cdot 2\pi \\
&= VI = I^2R = \frac{V^2}{R}\,[W] \qquad (4\text{-}2)
\end{aligned}
$$

이다. 일반적으로 전력이라고 할 때는 이 평균전력을 의미한다.

그림 4.2는 저항만의 부하에서 전압, 전류, 전력의 관계를 나타낸 것이다.

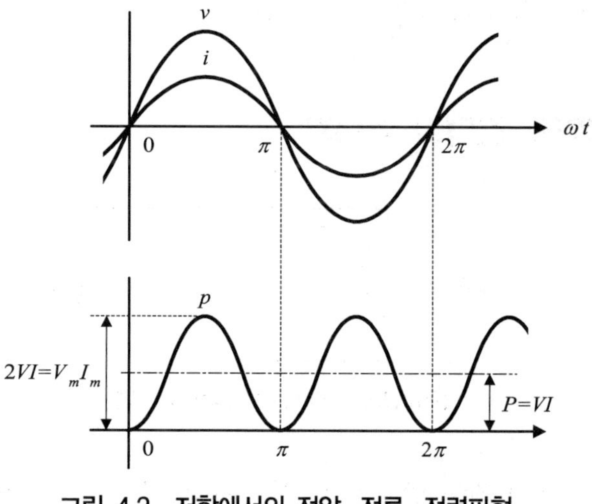

그림 4.2 저항에서의 전압, 전류, 전력파형

예제 4-1

그림 4.3의 회로에서 저항 R_4에 소비되는 전력을 구하라.

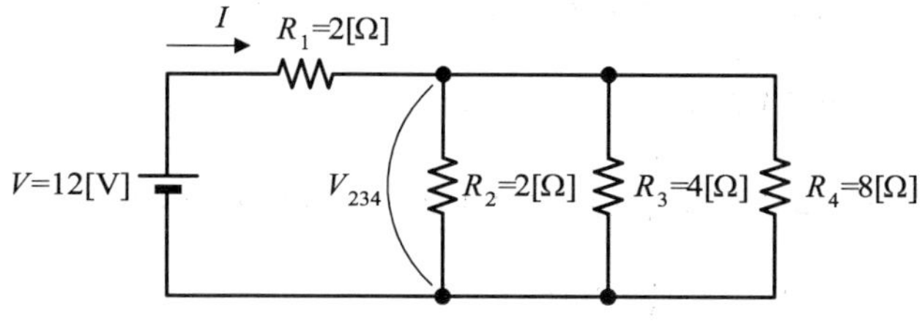

그림 4.3

[풀이] ☞ ① 병렬로 된 R_2, R_3, R_4부분의 합성저항

$$\frac{1}{R_T} = \frac{1}{R_2} + \frac{1}{R_3} + \frac{1}{R_4} = \frac{1}{2} + \frac{1}{4} + \frac{1}{8} = \frac{7}{8}[\Omega]$$

$$\therefore R_T = \frac{8}{7}[\Omega]$$

② 병렬회로에서는 전압이 같으므로 R_2, R_3, R_4 양단전압을 V_{234}라 하면

$$V_{234} = I \cdot R_T = \frac{V}{R_1 + R_T} \times R_T = \frac{12}{2 + \frac{8}{7}} \times \frac{8}{7} = 4.36[V]$$

따라서 R_4에서의 소비전력

$$P_4 = \frac{V_{234}^2}{R_4} = \frac{4.36^2}{8} = 2.38[W]$$

(2) 인덕턴스 부하의 전력과 에너지

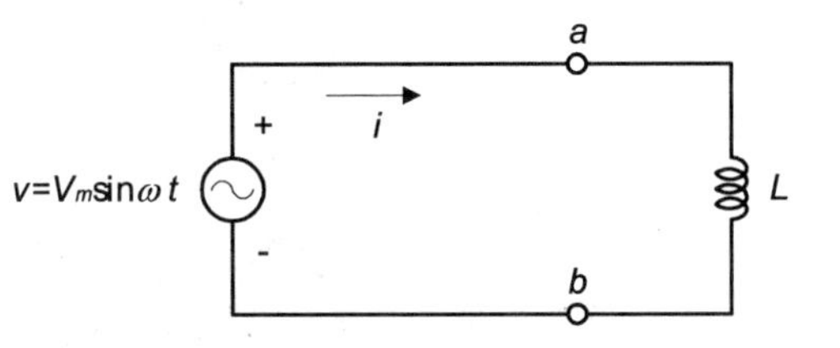

그림 4.4 인덕턴스 부하의 전력

그림 4.4와 같이 부하가 인덕턴스만의 회로에서 $v = V_m \sin wt$ [V]를 인가하면 흐르는 전류는 전압보다 $\frac{\pi}{2}$[rad]만큼 뒤지므로 $i = I_m \sin(wt - \frac{\pi}{2})$[A]가 되고 이 때, 인덕턴스에 발생되는 순시전력 p는

$$p = v \cdot i = \sqrt{2}\, V \sin wt \cdot \sqrt{2}\, I \sin(wt - \frac{\pi}{2})$$
$$= -2VI \sin wt \cdot \cos wt$$
$$= -2VI \times \frac{1}{2}[\sin(wt + wt) + \sin(wt - wt)]$$
$$= -VI \cdot \sin 2wt \qquad (4\text{-}3)$$

이다. 따라서 평균전력

$$P=\frac{1}{T}\int_{0}^{T} p\,dt = \frac{1}{2\pi}\int_{0}^{2\pi}(-VI \cdot \sin 2\theta)\,d\theta$$

$$=\frac{VI}{2\pi}\left[\frac{1}{2}\cos 2\theta\right]_{0}^{2\pi}=0 \tag{4-4}$$

이 된다. 평균전력이 "0"이므로 인덕턴스에서의 전력의 소비는 없음을 말한다. 즉 인덕터에 교류전원을 공급하면 전원과 인덕터 사이에 주기적인 에너지 교환이 일어날 뿐이며 전력소모는 발생하지 않는다. 그림 4.5는 저항에서 전압, 전류, 전력의 관계를 나타낸 것이다.

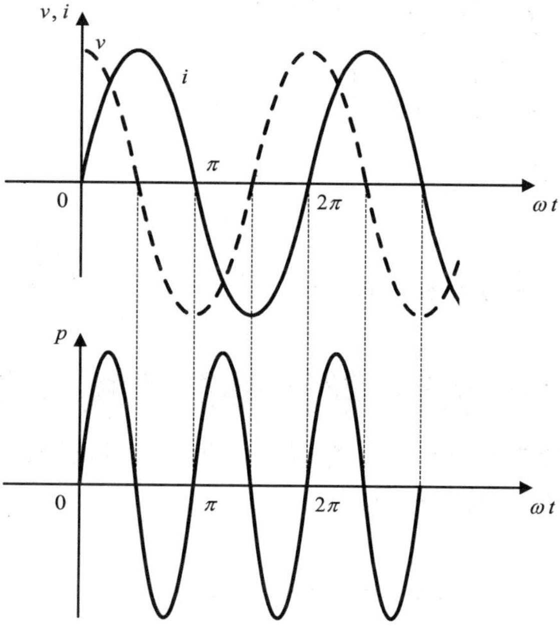

그림 4.5 인덕턴스에서의 전압, 전류, 전력파형

순시전력 p의 주파수는 전압이나 전류의 주파수의 2배이므로 그림 4.5의 순시전력 p의 파형은 주기는 $\frac{1}{2}$배로 빨라지고 1주기 동안에는 +, −가 되어 평균전력은 "0"이지만, +반파에서는 전원에서 인덕터로 전력의 흐름이, −반파에서는 인덕터에서 전원 쪽으로 전력의 흐름을 의미한다. 이는 +반파에서는 전력을 인덕터에 저장했다가 −반파에서는 똑같은 전력을 전원에 되돌려 줌을 의미하므로, 인덕터는 전력을 소비하지 않고 자기에너지만 저장함을 알 수 있다.

이때, 인덕터에 저장되는 평균 자기에너지를 구해보자.

인덕터에 순시전류 $i = \sqrt{2}I\sin wt$가 흐를 때, 축적되는 자기에너지의 순시값 w_L은

$$\omega_L = \frac{1}{2}Li^2 = \frac{1}{2}L(\sqrt{2}I\sin\omega t)^2 = LI^2\sin^2\omega t = \frac{1}{2}LI^2(1-\cos 2\omega t) \quad (4\text{-}5)$$

이고, 한 주기간의 평균축적에너지 W_L은 다음과 같다.

$$\begin{aligned} W_L &= \frac{1}{T}\int_0^T w_L\,dt = \frac{1}{T}\int_0^T \frac{1}{2}LI^2(1-\cos 2wt)\,dt \\ &= \frac{1}{2\pi}\int_0^{2\pi}\frac{1}{2}LI^2(1-\cos 2\theta)d\theta \\ &= \frac{LI^2}{4\pi}\left[\int_0^{2\pi}d\theta - \int_0^{2\pi}\cos 2\theta\,d\theta\right] \\ &= \frac{LI^2}{4\pi}\cdot 2\pi - \left[\frac{1}{2}\sin 2\theta\right]_0^{2\pi} \\ &= \frac{1}{2}LI^2\,[J] \end{aligned} \quad (4\text{-}6)$$

여기서, L은 자기인덕턴스, I는 실효전류이다.

예제 4-2

자기인덕턴스가 20[mH]인 인덕터에 $v = 100\sqrt{2}\sin 100t\,[\mathrm{V}]$의 전압을 가할 때, 인덕터에 축적되는 평균에너지와 최대에너지를 구하라.

[풀이] ☞ $X_L = wL = 100\times 20\times 10^{-3} = 2[\Omega]$

최대전류 $I_m = \dfrac{V_m}{X_L} = \dfrac{100\sqrt{2}}{2} = 50\sqrt{2}$

실효전류 $I = \dfrac{I_m}{\sqrt{2}} = \dfrac{50\sqrt{2}}{\sqrt{2}} = 50$

∴ ① 평균에너지 $W_{min} = \dfrac{1}{2}LI^2 = \dfrac{1}{2}\times 20\times 10^{-3}\times(50)^2 = 25[\mathrm{J}]$

② 최대에너지 $W_{max} = \dfrac{1}{2}LI_m^2 = \dfrac{1}{2}\times 20\times 10^{-3}\times(50\sqrt{2})^2 = 50[\mathrm{J}]$

(3) 커패시터 부하의 전력과 에너지

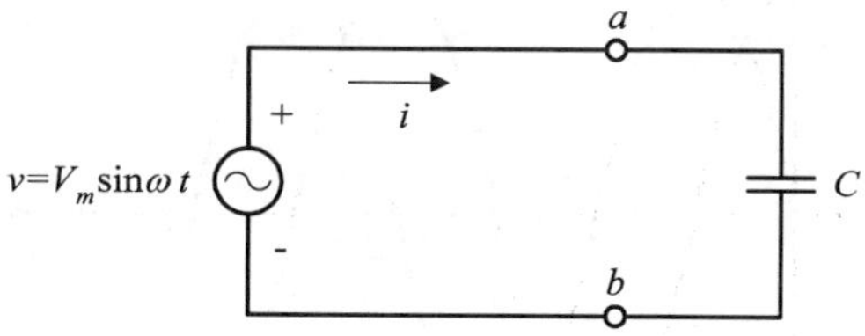

그림 4.6 커패시터 부하의 전력

그림 4.6과 같이 커패시터만의 회로에서 $v = V_m \sin wt$[V]를 인가하면 흐르는 전류는 전압보다 $\frac{\pi}{2}$[rad]만큼 앞서므로 $i = I_m \sin(wt + \frac{\pi}{2})$[A]가 되고 이 때, 커패시터에서 발생되는 순시전력 p는 다음과 같다.

$$\begin{aligned} p &= v \cdot i = \sqrt{2}\, V \sin wt \cdot \sqrt{2}\, I \sin(wt + \frac{\pi}{2}) \\ &= 2\, VI \sin wt \cdot \cos wt \\ &= 2\, VI \times \frac{1}{2}[\sin(wt+wt) + \sin(wt-wt)] \\ &= VI \cdot \sin 2wt \end{aligned} \tag{4-7}$$

따라서 평균전력

$$\begin{aligned} P &= \frac{1}{T}\int_0^T p\, dt = \frac{1}{2\pi}\int_0^{2\pi} (VI \cdot \sin 2\theta) d\theta \\ &= -\frac{VI}{2\pi}\left[\frac{1}{2}\cos 2\theta\right]_0^{2\pi} = 0 \end{aligned} \tag{4-8}$$

이 된다. 평균전력이 "0"이므로 커패시턴스에서도 인덕터와 마찬가지로 전력의 소비는 없음을 말하고, 에너지를 저장하는 기능을 갖는다. 그림 4.7의 커패시턴스에서 전압, 전류, 전력파형은 인덕터와 같으나 전류가 전압보다 $\frac{\pi}{2}$만큼 앞섬을 알 수 있다.

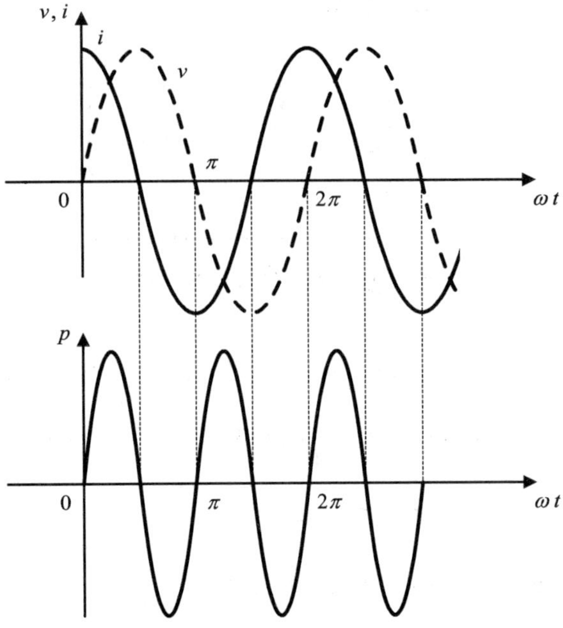

그림 4.7 커패시턴스에서의 전압, 전류, 전력파형

커패시터에 저장되는 평균 에너지를 구해보자. 커패시터에 순시전압 $v=\sqrt{2}\,V\sin\omega t$가 걸릴 때, 축척되는 에너지의 순시값 w_C는

$$\omega_C=\frac{1}{2}Cv^2=\frac{1}{2}C(\sqrt{2}\,V\sin\omega t)^2=CV^2\sin^2\omega t=\frac{1}{2}C\,V^2(1-\cos 2\omega t) \tag{4-9}$$

이고, 한 주기기간의 평균축척에너지 W_C은 다음과 같다.

$$\begin{aligned}W_C&=\frac{1}{T}\int_0^T\omega_c dt=\frac{1}{T}\int_0^T\frac{1}{2}C\,V^2(1-\cos 2\omega t)dt\\&=\frac{1}{2\pi}\int_0^{2\pi}\frac{1}{2}C\,V^2(1-\cos 2\theta)d\theta\\&=\frac{CV^2}{4\pi}\left[\int_0^{2\pi}d\theta-\int_0^{2\pi}\cos 2\theta\, d\theta\right]\\&=\frac{CV^2}{4\pi}\cdot 2\pi-\left[\frac{1}{2}\sin\theta\right]_0^{2\pi}\\&=\frac{1}{2}CV^2\,[J]\end{aligned} \tag{4-10}$$

여기서, C는 정전용량, V는 실효전압이다.

4.3 일반회로의 전력

회로소자가 순 저항이 아닌 경우에는 $v = \sqrt{2}\, V \sin wt$[V]의 교류전압을 가했을 경우 회로에 흐르는 전류는 $i = \sqrt{2}\, I \sin(wt \pm \theta)$[A]가 되며 θ의 부호는 용량성이냐, 유도성이냐에 따라 결정된다. 만약 유도성의 경우 순시전력 p는 다음과 같다.

$$\begin{aligned} p = v \cdot i &= \sqrt{2}\, V \sin wt \cdot \sqrt{2}\, I \sin(wt - \theta) \\ &= 2\, VI \sin wt \cdot \sin(wt - \theta) \text{[W]} \end{aligned} \tag{4-11}$$

여기서 $\sin x \cdot \sin y = \frac{1}{2}\{\cos(x-y) - \cos(x+y)\}$의 관계식을 이용하면

$$p = VI\cos\theta - VI\cos(2wt - \theta) \text{ [W]} \tag{4-12}$$

로 표시된다. 이때의 평균전력 P

$$P = \frac{1}{T}\int_0^T p\,dt$$

$$= \frac{1}{2\pi}\int_0^{2\pi} \{VI\cos\theta - VI\cos(2wt - \theta)\}\,d\theta \tag{4-13}$$

$$= VI\cos\theta \text{[W]} \tag{4-14}$$

이다. 식(4-13)의 제1항은 시간에 관계없는 일정한 값을 가지는 저항성분이며, 제2항은 전압이나 전류의 2배의 각주파수로 변화하는 리액턴스 성분으로 평균값은 "0"임을 알 수 있다. 따라서 일반회로의 전력은 식(4-14)와 같이 전압과 전류의 실효값에 위상차 $\cos\theta$을 곱한 값이다.

예제 4-3

어떤 회로에 전압 v와 전류 i가 각각 $v = 100\sqrt{2}\sin(377t + \frac{\pi}{3})$[V], $i = \sqrt{8}\sin(377t + \frac{\pi}{6})$[A]일 때, 소비되는 전력[w]을 구하라.

[풀이] ☞ 식(4-14)로부터

$$P = VI\cos\theta = 100 \times \frac{\sqrt{8}}{\sqrt{2}} \cos(\frac{\pi}{3} - \frac{\pi}{6})$$

$$= 100 \times 2 \times \cos 30^0$$
$$= 100\sqrt{3}\ [\mathrm{W}]$$

4.4 역률

식(4-14)에서 $\cos\theta$를 역률(power factor)이라 하며 약자로 $p \cdot f$로 나타내며 [%]로 표시하고 다음과 같이 나타낸다.

$$P \cdot f = \cos\theta = \frac{P}{VI} \times 100\ [\%] \tag{4-15}$$

그림 4.8의 벡터도로부터 식(4-15)의 역률을 다시 표현하면 다음과 같다.

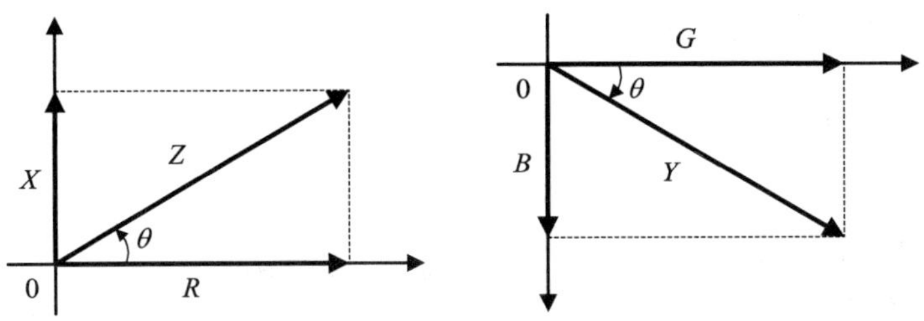

(a) 임피던스 (b) 어드미턴스

그림 4.8 임피던스 및 어드미턴스의 벡터도

$$p \cdot f = \cos\theta = \frac{P}{VI} = \frac{R}{Z} = \frac{G}{Y} \tag{4-16}$$

여기서, θ는 전압과 전류의 위상차이며 임피던스의 각 또는 어드미턴스의 각이므로 $-90^0 \leq \theta \leq 90^0$가 되어 $0 \leq p \cdot f \leq 1$의 범위를 갖는다. 따라서 저항만의 회로에서는 전압과 전류의 위상차가 없으므로

$$\theta = 0^0, \quad p \cdot f = \cos 0^0 = 1, \quad P = VI \tag{4-17}$$

이 되며, 리액턴스만의 회로에서는 전압과 전류의 위상차가 $\pm 90^0$이므로

$$\theta = \pm 90^0, \quad p \cdot f = \cos \pm 90^0 = 0, \quad P = 0 \tag{4-18}$$

이 된다. 따라서 유도성의 경우를 기준으로 $\theta > 0$이면 전류는 전압보다 위상이 뒤지므로 이때의 역률을 지상역률(lagging power factor)이라 하며, $\theta < 0$이면 전류가 전압보다 위상이 앞서므로 이때의 역률을 진상역률(leading power factor)이라 한다. 이들 관계를 유도성 리액턴스를 갖는 $R-L$ 직렬회로를 기준으로 전류, 전압 벡터도에 따른 지상, 진상 역률관계를 나타낸 것이 그림 4.9이다.

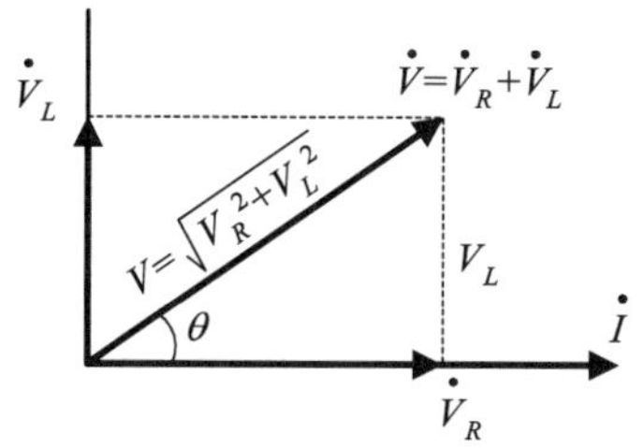

(a) 전압벡터도(진상)

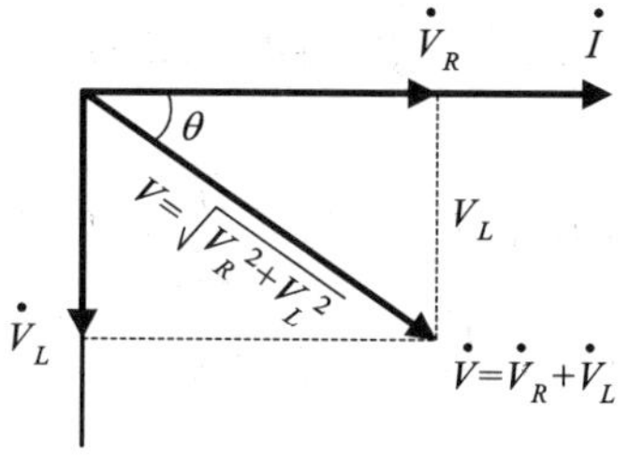

(b) 전류벡터도(지상)

그림 4.9 R–L 직렬회로의 전압, 전류 벡터도에 따른 지상, 진상역률관계

4.5 유효전력과 무효전력 및 피상전력

(1) 유효전력(active power)과 무효전력(reactive power)

그림 4.10은 임피던스를 갖는 일반회로의 전압과 전류벡터도를 나타내었다. 이로부터 유효전력과 무효전력의 관계를 고찰하여보자.

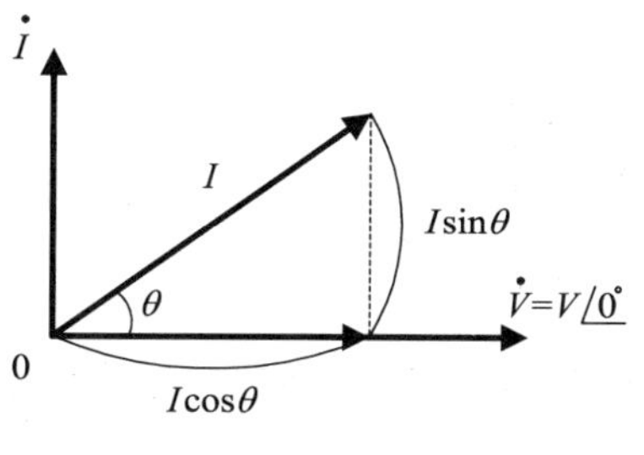

그림 4.10 전압과 전류벡터의 곱

그림 4.10에서 전압과 전류가 θ의 위상차가 있을 때, 전압 V와 동상인 전류성분에 의한 전력

$$P = VI\cos\theta\,[\mathrm{W}] \tag{4-19}$$

로 이것은 식(4-14)에 의한 평균전력과 같고, 유효전력(active power)이라하며, 단위는 와트(Watt)이다. 또한 전압 V와 90°위상차를 갖는 전류성분에 의한 전력은 리액턴스 성분으로

$$P_r = VI\sin\theta[\mathrm{Var}] \tag{4-20}$$

이으로 평균전력은 "0"이며, 이를 무효전력(reactive power)이라 하고, 단위는 바아르(Var : Volt-Ampere-Reactive)로 표현한다. 식(4-19)와 (4-20)을 옴의 법칙과 그림 4.8의 임피던스 및 어드미턴스를 도입하여 정리하면 다음과 같다.

$$\left.\begin{aligned} P &= VI\cos\theta = VI\cdot\frac{R}{Z} = I^2R[\mathrm{W}] \\ &= VI\cdot\frac{G}{Y} = GV^2[\mathrm{W}] \end{aligned}\right\} \tag{4-21}$$

$$\left.\begin{aligned} P_r &= VI\sin\theta = VI\cdot\frac{X}{Z} = I^2X[\mathrm{Var}] \\ &= VI\cdot\frac{B}{Y} = BV^2[\mathrm{Var}] \end{aligned}\right\} \tag{4-22}$$

무효전력의 계수 $\sin\theta$를 무효률(reactive factor)라 하며, 보통 $r \cdot f$로 표시한다.

$$r \cdot f = \sin\theta = \frac{P_r}{VI} \tag{4-23}$$

회로의 임피던스와 어드미턴스를 알고 있을 때, θ도 편각을 나타내므로 그림 4.8에서

$$r \cdot f = \sin\theta = \frac{P_r}{VI} = \frac{X}{Z} = \frac{B}{Y} \tag{4-24}$$

로 나타낼 수 있다.

역률과 무효률의 관계는 $\sin^2\theta + \cos^2\theta = 1$에서 $\sin\theta = \sqrt{1-\cos^2\theta}$ 이므로 다음과 같이도 나타낸다.

$$r \cdot f = \sqrt{1-(p \cdot f)^2} \tag{4-25}$$

예제 4-4

$R-L$ 직렬회로에서 $R=40[\Omega]$, $L=80[mH]$의 코일이 있다. 이 코일에 100[V], 60[Hz]의 전압을 가할 때, 역률, 무효률, 유효전력, 무효전력을 구하라.

[풀이] ☞ $X_L = wL = 2\pi f L = 2\times3.14\times60\times80\times10^{-3} ≒ 30[\Omega]$

$$\dot{Z} = R + jwL = \sqrt{(R)^2+(wL)^2}\ \angle\tan^{-1}\frac{wL}{R}$$

$$= \sqrt{(40)^2+(30)^2}\ \angle\tan^{-1}\frac{30}{40}$$

$$= 50\angle 36.9^0$$

∴ ① 역률 $p \cdot f = \cos\theta = \cos 36.9^0 ≒ 0.8$

② 무효률 $r \cdot f = \sin\theta = \sin 36.9^0 = 0.6$

③ 유효전력은 식(4-21)로부터

$$P = I^2R = (\frac{V}{Z})^2 \cdot R = (\frac{100}{50})^2 \times 40 = 160[W]$$

④ 무효전력은 식(4-22)로부터

$$P_r = I^2X = (\frac{V}{Z})^2 \cdot X = (\frac{100}{50})^2 \times 30 = 120[Var]$$

(2) 피상전력(apparent power)

아파트나 산업체에서 사용되는 변압기나 교류발전기 등의 전원 용량을 나타내는데 사용되는 값으로 단자전압과 전류의 실효값의 곱으로 나타낸다. 단위는 [VA] 또는 [kVA]를 사용하며, P_a로 표현한다. 그림 4.11의 전력벡터도로부터 피상전력을 표현하면 다음과 같다.

$$P_a = \sqrt{P^2+P_r^2} = V \cdot I = I^2 \cdot Z = \frac{V^2}{Z} = YV^2[VA] \qquad (4-26)$$

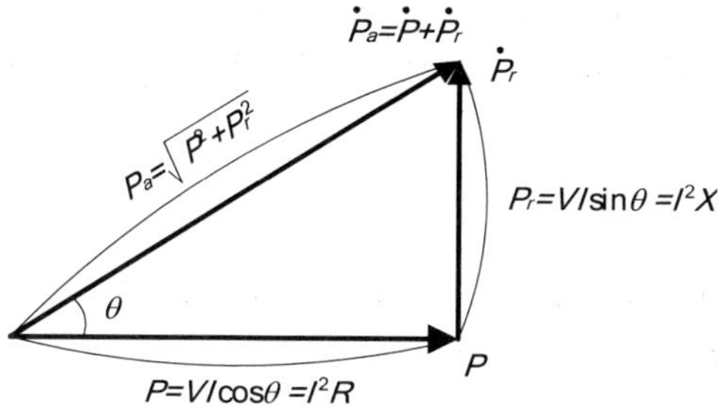

그림 4.11 전력 벡터도

예제 4-5

어느 회로의 유효전력은 300[W], 무효전력은 400[Var]이다. 이 회로의 피상 전력은 얼마인가?

[풀이] ☞ $P_a = \sqrt{P^2 + P_r^2} = \sqrt{(300)^2 + (400)^2} = 500[VA]$

4.6 복소전력(complex power)

복소전력의 계산방식은 전압과 전류가 복소수로 주어졌을 경우 전류나 전압의 공액 복소수로 곱하여 피상전력을 계산하고, 이때, 피상전력의 실수부는 유효전력, 허수부는 무효전력으로 표시한다. 공액복소수는 실수는 같고 허수만 부호가 다른 경우로 $I = 3 + j4$이라면 공액복소수 $I^* = 3 - j4$이다.

전류공액복소수로 복소전력을 계산할 경우 다음과 같다.

$$P_a = V I^* = P \pm jP_r \tag{4-27}$$

이때, V을 기준으로 I^*의 위상관계에서 회로가 유도성의 경우 허수부 즉 무효전력은 (+)가 되고, 용량성의 경우 (-)가 된다. 전압공액복소수로 복소전력을 계산할 경우

$$P_a = V^* I = P \pm jP_r \tag{4-28}$$

로 표시할 수 있고, 이 경우 I을 기준으로 V^*의 위상관계에서 회로가 용량성의 경우 허수부 즉 무효전력은 (+)가 되고, 유도성의 경우 (-)가 된다.

예제 4-6

$V = 50\sqrt{3} + j50[V]$, $I = 15\sqrt{3} - j15[A]$일 때, 유효전력[W]과 무효전력[Var]을 각각 구하고, 리액턴스가 유도성인지, 용량성인지 판단하라. (단, 전압기준으로 계산하라.)

[풀이] ☞

$$P_a = V I^*$$
$$= (50\sqrt{3} + j50) \times (15\sqrt{3} + j15) = 1{,}500 + j1{,}500\sqrt{3}$$

∴ ① 유효전력 $P = 1500[W] = 1.5[kW]$

② 무효전력 $P_r = 1500\sqrt{3}$ [Var]

③ 무효전력이 (+)이므로 유도성 회로이다.

4.7 역률개선

가정용 및 산업용의 전기적 부하는 대부분 유도성 부하이므로 부하전류가 전압보다 위상이 늦은 지상역률(lagging $p \cdot f$)인 경우가 많다. 부하의 역률이 낮으면 동일 전압하에서도 큰 전류를 흘려주어야 한다. 이런 경우 송전선, 발전기, 변압기 등을 포함하는 송전계통에서 손실이 커지고, 기기의 용량이 큰 것이 요구될 뿐만 아니라 전압 강하가 증가하여 전압변동률이 커진다. 따라서 늦은 역률을 갖는 부하에 병렬로 콘덴서를 접속하여 전류가 전압보다 위상이 앞서는 진상전류를 흐르게 하여 역률 $p \cdot f = \cos\theta \fallingdotseq 1$이 되도록 하는 시도를 역률개선이라 한다.

역률 개선용 콘덴서의 용량 Q_C는 그림 4.12의 벡터도로부터 다음 식으로 구할 수 있다.

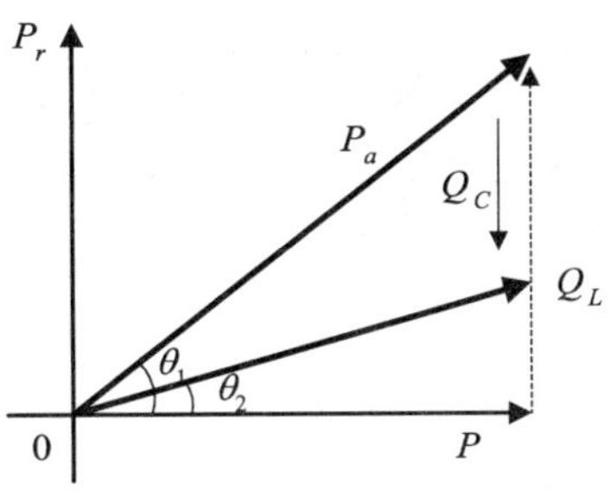

그림 4.12 역률개선 벡터도

그림 4.12에서

$$*\tan\theta_1 = \frac{Q_L}{P} \rightarrow Q_L = P\tan\theta_1,$$

$$*\tan\theta_2 = \frac{Q_L - Q_C}{P} \rightarrow Q_L - Q_c = P\tan\theta_2 \text{이므로,}$$

$$Q_C = Q_L - P\tan\theta_2 = P\tan\theta_1 - P\tan\theta_2$$

$$\therefore Q_C = P(\tan\theta_1 - \tan\theta_2)$$

$$= P\left(\frac{\sin\theta_1}{\cos\theta_1} - \frac{\sin\theta_2}{\cos\theta_2}\right) \qquad (4\text{-}29)$$

이다. 여기서 $cos^2\theta_1 + \sin^2\theta_1 = 1$이므로 $\sin^2\theta_1 = 1 - \cos^2\theta_1$이다. 따라서

$$\sin\theta_1 = \sqrt{1 - \cos^2\theta_1} \qquad (4\text{-}30)$$

이고, 또한 $\cos^2\theta_2 + \sin^2\theta_2 = 1$이므로 $\sin^2\theta_2 = 1 - \cos^2\theta_2$이따. 따라서

$$\sin\theta_2 = \sqrt{1-\cos^2\theta_2} \tag{4-31}$$

이다. 따라서 식(4-29)에 식(4-30)을 대입하여 계산하면 콘덴서의 용량은 다음과 같다.

$$Q_C = P\left(\sqrt{\frac{1}{\cos^2\theta_1} - 1} - \sqrt{\frac{1}{\cos^2\theta_2} - 1}\right)[\text{KVA}] \tag{4-32}$$

여기서, P : 부하의 유효전력, $\cos\theta_1$: 개선 전의 역률, $\cos\theta_2$: 개선 후의 역률이다.

예제 4-7

1000[kW], 역률 60[%]인 부하가 있다. 이를 역률 80[%]로 개선하기 위한 콘덴서의 용량[KVA]를 구하라.

[풀이] ☞ 식(4-32)로부터

$$\begin{aligned} Q_C &= 1000 \times 10^3\left(\sqrt{\frac{1}{0.6^2} - 1} - \sqrt{\frac{1}{0.8^2} - 1}\right) \\ &= 1000 \times 10^3 \times 0.5833 \\ &\fallingdotseq 583[\text{KVA}] \end{aligned}$$

4.8 최대전력 전달 조건

전기회로에서 전력을 전송하는 경우 전원에서 부하로 최대전력을 전달하기 위한 조건을 구하기 위해 다음과 같은 경우에 대하여 생각해 보자.

그림 4.13과 같은 회로에서 전원부의 내부임피던스와 부하의 임피던스를 각각

$$\boldsymbol{Z_S} = R_S + jX_S\ [\Omega], \quad \boldsymbol{Z_L} = R_L + jX_L\ [\Omega]$$

라 할 때,

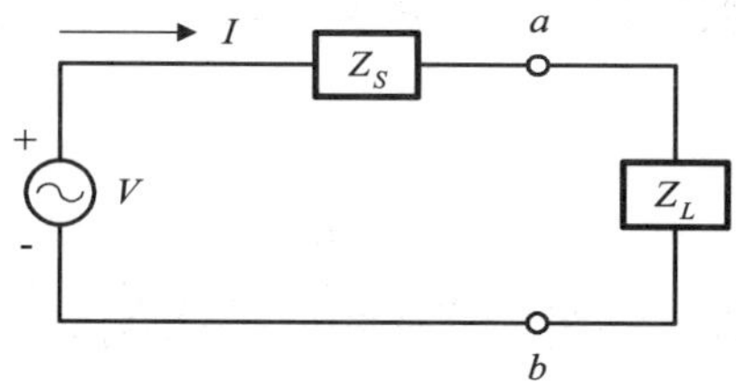

그림 4.13 최대 전력 전달

(1) 전원부의 내부임피던스와 부하임피던스가 순저항의 경우($Z_S = R_S$, $Z_L = R_L$)

부하의 소비전력은 다음과 같다.

$$P_L = I^2 \cdot R_L = \left(\frac{V}{R_S + R_L}\right)^2 \cdot R_L \tag{4-33}$$

여기서, 부하의 전력이 최대로 되기 위해서는 전력 P_L의 미분값이 "0"이 되어야 하므로 식(4-33)의 미분값을 구하기 위해 아래의 미분공식을 도입한다.

$$\frac{d}{dx}\left(\frac{u}{v}\right) = \frac{1}{v^2}\left(v\frac{du}{dx} - u\frac{dv}{dx}\right) \tag{4-34}$$

여기서 $u = R_L$, $v = (R_S + R_L)^2$으로 치환하여 계산하면

$$\begin{aligned}\frac{dP_L}{dR_L} &= \frac{(R_S + R_L)^2 - 2R_L(R_S + R_L)}{(R_S + R_L)^4} \cdot V^2 \\ &= \frac{(R_S^2 - R_L^2) \cdot V^2}{(R_S + R_L)^4} = 0\end{aligned} \tag{4-35}$$

이므로

$$R_S = R_L \tag{4-36}$$

이어야 식(4-35)의 조건을 만족한다. 즉 부하저항이 내부저항과 같을 때, 최대출력을 얻는다는 것을 알 수 있으며, 이때 부하의 최대출력은 식(4-33)에서 다음과 같다.

$$P_L = \left(\frac{V}{2R_L}\right)^2 \cdot R_L = \frac{V^2}{4R_L^2} \cdot R_L = \frac{V^2}{4R_L} \text{ [W]} \tag{4-37}$$

(2) 전원부와 부하가 임피던스의 경우 ($Z_S = R_S + jX_S$, $Z_L = R_L + jX_L$)

회로의 전류는

$$I = \frac{V}{Z} = \frac{V}{Z_S + Z_L} = \frac{V}{(R_S + R_L) + j(X_S + X_L)} \text{ 이므로}$$

$$I = \frac{V}{\sqrt{(R_S + R_L)^2 + (X_S + X_L)^2}} \tag{4-38}$$

이므로 부하의 소비전력은

$$P_L = I^2 \cdot R_L = \frac{V^2 \cdot R_L}{(R_S + R_L)^2 + (X_S + X_L)^2} \tag{4-39}$$

이 된다. 여기서 저항이 일정한 경우 리액턴스 성분이 "0"이 되면 P_L은 최대가 되므로 리액턴스 성분 $X_L = -X_S$가 된다. 따라서 식(4-39)은

$$P_L = I^2 \cdot R_L = \frac{V^2 \cdot R_L}{(R_S + R_L)^2} \tag{4-40}$$

가 된다. 여기서 식(4-40)에 $R_S = R_L$의 조건을 적용하면

$$P_L = I^2 \cdot R_L = \frac{V^2 \cdot R_L}{(2R_L)^2} = \frac{V^2}{4R_L} \text{ [W]} \tag{4-41}$$

역시 P_L은 최대가 되므로 순 저항회로의 경우와 같다.

예제 4-8

그림 4.14와 같이 전압 E와 저항 R로 연결된 회로에 단자 A, B간에 저항 R_L을 접속하여 R_L에서 소비되는 전력을 최대로 하게 했다. 이때, R_L에서 소비하는 전력 P_L는 얼마인가?

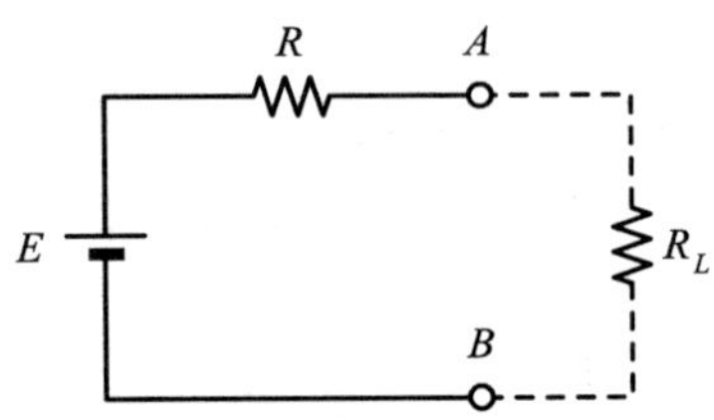

그림 4.14

[풀이] ☞ 최대전력전달 조건 $R_L = R$에서

$$P_L = I^2 \cdot R_L = \left(\frac{E}{R+R}\right)^2 \cdot R$$
$$= \frac{E^2}{4R}[\mathrm{W}]$$

4.9 전력의 측정

(1) 3전류계법(전류계 3개로 유효전력 측정법)

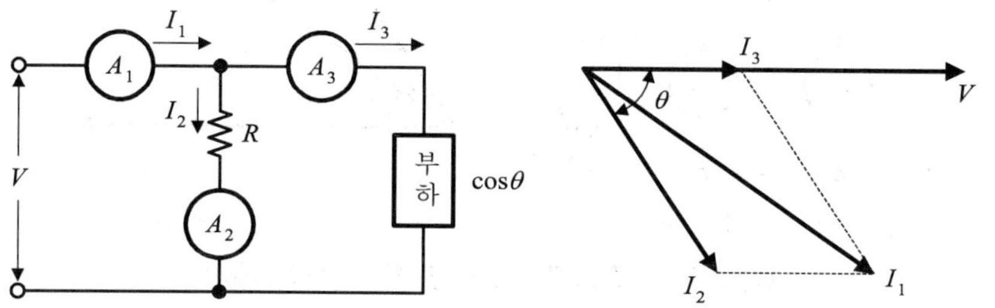

(a) 3전류계법에 의한 전력측정 (b) 벡터도

그림 4.15 3전류계법에 의한 전력측정과 벡터도

일반적으로 회로는 유도성이므로 유도성을 기준으로 해석하면 그림 4.15(a)의 부하에서 소비되는 유효전력과 부하에 공급되는 전압은 각각 다음과 같다.

$$P = VI_3\cos\theta \tag{4-42}$$
$$V = I_2 R \tag{4-43}$$

그림 4.15(b)에서 전류는 전압보다 뒤지므로 벡터도에서

$$I_1 = \sqrt{I_2^2 + I_3^2 + 2I_2 I_3\cos\theta} \tag{4-44}$$

이므로

$$\cos\theta = \frac{I_1^2 - I_2^2 - I_3^2}{2I_2 I_3} \tag{4-45}$$

이다. 따라서 식(4-43)과 식(4-45)을 식(4-42)에 대입하여 정리하면 다음과 같다.

$$\therefore\ P = VI_3\cos\theta = R\cdot I_2\cdot I_3\cos\theta$$

$$= R\cdot I_2\cdot I_3\cdot \frac{I_1^2 - I_2^2 - I_3^2}{2I_2I_3}$$

$$= \frac{R}{2}(I_1^2 - I_2^2 - I_3^2)\,[\mathrm{W}] \tag{4-46}$$

(2) 3전압계법(전압계 3개로 유효전력 측정법)

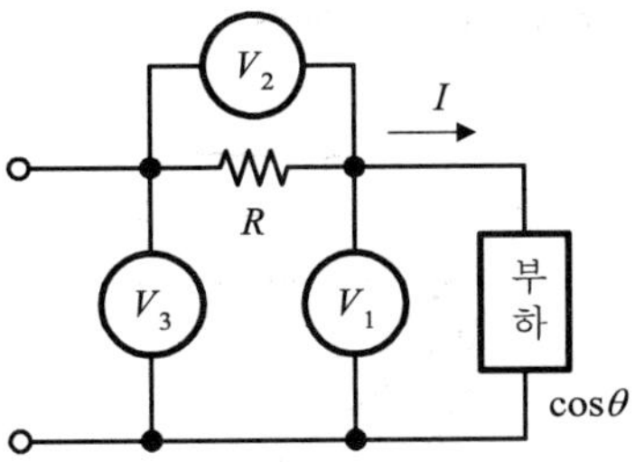

(a) 3전압계법에 의한 전력측정

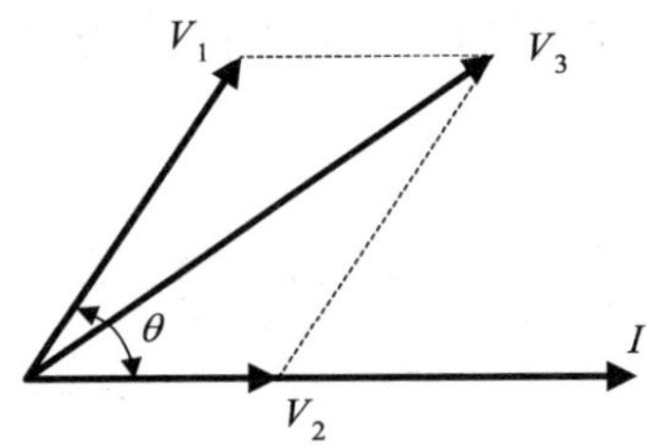

(b) 벡터도

그림 4.16 3전압계법에 의한 전력측정과 벡터도

유도성 기준으로 해석하면 그림 4.16(a)에서 부하에서 소비되는 유효전력과 부하에 흐르는 전류는 각각 다음과 같다.

$$P = V_1 I\cos\theta \tag{4-47}$$

$$I = \frac{V_2}{R} \tag{4-48}$$

그림 4.16(b)에서 전압은 전류보다 앞서므로

$$V_3 = \sqrt{V_1^2 + V_2^2 + 2V_1V_2\cos\theta} \tag{4-49}$$

이므로

$$\cos\theta = \frac{V_3^2 - V_1^2 - V_2^2}{2V_1V_2} \tag{4-50}$$

이다. 따라서 식(4-48)과 식(4-50)을 식(4-47)에 대입하여 정리하면 다음과 같다.

$$\therefore\ P = V_1 I\cos\theta = V_1 \cdot \frac{V_2}{R} \cdot \cos\theta$$

$$= V_1 \cdot \frac{V_2}{R} \cdot \frac{V_3^2 - V_1^2 - V_2^2}{2V_1V_2}$$

$$= \frac{1}{2R}(V_3^2 - V_1^2 - V_2^2)[\mathrm{W}] \qquad (4\text{-}51)$$

이다.

예제 4-9

그림 4-17과 같이 전류계 A_1, A_2, A_3, 25[Ω]의 저항을 접속하였더니 전류계의 지시는 $A_1 = 10$[A], $A_2 = 4$[A], $A_3 = 7$[A]이다. 부하의 역률과 전력을 구하라.

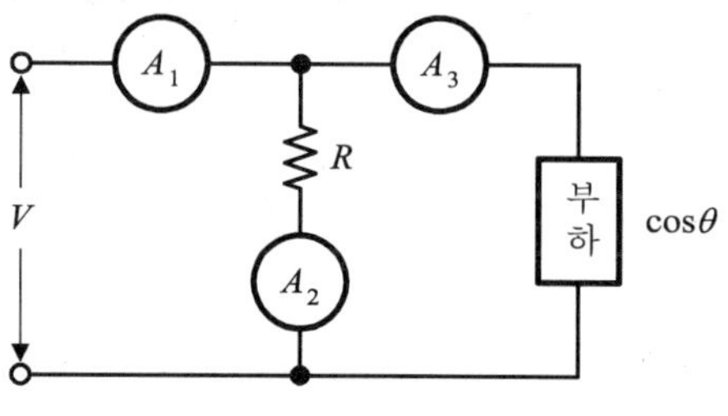

그림 4.17

[풀이] ☞ ① 부하의 역률은 식(4-45)으로부터

$$\cos\theta = \frac{I_1^2 - I_2^2 - I_3^2}{2I_2I_3} = \frac{10^2 - 4^2 - 7^2}{2\times4\times7} = 0.625$$

② 부하의 전력은 식(4-46)에서

$$P = \frac{R}{2}(I_1^2 - I_2^2 - I_3^2)$$

$$= \frac{25}{2}[10^2 - 4^2 - 7^2]$$

$$= \frac{25}{2}[100 - 16 - 49]$$

$$= 437.5[\mathrm{W}]$$

연습문제 1

해설은 450쪽에 있습니다.

[문제1] 600[W]의 전열기에 정격 전압의 80[%]을 인가하면 전력은 몇 [W]가 되는가?

㉮ 614　　㉯ 545　　㉰ 486　　㉱ 384

[문제2] 저항 R 리액턴스 X_L와의 직렬회로에서 전압 V가 가해졌을 때, 소비전력을 구하는 식은?

㉮ $\dfrac{R}{\sqrt{R^2+X_L^2}}V^2$　　㉯ $\dfrac{X_L}{\sqrt{R^2+X_L^2}}V^2$

㉰ $\dfrac{R}{R^2+X_L^2}V^2$　　㉱ $\dfrac{X}{R^2+X_L^2}V^2$

[문제3] 어느 회로에 전압과 전류의 실효값이 각각 50[V], 10[A]이고, 역률이 0.8이다. 소비전력[W]은 얼마인가?

㉮ 400　　㉯ 500　　㉰ 600　　㉱ 700

[문제4] $R-L$ 병렬회로 양단에 $e=E_m\sin(wt+\theta)$[V]의 전압이 가해졌을 때, 소비되는 유효전력[W]은?

㉮ $\dfrac{E_m^2}{2R}$　　㉯ $\dfrac{E^2}{2R}$　　㉰ $\dfrac{E_m^2}{\sqrt{2}R}$　　㉱ $\dfrac{E^2}{\sqrt{2}R}$

[문제5] 어느 임피던스 부하에 전압 200[V]를 가할 때, 20[A]의 전류가 흐르고, 부하에는 3.2[kW]의 전력이 소비된다. 이때, 역률과 무효전력[KVar]은 각각 얼마인가?

㉮ 0.6, 2.0　　㉯ 0.7, 2.2

㉰ 0.8, 2.4　　㉱ 0.9, 2.6

[문제6] 어떤 회로에 전압 V, 전류 I일 때, $P_a = V^* \cdot I = P + jP_r$이다. 이 회로는 어떤 부하인가?

㉮ 유도성　　㉯ 무유도성　　㉰ 용량성　　㉱ 정저항

[문제7] $\cos\theta = 0.6$의 유도성 부하 480[kW]에 전력을 공급하고 있는 발전소에서 320[KVA]의 콘덴서를 이용하면 역률[%]은 얼마나 개선되는가?

㉮ 63　　㉯ 73　　㉰ 79　　㉱ 83

[문제8] 어떤 회로의 유효전력이 80[W], 무효전력이 60[Var]이면 역률은 몇[%]인가?

㉮ 50　　㉯ 70　　㉰ 80　　㉱ 90

[문제9] 부하저항 R_L이 전원의 내부저항 R_0의 3배가 되면 부하저항 R_L에서 소비되는 전력 P_L은 최대 전달 전력 P_m의 몇 배인가?

㉮ 0.3　　㉯ 0.5　　㉰ 0.75　　㉱ 0.89

[문제10] 그림과 같은 회로에서 전압계 3개로 단상전력을 측정하고자 할 때, 유효전력[W]은?

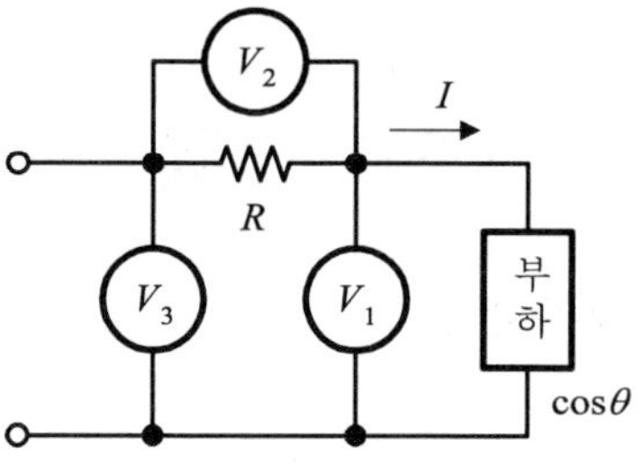

㉮ $\dfrac{1}{2R}(V_3^2 - V_1^2 - V_2^2)$　　㉯ $\dfrac{1}{2R}(V_3^2 - V_1^2)$

㉰ $\dfrac{R}{2}(V_3^2 - V_1^2 - V_2^2)$　　㉱ $\dfrac{R}{2}(V_2^2 - V_1^2 - V_3^2)$

연습문제 2

해설은 451쪽에 있습니다.

[문제1] 아래 회로에서 $v = 20\sqrt{2}\sin wt$[V]의 전압을 인가할 때, 전체소비전력과 각 저항에서 소비되는 전력을 구하라.

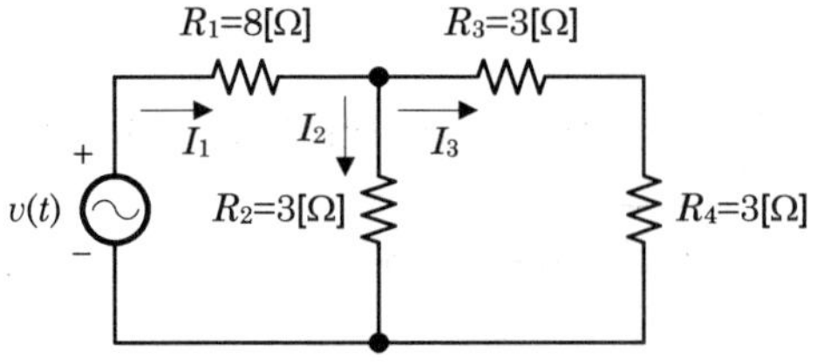

[문제2] 어떤 부하에 $v = 100\sin(100\pi t + \frac{\pi}{6})$[V]의 전압을 인가하니 $i = 10\cos(100\pi t - \frac{\pi}{3})$[A]인 전류가 흘렀다. 이 부하의 역률과 소비전력을 구하라.

[문제3] 저항 3[Ω]과 유도리액턴스 $X_L = 4$[Ω]이 직렬로 연결된 회로에 $v = 100\sqrt{2}\sin wt$[V]인 전압을 가하였다. 이 회로에서 소비되는 전력은 몇 [kW]인가?

[문제4] 전압 200[V], 전류 30[A]로서 4.8[kW]의 전력을 소비하는 회로의 리액턴스를 구하라.

[문제5] 아래 회로에서 다음을 구하시오.

① 역률과 무효률

② 유효전력, 무효전력, 피상전력

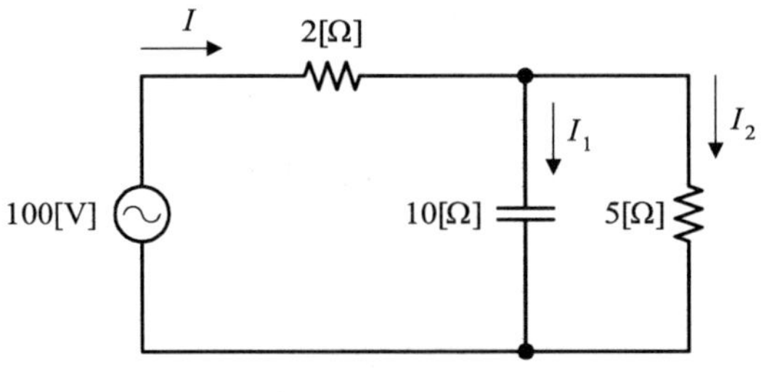

[문제6] 어떤 회로에 $V = 100 + j20$[V]인 전압을 가했을 때, $I = 4 + j3$[A]인 전류가 흘렀다. 이 회로의 임피던스 Z[Ω] 및 소비전력[W]을 구하고, 유도성인지 용량성인지 판단하라. 단, 전류기준으로 계산하라.

[문제7] 코일에 단상 100[V]의 전압을 가하면 30[A]의 전류가 흐르고, 1.8[kW]의 전력을 소비한다고 한다. 이 코일과 병렬로 콘덴서를 접속하여 회로의 합성역률을 100[%]로 하기 위한 용량리액턴스는 대략 몇[Ω]이어야 하는가?

[문제8] 최대값 V_0, 내부임피던스 $Z_0 = R_0 + jX_0$ $(R_0 > 0)$인 전원에서 공급할 수 있는 최대 전력은?

[문제9] 내부 임피던스 $Z_g = 0.3 + j2$[Ω]인 발전기에 임피던스 $Z_l = 1.7 + j3$[Ω]인 선로를 연결하여 부하에 전력을 공급한다. 부하 임피던스 Z_0[Ω]이 어떤 값을 취할 때, 부하에 최대전력이 전송되는가?

[문제10] 그림과 같은 회로에서 부하의 소비전력을 구하라.

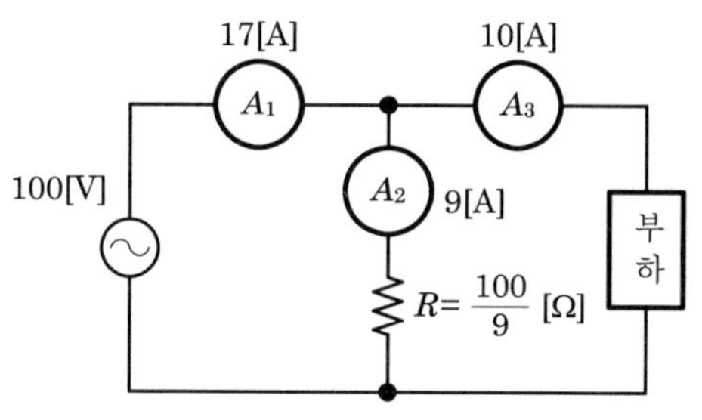

5 상호유도 결합회로와 벡터궤적

두 코일이 근접해 있을 때, 한쪽 코일에 전류가 흐르면 이 전류에 의해 자속이 발생되고, 그 자속의 일부는 다른 코일과 쇄교할 때, 다른 코일의 양단에는 Faraday의 법칙에 의해 전압이 발생되며, 전류, 전력이 전달된다. 이와 같은 현상을 상호유도결합작용이라 하고, 이를 응용한 기기로는 변압기, 유도전동기, 전자 및 통신회로 등이 있다. 본 장에서는 유도결합회로의 해석과 이에 따른 여러 가지 전기적 현상과 변압기의 기본원리 및 벡터궤적에 대해 알아본다.

5.1 상호유도작용(mutual inductance)

그림 5.1과 같이 1차 측 코일에 교류전류 i_1이 흐르면 시간에 따라 변화하는 자속이 1차 코일에 발생되고 그 자속의 일부는 2차 측 코일과 쇄교하므로서 2차 측 코일 양단에는 Faraday 법칙에 의한 유도전압이 나타난다. 이와 같은 현상을 상호유도작용이라 한다. 이 경우 두 코일은 자기적으로 유도결합 되어있다고 한다.

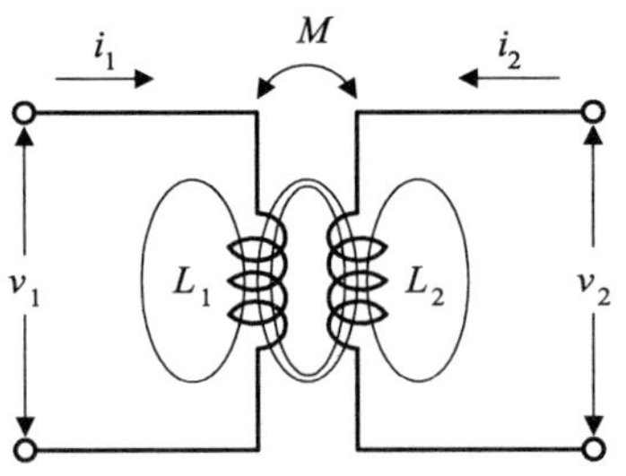

(a) 유도결합회로

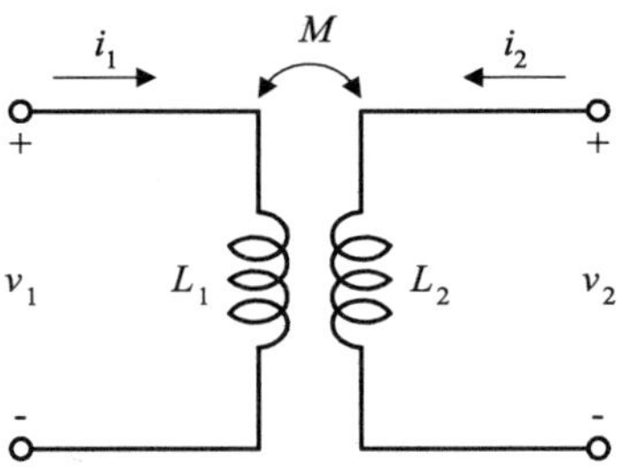

(b) 등가회로

그림 5.1 유도결합회로와 등가회로

5.2 상호인덕턴스와 유도전압

(1) 상호인덕턴스(mutual inductance)

상호인덕턴스는 1차 측 코일에 흐르는 전류가 변화할 때, 2차 측 코일에 어느 정도의 전압이 유도되는가를 나타내는 양으로 단위는 자기인덕턴스와 같이 헨리(Henry : H)로 표시한다.

그림 5.2의 2차 측 개방회로에서 1차 측의 전류 i_1이 흘러 Φ_1의 자속이 발생해서 코일1만을 쇄교하는 자속을 Φ_{11}(누설자속), 코일1과 코일2를 동시에 쇄교하는 자속을 Φ_{12}(상호자속)라 하면 i_1에 의해 생기는 총 자속 Φ_1는 다음과 같다.

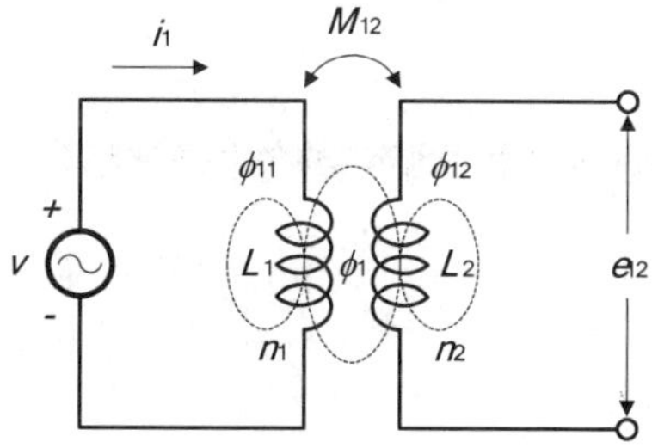

그림 5.2 2차측 개방회로

$$\Phi_1 = \Phi_{11} + \Phi_{12} \tag{5-1}$$

또한, i_1에 의해서 코일1, 2에 생기는 쇄교 자속수를 각각 λ_1, λ_{12}이라면

$$\begin{aligned} \lambda_1 &= n_1\,\Phi_1 = L_1\,i_1 \\ \lambda_{12} &= n_2\,\Phi_{12} = M_{12}\,i_1 \end{aligned} \tag{5-2}$$

로 표시할 수 있다. 따라서 코일1의 자기인덕턴스 L_1과 코일1과 코일2 사이의 상호인덕턴스 M_{12}는 다음의 관계가 성립한다.

$$L_1 = \frac{n_1\,\Phi_1}{i_1}, \quad M_{12} = \frac{n_2\,\Phi_{12}}{i_1} \tag{5-3}$$

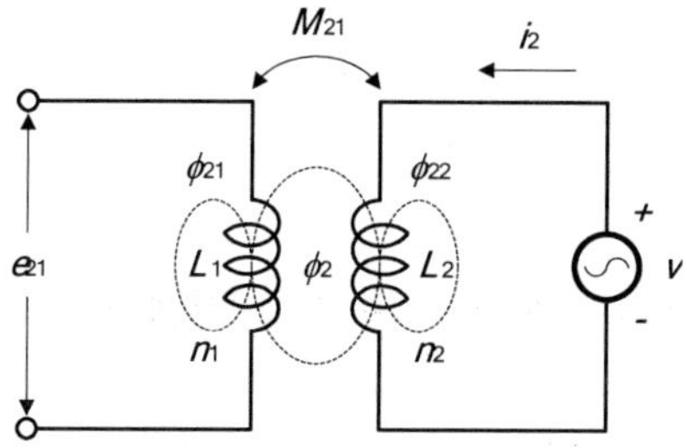

그림 5.3 1차측 개방회로

또한 그림 5.3의 1차 측 개방회로에서 2차 측의 전류 i_2이 흘러, Φ_2의 자속이 발생해서 코일2만을 쇄교하는 자속을 Φ_{22}(누설자속), 코일2과 코일1을 동시에 쇄교하는 자속을 Φ_{21}(상호자속)라 하면 i_2에 의해 생기는 총 자속 Φ_2는 다음과 같다.

$$\Phi_2 = \Phi_{22} + \Phi_{21} \tag{5-4}$$

여기서 i_2에 의해서 코일2, 1에 생기는 쇄교 자속수를 각 각 λ_2, λ_{21}이라면

$$\begin{aligned} \lambda_2 &= n_2\,\Phi_2 = L_2\,i_2 \\ \lambda_{21} &= n_1\,\Phi_{21} = M_{21}\,i_2 \end{aligned} \tag{5-5}$$

로 표시할 수 있다. 따라서 코일2의 자기인덕턴스 L_2와 코일2와 코일1 사이의 상호인덕턴스 M_{21}는 다음의 관계가 성립한다.

$$L_2 = \frac{n_2\,\Phi_2}{i_2}, \quad M_{21} = \frac{n_1\,\Phi_{21}}{i_2} \tag{5-6}$$

상호인덕턴스 M_{12}와 M_{21}의 철심 투자율이 일정하다면

$$M_{12} = M_{21} = M \tag{5-7}$$

이 된다.

(2) 유도전압(induction voltage)

두 코일이 유도결합 되었을 때, 코일의 양단에는 Faraday의 법칙에 의해서 쇄교 자속수의 시간적 변화율에 비례하는 유도전압

$$v = \frac{d\lambda}{dt}\,[\mathrm{V}] \tag{5-8}$$

가 발생한다. 따라서 그림 5.2의 2차측에 유도되는 전압 e_{12}는

$$e_{12} = V_L = \frac{d\lambda_{12}}{dt} = \frac{dM_{12}\cdot i_1}{dt} = M_{12}\cdot\frac{di_1}{dt} = \pm M\frac{di_1}{dt}\,[\mathrm{V}] \tag{5-9}$$

가 되고, 그림 5.3의 1차측에 유도되는 전압 e_{21}는

$$e_{21} = V_L = \frac{d\lambda_{21}}{dt} = \frac{dM_{21}\cdot i_2}{dt} = M_{21}\cdot\frac{di_2}{dt} = \pm M\frac{di_2}{dt}\,[\mathrm{V}] \tag{5-10}$$

이다. 여기서 상호인덕턴스의 극성은 두 코일에서 생기는 자속이 합쳐지는 방향이면 (+), 반대방향이면 (-)이다.

예제 5-1

상호인덕턴스가 100[mH]인 회로의 1차 코일에 3[A]의 전류가 0.3초 동안 18[A]로 변화할 때, 2차유도 기전력을 구하라.

[풀이] ☞ 2차측이 개방된 경우이므로 유도되는 전압은 식(5-9)에서

$$e_{12} = M\frac{d\,i_1}{d\,t} = 100\times 10^{-3}\times\frac{18-3}{0.3} = 5\,[\mathrm{V}]$$

5.3 결합계수(coupling coefficient)

결합계수는 두 코일간의 유도결합 정도를 나타내는 양으로 k로 표시한다. 유도결합상태인 두 코일에서 Φ_1에 대한 Φ_{12}의 비율을 k_{12}라 하고, Φ_2에 대한 Φ_{21}의 비율을 k_{21}이라 하면 다음과 같다.

$$k_{12} = \frac{\Phi_{12}}{\Phi_1},\ k_{21} = \frac{\Phi_{21}}{\Phi_2} \tag{5-11}$$

식(5-3)과 식(5-6)에서 상호인덕턴스에 식(5-11)을 적용하면

$$\left.\begin{aligned} M_{12} &= \frac{n_2\,\Phi_{12}}{i_1} = \frac{n_2\,k_{12}\,\Phi_1}{i_1} = \frac{n_2}{n_1}\cdot k_{12}\cdot\frac{n_1\,\Phi_1}{i_1} = \frac{n_2}{n_1}k_{12}\,L_1 \\ M_{21} &= \frac{n_1\,\Phi_{21}}{i_2} = \frac{n_1\,k_{21}\,\Phi_2}{i_2} = \frac{n_1}{n_2}\cdot k_{21}\cdot\frac{n_2\,\Phi_2}{i_2} = \frac{n_1}{n_2}k_{21}\,L_2 \end{aligned}\right\} \tag{5-12}$$

이다. 식(5-12)를 곱하고, 식(5-7)의 $M_{12} = M_{21} = M$을 적용하면

$$M_{12}\cdot M_{21} = M^2 = k_{12}\cdot k_{21}\cdot L_1\cdot L_2 = k^2\cdot L_1\cdot L_2 \tag{5-13}$$

이다. 여기서 $k = k_{12} = k_{21}$이므로, 결합계수 k는 다음과 같이

$$k = \frac{M}{\sqrt{L_1 L_2}} \tag{5-14}$$

로 정의되며, $0 \leqq k \leqq 1$의 범위 값을 갖는다. 또한

$k=0$이면 상호자속이 전혀 없는 경우 즉 무유도 결합상태이며,
$k=1$이면 누설자속이 없는 경우 즉 완전유도결합상태로 이상적인 결합 상태이다.

예제 5-2

인덕턴스 L_1, L_2가 각각 3[mH], 6[mH]인 두 코일 간의 인덕턴스 M이 4[mH]라 할 때, 결합계수 k을 구하라.

[풀이] ☞ 식(5-14)에서

$$k = \frac{M}{\sqrt{L_1 L_2}} = \frac{4}{\sqrt{3 \times 6}} \fallingdotseq 0.94$$

5.4 코일의 극성표시

(1) 직렬코일 형태의 극성표시

두 코일이 가까이 놓여 있을 때, 전류가 흐르면 앙페르의 오른나사법칙에 의해 전류의 진행방향에서 나사를 오른쪽으로 돌리듯 그 주위에 자속이 발생한다.

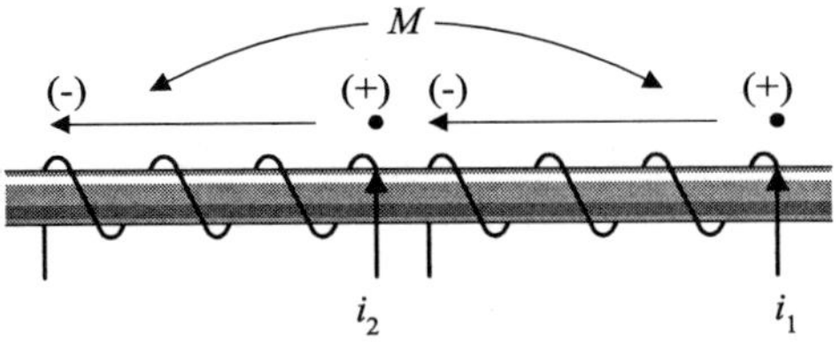

그림 5.4 코일의 극성표시(+)

그림 5.4에서 들어가는 전류 i_1에 찍힌 흑점을 (+)로 보고, 나가는 곳을 (-), 역시 들어가는 전류 i_2에 찍힌 흑점을 (+)로 보고, 나가는 곳을 (-)로 본다면 전류의 방향이 같으므로 자속이 더해지므로 상호인덕턴스 M의 극성은 (+)이다.

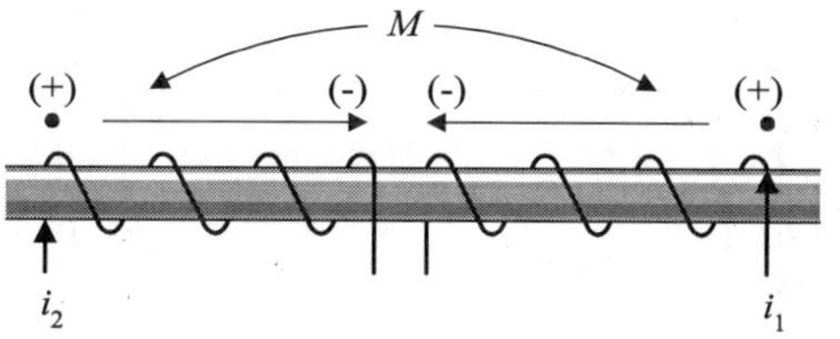

그림 5.5 코일의 극성표시(-)

그림 5-5에서도 들어가는 전류 i_1에 찍힌 흑점을 (+)이면 다가는 곳은 (-), 역시 들어가는 전류 i_2에 찍힌 흑점을 (+)이고 나가는 곳은 (−)로 본다면 전류의 방향이 반대이므로 자속이 상쇄됨을 알 수 있고 상호인덕턴스 M의 극성은 (−)이다.

(2) 1, 2차 코일형태의 상호인덕턴스 극성표시 (변압기 형태)

그림 5-6과 그림 5-7에서 v_1, v_2을 구할 때, 식 (5-9), 식 (5-10)에 의해 상호인덕턴스 M의 부호를 결정해야한다. 따라서 상호인덕턴스 M의 부호를 결정하는 방법은 전류의 방향과 코일의 흑점상태를 같이 고려하여 최종적인 M의 부호가 결정된다.

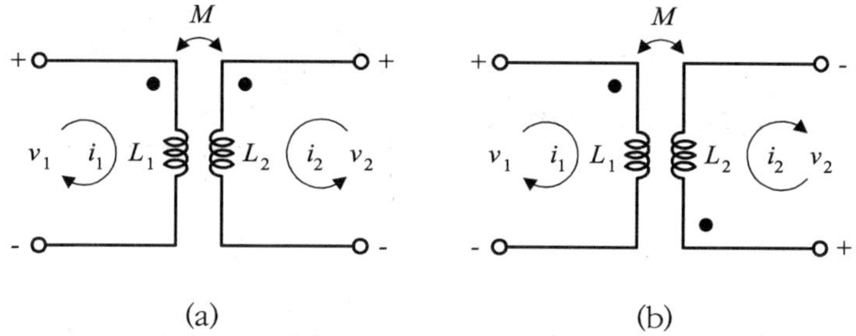

그림 5.6 M이 (+)인 경우

그림 5.6(a) 회로에서 두 전류 i_1과 i_2가 합해지므로 (+)가 되고, 흑점도 같은 위치에 찍혀 있으므로 (+)가 되어 M의 극성은 (+)가 된다. 그림 5.6(b) 회로에서는 두 전류 i_1과 i_2는 반대 방향이므로 차의 전류 (−)가 되고, 흑점은 다른 위치에 찍혀 있으므로 (−)가 되어 결국 M의 극성은 (+)가 된다.

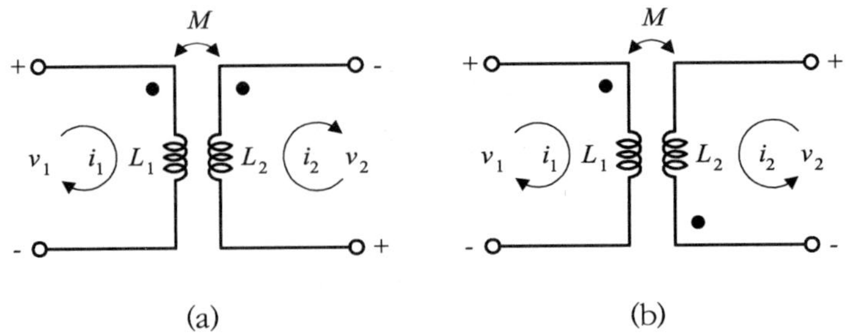

그림 5.7 M이 (−)인 경우

같은 원리로 그림 5.7(a) 회로에서 두 전류 i_1과 i_2는 반대 방향이므로 차의 전류 (−)가 되고, 흑점은 같은 위치에 찍혀 있으므로 (+)가 되어 결국 M의 극성은 (−)가 되고, 그림 5.7(b) 회로에서는 두 전류 i_1과 i_2가 합해지므로 (+)가 되고, 흑점은 반대 위치에 찍혀 있으므로 (−)가 되어 M의 극성은 (−)가 된다.

예제 5-3

그림 5.8에서 상호 인덕턴스 M의 부호를 결정하라.

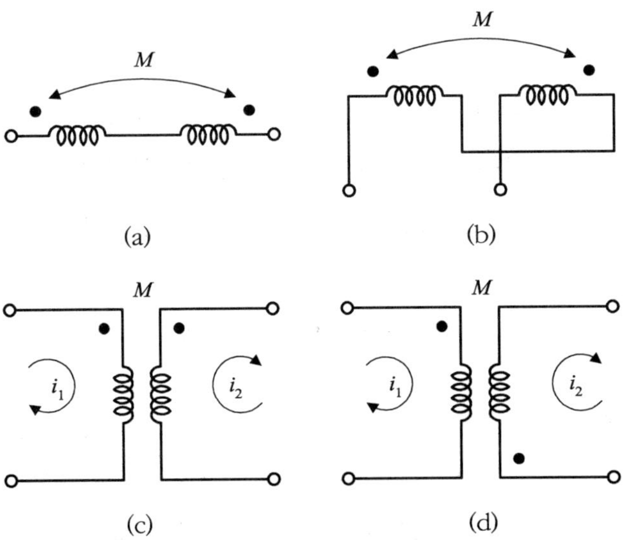

그림 5.8

[풀이] ☞ 그림에서 (a)는 좌측흑점기준으로 (+)(−), (−)(+)이므로 자속이 상쇄된다. 따라서 M은 (−)극성, 그림(b)도 좌측흑점기준으로 (+)(−), (+)(−)의 형태가 되어 M은 (+)극성이 된다. 그림(c)는 두 전류 i_1 과 i_2 는 반대방향이므로 (−)가 되고, 흑점은 같은 위치에 찍혀

있으므로 (+)가 되어 결국 M의 극성은 (−)가 된다. 그림(d) 전류는 (−)가 되고, 흑점도 다른 위치에 찍혀 있으므로 (−)가 되어 M의 극성은 (+)가 된다.

[답] (+)=(b)(d), (−)=(a)(c)

5.5 자기인덕턴스의 직렬접속

두 개의 코일이 직렬로 연결된 그림 5.9에서 합성인덕턴스를 구해보자. 상호인덕턴스 M의 극성은 (+)이고, 각 코일에 걸리는 전압은

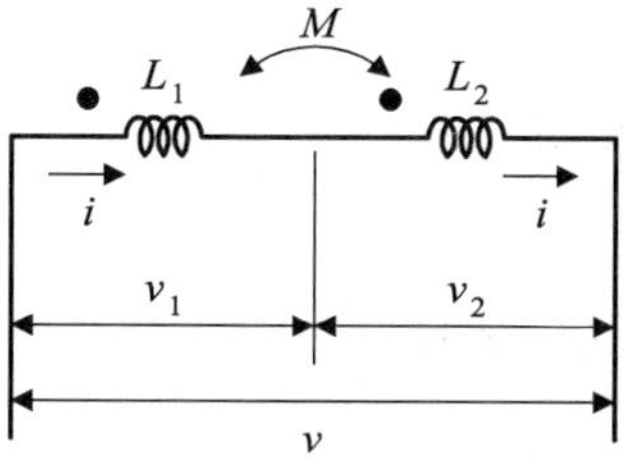

그림 5.9 자기인덕턴스의 직렬접속(가극성회로)

$$v_1 = L_1 \frac{di}{dt} + M\frac{di}{dt}[\mathrm{V}]\ , \quad v_2 = L_2 \frac{di}{dt} + M\frac{di}{dt}[\mathrm{V}] \tag{5-15}$$

이고, 인가전압 v은 v_1, v_2의 합이므로

$$v = v_1 + v_2 = (L_1 + L_2 + 2M)\frac{di}{dt}[\mathrm{V}] \tag{5-16}$$

이다. 따라서 합성인덕턴스 L^+은

$$L^+ = L_1 + L_2 + 2M \tag{5-17}$$

로 표시하면 식(5-16)은 다음과 같이 표현할 수 있다.

$$v = v_1 + v_2 = L^+\frac{di}{dt}[\mathrm{V}] \tag{5-18}$$

또한, 그림 5.10의 회로에서 합성인덕턴스를 구해보면, 상호인덕턴스 M의 극성은 (−)이고, 각 코일에 걸리는 전압은

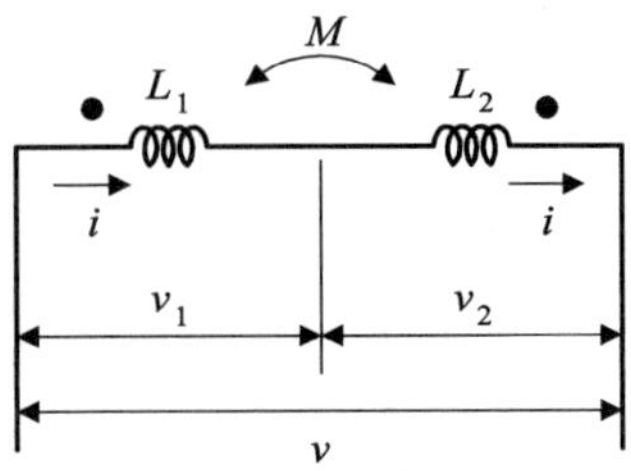

그림 5.10 자기인덕턴스의 직렬접속(감극성회로)

$$v_1 = L_1 \frac{di}{dt} - M\frac{di}{dt}[\mathrm{V}], \quad v_2 = L_2 \frac{di}{dt} - M\frac{di}{dt}[\mathrm{V}] \tag{5-19}$$

이고, 인가전압 v은 v_1, v_2의 합이므로

$$v = v_1 + v_2 = (L_1 + L_2 - 2M)\frac{di}{dt}[\mathrm{V}] \tag{5-20}$$

이다. 따라서 합성인덕턴스 L^-은

$$L^- = L_1 + L_2 - 2M \tag{5-21}$$

로 표시하면 식(5-20)은 다음과 같이 표현할 수 있다.

$$v = v_1 + v_2 = L^- \frac{di}{dt}[\mathrm{V}] \tag{5-22}$$

식(5-17)과 식(5-21)에서 상호인덕턴스 M을 구하면

$$L^+ - L^- = 4M$$

$$\therefore\ M = \frac{L^+ - L^-}{4} \tag{5-23}$$

가 된다.

예제 5-4

두 개의 코일 a, b가 있다. 두 개를 직렬로 접속하여 극성을 같게 했더니 합성인덕턴스가 119[mH]이었다. 극성을 반대로 하였더니 합성인덕턴스가 11[mH]이고, 코일 a의 자기인덕턴스 $L_a =$ 20[mH]라면 결합계수 k을 구하라.

[풀이] ☞

$$119 = L_a + L_b + 2M \quad \cdots ①$$

$$11 = L_a + L_b - 2M \quad \cdots ②$$

상기식을 ① - ②하면

$$M = \frac{119-11}{4} = \frac{108}{4} = 27[\text{mH}]$$

②식에서 $L_b = 11 + 2M - L_a$에 M값을 대입하면

$$= 11 + 2 \times 27 - 20$$

$$= 45[\text{mH}]$$

$$\therefore\ k = \frac{M}{\sqrt{L_a L_b}} = \frac{27}{\sqrt{20 \times 45}} = 0.9$$

5.6 변압기의 T형 등가회로 해석

(1) 흑점의 위치가 같고, 전류의 방향이 같거나 반대의 경우

그림 5.11(a)과 같이 상호인덕턴스 M으로 구성된 일반적인 변압기회로의 T형 등가회로를 구해보자. 그림 5.11(b)은 그림 5.11(a)을 해석하기 위해 R과 L을 임피던스로 변환한 T형 회로이다.

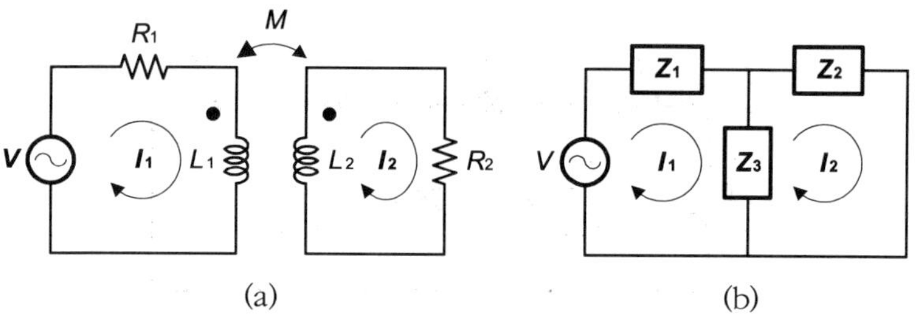

그림 5.11

그림 5.11(a)에서 두 전류의 방향이 반대이고, 흑점은 같은 위치에 있으므로 상호인덕턴스 M의 극성은 (−)임을 알 수 있다. 그림 5.11(a), (b) 회로의 각각의 폐회로에 대한 전압방정식은 다음과 같다. 그림 5.11(a)에서

$$\left.\begin{aligned} \boldsymbol{V} &= (R_1 + jwL_1)\boldsymbol{I}_1 - jwM\boldsymbol{I}_2 \\ 0 &= -jwM\boldsymbol{I}_1 + (R_2 + jwL_2)\boldsymbol{I}_2 \end{aligned}\right\} \tag{5-24}$$

이고, 그림 5.11(b)에서

$$\left.\begin{aligned} \boldsymbol{V} &= (\boldsymbol{Z}_1 + \boldsymbol{Z}_3)\boldsymbol{I}_1 - \boldsymbol{Z}_3\boldsymbol{I}_2 \\ 0 &= -\boldsymbol{Z}_3\boldsymbol{I}_1 + (\boldsymbol{Z}_2 + \boldsymbol{Z}_3)\boldsymbol{I}_2 \end{aligned}\right\} \tag{5-25}$$

이다. 이제 두 그림이 등가가 되기 위해서는 식(5-24), (5-25)의 각 항별로 정리하면 다음과 같다.

$$\left.\begin{aligned} R_1 + jwL_1 &= \boldsymbol{Z}_1 + \boldsymbol{Z}_3 \\ -jwM &= -\boldsymbol{Z}_3 \\ R_2 + jwL_2 &= \boldsymbol{Z}_2 + \boldsymbol{Z}_3 \end{aligned}\right\} \tag{5-26}$$

따라서 식(5-26)을 이용하면 $\boldsymbol{Z}_1, \boldsymbol{Z}_2, \boldsymbol{Z}_3$는

$$\left.\begin{aligned} \boldsymbol{Z}_1 &= R_1 + jw(L_1 - M) \\ \boldsymbol{Z}_2 &= R_2 + jw(L_2 - M) \\ \boldsymbol{Z}_3 &= jwM \end{aligned}\right\} \tag{5-27}$$

으로 표현된다. 식(5-27)을 이용하여 그림 5.11(a)에 대한 등가회로를 그리면 그림 5.12가 된다.

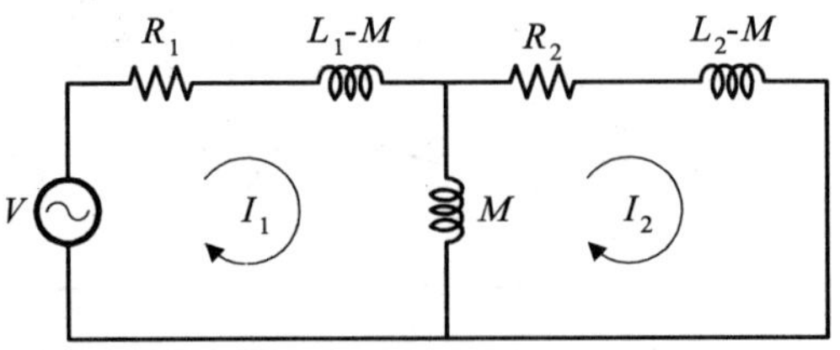

그림 5.12 변압기의 T형 등가회로

그림 5.11(a), (b)에서 $\boldsymbol{I}_2$의 흐르는 전류의 방향을 반대로 해도 같은 결과를 얻는다.

예제 5-5

그림 5.13의 변압기를 T형 등가회로로 변환한 경우이다. 각 임피던스 T_1, T_2, T_3을 구하라.

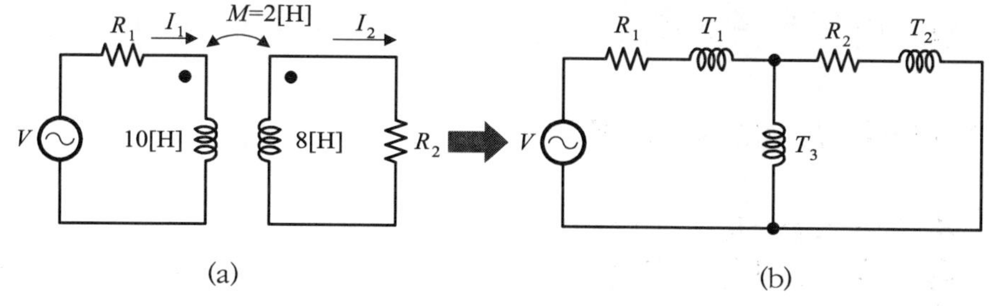

그림 5.13

[풀이] ☞ 그림 5.11을 그림 5.12로 변환한 경우이다. 따라서 T형 등가회로의 각 임피던스 $T_1 = L_1 - M = 10 - 2 = 8$[H], $T_2 = L_2 - M = 8 - 2 = 6$[H], $T_3 = M = 2$[H]가 된다.

(2) 흑점의 위치가 다르고, 전류의 방향이 같거나 반대의 경우

그림 5.14에서 두 전류는 방향이 반대이고, 흑점은 다른 위치에 있으므로 상호인덕턴스 M의 극성은 (+)임을 알 수 있다. 그림 5.14(a), (b) 회로의 각각의 폐회로에 대한 전압방정식은 다음과 같다. 그림 5.14(a)에서

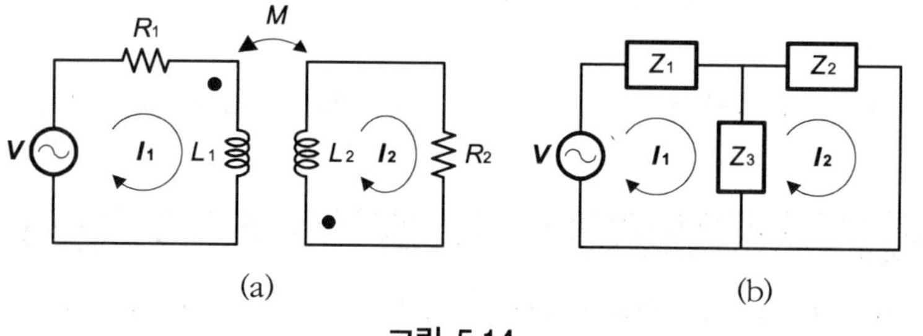

그림 5.14

$$\left.\begin{aligned} \boldsymbol{V} &= (R_1 + jwL_1)\boldsymbol{I_1} + jwM\boldsymbol{I_2} \\ 0 &= jwM\boldsymbol{I_1} + (R_2 + jwL_2)\boldsymbol{I_2} \end{aligned}\right\} \tag{5-28}$$

이고, 그림 5.15(b)에서

$$\left.\begin{aligned} \boldsymbol{V} &= (\boldsymbol{Z_1} + \boldsymbol{Z_3})\boldsymbol{I_1} - \boldsymbol{Z_3}\boldsymbol{I_2} \\ 0 &= -\boldsymbol{Z_3}\boldsymbol{I_1} + (\boldsymbol{Z_2} + \boldsymbol{Z_3})\boldsymbol{I_2} \end{aligned}\right\} \tag{5-29}$$

이다. 이제 두 그림이 등가가 되기 위해서 식(5-28), (5-29)의 각 항별로 정리하면 다음과 같다.

$$\left.\begin{aligned} R_1 + jwL_1 &= \boldsymbol{Z}_1 + \boldsymbol{Z}_3 \\ jwM &= -\boldsymbol{Z}_3 \\ R_2 + jwL_2 &= \boldsymbol{Z}_2 + \boldsymbol{Z}_3 \end{aligned}\right\} \tag{5-30}$$

따라서 식(5-30)을 이용하면 $\boldsymbol{Z}_1, \boldsymbol{Z}_2, \boldsymbol{Z}_3$는

$$\left.\begin{aligned} \boldsymbol{Z}_1 &= R_1 + jw(L_1 + M) \\ \boldsymbol{Z}_2 &= R_2 + jw(L_2 + M) \\ \boldsymbol{Z}_3 &= -jwM \end{aligned}\right\} \tag{5-31}$$

으로 표현된다. 식(5-31)을 이용하여 그림 5.14(a)에 대한 등가회로를 그리면 그림 5.15가 된다.

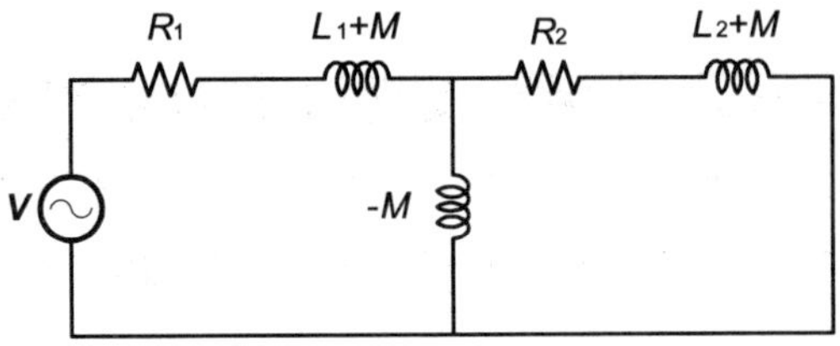

그림 5.15

그림 5.14(a), (b)에서 I_2의 흐르는 전류의 방향을 반대로 해도 같은 결과를 얻는다.

예제 5-6

그림 5.16의 변압기를 T형 등가회로로 변환한 경우이다. 각 임피던스 T_1, T_2, T_3을 구하라.

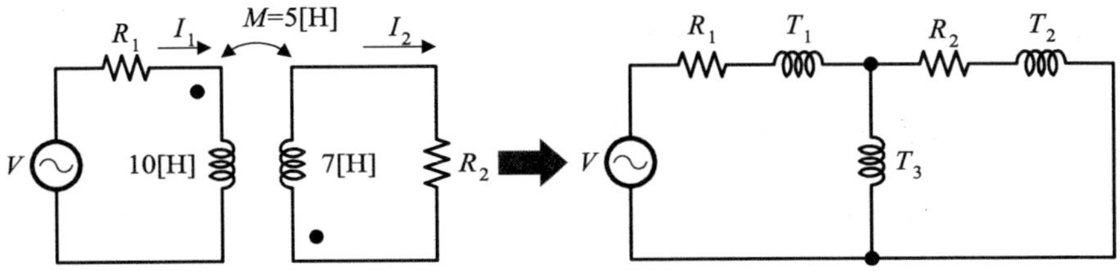

그림 5.16

[풀이] ☞ 그림 5.14(a)를 그림 5.15로 변환한 경우이다. 따라서 T형 등가회로의 각 임피던스 $T_1 = L_1 + M = 10 + 5 = 15$[H], $T_2 = L_2 + M = 7 + 5 = 12$[H], $T_3 = M = -5$[H] 가 된다.

여기서 식(5-28)의 입, 출력전류 $\boldsymbol{I_1}, \boldsymbol{I_2}$을 구해보자. 이 값들은 부하전압을 구하거나 5-7절의 (2)에서 논의될 구동점 임피던스의 계산에 적용되니 잘 이해 바란다. $\boldsymbol{I_1}, \boldsymbol{I_2}$을 구하기 위해 아래의 크래머(kramer)법칙을 이용한다.

$$\left.\begin{aligned} c_1 &= a_1 x + b_1 y \\ c_2 &= a_2 x + b_2 y \end{aligned}\right\} \tag{5-32}$$

식(5-32)에서 x, y를 구하려면

$$x = \frac{\begin{vmatrix} c_1 & b_1 \\ c_2 & b_2 \end{vmatrix}}{\begin{vmatrix} a_1 & b_1 \\ a_2 & b_2 \end{vmatrix}}, \qquad y = \frac{\begin{vmatrix} a_1 & c_1 \\ a_2 & c_2 \end{vmatrix}}{\begin{vmatrix} a_1 & b_1 \\ a_2 & b_2 \end{vmatrix}}$$

로 구해진다.

따라서 식(5-28)의 $\boldsymbol{I_1}, \boldsymbol{I_2}$는 상기식의 x, y의 공식에 의거 계산하면 다음과 같다.

$$\boldsymbol{I_1} = \frac{\begin{vmatrix} \boldsymbol{V} & jwM \\ 0 & (R_2 + jwL_2) \end{vmatrix}}{\begin{vmatrix} R_1 + jwL_1 & jwM \\ jwM & (R_2 + jwL_2) \end{vmatrix}} = \frac{\boldsymbol{V}(R_2 + jwL_2)}{(R_1 + jwL_1)(R_2 + jwL_2) + w^2 M^2} \tag{5-33}$$

$$\boldsymbol{I_2} = \frac{\begin{vmatrix} (R_1 + jwL_1) & \boldsymbol{V} \\ jwM & 0 \end{vmatrix}}{\begin{vmatrix} R_1 + jwL_1 & jwM \\ jwM & (R_2 + jwL_2) \end{vmatrix}} = \frac{-jwM\boldsymbol{V}}{(R_1 + jwL_1)(R_2 + jwL_2) + w^2 M^2} \tag{5-34}$$

예제 5-7

그림 5.17과 같은 유도결합회로에서 부하저항 R_L에 걸리는 전압을 구하시오.

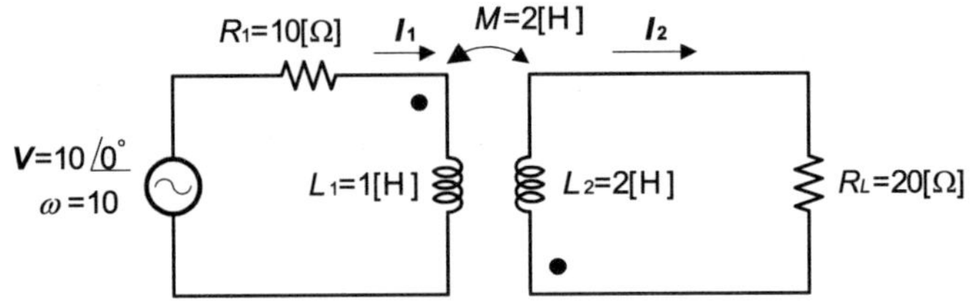

그림 5.17

[풀이] ☞ 그림 5.17에서 두 전류의 방향은 반대이므로 (-) 흑점은 다른 위치에 찍혀 있으므로(-), 따라서 상호인덕턴스 M의 극성은 (+)이다. 그림 5.17에 대한 전압방정식은 다음과 같다.

왼쪽의 폐회로에서 → $V = (R_1 + jwL_1)I_1 + jwM\,I_2$

오른쪽 폐회로에서 → $0 = jwM\,I_1 + (R_L + jwL_2)I_2$

각각의 수치를 대입하면 → $10\angle 0° = (10 + j10)I_1 + j20\,I_2$ ⋯ ①

→ $0 = j20\,I_1 + (20 + j20)I_2$ ⋯ ②

식①, ②에서 I_2을 크래머 공식에 의해 풀면 다음과 같다.

$$I_2 = \frac{\begin{vmatrix} (10+j10) & 10 \\ j20 & 0 \end{vmatrix}}{\begin{vmatrix} (10+j10) & j20 \\ j20 & (20+j20) \end{vmatrix}} = \frac{-j200}{(10+j10)(20+j20)+400}$$

$$= \frac{-j200}{200+j200+j200-200+400} = \frac{-j200}{400+j400}$$

$$= \frac{2\angle -90°}{4+j4} = \frac{2\angle -90°}{4\sqrt{2}\angle 45°}$$

$$\fallingdotseq 0.354\angle -135°$$

따라서 부하저항 R_L에 걸리는 전압은

$$V_L = I_2 \times R_L = 0.354\angle -135^0 \times 20 = 7.08\angle -135°$$

이다.

5.7 이상변압기

변압기(transformer)는 자기적으로 결합된 둘 또는 그 이상의 코일을 포함하는 회로이다. 다음의 조건을 만족하는 가상적인 변압기를 이상변압기라고 한다.

① 두 코일의 결합계수가 "1"일 것.
즉, 완전결합이고 누설자속이 없으며, $M = \sqrt{L_1 L_2}$의 관계가 있을 것

② 코일에 관계되는 손실이 없을 것.
즉, 코일의 저항, 자기회로에서 히스테리시스손실 및 와류손실이 없을 것.

③ 내부 임피던스가 0인 전압원

그림 5.18은 이상적인 변압기의 등가회로이며, 본 절에서는 권선비, 입력임피던스(구동점 임피던스), 전압비, 전류비를 구하고, 이들의 상관관계를 알아본다.

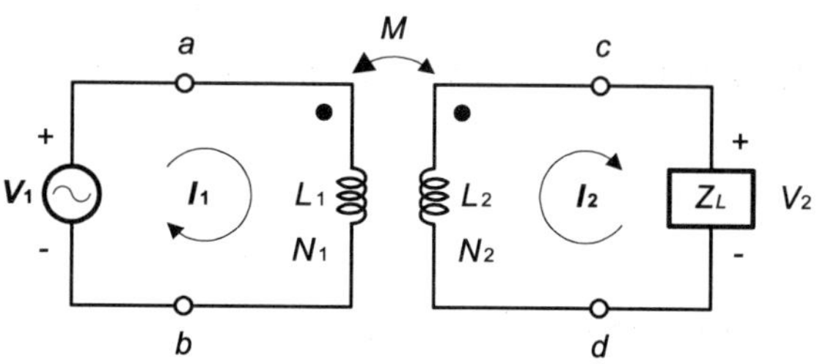

그림 5.18 이상적인 변압기의 등가회로

(1) 권선비(n)

그림 5.18에서 변압기의 1차측에 감은 권선수를 N_1, 인덕턴스를 L_1, 2차측에 감은 권선수를 N_2, 인덕턴스를 L_2라 하자. 만약 N번 감은 코일에 전류 I가 흐른다면 $N \cdot \Phi$배의 자속이 발생하고, 유도전압도 이에 비례하여 발생한다. 따라서 변압기와 같이 자기저항 R을 갖는 자기회로의 옴의 법칙은 다음과 같다.

$$\Phi = \frac{N \cdot I}{R} \tag{5-35}$$

한편, 쇄교자속과 전류의 관계는

$$N \bullet \Phi = L \bullet I \tag{5-36}$$

이므로, 식(5-35)과 식(5-36)에서

$$L = \frac{N^2}{R} \tag{5-37}$$

이 된다. 그러므로 식(5-37)에서 1, 2차 코일의 자기인덕턴스는 코일의 권선수의 제곱에 비례함을 알 수 있다. 따라서,

$$\frac{L_1}{L_2} = \frac{N_1^2}{N_2^2} = n^2 \tag{5-38}$$

이고, 권선비

$$n = \frac{N_1}{N_2} = \sqrt{\frac{L_1}{L_2}} \tag{5-39}$$

이다. 한편 이상변압기의 결합계수 k는 "1"이므로 $M = k\sqrt{L_1 L_2}$ 에서

$$M = \sqrt{L_1 L_2} \tag{5-40}$$

가 되므로 식(5-40)을 식(5-39)에 적용하면 권선비는 다음과 같이 여러 형태로 나타낼 수 있다.

$$n = \frac{N_1}{N_2} = \sqrt{\frac{L_1}{L_2}} = \frac{L_1}{M} = \frac{M}{L_2} \tag{5-41}$$

(2) 입력임피던스(구동점 임피던스)

그림 5.18의 이상적인 변압기의 등가회로에서 1차 및 2차측 폐회로망의 전압방정식은 다음과 같다.

$$\left.\begin{aligned} \boldsymbol{V_1} &= \quad jwL_1\boldsymbol{I_1} - jwM\boldsymbol{I_2} \\ 0 &= -jwM\boldsymbol{I_1} + (Z_L + jwL_2)\boldsymbol{I_2} \end{aligned}\right\} \tag{5-42}$$

구동점 임피던스는 다음과 같이 구할 수 있고

$$Z_{ab} = Z_{in} = \frac{V_1}{I_1} \tag{5-43}$$

식(5-42)의 I_1을 크래머법칙을 이용하여 구하면 다음과 같다.

$$I_1 = \frac{\begin{vmatrix} V_1 & -jwM \\ 0 & (Z_L + jwL_2) \end{vmatrix}}{\begin{vmatrix} jwL_1 & -jwM \\ -jwM & (Z_L + jwL_2) \end{vmatrix}} = \frac{V_1 (Z_L + jwL_2)}{jwL_1 (Z_L + jwL_2) + w^2 M^2} \tag{5-44}$$

상기 식을 식(5-43)에 대입하면

$$Z_{ab} = Z_{in} = \frac{V_1}{I_1} = \frac{jwL_1 (Z_L + jwL_2) + w^2 M^2}{(Z_L + jwL_2)}$$

$$= jwL_1 + \frac{w^2 M^2}{Z_L + jwL_2} \tag{5-45}$$

가 된다. 이상변압기의 결합계수 k는 "1"이므로 $M = k\sqrt{L_1 L_2}$ 에서 $M^2 = L_1 L_2$을 식(5-45)에 대입하면 다음과 같다.

$$Z_{ab} = Z_{in} = \frac{V_1}{I_1} = jwL_1 + \frac{w^2 L_1 L_2}{Z_L + jwL_2} \tag{5-46}$$

식(5-38)에서 $L_2 = \frac{L_1}{n^2}$ 이므로 이를 식(5-46)에 대입하면 다음과 같다.

$$Z_{ab} = Z_{in} = \frac{V_1}{I_1} = jwL_1 + \frac{w^2 L_1 \frac{L_1}{n^2}}{Z_L + jw\frac{L_1}{n^2}} = \frac{jwL_1 (Z_L + jw\frac{L_1}{n^2}) + w^2 \frac{L_1^2}{n^2}}{Z_L + jw\frac{L_1}{n^2}}$$

$$= \frac{jwL_1 Z_L - w^2 \frac{L_1^2}{n^2} + w^2 \frac{L_1^2}{n^2}}{Z_L + jw\frac{L_1}{n^2}} = \frac{jwL_1 Z_L}{Z_L + jw\frac{L_1}{n^2}} \tag{5-47}$$

식(5-47)의 분자 분모를 L_1으로 나누면

$$Z_{ab} = Z_{in} = \frac{V_1}{I_1} = \frac{j\,w\,Z_L}{\dfrac{Z_L}{L_1} + j\,w\,\dfrac{1}{n^2}} \tag{5-48}$$

가 된다. 이상적인 변압기에서 각 코일의 인덕턴스가 무한대인 조건에서 L_1이 무한대라 하면 식(5-48)은 다음과 같이 표현할 수 있다.

$$Z_{ab} = Z_{in} = \frac{V_1}{I_1} = n^2 \cdot Z_L = \left(\frac{n_1}{n_2}\right)^2 \cdot Z_L \tag{5-49}$$

예제 5-8

그림 5.19에서 구동점 임피던스를 구하라.

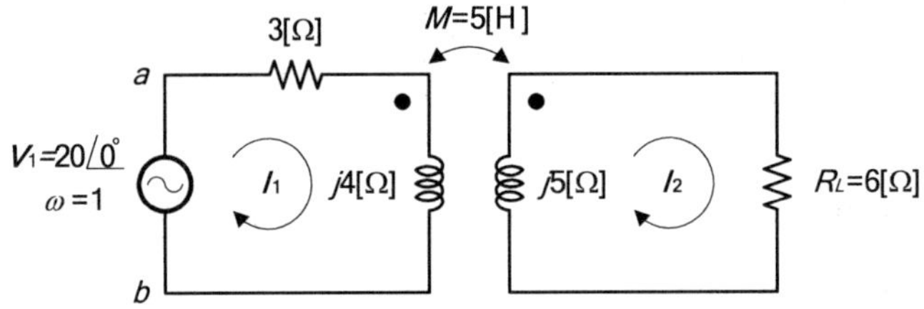

그림 5.19

[풀이] ☞ 두 전류의 방향이 반대이고, 흑점은 같은 위치에 있으므로 상호인덕턴스 M의 극성은 (-)임을 알 수 있고 전압방정식을 세우면 다음과 같다.

$$20 = (3 + j4)I_1 - j5\,I_2$$
$$0 = -j5\,I_1 + (6 + j5)I_2$$

상기 두식에서 I_1을 구하면

$$I_1 = \frac{\begin{vmatrix} 20 & -j5 \\ 0 & (6+j5) \end{vmatrix}}{\begin{vmatrix} (3+j4) & -j5 \\ -j5 & (6+j5) \end{vmatrix}} = \frac{20\,(6+j5)}{(3+j4)(6+j5)+25} = \frac{20(6+j5)}{23+j39}$$

∴ 구동점 임피던스는 식(5-43)에서

$$Z_{ab} = Z_{in} = \frac{V_1}{I_1} = \frac{20\angle 0^0(23+j39)}{20\,(6+j5)} = \frac{(23+j39)(6-j5)}{(6+j5)(6-j5)}$$

$$= \frac{333 + j119}{61} = 5.46 + j1.95$$
$$= 5.8 \angle 19.65^{\circ}$$

이다.

예제 5-9

이상변압기의 권선비가 $n_1 : n_2 = 1 : 3$일 때, 부하임피던스는 900[Ω]이다. 입력에서 본 구동점 임피던스[Ω]를 구하라.

[풀이] ☞ 식(5-49)에서

$$\boldsymbol{Z}_{ab} = \boldsymbol{Z}_{in} = \frac{\boldsymbol{V}_1}{\boldsymbol{I}_1} = n^2 \cdot Z_L = \left(\frac{1}{3}\right)^2 \times 900 = 100[\Omega]$$

(3) 1, 2차 전압, 전류비의 관계

그림 5-18의 1, 2차 전압을 구하기 위해 1차측에 식(5-49)을 대입하면

$$V_1 = I_1 \cdot Z_{in} = I_1 \cdot n^2 \cdot Z_L, \quad V_2 = I_2 \cdot Z_L \tag{5-50}$$

이므로 V_1을 분모, V_2를 분자로 나타내면 다음과 같다.

$$\frac{V_2}{V_1} = \frac{1}{n^2} \cdot \frac{I_2}{I_1} \tag{5-51}$$

이상적인 변압기의 경우 완전결합 즉 누설자속(Φ_{11}, Φ_{22})이 없고, 두 코일의 철심투자율이 일정하다고 볼 수 있으므로 $\Phi_1 = \Phi_{11} + \Phi_{12} = \Phi_{12}$, $\Phi_2 = \Phi_{22} + \Phi_{21} = \Phi_{21}$이고, $M_{12} = M_{21} = M$ 이듯 $\Phi_1 = \Phi_{12} = \Phi_2 = \Phi_{21} = \Phi$이다.

따라서 식(5-36)의 $N \cdot \Phi = L \cdot I$에서

$$N_1 \Phi_1 = N_1 \Phi = L_1 I_1 \;, \; N_2 \Phi_2 = N_2 \Phi = L_2 I_2 \tag{5-52}$$

이므로 상기 식으로부터

$$I_1 = \frac{N_1 \bullet \Phi}{L_1}, \quad I_2 = \frac{N_2 \bullet \Phi}{L_2} \tag{5-53}$$

이다. 식(5-53)을 식(5-51)에 대입하면

$$\frac{V_2}{V_1} = \frac{1}{n^2} \times \frac{I_2}{I_1} = \frac{1}{n^2} \times \frac{\frac{N_2 \Phi}{L_2}}{\frac{N_1 \Phi}{L_1}} = \frac{1}{n^2} \times \frac{N_2}{N_1} \times \frac{L_1}{L_2} \tag{5-54}$$

이다. 상기 식에 식(5-39)인 $n = \frac{N_1}{N_2} = \sqrt{\frac{L_1}{L_2}}$ 을 적용시키면

$$\begin{aligned} \frac{V_2}{V_1} &= \frac{1}{n^2} \times \frac{N_2}{N_1} \times \frac{L_1}{L_2} = \left(\frac{1}{\sqrt{\frac{L_1}{L_2}}} \right)^2 \times \frac{N_2}{N_1} \times \frac{L_1}{L_2} \\ &= \frac{L_2}{L_1} \times \frac{N_2}{N_1} \times \frac{L_1}{L_2} \\ &= \frac{N_2}{N_1} = \frac{1}{n} \end{aligned} \tag{5-55}$$

이고, 상기 식을 식(5-54)에 적용시키면 다음과 같다.

$$\frac{V_2}{V_1} = \frac{1}{n} = \frac{1}{n^2} \times \frac{I_2}{I_1} \tag{5-56}$$

따라서 전류비는 식(5-57)로 표현할 수 있다.

$$\frac{I_2}{I_1} = \frac{\frac{1}{n}}{\frac{1}{n^2}} = n = \frac{N_1}{N_2} \tag{5-57}$$

이상 변압기의 최종적인 전압, 전류와 권선수의 상호관계는

$$\frac{V_2}{V_1} = \frac{1}{n} = \frac{N_2(n_2)}{N_1(n_1)}, \quad \frac{I_2}{I_1} = n = \frac{N_1(n_1)}{N_2(n_2)} \tag{5-58}$$

이고, 다음과 같이도 표현할 수 있다.

$$\frac{V_2}{V_1} = \frac{1}{n} = \frac{I_1}{I_2} \quad \text{or} \quad \frac{V_1}{V_2} = n = \frac{I_2}{I_1} \tag{5-59}$$

예제 5-10

권선비 $N_1 : N_2 = 4 : 1$ 인 이상변압기에서 1차 전압이 10[V], 1차 전류가 2[A]이다. 이 때, 2차 전압과 전류를 구하라.

[풀이] ☞ ① 2차 전압

식(5-59)에서 $\frac{V_2}{V_1} = \frac{1}{n} = \frac{N_2}{N_1} = \frac{1}{4}$ 이므로

$$V_2 = V_1 \times \frac{1}{4} = 10 \times \frac{1}{4} = 2.5\,[\mathrm{V}]$$

② 2차 전류

식(5-59)의 $\frac{I_2}{I_1} = n = \frac{N_1}{N_2}$ 에서

$$I_2 = \frac{N_1}{N_2} \times I_1 = \frac{4}{1} \times 2 = 8\,[\mathrm{A}]$$

5.8 교류 브리지 회로의 평형조건

그림 5.20과 같은 교류 브리지회로에서 검류계(G)에 흐르는 전류가 "0"이 되는 상태를 브리지가 평형되었다고 한다. 이 때, 검류계 양단의 전위차는 "0"이 되고 다음과 같은 관계식이 성립한다.

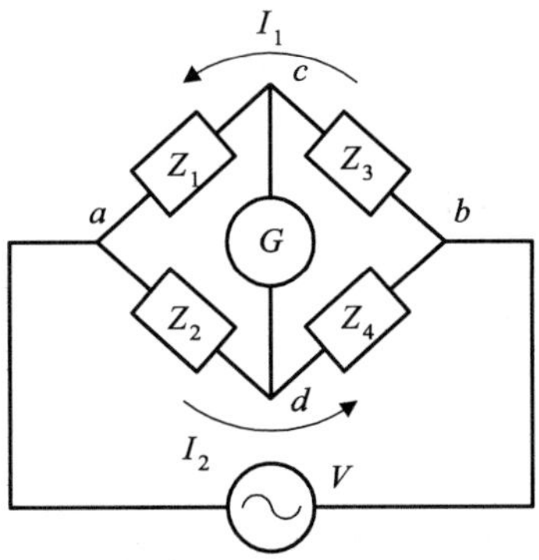

그림 5.20 교류브리지회로

그림 5.20에서 브리지의 검류계의 지시가 "0"이 되려면 c, d는 등전위가 되므로 I_1과 I_2의 전류는 다음과 같다.

$$I_1 = \frac{V}{Z_1 + Z_3}[\text{A}], \qquad I_2 = \frac{V}{Z_2 + Z_4}[\text{A}] \tag{5-60}$$

c, d는 등전위이므로 $V_{ac} = V_{ad}$, $V_{bc} = V_{bd}$의 관계에서

$$Z_1 I_1 = Z_2 I_2 \tag{5-61}$$

$$Z_3 I_1 = Z_4 I_2 \tag{5-62}$$

이다. 식(5-61)을 식(5-62)로 나누면

$$\frac{Z_1}{Z_3} = \frac{Z_2}{Z_4} \quad \text{or} \quad Z_1 Z_4 = Z_2 Z_3 \tag{5-63}$$

이 된다. 식(5-63)을 교류브리지회로의 평형조건이라 하며 각각의 임피던스에서 실수부=실수부, 허수부=허수부로 하여 각 소자를 계산한다.

예제 5-11

그림 5.21과 같은 교류브리지회로가 평형되어 있다. 저항 R_4 및 인덕턴스 L_4의 값을 구하여라.

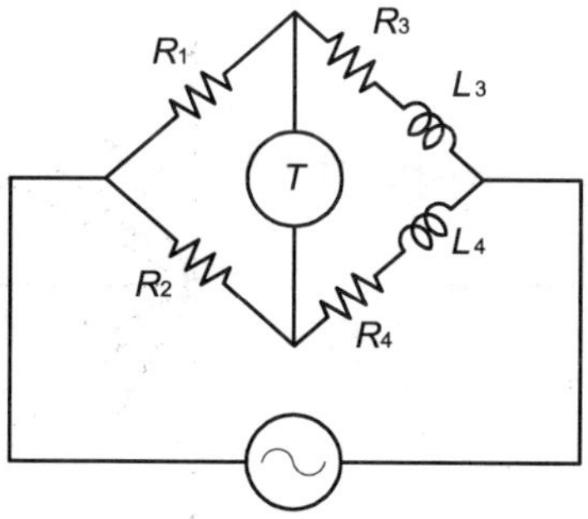

그림 5.21

[풀이] ☞ 식(5-63)에서 $Z_1 Z_4 = Z_2 Z_3$이므로,

$$Z_1 = R_1\,,\;\; Z_4 = (R_4 + jwL_4),\quad Z_2 = R_2,\;\; Z_3 = (R_3 + jwL_3)$$

따라서

$$R_1 \cdot (R_4 + jwL_4) = R_2 \cdot (R_3 + jwL_3)$$
$$R_1 R_4 + jwR_1 L_4 = R_2 R_3 + jwR_2 L_3$$

실수부=실수부, 허수부=허수부가 되어야 하므로

① 실수부 $R_1 R_4 = R_2 R_3 \quad \therefore R_4 = \dfrac{R_2}{R_1} R_3$이고,

② 허수부 $jwR_1 L_4 = jwR_2 L_3 \quad \therefore L_4 = \dfrac{R_2}{R_1} L_3$이다.

5.9 벡터 궤적

교류회로의 전압, 전류, 임피던스, 어드미턴스 등의 전기적인 양은 벡터로 나타낼 수 있으며, 이 값들은 R, X, w을 변화시키면 그 크기나 위상이 변화한다. 이 변화를 복소 평면상에 그리는 궤적을 벡터궤적(vector locus)이라 하고, 벡터궤적은 직선, 또는 원이 되는 경우가 일반적이다.

(1) 임피던스 벡터 궤적

임의의 벡터 $\boldsymbol{Z} = R + jX$에서 실수부 즉 R가 일정하고, 허수부 즉 X가 -∞에서 +∞ 까지 변화할 때, 벡터궤적은 그림 5.22(a)와 같이 되고 R만큼 떨어진 직선이 된다. 또, 허수부 X 일정하고, R가 "0"에서 +∞까지 변화할 경우 벡터궤적은 X만큼 떨어진 직선이 된다.

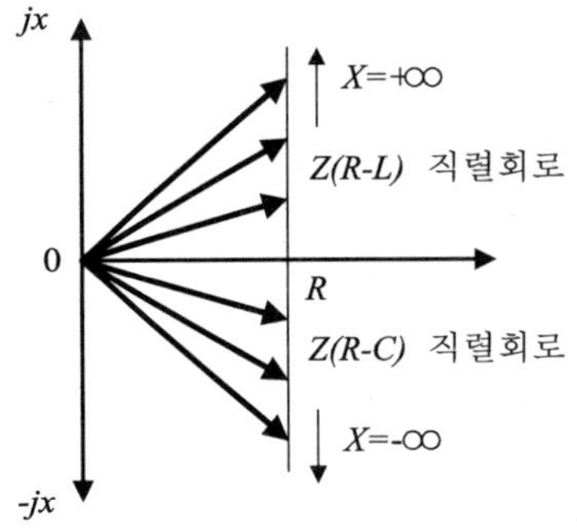

(a) 실수부가 일정할 때

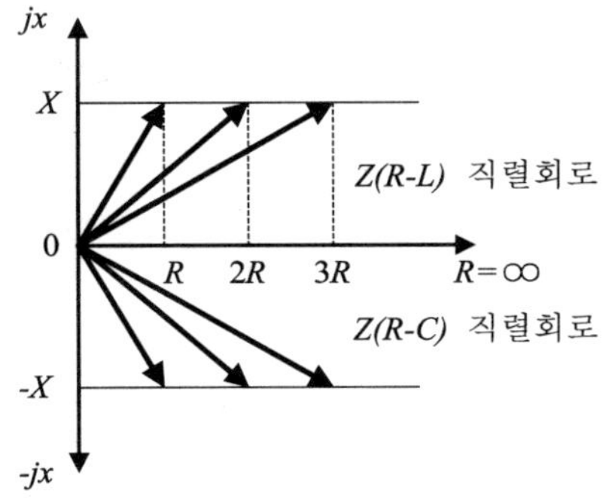

(b) 허수부가 일정할 때

그림 5.22 임피던스 벡터궤적

예제 5-12

그림 5.23(a)에서 $R=10[\Omega]$이고, 커패시턴스가 "0"에서 +∞까지 변화할 경우 임피던스의 벡터 궤적을 그리시오.

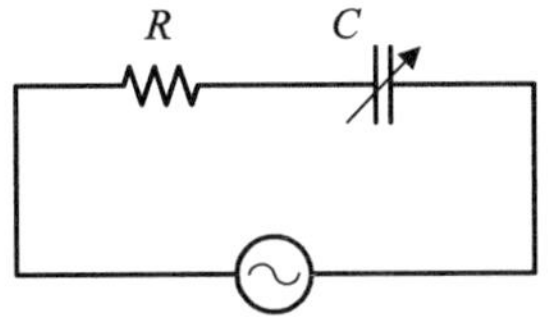

(a)

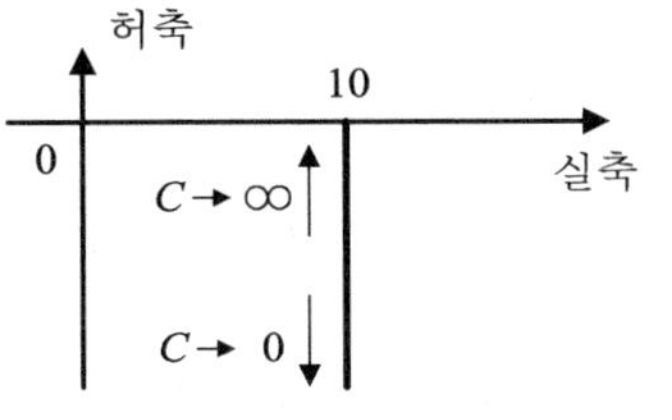

(b)

그림 5.23

[풀이] ☞ 실제회로에서 벡터궤적을 그릴 경우 우선 그 벡터가 몇 상한에 존재하는가를 반드시 알아보아야 한다. 문제의 경우 $R-C$ 직렬회로이고 임피던스는 $\boldsymbol{Z}=10-j\,X_C$이고, 허수부의 부호가 항상 (-)이며, 저항값이 10이므로 허수축에서 10만큼 떨어져서 항상 4상한에 존재하는 반직선이 되는 그림 5-23(b)와 같이 된다.

(2) 어드미턴스 벡터 궤적

2-1) 실수부가 일정한 어드미턴스 벡터 궤적

임의의 벡터 $\boldsymbol{Z}=R+j\,X$의 역수 $\boldsymbol{Y}=\dfrac{1}{\boldsymbol{Z}}=\dfrac{1}{R+j\,X}$에서 실수부 즉 R가 일정하고, 허수부 즉 X가 변화할 경우, 벡터궤적을 구하기 위해 다음과 같이 변형한다.

$$\boldsymbol{Y} = \frac{1}{\boldsymbol{Z}} = \frac{1}{R + jX} = \frac{R}{R^2 + X^2} - j\frac{X}{R^2 + X^2} \tag{5-64}$$

여기서 $\frac{R}{R^2 + X^2} = G$, $B = \frac{-X}{R^2 + X^2}$라 놓으면

$$\boldsymbol{Y} = G + jB \tag{5-65}$$

이고,

$$\begin{aligned} G^2 + B^2 &= \left(\frac{R}{R^2 + X^2}\right)^2 + \left(\frac{-X}{R^2 + X^2}\right)^2 \\ &= \frac{R^2}{(R^2 + X^2)^2} + \frac{X^2}{(R^2 + X^2)^2} \\ &= \frac{R^2 + X^2}{(R^2 + X^2)^2} = \frac{1}{R^2 + X^2} \end{aligned} \tag{5-66}$$

이다. R가 일정하므로 G로 환산하면 $G = \frac{R}{R^2 + X^2}$ 이므로 식(5-66)은

$$G^2 + B^2 = \frac{G}{R} \tag{5-67}$$

이고, 식(5-67)의 좌측항에 $\left(\frac{1}{2R}\right)^2$을 더하고 빼면 다음과 같다.

$$G^2 + B^2 + \left(\frac{1}{2R}\right)^2 - \left(\frac{1}{2R}\right)^2 = \frac{G}{R} \tag{5-68}$$

식(5-68)을 정리하면

$$\left(G - \frac{1}{2R}\right)^2 + B^2 = \left(\frac{1}{2R}\right)^2 \tag{5-69}$$

이다. 따라서 식(5-69)은 그림 5.24와 같이 중심은 $\left(\frac{1}{2R}, 0\right)$이 되고, 반지름이 $\frac{1}{2R}$인 원이 된다.

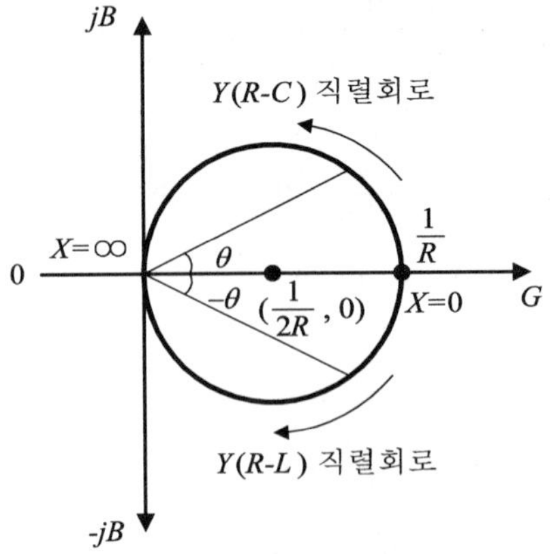

그림 5.24 실수부가 일정할 때 어드미턴스 벡터궤적

예제 5-13

$R-C$ 직렬회로에서 R을 고정시키고, X_C을 "0"에서 ∞까지 변화시킬 때 어드미턴스 궤적을 그리시오. (단, $R>0$이다.)

[풀이] ☞ 그림 5.24에서 실수부가 일정할 때, $R-C$ 직렬회로의 경우 복소 평면상에서 중심은 $\left(\frac{1}{2R}, 0\right)$가 되는 1상한 반원이 된다.

따라서 어드미턴스 궤적은 그림 5.25와 같다.

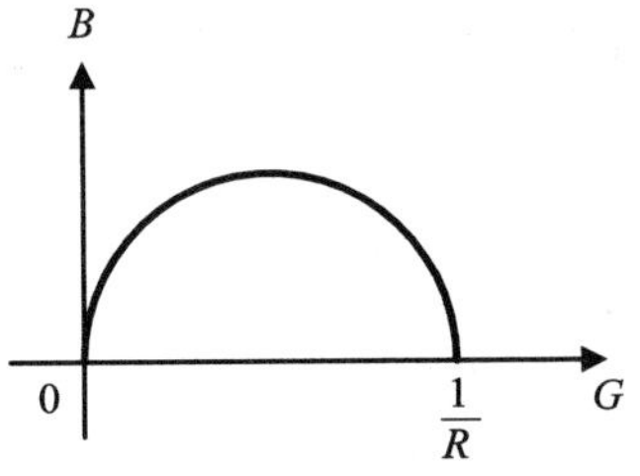

그림 5.25

(2) 허수부가 일정한 어드미턴스 벡터 궤적

임의의 벡터 $Z=R+jX$의 역수 $Y=\frac{1}{Z}=\frac{1}{R+jX}$에서 허수부 즉 X가 일정하고, 실수부 즉 R가 변화할 경우, 벡터궤적은 다음과 같다.

$$\boldsymbol{Y} = \frac{1}{\boldsymbol{Z}} = \frac{1}{R + jX} = \frac{R}{R^2 + X^2} - j\frac{X}{R^2 + X^2} = G + jB \tag{5-70}$$

이고,

$$G^2 + B^2 = \left(\frac{R}{R^2 + X^2}\right)^2 + \left(\frac{-X}{R^2 + X^2}\right)^2$$
$$= \frac{R}{(R^2 + X^2)^2} + \frac{X_2}{(R^2 + X^2)^2} = \frac{R^2 + X^2}{(R^2 + X^2)^2} = \frac{1}{R^2 + X^2} \tag{5-71}$$

이다. X가 일정하므로 B로 환산하면 $B = \dfrac{-X}{R^2 + X^2}$ 이므로 식(5-71)은

$$G^2 + B^2 = -\frac{B}{X} \tag{5-72}$$

이고, 식(5-72)은 아래 식으로 변형하면

$$G^2 + \left(B + \frac{1}{2X}\right)^2 = \left(\frac{1}{2X}\right)^2 \tag{5-73}$$

이 된다. 따라서 식(5-73)은 그림 5.26과 같이 중심은 $\left(0, -\dfrac{1}{2X}\right)$이 되고, 반지름이 $\dfrac{1}{2X}$인 원이 된다.

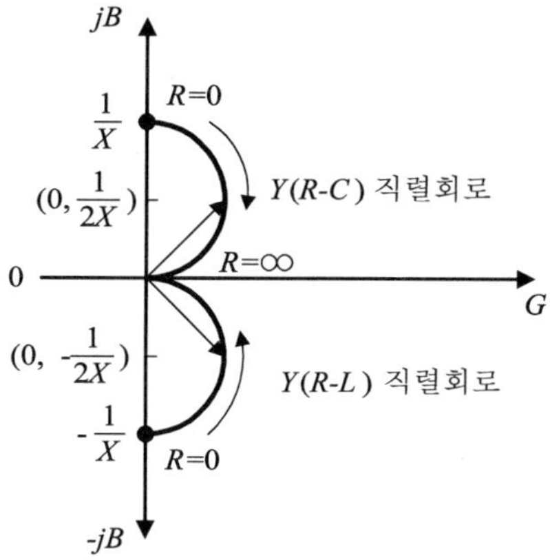

그림 5.26 허수부가 일정할 때 어드미턴스 벡터궤적

예제 5-14

$R-L$ 직렬회로에서 L을 고정시키고, R을 "0"에서 ∞까지 변화시킬 때 어드미턴스 궤적을 그리시오. (단, L 〉 0이다.)

[풀이] ☞ 그림 5.26에서 허수부가 일정할 때, $R-L$ 직렬회로의 경우 복소평면 상에서 중심은 $\left(0,\ -\dfrac{1}{2X}\right)$가 되는, 4 상한내 반원이 된다.

따라서 어드미턴스 궤적은 그림 5.27과 같다.

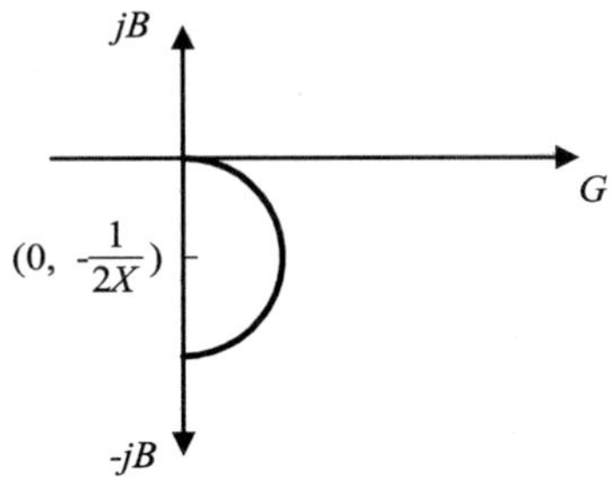

그림 5.27

표 5.1은 $R-L$ 및 $R-C$ 직병렬회로의 벡터 궤적이니 참조하기 바란다.

표 5.1

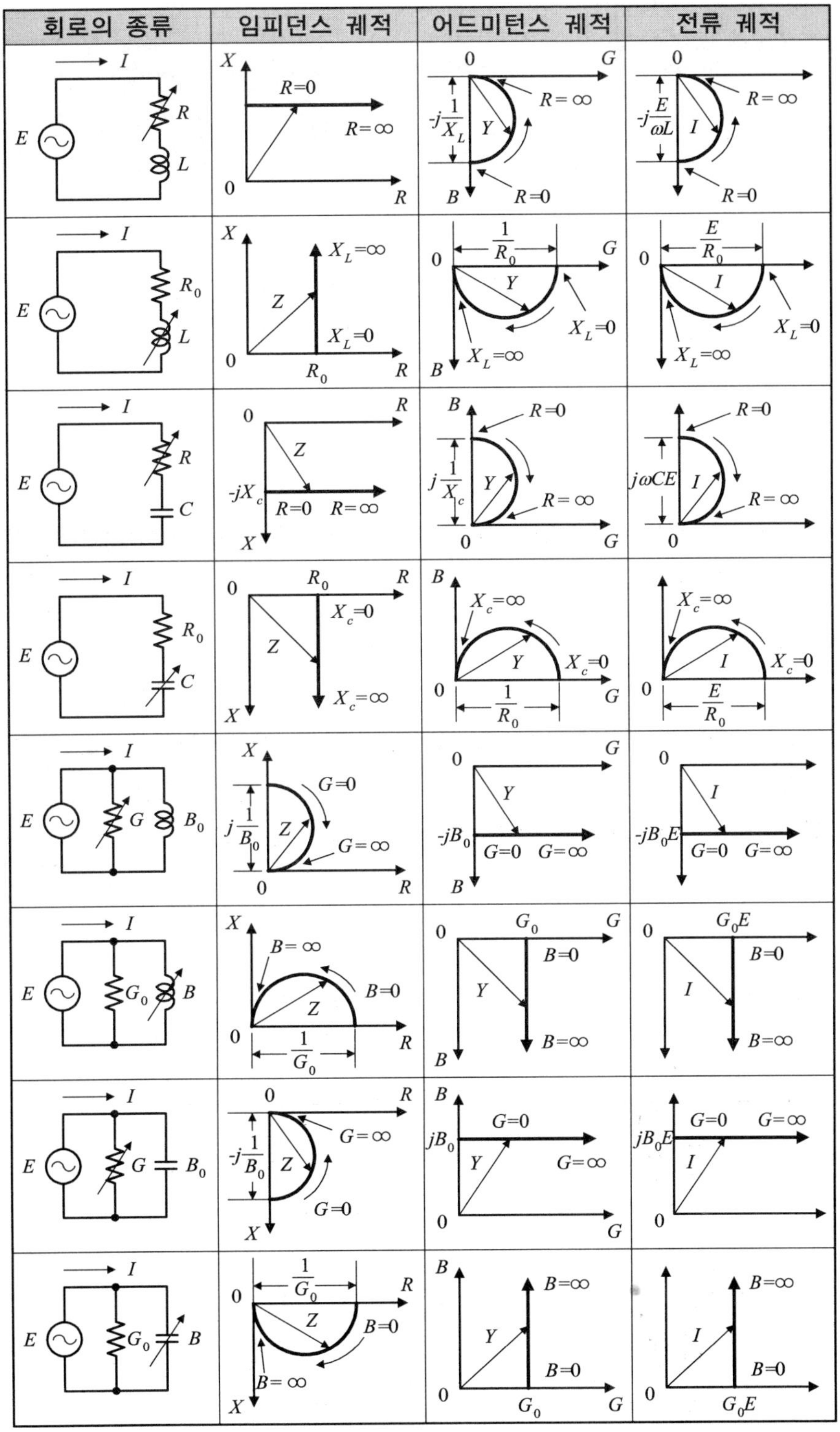
회로의 종류
임피던스 궤적
어드미턴스 궤적
전류 궤적
I E R L
X R=0 R=∞ 0 R
0 G $-j\frac{1}{X_L}$ Y R=∞ R=0 B
0 $-j\frac{E}{\omega L}$ I R=∞ R=0
I E R_0 L
X Z X_L=∞ X_L=0 0 R_0 R
$\frac{1}{R_0}$ 0 G Y X_L=0 X_L=∞ B
$\frac{E}{R_0}$ 0 I X_L=0 X_L=∞
I E R C
0 R Z $-jX_c$ R=0 R=∞ X
B R=0 $j\frac{1}{X_c}$ Y R=∞ 0 G
R=0 $j\omega CE$ I R=∞ 0
I E R_0 C
0 R_0 R X_c=0 Z X X_c=∞
B X_c=∞ Y X_c=0 0 $\frac{1}{R_0}$ G
X_c=∞ I X_c=0 0 $\frac{E}{R_0}$
I E G B_0
X G=0 $j\frac{1}{B_0}$ Z G=∞ 0 R
0 G Y $-jB_0$ G=0 G=∞ B
0 I $-jB_0E$ G=0 G=∞
I E G_0 B
X B=∞ B=0 Z 0 $\frac{1}{G_0}$ R
0 G_0 G B=0 Y B=∞ B
0 G_0E B=0 I B=∞
I E G B_0
0 R G=∞ $-j\frac{1}{B_0}$ Z G=0 X
B G=0 jB_0 Y G=∞ 0 G
G=0 G=∞ jB_0E I 0
I E G_0 B
$\frac{1}{G_0}$ 0 R Z B=0 B=∞ X
B B=∞ Y B=0 0 G_0 G
B=∞ I B=0 0 G_0E

연습문제 1

해설은 454쪽에 있습니다.

[문제1] 두 개의 코일이 있다. 한 코일의 전류가 매초 150[A]일 때 다른 코일에는 75[V]의 전압이 유도되었다. 이 때 두 코일의 상호 인덕턴스[H]는 얼마인가?

㉮ $\frac{1}{2}$　　㉯ 1　　㉰ 1.5　　㉱ 2

[문제2] 자기 인덕턴스 L_1, L_2가 각각 4[mH], 9[mH]인 두 코일이 이상 결합되었다면 상호인덕턴스 M [mH]값은?

㉮ 3　　㉯ 4　　㉰ 5　　㉱ 6

[문제3] 서로 결합하고 있는 두 코일 A와 B를 같은 방향으로 감아서 직렬로 접속하면 합성인덕턴스가 10[mH]가 되고, 반대로 연결하면 합성인덕턴스가 40[%] 감소한다. A코일의 인덕턴스가 5[mH]라면 B코일의 자기인덕턴스는 몇 [mH]인가?

㉮ 3　　㉯ 4　　㉰ 5　　㉱ 6

[문제4] 아래 그림에서 상호인덕턴스 M의 극성이 (-)인 것은?

㉮ 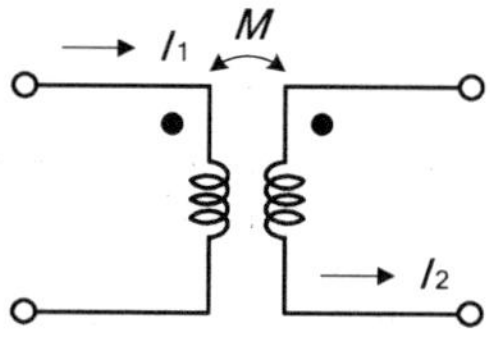

㉯ 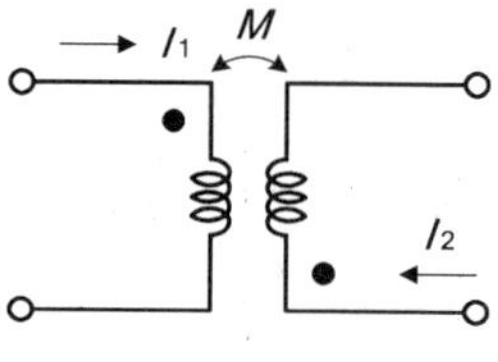

㉰ 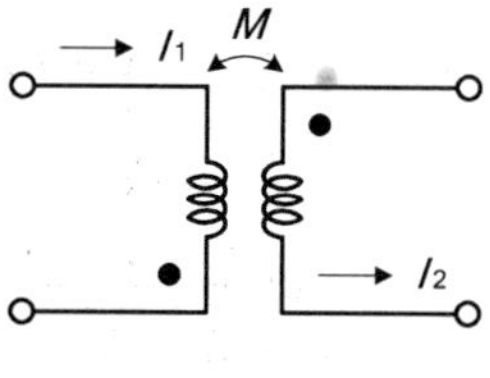

㉱ 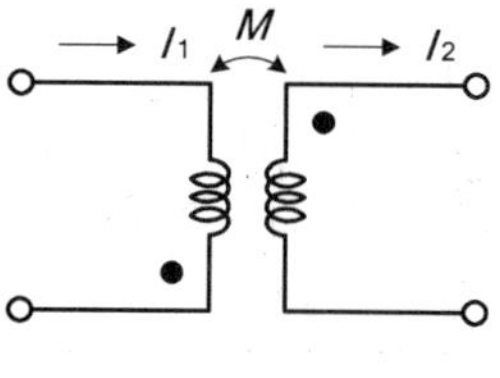

[문제5] 아래 그림 (a), (b)에서 합성 인덕턴스는 각각 몇 [H]인가?

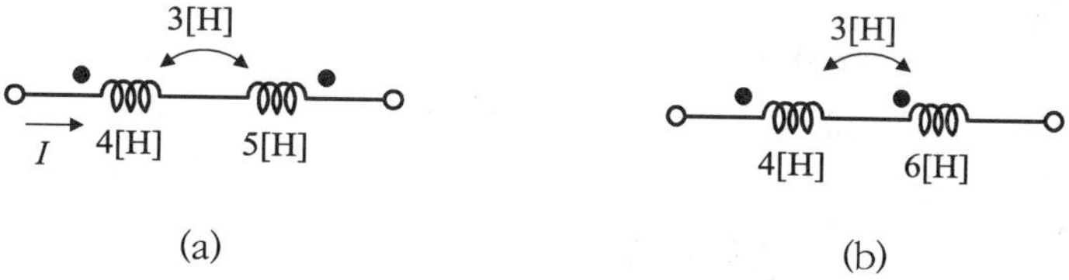

㉮ (a)=3, (b)=16　　㉯ (a)=3, (b)=17

㉰ (a)=4, (b)=18　　㉱ (a)=3, (b)=19

[문제6] 그림과 같은 이상변압기에 대하여 성립되지 않는 관계식은?
(단, n_1, n_2는 1차 및 2차 코일의 권수이다.)

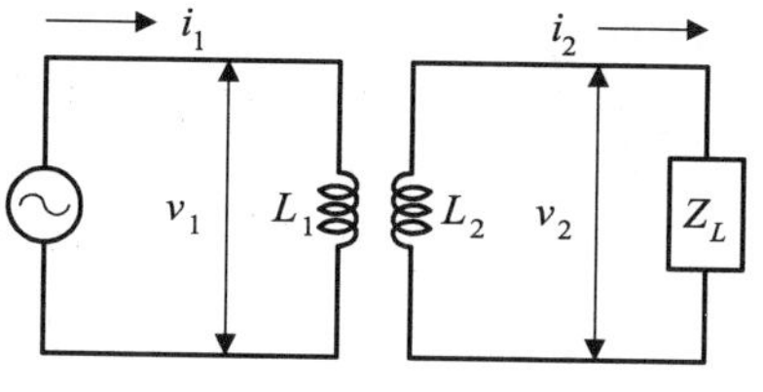

㉮ $v_1 i_1 = v_2 i_2$　　㉯ $\dfrac{v_2}{v_1} = \dfrac{n_2}{n_1} = \dfrac{1}{n}$

㉰ $\dfrac{i_2}{i_1} = \dfrac{n_1}{n_2} = n$　　㉱ $n = \sqrt{\dfrac{L_2}{L_1}}$

[문제7] 그림과 같은 이상변압기의 권선비가 $n_1 : n_2 = 1 : 2$일 때, a, b단자에서 본 구동점 임피던스[Ω]는 얼마인가?

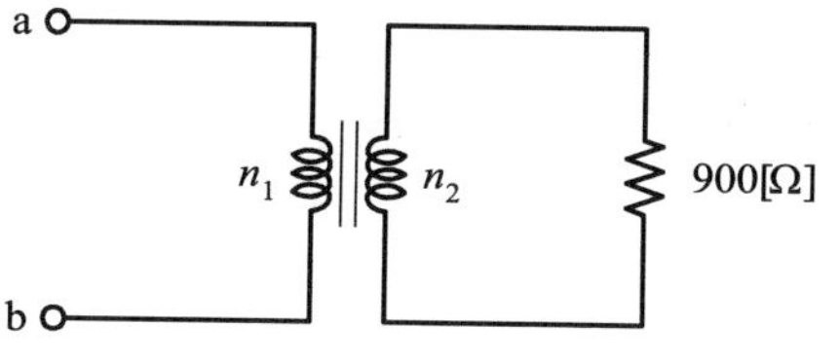

㉮ 125　　㉯ 225

㉰ 325　　㉱ 425

[문제8] 어떤 변압기의 권선비가 $n = 4$였다고 한다. 1차 측 전압이 120[V]라 하면 2차 측 전압[V]은 얼마인가?

㉮ 20 ㉯ 30 ㉰ 40 ㉱ 50

[문제9] 그림과 같은 브리지의 평형조건은?

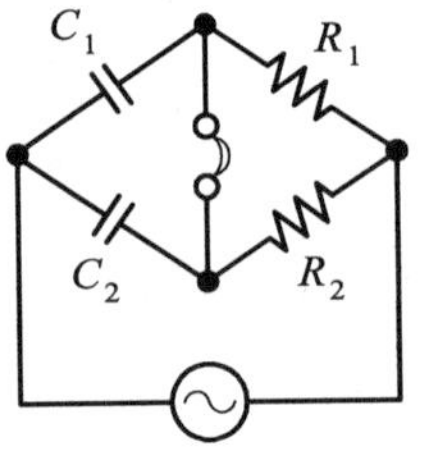

㉮ $\frac{1}{C_1 C_2} = R_1 R_2$ ㉯ $C_1 C_2 = R_1 R_2$

㉰ $C_1 R_2 = C_2 R_1$ ㉱ $C_1 R_1 = C_2 R_2$

[문제10] 그림과 같은 회로에서 A, B 사이에 흐르는 전류는 몇 [A]인가?
(단, 단위는 [Ω]이다.)

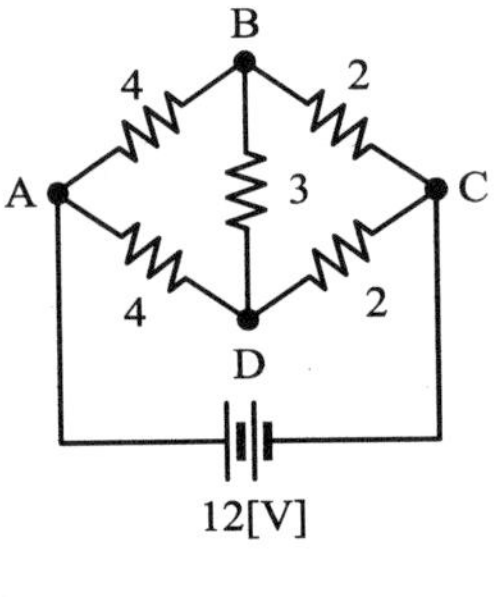

㉮ 4 ㉯ 3 ㉰ 2 ㉱ 1

연습문제 2

해설은 455쪽에 있습니다.

[문제1] 2차 측이 개방된 회로에서 인덕턴스가 0.2[H]인 1차 코일에 5[mA]의 1차 전류가 흐를 때, 1차 코일에서 발생하는 누설자속과 상호자속은 각각 0.875[μWb], 3.125[μWb]이고, 2차 코일에서 발생한 상호인덕턴스는 0.16[H]이다. 이때, 1차 및 2차의 권선수를 구하라.

[문제2] 코일(Ⅰ)의 권수 N_1 =50회, 코일(II)의 권수 N_2 =500회이다. 코일(Ⅰ)에 1[A]의 전류를 흘렸을 때, 코일(Ⅰ)과 쇄교하는 전 자속 $\Phi_1 = \Phi_{11} + \Phi_{12} = 6 \times 10^{-4}$[wb]이고, 코일(II)과 쇄교하는 자속 $\Phi_{12} = 5.5 \times 10^{-4}$[wb]이다. 코일(II)에 1[A]를 흘렸을 때, 코일(II)와 쇄교하는 전 자속 $\Phi_2 = \Phi_{22} + \Phi_{21} = 6 \times 10^{-3}$[wb]이고, 코일 (Ⅰ)과 쇄교하는 자속 $\Phi_{21} = 5.5 \times 10^{-3}$[wb]이라고 할 때, 결합계수 k 값은 약 얼마인가?

[문제3] 아래 그림과 같은 회로에서 상호인덕턴스를 측정하고자 한다. 그림(a)와 같이 접속하면 합성자기 인덕턴스는 30[mH]이고, (b)와 같이 접속하면 14[mH]이다. 상호인덕턴스 M의 값[mH]을 구하라.

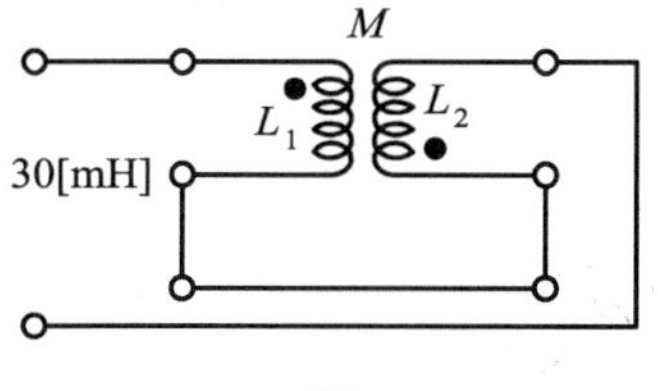

(a)

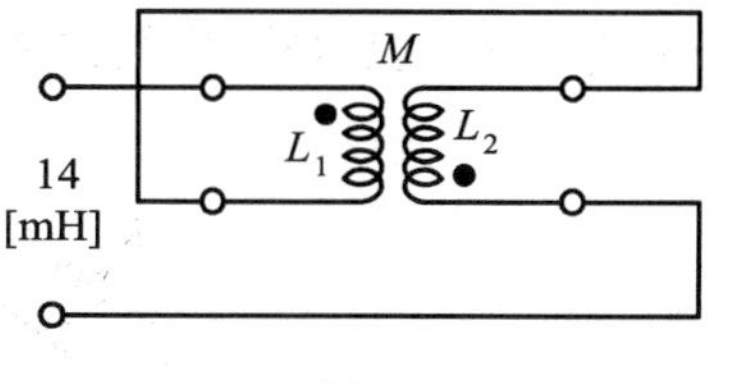

(b)

[문제4] 20[mH]의 두 자기 인덕턴스가 있다. 결합계수를 0.1부터 0.9까지 변화시킬 수 있다면 이것을 접속시켜 얻을 수 있는 합성인덕턴스의 최대값과 최소값의 비는?

[문제5] 그림과 같은 유도 결합회로에서 부하저항 R_2에 걸리는 전압 V_2을 구하시오.

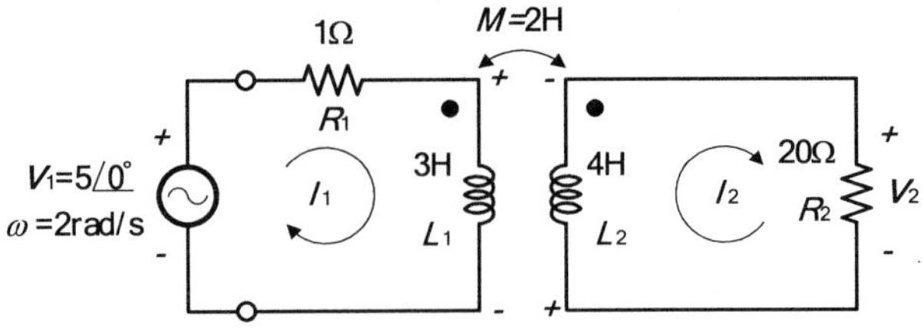

[문제6] 아래 회로에서 구동점 임피던스[Ω]의 크기를 구하라.

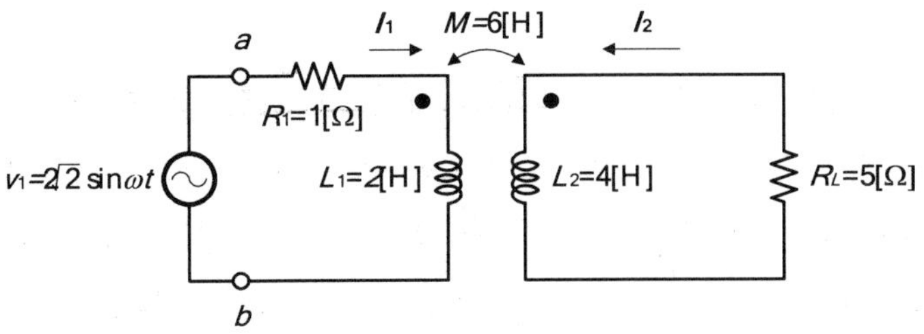

[문제7] 1차 측 전압 $v_1 = 100\sqrt{2}\sin\omega t$[V]를 권선비 $n_1 : n_2 = 1 : 4$의 이상변압기에 인가하여 부하임피던스 $Z_L = 160$[Ω]에 전력을 공급하고자 한다. 이때, 2차측의 전압과 구동점 임피던스[Ω]를 구하라.

[문제8] 아래 회로에서 브리지 평형조건을 구하라.

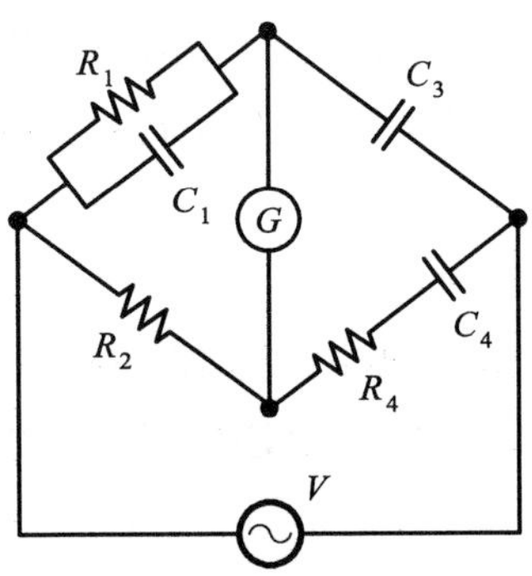

[문제9] 아래 그림에서 $X = 5[\Omega]$이고, 저항이 -∞에서 +∞까지 변화할 때, 임피던스 벡터궤적을 그리시오.

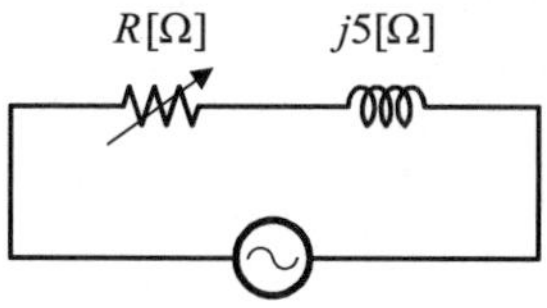

[문제10] $R-L-C$ 직렬회로에서 각 주파수 ω를 변화시켰을 때, 어드미턴스 Y의 벡터궤적은 어떠한가?

6 일반선형회로망

지금까지는 전기회로를 구성하는 R, L, C 소자와 전원, 부하요소를 이용한 비교적 간단한 직 • 병렬회로를 분석하였다. 이들 회로는 옴의 법칙이나 키르히호프 법칙을 적용하여 소자에 걸리는 전압, 전류 등을 간단히 해석할 수가 있었다. 그러나 회로가 더욱 복잡해지면 지금까지 분석한 방법보다는 더욱 체계적인 방법이 요구된다. 따라서 본장에서는 복잡한 선형회로망을 해석하는 각종 정리와 해석방법을 분석하기로 한다.

6.1 선형회로망

(1) 선형회로망(linear circuit network)이란 :

전기회로를 구성하는 저항(R), 인덕턴스(L), 캐패시턴스(C) 및 상호인덕턴스(M) 등의 회로정수가, 그 소자에 가한 전압이나 전류의 값에 변화하지 않고, 또 시간이 경과하여도 그 값이 일정한 경우를 선형회로라고 한다. 즉 지금까지 취급한 회로는 모두 선형회로이며, 선형회로를 임의로 결합한 회로를 일반적으로 선형회로망이라 한다.

(2) 선형회로망의 용어

① 마디(node) : 절점 또는 접속점이라고도 하며 회로망에서 2개 또는 그 이상의 소자가 접속되어 있는 점을 말하며, n_1, n_2로 표시한다. 그림 6.1에서 a_1, a_2, a_3, a_4, a_5을 말한다.

② 가지(branch) : 지로라 하며 두 접속점을 연결한다. 그림 6.1에서 b_1~b_8을 말한다.

③ 나무(tree) : 모든 마디를 연결하여 폐로를 만들지 못하는 가지들의 집합을 말하며 마디의 수를 n, 가지의 수를 b라고 하면 나무의 수는 $n-1$이 되며 K • C • L의 독립된 전류방정식 수와 같다. 그림 6.1에서 b_2, b_3, b_5, b_7을 말한다.

④ 보목(link or cotree) : 나무가 아닌 가지를 말하며 보목의 수는 $b-(n-1)=b-n+1$이 되며 K • V • L의 독립된 전압방정식 수와 같다. 그림 6.1에서 b_1, b_4, b_6, b_8을 말한다.

⑤ 폐로(loop) : 몇 개의 가지를 통하여 일주하면서 연결된 닫힌 통로이며, 다른 폐로를 포함하지 않는 독립된 폐로로 구분하며 망로(mesh)라고도 한다.

그림 6.1에서 l_1, l_2, l_3, l_4을 말한다.

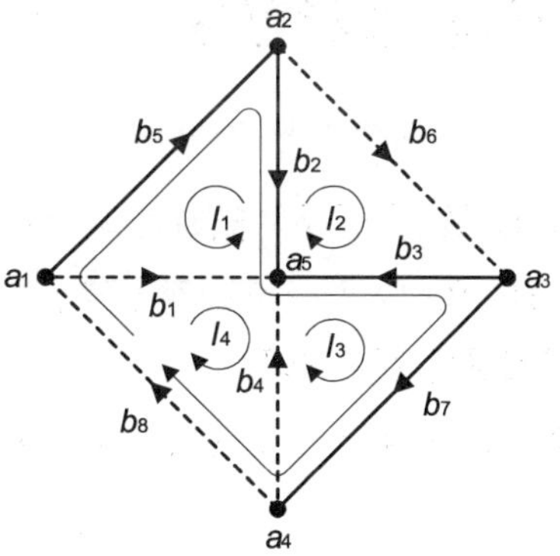

그림 6.1

예제 6-1

그림 6.2에서 나뭇가지를 5, 6, 7, 8로 취했다. 독립된 전류방정식과 전압방정식의 수는 각각 몇 개인가?

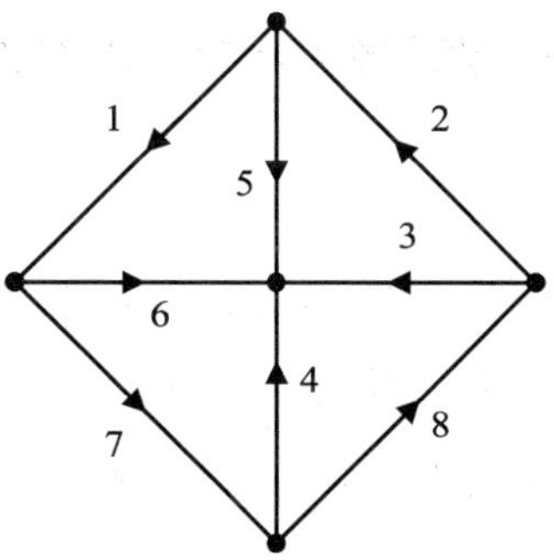

그림 6.2

[풀이] ☞ ① 독립된 전류방정식의 수는 나무의 수와 같고, 절점 n은 5개이므로

$$n-1=5-1=4$$

② 독립된 전압방정식의 수는 보목의 수와 같으므로

$$b-(n-1)=8-(5-1)=4$$

6.2 전압원과 전류원의 등가변환

(1) 정전압원

부하에 흐르는 전류의 크기와 관계없이 항상 전압원의 기전력과 같은 전압을 부하에 일정하게 공급하는 기능을 가진 전원을 정전압원이라 하고, 정전압원의 내부저항(r)은 적을수록 좋다. 이는 내부전압강하($r \times i$)가 적어지기 때문이다.

그림 6.3은 정전압원의 내부저항과 내부 전압강하특성이다.

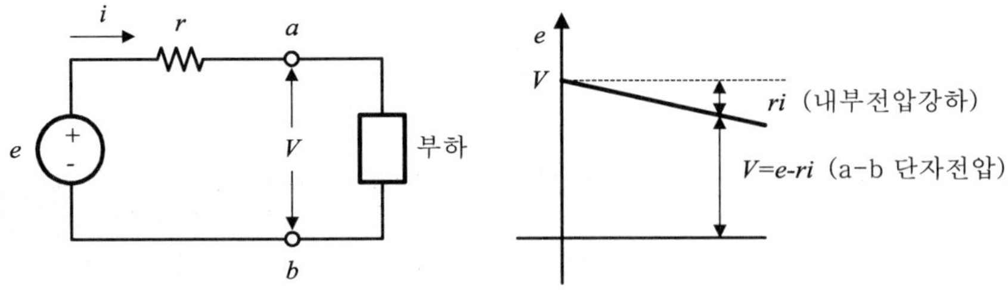

(a) 내부저항 (b) 내부전압강하

그림 6.3 정전압원의 내부저항과 전압강하특성

(2) 정전류원

부하의 변동에 관계없이 항상 일정한 전류를 공급하는 기능을 가진 전원을 정전류원이라 하고, 이상적인 정류원의 내부저항(r)은 클수록 좋다. 이는 저항 r에 흐르는 전류 i_r가 적어지기 때문이다. 그림 6.4는 정전류원의 내부저항과 부하전류특성이다.

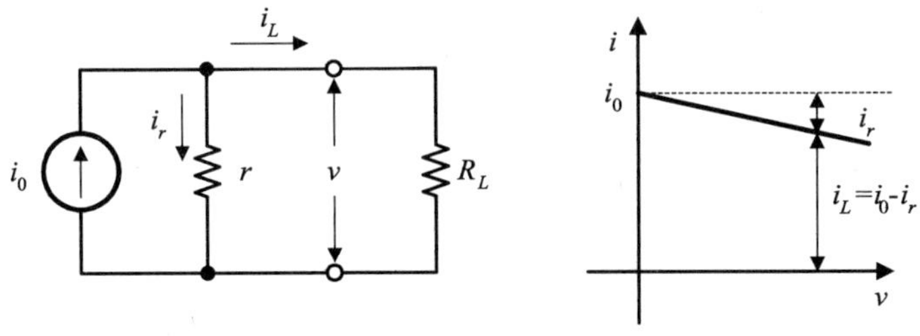

(a) 내부저항 (b) 부하전류

그림 6.4 정전류원의 내부저항과 부하전류특성

(3) 전원의 등가 변환

일반적으로 전기회로망의 전원은 정전압원을 많이 사용하고 있으나 필요에 따라서 회로망 해석을 용이하게 하기 위하여 전압원을 전류원으로, 전류원을 전압원으로 변환할 필요가 있다.

이들의 상호 변환관계를 그림 6.5(a), (b)에서 알아보자.

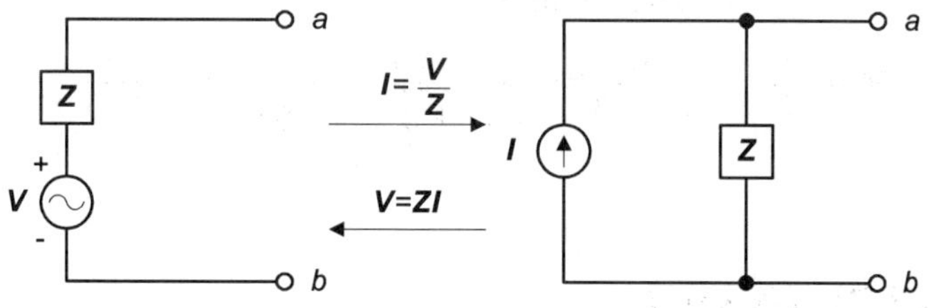

(a) 전압원 (b) 전류원

그림 6.5 전압원과 전류원의 등가회로

전압원을 전류원으로 바꿀 경우

$$I = \frac{V}{Z}[\mathrm{A}] \tag{6-1}$$

이고, 전류원을 전압원으로 바꿀 경우

$$V = IZ[\mathrm{V}] \tag{6-2}$$

이다.

예제 6-2

그림 6.6(a)와 같은 전압원을 그림(b)와 같은 전류원의 등가로 나타낼 때, 전류 I와 Y을 구하여라.

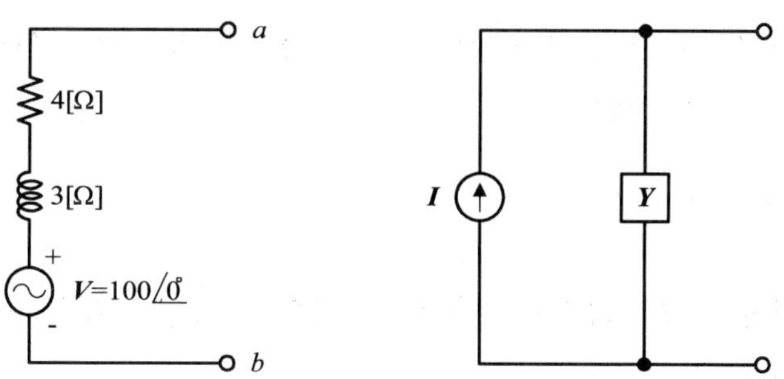

(a) (b)

그림 6.6

[풀이] ☞ ①
$$I = \frac{V}{Z} = \frac{100\angle 0°}{4+j3} = \frac{100\angle 0°}{\sqrt{4^2+3^2}\angle 36.9°} = \frac{100\angle 0°\angle -36.9°}{5}$$
$$= 20\angle -36.9°$$

②
$$Y = \frac{1}{Z} = \frac{1}{4+j3} = \frac{1}{\sqrt{4^2+3^2}\angle 36.9°} = \frac{1}{5\angle 36.9°} = 0.2\angle -36.9°$$

6.3 회로망의 해석법

일반적으로 회로망의 해석법에는 지로해석법, 폐로해석법, 절점해석법이 있다.

(1) 지로 해석법

지로 전류를 직접계산 할 때, 쓰이는 방법으로 미지의 지로전류를 가정한 후 키르히호프 제1법칙(KCL)과 키르히호프 제2법칙(KVL)에 의해 회로방정식을 세워 미지전류를 계산하는 방법이다.

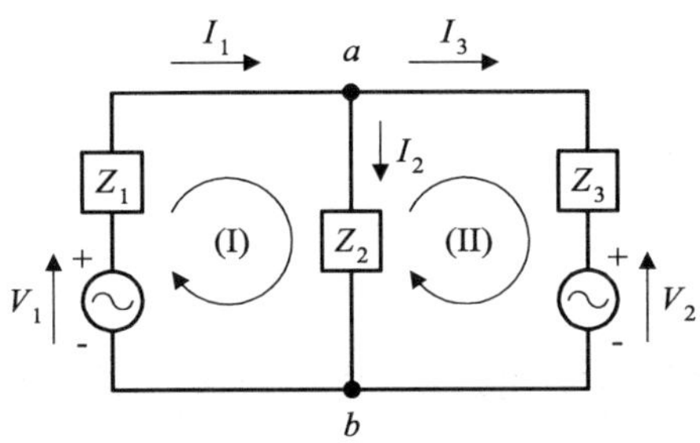

그림 6.7 지로해석법의 회로

그림 6.7의 회로를 지로해석법을 적용하여 I_1, I_2, I_3를 구해보자. 먼저 접속점 a에 대해 키르히호프 제1법칙(KCL)을 적용하면

$$I_1 = I_2 + I_3 \tag{6-3}$$

이 된다. 다음에 폐회로 (Ⅰ), (Ⅱ)에 대하여 키르히호프 제2법칙(KVL)을 시계방향으로 각각 적용하면 다음과 같다.

$$V_1 = Z_1 I_1 + Z_2 I_2 \tag{6-4}$$
$$-V_2 = -Z_2 I_2 + Z_3 I_3 \tag{6-5}$$

식(6-3)을 식(6-4)에 대입하면

$$V_1 = Z_1 (I_2 + I_3) + Z_2 I_2$$
$$= (Z_1 + Z_2) I_2 + Z_1 I_3 \qquad (6\text{-}6)$$

이다. 식(6-5)과 식(6-6)을 식(6-7)로 하면

$$\left.\begin{aligned} V_1 &= (Z_1 + Z_2) I_2 + Z_1 I_3 \\ -V_2 &= -Z_2 I_2 + Z_3 I_3 \end{aligned}\right\} \qquad (6\text{-}7)$$

이다. 식(6-7)에서 I_2, I_3를 크래머법칙을 이용하여 각각 풀면 다음과 같다.

$$I_2 = \frac{\begin{vmatrix} V_1 & Z_1 \\ -V_2 & Z_3 \end{vmatrix}}{\begin{vmatrix} (Z_1 + Z_2) & Z_1 \\ -Z_2 & Z_3 \end{vmatrix}} = \frac{Z_3 V_1 + Z_1 V_2}{Z_1 Z_3 + Z_2 Z_3 + Z_1 Z_2} \text{ [A]} \qquad (6\text{-}8)$$

$$I_3 = \frac{\begin{vmatrix} (Z_1 + Z_2) & V_1 \\ -Z_2 & -V_2 \end{vmatrix}}{\begin{vmatrix} (Z_1 + Z_2) & Z_1 \\ -Z_2 & Z_3 \end{vmatrix}} = \frac{-(Z_1 + Z_2) V_2 + Z_2 V_1}{Z_1 Z_3 + Z_2 Z_3 + Z_1 Z_2} \text{ [A]} \qquad (6\text{-}9)$$

$I_1 = I_2 + I_3$이므로 I_1은

$$I_1 = \frac{Z_3 V_1 + Z_1 V_2 - Z_1 V_2 - Z_2 V_2 + Z_2 V_1}{Z_1 Z_3 + Z_2 Z_3 + Z_1 Z_2}$$
$$= \frac{(Z_2 + Z_3) V_1 - Z_2 V_2}{Z_1 Z_3 + Z_2 Z_3 + Z_1 Z_2} \text{ [A]} \qquad (6\text{-}10)$$

으로 구할 수 있다.

예제 6-3

그림 6.8의 회로에서 지로 해석법에 의하여 I_1, I_2, I_3를 구하라.

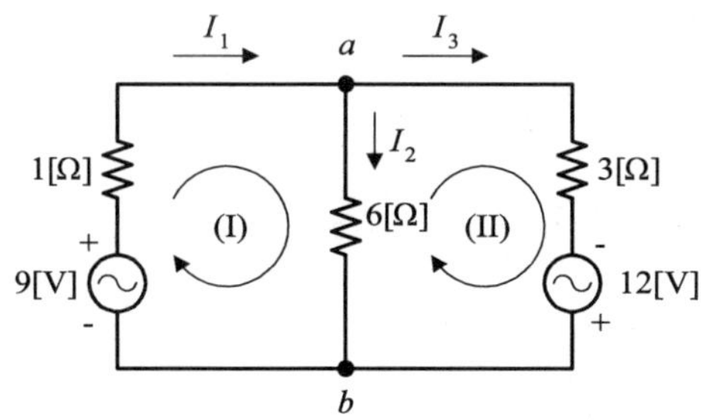

그림 6.8

[풀이] ☞ 접속점(절점) a에 대해 키르히호프 제1법칙(KCL)을 적용하면

$$I_1 = I_2 + I_3 \qquad \cdots ①$$

폐회로 (Ⅰ), (Ⅱ)에 대하여 키르히호프 제2법칙(KVL)을 시계방향으로 각각 적용하면

$$9 = I_1 + 6\,I_2 \qquad \cdots ②$$

$$12 = -6\,I_2 + 3\,I_3 \qquad \cdots ③$$

식 ①을 식 ② 대입하면

$$9 = 7I_2 + I_3 \qquad \cdots ④$$

이다. 식 ③과 ④에서 I_2, I_3를 각각 구하면

$$I_2 = \frac{\begin{vmatrix} 12 & 3 \\ 9 & 1 \end{vmatrix}}{\begin{vmatrix} -6 & 3 \\ 7 & 1 \end{vmatrix}} = \frac{12-27}{-6-21} = \frac{-15}{-27} = \frac{5}{9}\,[A]$$

$$I_3 = \frac{\begin{vmatrix} -6 & 12 \\ 7 & 9 \end{vmatrix}}{\begin{vmatrix} -6 & 3 \\ 7 & 1 \end{vmatrix}} = \frac{-54-84}{-6-21} = \frac{-138}{-27} = \frac{46}{9}\,[A]$$

$\therefore I_1 = I_2 + I_3 = \frac{5}{9} + \frac{46}{9} = \frac{51}{9}$[A]가 된다.

(2) 폐로 해석법(loop 해석법)

회로 내의 독립된 폐로에서 폐로전류를 가정하고, 전류의 방향에 따라 전압 방정식을 세워 가정된 전류를 구한 다음, 이 전류를 이용하여 각 지로전류를 구하는 방법이다.

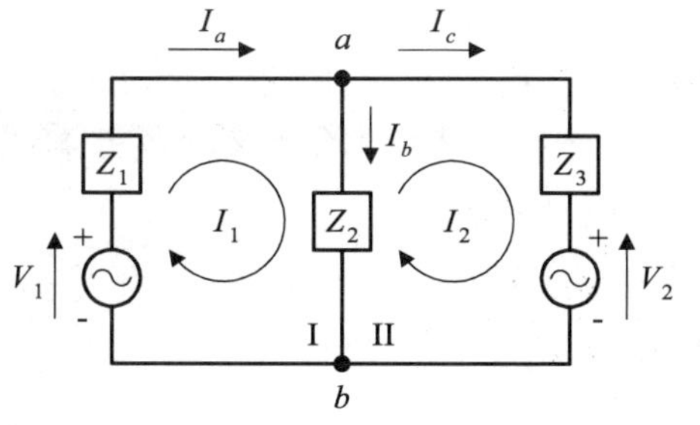

그림 6.9 폐로 해석법

그림 6.9에서 구하고자 하는 지로 전류를 I_a, I_b, I_C라 할 때, 폐로(I), (II)의 가상전류를 각 각 I_1, I_2라 하면 각 지로전류와의 관계는 다음과 같다.

$$I_a = I_1,\quad I_b = I_1 - I_2,\quad I_c = I_2 \tag{6-11}$$

가상전류를 기준으로 폐로(I), (II)에 키르히호프 제2법칙(KVL)을 가상전류 I_1, I_2 방향으로 각각 적용하면 다음과 같다.

$$V_1 = Z_1 I_1 + Z_2 (I_1 - I_2) \tag{6-12}$$

$$-V_2 = Z_2 (I_2 - I_1) + Z_3 I_2 \tag{6-13}$$

식(6-12)와 식(6-13)을 폐로 가상전류 I_1, I_2에 대하여 정리하면

$$\begin{aligned} V_1 &= (Z_1 + Z_2) I_1 - Z_2 I_2 \\ -V_2 &= -Z_2 I_1 + (Z_2 + Z_3) I_2 \end{aligned} \tag{6-14}$$

이 된다. 식(6-14)에서 가상폐로전류 I_1, I_2를 구하면 다음과 같다.

$$\begin{aligned} I_1 &= \frac{\begin{vmatrix} V_1 & -Z_2 \\ -V_2 & (Z_2 + Z_3) \end{vmatrix}}{\begin{vmatrix} (Z_1 + Z_2) & -Z_2 \\ -Z_2 & (Z_2 + Z_3) \end{vmatrix}} = \frac{(Z_2 + Z_3) V_1 - Z_2 V_2}{(Z_1 + Z_2)(Z_2 + Z_3) - Z_2 Z_2} \\ &= \frac{(Z_2 + Z_3) V_1 - Z_2 V_2}{Z_1 Z_2 + Z_2 Z_3 + Z_3 Z_1} \text{ [A]} \end{aligned} \tag{6-15}$$

$$I_2 = \frac{\begin{vmatrix} (Z_1 + Z_2) & V_1 \\ -Z_2 & -V_2 \end{vmatrix}}{\begin{vmatrix} (Z_1 + Z_2) & -Z_2 \\ -Z_2 & (Z_2 + Z_3) \end{vmatrix}} = \frac{-(Z_1 + Z_2)\,V_2 + Z_2\,V_1}{(Z_1 + Z_2)(Z_2 + Z_3) - Z_2 Z_2}$$

$$= \frac{Z_2\,V_1 - (Z_1 + Z_2)\,V_2}{Z_1 Z_2 + Z_2 Z_3 + Z_3 Z_1}\,[\mathrm{A}] \qquad (6\text{-}16)$$

식(6-15)와 (6-16)에서 구한 가상전류 I_1, I_2를 식(6-11)에 대입하면 각 지로 전류 I_a, I_b, I_C를 구할 수 있다.

예제 6-4

예제 6-3의 회로를 폐로해석법으로 풀어라.

[풀이] ☞ 예제 6-3의 회로인 그림 6.8을 폐로해석법으로 풀기위해 가상전류를 도입하고, 전류를 변경시키면 그림 6.10과 같다.

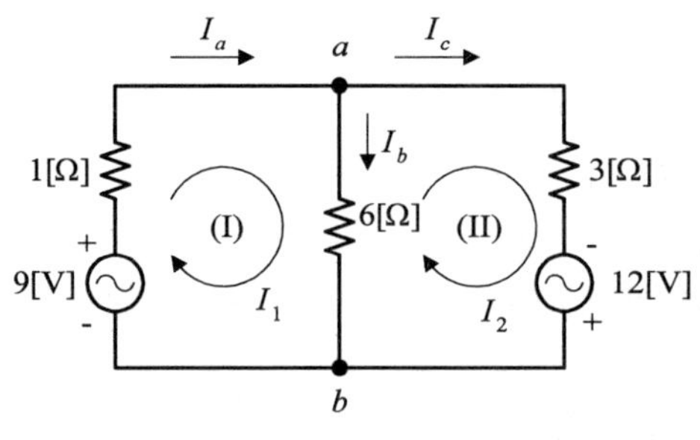

그림 6.10

그림 6-10에서 구하고자 하는 지로 전류를 I_a, I_b, I_C라 할 때, 폐로(I), (II)의 가상전류를 각각 I_1, I_2라 하면 각 지로전류와의 관계는 다음과 같다.

$$I_a = I_1, \quad I_b = I_1 - I_2\,, \quad I_c = I_2 \qquad \cdots ①$$

가상전류를 기준으로 폐로(I), (II)에 키르히호프 제2법칙(KVL)을 가상전류 I_1, I_2 방향으로 각각 적용하면 다음과 같다.

$$9 = I_1 + 6\,(I_1 - I_2) \qquad \cdots ②$$
$$12 = 6\,(I_2 - I_1) + 3\,I_2 \qquad \cdots ③$$

식 ②, ③을 폐로 가상전류 I_1, I_2에 대하여 정리하면

$$\left.\begin{aligned} 9 &= 7I_1 - 6I_2 \\ 12 &= -6I_1 + 9I_2 \end{aligned}\right\} \qquad \cdots ④$$

이 된다. 식 ④의 가상폐로전류 I_1, I_2를 각각 구하면 다음과 같다.

$$I_1 = \frac{\begin{vmatrix} 9 & -6 \\ 12 & 9 \end{vmatrix}}{\begin{vmatrix} 7 & -6 \\ -6 & 9 \end{vmatrix}} = \frac{81+72}{63-36} = \frac{153}{27} = \frac{51}{9} \text{ [A]}$$

$$I_2 = \frac{\begin{vmatrix} 7 & 9 \\ -6 & 12 \end{vmatrix}}{\begin{vmatrix} 7 & -6 \\ -6 & 9 \end{vmatrix}} = \frac{84+54}{63-36} = \frac{138}{27} = \frac{46}{9} \text{ [A]}$$

I_1, I_2를 식 ①에 대입하면

$$I_a = I_1 = \frac{51}{9}, \quad I_b = I_1 - I_2 = \frac{51}{9} - \frac{46}{9} = \frac{5}{9}, \quad I_c = I_2 = \frac{46}{9}$$

이다. 따라서 지로해석법으로 푼 예제 6-3의 지로전류 I_1, I_2, I_3는 폐로해석법으로 푼 예제 6-4의 I_a, I_b, I_C와 결과가 같음을 알 수 있다.

(3) 절점 해석법(마디 해석법)

이 방법은 등전위법이라고도 하며 회로 내의 어느 특정된 절점 전압을 미지수로 하여 각 절점에서 전류법칙인 키르히호프 제1법칙을 사용하여 미지의 절점전압을 구한 후 각 지로의 전류를 구하는 방법이다. 특히 전압원과 전류원이 포함한 회로에서 전압원을 전류원으로 등가변환하여 전류원만의 회로일 때 편리하다.

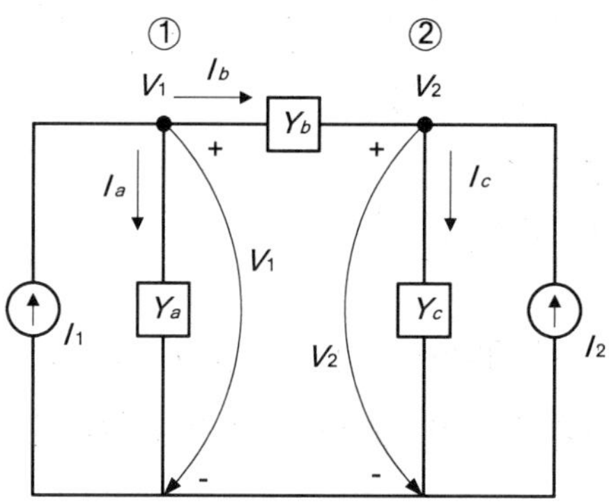

그림 6.11 절점해석법

그림 6.11에서 3개의 절점 ①, ②, 0에서 0점을 기준으로 두 절점 ①, ②에 대한 미지전압을 V_1, V_2라 하면 두 절점 ①, ②의 전류 방정식은

$$I_1 = I_a + I_b$$
$$I_2 = -I_b + I_c \tag{6-17}$$

이 되고, 이를 옴의 법칙을 적용하면 다음과 같다.

$$I_1 = I_a + I_b$$
$$= Y_a V_1 + Y_b (V_1 - V_2)$$
$$I_1 = (Y_a + Y_b) V_1 - Y_b V_2 \tag{6-18}$$
$$I_2 = -I_b + I_C$$
$$= -Y_b (V_1 - V_2) + Y_c V_2$$
$$I_2 = -Y_b V_1 + (Y_b + Y_c) V_2 \tag{6-19}$$

식(6-18)과 (6-19)에서 전위 V_1, V_2를 각각 구하면

$$V_1 = \frac{\begin{vmatrix} I_1 & -Y_b \\ I_2 & (Y_b + Y_c) \end{vmatrix}}{\begin{vmatrix} (Y_a + Y_b) & -Y_b \\ -Y_b & (Y_b + Y_c) \end{vmatrix}} = \frac{(Y_b + Y_c) I_1 + Y_b I_2}{(Y_a + Y_b)(Y_b + Y_c) - Y_b Y_b}$$
$$= \frac{(Y_b + Y_c) I_1 + Y_b I_2}{Y_a Y_b + Y_b Y_c + Y_c Y_a} \text{ [V]} \tag{6-20}$$

$$V_2 = \frac{\begin{vmatrix} (Y_a + Y_b) & I_1 \\ -Y_b & I_2 \end{vmatrix}}{\begin{vmatrix} (Y_a + Y_b) & -Y_b \\ -Y_b & (Y_b + Y_c) \end{vmatrix}} = \frac{(Y_a + Y_b) I_2 + Y_b I_1}{(Y_a + Y_b)(Y_b + Y_c) - Y_b Y_b}$$
$$= \frac{(Y_a + Y_b) I_2 + Y_b I_1}{Y_a Y_b + Y_b Y_c + Y_c Y_a} \text{ [V]} \tag{6-21}$$

이 되고, 이를 식(6-18), (6-19)에 대입하여 각 지로전류 I_a, I_b, I_c를 구할 수 있고, 또한 구한 I_a, I_b, I_c를 식(6-17)에 대입하여 식이 성립함을 확인하여야 한다.

예제 6-5

그림 6.12에서 절점전압 V_1 과 V_2를 구하고, 각 지로전류를 구하여 절점 ①, ②에서 키르히호프 제1법칙이 성립함을 보여라.

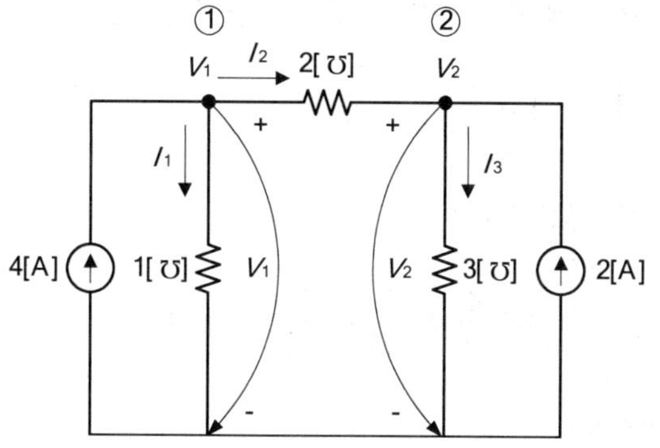

그림 6.12

[풀이] ☞ ※ V_1, V_2 계산

그림 6.12에서 절점 ①의 전류 방정식은

$$4 = I_1 + I_2$$
$$4 = V_1 + 2(V_1 - V_2)$$
$$4 = 3V_1 - 2V_2 \quad \cdots\cdots ①$$

절점 ②의 전류 방정식은

$$2 = -I_2 + I_3$$
$$2 = -2(V_1 - V_2) + 3V_2$$
$$2 = -2V_1 + 5V_2 \quad \cdots\cdots ②$$

이 되고, 식 ①과 ②에서 전위 V_1, V_2를 각각 구하면 다음과 같다.

$$V_1 = \frac{\begin{vmatrix} 4 & -2 \\ 2 & 5 \end{vmatrix}}{\begin{vmatrix} 3 & -2 \\ -2 & 5 \end{vmatrix}} = \frac{20+4}{15-4} = \frac{24}{11} \text{ [V]}$$

$$V_2 = \frac{\begin{vmatrix} 3 & 4 \\ -2 & 2 \end{vmatrix}}{\begin{vmatrix} 3 & -2 \\ -2 & 5 \end{vmatrix}} = \frac{6+8}{15-4} = \frac{14}{11} \text{ [V]}$$

※ 키르히호프 제1법칙이 성립함을 보이기 위해 각 지로전류를 구해 절점 ①, ②의 전류 방정식이 성립하면 된다. 각 지로의 전류는

$$I_1 = V_1 = \frac{24}{11}[A]$$

$$I_2 = 2(V_1 - V_2) = 2\times(\frac{24}{11} - \frac{14}{11}) = \frac{20}{11}[A]$$

$$I_3 = 3V_2 = 3\times\frac{14}{11} = \frac{42}{11}[A]$$

이 되고, 절점 ①의 전류방정식

$$4 = I_1 + I_2 = \frac{24}{11} + \frac{20}{11} = \frac{44}{11} = 4[A]$$

절점 ②의 전류방정식

$$2 = -I_2 + I_3 = -\frac{20}{11} + \frac{42}{11} = \frac{22}{11} = 2[A]$$

이 되어 키르히호프 제1법칙이 성립한다.

예제 6-6

그림 6.13에서 절점 해석법을 이용하여 전류 I_3를 구하고, 키르히호프 제1법칙이 성립함을 보여라.

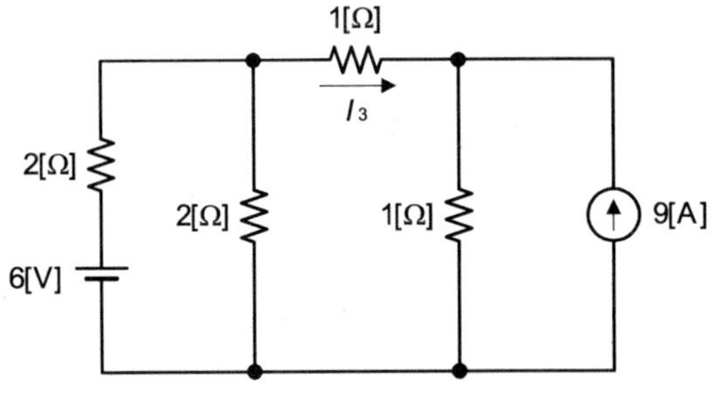

그림 6.13

[풀이] ☞ 그림 6.13은 전류원과 전압원의 회로이므로 좌측의 전압원을 전류원 등가회로로 변환(그림 6-5 참조)하고 절점 및 각 지로전류를 표시하면 그림 6.14와 같다.

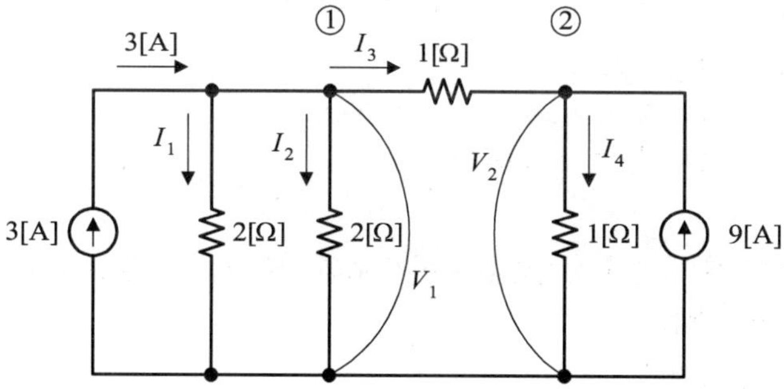

그림 6.14

※ V_1, V_2 계산

그림 6.14에서 절점 ①의 전류 방정식은

$$3 = I_1 + I_2 + I_3$$

$$3 = \frac{V_1}{2} + \frac{V_1}{2} + (V_1 - V_2)$$

$$3 = 2V_1 - V_2 \quad \cdots\cdots\cdots\cdots\cdots ①$$

절점 ②의 전류 방정식은

$$9 = -I_3 + I_4$$

$$9 = -(V_1 - V_2) + V_2$$

$$9 = -V_1 + 2V_2 \quad \cdots\cdots\cdots\cdots\cdots ②$$

이 되고, 식 ①과 ②에서 전위 V_1, V_2를 각각 구하면 다음과 같다.

$$V_1 = \frac{\begin{vmatrix} 3 & -1 \\ 9 & 2 \end{vmatrix}}{\begin{vmatrix} 2 & -1 \\ -1 & 2 \end{vmatrix}} = \frac{6+9}{4-1} = \frac{15}{3} = 5\ [\mathrm{V}]$$

$$V_2 = \frac{\begin{vmatrix} 2 & 3 \\ -1 & 9 \end{vmatrix}}{\begin{vmatrix} 2 & -1 \\ -1 & 2 \end{vmatrix}} = \frac{18+3}{4-1} = \frac{21}{3} = 7\ [\mathrm{V}]$$

각 지로전류를 구하면 다음과 같다.

$$I_1 = I_2 = \frac{V_1}{2} = \frac{5}{2} = 2.5[\mathrm{A}]$$

$$I_3 = (V_1 - V_2) = (5 - 7) = -2\,[A]$$
$$I_4 = V_2 = 7[A]$$

따라서 구하는 전류 $I_3 = -2[A]$이다.

※ 키르히호프 제1법칙이 성립함을 보이기 위해 구한 각 지로전류를 절점 ①, ②의 전류 방정식이 성립하면 된다.
절점 ①의 전류방정식

$$3 = I_1 + I_2 + I_3 = 2.5 + 2.5 - 2 = 3[A]$$

절점 ②의 전류 방정식은

$$9 = -I_3 + I_4 = 2 + 7 = 9[A]$$

이 되어 키르히호프 제1법칙이 성립한다.

6.4 쌍대회로

두 회로망에서 각종의 전기소자나 회로연결을 상호 교환하여 특정한 대응값으로 변환되며 같은 형태의 회로 방정식을 가지는 두 회로망을 쌍대회로라 한다. 그림 6.15의 (a), (b) 회로를 통해 쌍대회로를 이해해 보자.

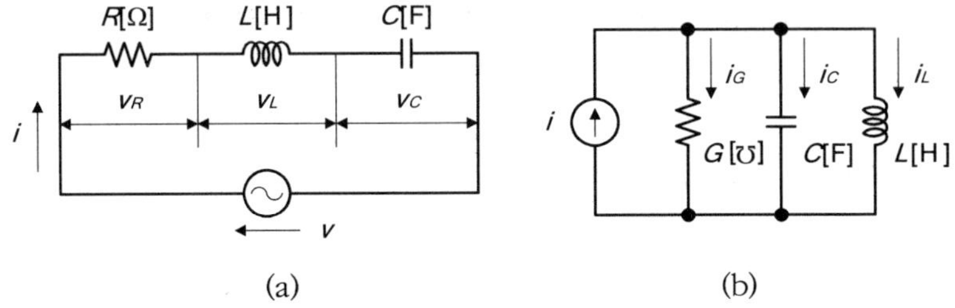

그림 6-15 쌍대회로의 해석

그림 6.15(a)에서 키르히호프 제2법칙(전압법칙)에 의하여 인가전압 v는 각 소자의 전압강하의 합과 같으므로

$$v = v_R + v_L + v_c = Ri + L\frac{di}{dt} + \frac{1}{C}\int i\,dt \tag{6-22}$$

이 되며, 그림 6.15(b)에서 키르히호프 제1법칙(전류법칙)에 의하여 전체 전류 i는 각 소자에 흐르는 전류의 합과 같으므로

$$i = i_G + i_L + i_C = Gv + C\frac{dv}{dt} + \frac{1}{L}\int v\,dt \tag{6-23}$$

가 된다. 식(6-22)와 (6-23)을 비교하면 $v \leftrightarrow i$, $R \leftrightarrow G$, $L \leftrightarrow C$, $C \leftrightarrow L$인 상태로 교환되어 있음을 알 수 있다. 이와 같은 관계식을 만족하는 전기회로를 쌍대회로라 한다. 표 6.1은 회로망에서 취급하는 각종 소자와 회로의 접속에 따른 쌍대관계를 정리한 것이다.

표 6.1

전압원 V, v	$\leftrightarrow$	전류원 I, i
임피던스 Z	$\leftrightarrow$	어드미턴스 Y
저항 R	$\leftrightarrow$	콘덕턴스 G
인덕턴스 L	$\leftrightarrow$	캐페시턴스 C
리액턴스 X	$\leftrightarrow$	서셉턴스 B
직렬접속	$\leftrightarrow$	병렬접속
개방전압	$\leftrightarrow$	단락전류
테브난의 정리	$\leftrightarrow$	노튼의 정리

예제 6-7

그림 6.16의 회로를 쌍대회로로 변환하시오.

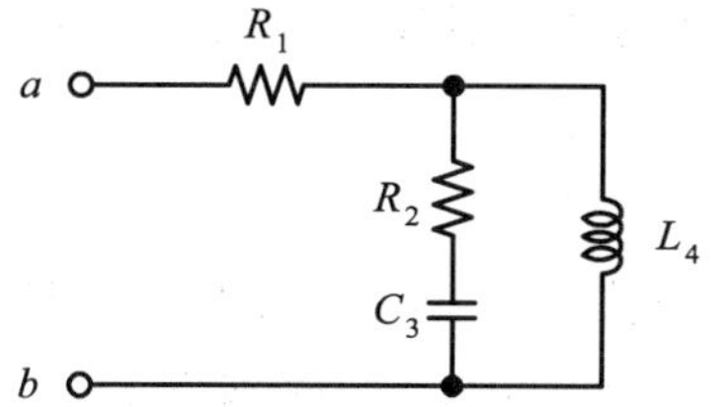

그림 6.16

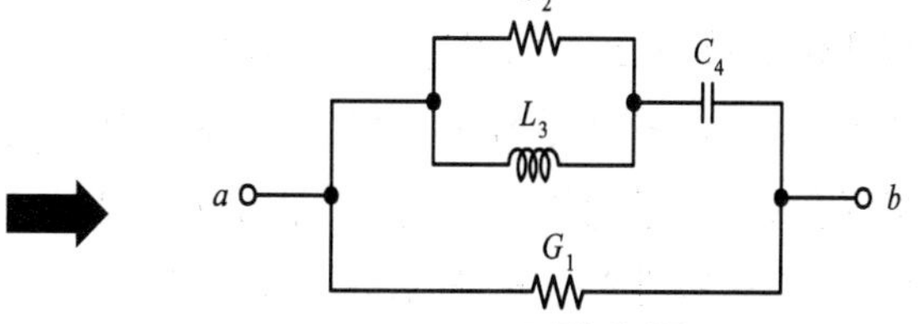

그림 6.17

[풀이] ☞ 표 6.1을 이용 그림 6.16의 R_1, R_2를 G_1, G_2로, C_3는 L_3로, L_4는 C_4로, 각각 변환하고, 직렬은 병렬로, 병렬은 직렬로 변환하면 그림 6.17과 같다.

6.5 일반 회로망의 제 정리

실제 회로망을 분석 시 지로해석법, 폐로해석법, 절점해석법 등으로 전류, 전압을 계산할 수 있으나, 주어진 회로의 구성에 따라 적절한 정리나 원리를 적용하면 회로분석이 쉬워질 수가 있으므로 본 절에서는 여러 가지 정리를 이용 회로를 간략히 분석하는 방법에 대해 알아본다.

(1) 중첩의 원리(principle of superposition)

1-1) 정의

다수의 전압원과 전류원을 포함하는 선형회로망의 임의의 점에서 흐르는 전류(전압)는 각 전압원이나 전류원을 단독으로 존재하는 전류(전압)의 대수합과 같다. 이 때, 제거하는 전압원은 단락(short)하고, 전류원은 개방(open)한다. 여기서 단락은 그림 6.16(b)와 같이 전압원을 떼어내고 그 자리를 리드선으로 연결(단락)만 시켜주어 전위차를 없애는 것을 의미하며, 개방의 의미는 그림 6.18(c)와 같이 전류원을 끊어 내어 전원으로서의 기능을 없애는 것을 말한다.

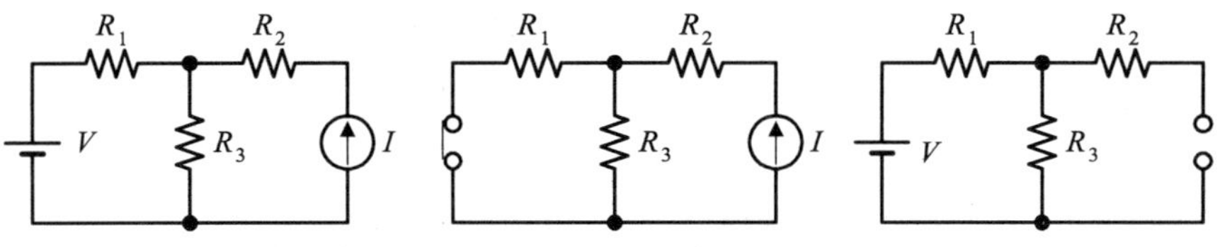

(a) 실제회로 (b) 전압원 : 단락 (c) 전류원 : 개방

그림 6.18 실제 회로에서 전원의 제거

1-2) 중첩의 원리를 적용하는 단계

① 한 번에 한 개의 전압(전류)원을 취하고, 나머지 전압(전류)원은 단락(개방)시키고, 회로를 해석하여 각 지로전류(전압)를 구한다.

② 회로 내의 다른 전원에도 ①의 단계를 반복한다.

③ ①, ②에서 구한 전류나 전압을 주어진 회로의 전류나 전압의 방향과 비교하여 가감한다.

④ 위의 모든 단계에서 구한 전류와 전압은 키르히호프 제1, 2법칙이 성립하여야 한다.

1-3) 실제회로에서의 분석

중첩의 원리 적용 단계를 그림 6.19에 나타내었다.

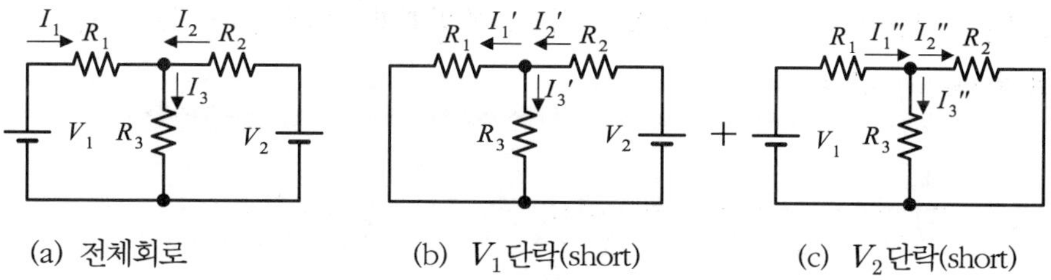

그림 6.19 중첩의 원리 적용 단계

그림 6.19(b), (c)에서 (a)의 전류기준의 방향으로 I_1, I_2, I_3의 전류계산은 다음과 같다.

$$\begin{aligned} I_1 &= I_1'' - I_1' \\ I_2 &= I_2' - I_2'' \\ I_3 &= I_3' + I_3'' \end{aligned} \tag{6-24}$$

1-4) 전압원만 존재하는 회로에서 중첩의 원리 적용

그림 6.20에서 전류 I_1, I_2, I_3를 계산해 보자.

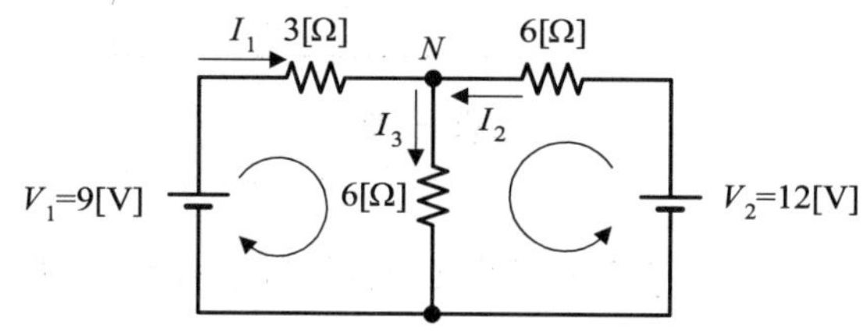

그림 6.20 전압원만의 회로 경우

① V_1 전압원을 단락(short)시켰을 때

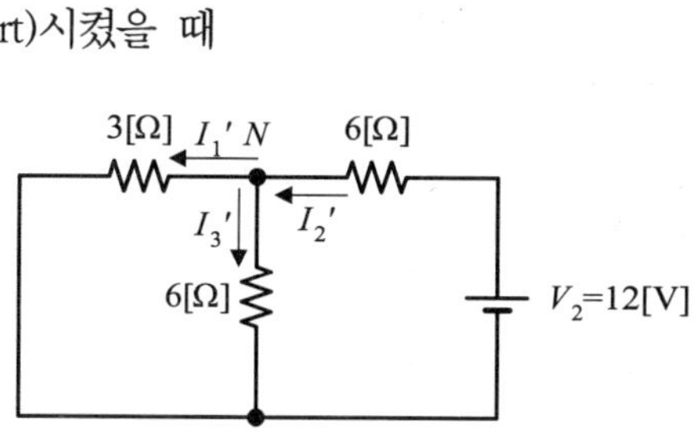

그림 6.21

전압원 V_2을 기준으로 전류의 방향을 정하고, 직·병렬회로에서 먼저 I_2'를 구한 후 I_1' I_3'를 각각 구하면 다음과 같다.

$$
\begin{aligned}
I_2' &= \frac{V_2}{R_T} = \frac{12}{6+\dfrac{3\times 6}{3+6}} = 1.5[\text{A}] \\
I_1' &= \frac{1.5\times 6}{3+6} = 1[\text{A}] \\
I_3' &= \frac{1.5\times 3}{3+6} = 0.5[\text{A}]
\end{aligned}
\tag{6-25}
$$

여기서, $I_2' = I_1' + I_3'$가 성립함을 알 수 있다.

② V_2 전압원을 단락(short)시켰을 때

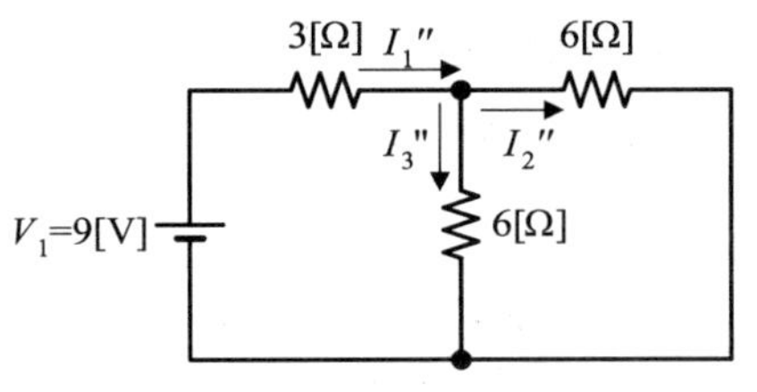

그림 6.22

전압원 V_1을 기준으로 전류의 방향을 정하고, 직·병렬회로에서 먼저 I_1''를 구한 후 I_2'', I_3''를 각각 구하면 다음과 같다.

$$
\begin{aligned}
I_1'' &= \frac{V_1}{R_T} = \frac{9}{3+\dfrac{6\times 6}{6+6}} = 1.5[\text{A}] \\
I_2'' &= \frac{1.5\times 6}{6+6} = 0.75[\text{A}] \\
I_3'' &= \frac{1.5\times 6}{6+6} = 0.75[\text{A}]
\end{aligned}
\tag{6-26}
$$

여기서, $I_1'' = I_2'' + I_3''$가 성립함을 알 수 있다.

③ 각 지로전류 I_1, I_2, I_3의 계산

그림 6.21, 그림 6.22의 각각 지로전류를 그림 6.20의 전류기준 방향으로 I_1, I_2, I_3를 구하면 다음과 같다.

$$\begin{aligned} I_1 &= I_1'' - I_1' = 1.5 - 1 = 0.5[A] \\ I_2 &= I_2' - I_2'' = 1.5 - 0.75 = 0.75[A] \\ I_3 &= I_3' + I_3'' = 0.5 + 0.75 = 1.25[A] \end{aligned} \quad (6\text{-}27)$$

여기서도 $I_1 = -I_2 + I_3$가 성립함을 알 수 있다.

④ 지로해석법으로 I_1, I_2, I_3를 구해보면

그림 6.20에서 절점 N에 대해 키르히호프 제1법칙(KCL)을 적용하면

$$I_1 = -I_2 + I_3 \quad \cdots ①$$

이고, 폐회로 (I), (II)에 대하여 키르히호프 제2법칙(KVL)을 시계방향으로 각각 적용하면 다음과 같다.

$$9 = 3I_1 + 6I_3 \quad \cdots ②$$

$$12 = 6I_2 + 6I_3 \quad \cdots ③$$

식 ①을 식 ② 대입하면

$$9 = -3I_2 + 9I_3 \quad \cdots ④$$

이다. 식 ③과 ④에서 I_2, I_3를 각각 구하면

$$I_2 = \frac{\begin{vmatrix} 12 & 6 \\ 9 & 9 \end{vmatrix}}{\begin{vmatrix} 6 & 6 \\ -3 & 9 \end{vmatrix}} = \frac{108-54}{54+18} = \frac{54}{72} = 0.75\,[A]$$

$$I_3 = \frac{\begin{vmatrix} 6 & 12 \\ -3 & 9 \end{vmatrix}}{\begin{vmatrix} 6 & 6 \\ -3 & 9 \end{vmatrix}} = \frac{54+36}{54+18} = \frac{90}{72} = 1.25\,[A]$$

$\therefore\ I_1 = -I_2 + I_3 = -0.75 + 1.25 = 0.5$[A]가 된다.

⑤ 결과 분석

중첩의 원리와 지로해석법으로 구한 각각의 전류 I_1, I_2, I_3는 같음을 알 수 있으므로 회로의 상황에 따라 여러 방법을 이용하여 문제를 해결할 수 있다.

예제 6-8

그림 6.23에서 중첩의 원리를 이용하여 I_1, I_2, I_3를 구하라.

[풀이] ☞

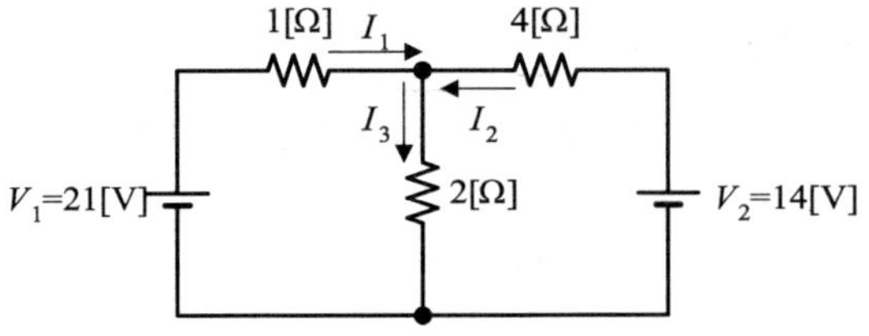

그림 6.23

① V_1 전압원을 단락(short)시켰을 때

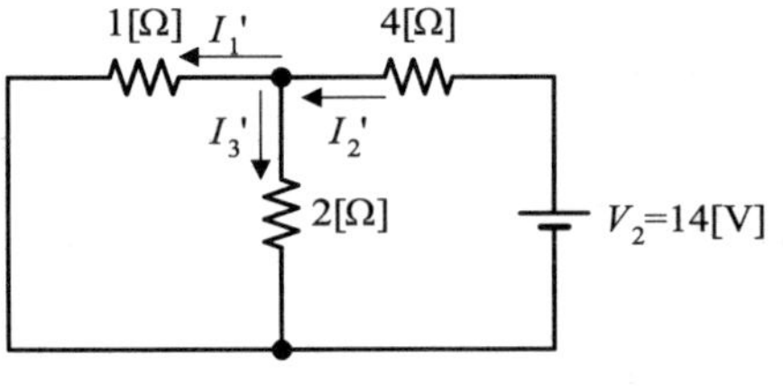

그림 6.24

전압원 V_2을 기준으로 전류의 방향을 정하고, 직·병렬회로에서 먼저 I_2'를 구한 후 I_1', I_3'를 각각 구하면 다음과 같다.

$$I_2' = \frac{V_2}{R_T} = \frac{14}{4 + \frac{2\times 1}{2+1}} = \frac{14}{\frac{14}{3}} = 3[\text{A}]$$

$$I_1' = \frac{3\times 2}{1+2} = 2[\text{A}] \qquad (6\text{-}28)$$

$$I_3' = \frac{3\times 1}{1+2} = 1[\text{A}]$$

$I_2' = I_1' + I_3'$가 성립함을 알 수 있다.

② V_2 전압원을 단락(short)시켰을 때

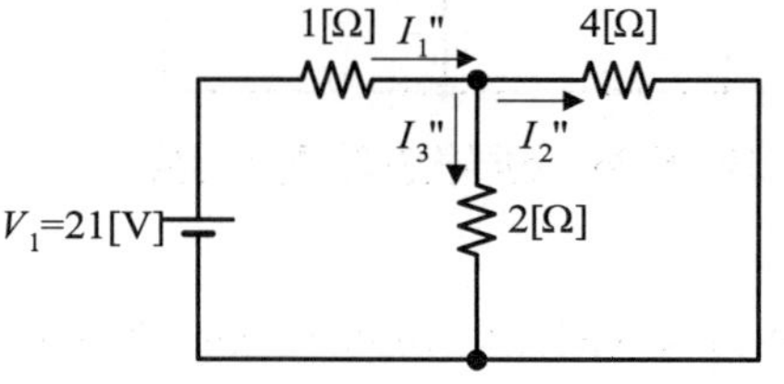

그림 6.25

전압원 V_1을 기준으로 전류의 방향을 정하고, 직·병렬회로에서 먼저 I_1''를 구한 후 I_2'', I_3''를 각각 구하면 다음과 같다.

$$I_1'' = \frac{V_1}{R_T} = \frac{21}{1+\dfrac{2\times 4}{2+4}} = \frac{21}{\dfrac{14}{6}} = \frac{126}{14} = 9[\text{A}]$$

$$I_2'' = \frac{9\times 2}{2+4} = 3[\text{A}] \qquad (6\text{-}29)$$

$$I_3'' = \frac{9\times 4}{2+4} = 6[\text{A}]$$

여기서, $I_1'' = I_2'' + I_3''$가 성립함을 알 수 있다.

③ 각 지로전류 I_1, I_2, I_3의 계산

그림 6.24, 그림 6.25의 각각 지로전류를 그림 6.23의 전류기준 방향으로 I_1, I_2, I_3를 구하면 다음과 같다.

$$I_1 = I_1'' - I_1' = 9 - 2 = 7[\text{A}]$$

$$I_2 = I_2' - I_2'' = 3 - 3 = 0[\text{A}] \qquad (6\text{-}30)$$

$$I_3 = I_3' + I_3'' = 6 + 1 = 7[\text{A}]$$

여기서도 $I_1 = -I_2 + I_3$가 성립함을 알 수 있다.

1-5) 전류원만 존재하는 회로에서 중첩의 원리 적용

그림 6.26과 같이 2개의 전류원이 포함된 회로에서 4[Ω]에 흐르는 전류 I_4를 구해보자.

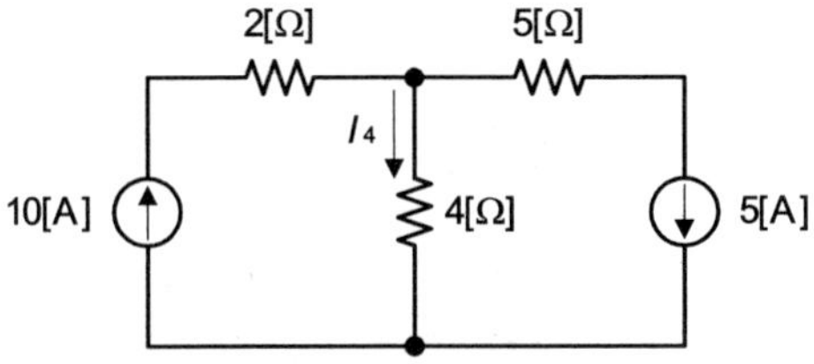

그림 6.26 전류원만의 회로 경우

10[A] 전류원을 개방(open)하면 그림 6.27(a)의 회로가 되고, 전류 I_4'는 5[A]와 반대 방향이므로 -5[A]가 되고, 5[A] 전류원을 개방(open)하면 그림 6.27(b)의 회로가 되며 전류 I_4''는 10[A]가 된다.

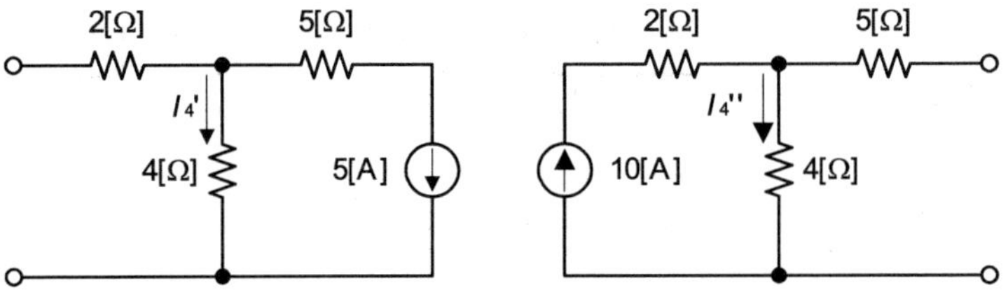

(a) 10[A]전류원 개방(open) 시　　b) 5[A] 전류원 개방(open) 시

그림 6.27

그림 6.27(a), (b)의 I_4', I_4''를 그림 6.26의 I_4전류기준 방향으로 구하면 다음과 같다.

$$I_4 = I_4' + I_4'' = -5 + 10 = 5[A] \tag{6-31}$$

따라서 중첩의 원리에서 전류원만의 회로로 된 경우 전류원의 방향에 따라 전류를 가감하면 지로 전류를 쉽게 구할 수 있고, 전류원도 줄일 수 있다.

예제 6-9

그림 6.28의 회로에서 10[Ω]의 저항에 흐르는 전류는 몇 [A]인가?

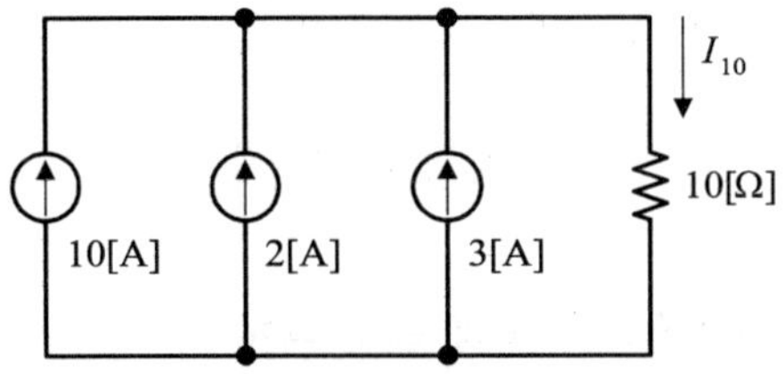

그림 6.28

[풀이] ☞ 3개의 전류원이 모두 같은 방향이므로 합해져서

$$I_{10} = 10 + 2 + 3 = 15[A]$$

1-6) 전압원과 전류원이 동시에 존재하는 회로에서 중첩의 원리 적용

그림 6.29와 같이 전압원과 전류원이 동시에 포함된 회로에서 2[Ω]에 흐르는 전류 I_2를 구해보자.

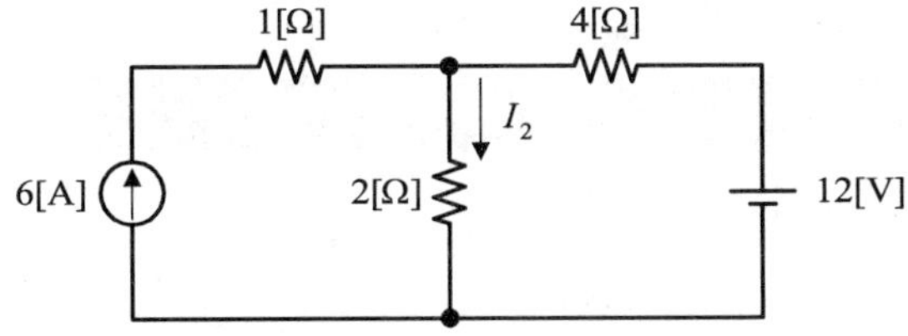

그림 6.29 전압원과 전류원이 동시에 존재하는 회로의 경우

그림 6.30은 6[A] 전류원을 개방(open)했을 경우이며 이때의 전류를 I_2'라 하면

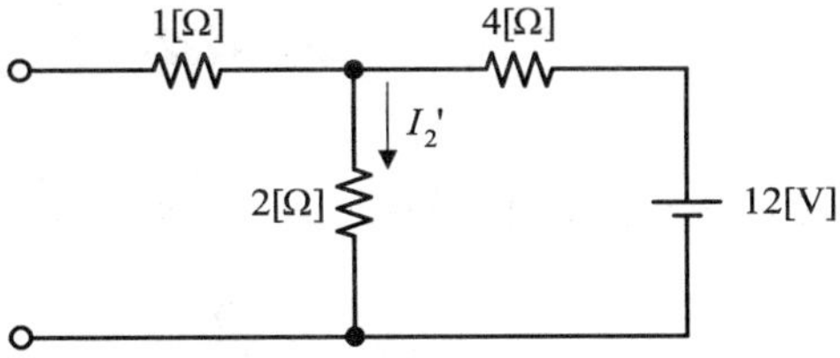

그림 6.30 6[A] 전류원 제거 시

$$I_2' = \frac{V}{R_T} = \frac{12}{6} = 2[A] \tag{6-32}$$

이다.

그림 6.31은 12[V]의 전압원을 단락(short)했을 경우이고 이때의 전류를 I_2''라 하면

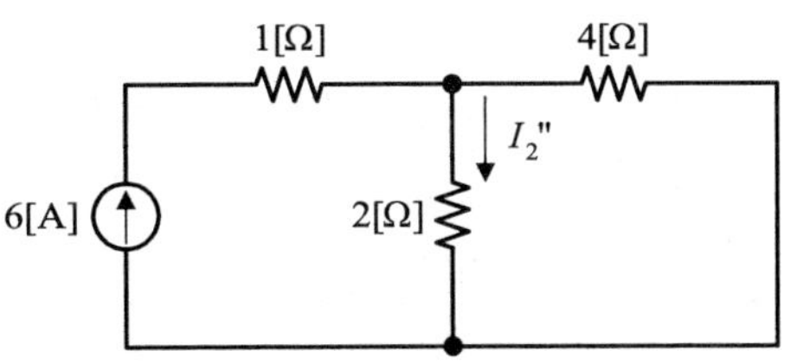

그림 6.31 12[V] 전압원 단락(short) 시

$$I_2'' = \frac{6 \times 4}{2+4} = 4[\text{A}] \tag{6-33}$$

이다. 따라서

$$I_2 = I_2' + I_2'' = 2 + 4 = 6[\text{A}] \tag{6-34}$$

임을 알 수 있다.

예제 6-10

그림 6.32 회로에서 I_x값은 몇 [A]인가?

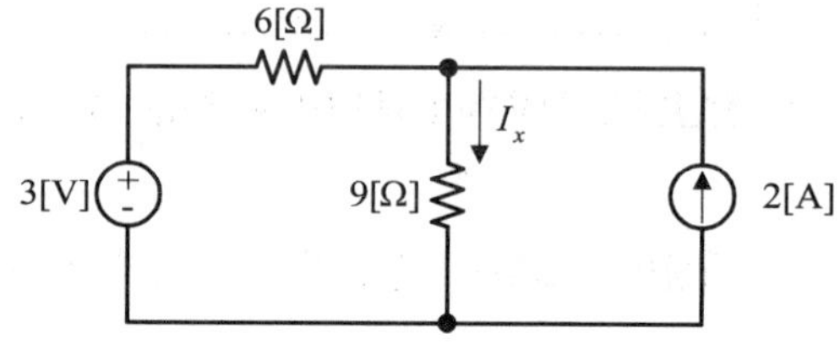

그림 6.32

[풀이] ☞ ① 그림 6.33은 2[A] 전류원을 개방했을 경우이며 이때의 전류를 I_x'라 하면

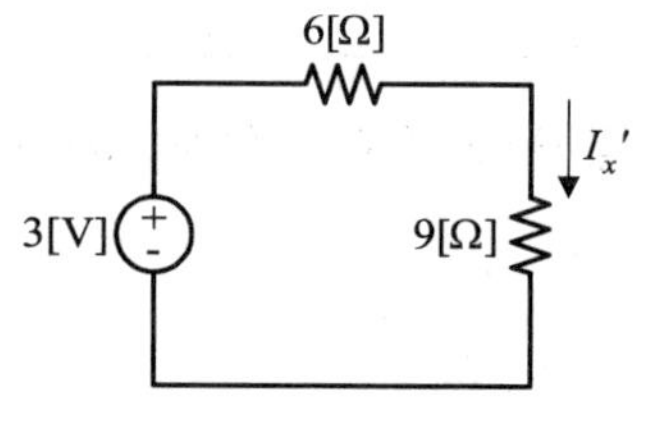

그림 6.33 2[A] 전류원 제거 시

$$I_x' = \frac{V}{R_T} = \frac{3}{15} = 0.2[\text{A}]$$

이다.

그림 6.34는 3[V]의 전압원을 단락했을 경우이고 이때의 전류를 I_x''라 하면

$$I_x'' = \frac{2 \times 6}{6+9} = \frac{12}{15} = 0.8[\text{A}]$$

이므로

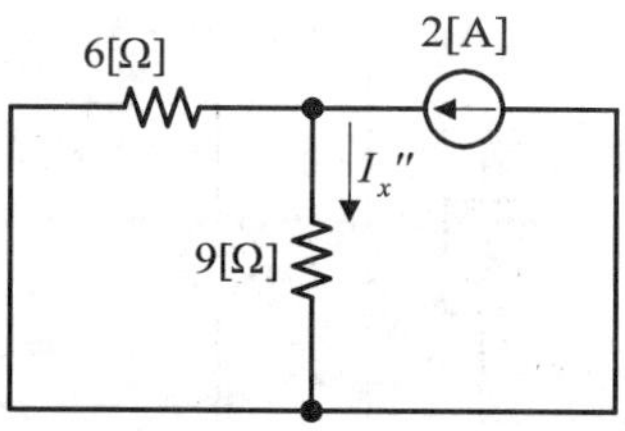

그림 6.34 3[V] 전압원 제거 시

$$I_x = I_x' + I_x'' = 0.2 + 0.8 = 1[\mathrm{A}]$$

이다.

② 별해

그림 6.32에서 좌측의 전압원을 전류원으로 변환하면 아래회로가 되어

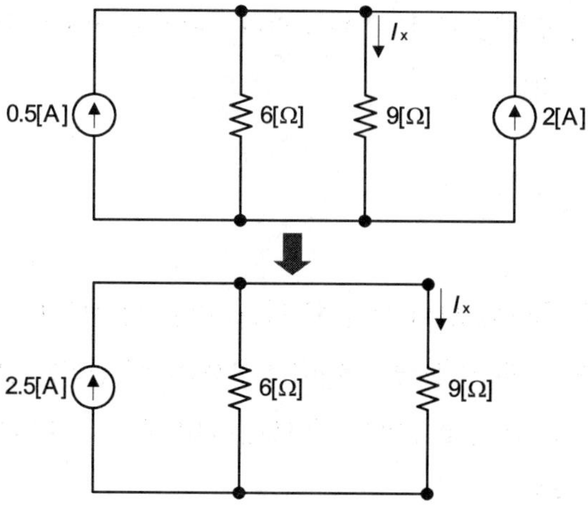

$$\therefore I_x = 2.5 \times \frac{6}{6+9} = 1[\mathrm{A}]$$

가 된다.

(2) 테브난의 정리와 노튼의 정리

2-1) 테브난의 정리(Thevenins theorem)

복잡한 회로망을 해석하다보면 단일가지에 흐르는 전류 또는 전압을 구하는 경우가 많다. 이 때, 지로해석법이나, 폐로해석법, 절점해석법, 중첩의 원리 등으로 풀려면 일반적으로 복잡하다. 따라서 여러 개의 지로로 이루어진 복잡한 회로망에서 어느 특정한 한 지로의 전류나 전압을 구할 때 간편하게 이용되는 것이 테브난의 정리이다.

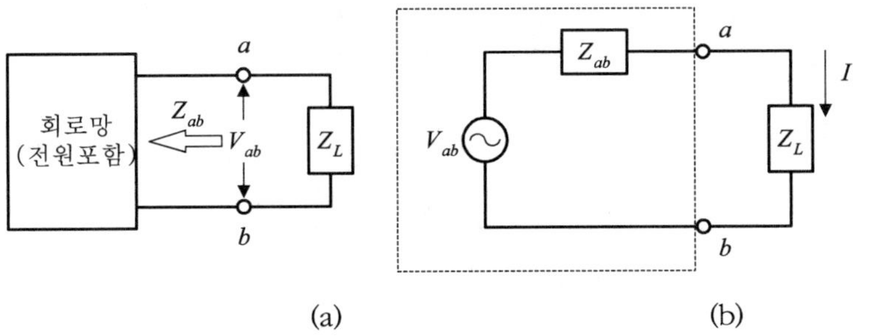

그림 6.35 테브난의 정리

그림 6.35(a)와 같이 전원을 포함하는 선형 능동회로망에서 출력단자 a, b를 개방시킨 상태(부하제거)에서 개방전압 V_{ab}를 구하고, 출력단자 a, b로부터 선형 능동회로망 쪽으로 바라본 등가임피던스 Z_{ab}를 구하여 V_{ab}와 Z_{ab}를 직렬로 연결된 단일 등가원으로 대치한 회로가 그림 6.35(b)이다. Z_{ab}는 출력단자를 개방한 상태에서 회로망 내에 포함된 모든 전압원을 단락하고, 전류원은 개방시킨 출력단자에서 본 구동점 임피던스를 말한다. 그림 6.35(b)와 같이 부하 R_L을 연결했을 때, 부하전류 I는 다음과 같다.

$$I = \frac{V_{ab}}{Z_{ab} + Z_L}[\text{A}] \tag{6-35}$$

그림 6.35(b)의 점선내부를 테브난의 등가회로라고 한다. 여기서 V_{ab}을 테브난의 전압이라하고 V_{TH}로도 나타내며 부하저항을 개방한 상태에서 부하양단에 걸리는 전압이다. Z_{ab}는 테브난의 저항이라 하고 R_{TH}로도 나타내며 회로망의 전압원은 단락시키고, 전류원은 개방시켜 부하 쪽에서 회로망 쪽으로 본 저항이다.

테브난의 정리를 적용시키는 단계를 요약하면 다음과 같다.

① 테브난의 등가회로를 구하려는 선형회로망의 두 단자를 개방한다.(부하저항을 제거한다)

② 개방한 두 단자 사이의 테브난의 전압 V_{TH}를 구한다.

③ 출력단자를 개방한 상태에서 회로망 내에 포함된 모든 전압원을 단락하고, 전류원은 개방시켜 테브난의 저항 R_{TH}를 구한다.

④ 구한 테브난의 전압 V_{TH}와 테브난의 저항 R_{TH}를 직렬 연결시켜 테브난의 등가회로를 만든다.

⑤ 테브난의 등가회로에 ①단계에서 제거한 부하를 연결한다. 이 때 부하전류는 원래회로의 부하와 동일하다.

아래 보기에서 테브난의 정리를 확인해 보자.

예제 6-11

그림 6.36의 회로에서 테브난의 등가회로를 그리고, 부하전류 I_L을 구하라.

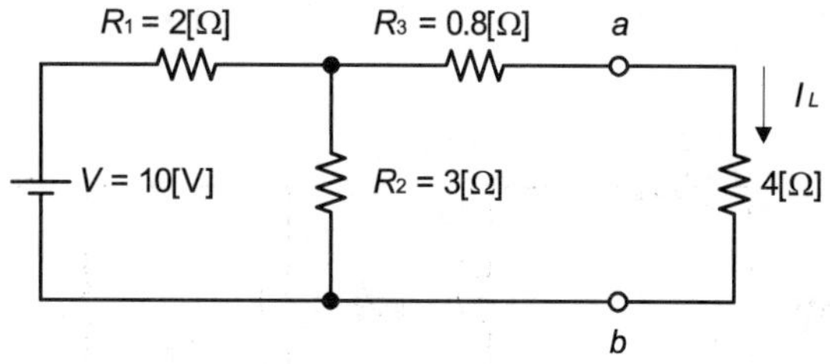

그림 6.36

[풀이] ☞ 그림 6.36 회로에서 부하저항을 개방시킨 후 개방단자 전압 즉 테브난의 전압 V_{TH}는

$$V_{TH} = \frac{V}{R_1 + R_2} \times R_2 = \frac{10}{2+3} \times 3 = 6[\mathrm{V}]$$

이고, 10[V]의 전압원을 단락시키고 단자 a, b에서 본 테브난의 저항 R_{TH}는

$$R_{TH} = R_3 + \frac{R_1 \times R_2}{R_1 + R_2} = 0.8 + \frac{2 \times 3}{2+3} = 2[\Omega]$$

이다. 따라서 테브난의 등가회로는 그림 6.37과 같이 간략히 된다.

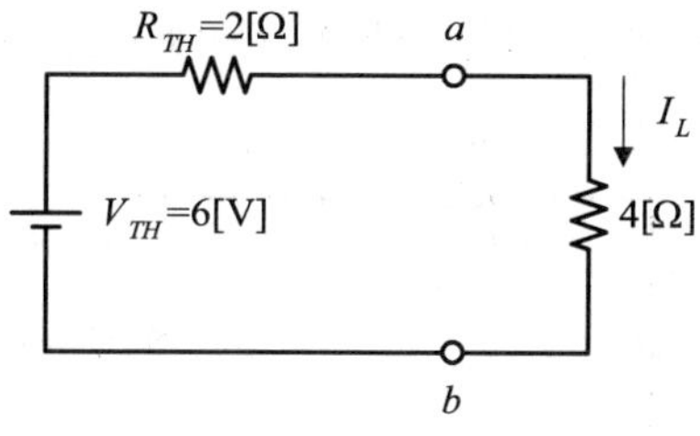

그림 6.37 예제 6-11의 테브난의 등가회로

부하저항에 흐르는 전류 I_L는

$$I_L = \frac{V_{TH}}{R_{TH} + R_L} = \frac{6}{2+4} = 1[\mathrm{A}]$$

이다.

2-2) 노튼의 정리(Noton's theorem)

테브난의 정리는 전압원의 등가회로를 만든다. 이에 반하여 노튼의 정리는 전류원의 등가회로로 변환시키는 것이다. 테브난의 정리와 기본적인 차이는 V_{TH}는 전류원으로, R_{TH}는 전류원과 병렬로 연결되고 R_N으로 표시하기도 한다. 그림 6.38(b)는 그림 6.38(a)의 테브난 등가회로를 노튼의 등가회로로 변환시킨 것이다.

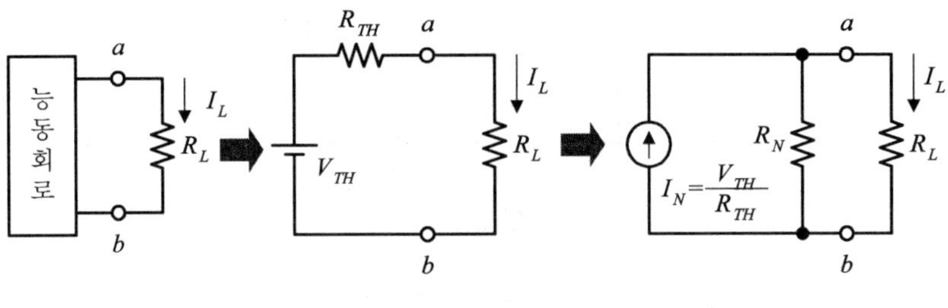

그림 6.38 노튼의 등가회로

그림 6.38(b)에서 부하전류 I_L는 다음과 같이 계산할 수 있다.

$$I_L = I_N \times \frac{R_N}{R_N + R_L}[\text{A}] \tag{6-36}$$

예제 6-12

그림 6.39는 테브난의 등가회로이다. 이를 노튼의 등가회로로 변환하고 I_L을 구하라.

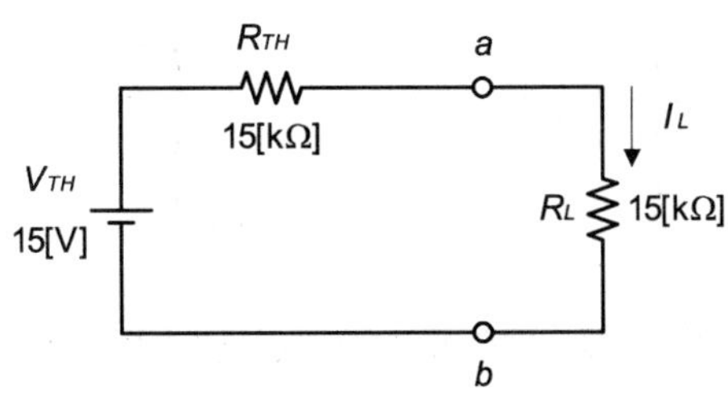

그림 6.39

[풀이] ☞ ① I_N의 계산

$$I_N = \frac{V_{TH}}{R_{TH}} = \frac{15}{15 \times 10^3} = 1[\text{mA}]$$

② R_N의 계산

R_N은 그림 6.39 회로에 직렬로 연결된 R_{TH}을 병렬로 연결하면 된다.

③ 상기 계산에 의해 그림 6.39를 노튼의 등가회로로 변환하면 그림 6.40과 같다.

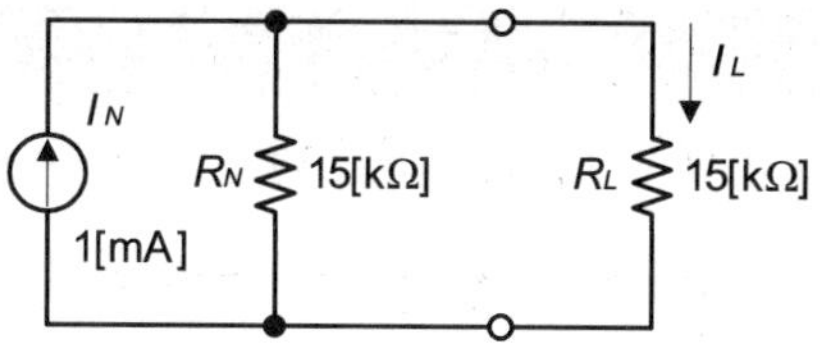

그림 6.40

④ I_L의 계산

$$I_L = I_N \times \frac{R_N}{R_N + R_L} = 1[\mathrm{mA}] \times \frac{15 \times 10^3}{15 \times 10^3 + 15 \times 10^3} = 0.5[\mathrm{mA}]$$

(3) 밀만의 정리(Millman's theorem)

회로망 내에 내부저항을 갖는 여러 개의 전압원이 병렬로 연결되어 있는 경우 전압원을 등가 전류원으로 변환시켜 임의의 두 점 사이의 전압을 구하는데 사용되는 정리이다.

그림 6.41(a)의 전압원을 등가 전류원으로 변환시킨 것은 그림 6.38(b)이다.

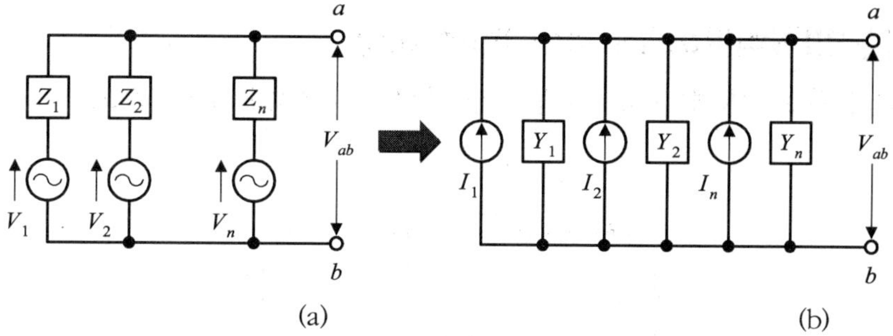

그림 6.41

그림 6.41(b)에서 전류원 $I_1, I_2, \cdots, I_n$은 각각 임피던스 Z와 어드미턴스 Y로 구하면

$$I_1 = Y_1 V_1 = \frac{V_1}{Z_1}, \quad I_2 = Y_2 V_2 = \frac{V_2}{Z_2}, \quad \cdots, \quad I_n = Y_n V_n = \frac{V_n}{Z_n} \tag{6-37}$$

이다. 따라서 a, b양단 전압 V_{ab}은 식(6-37)을 이용하여 다음과 같이 구할 수 있다.

$$V_{ab} = \frac{I_1 + I_2 + \cdots + I_n}{Y_1 + Y_2 + \cdots + Y_n} = \frac{\dfrac{V_1}{Z_1} + \dfrac{V_2}{Z_2} + \cdots + \dfrac{V_n}{Z_n}}{\dfrac{1}{Z_1} + \dfrac{1}{Z_2} + \cdots + \dfrac{1}{Z_n}} [V] \tag{6-38}$$

예제 6-13

그림 6.42의 회로에서 단자 a, b에 나타나는 전압[V]는 얼마인가?

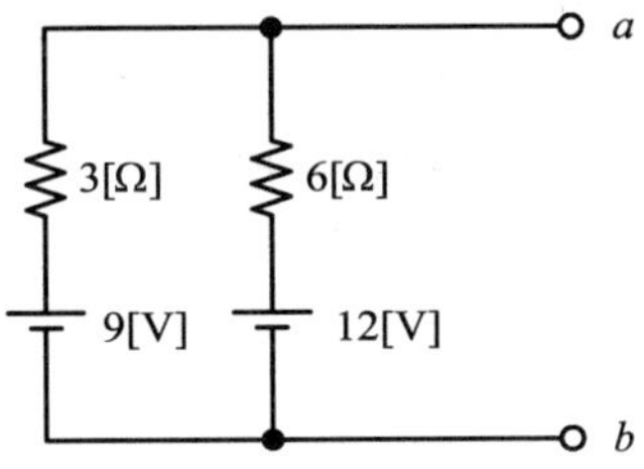

그림 6.42

[풀이] ☞ 식(6-38)에서

$$V_{ab} = \frac{\dfrac{V_1}{R_1} + \dfrac{V_2}{R_2}}{\dfrac{1}{R_1} + \dfrac{1}{R_2}} = \frac{\dfrac{9}{3} + \dfrac{12}{6}}{\dfrac{1}{3} + \dfrac{1}{6}} = \frac{\dfrac{30}{6}}{\dfrac{3}{6}} = 10[V]$$

(4) 가역(상반)정리(Reciprocal theorem)

그림 6.43의 회로에서 제1지로 V_1에 의한 제2지로의 전류를 I_2라 하고,

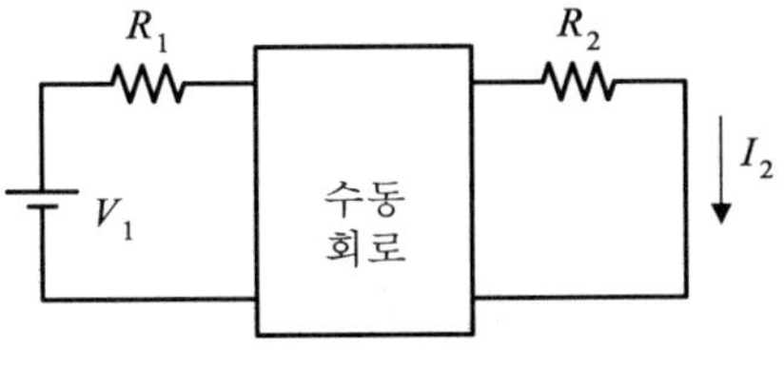

그림 6.43

그림 6.44는 그림 6.43의 제1지로 전압 V_1을 단락하고, 제2지로에 전압 V_2을 연결했을 때, 제1지로의 전류를 I_1이라 할 경우

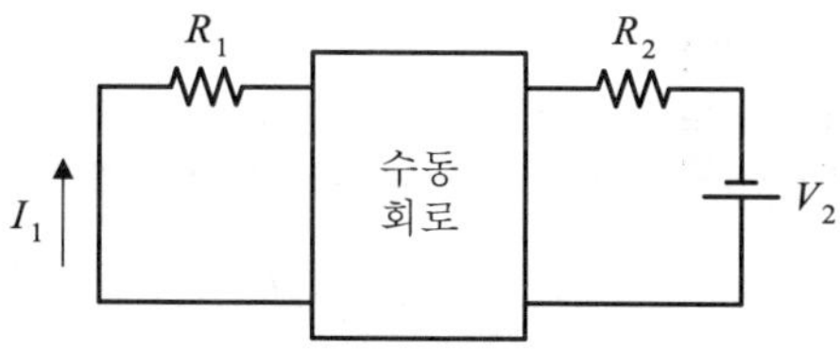

그림 6.44

$$V_1 I_1 = V_2 I_2 \tag{6-39}$$

가 된다. 이를 가역 정리 또는 상반 정리라 한다.

예제 6-14

그림 6.45와 같은 선형회로망에서 Z_a지로에 300[V]의 전압을 가할 때 Z_b 지로에 30[A]의 전류가 흘렀다. Z_b 지로에 200[V]의 전압을 가할 때 Z_a 지로에 흐르는 전류는 얼마인가?

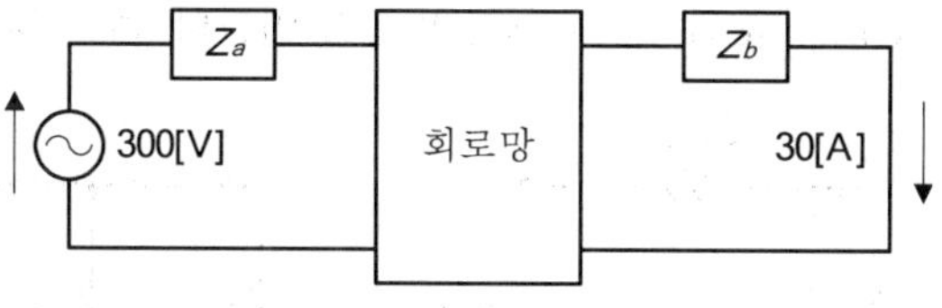

그림 6.45

[풀이] ☞ 가역 정리 $V_1 I_1 = V_2 I_2$를 적용하면

$$300 I_1 = 200 \times 30$$

따라서, $I_1 = 20$[A]이다.

연습문제 1

해설은 459쪽에 있습니다.

[문제1] 아래 그림에서 나무가 되지 못하는 것은?

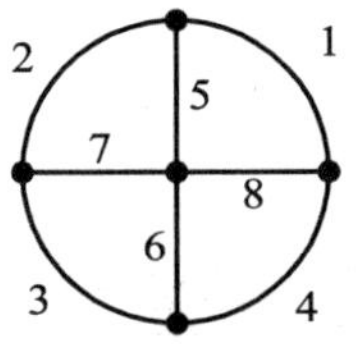

㉮ 1, 5, 6, 3　　　㉯ 5, 6, 7, 8

㉰ 2, 5, 6, 8　　　㉱ 1, 7, 8, 2

[문제2] 아래 그림(a)를 (b)와 같이 등가 전류원으로 변환할 때, I[A]와 R[Ω]은?

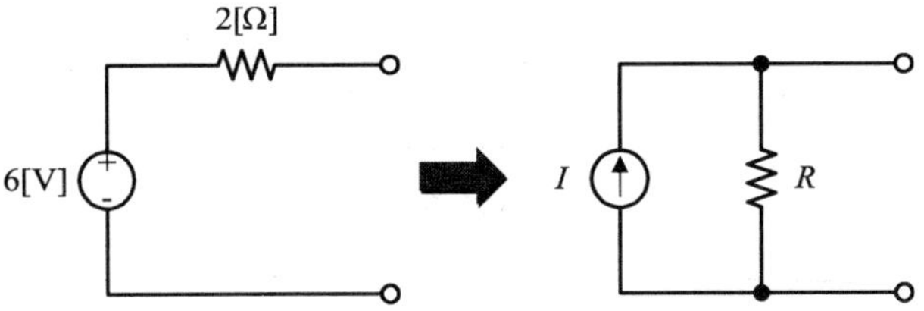

㉮ $I=6,\ R=2$　　　㉯ $I=3,\ R=5$

㉰ $I=4,\ R=0.5$　　　㉱ $I=3,\ R=2$

[문제3] 아래 그림에서 I_1는 몇 [A]인가?

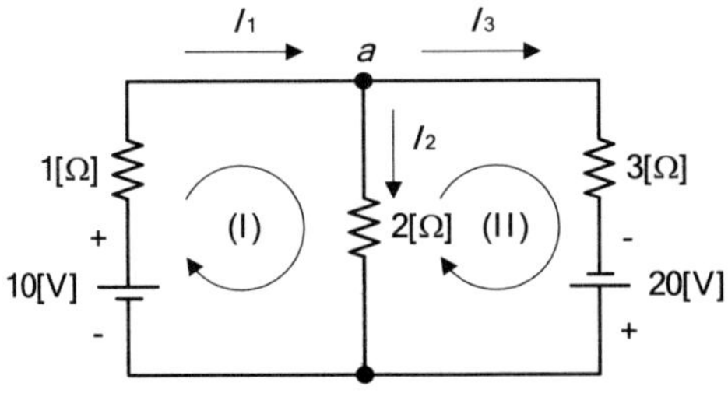

㉮ $\frac{90}{11}$　　㉯ $\frac{80}{11}$　　㉰ $\frac{70}{11}$　　㉱ $\frac{60}{11}$

[문제4] 아래 그림에서 $V_0 = 10$[V], $R_a = 2$[Ω], $R_b = 1$[Ω]이다. V_1과 V_2 전압[V]은?

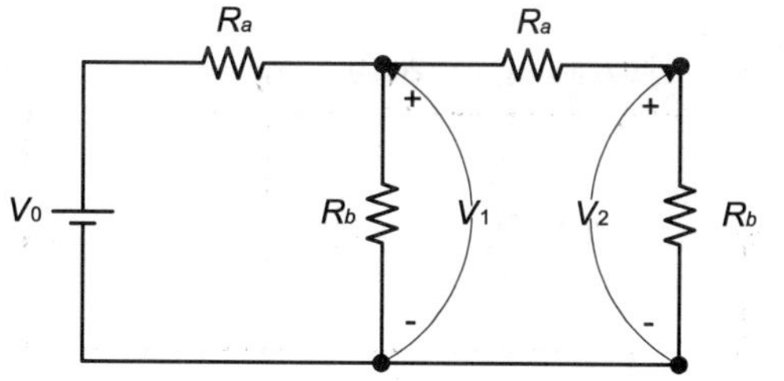

㉮ $\frac{20}{11}, \frac{10}{11}$　　㉯ $\frac{10}{11}, \frac{20}{11}$

㉰ $\frac{10}{11}, \frac{10}{11}$　　㉱ $\frac{30}{11}, \frac{10}{11}$

[문제5] 아래 그림과 같은 회로에서 2[Ω]의 단자전압[V]은 얼마인가?

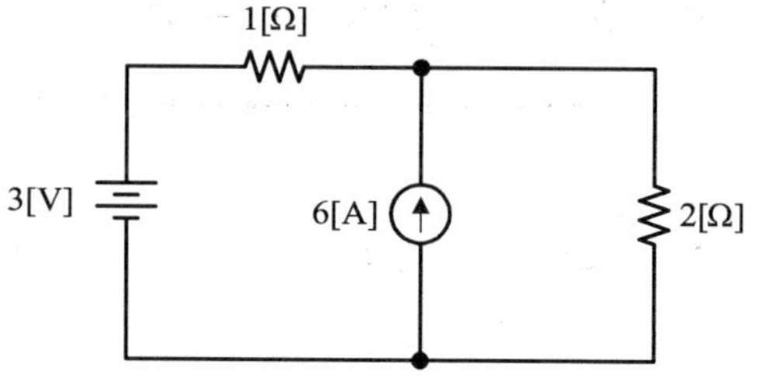

㉮ 3　㉯ 4　㉰ 6　㉱ 8

[문제6] 테브난의 정리를 이용하여 그림(a)의 회로를 그림(b)회로로 등가회로를 만들고자 한다. E[V]와 R[Ω]는 각각 얼마인가?

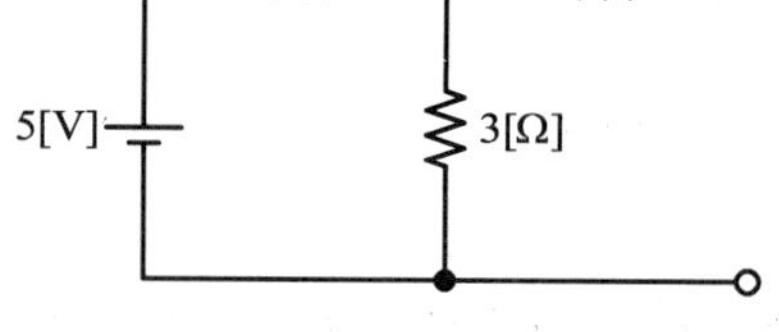

(a)

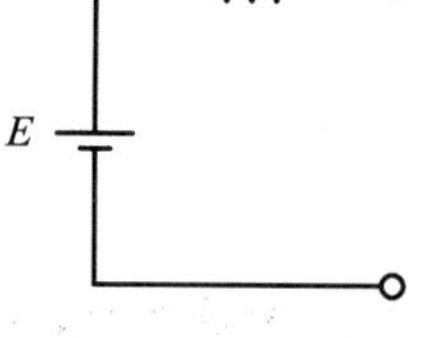

(b)

㉮ 3, 2　㉯ 5, 2　㉰ 5, 5　㉱ 3, 6

[문제7] 아래 그림과 같은 회로에서 20[Ω]의 저항이 소비하는 전력은 몇 [W]인가?

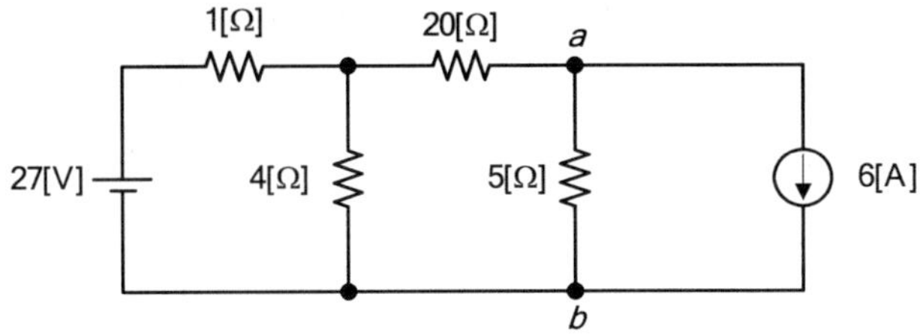

㉮ 20　　㉯ 40　　㉰ 60　　㉱ 80

[문제8] 아래 회로에서 단자 a, b 사이의 전압[V]은 얼마인가?

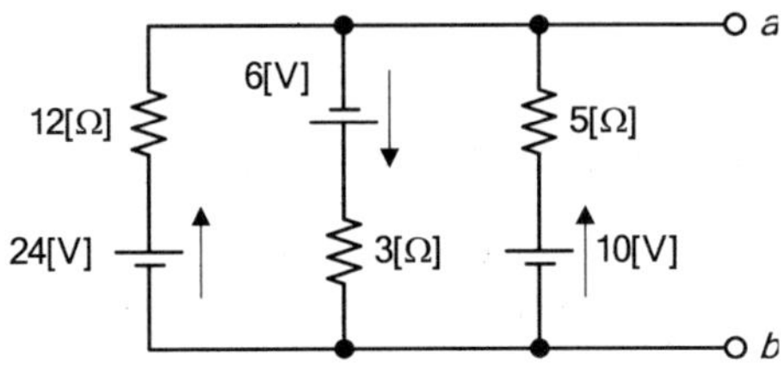

㉮ $\frac{360}{37}$　　㉯ $\frac{120}{37}$　　㉰ 28　　㉱ 40

[문제9] 아래 회로에서 ab 양단에 걸리는 전압은 몇 [V]인가?

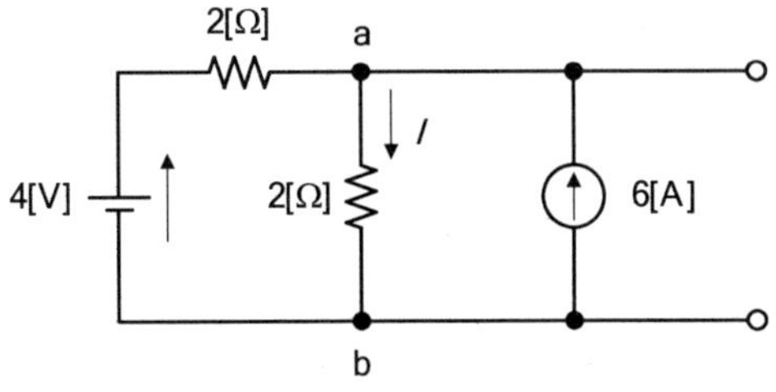

㉮ 4　　㉯ 6　　㉰ 8　　㉱ 10

[문제10] 그림과 같은 선형회로망에서 단자 a, b간에 100[V]의 전압을 가할 때, c, d에 흐르는 전류가 5[A]이었다. 반대로 같은 회로에서 c, d간에 50[V]를 가하면 a, b에 흐르는 전류[A]는 얼마인가?

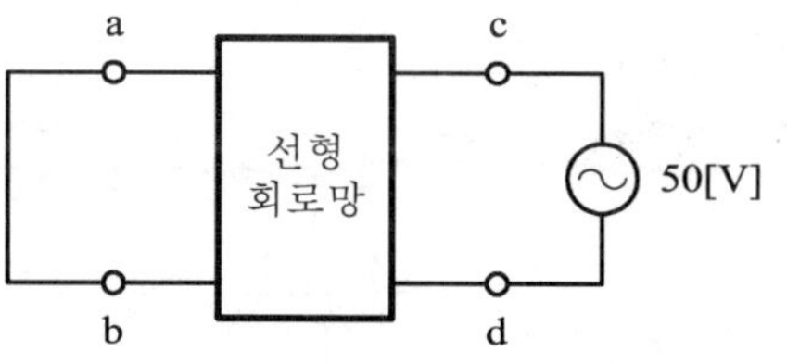

㉮ 2.5　　　　㉯ 10　　　　㉰ 25　　　　㉱ 50

연습문제 2

해설은 462쪽에 있습니다.

[문제1] 아래 그림과 같은 회로망에서 키르히호프의 법칙을 사용하여 마디 전압방정식을 세우려고 한다. 최소 몇 개의 독립 전압방정식이 필요한가?

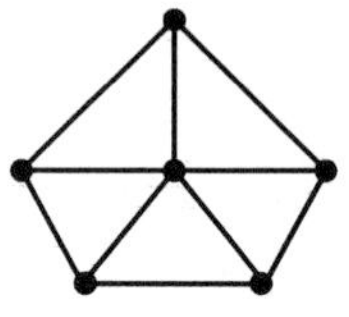

[문제2] 아래 회로와 같은 전류원을 등가 전압원으로 바꾸어라.

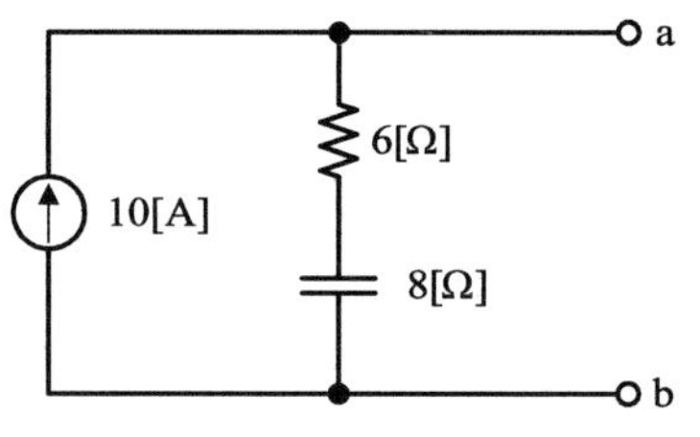

[문제3] 아래 회로에서 I_1 , I_2 , I_3를 구하라.

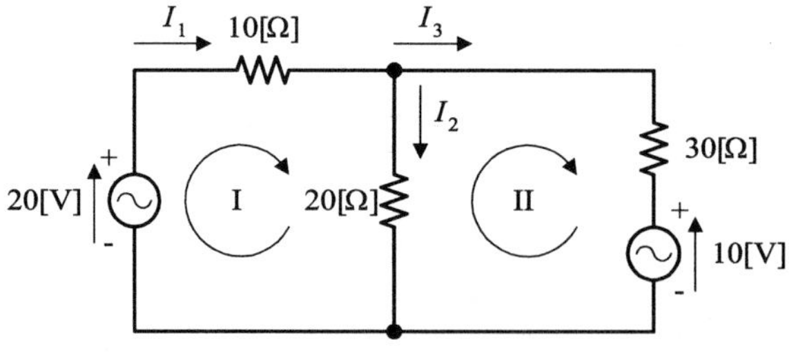

[문제4] 아래 그림과 같은 회로망에서 5[Ω] 양단에 걸리는 전압[V]를 구하고 키르히호프 제1 법칙이 성립함을 보여라.

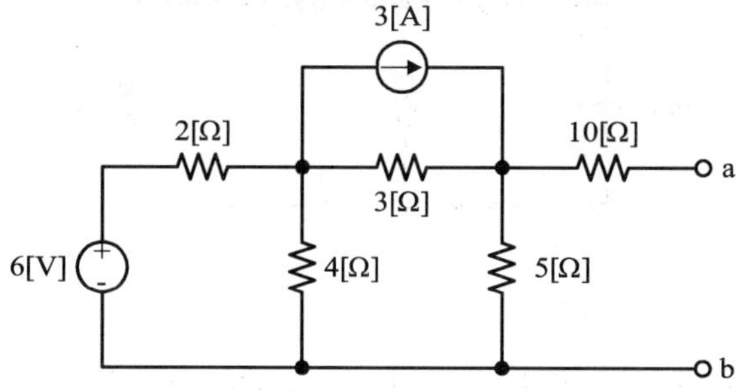

[문제5] 아래 그림과 같은 회로를 쌍대회로로 변환하시오.

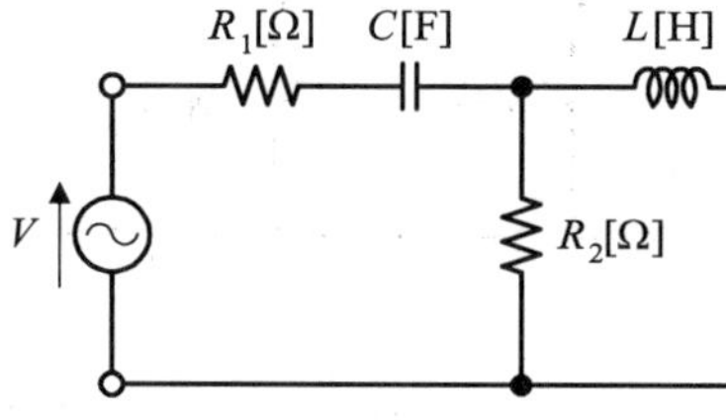

[문제6] 아래 회로에서 20[Ω]의 저항에 흐르는 전류 I를 구하라.

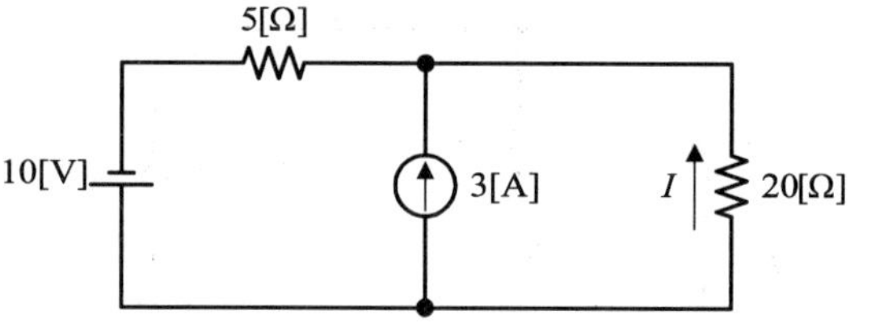

[문제7] 아래 그림(a)와 같은 회로를 (b)와 같은 등가 전압원과 직렬 저항으로 변환시켰을 때, E_s 및 R_s의 값을 구하라.

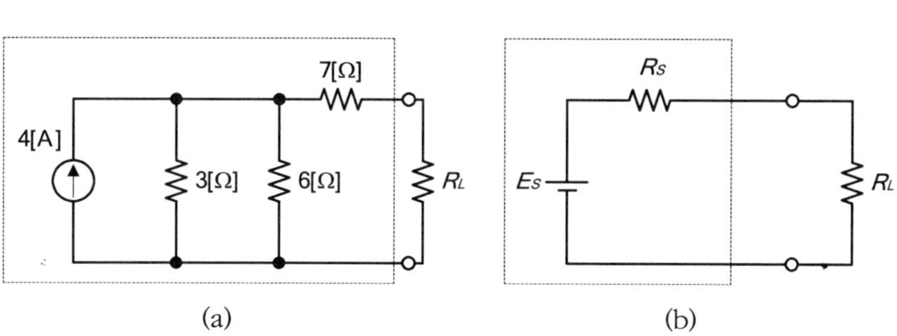

(a) (b)

[문제8] 아래 그림과 같은 회로에서 I_L을 테브난의 정리와 노튼의 정리를 이용하여 구하라.

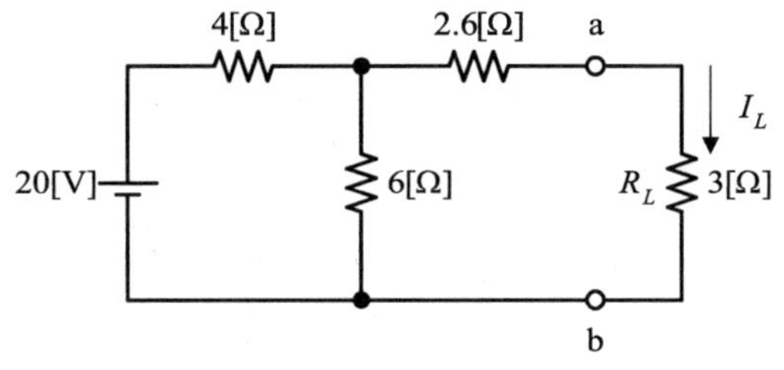

[문제9] 아래 그림과 같은 회로에서 a, b 사이의 전압을 구하시오

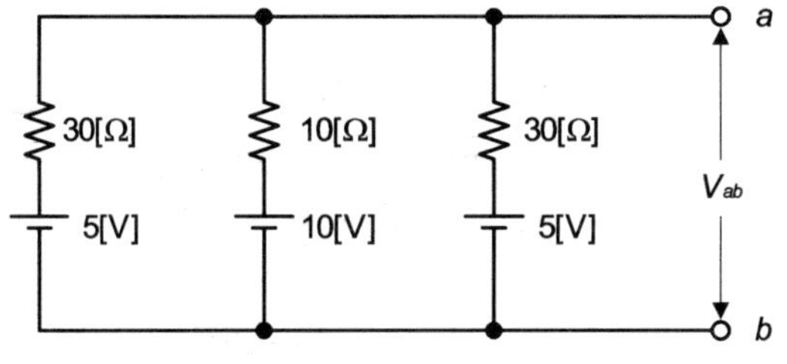

[문제10] 아래 그림과 같은 회로에서 $E_1 = 110[V]$, $E_2 = 120[V]$, $R_1 = 1[\Omega]$, $R_2 = 2[\Omega]$일 때, a, b단자에 5[Ω]의 R_3를 접속하였을 때, a, b간의 전압 V_{ab}를 구하라.

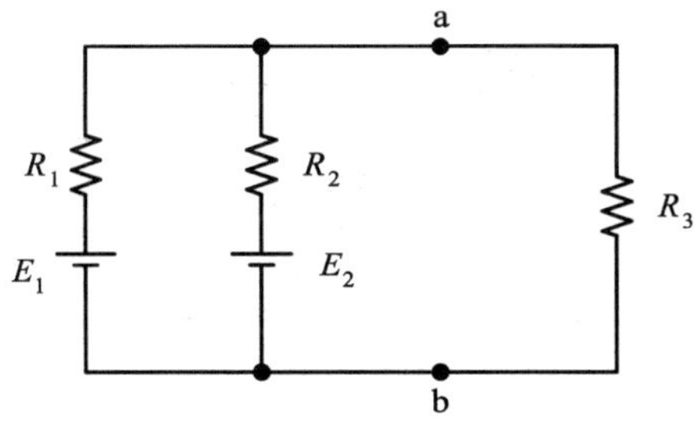

7 다상교류

교류에는 기전력이 단독으로 구성된 단상방식과 n개의 기전력으로 구성된 다상방식이 있다. 단상방식은 소규모의 전기에너지를 사용하는 곳에서 사용되며 우리가 일반 가정에서 사용하는 220[V]의 교류를 말한다. 다상 교류방식 많은 전기에너지를 요구되는 산업용 전기 기기에서 여러 선을 통하여 동시에 같은 크기의 전압을 여러 개 공급할 수 있도록 구성된 방식이다. 특히 다상교류 중에서도 전압의 크기는 같고, 위상차가 각각 120°차이가 나는 대칭 3상 교류전원은 단상에 비해 경제적이고, 회전자계를 쉽게 얻을 수 있으며, 전력을 송배전할 때 가장 경제적인 장점이 많아 산업체에서 많이 사용하고 있다. 본장에서는 평형 3상 교류를 중심으로 기본적인 전압, 전류의 관계와 결선방식에 따른 전압, 전류, 전력의 표시 및 계산법에 대하여 알아본다.

7.1 다상교류

교류회로에서 주파수는 같으나 위상이 다른 여러 개의 기전력이 같은 회로계 내에 동시에 존재하는 교류방식을 다상교류방식이라 한다.

n개의 기전력의 크기가 서로 같고 위상차가 차례로 $\frac{2\pi}{n}$[rad]만큼 다를 때, 이러한 교류를 대칭 n상 교류 라하고, 그렇지 않을 경우를 비대칭 n상 교류라 한다. 또한 대칭 n상 기전력을 발생하고 각 상의 내부 임피던스가 같은 전원을 대칭 n상 전원 또는 단순히 대칭 전원이라 하고, 그렇지 않은 전원을 비대칭 전원이라 한다.

부하의 경우 각 상의 임피던스가 같은 부하를 평형부하, 그렇지 않으면 불평형 부하라 한다. 다상 결선 방식은 성형결선과 환상결선이 있다.

7.2 다상결선방식

(1) 성형결선

다상 결선 방식에는 그림 7.1과 같이 각 상의 동일 극성의 단자를 "0"점으로 묶어 결선한 방식을 성형결선(star connection)혹은 Y결선이라 한다.

여기서 "N" 점을 중성점이라 하며 각 상의 외부 단자를 전원단자로 사용한다.

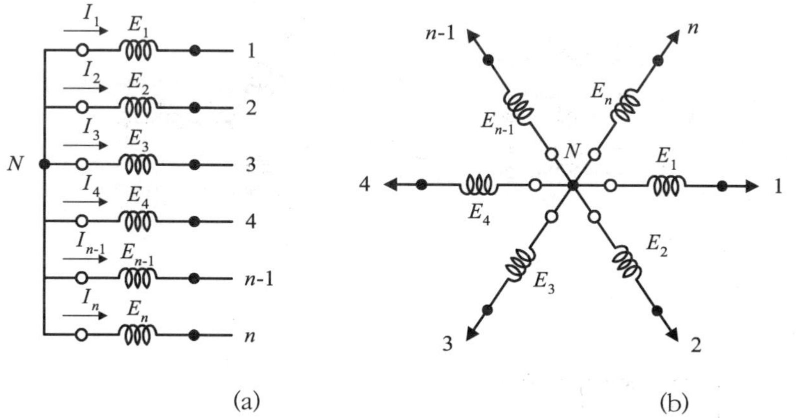

그림 7.1 다상 성형결선

(2) 환상결선

그림 7.2처럼 각 상의 극성이 다른 단자끼리 직렬로 접속하여 고리 모양으로 접속하는 방식을 환상 결선(ring connection) 혹은 ⊿(delta)결선이라 한다.

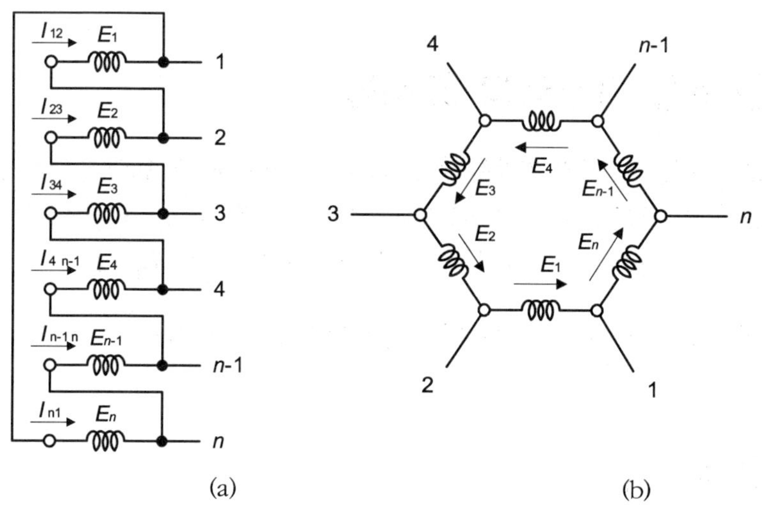

그림 7.2 다상 환상결선

특히 3상 결선의 경우 그림 7.3(a)과 같이 성형결선은 Y결선, 그림 7.3(b)와 같이 환상결선은 ⊿결선이라 한다.

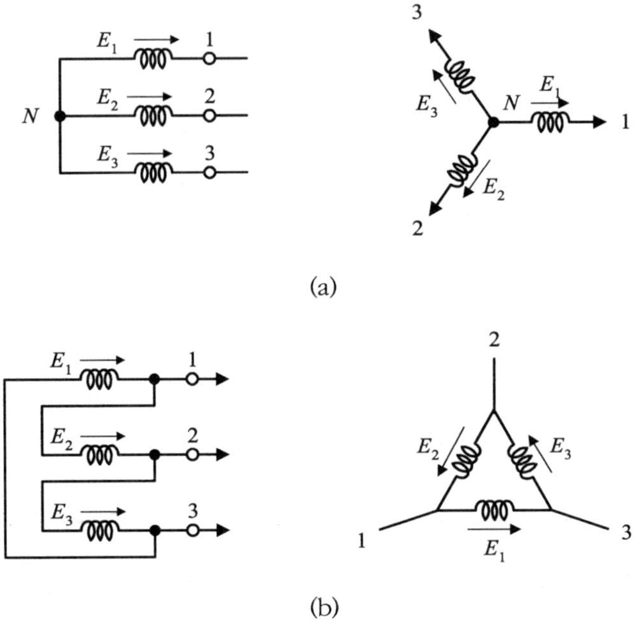

그림 7.3 3상 Y결선과 Δ결선

7.3 대칭 n상 기전력의 표시법

다상교류에는 각상을 구별하기 위하여 상순(phase sequence)라고 부르는 상의 순서를 부여한다. 상순은 기준위상을 제1상으로 하여 이로부터 전압 또는 전류의 위상이 늦어지는 순서에 따라 제2상, 제3상, ⋯, 제n상이라고 정한다. 이들의 각 기전력을 $\boldsymbol{E_1}$, $\boldsymbol{E_2}$, $\boldsymbol{E_3}$, ⋯, $\boldsymbol{E_n}$이라하고, 크기는 $E_1 = E_2 = E_3 = \cdots = E_n = E$이면 대칭기전력이고, 위상차는 $\dfrac{2\pi}{n}$이므로 이들의 순시값은 다음과 같다.

$$
\begin{aligned}
e_1 &= \sqrt{2}E\sin\omega t \\
e_2 &= \sqrt{2}E\sin\left(\omega t - \frac{2\pi}{n}\right) \\
e_3 &= \sqrt{2}E\sin\left(\omega t - \frac{4\pi}{n}\right) \\
&\;\;\vdots \\
e_n &= \sqrt{2}E\sin\left(\omega t - \frac{4\pi}{n}\times(n-1)\right)
\end{aligned}
\tag{7-1}
$$

이것을 기준벡터로 표시하면

$$\left.\begin{aligned}
\boldsymbol{E_1} &= E\angle 0^{\circ} = E \\
\boldsymbol{E_2} &= E\angle -\frac{2\pi}{n} = E(\cos\frac{2\pi}{n} - j\sin\frac{2\pi}{n}) = Ee^{-j\frac{2\pi}{n}} \\
\boldsymbol{E_3} &= E\angle -\frac{4\pi}{n} = E(\cos\frac{4\pi}{n} - j\sin\frac{4\pi}{n}) = Ee^{-j\frac{4\pi}{n}} \\
&\vdots \\
\boldsymbol{E_n} &= E\angle -\frac{2\pi}{n}\times(n-1) \\
&= E(\cos\frac{2\pi}{n}\times(n-1) - j\sin\frac{2\pi}{n}\times(n-1)) \\
&= Ee^{-j\frac{2\pi}{n}\times(n-1)}
\end{aligned}\right\} \tag{7-2}$$

여기서, n는 상(phase)수이다. 따라서

$$\boldsymbol{E_1} + \boldsymbol{E_2} + \boldsymbol{E_3} + \cdots + \boldsymbol{E_n} = 0 \tag{7-3}$$

이 되어 대칭 n상 교류에서는 각상의 전압이나 전류의 총합은 "0"이다.

7.4 다상회로의 전압, 전류, 전력

대칭 n상 교류에서 각 상에 걸리는 전압을 상전압(V_p=phase voltage)이라 하고, 각 상에 흐르는 전류를 상전류(I_p=phase current)라 하며, 전원단자에서 부하단자에 연결되는 선로의 전류를 선전류(I_l=line current), 각 상 사이에 걸리는 전압을 선간전압(V_l=line voltage)이라 한다.

(1) 대칭 n상 교류의 성형전압과 전류

대칭 n상 성형결선(그림 7.1 참조)에서 각 상에 걸리는 상전압과 상전류는 다음과 같다.

성형전압(상전압) = $\boldsymbol{E_1},\ \boldsymbol{E_2},\ \boldsymbol{E_3},\ \cdots,\ \boldsymbol{E_n}$ (7-4)

성형전류(상전류) = $\boldsymbol{I_1},\ \boldsymbol{I_2},\ \boldsymbol{I_3},\ \cdots,\ \boldsymbol{I_n}$

성형결선에서는 성형(상전류)전류는 선전류와 같으므로

$$\boldsymbol{I}_1 = \boldsymbol{I}_{1l},\ \boldsymbol{I}_2 = \boldsymbol{I}_{2l},\ \cdots, \boldsymbol{I}_n = \boldsymbol{I}_{nl} \tag{7-5}$$

이 되고

$$\boldsymbol{I}_1 + \boldsymbol{I}_2 + \boldsymbol{I}_3 + \ \cdots,\ \boldsymbol{I}_n = 0 \tag{7-6}$$

의 관계가 성립한다. 또 선간전압을 $\boldsymbol{V}_{12}$, $\boldsymbol{V}_{23}$, $\boldsymbol{V}_{34}$, $\cdots$, $\boldsymbol{V}_{n1}$ 이라 하면

$$\boldsymbol{V}_{12} = \boldsymbol{E}_1 - \boldsymbol{E}_2,\ \boldsymbol{V}_{23} = \boldsymbol{E}_2 - \boldsymbol{E}_3,\ \boldsymbol{V}_{34} = \boldsymbol{E}_3 - \boldsymbol{E}_4, \cdots,\ \boldsymbol{V}_{n1} = \boldsymbol{E}_n - \boldsymbol{E}_1 \tag{7-7}$$

이 성립되며 이 관계를 벡터도로 나타내면 그림 7.4와 같다.

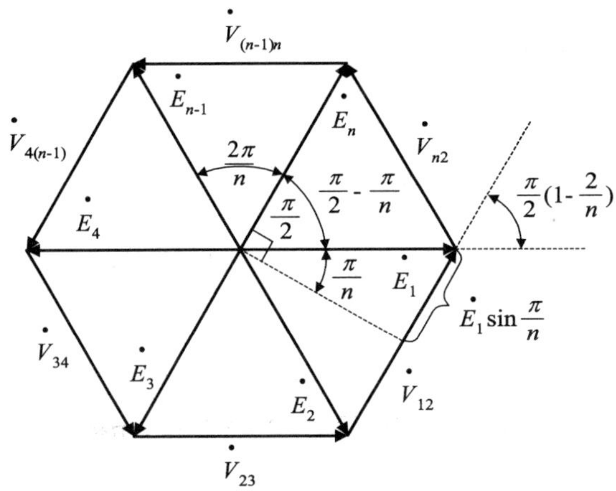

그림 7.4

그림 7.4에서 선간전압 $\boldsymbol{V}_{12}$ 와 상전압 $\boldsymbol{E}_1$ 의 관계를 구하면

$$\boldsymbol{V}_{12} = 2\boldsymbol{E}_1 \sin\frac{\pi}{n} [\mathrm{V}] \tag{7-8}$$

이 되고, 선간전압 $\boldsymbol{V}_{12}$ 는 상전압 $\boldsymbol{E}_1$ 보다 $\frac{\pi}{2}(1-\frac{2}{n})$ 만큼 위상이 앞선다. 이 관계는 각 상에 있어서 동일하다. 따라서 대칭 n상 성형결선의 선간전압을 $\boldsymbol{V}_l$, 상전압을 $\boldsymbol{V}_p$ 라 하면 식 (7-8)은 다음과 같이 표현할 수 있다.

$$V_l = 2V_p \sin\frac{\pi}{n} \angle \frac{\pi}{2}(1-\frac{2}{n})[V] \tag{7-9}$$

따라서, 대칭 n상 성형결선의 전압, 전류, 위상의 관계는 다음과 같다.

$$V_l = 2V_p \sin\frac{\pi}{n} \angle \frac{\pi}{2}(1-\frac{2}{n})[V],\ I_l = I_p \tag{7-10}$$

예제 7-1

6상 성형 상전압이 220[V]이고, 성형전류가 20[A]일 때, 선간전압과 선전류는 각각 얼마인가?

[풀이] ☞ 식(7-9)에서

① 선간전압

$$V_l = 2V_p \sin\frac{\pi}{n} = 2\times 220 \times \sin\frac{\pi}{6}$$
$$= 2\times 220 \times \frac{1}{2} = 220[V]$$

② 선전류

성형결선의 경우 상전류와 선전류는 같으므로

$$I_l = I_p = 20[A]$$

(2) 대칭 n상 교류의 환상전압과 전류

대칭 n상 환상결선(그림 7.2 참조)에서 각 상에 걸리는 상전압과 상전류는 다음과 같다.

$$\begin{aligned}&\text{환상전압(상전압)} = E_1,\ E_2,\ E_3,\ \cdots,\ E_n\\&\text{환상전류(상전류)} = I_{12},\ I_{23},\ I_{34},\ \cdots,\ I_{n1}\end{aligned} \tag{7-11}$$

환상결선에서는 환상전압(상전압)은 선간전압과 같으므로

$$E_1 = V_{12},\quad E_2 = V_{23},\ \cdots, E_n = V_{nl} \tag{7-12}$$

이 된다. 또한 선전류를 I_1, I_2, I_3, … I_n이라 하면

$$I_1 = I_{12} - I_{n1},\ I_2 = I_{23} - I_{12},\ \cdots,\ I_n = I_{n1} - I_{(n-1)n} \tag{7-13}$$

의 관계가 성립한다. 이 관계를 벡터도로 나타내면 그림 7.5와 같다.

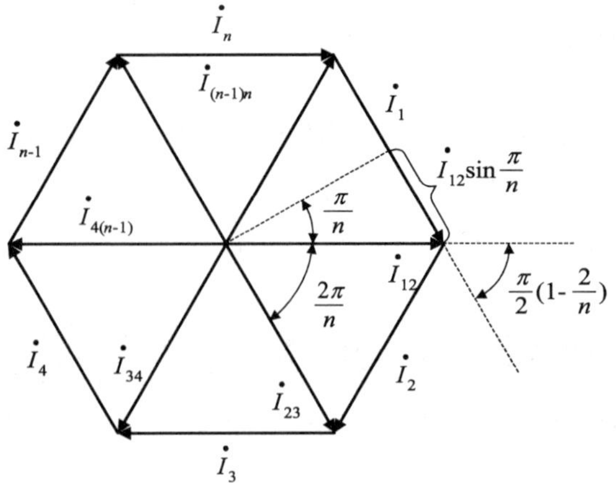

그림 7.5

그림 7.5에서 선전류 I_1 와 상전류 I_{12} 의 관계를 구하면

$$I_1 = 2I_{12}\sin\frac{\pi}{n}[\mathrm{A}] \tag{7-14}$$

이 되고, I_1 은 I_{12} 보다 $\frac{\pi}{2}(1-\frac{2}{n})$ 만큼 위상이 뒤진다. 이 관계는 각 상에 있어서 동일하다. 따라서 대칭 n상 환상결선의 선전류를 I_l, 상전류를 I_p라 하면 식(7-14)은 다음과 같이 표현할 수 있다.

$$I_l = 2I_p\sin\frac{\pi}{n}\angle-\frac{\pi}{2}(1-\frac{2}{n})[\mathrm{A}] \tag{7-15}$$

따라서, 대칭 n상 환상결선의 전압, 전류, 위상의 관계는 다음과 같다.

$$I_l = 2I_p\sin\frac{\pi}{n}\angle-\frac{\pi}{2}(1-\frac{2}{n})[\mathrm{A}],\ V_l = V_p \tag{7-16}$$

예제 7-2

대칭 6상 전원이 있다. 환상결선으로 권선에 120[A]의 전류를 흘린다고 하면 선전류는 얼마인가?

[풀이] ☞ 권선에 흐르는 전류는 상전류이므로 식(7-14)에서

$$I_l = 2I_p\sin\frac{\pi}{n} = 2\times 120 \times \sin\frac{\pi}{6} = 120[\mathrm{A}]$$

(3) 대칭 n상 교류의 전력

다상교류의 전력은 각 상의 전력을 단상의 경우와 같이 계산하여 총합을 구하면 되고, 성형결선과 환상결선의 구별 없이 1상에서 n상까지의 전압, 전류의 합을 각각 V_k, I_k라 하고, V_k와 I_k의 위상차를 θ_k라 하면 n상의 전력 P는 다음과 같이 구할 수 있다.

$$P = V_1 I_1 \cos\theta_1 + V_2 I_2 \cos\theta_2 + V_3 I_3 \cos\theta_3 + \cdots + V_n I_n \cos\theta_n$$
$$= \sum_{k=1}^{n} V_k I_k \cos\theta_k [\mathrm{W}] \tag{7-17}$$

또한, 대칭 n상 전압에 대칭 n상 평형부하가 연결된 회로에서 전압, 전류, 위상차의 관계는

$$\left.\begin{array}{l} V_1 = V_2 = V_3 = \cdots = V_n = V_p \\ I_1 = I_2 = I_3 = \cdots = I_n = I_p \\ \theta_1 = \theta_2 = \theta_3 = \cdots = \theta_n = \theta \end{array}\right\} \tag{7-18}$$

이다. 식(7-18)을 식(7-17)에 적용하면

$$P = n V_p I_p \cos\theta \tag{7-19}$$

로 나타낼 수 있다. 다상교류의 전력은 성형결선과 환상결선의 구별 없이 구하므로 식(7-10)인 $\boldsymbol{V_l} = 2\boldsymbol{V_p} \sin\frac{\pi}{n} \angle \frac{\pi}{2}\left(1 - \frac{2}{n}\right)[\mathrm{V}]$, $I_l = I_p$에서 크기를 기준으로 V_p를 구하면

$$V_p = \frac{V_l}{2\sin\frac{\pi}{n}}, \quad I_l = I_p \tag{7-20}$$

이고, 이를 식(7-19)에 적용하면 대칭 n상 전력의 계산식은 다음과 같다.

$$P = \frac{n}{2\sin\frac{\pi}{n}} \cdot V_l \cdot I_l \cdot \cos\theta \tag{7-21}$$

7.5 대칭 3상 교류 기전력의 발생

그림 7.6(a)는 3상 교류 발전기의 원리를 나타낸 것이다.

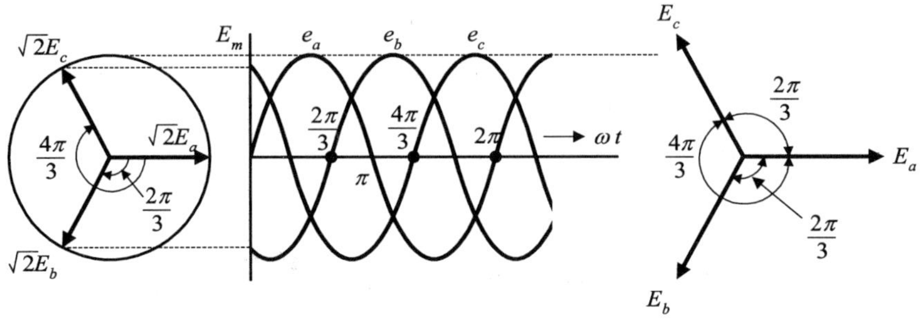

(a) 대칭 기전력 (b) 벡터

그림 7.6 대칭 3상 기전력

3상 교류 발전기는 동일한 구조를 갖는 3개의 권선이 공간적으로 $\frac{2\pi}{3}$의 각으로 전기자에 감겨있고 회전자가 균일 자장 내에서 반시계 방향 각속도 ω[rad/sec]로 회전하면 각 권선의 양단에는 크기가 같고 위상차가 $\frac{2\pi}{3}$인 교류 정현파 e_a, e_b, e_c가 발생한다.

이 3개의 단상전압을 3상 기전력 또는 3상 전압이라 하며 순시값으로 표현하면 다음과 같다.

$$\left.\begin{aligned} e_a &= \sqrt{2}\ E_a \sin\omega t \\ e_b &= \sqrt{2}\ E_b \sin(\omega t - \frac{2\pi}{3}) \\ e_c &= \sqrt{2}\ E_c \sin(\omega t - \frac{4\pi}{3}) \end{aligned}\right\} \tag{7-22}$$

여기서, E_a, E_b, E_c는 각 상의 기전력을 실효값으로 나타낸 것이며, 식(7-22)의 관계를 그림 7.6(a), (b)에 나타내었다. 이와 같이 각 전압의 크기가 같고 서로 $\frac{2\pi}{3}$만큼씩 위상차가 있는 교류를 대칭 3상 교류라 한다. 대칭 3상 기전력 $\boldsymbol{E_a}, \boldsymbol{E_b}, \boldsymbol{E_c}$을 $\boldsymbol{E_a}$기준으로 극좌표와 직각좌표를 이용하여 나타내면 다음과 같다.

$$\left.\begin{aligned} \boldsymbol{E_a} &= E_a \angle 0^\circ = E \angle 0^\circ = E(\cos 0^\circ + j\sin 0^\circ) = E \\ \boldsymbol{E_b} &= E_b \angle -\frac{2\pi}{3} = E\angle -\frac{2\pi}{3} = E(\cos\frac{2\pi}{3} - j\sin\frac{2\pi}{3}) = E(-\frac{1}{2} - j\frac{\sqrt{3}}{2}) \\ \boldsymbol{E_c} &= E_c \angle -\frac{4\pi}{3} = E\angle -\frac{4\pi}{3} = E\,(\cos\frac{4\pi}{3} - j\sin\frac{4\pi}{3}) = E\,(-\frac{1}{2} + j\frac{\sqrt{3}}{2}) \end{aligned}\right\} \quad (7\text{-}23)$$

식(7-23)의 합을 구하면

$$\boldsymbol{E_1} + \boldsymbol{E_2} + \boldsymbol{E_3} = E + E(-\frac{1}{2} - j\frac{\sqrt{3}}{2}) + E\,(-\frac{1}{2} + j\frac{\sqrt{3}}{2}) = 0 \qquad (7\text{-}24)$$

이 되어 대칭 3상 기전력과 벡터합은 “0”이 됨을 알 수 있다.

예제 7-3

대칭 3상 기전력 $\boldsymbol{E}$ =220[V]이다. $\boldsymbol{E_a}$기준으로 3상 전압을 극좌표와 직각좌표로 나타내시오.

[풀이] ☞ 식(7-23)에서

$$\boldsymbol{E_a} = 220 \angle 0^0 = 220\,(\cos 0^0 + j\sin 0^0) = 220[\text{V}]$$

$$\begin{aligned} \boldsymbol{E_b} &= 220 \angle -\frac{2\pi}{3} = 220\,(\cos\frac{2\pi}{3} - j\sin\frac{2\pi}{3}) \\ &= 220\,(-\frac{1}{2} - j\frac{\sqrt{3}}{2}) = -110 - j110\sqrt{3} \end{aligned}$$

$$\begin{aligned} \boldsymbol{E_c} &= 220 \angle -\frac{4\pi}{3} = 220\,(\cos\frac{4\pi}{3} - j\sin\frac{4\pi}{3}) \\ &= 220\,(-\frac{1}{2} + j\frac{\sqrt{3}}{2}) = -110 + j110\sqrt{3} \end{aligned}$$

7.6 평형 3상회로

평형 3상회로는 전원이 3상 대칭이고, 각 상의 임피던스가 같은 즉 평형 3상 부하를 연결했을 때를 말한다. 이 방식은 전원과 부하의 결선 상태에 따라 $Y-Y$,$Y-\Delta$, $\Delta-Y$, $\Delta-\Delta$의 4가지 방법이 있다.

(1) Y−Y 결선회로

$Y-Y$ 결선회로는 그림 7.7과 같이 전원과 부하가 각각 Y 결선인 경우이다.

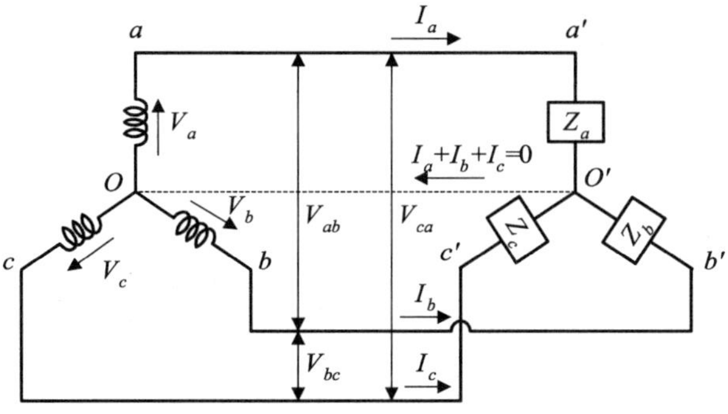

그림 7.7 평형 3상 $Y-Y$ 결선회로

그림 7.7에서 $a-0, b-0, c-0$ 사이의 전압

$$V_p = V_a = V_b = V_c \tag{7-25}$$

을 상 전압(phase voltage)이라하고, $a-b, b-c, c-a$ 사이의 전압

$$V_l = V_{ab} = V_{bc} = V_{ca} \tag{7-26}$$

을 선간전압(line voltage)이라 한다. 선간전압과 상 전압의 크기와 위상관계를 알아보기 위해 그림 7.8은 선간전압 V_{ab}와 상 전압 V_a, V_b에 대한 벡터도이다.

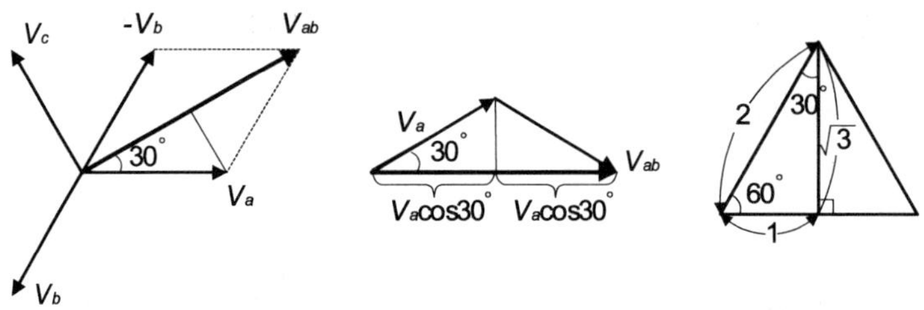

그림 7.8 평형 3상 $Y-Y$ 결선회로의 전압 벡터도

그림 7.8에서

$$V_{ab} = V_l = 2\,V_a \cos 30^0 \angle 30^0$$

$$= \sqrt{3}\,V_a \angle \frac{\pi}{6} \tag{7-27}$$

가 되므로 선간전압 V_{bc}, V_{ca}도 같은 방법으로 계산하면

$$V_{bc} = V_l = 2\,V_b \cos 30^0 \angle 30^0$$

$$= \sqrt{3}\ V_b \angle \frac{\pi}{6} \qquad (7\text{-}28)$$

$$V_{ca} = V_l = 2\,V_c \cos 30^0 \angle 30^0$$

$$= \sqrt{3}\ V_c \angle \frac{\pi}{6} \qquad (7\text{-}29)$$

이 된다. 식(7-25)에서 식(7-29)에 의하여 평형 3상 $Y-Y$ 결선회로의 선간전압과 상 전압의 관계는 다음과 같다.

$$V_l = \sqrt{3}\ V_p \angle \frac{\pi}{6} \qquad (7\text{-}30)$$

즉 선간전압은 상 전압보다 크기는 $\sqrt{3}$ 배가 되고, 위상은 $\frac{\pi}{6}$ 만큼 앞선다는 것을 알 수 있다. 이들의 관계를 벡터로 나타내면 그림 7.9와 같다.

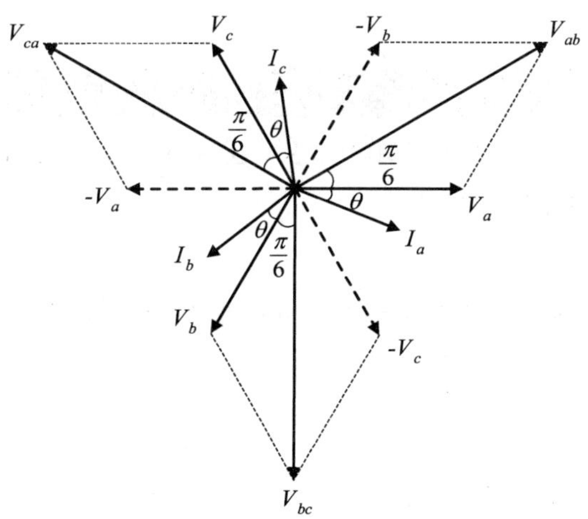

그림 7.9 평형 3상 $Y-Y$ 결선회로의 전류벡터도

또한 부하 각 상의 임피던스 $Z = R + jX$라 하면 위상각 $\theta = \tan^{-1}\frac{X}{R}$[rad]가 되므로 선전류 I_a, I_b, I_c는 다음과 같다.

$$\left.\begin{aligned} I_a &= \frac{V_a}{Z_a} = \frac{V_p}{Z} \angle -\theta \\ I_b &= \frac{V_a}{Z_b} = \frac{V_p}{Z} \angle -\theta - \frac{2\pi}{3} \\ I_c &= \frac{V_a}{Z_c} = \frac{V_p}{Z} \angle -\theta - \frac{4\pi}{3} \end{aligned}\right\} \tag{7-31}$$

Y 결선에서는 선전류 I_l는 상전류 I_p과 같으므로 $I_l = I_p = I_a = I_b = I_c$이다. 따라서 식(7-31)은 크기를 기준으로

$$I_l = I_p = \frac{V_p}{Z} = \frac{\frac{V_l}{\sqrt{3}}}{Z} = \frac{V_l}{\sqrt{3} \cdot Z} \tag{7-32}$$

와 같이 표현할 수 있다. 따라서 평형 3상 $Y-Y$ 결선회로의 경우

$$I_l = I_p = \frac{V_p}{Z} = \frac{V_l}{\sqrt{3} \cdot Z}, \quad V_l = \sqrt{3}\ V_p \angle \frac{\pi}{6} \tag{7-33}$$

의 관계가 성립한다.

예제 7-4

$Y-Y$ 평형 3상 회로에서 각 상의 임피던스 $Z = 16 + j12$이고, 부하 전류가 10[A]일 때, 이 부하의 상 전류와 선간전압을 구하라.

[풀이] ☞ $Y-Y$ 평형 3상 결선의 경우 식(7-30)에서 $V_l = \sqrt{3}\ V_p$이고,

식(7-33)에서 $I_l = I_p = \dfrac{V_p}{Z}$이므로

$$V_p = I_l \cdot Z = 10 \times \sqrt{16^2 + 12^2} = 200[\text{V}]$$
$$\therefore V_l = \sqrt{3}\ V_p = \sqrt{3} \times 200 = 200\sqrt{3}[\text{V}]$$

이고, 상전류는 10[A]이다.

예제 7-5

$Z = 8 + j6[\Omega]$인 평형 Y 부하에 선간전압 200[V]인 대칭 3상전압을 가할 때, 선전류는 얼마인가?

[풀이] ☞ 식(7-33)에서

$$I_l = I_p = \frac{V_p}{Z} = \frac{\frac{V_l}{\sqrt{3}}}{Z} = \frac{\frac{200}{\sqrt{3}}}{\sqrt{8^2+6^2}} = \frac{200}{10\sqrt{3}} = \frac{20}{\sqrt{3}} = 11.5[\text{A}]$$

(2) Δ−Δ 결선회로

Δ−Δ 결선회로는 그림 7.10과 같이 전원과 부하가 각각 Δ 결선인 경우이다.

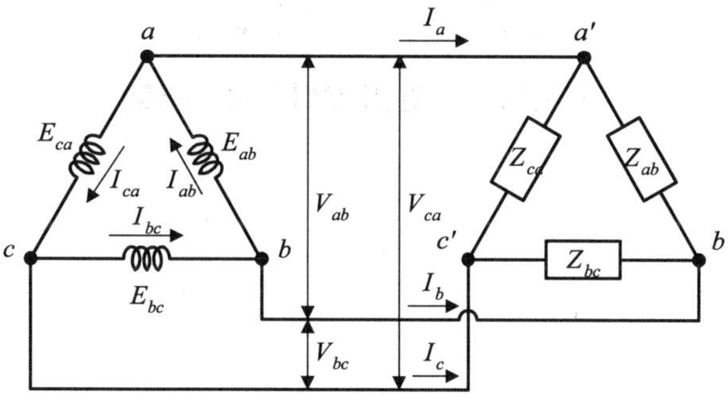

그림 7.10 평형 3상 Δ−Δ 결선회로

그림 7.10에서 $a-b$ 사이와 단자전압 V_{ab}에 대하여 등가 단상회로로 나타내면 그림 7.11과 같이 된다.

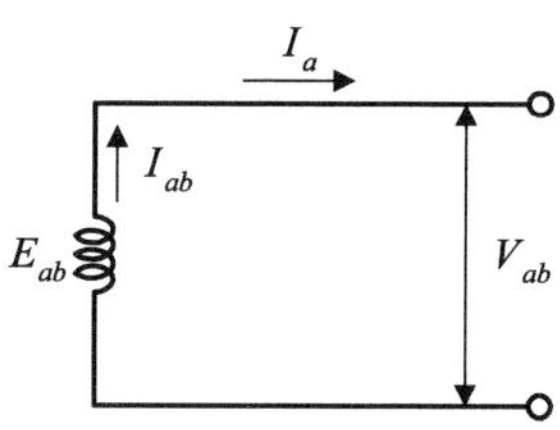

그림 7.11

따라서

$$V_{ab} = E_{ab},\ V_{bc} = E_{bc},\ V_{ca} = E_{ca} \tag{7-34}$$

가 되어 평형 3상 $\Delta-\Delta$ 결선회로에서는 상 전압과 선간전압이 같음을 알 수 있다. 즉

$$V_l = V_p = Z I_p \tag{7-35}$$

이다. 상전류와 선간전류의 크기와 위상관계를 알아보기 위해 그림 7.12는 상 전류 I_a와 선간전류 I_{ab} , I_{bc}, I_{ca}에 대한 벡터도이다.

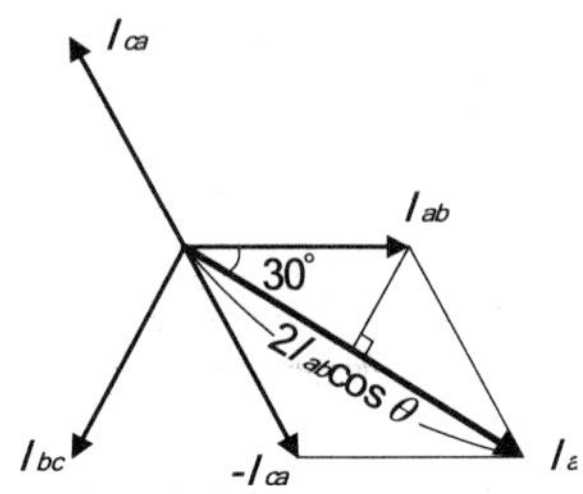

그림 7.12 Δ 결선회로의 전류 벡터도

그림 7.12에서

$$\begin{aligned} I_a &= 2 I_{ab} \cos 30^0 \angle -30^0 \\ &= \sqrt{3}\, I_{ab} \angle -\frac{\pi}{6} \end{aligned} \tag{7-36}$$

되므로 선 전류 I_b, I_c도 같은 방법으로 계산하면

$$\begin{aligned} I_b &= 2 I_{bc} \cos 30^0 \angle -30^0 \\ &= \sqrt{3}\, I_{bc} \angle -\frac{\pi}{6} \end{aligned} \tag{7-37}$$

$$\begin{aligned} I_c &= 2 I_{ca} \cos 30^0 \angle -30^0 \\ &= \sqrt{3}\, I_{ca} \angle -\frac{\pi}{6} \end{aligned} \tag{7-38}$$

이 된다. 여기서 선간전류 $I_a = I_b = I_c = I_l$ 이고, 상전류 $I_{ab} = I_{bc} = I_{ca} = I_p$ 이므로, 식(7-36)~(7-38)은 다음과 같이 표현할 수 있다.

$$I_l = \sqrt{3}\, I_p \angle -\frac{\pi}{6} \tag{7-39}$$

식(7-39)에서 선전류는 상전류보다 크기는 $\sqrt{3}$ 배 만큼 크고 위상 $\frac{\pi}{6}$ 만큼 뒤진다는 것을 알 수 있다. 이들 관계를 벡터그림으로 표시하면 그림 7.13과 같다.

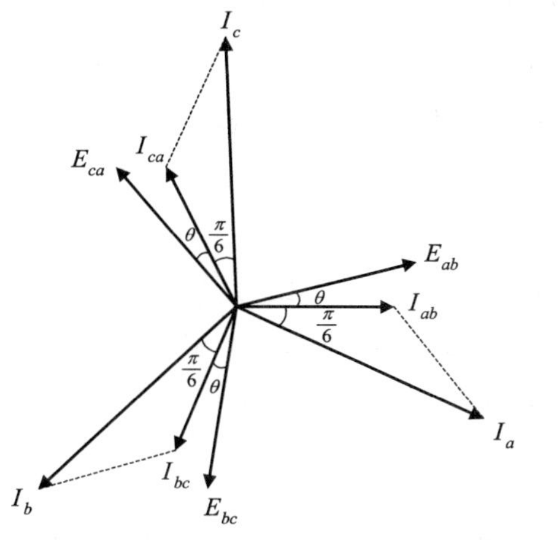

그림 7.13 평형 3상 $\Delta-\Delta$ 결선회로의 경우 전류벡터도

따라서 평형 3상 $\Delta-\Delta$ 결선회로의 경우 전압, 전류의 관계는 다음과 같다.

$$V_l = V_p = Z I_p, \quad I_l = \sqrt{3}\, I_p \angle -\frac{\pi}{6} \tag{7-40}$$

예제 7-6

전원과 부하가 다같이 Δ결선된 3상 평형회로가 있다. 전원전압이 200[V], 부하임피던스가 $6+j8[\Omega]$인 경우 선전류와 선간전압을 구하라.

[풀이] ☞ ① 선전류

식(7-40)에서

$$I_p = \frac{V_p}{Z} = \frac{200}{\sqrt{6^2+8^2}} = 20[\text{A}]\text{이고,}$$

$$I_l = \sqrt{3}\, I_p = \sqrt{3} \times 20 = 20\sqrt{3}[\text{A}]$$

② 선간전압

평형 3상 $\Delta-\Delta$ 결선회로의 경우 $V_l = V_p$이므로

$$V_l = 200[\mathrm{V}]$$

(3) Y−Δ, Δ−Y 결선회로

평형 3상 회로를 해석 시 전원이 Y 결선이고, 부하가 Δ결선으로 되어 있거나 반대의 경우, 부하를 전원과 같은 결선으로 등가 변환하여, $Y-Y$, $\Delta-\Delta$로 해석하면 편리하다. 따라서 부하를 $Y \Leftrightarrow \Delta$로 변환하는 방법에 대해 알아본다.

3-1) Δ결선을 Y 결선으로 등가변환

그림 7.14에서 Δ 결선인 부하를 Y 결선으로 변환한다고 하면 각각의 회로에서 a-b, b-c, c-a 사이로부터 본 임피던스는 동일하여야 한다. 따라서 단자 a-b, b-c, c-a 간의 합성 임피던스를 서로 같다고 하면 다음 식과 같다.

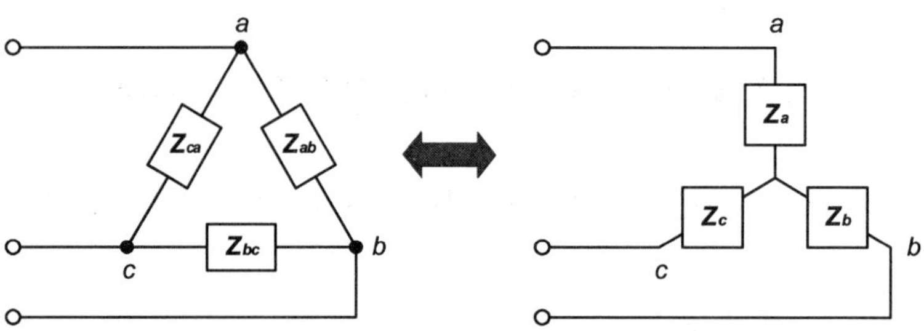

(a) Δ결선 (b) Y결선

그림 7.14 Δ⇔Y 변환

Y 회로에서 단자 a-b 단자의 합성임피던스

$$Z_T = Z_a + Z_b \tag{7-41}$$

이고, Δ회로에서 단자 a-b 단자의 합성임피던스

$$Z_T = \frac{Z_{ab}(Z_{bc} + Z_{ca})}{Z_{ab} + Z_{bc} + Z_{ca}} \tag{7-42}$$

이다. 두 회로의 합성임피던스가 같아야 하므로 식(7-41)과 식(7-42)은 다음과 같은 관계를 갖는다.

$$Z_a + Z_b = \frac{Z_{ab}(Z_{bc} + Z_{ca})}{Z_{ab} + Z_{bc} + Z_{ca}} \tag{7-43}$$

같은 방법으로 단자 b-c , c-a 단자의 합성임피던스는 다음과 같이 표현할 수 있다.

$$Z_b + Z_c = \frac{Z_{bc}(Z_{ca} + Z_{ab})}{Z_{ab} + Z_{bc} + Z_{ca}} \tag{7-44}$$

$$Z_c + Z_a = \frac{Z_{ca}(Z_{ab} + Z_{bc})}{Z_{ab} + Z_{bc} + Z_{ca}} \tag{7-45}$$

식(7-43) + 식(7-45) − 식(7-44)하면 다음과 같이 Z_a를 구할 수 있다.
먼저 좌측 항부터 계산하면

$$Z_a + Z_b + Z_c + Z_a - Z_b - Z_c = 2Z_a \tag{7-46}$$

이고 우측 항을 계산하면

$$\frac{Z_{ab}Z_{bc} + Z_{ab}Z_{ca} + Z_{ca}Z_{ab} + Z_{ca}Z_{bc} - Z_{bc}Z_{ca} - Z_{bc}Z_{ab}}{Z_{ab} + Z_{bc} + Z_{ca}} = \frac{2Z_{ab}Z_{ca}}{Z_{ab} + Z_{bc} + Z_{ca}} \tag{7-47}$$

이 된다. 따라서 식(7-46)과 식(7-47)의 결과식을 정리하면 다음과 같은 Z_a을 구할 수 있다.

$$Z_a = \frac{Z_{ab} \cdot Z_{ca}}{Z_{ab} + Z_{bc} + Z_{ca}} \tag{7-48}$$

또한 상기 방법으로 식(7-43) + 식(7-44)−식(7-45)하면 Z_b를 구할 수 있고

$$Z_b = \frac{Z_{bc} \cdot Z_{ab}}{Z_{ab} + Z_{bc} + Z_{ca}} \tag{7-49}$$

식(7-44) + 식(7-45) − 식(7-43)하면 Z_c를 아래와 같이 구할 수 있다.

$$Z_c = \frac{Z_{ca} \cdot Z_{bc}}{Z_{ab} + Z_{bc} + Z_{ca}} \tag{7-50}$$

평형부하의 경우에는 각 임피던스가 같으므로 $Z_{ab}=Z_{bc}=Z_{ca}=Z_\Delta$ 이고, $Z_a=Z_b=Z_c=Z_y$ 이므로 식(7-48), (7-49), (7-50)은 다음과 같이 간단히 표현할 수 있다.

$$Z_y=\frac{Z_\Delta \cdot Z_\Delta}{Z_\Delta+Z_\Delta+Z_\Delta}$$

$$=\frac{Z_\Delta}{3} \tag{7-51}$$

따라서 평형부하의 경우 ⊿결선을 Y 결선으로 등가 변환할 경우 Z_y는 Z_Δ의 $\frac{1}{3}$배로 하면 된다.

예제 7-7

그림 7.15(a)의 회로와 같은 ⊿결선을 그림 7-15(b)의 Y 결선으로 등가 변환시 아래의 값을 이용하여 Y 결선의 저항을 구하라.

(a) $R_1=R_2=R_3=9[\Omega]$ (b) $R_1=1[\Omega]$, $R_2=2[\Omega]$, $R_3=3[\Omega]$

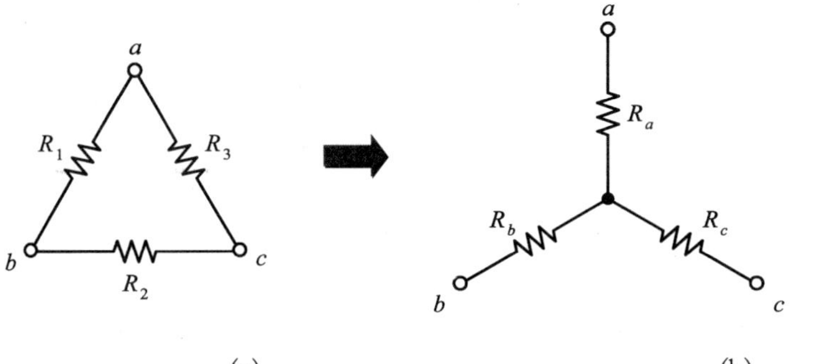

그림 7.15

[풀이] ☞ ① (a)의 경우 3상 평형부하이므로 식(7-51)에 의해

$$R_a=R_b=R_c=\frac{R_\Delta}{3}=\frac{9}{3}=3[\Omega]$$

② (b)의 경우 3상 불평형부하이므로 식(7-48), (7-49), (7-50)에 의해

$$R_a = \frac{1 \times 3}{1+2+3} = \frac{3}{6}[\Omega], \quad R_b = \frac{1 \times 2}{1+2+3} = \frac{2}{6}[\Omega],$$

$$R_c = \frac{2 \times 3}{1+2+3} = 1[\Omega]$$

3-2) Y 결선을 Δ 결선으로 등가변환

그림 7.14에서 Y 결선인 부하를 Δ 결선으로 변환한다고 하자. 식(7-48)×식(7-49)+식(7-49)×식(7-50)+식(7-50)×식(7-48)하면

$$Z_a Z_b + Z_b Z_c + Z_c Z_a = \frac{Z_{ab} Z_{ca} Z_{bc} Z_{ab} + Z_{bc} Z_{ab} Z_{ca} Z_{bc} + Z_{ca} Z_{bc} Z_{ab} Z_{ca}}{(Z_{ab} + Z_{bc} + Z_{ca})(Z_{ab} + Z_{bc} + Z_{ca})}$$

$$= \frac{Z_{ab} Z_{bc} Z_{ca}(Z_{ab} + Z_{bc} + Z_{ca})}{(Z_{ab} + Z_{bc} + Z_{ca})(Z_{ab} + Z_{bc} + Z_{ca})}$$

$$= \frac{Z_{ab} Z_{bc} Z_{ca}}{(Z_{ab} + Z_{bc} + Z_{ca})} \tag{7-52}$$

이다. 식(7-52)을 다시 표현하면 다음과 같다.

$$Z_{ab} + Z_{bc} + Z_{ca} = \frac{Z_{ab} Z_{bc} Z_{ca}}{Z_a Z_b + Z_b Z_c + Z_c Z_a} \tag{7-53}$$

다음으로 식(7-50)의 분모항에 식(7-53)을 대입하면

$$Z_c = \frac{Z_{ca} \cdot Z_{bc}}{Z_{ab} + Z_{bc} + Z_{ca}} = \frac{Z_{ca} Z_{bc}}{\dfrac{Z_{ab} Z_{bc} Z_{ca}}{Z_a Z_b + Z_b Z_c + Z_c Z_a}} = \frac{Z_a Z_b + Z_b Z_c + Z_c Z_a}{Z_{ab}} \tag{7-54}$$

이 된다. 식(7-54)을 다시 표현하면 다음과 같다.

$$Z_{ab} = \frac{Z_a Z_b + Z_b Z_c + Z_c Z_a}{Z_c} \tag{7-55}$$

Z_{bc}는 식(7-48)의 분모항에 식(7-53)을, Z_{ca}는 식(7-49)의 분모항에 식(7-53)을 대입하여 계산하면

$$Z_{bc} = \frac{Z_a Z_b + Z_b Z_c + Z_c Z_a}{Z_a} \tag{7-56}$$

$$Z_{ca} = \frac{Z_a Z_b + Z_b Z_c + Z_c Z_a}{Z_b} \tag{7-57}$$

이다. Δ결선을 Y결선에서와 마찬가지로 평형부하의 $Z_{ab} = Z_{bc} = Z_{ca} = Z_\Delta$이고, $Z_a = Z_b = Z_c = Z_y$이므로 식(7-55), (7-56), (7-57)은 다음과 같이 간단히 표현할 수 있다.

$$Z_\Delta = \frac{Z_y Z_y + Z_y Z_y + Z_y Z_y}{Z_y} = \frac{3Z_y^{\ 2}}{Z_y}$$

$$= 3\,Z_y \tag{7-58}$$

따라서 평형부하의 경우 Y결선을 Δ 결선으로 등가 변환할 경우 Z_Δ는 Z_y의 3배로 하면 된다. 그림 7.16은 평형 부하의 경우 등가변환관계를 나타내었다.

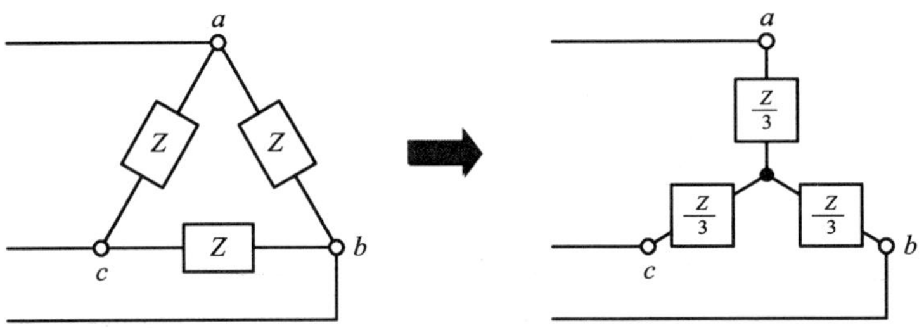

(a) $\Delta \Rightarrow Y$ 등가변환

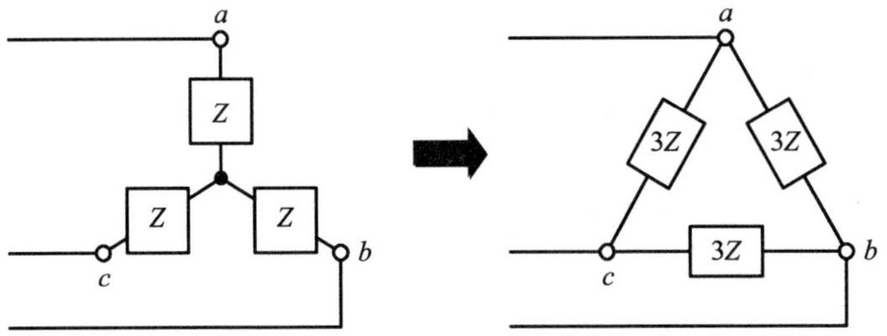

(b) $Y \Rightarrow \Delta$ 등가변환

그림 7.16 부하의 $\Delta - Y$, $Y - \Delta$변환 관계

예제 7-8

그림 7.17에서 Y 결선 회로와 등가인 Δ결선회로의 A, B, C 값을 각각 구하시오.

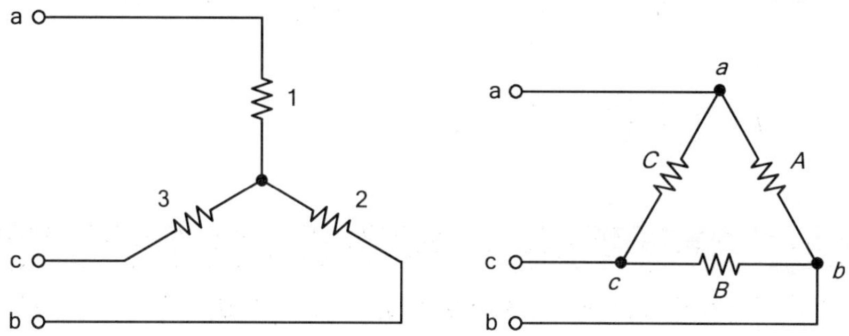

그림 7.17

[풀이] ☞ 식(7-55), (7-56), (7-57)에 의해

$$R_{ca} = C = \frac{1\times2+2\times3+3\times1}{2} = \frac{11}{2}[\Omega]$$

$$R_{bc} = B = \frac{1\times2+2\times3+3\times1}{1} = 11\ [\Omega]$$

$$R_{ab} = A = \frac{1\times2+2\times3+3\times1}{3} = \frac{11}{3}[\Omega]$$

예제 7-9

$Y-\Delta$ 회로에서 상전압이 200[V]이고, 임피던스 $\boldsymbol{Z} = 24 + j\,18[\Omega]$이라면 선간전압과 상전류를 구하라.

[풀이] ☞ Δ 결선인 부하를 Y결선으로 변환하면, 각 상의 임피던스는

$$\boldsymbol{Z}_y = \frac{\boldsymbol{Z}_\Delta}{3} = \frac{24+j\,18}{3} = 8 + j\,6\,[\Omega]$$

$$\therefore\ Z_y = \sqrt{8^2+6^2} = 10[\Omega]$$

따라서 $Y-\Delta$결선이 $Y-Y$ 결선회로가 된다.

① 선간 전압

$Y-Y$ 결선에서는 $V_l = \sqrt{3}\ V_p$[V]이므로 선간전압은 다음과 같다.

$$V_l = \sqrt{3}\ V_p = \sqrt{3} \times 200 = 200\sqrt{3}\,[\text{V}]$$

② 상전류

$Y - Y$ 결선에서는 $I_l = I_p = \dfrac{V_p}{Z_y}$ 이므로 상전류는 다음과 같다.

$$I_l = I_p = \frac{V_p}{Z_y} = \frac{200}{10} = 20[\text{A}]$$

예제 7-10

$\Delta - Y$ 회로에서 상전압이 300[V]이고, 임피던스 $\boldsymbol{Z} = 8 + j6[\Omega]$이라면 선전류와 선간전압을 구하라.

[풀이] ☞ Y 결선인 부하를 Δ결선으로 변환하면, 각 상의 임피던스는

$$\boldsymbol{Z}_\Delta = 3 \times \boldsymbol{Z}_y = 3 \times (8 + j6) = 24 + j18\,[\Omega]$$
$$\therefore Z_\Delta = \sqrt{24^2 + 18^2} = 30[\Omega]$$

따라서 $\Delta - Y$ 결선이 $\Delta - \Delta$결선회로가 된다.

① 선 전류

$\Delta - \Delta$결선에서는 $I_l = \sqrt{3}\ I_p$이고, $I_p = \dfrac{V_p}{Z_\Delta}$ 이므로

$$I_p = \frac{V_p}{Z_\Delta} = \frac{300}{30} = 10[\text{A}]$$

따라서 선 전류는 다음과 같다.

$$I_l = \sqrt{3}\ I_p = \sqrt{3} \times 10 = 10\sqrt{3}\,[\text{A}]$$

② 선간전압

$\Delta - \Delta$결선에서는 $V_l = V_p$이므로 선간전압은 다음과 같다.

$$V_l = V_p = 300[\text{V}]$$

7.7 3상회로의 전력

3상회로의 경우 Y, Δ결선이나, 평형, 불평형에 관계없이 전력의 계산은 같고 3상회로는 3개의 단상회로로 이루어져 있으므로 단상전력의 3배이다. 단상의 경우 상전압과 상전류를 기준으로 전력은

$$P = V_p I_p \cos\theta = I_P^2 R \text{ [W]} \tag{7-59}$$

이므로 3상의 경우 전력은 다음과 같다.

$$P = 3V_p I_p \cos\theta = 3I_p^2 R \text{ [W]} \tag{7-60}$$

이제 $Y-Y$ 결선회로의 경우 3상 전력을 구해보자. $Y-Y$ 결선회로의 경우 크기 기준으로 $I_l = I_p$, $V_l = \sqrt{3}\, V_p$이므로 이 관계를 식(7-60)에 적용하면

$$\begin{aligned} P_Y &= 3V_p I_p \cos\theta = 3\frac{V_l}{\sqrt{3}} I_l \cos\theta \\ &= \sqrt{3}\, V_l I_l \cos\theta \text{[W]} \end{aligned} \tag{7-61}$$

이다. 다음으로 $\Delta-\Delta$결선회로의 경우 $V_l = V_p$, $I_l = \sqrt{3}\, I_p$이므로 상기방법으로 전력을 계산하면

$$\begin{aligned} P_\Delta &= 3V_p I_p \cos\theta = 3V_l \frac{I_l}{\sqrt{3}} \cos\theta \\ &= \sqrt{3}\, V_l I_l \cos\theta \text{[W]} \end{aligned} \tag{7-62}$$

이다. 따라서 평형 3상회로의 평균(유효)전력 P는 부하가 Y 결선, Δ결선에 관계없이 같음을 알 수 있다. 3상 회로에서도 단상과 마찬가지로 다음과 같이 피상전력과 무효전력으로 정의 할 수 있다.

$$\text{피상전력 } P_a = \sqrt{3}\, V_l I_l \text{ [VA]} \tag{7-63}$$

$$\text{무효전력 } P_r = \sqrt{3}\, V_l I_l \sin\theta \text{[Var]} \tag{7-64}$$

따라서 3상 회로에서도 피상전력, 유효전력, 무효전력의 관계는 단상과 같이 다음의 관계가 성립한다.

$$P_a = \sqrt{P^2 + P_r^2} \tag{7-65}$$

예제 7-11

한 상의 임피던스가 $3 + j4[\Omega]$인 평형 Δ부하에 대칭인 선간전압 200[V]를 가할 때 3상 전력은 몇[kW]인가?

[풀이] ☞ $\Delta - \Delta$결선회로의 경우 $V_l = V_p = ZI_p$, $I_l = \sqrt{3}\ I_p$에서

$$I_p = \frac{V_p = V_l}{Z} = \frac{200}{\sqrt{3^3 + 4^2}} = 40[\text{A}]$$

방법 ① $P = 3V_p I_p \cos\theta = 3I_p^2 R$에서

$$= 3 \times 200 \times 40 \times \frac{3}{5} = 3 \times 40^2 \times 3 = 14400[\text{W}]$$

$$= 14.4[\text{kW}]$$

방법 ② $P = \sqrt{3}\ V_l\ I_l\ \cos\theta$에서

$$= \sqrt{3} \times 200 \times 40\sqrt{3} \times \frac{3}{5}$$

$$= 14.4[\text{kW}]$$

7.8 V 결선

단상 변압기 3대로 Δ결선하여 3상 전력을 보내다가 변압기 한 대가 갑자기 고장난 경우 즉, 한 상의 전원 또는 임피던스가 없는 경우를 V 결선(V-connection or open delta connection)이라 하고, 이때는 전력만 감소할 뿐 회로전체는 아무런 지장이 없다.

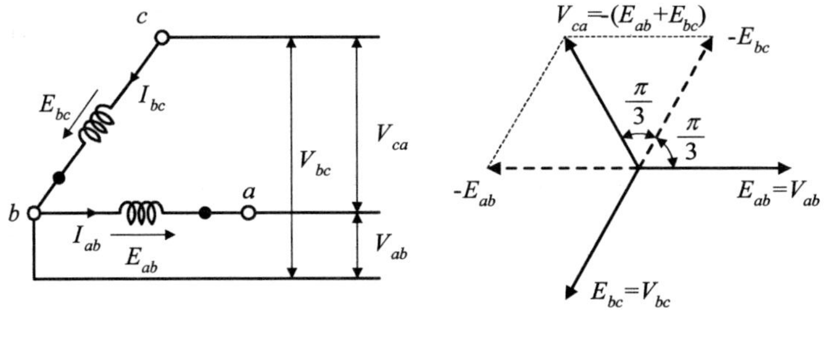

(a) (b)

그림 7.18 V 결선

그림 7.18(a)에서 a - c 사이에는 전원이 없지만 2점간의 전위차가 있으므로 기전력은 E_{ab}와 E_{bc}를 합한 것과 방향이 반대이다. 따라서 $V_{ca} = -(E_{ab} + E_{bc})$, $V_{ab} = E_{ab}$, $V_{bc} = E_{bc}$가 되어 $V_{ab} + V_{bc} + V_{ca} = 0$이 된다. 두 상의 상전압 E_{ab}, E_{bc}에 의하여 abc 상간에 나타나는 선간전압 V_{ab} V_{bc}, V_{ca}는 그림 7.18(b)와 같이 되어 ⊿결선의 경우와 같게 된다.

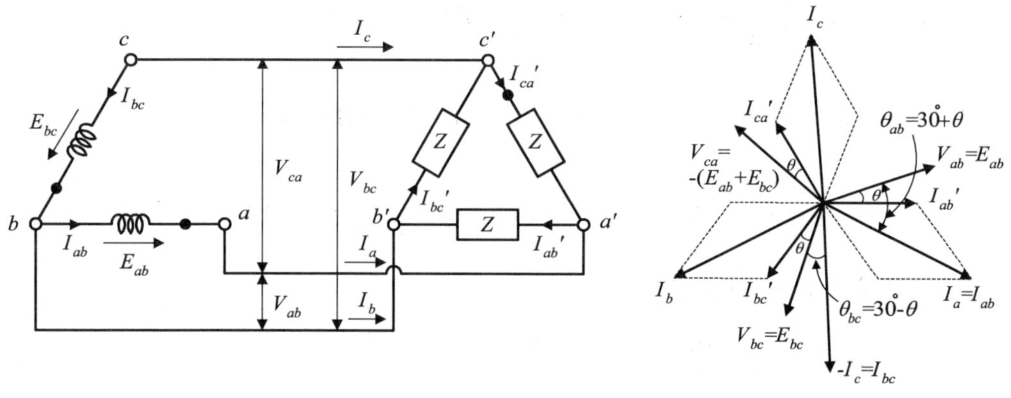

(a) (b)

그림 7.19

그림 7.19(a)에서 각 상의 전압은 대칭 3상 전압으로 작용하므로 전원의 임피던스를 무시하면 부하 Z에 흐르는 전류 I_{ab}', I_{bc}', I_{ca}'와 선전류 I_a, I_b, I_c는 대칭 3상전류가 되고 이들의 관계는

$$I_a = I_{ab}' - I_{ca}',\ I_b = I_{bc}' - I_{ab}',\ I_c = I_{ca}' - I_{bc}' \qquad (7\text{-}66)$$

이고, 식(7-66)를 전원측의 전류와 비교하면 다음과 같다.

$$I_{ab} = I_a,\ I_{bc} = -I_c \qquad (7\text{-}67)$$

이들의 관계를 벡터 그림으로 나타내면 그림 7.19(b)와 같다. 그림 7.19(b)에서

$$\theta_{ab} = (\frac{\pi}{6} + \theta),\ \theta_{bc} = (\frac{\pi}{6} - \theta) \qquad (7\text{-}68)$$

임을 알 수 있다. 따라서 두 변압기를 사용한 V 결선의 출력은 식(7-68)에 의해 다음과 같다.

$$P = V_{ab}I_{ab}\cos\theta_{ab} + V_{bc}I_{bc}\cos\theta_{bc}$$

$$= V_{ab}I_{ab}\cos\left(\frac{\pi}{6}+\theta\right) + V_{bc}I_{bc}\cos\left(\frac{\pi}{6}-\theta\right) \tag{7-69}$$

여기서, $E_{ab} = V_{ab} = E$, $I_{ab} = I_{bc} = I$ 라 하면

$$P = EI\cos\left(\frac{\pi}{6}+\theta\right) + EI\cos\left(\frac{\pi}{6}-\theta\right) \tag{7-70}$$

이고, 또한 $\cos(\alpha \pm \beta) = \cos\alpha\cos\beta \mp \sin\alpha\sin\beta$을 도입하면,

$$P = EI\left[\cos\frac{\pi}{6}\cos\theta - \sin\frac{\pi}{6}\sin\theta + \cos\frac{\pi}{6}\cos\theta + \sin\frac{\pi}{6}\sin\theta\right] \tag{7-71}$$

$$= EI\left[2\cos\frac{\pi}{6}\cos\theta\right]$$

$$= EI \cdot 2 \cdot \frac{\sqrt{3}}{2}\cos\theta$$

$$= \sqrt{3}EI\cos\theta\,[\mathrm{W}] \tag{7-72}$$

여기서 E, I 는 각각 전원의 상전압의 실효값이고, θ는 임피던스 $\boldsymbol{Z} = R + jX$ 에 대한 위상차 $(\theta = \tan^{-1}\dfrac{X}{R})$이다. 다음으로 V 결선의 이용률과 출력비를 알아보자. V 결선시 이용률은

$$\mathrm{U(이용률)} = \frac{V\ 결선시의\ 용량}{2대의\ 용량} = \frac{\sqrt{3}EI}{2EI} = \frac{\sqrt{3}}{2} = 0.866 = 86.6[\%] \tag{7-73}$$

이다. 즉 단상변압기 2대를 V 결선으로 사용하는 경우 최대 86.6[%]를 사용할 수 있다. 또한 출력비는

$$P_V(출력비) = \frac{V결선의\ 출력}{\triangle결선의\ 출력} = \frac{\sqrt{3}EI\cos\theta}{3EI\cos\theta} = \frac{1}{\sqrt{3}} = 0.577 = 57.7[\%] \tag{7-74}$$

이고, V 결선으로 사용시 출력비는 Δ결선에 비해 57.7[%] 밖에 출력을 내지 못함을 알 수 있다.

예제 7-12

50[kVA] 단상변압기 3대를 Δ결선으로 운전 중에 한 대가 고장이 생겨 V 결선으로 한 경우 출력은 몇 [kVA]인가?

[풀이] ☞ 식(7-74)에 의해 V 결선으로 한 경우 출력은 $\frac{1}{\sqrt{3}}$만큼 감소한다.

$$\therefore\ P_V = \frac{1}{\sqrt{3}} \times 50 \times 3 = 50\sqrt{3}$$

7.9 대칭 좌표법

비대칭성의 불평형 3상 전압이나 전류를 그림 7.20과 같이 대칭성의 3성분(영상분, 정상분, 역상분)으로 분해하여 해석하여, 각 상마다 대칭분을 합성하여 불평형 3상 전압이나 전류를 해석하는 방법을 대칭 좌표법이라 한다.

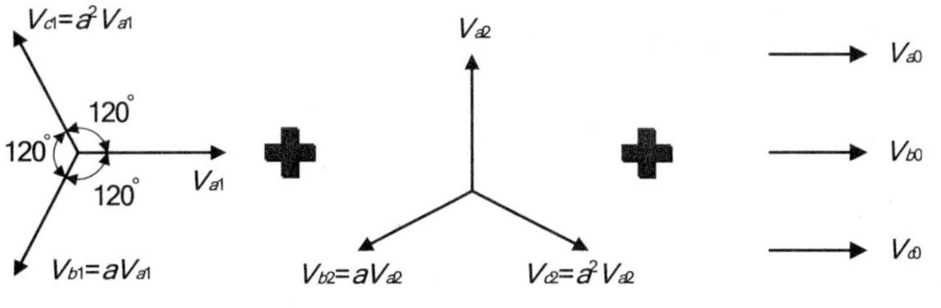

(a) 정상분 (b) 역상분 (c) 영상분

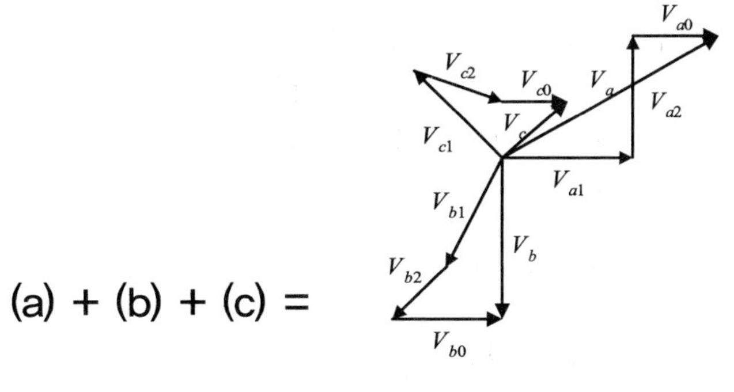

(d) 불평형 전압((V_a, V_b, V_c)

그림 7.20 불평형 3상 전압의 합성 및 분해

그림 7.20에서 불평형 3상 전압은

$$\text{불평형 3상 전압} = \text{영상분 전압} + \text{정상분 전압} + \text{역상분 전압} \tag{7-75}$$

이고, 각각의 전압은 다음과 같이 정의한다.

① 영상분 : 크기가 같고 위상이 동상인 전압 또는 전류성분으로 접지선의 중성선에 존재하며 그림 7.20(c)와 같이 $V_{a0} = V_0$, $V_{b0} = V_0$, $V_{c0} = V_0$로 표현하였다.
② 정상분 : 상순이 $a-b-c$로 120°의 위상차를 갖는 평형 3상 전압 또는 전류로 그림 7.20(a)와 같이 $V_{a1} = V_1$, $V_{b1} = V_1$, $V_{c1} = V_1$로 표현하였다.
③ 역상분 : 상순이 정상분과 반대인 $a-c-b$로 120°의 위상차를 갖는 평형 3상 전압 또는 전류로 그림 7.20(b)와 같이 $V_{a2} = V_2$, $V_{b2} = V_2$, $V_{c2} = V_2$로 표현하였다.

지금 불평형 3상 전압의 상순을 $a-b-c$, 전압을 각각 V_a, V_b, V_c라 하고

$$\left.\begin{aligned} a &= 1\angle 120^\circ = 1(\cos 120^\circ + j\sin 120^\circ) = -\frac{1}{2} + j\frac{\sqrt{3}}{2} \\ a^2 &= 1\angle 240^\circ = 1(\cos 240^\circ + j\sin 240^\circ) = -\frac{1}{2} - j\frac{\sqrt{3}}{2} \\ a^3 &= a \cdot a^2 = \left(-\frac{1}{2} + j\frac{\sqrt{3}}{2}\right)\left(-\frac{1}{2} - j\frac{\sqrt{3}}{2}\right) = \frac{1}{4} + \frac{3}{4} = 1 \\ a^4 &= a^3 \cdot a = a \end{aligned}\right\} \tag{7-76}$$

라 하면 불평형 3상 전압은 식(7-75)에 의해 다음과 같이 표현할 수 있고

$$\left.\begin{aligned} V_a &= V_{a0} + V_{a1} + V_{a2} = V_0 + V_1 + V_2 \\ V_b &= V_{b0} + V_{b1} + V_{b2} = V_0 + a^2 V_1 + a V_2 \\ V_c &= V_{c0} + V_{c1} + V_{c2} = V_0 + a V_1 + a^2 V_2 \end{aligned}\right\} \tag{7-77}$$

식(7-77)을 모두 합하고, $1 + a + a^2 = 0$이므로

$$V_a + V_b + V_c = 3V_0 + V_1(1 + a^2 + a) + V_2(1 + a + a^2) \tag{7-78}$$

이다. 식(7-78)을 영상분 전압 V_0에 대해 정리하면

$$V_0 = \frac{1}{3}(V_a + V_b + V_c) \tag{7-79}$$

이 된다. 정상분 전압 V_1을 구하기 위해 식(7-77)의 제2식에 a을 곱하고, 제3식에 a^2을 곱한 다음 더하면

$$\left.\begin{aligned} V_a &= V_0 + V_1 + V_2 \\ a V_b &= a V_0 + a^3 V_1 + a^2 V_2 \\ a^2 V_c &= a^2 V_0 + a^3 V_1 + a^4 V_2 \end{aligned}\right\} \tag{7-80}$$

$$\begin{aligned} V_a + a V_b + a^2 V_c &= V_0(1 + a + a^2) + V_1 (1 + a^3 + a^3) + V_2(1 + a^2 + a^4) \\ &= V_0(0) + V_1 (3) + V_2(0) \\ &= 3V_1 \end{aligned} \tag{7-81}$$

이 된다. 식(7-81)을 정상분 전압 V_1에 대해 정리하면 다음과 같다.

$$V_1 = \frac{1}{3}(V_a + a V_b + a^2 V_c) \tag{7-82}$$

역상분 전압 V_2을 구하기 위해 식(7-77)의 제2식에 a^2을 곱하고, 제3식에 a을 곱한 다음 더하면

$$\left.\begin{aligned} V_a &= V_0 + V_1 + V_2 \\ a^2 V_b &= a^2 V_0 + a^4 V_1 + a^3 V_2 \\ a V_c &= a V_0 + a^2 V_1 + a^3 V_2 \end{aligned}\right\} \tag{7-83}$$

$$\begin{aligned} V_a + a^2 V_b + a V_c &= V_0(1 + a^2 + a) + V_1 (1 + a^4 + a^2) + V_2(1 + a^3 + a^3) \\ &= V_0(0) + V_1 (0) + V_2(3) \\ &= 3V_2 \end{aligned} \tag{7-84}$$

이 된다. 식(7-84)을 역상분 전압 V_2에 대해 정리하면 다음과 같다.

$$V_2 = \frac{1}{3}(V_a + a^2 V_b + a V_c) \tag{7-85}$$

따라서 영상분 전압 V_0, 정상분 전압 V_1, 역상분 전압 V_2는 다음과 같다.

$$\left.\begin{aligned} V_0 &= \frac{1}{3}(V_a + V_b + V_c) \\ V_1 &= \frac{1}{3}(V_a + a\,V_b + a^2\,V_c) \\ V_2 &= \frac{1}{3}(V_a + a^2\,V_b + a\,V_c) \end{aligned}\right\} \tag{7-86}$$

전류에 대해서도 마찬가지 방법으로 계산하면

$$\left.\begin{aligned} I_a &= V_0 + I_1 + I_2 \\ I_b &= I_0 + a^2 I_1 + a I_2 \\ I_c &= I_0 + a I_1 + a^2 I_2 \end{aligned}\right\} \tag{7-87}$$

이고, 따라서 영상분 전류 I_0, 정상분 전류 I_1, 역상분 전류 I_2는 다음과 같다.

$$\left.\begin{aligned} I_0 &= \frac{1}{3}(I_a + I_b + I_c) \\ I_1 &= \frac{1}{3}(I_a + a I_b + a^2 I_c) \\ I_2 &= \frac{1}{3}(I_a + a^2 I_b + a I_c) \end{aligned}\right\} \tag{7-88}$$

또한 임피던스에 대해서도 같은 방법으로 계산한다. 불평형 3상 전압이나 전류는 일반적으로 대칭분 중 역상분과 정상분의 크기 비로써 불평형의 정도를 판정할 수 있는데 다음과 같이 나타낼 수 있다.

$$\text{불평형률} = \frac{\text{역상분}}{\text{정상분}} = \frac{V_2}{V_1} = \frac{I_2}{I_1} \times 100[\%] \tag{7-89}$$

예제 7-13

3상 3선식 회로에서 $V_a = -j6$[V], $V_b = -8 + j6$[V], $V_c = 8$[V]일 때, 정상분 전압은 몇 [V]인가?

[풀이] ☞ 식(7-82)에 의하여

$$V_1 = \frac{1}{3}(V_a + aV_b + a^2 V_c)$$
$$= \frac{1}{3}\left\{-j6 + (-\frac{1}{2} + j\frac{\sqrt{3}}{2})(-8 + j6) + (-\frac{1}{2} - j\frac{\sqrt{3}}{2}) \times 8\right\}$$
$$\fallingdotseq -1.73 - j7.6 = 7.82\angle 77.18^{\circ}$$

예제 7-14

불평형 3상 전류가 $I_a = 15 + j2$[A], $I_b = -20 - j14$[A], $I_c = -3 + j10$[A]일 때 전류의 불평형률을 계산하라.

[풀이] ☞ 식(7-89)에 의하여 역상분과 정상분을 구하면

① 역상분

$$I_2 = \frac{1}{3}(I_a + a^2 I_b + aI_c)$$

$$= \frac{1}{3}\left\{(15 + j2) + (-\frac{1}{2} - j\frac{\sqrt{3}}{2})(-20 - j14) + (-\frac{1}{2} + j\frac{\sqrt{3}}{2})(-3 + j10)\right\}$$
$$= 1.93 + j6.24 = 6.53\angle 73^0$$

② 정상분

$$I_1 = \frac{1}{3}(I_a + aI_b + a^2 I_c)$$

$$= \frac{1}{3}\left\{(15 + j2) + (-\frac{1}{2} + j\frac{\sqrt{3}}{2})(-20 - j14) + (-\frac{1}{2} - j\frac{\sqrt{3}}{2})(-3 + j10)\right\}$$
$$\fallingdotseq 15.7 - j3.6 = 16.1\angle -82.35^{\circ}$$

③ 불평형률$= \frac{\text{역상분}}{\text{정상분}} \times 100$ [%]

$$= \frac{6.53}{16.1} = 41 \text{ [\%]}$$

연습문제 1

해설은 467쪽에 있습니다.

[문제1] 대칭 6상 성형결선에서 기전력의 선간전압과 상전압의 위상차는?

㉮ 30° ㉯ 60° ㉰ 90° ㉱ 120°

[문제2] 대칭 n상 환상결선에서 선전류와 상전류 사이의 위상차[rad]는 어떻게 되는가?

㉮ $\frac{\pi}{2}(1-\frac{2}{n})$만큼 뒤진다.
㉯ $\frac{\pi}{2}(1-\frac{2}{n})$만큼 앞선다.
㉰ $\frac{n}{2}(1-\frac{2}{n})$만큼 뒤진다.
㉱ $\frac{n}{2}(1-\frac{2}{n})$만큼 앞선다.

[문제3] 12상 Y 결선 상전압이 100[V]일 때, 선간 전압은 얼마[V]인가?

㉮ 25.88 ㉯ 51.76 ㉰ 75.88 ㉱ 100

[문제4] 저항 R[Ω] 3개를 Y로 접속한 회로에 200[V]의 3상 선간 전압을 인가시 선전류가 10[A]라면 이 3개의 저항을 Δ로 접속하고 동일전원을 인가 시 선전류는 몇 [A]인가?

㉮ 20 ㉯ $20\sqrt{3}$ ㉰ 30 ㉱ $30\sqrt{3}$

[문제5] 전원과 부하가 $\Delta-\Delta$결선인 평형 3상회로의 선간전압이 220[V], 선전류가 30[A]이었다면 부하 1상의 임피던스는 얼마[Ω]인가?

㉮ 9.7 ㉯ 10.7 ㉰ 11.7 ㉱ 12.7

[문제6] 아래 그림과 같은 회로에서 단자 a, b, c에 대칭 3상 전압을 가하여 각 선 전류를 같게 하려면 R의 값을 얼마[Ω]로 하면 되는가?

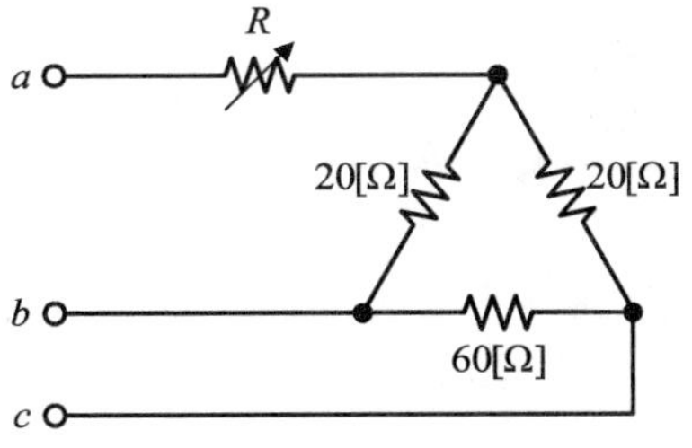

㉮ 2 ㉯ 8 ㉰ 16 ㉱ 24

[문제7] 선간전압이 200[V]인 3상 회로에 아래 그림과 같은 회로에 평형부하를 접속했을 때 선전류는 얼마[A]인가? (단, $r = 9[\Omega]$, $\frac{1}{\omega c} = 4[\Omega]$이다.)

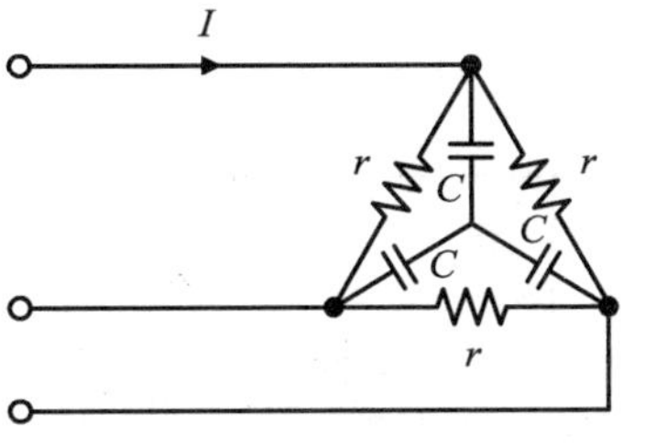

㉮ 28.9 ㉯ 38.5 ㉰ 48.1 ㉱ 63.2

[문제8] 대칭 3상 Y 부하에서 각 상의 임피던스가 $\boldsymbol{Z} = 3 + j4[\Omega]$이고, 부하전류가 20[A]일 때 이 부하에 소비되는 전력[W]은 얼마인가?

㉮ 1400 ㉯ 1600 ㉰ 1800 ㉱ 3600

[문제9] V 결선의 이용률[%]은 얼마인가?

㉮ 86.6 ㉯ 76.6 ㉰ 66.6 ㉱ 56.6

[문제10] 불평형 3상전류 $I_a = 15 + j2$[A], $I_b = -20 - j14$[A], $I_c = -3 + j10$[A]일 때 영상분 전류 I_0는 몇 [A]인가?

㉮ $2.67 + j0.67$ ㉯ $-2.67 - j0.67$
㉰ $15.7 - j3.25$ ㉱ $15.7 + j3.25$

연습문제 2

해설은 469쪽에 있습니다.

[문제1] 대칭 12상식의 성형전압이 100[V]일 때, 선간전압과 위상차를 구하시오.

[문제2] 아래 그림과 같은 평형 3상 회로에 선간전압 100[V]를 가했을 때, 흐르는 전류 I_l를 구하라.

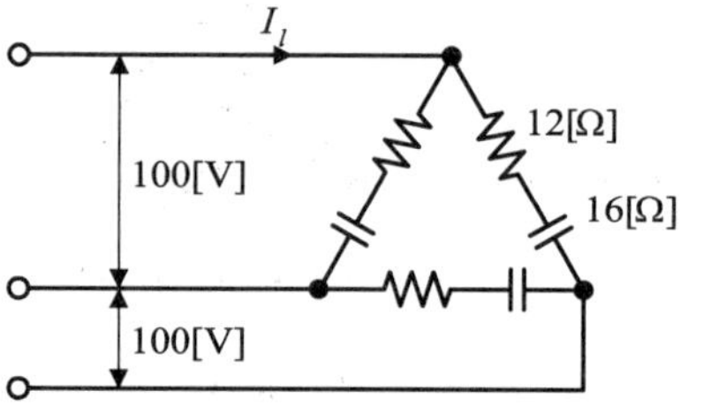

[문제3] 아래 그림과 같은 평형 Y형 결선에서 I_l를 구하라.

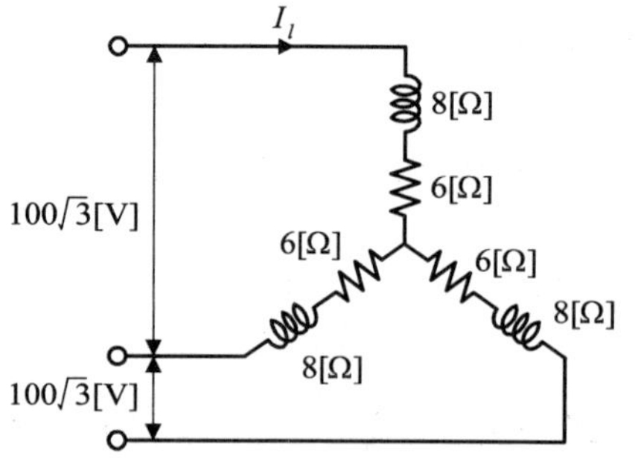

[문제4] $r[\Omega]$인 6개의 저항을 아래 그림과 같이 접속하고 평형 3상 전압 V를 가했을 때 I는 몇 [A]인가? (단, $r = 3[\Omega]$, $V = 60[V]$이다.)

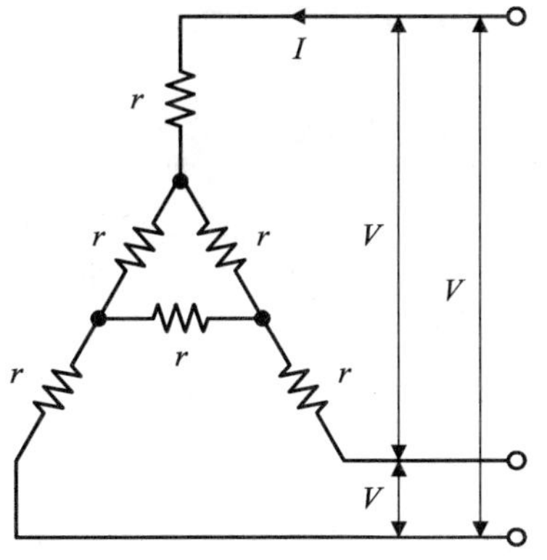

[문제5] 아래 그림과 같은 회로에 선간전압이 100[V]인 대칭 3상 전압을 인가할 때, I를 구하라.

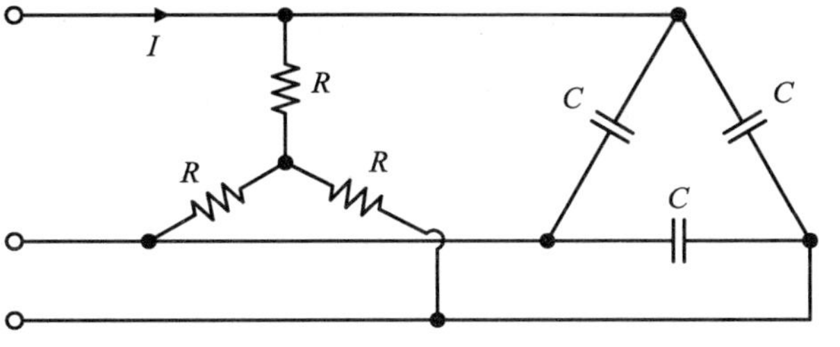

[문제6] Δ결선된 부하를 Y결선으로 바꾸면 소비전력은 어떻게 되는가? 단, 선간전압은 일정하다.

[문제7] 아래 그림과 같은 회로에 대칭인 상전압 200[V]를 가했을 때, 이 회로에서 소비되는 전력[kW]를 계산하라.(단, $R_1 = 30[\Omega]$, $R_2 = 10[\Omega]$이다.)

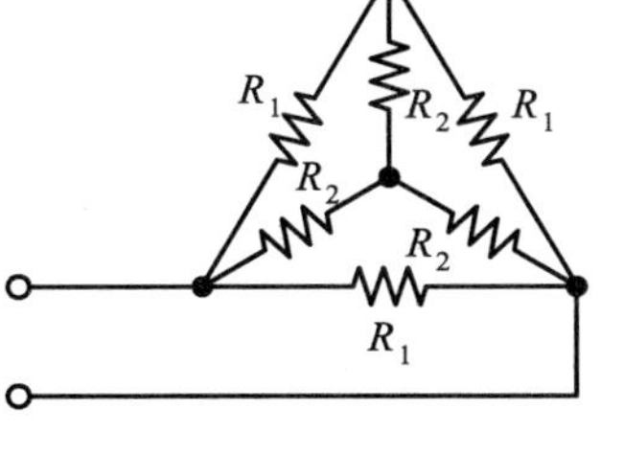

[문제8] 아래 그림의 3상 Y 결선 회로에서 소비하는 전력을 구하라.

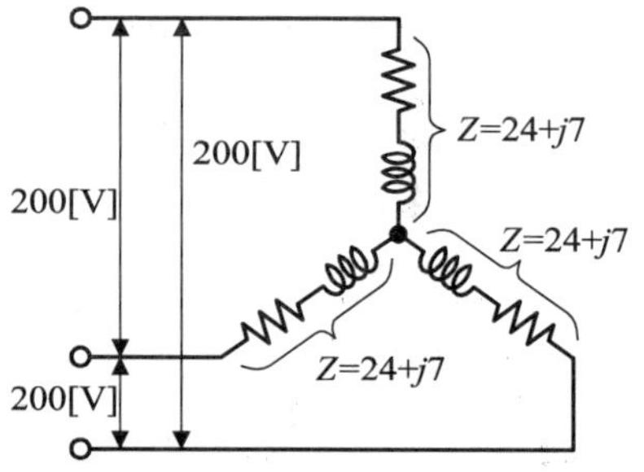

[문제9] 각 상의 전류 $I_a = 60\sin\omega t$, $I_b = 60\sin(\omega t - 90^\circ)$, $I_c = 60\sin(\omega t + 90^\circ)$일 때 영상분 전류[A]를 계산하라.

[문제10] 3상 교류의 선간전압을 측정하였더니 120[V], 100[V], 100[V]이었다. 선간전압의 불평형률을 계산하라.

8 비정현파의 해석

지금까지 우리는 여러 가지 파형에 대해 분석하였고, 특히 정현파를 중심으로 상세히 다루었다. 보통 교류를 정현파로 표시하지만 실제의 경우 정현파가 아닌 경우가 많다. 이는 교류 발전기의 전기자 반작용이나, 변압기의 철심 자기포화 등의 원인과 전압, 전류, 전자파 등의 형태로 여러 전력계통을 거치면서 파형의 찌그러짐이 발생할 수 있다. 이런 파를 비정현파 혹은 왜형파라고 하며 기존의 정현파 회로에 분석법을 적용하기 곤란하다. 따라서 본장에서는 푸리에(Fourier) 급수를 이용하여 비정현 주기파를 크기와 주파수가 다른 여러 개의 정현파의 합으로 표시하는 방법에 대해 알아본다.

8.1 비정현파 교류

기본파를 포함하여 크기와 주파수가 다른 무수히 많은 정현파가 합해졌을 때, 찌그러진 파형을 총칭하여 비정현파(non-sinusoidal wave)라 한다. 비정현파는 주기가 2π인 주기함수로 그림 8.1과 같이 0에서 2π까지 1개의 정현파를 기본파, 2개의 정현파를 제2고조파, 3개의 정현파를 제3고조파, n개의 정현파를 제n고조파라 한다.

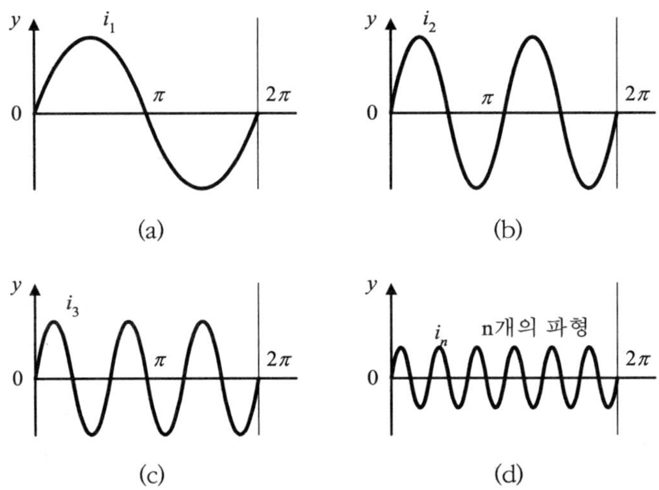

그림 8.1 기본파와 n고조파의 형태

그림 8.1에서 전류의 파형을 수식적으로 나타내면 다음과 같다.

(a) = 기본파 $i_1 = I_{m1} \sin \omega t$

(b) = 제2고조파 $i_2 = I_{m2} \sin 2\omega t$

(c) = 제3고조파 $i_3 = I_{m3} \sin 3\,\omega t$

(d) = 제n고조파 $i_n = I_{mn} \sin n\,\omega t$

따라서 비정현파는 직류분과 기본파와 여러 개의 고조파로 구성됨을 알 수 있고 다음과 같이 표현할 수 있다.

비정현파 = 직류분 + 기본파 + 여러 개의 고조파

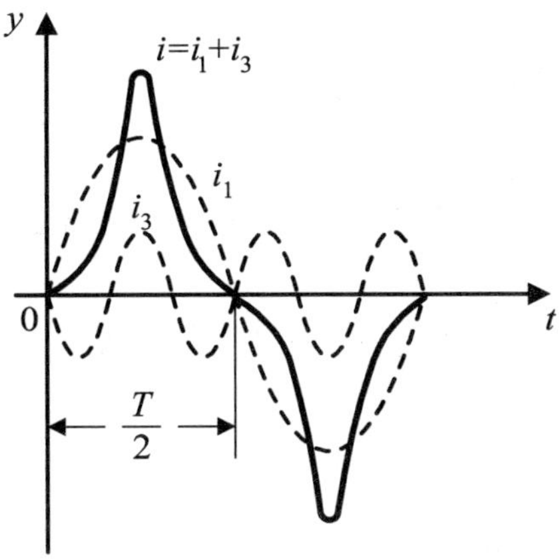

그림 8.2 비 정현파

8.2 비정현파의 푸리에 급수(Fourier series)전개

푸리에 급수는 주파수와 진폭을 달리하는 무수히 많은 성분을 갖는 비정현파를 정현항과 여현항의 합으로 표현하는 것을 말한다. 여기서 정현이라 함은 sin항을, 여현은 cos항을 말한다. 주기가 T인 비 정현파를 $f(t)$라 하면

$$f(t) = f(t+T) \tag{8-1}$$

로 표시되며 다음과 같은 푸리에 급수로 전개 된다.

$$\begin{aligned} f(t) &= a_0 + a_1 \cos\omega t + a_2 \cos 2\omega t + \dots a_n \cos n\,\omega t \\ &\quad + b_1 \sin\omega t + b_2 \sin 2\omega t + \dots b_n \sin n\,\omega t \\ &= a_0 + \sum_{n=1}^{\infty} a_n \cos n\omega t + \sum_{n=1}^{\infty} b_n \sin n\,\omega t \end{aligned} \tag{8-2}$$

여기서 a_0, a_n, b_n을 푸리에 계수라 하며 a_0를 직류분, a_n을 cos성분, b_n을 sin성분이라 하고 각 각의 성분을 구하면 다음과 같다.

(1) a_0 구하기

식(8-2)을 1주기 0~T까지 적분하면

$$\int_0^T f(t)dt = \int_0^T a_0 dt + \sum_{n=1}^{\infty} a_n \int_0^T \cos n\omega t dt + \sum_{n=1}^{\infty} b_n \int_0^T \sin n\omega t dt \quad (8\text{-}3)$$

이고, 상기식의 우변항의 제2항은

$$\begin{aligned}\int_0^T \cos n\omega t\, dt &= \int_0^{2\pi} \cos n\theta\, d\theta = \frac{1}{n}[\sin n\theta]_0^{2\pi} \\ &= \frac{1}{n}[\sin n2\pi - \sin n0^0] = 0\end{aligned} \quad (8\text{-}4)$$

이고, 3항은

$$\begin{aligned}\int_0^T \sin n\omega t\, dt &= \int_0^{2\pi} \sin n\theta\, d\theta = -\frac{1}{n}[\cos n\theta]_0^{2\pi} \\ &= -\frac{1}{n}[\cos n2\pi - \cos n0^0] = 0\end{aligned} \quad (8\text{-}5)$$

이 된다. 따라서

$$\int_0^T f(t)dt = \int_0^T a_0\, dt = a_0 T \quad (8\text{-}6)$$

가 되어

$$\therefore \quad a_0 = \frac{1}{T}\int_0^T f(t)dt = \frac{1}{2\pi}\int_0^{2\pi} f(t)d(\theta) \quad (8\text{-}7)$$

이다. 식(8-7)의 a_0는 주기함수의 1주기 동안의 평균값으로 보통 직류성분 혹은 평균값이라 한다.

(2) 삼각함수의 직교성

a_n과 b_n을 결정하는 것은 복잡한 적분과 삼각함수를 일일이 이용하여 풀면 복잡하기 때문에 2개의 삼각함수의 곱을 1주기에 걸쳐 평균한 아래의 공식을 이용한다.

$$\left.\begin{aligned}\frac{1}{T}\int_0^T \cos n\omega t \cdot \cos m\omega t\, dt &= 0 \quad (m \neq n\text{의경우}) \\ &= \frac{T}{2} \quad (m = n\text{의경우})\end{aligned}\right\} \tag{8-8}$$

$$\left.\begin{aligned}\frac{1}{T}\int_0^T \sin n\omega t \cdot \sin m\omega t\, dt &= 0 \quad (m \neq n\text{의경우}) \\ &= \frac{T}{2} \quad (m = n\text{의 경우})\end{aligned}\right\} \tag{8-9}$$

$$\left.\begin{aligned}\frac{1}{T}\int_0^T \sin n\omega t \cdot \cos m\omega t\, dt &= 0 \\ \frac{1}{T}\int_0^T \cos n\omega t \cdot \sin m\omega t\, dt &= 0\end{aligned}\right\} 0 \tag{8-10}$$

(3) a_n구하기

식(8-2)의 양변에 $\cos m\omega t$를 곱하고, 1주기 0~T까지 적분하면

$$\int_0^T f(t)\cos m\omega t\, dt = a_0\int_0^T \cos m\omega t\, dt + \sum_{n=1}^{\infty} a_n \int_0^T \cos n\omega t \cdot \cos m\omega t\, dt + \sum_{n=1}^{\infty} b_n \int_0^T \sin n\omega t \cdot \cos m\omega t\, dt \tag{8-11}$$

이다.

여기서 우변의 첫째항은 식 (8-4)에 의하여 $a_0\int_0^T \cos m\omega t\, dt = 0$ 이고, 두 번째 항도 식(8-8)에 의하여 $m \neq n$의 경우 : “0”이고, $m = n$의 경우 : $\frac{T}{2}$ 이다. 세 번째 항도 식(8-10)에 의하여 “0”이다. 즉 식(8-11)은 두 번째 항의 $m = n$일 때를 제외하고 모두 “0”이다. 따라서

$$\int_0^T f(t)\cos m\omega t\, dt = a_n \cdot \frac{T}{2} \quad (\text{단, } m = n \text{ 일 때})$$

이므로 a_n은 다음과 같다.

$$\left.\begin{aligned} a_n &= \frac{2}{T}\int_0^T f(t)\cdot\cos n\omega t\,dt \\ &= \frac{1}{\pi}\int_0^{2\pi} f(t)\cdot\cos n\theta\,d(\theta) \\ &= \frac{1}{\pi}\int_0^{2\pi} f(t)\cdot\cos n\theta\,d(\theta)\ (n=1,2,\cdots) \end{aligned}\right\} \quad (8\text{-}12)$$

(4) b_n 구하기

식(8-2)의 양변에 $\sin m\omega t$를 곱하고, 1주기 0~T까지 적분하면

$$\int_0^T f(t)\sin m\omega t\,dt = a_0\int_0^T \sin m\omega t\,dt + \sum_{n=1}^{\infty} a_n\int_0^T \cos n\omega t\cdot\sin m\omega t\,dt + \sum_{n=1}^{\infty} b_n\int_0^T \sin n\omega t\cdot\sin m\omega t\,dt \quad (8\text{-}13)$$

이다.

여기서 우변의 첫째항은 식 (8-5)에 의하여 $a_0\int_0^T \sin m\omega t\,dt = 0$이고, 두 번째 항도 식(8-10)에 의하여 "0"이다. 세 번째 항도 식(8-9)에 의하여 $m \neq n$의 경우 : "0"이고, $m = n$의 경우 : $\frac{T}{2}$이다. 즉 식(8-13)은 세 번째 항의 $m=n$일 때를 제외하고 모두 "0"이다. 따라서

$$\int_0^T f(t)\sin m\omega t\,dt = b_n\cdot\frac{T}{2}\ (\text{단, } m=n \text{ 일 때})$$

이므로 b_n은 다음과 같다.

$$\left.\begin{aligned} b_n &= \frac{2}{T}\int_0^T f(t)\cdot\sin n\omega t\,dt \\ &= \frac{1}{\pi}\int_0^{2\pi} f(t)\cdot\sin n\theta\,d(\theta) \\ &= \frac{1}{\pi}\int_0^{2\pi} f(t)\cdot\sin n\theta\,d(\theta)\ (n=1,2,\cdots) \end{aligned}\right\} \quad (8\text{-}14)$$

8.3 여러 가지 파형의 푸리에 급수

비정현파는 반파대칭, 정현대칭, 여현대칭, 반파정현대칭, 반파여현대칭으로 구분할 수 있고, 비정현파를 해석할 경우에는 우리가 구하여야 할 계수는 직류성분인 a_0와 cosine 성분인 a_n, sine 성분인 b_n의 3가지이다. 그러나 비정현파의 대칭성과 여현, 정현파의 종류에 따라 푸리에 계수 a_0, a_n, b_n 을 보다 간단하게 표현할 수 있다.

(1) 반파대칭

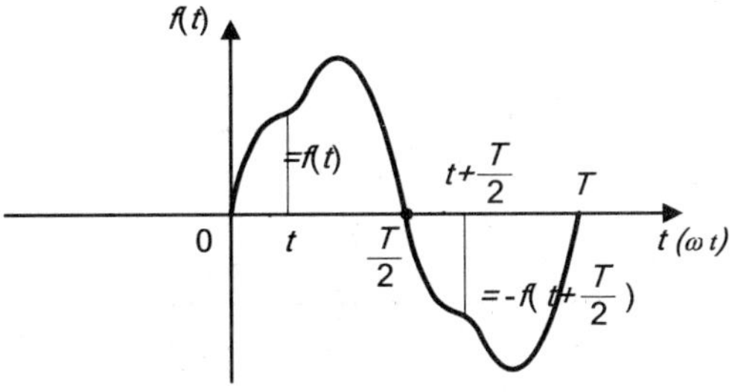

그림 8.3 반파대칭 파형

그림 8.3과 같이 반주기마다 그 크기는 같고 부호가 반대인 경우로 가로축 아래쪽의 파형을 위로 접어 올리면 한 주기 내에 같은 파형이 2개 있는 경우를 말한다. 이 때 한 주기를 T라 하면 함수 $f(t)$는 다음과 같다.

$$f(t) = -f(t+\frac{T}{2}) \tag{8-15}$$

반파대칭의 경우 반주기마다 부호만 다르고 파형이 같으므로 $a_0 = 0$이 되고 a_n, b_n의 적분 범위를 0~$\frac{T}{2}$까지 취하여 2배를 하면 되고 $n = 1, 3, 5 \cdots$의 홀수인 경우에만 성립한다.

$$\left.\begin{aligned} a_n &= 2\times\frac{2}{T}\int_0^{\frac{T}{2}} f(t)\cdot\cos n\omega t\,dt \\ &= \frac{4}{T}\int_0^{\frac{T}{2}} f(t)\cdot\cos n\omega t\,dt \\ &= \frac{2}{\pi}\int_0^{\pi} f(t)\cdot\cos n\theta\,d(\theta) \quad (n = 1, 3, 5, \cdots) \end{aligned}\right\} \tag{8-16}$$

$$\left.\begin{aligned} b_n &= \frac{4}{T}\int_0^{\frac{T}{2}} f(t) \cdot \sin n\omega t dt \\ &= \frac{2}{\pi}\int_0^{\pi} f(t) \cdot \sin n\theta d(\theta) \ \ (n = 1, 3, 5 \cdots) \end{aligned}\right\} \tag{8-17}$$

이다. 그러므로 이때의 Fourier급수는 다음과 같다.

$$\begin{aligned} f(t) = &\ a_1 \cos\omega t + a_3 \cos 3\omega t + a_5 \cos 5\,\omega t + \cdots \\ &+ b_1 \sin\omega t + b_3 \sin 3\omega t + b_5 \sin 5\,\omega t + \cdots \end{aligned} \tag{8-18}$$

(2) 정현대칭(기함수)

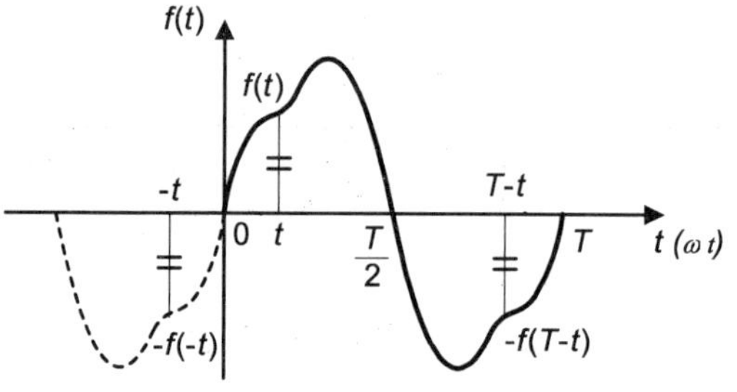

그림 8.4 정현대칭(기함수)

그림 8.4와 같이 기함수의 파형은 정현대칭, 원점대칭이며, 비정현파 $f(t)$가

$$f(t) = -f(-t) \tag{8-19}$$

의 조건을 만족하는 즉 원점에 대하여 대칭인 파를 말하고, sine파는 기함수를 대표한다. 그림8.4에서 (+) 파형과 (−) 파형의 크기가 같으므로 한주기 동안의 평균은 "0"이므로 직류성분 $a_0 = 0$이고, 정현대칭이므로 여현항 a_n은 존재하지 않으므로 a_0, a_n은 구할 필요가 없다. 따라서 $f(t)$는 기수파인 sin항만 존재하므로 sin항의 계수 b_n은 반주기만을 구하여 2배를 해주면 된다.

$$\left.\begin{aligned} b_n &= 2\times\frac{2}{T}\int_0^{\frac{T}{2}} f(t) \sin n\omega t\, dt \\ &= \frac{4}{T}\int_0^{\frac{T}{2}} f(t) \sin n\omega t\, dt \\ &= \frac{2}{\pi}\int_0^{\pi} f(t) \cdot \sin n\theta d(\theta) \ (n = 1, 2, 3 \cdots) \end{aligned}\right\} \tag{8-20}$$

따라서 푸리에 급수 전개식은 다음과 같다.

$$f(t) = b_1 \sin\omega t + b_2 \sin 2\omega t + b_3 \sin 3\omega t + \cdots \tag{8-21}$$

예제 8-1

그림 8.5를 푸리에 급수로 전개하라.

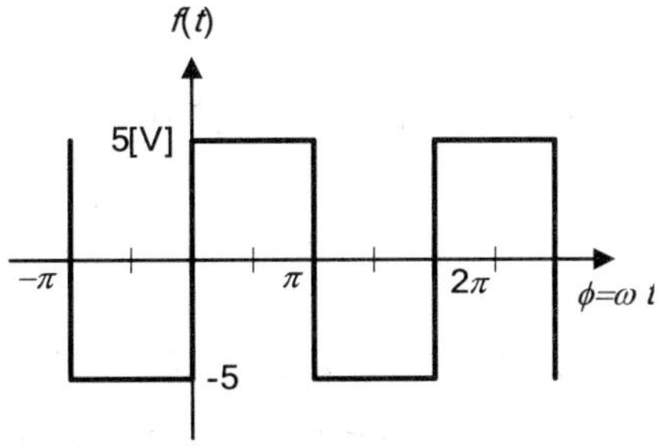

그림 8.5

[풀이] ☞ $f(t)$가 기함수이므로 푸리에 급수에서 $a_0 = 0$, $a_n = 0$이어야 한다.
또한 b_n항도 반주기까지 적분하여 두 배 하면 되므로 식(8-20)에 의하여

$$\begin{aligned} b_n &= \frac{2}{\pi}\int_0^{\pi} f(t)\sin n\theta\, d(\theta) = \frac{2}{\pi}\int_0^{\pi} 5 \cdot \sin n\,\theta\, d(\theta) \\ &= \frac{10}{\pi} \cdot \left(-\frac{1}{n}\right)[\cos n\theta]_0^{\pi} = \frac{10}{\pi} \cdot \left(-\frac{1}{n}\right)[\cos n\pi - 1] \\ &= \frac{10}{\pi} \cdot \frac{1}{n}[1 - \cos n\pi] \end{aligned}$$

여기서 n가 홀수이면 $[1 - \cos n\pi] = 2$, 짝수이면 $[1 - \cos n\pi] = 0$이므로

$$b_n = \frac{10}{\pi} \cdot \frac{1}{n} \cdot 2 = \frac{20}{\pi} \cdot \frac{1}{n} \ (\text{단, } n = 1, 3, 5, 7, \cdots)$$

이 되고, 따라서 푸리에 급수로 전개하면 다음과 같다.

$$\begin{aligned} f(t) &= \frac{20}{\pi}\left(\frac{1}{1}\sin\omega t + \frac{1}{3}\sin 3\omega t + \frac{1}{5}\sin 5\omega t + \cdots\right) \\ &= \frac{20}{\pi}\left(\sin\omega t + \frac{1}{3}\sin 3\omega t + \frac{1}{5}\sin 5\omega t + \cdots\right) \end{aligned}$$

(3) 여현대칭(우함수)

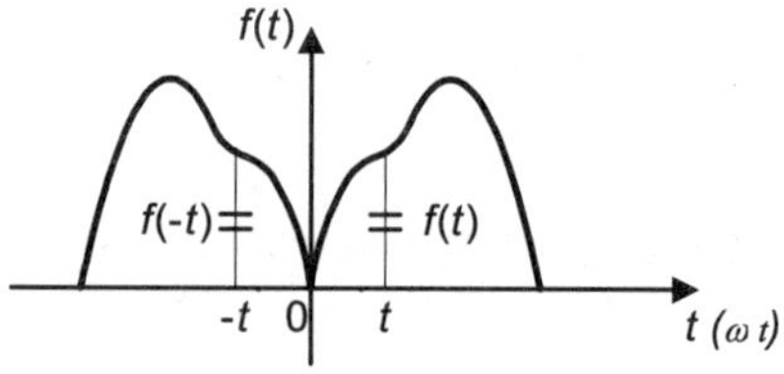

그림 8.6 여현대칭(우함수)

그림 8.6과 같이 우함수의 파형은 여현대칭, Y축대칭이며, 비정현파 $f(t)$가

$$f(t) = f(-t) \tag{8-22}$$

의 조건을 만족하는 즉 Y축 즉 종축에 대하여 대칭인 파를 말하고, cosine파는 우함수를 대표한다. 그림 8.6에서 (+) 파형과 (−) 파형의 크기가 같지 않아도 Y축에 대칭만 되면 되므로 직류분이 존재한다. 또한 여현대칭이므로 정현항 b_n은 존재하지 않으므로 b_n은 구할 필요가 없다. 따라서 $f(t) = f(-t)$을 만족하려면 직류성분 a_0와 우수파인 a_n항만 존재한다.

$$\begin{aligned} a_0 &= 2\times\frac{2}{T}\int_0^{\frac{T}{2}} f(t)\,dt \\ &= \frac{4}{T}\int_0^{\frac{T}{2}} f(t)\,dt = \frac{2}{\pi}\int_0^{\pi} f(t)\,d\theta \end{aligned} \tag{8-23}$$

$$\left.\begin{aligned} a_n &= 2\times\frac{2}{T}\int_0^{\frac{T}{2}} f(t)\cdot\cos n\omega t\,dt \\ &= \frac{4}{T}\int_0^{\frac{T}{2}} f(t)\cdot\cos n\omega t\,dt \\ &= \frac{2}{\pi}\int_0^{\pi} f(t)\cos n\omega t\,d(\omega t) \\ &= \frac{2}{\pi}\int_0^{\pi} f(t)\cos n\theta\,d(\theta) \quad (n=1, 2, 3) \end{aligned}\right\} \tag{8-24}$$

따라서 푸리에 급수 전개식은 다음과 같다.

$$f(t) = a_0 + a_1\cos\omega t + a_2\cos 2\omega t + a_3\cos 3\omega t + \cdots \tag{8-25}$$

예제 8-2

그림 8.7을 푸리에 급수로 전개하라.

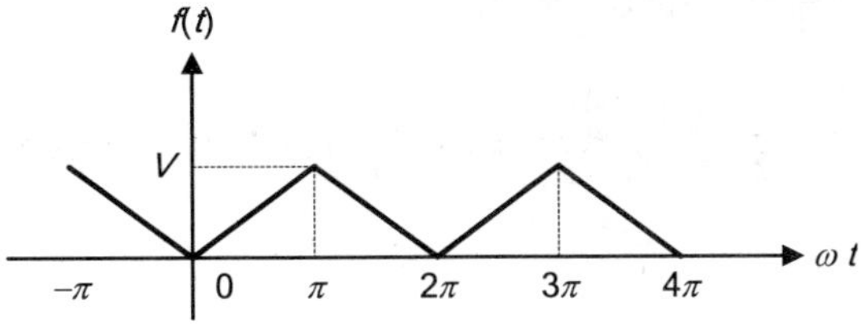

그림 8.7

[풀이] ☞ 그림 8.7의 그림에서 여현대칭 우함수이므로 a_0, a_n항만 존재한다.

$\frac{f(t)}{\omega t} = \frac{V}{\pi}$에서 $f(t) = \frac{V}{\pi}\omega t$이고, $wt = \theta$로 환산하면 $f(t) = \frac{V}{\pi}\theta$이고, 평균값 a_0는 그림 8.7의 면적에서 $\frac{V}{2}$가 된다.

$$\begin{aligned} \therefore \quad a_n &= \frac{2}{\pi}\int_0^{\pi} f(t)\cos n\theta \, d(\theta) \\ &= \frac{2}{\pi}\int_0^{\pi}\frac{V}{\pi}\theta\cos n\theta \, d(\theta) \\ &= \frac{2V}{\pi^2}\int_0^{\pi}\theta\cos n\theta \, d(\theta) \end{aligned}$$

이고, 여기서 $\int u\,dv = uv - \int v\,du$의 부분적분 공식을 이용

$u = \theta,\ dv = \cos n\theta \, d(\theta),\ v = \frac{1}{n}\sin n\theta$라 하면 ($\because dv = \cos n\theta \, d\theta$ 의 양변을 적분하면 $\int dv = \int \cos n\theta \, d(\theta)$, $\quad \therefore\ v = \frac{1}{n}\sin n\theta$

$$\begin{aligned} a_n &= \frac{2V}{\pi^2}\int_0^{\pi}\theta\cos n\theta \, d(\theta) \\ &= \frac{2V}{\pi^2}\left\{\left[\frac{\theta}{n}\sin n\theta\right]_0^{\pi} - \int_0^{\pi}\frac{1}{n}\sin n\theta \, d\theta\right\} \\ &= \frac{2V}{\pi^2}\left[0 + \frac{1}{n^2}\cos n\theta\right]_0^{\pi} \\ &= \frac{2V}{\pi^2}\left[\frac{1}{n^2}\cos n\theta\right]_0^{\pi} \\ &= \frac{2V}{n^2\pi^2}(\cos n\pi - 1) \end{aligned}$$

이다. 따라서

$n=$ 홀수의 경우 : $(\cos n\pi - 1) = -2$가 되어 $-\dfrac{4V}{n^2\pi^2}$이고,
$n=$ 짝수의 경우 : "0"이다.

$$\therefore \quad f(t) = \frac{V}{2} - \frac{4V}{\pi^2}\left[\cos wt + \frac{1}{3^2}\cos 3wt + \frac{1}{5^2}\cos 5wt + \cdots\right]$$

이 된다.

(4) 반파 및 정현대칭

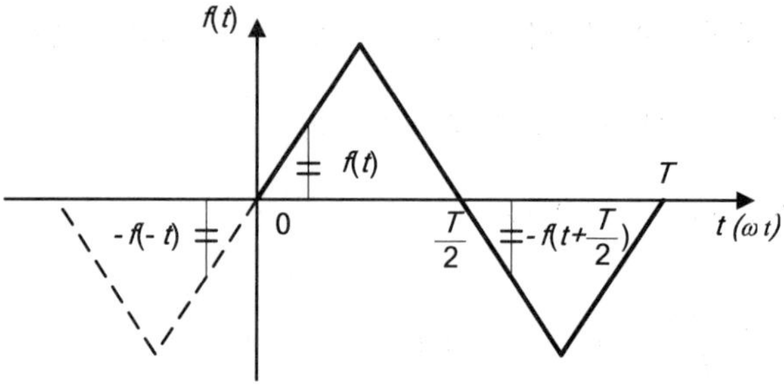

그림 8.8 반파 및 정현대칭파

그림 8.8의 파형은 반파 및 정현대칭이 되며 주기를 T라 하면 비정현파 $f(t)$가

$$f(t) = -f(t+\frac{T}{2}), \quad f(t) = -f(-t) \tag{8-26}$$

의 조건을 만족하는 파를 말한다. 정현대칭의 경우 a_0, a_n = "0"이고, b_n항만 존재하고, $\frac{1}{4}$주기에 대한 식을 적분하여 4배하면 된다.

$$\left.\begin{aligned} b_n &= 4\times\frac{2}{T}\int_0^{\frac{T}{4}} f(t)\sin n\omega t\,dt \\ &= \frac{8}{T}\int_0^{\frac{T}{4}} f(t)\sin n\omega t\,dt \\ &= \frac{4}{\pi}\int_0^{\frac{\pi}{2}} f(t)\sin n\theta\,d(\theta) \quad (n=1,2,3,\cdots) \end{aligned}\right\} \tag{8-27}$$

이때의 Fourier 급수는 다음과 같다.

$$f(t) = b_1\sin\omega t + b_2\sin 2\omega t + b_3\sin 3\omega t + \cdots + b_n\sin n\omega t \tag{8-28}$$

예제 8-3

그림 8-9를 Fourier 급수로 전개하라.

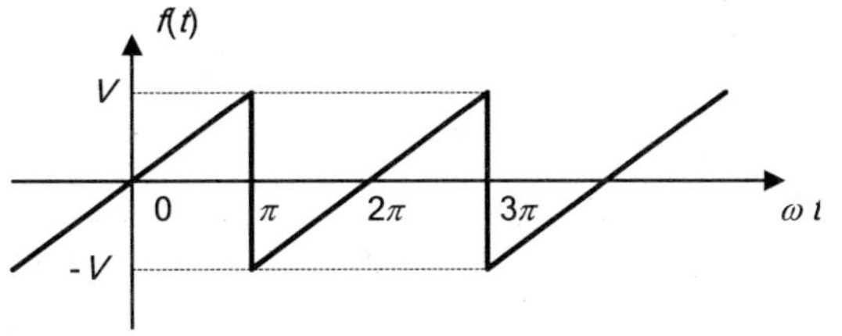

그림 8.9

[풀이] ☞ 그림 8.9에서 반파 및 정현대칭 기함수이므로 b_n항만 존재한다.

$\dfrac{f(t)}{wt} = \dfrac{V}{\pi}$에서 $f(t) = \dfrac{V}{\pi}wt$이고, $wt = \theta$로 환산하면, $f(t) = \dfrac{V}{\pi}\theta$이다.

$$b_n = \frac{2}{\pi}\int_0^\pi f(t)\sin n\theta d(\theta)$$
$$= \frac{2}{\pi}\int_0^\pi \frac{V}{\pi}\theta \sin n\theta d(\theta) = \frac{2V}{\pi^2}\int_0^\pi \theta \sin n\theta d(\theta)$$

여기서 $\int u dv = uv - \int v du$에서

$$u = \theta,\ dv = \sin n\theta d(\theta),\ v = -\frac{1}{n}\cos n\theta \text{이다.}$$
$$b_n = \frac{2V}{\pi^2}\int_0^\pi \theta \sin n\theta d(\theta) = \frac{2V}{\pi^2}\left[-\frac{\theta}{n}\cos n\theta\right]_0^\pi - \int_0^\pi (-\frac{1}{n})\cos n\theta d\theta$$
$$= \frac{2V}{\pi^2}\left[-\frac{\theta}{n}\cos n\theta + \frac{1}{n^2}\sin n\theta\right]_0^\pi = \frac{2V}{\pi^2}\left[-\frac{\theta}{n}\cos n\theta\right]_0^\pi$$
$$= -\frac{2V}{n\pi}\cos n\pi \text{ 이다.}$$

따라서 $n=$ 홀수의 경우 (+), $n=$ 짝수의 경우 (−) 부호가 되어

$$f(t) = \frac{2V}{\pi}\left[\sin\omega t - \frac{1}{2}\sin 2\omega t + \frac{1}{3}\sin 3\omega t + - \cdots\right]$$

이 된다.

(5) 반파 및 여현대칭

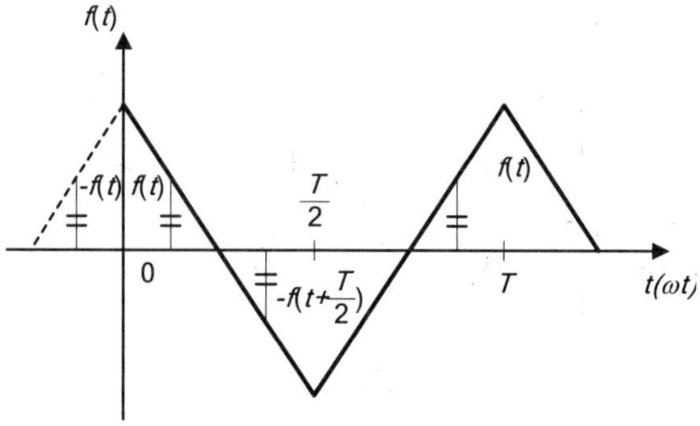

그림 8.10 반파 및 여현대칭파

그림 8.10의 파형은 반파 및 여현대칭이 되며 주기를 T 라 하면 비정현파 $f(t)$가

$$f(t) = -f(t+\frac{T}{2}), f(t) = -f(t) \tag{8-29}$$

의 조건을 만족하는 파를 말한다. 여현대칭의 경우 b_n = "0"이고, a_0, a_n항이 존재하고, 반파대칭의 경우 $a_0 = 0$, a_n, b_n항의 홀수계수만 존재하므로 a_n항을 구할 때 $\frac{1}{4}$주기에 대한 식을 적분하여 4배하면 된다.

$$\left.\begin{aligned} a_n &= 4\times\frac{2}{T}\int_0^{\frac{T}{4}} f(t)\cos n\omega t\,dt \\ &= \frac{8}{T}\int_0^{\frac{T}{4}} f(t)\cos n\omega t\,dt \\ &= \frac{4}{\pi}\int_0^{\frac{\pi}{2}} f(t)\cos n\omega t\,dt(\omega t) \\ &= \frac{4}{\pi}\int_0^{\frac{\pi}{2}} f(t)\cos n\theta\, d(\theta)\ \ (n=1,3,5,\cdots) \end{aligned}\right\} \tag{8-30}$$

이때의 Fourier 급수는 다음과 같다.

$$f(t) = a_1\cos wt + a_3\cos 3wt + a_5\cos 5wt + \cdots + a_n\cos nwt \tag{8-31}$$

예제 8-4

그림 8.11과 같은 파형을 Fourier 급수로 전개하라.

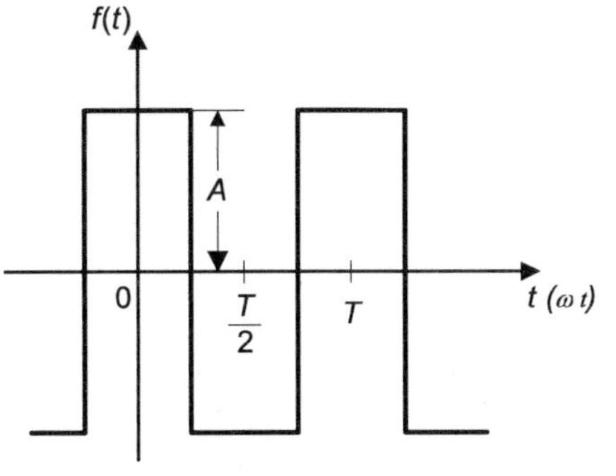

그림 8.11

[풀이] ☞ 그림 8.11에서 여현대칭(우함수)인 동시에 반파대칭성을 갖고 있다. 우함수는 a_n항만 존재하고, 반파대칭파는 기수고조파 성분만 존재한다. 따라서 Fourier급수의 전개식은 n가 홀수인 a_n만 존재한다.

따라서

$$a_n = \frac{4}{\pi}\int_0^{\frac{\pi}{2}} f(t)\cos n\theta\, d(\theta) = \frac{4}{\pi}\int_0^{\frac{\pi}{2}} A\cos n\theta\, d(\theta)$$

$$= \frac{4A}{\pi}\frac{1}{n}[\sin n\theta]_0^{\frac{\pi}{2}} = \frac{4A}{\pi n}[\sin n\frac{\pi}{2}]$$

$n = 1, 5, 9$의 경우 : $\frac{4A}{n\pi}$, $n = 3, 7, 11$의 경우 : $-\frac{4A}{n\pi}$이므로

$$\therefore \quad f(t) = \frac{4A}{\pi}(\cos wt - \frac{1}{3}\cos 3wt + \frac{1}{5}\cos 5wt - \frac{1}{7}\cos 7wt + \cdots)$$

가 된다.

8.4 비정현파의 실효값과 전력

(1) 실효값

주기적으로 변하는 전압이나 전류의 실효값은 파형에 관계없으므로 정현파에서 정의한 실효값과 같게 표시된다. 따라서 전압의 실효값은 다음과 같다.

$$V = \sqrt{\frac{1}{T}\int_0^T v^2\,dt} = \sqrt{\frac{1}{2\pi}\int_0^{2\pi} v^2\,dt} \tag{8-32}$$

아래의 주기적인 비정현파 전압의 순시값 v을 임의의 회로에 인가하였다고 하자.

$$\begin{aligned} v &= V_0 + \sum_{n=1}^{\infty} V_{mn}\sin(nwt+\theta_n) \\ &= V_0 + V_{m1}\sin(wt+\theta_1) + V_{m2}\sin(2wt+\theta_2) + \cdots \end{aligned} \tag{8-33}$$

여기서 V_{mn}은 n차 고조파의 최대값이다. 식(8-33)을 제곱하면

$$v^2 = [V_0 + V_{m1}\sin(wt+\theta_1) + V_{m2}\sin(2wt+\theta_2) + \cdots]^2 \tag{8-34}$$

이다. 식(8-32)을 양변 제곱하고 식(8-34)을 대입하면

$$\begin{aligned} V^2 &= \frac{1}{2\pi}\int_0^{2\pi} v^2\,dt \\ &= \frac{1}{2\pi}\int_0^{2\pi}[V_0 + V_{m1}\sin(wt+\theta_1) + V_{m2}\sin(2wt+\theta_2) + \cdots]^2\,dt \\ &= \frac{1}{2\pi}\int_0^{2\pi}[V_0^2 + V_{m1}^2\sin^2(wt+\theta_1) + V_{m2}^2\sin^2(2wt+\theta_2) + \cdots \\ &\quad + 2V_0V_{m1}\sin(wt+\theta_1) + 2V_0V_{m2}\sin(2wt+\theta_2) + \cdots \\ &\quad + 2V_{m1}V_{m2}\sin(wt+\theta_1)\sin(2wt+\theta_2) + \cdots]\,dt \end{aligned} \tag{8-35}$$

가 되고 식(8-35)의 각 항을 적분하면

① $\displaystyle \frac{1}{2\pi}\int_0^{2\pi} V_0^2\,d\theta = V_0^2 \rightarrow$ 직류(평균)값

② $\displaystyle \frac{1}{2\pi}\int_0^{2\pi}[V_{m1}^2\sin^2(wt+\theta_1) + V_{m2}^2\sin^2(2wt+\theta_2) + \cdots]\,d\theta$

$$\begin{aligned} &= \frac{1}{2\pi}\int_0^{2\pi} V_{mn}^2\sin^2(nwt+\theta_n)\,d\theta \\ &= \frac{V_{mn}^2}{2\pi}\int_0^{2\pi}\frac{1}{2}[1-\cos(nwt+\theta_n)]\,d\theta \\ &= \frac{V_{mn}^2}{2\pi}\times\pi = \frac{V_{mn}^2}{2} = V_n^2 \rightarrow \text{실효값} \end{aligned}$$

③ $\frac{1}{2\pi}\int_0^{2\pi}[2\,V_0\,V_{m1}\sin(wt+\theta_1)+2\,V_0\,V_{m2}\,\sin(2wt+\theta_2)+\,\cdots]\,dt$

$$=\frac{1}{2\pi}\int_0^{2\pi}2\,V_0\,V_{mn}\sin(nwt+\theta_n)\,dt$$

$$=\frac{2\,V_0\,V_{mn}}{2\pi}\int_0^{2\pi}\sin(nwt+\theta_n)\,dt$$

$$=\frac{2\,V_0\,V_{mn}}{2\pi}\times 0=0$$

④ $\frac{1}{2\pi}\int_0^{2\pi}2\,V_{m1}\,V_{m2}\sin(wt+\theta_1)\,\sin(2wt+\theta_2)+\,\cdots]\,dt$

$$=\frac{1}{2\pi}\int_0^{2\pi}2\,V_{mj}\,V_{mk}\sin(jwt+\theta_j)\,\sin(kwt+\theta_k)\,dt$$

$$=\frac{2\,V_{mj}\,V_{mk}}{2\pi}\int_0^{2\pi}\frac{1}{2}[\cos(jwt+\theta_j-kwt-\theta_k)-\cos(jwt+\theta_j+kwt+\theta_k)\,dt$$

$$=\frac{V_{mj}\,V_{mk}}{\pi}\times 0=0$$

으로 된다. 따라서

$$V^2=V_0^2+V_n^2 \tag{8-36}$$

이 되어 비정현파의 실효전압 값은 다음과 같다.

$$\left.\begin{aligned} V&=\sqrt{V_0^2+\left(\frac{V_{m1}}{\sqrt{2}}\right)^2+\left(\frac{V_{m2}}{\sqrt{2}}\right)^2+\,\cdots\,+\left(\frac{V_{mn}}{\sqrt{2}}\right)^2}\\ &=\sqrt{V_0^2+V_1^2+V_2^2+\,\cdots\,+V_n^2}\ [\mathrm{V}]\end{aligned}\right\} \tag{8-37}$$

전류에 대한 실효값도 같은 방법으로 표시하면 다음과 같다.

$$I=\sqrt{I_0^2+I_1^2+I_2^2+\,\cdots\,+I_n^2}\ [\mathrm{A}] \tag{8-38}$$

비정현파에서는 기본파 성분의 실효값을 기준으로 했을 때 고조파 성분의 실효값의 비율을 왜형율(distortion factor : D)또는 왜율이라 한다.

$$D = \frac{\text{고조파의 실효값}}{\text{기본파의 실효값}} = \frac{\sqrt{I_2^2 + I_3^2 + I_4^2 + \cdots}}{I_1} \times 100[\%] \tag{8-39}$$

예제 8-5

비정현파의 전압 $v = 100\sqrt{2}\sin wt + 50\sqrt{2}\sin 2wt + 30\sqrt{2}\sin 3wt$[V]일 때 실효전압을 구하라.

[풀이] ☞ 식(8-37)로부터

$$\begin{aligned} V &= \sqrt{\left(\frac{100\sqrt{2}}{\sqrt{2}}\right)^2 + \left(\frac{50\sqrt{2}}{\sqrt{2}}\right)^2 + \left(\frac{30\sqrt{2}}{\sqrt{2}}\right)^2} \\ &= \sqrt{100^2 + 50^2 + 30^2} \\ &= 115.8[\text{V}] \end{aligned}$$

예제 8-6

비정현파 전류 $i = 30\sin wt + 10\cos 3wt + 5\sin 5wt$[A]일 때 왜형율[%]를 구하라.

[풀이] ☞ 식(8-39)로부터

$$\begin{aligned} D &= \frac{\text{고조파의 실효값}}{\text{기본파의 실효값}} = \frac{\sqrt{I_3^2 + I_5^2 + \cdots}}{I_1} \times 100[\%] \\ &= \frac{\sqrt{\left(\frac{10}{\sqrt{2}}\right)^2 + \left(\frac{5}{\sqrt{2}}\right)^2}}{\frac{30}{\sqrt{2}}} = 37.3[\%] \end{aligned}$$

(2) 전력

비정현파의 전압과 전류의 순시값을 각각 v, i라 하면

$$v = V_0 + \sum_{n=1}^{\infty} V_{mn} \sin(nwt + \alpha_n)$$

$$i = I_0 + \sum_{n=1}^{\infty} I_{mn} \sin(nwt + \beta_n) \tag{8-40}$$

순시전력

$$p = v \cdot i = \left\{ V_0 + \sum_{n=1}^{\infty} V_{mn} \sin(nwt + \alpha_n) \right\} \cdot \left\{ I_0 + \sum_{n=1}^{\infty} I_{mn} \sin(nwt + \beta_n) \right\}$$

$$= V_0 I_0 + V_0 \sum_{n=1}^{\infty} I_{mn} \sin(nwt + \beta_n) + I_0 \sum_{n=1}^{\infty} V_{mn} \sin(nwt + \alpha_n)$$

$$+ \sum_{n=1}^{\infty} V_{mn} I_{mn} \sin(nwt + \alpha_n) \sin(nwt + \beta_n) \tag{8-41}$$

이 되고, 유효전력(평균전력) P는

$$P = \frac{1}{T} \int_0^T p\, dt = \frac{1}{2\pi} \int_0^{2\pi} p\, d\theta \tag{8-42}$$

로 계산하므로 식(8-41)을 식(8-42)에 적용하면 다음과 같다.

$$P = \frac{1}{2\pi} \int_0^{2\pi} [V_0 I_0 + V_0 \sum_{n=1}^{\infty} I_{mn} \sin(nwt + \beta_n) + I_0 \sum_{n=1}^{\infty} V_{mn} \sin(nwt + \alpha_n)$$

$$+ \sum_{n=1}^{\infty} V_{mn} I_{mn} \sin(nwt + \alpha_n) \sin(nwt + \beta_n)]\, dt \tag{8-43}$$

실효값의 계산 방법으로 식(8-43)의 각항을 적분하면 다음과 같다.

① $\frac{1}{2\pi} \int_0^{2\pi} V_0\, I_0\, dt = V_0\, I_0$

② $\frac{1}{2\pi} \int_0^{2\pi} [V_0 \sum_{n1}^{\infty} I_{mn} \sin(nwt + \beta_n)]\, d\theta = 0$

③ $\frac{1}{2\pi} \sum_{n=1}^{\infty} \int_0^{2\pi} [I_0 \sum_{n=1}^{\infty} V_{mn} \sin(nwt + \alpha_n)]\, d\theta = 0$

④ $\frac{1}{2\pi} \sum_{n=1}^{\infty} \int_0^{2\pi} [V_{mn} I_{mn} \sin(nwt + \alpha_n) \sin(nwt + \beta_n)]\, d\theta$

$$= \sum_{n=1}^{\infty} \frac{V_{mn} I_{mn}}{2\pi} [\int_0^{2\pi} \frac{1}{2} \cos(nwt + \alpha_n - nwt - \beta_n)$$

$$- \cos(nwt + \alpha_n + nwt + \beta_n)]\, d\theta$$

$$= \sum_{n=1}^{\infty} \frac{V_{mn} I_{mn}}{4\pi} [\int_0^{2\pi} \cos(\alpha_n - \beta_n) - \cos(2nwt + \alpha_n + \beta_n)]\, d\theta$$

$$= \sum_{n=1}^{\infty} \frac{V_{mn} I_{mn}}{4\pi} [\int_0^{2\pi} \cos(\alpha_n - \beta_n) d\theta - \int_0^{2\pi} \cos(2nwt + \alpha_n + \beta_n) d\theta]$$

$$= \sum_{n=1}^{\infty} \frac{V_{mn} I_{mn}}{4\pi} \cdot \cos\theta_n \cdot 2\pi = \frac{V_{mn} I_{mn}}{2} \cdot \cos\theta_n$$

$$= \sum_{n=1}^{\infty} V_n I_n \cos\theta_n$$

여기서 V_n, I_n은 각 고조파 전압, 전류의 실효값이며 $\theta_n = \alpha_n - \beta_n$로 고조파 전압, 전류의 위상차이다. ②항과 ③항이 "0"이므로 따라서 비정현파의 유효전력(평균전력)은 다음과 같다.

$$P = V_0 I_0 + \sum_{n=1}^{\infty} V_n I_n \cos\theta_n$$

$$= V_0 I_0 + V_1 I_1 \cos\theta_1 + V_2 I_2 \cos\theta_2 + V_3 I_3 \cos\theta_3 + \cdots \tag{8-44}$$

$$= P_0 + P_1 + P_2 + P_3 + \cdots [W]$$

또한 비정현파의 피상전력은 전압과 전류의 실효값의 곱으로 나타내고

$$P_a = V_n I_n$$

$$= \sqrt{(V_0^2 + V_1^2 + V_2^2 + \cdots + V_n^2)\ (I_0^2 + I_1^2 + I_2^2 + \cdots I_n^2)}\ [VA] \tag{8-45}$$

역률 $\cos\theta$는 다음과 같다.

$$\cos\theta = \frac{P}{P_a} \times 100[\%] \tag{8-46}$$

예제 8-7

비정현파의 전압 및 전류의 값이

$$v = 100\sin wt - 50\sin(3wt + 30^0) + 20\sin(5wt + 45^0)[V],$$

$$i = 20\sin(wt + 30^0) + 10\sin(3wt - 30^0) + 5\cos 5wt[A]$$

라면 유효전력을 구하라.

[풀이] ☞ 전류 i의 3항은 cos이므로 i를 sin으로 바꾸어 다시 표현하면

$$i = 20\sin(wt + 30^\circ) + 10\sin(3wt - 30^\circ) + 5\sin(5wt + 90^\circ)$$

$$\begin{aligned}\therefore\ P &= P_1 + P_3 + P_5 \\ &= V_1 I_1 \cos\theta_1 + V_3 I_3 \cos\theta_3 + V_5 I_5 \cos\theta_5 \\ &= \frac{100}{\sqrt{2}} \cdot \frac{20}{\sqrt{2}}\cos 30^\circ - \frac{50}{\sqrt{2}} \cdot \frac{10}{\sqrt{2}}\cos 60^\circ + \frac{20}{\sqrt{2}} \cdot \frac{5}{\sqrt{2}}\cos 45^\circ \\ &= \frac{2000}{2} \bullet \frac{\sqrt{3}}{2} - \frac{500}{2} \bullet \frac{1}{2} + \frac{100}{2} \bullet \frac{1}{\sqrt{2}} \\ &= 776.4[\mathrm{W}]\end{aligned}$$

8.5 비정현파 교류회로의 해석

(1) 저항만의 회로

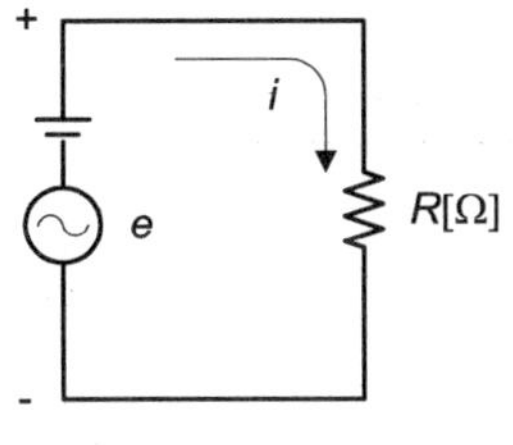

그림 8.12

그림 8.12의 저항만의 회로에서 $e = V_{mn}\sin(\omega t + \theta_n)$이라면 비정현파 전압

$$v = V_0 + V_{m1}\sin(wt + \theta_1) + V_{m2}\sin(2wt + \theta_2) + \cdots \tag{8-47}$$

을 인가하면 회로에 흐르는 전류 i는 다음과 같다.

$$i = \frac{v}{R} = \frac{V_0}{R} + \frac{V_{m1}}{R}\sin(wt + \theta_1) + \frac{V_{m2}}{R}\sin(2wt + \theta_2) + \cdots \tag{8-48}$$

이때 직류분, 기본파 및 각 고조파의 실효값전류는

$$I_0 = \frac{V_0}{R},\ I_1 = \frac{V_1}{R},\ I_2 = \frac{V_2}{R},\ \cdots \tag{8-49}$$

이다. 따라서 전압, 전류의 위상은 같게 되어 왜형율은 같음을 알 수 있다.

예제 8-8

그림 8.13의 회로에서 $V_d = 14$[V], $V_m = 48\sqrt{2}$[V], $R = 20$[Ω]의 경우 전류의 실효값을 구하라.

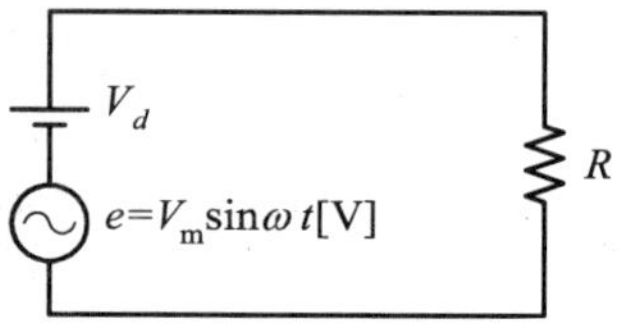

그림 8.13

[풀이] ☞ 회로에서 $v = 14 + 48\sqrt{2}\sin wt$[V]이므로

$$I = \frac{V}{R} = \frac{\sqrt{14^2 + 48^2}}{20} = 2.5[A]$$

(2) 인덕턴스만의 회로

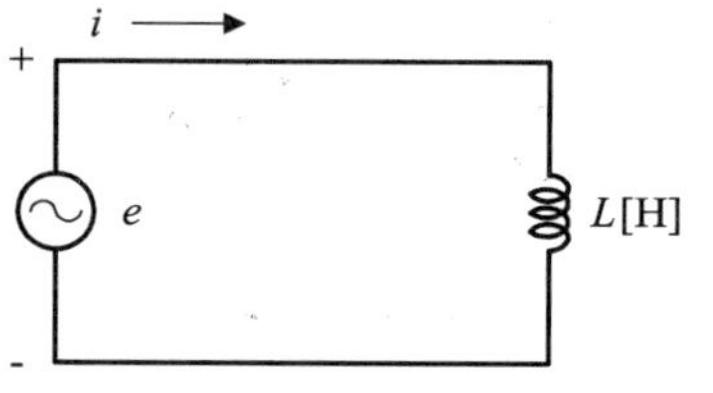

그림 8.14

그림 8.14의 인덕턴스만의 회로에서 식(8-47)과 같은 비정현파 전압을 인가하면 회로에 흐르는 전류 i는 전압보다 위상이 $\frac{\pi}{2}$만큼 늦으므로 다음과 같다.

$$\begin{aligned} i &= 0 + \frac{V_{m1}}{jwL}\sin(wt+\theta_1) + \frac{V_{m2}}{j2wL}\sin(2wt+\theta_2) + \cdots \\ &= \frac{V_{m1}}{wL}\sin\left(wt+\theta_1-\frac{\pi}{2}\right) + \frac{V_{m2}}{2wL}\sin\left(2wt+\theta_2-\frac{\pi}{2}\right) + \cdots \end{aligned} \tag{8-50}$$

이때 기본파 및 각 고조파의 실효값전류는

$$I_0 = 0,\quad I_1 = \frac{V_1}{wL},\ I_2 = \frac{V_2}{2wL},\ \cdots \tag{8-51}$$

이다. 따라서 인덕턴스만의 회로에서는 고조파의 차수가 높을수록 고조파 전류가 감소되어 결과적으로 전류의 파형은 전압의 파형에 비하여 왜형율이 적어져 파형이 개선되어 정현파에 가까워짐을 알 수 있다.

예제 8-9

전류 $i = 5 + 10\sqrt{2}\sin 100t + 5\sqrt{2}\sin 200t$ [A]가 1[H]의 인덕터에 흐르고 있다면 전류의 실효값을 구하라.

[풀이] ☞ $I = \sqrt{I_0^2 + I_1^2 + I_2^2} = \sqrt{5^2 + 10^2 + 5^2} = \sqrt{150} = 12.25$[A]

(3) 정전용량만의 회로

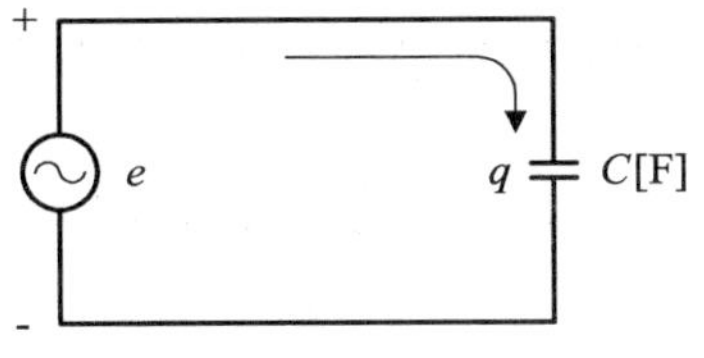

그림 8.15

그림 8.15의 인덕턴스만의 회로에서 식(8-47)과 같은 비정현파 전압을 인가하면 회로에 흐르는 전류 i는 전압보다 위상이 $\frac{\pi}{2}$만큼 앞서므로 다음과 같다.

$$i = 0 + \frac{V_{m1}}{\frac{1}{jwC}}\sin(wt+\theta_1) + \frac{V_{m2}}{\frac{1}{j2wC}}\sin(2wt+\theta_2) + \cdots$$

$$= wC\,V_{m1}\sin\left(wt+\theta_1+\frac{\pi}{2}\right) + 2wC\,V_{m2}\sin\left(2wt+\theta_2+\frac{\pi}{2}\right) + \cdots \quad (8\text{-}52)$$

이때 기본파 및 각 고조파의 실효값전류는

$$I_0 = 0,\ I_1 = wC\,V_1,\ I_2 = 2wC\,V_2,\ \cdots \quad (8\text{-}53)$$

이다. 따라서 정전용량만의 회로에서는 고조파의 차수가 높을수록 고조파 전류가 증가하여 결과적으로 전류의 파형은 전압의 파형보다 왜형율이 더 크게 됨을 알 수 있다.

예제 8-10

$v = V_1 \sin(wt + \theta_1) + V_3 \sin(3wt + \theta_3)$[V]의 비정현파 전압을 C[F]의 콘덴서에 인가했을 때 전류의 실효값을 구하라.

[풀이] ☞ $i = wC V_1 \sin(wt + \theta_1 + \frac{\pi}{2}) + 3wC V_3 \sin(3wt + \theta_3 + \frac{\pi}{2})$이므로

$$I = \sqrt{\left(\frac{wC V_1}{\sqrt{2}}\right)^2 + \left(\frac{3wC V_3}{\sqrt{2}}\right)^2} = \sqrt{\frac{(wC V_1)^2 + (3wC V_3)^2}{2}}$$

$$= \frac{wC}{\sqrt{2}} \cdot \sqrt{V_1^2 + 9V_3^2}$$

(4) R-L 직렬회로

$R-L$ 직렬회로에서 다음과 같은 비정현파 전압을 인가하면

$$v = V_0 + V_{m1} \sin(wt + \alpha_1) + V_{m3} \sin(3wt + \alpha_3) + \cdots \tag{8-54}$$

회로에 흐르는 전류 i는 전압보다 위상이 θ만큼 늦으므로 다음과 같다.

$$i = \frac{V_{m1}}{Z_1} \sin(wt + \alpha_1 - \theta_1) + \frac{V_{m3}}{Z_3} \sin(3wt + \alpha_3 - \theta_3) + \cdots \tag{8-55}$$

이때 기본파 및 각 고조파의 실효값전류는

$$I_0 = \frac{V_0}{R},\ I_1 = \frac{V_1}{Z_1},\ I_3 = \frac{V_3}{Z_3} \tag{8-56}$$

이다. 비정현파의 전압성분이 기본파와 제3고조파를 포함하고 있으므로 기본파에 대한 임피던스와 위상각은 다음과 같다.

$$\boldsymbol{Z_1} = R + jwL = \sqrt{R^2 + (wL)^2}\ \angle \tan^{-1}\frac{wL}{R} = Z_1 \angle \theta_1 \tag{8-57}$$

$$\boldsymbol{Z_3} = R + j3wL = \sqrt{R^2 + (3wL)^2}\ \angle \tan^{-1}\frac{3wL}{R} = Z_3 \angle \theta_3 \tag{8-58}$$

따라서 $R-L$ 직렬회로도 고조파의 차수가 높을수록 고조파 전류가 감소되어 결과적으로

전류의 파형은 전압의 파형에 비하여 왜형율이 적어져 파형이 개선되어 정현파에 가까워짐을 알 수 있다.

예제 8-11

$R-L$ 직렬회로에 $v = 100\sqrt{2}\sin(wt+60^0) + 50\sqrt{2}\sin(3wt+30^0)$[V]인 비정현파 전압을 인가할 때 순시전류 i와 실효전류 I를 구하라. (단, $R = 4[\Omega]$, $wL = 3[\Omega]$이다.)

[풀이] ☞ 인가한 비정현파의 전압성분이 기본파와 제3고조파를 포함하고 있으므로 기본파에 대한 임피던스와 위상각은

$$Z_1 = \sqrt{R^2 + (wL)^2} = \sqrt{4^2+3^2} = 5[\Omega]$$

$$\theta_1 = \tan^{-1}\frac{wL}{R} = \tan^{-1}\frac{3}{4} = 36.9^0$$

이고, 제3고조파에 대한 임피던스와 위상각은

$$Z_3 = \sqrt{R^2 + (3wL)^2} = \sqrt{4^2 + (3\times 3)^2} \fallingdotseq 7.2\ [\Omega]$$

$$\theta_3 = \tan^{-1}\frac{3wL}{R} = \tan^{-1}\frac{9}{4} = 66^0$$

이다. 따라서 순시전류 i는

$$i = i_1 + i_3 = \frac{100\sqrt{2}}{5}\sin(wt + 60^0 - 36.9^0) + \frac{50\sqrt{2}}{7.2}\sin(3wt + 30^0 - 66^0)$$

$$= 20\sqrt{2}\sin(wt + 23.1^0) + 6.95\sin(3wt - 36^0)$$

이고, 실효값 I는 다음과 같다.

$$I = \sqrt{(\frac{20\sqrt{2}}{\sqrt{2}})^2 + \sqrt{(\frac{6.95}{\sqrt{2}})^2}} \fallingdotseq 20.6[A]$$

(5) R-C 직렬회로

$R-C$ 직렬회로에서 다음과 같은 비정현파 전압을 인가하면

$$v = V_0 + V_{m1}\sin(wt + \alpha_1) + V_{m3}\sin(3wt + \alpha_3) + \cdots \tag{8-59}$$

회로에 흐르는 전류 i는 전압보다 위상이 θ만큼 앞서므로 다음과 같다.

$$i = \frac{V_{m1}}{Z_1}\sin(wt+\alpha_1+\theta_1)+\frac{V_{m3}}{Z_3}\sin(3wt+\alpha_3+\theta_3)+\cdots \tag{8-60}$$

이때 기본파 및 각 고조파의 실효값전류는

$$I_0 = \frac{V_0}{R},\ I_1 = \frac{V_1}{Z_1},\ I_3 = \frac{V_3}{Z_3} + \cdots \tag{8-61}$$

이다. 비정현파의 전압성분이 기본파와 제3고조파를 포함하고 있으므로 기본파에 대한 임피던스와 위상각은 다음과 같다.

$$\boldsymbol{Z_1} = R - j\frac{1}{wC} = \sqrt{R^2+\left(-\frac{1}{wC}\right)^2}\ \angle -\tan^{-1}\frac{1}{wCR} = Z_1\angle-\theta_1 \tag{8-62}$$

$$\boldsymbol{Z_3} = R - j\frac{1}{3wC} = \sqrt{R^2+\left(-\frac{1}{3wC}\right)^2}\ \angle -\tan^{-1}\frac{1}{3wCR} = Z_3\angle-\theta_3 \tag{8-63}$$

따라서 $R-C$ 직렬회로에서는 고조파의 차수가 높을수록 고조파 전류가 증가하여 결과적으로 전류의 파형은 전압의 파형보다 왜형율이 크게 됨을 알 수 있다.

예제 8-12

$R-C$ 직렬회로에 $v = 120\sqrt{2}\sin(wt+\theta_1)+60\sqrt{2}\sin(3wt+\theta_3)+30\sqrt{2}\sin(5wt+\theta_5)$[V]인 비정현파 전압을 인가할 때 흐르는 실효전류 I를 구하라. (단, $R=4[\Omega]$, $\frac{1}{wC}=36[\Omega]$이다.)

[풀이] ☞ 인가한 비정현파의 전압성분이 기본파와 제3고조파, 제5고조파를 포함하고 있으므로 각 임피던스를 구하면 다음과 같다.

$$Z_1 = \sqrt{R^2+(-\frac{1}{wC})^2} = \sqrt{4^2+(-36)^2} = 36.2[\Omega]$$

$$Z_3 = \sqrt{R^2+(-\frac{1}{3wC})^2} = \sqrt{4^2+(-\frac{36}{3})^2} = 12.6[\Omega]$$

$$Z_5 = \sqrt{R^2+(-\frac{1}{5wC})^2} = \sqrt{4^2+(-\frac{36}{5})^2} = 8.2[\Omega]$$

각 고조파 전류의 실효값을 구하면

$$I_1 = \frac{V_1}{Z_1} = \frac{\frac{120\sqrt{2}}{\sqrt{2}}}{36.2} = \frac{120}{36.2} = 3.3[\text{A}],$$

$$I_3 = \frac{V_3}{Z_3} = \frac{\frac{60\sqrt{2}}{\sqrt{2}}}{12.6} = \frac{60}{12.6} = 4.8[\text{A}]$$

$$I_5 = \frac{V_5}{Z_5} = \frac{\frac{30\sqrt{2}}{\sqrt{2}}}{8.2} = \frac{30}{8.2} = 3.6[\text{A}]$$

따라서 합성전류 I는 다음과 같다.

$$I = \sqrt{3.3^2 + 4.8^2 + 3.6^2} = 6.8[\text{A}]$$

(6) R-L-C 직렬회로

$R-L-C$ 직렬회로에서 유도성 리액턴스가 용량성 리액턴스보다 큰 경우 다음과 같은 비정현파 전압을 인가하면

$$v = \sum_{n=1}^{\infty} \sqrt{2}\, V_n \sin(nwt + \theta_n) \quad (n = 1, 2, 3, \cdots) \tag{8-64}$$

회로에 흐르는 전류 i는 다음과 같다.

$$i = \sum_{n=1}^{\infty} \frac{\sqrt{2}\, V_n}{Z_n} \sin(nwt + \theta_n - \alpha_n) \tag{8-65}$$

여기서 Z_n과 α_n는

$$\boldsymbol{Z_n} = R + j(nwL - \frac{1}{nwC}) = Z_n \angle \alpha_n \tag{8-66}$$

$$Z_n = \sqrt{R^2 + (nwL - \frac{1}{nwC})^2} \tag{8-67}$$

$$\alpha_n = \tan^{-1}\frac{nwL - \dfrac{1}{nwC}}{R} \tag{8-68}$$

이다. 식(8-67)에서 리액턴스성분 $(nwL - \dfrac{1}{nwC})$이 "0"이 되었을 때 제n차 고조파에 대한 직렬공진이 발생하여 제n차 고조파 전류가 증가하여 결과적으로 전류의 파형은 전압의 파형보다 왜형율이 크게 됨을 알 수 있고 이런 경우을 고조파 공진이라 한다.

예제 8-13

$R-L-C$ 직렬회로에 $v = 100\sqrt{2}\sin wt + 20\sqrt{2}\sin 3wt$ [V]인 비정현파 전압을 인가할 때 흐르는 순시전류 i와 실효전류 I를 구하여라. (단, $R = 4[\Omega]$, $wL = 1[\Omega]$, $\dfrac{1}{wC} = 4[\Omega]$이다.)

[풀이] ☞ 비정현파의 전압성분이 기본파와 제3고조파를 포함하고 있으므로 기본파에 대한 임피던스와 위상각은 다음과 같다.

$$\boldsymbol{Z}_1 = R + j(wL - \frac{1}{wC}) = \sqrt{4^2 + (-3)^2} = 5\,[\Omega]$$

$$\theta_1 = \tan^{-1}\frac{wL - \dfrac{1}{wC}}{R} = \tan^{-1}\frac{1-4}{4} = -36.9^\circ$$

$$\boldsymbol{Z}_3 = R + j(3wL - \frac{1}{3wC}) = \sqrt{4^2 + (3\times 1 - \frac{4}{3})^2} = 18.78\,[\Omega]$$

$$\theta_3 = \tan^{-1}\frac{3wL - \dfrac{1}{3wC}}{R} = \tan^{-1}\frac{3 - \dfrac{4}{3}}{4} = 22.62^\circ$$

따라서 순시전류 i는

$$\begin{aligned} i = i_1 + i_3 &= \frac{100\sqrt{2}}{5}\sin(wt + 36.9^\circ) + \frac{20\sqrt{2}}{18.78}\sin(3wt - 22.62^\circ) \\ &= 20\sqrt{2}\sin(wt + 36.9^\circ) + 1.5\sin(3wt - 22.62^\circ) \end{aligned}$$

이고, 실효값 I는 다음과 같다.

$$I = \sqrt{\left(\frac{20\sqrt{2}}{\sqrt{2}}\right)^2 + \left(\frac{1.5}{\sqrt{2}}\right)^2} = 20[\text{A}]$$

연습문제 1

해설은 473쪽에 있습니다.

[문제1] 비정현파 교류를 나타내는 식은?

㉮ 직류분 + 기본파 + 고조파　　㉯ 기본파 + 직류분 - 고조파
㉰ 직류분 + 고조파 - 기본파　　㉱ 교류분 + 기본파 + 고조파

[문제2] 비정현파는 그 주파수 성분이 어떻게 되는가?

㉮ 직류분만으로 구성된다.　　㉯ 무수히 많은 주파수의 성분을 가진다.
㉰ 주파수 성분을 갖지 않는다.　　㉱ 교류합성을 갖지 않는다.

[문제3] 비정현파에 있어서 정현대칭의 조건은 ?

㉮ $f(t) = f(-t)$　　㉯ $f(t) = -f(-t)$
㉰ $f(t) =- f(t)$　　㉱ $f(t) =- f(t + \frac{T}{2})$

[문제4] 다음 중 푸리에(Fourier)급수로 비정현파 교류를 해석하는데 적당하지 않는 것은?

㉮ 반파대칭인 경우 직류분은 없다.
㉯ 우함수인 비정현파에서는 사인(sin)항이 없다.
㉰ 기함수의 경우 사인항을 구할 때 반주기기간만 적분하여 2배한다.
㉱ 반파대칭에서는 반주기마다 동일한 파형이 반복되나 부호의 변화가 없다.

[문제5] 아래 그림의 왜형파에서 서술이 잘못된 것은 ?

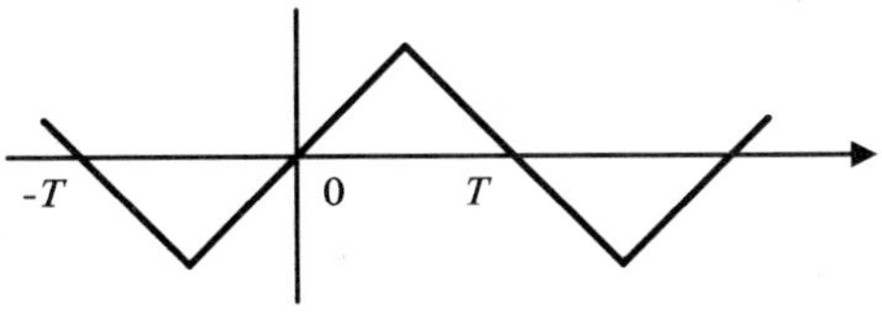

㉮ 기수파의 정현항 계수는 "0"이다.
㉯ 기함수파이다.
㉰ 반파대칭파이다.
㉱ 직류성분은 존재하지 않는다.

[문제6] 반파 및 정현대칭인 비정현파 전압의 표시식으로 옳은 것은?

㉮ $a_1 \sin wt + a_2 \sin 2wt + a_3 \sin 3wt + \cdots$
㉯ $a_0 + a_1 \cos wt + a_2 \cos 2wt + a_3 \cos 3wt + \cdots$
㉰ $b_1 \sin wt + b_3 \sin 3wt + b_5 \sin 5wt + \cdots$
㉱ $a_1 \cos wt + a_3 \cos 3wt + a_5 \cos 5wt + \cdots$

[문제7] 기본파의 40[%]인 제3고조파와 20[%]인 제5고조파를 포함하는 전압파의 왜형율은?

㉮ $\dfrac{1}{\sqrt{5}}$ ㉯ $\dfrac{1}{\sqrt{2}}$ ㉰ $\dfrac{2}{\sqrt{5}}$ ㉱ $\dfrac{1}{\sqrt{3}}$

[문제8] 어떤 교류회로에 $v = 100\sin wt + 20\sin\left(3wt + \dfrac{\pi}{3}\right)$[V]인 전압을 가했을 때 회로에 흐르는 전류가 $i = 40\sin(wt - \dfrac{\pi}{6}) + 5\sin(3wt + \dfrac{\pi}{12})$[A]가 흘렀다. 이 회로에서 소비되는 전력은 약 몇[kW]인가?

㉮ 1.27 ㉯ 1.74 ㉰ 1.97 ㉱ 2.27

[문제9] $v = 10 + 100\sqrt{2}\sin wt + 50\sqrt{2}\sin(3wt + 60^\circ) + 60\sqrt{2}\sin(5wt + 30^\circ)$[V]의 비정현파 전압을 $R-L$ 직렬회로에 인가했을 때 제3고조파 전류의 실효값[A]은 얼마인가? (단, $R = 8[\Omega]$, $wL = 2[\Omega]$이다.)

㉮ 1 ㉯ 3 ㉰ 5 ㉱ 7

[문제10] $v = 50 + 100\sqrt{2}\sin 2wt + 100\sqrt{2}\sin 4wt$[V]의 비정현파 전압을 $R-C$ 직렬회로에 인가했을 때 제2고조파전류의 실효값 [A]은 얼마인가?
(단, $R = 8[\Omega]$, $\dfrac{1}{wC} = 12[\Omega]$이다.)

㉮ 4 ㉯ 6 ㉰ 8 ㉱ 10

연습문제 2

해설은 474쪽에 있습니다.

[문제1] 주기가 T인 비정현파 $f(t)$을 푸리에(Fourier)급수로 전개하라.

[문제2] 아래 그림과 같은 파형을 푸리에(Fourier)급수로 전개하라.

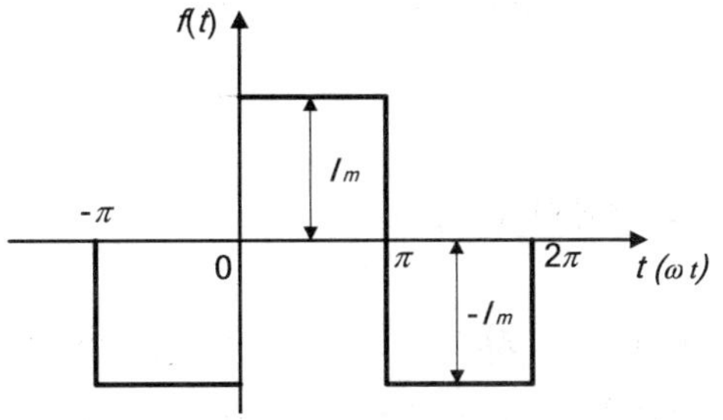

[문제3] 아래 그림과 같은 파형을 푸리에(Fourier)급수로 전개하라.

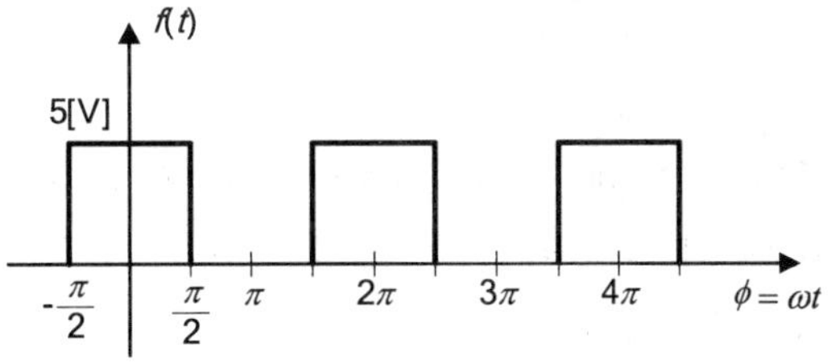

[문제4] 아래 그림과 같은 톱니파형을 푸리에(Fourier)급수로 전개하라.

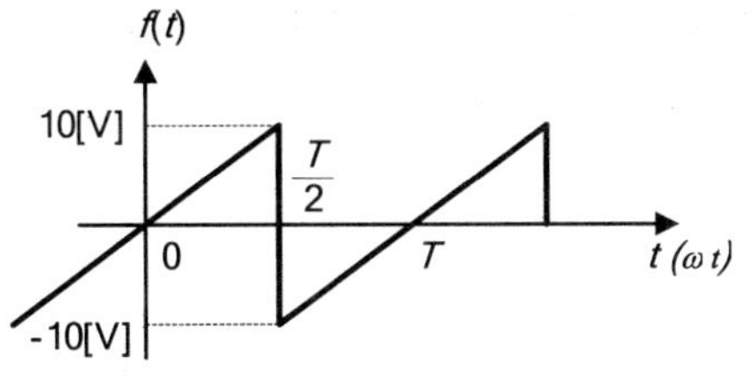

[문제5] 아래 그림과 같은 파형을 푸리에(Fourier)급수로 전개하라.

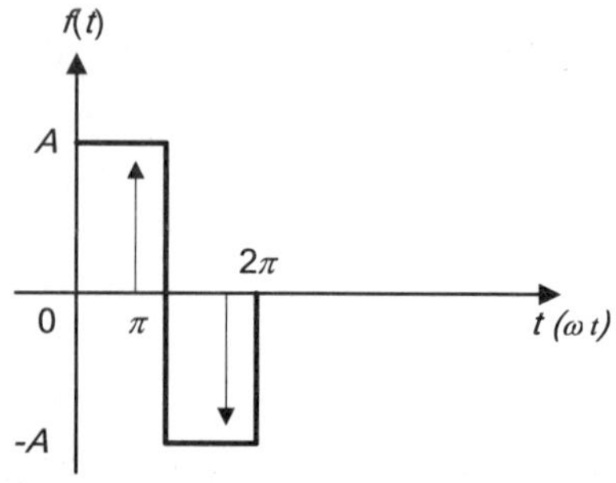

[문제6] 반파 및 여현 대칭인 비정현파 전압을 푸리에(Fourier)급수로 표시하라.

[문제7] 비정현파의 전압 및 전류의 값이

$v = 100\sin(wt + 30^0) - 50\sin(3wt + 60^0) + 25\sin 5wt$ [V],
$i = 20\sin(wt - 30^0) + 15\sin(3wt + 30^0) + 10\cos(5wt - 60^0)$ [A]

라면 유효전력[W]과 피상전력[VA]을 구하라.

[문제8] $R-L$ 직렬회로에 $v = 200\sqrt{2}\sin\omega t + 100\sqrt{2}\sin 3\omega t$ [V]인 비정현파 전압을 인가할 때 이 회로에서 소비되는 전력은 약 얼마인가?
(단, $R = 8[\Omega]$, $wL = 6[\Omega]$이다.)

[문제9] $i = 56\sin wt + 25\sin 2wt + 30\sin(3wt + 30^0) + 40\sin(4wt + 60^0)$인 비정현파 전류에서 왜형률을 계산하라.

[문제10] $v = 20\sin wt + 30\sin 3wt$ [V]이고, $i = 30\sin wt + 20\sin 3wt$ [A]인 왜형파 교류 전압과 전류간의 역률을 구하라.

9 2단자 회로망

2단자 회로망은 2개의 단자를 가지는 임의의 회로망을 말하며 1단자쌍 회로망 또는 1포트 회로망이라 한다. 일반적으로 2단자회로망의 2단자에는 전압이 인가되기 때문에 2단자로부터 회로망 쪽으로 바라본 임피던스를 구동점 임피던스라 한다. 본 장에서는 R, L, C 수동선형소자로 구성되는 2단자 회로망에 대한 주파수 특성과 회로망의 합성과 구성, 역회로 및 정저항회로에 대해 알아본다.

9.1 2단자 회로망의 구동점 임피던스의 일반식

그림 9.1과 같은 2단자회로망에서

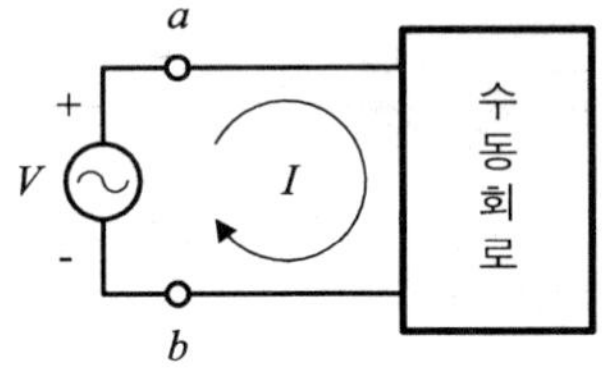

그림 9.1 일반선형 수동 2단자망

수동회로망의 일반적인 임피던스 파라메타는 다음과 같이 표현할 수 있고

$$[Z] = \begin{vmatrix} Z_{11} & Z_{12} & \cdots & Z_{1n} \\ Z_{21} & Z_{22} & \cdots & Z_{2n} \\ \vdots & \vdots & & \vdots \\ Z_{n1} & Z_{n2} & & Z_{nn} \end{vmatrix} \tag{9-1}$$

a, b 사이에 전압 V을 가하면 2단자 $a-b$로부터 본 구동점 임피던스

$$Z = \frac{V}{I} \tag{9-2}$$

로 구할 수 있다. 키르히호프 법칙에 의하여

$$\begin{vmatrix} Z_{11} & Z_{12} & \cdots & Z_{1n} \\ Z_{21} & Z_{22} & \cdots & Z_{2n} \\ \cdots & \cdots & \cdots\cdots\cdots & \cdots \\ Z_{n1} & Z_{n2} & \cdots & Z_{nn} \end{vmatrix} \begin{vmatrix} I_1 \\ I_2 \\ \vdots \\ I_n \end{vmatrix} = \begin{vmatrix} V_1 \\ V_2 \\ \vdots \\ V_n \end{vmatrix} \tag{9-3}$$

이 성립하고 윗 식으로부터 지로전류

$$I_1 = \frac{\Delta_{11}}{\Delta} \cdot V_1 \qquad (9\text{-}4)$$

이 된다. 여기서 $\Delta = \begin{vmatrix} Z_{11} & Z_{12} \cdots & Z_{1n} \\ Z_{21} & Z_{22} \cdots & Z_{2n} \\ \cdots & \cdots\cdots\cdots & \cdots \\ Z_{n1} & Z_{n2} \cdots & Z_{nn} \end{vmatrix}$ 이며, Δ의 Z_{11}에 따른 여인자 Δ_{11}은

$$\Delta_{11} = \begin{vmatrix} Z_{22} & Z_{23} \cdots & Z_{2n} \\ Z_{32} & Z_{33} \cdots & Z_{3n} \\ \cdots & \cdots\cdots\cdots & \cdots \\ Z_{n2} & Z_{n3} \cdots & Z_{nn} \end{vmatrix}$$

이다. 따라서 식(9-2)로부터 $a-b$로부터 본 구동점 임피던스는 식 (9-4)에 의해

$$Z = \frac{V_1}{I_1} = \frac{\Delta}{\Delta_{11}} \qquad (9\text{-}5)$$

이 된다. Δ의 요소 Z_{jk}는 회로망내의 각 지로 임피던스의 합이며, 저항 R, 인덕턴스 L, 캐패시턴스 C로 구성되어 있으므로 다음과 같이 표현할 수 있다.

$$\begin{aligned} Z_{jk} &= R_{jk} + jwL_{jk} + \frac{1}{jwC_{jk}} \\ &= \frac{1}{jw}\left\{ jwR_{jk} + L_{jk}(jw)^2 + \frac{1}{C_{jk}} \right\} \end{aligned} \qquad (9\text{-}6)$$

식(9-6)에서 $s = jw$이라 하면

$$Z_{jk} = \frac{1}{s}\left\{ R_{jk}s + L_{jk}s^2 + \frac{1}{C_{jk}} \right\} \qquad (9\text{-}7)$$

이다. 그런데 Δ는 Z_{jk}에 대하여 n행, n열의 행렬식이므로 s에 관해 n차가 되어

$$\Delta = \frac{1}{s^n}(a_0 + a_1 s + \cdots + a_{2n}s^{2n}) \qquad (9\text{-}8)$$

가 된다. Δ_{11}은 Z_{jk}에 대하여 $(n-1)$행, $(n-1)$열의 행렬식이므로 s에 관해 $(n-1)$차가 되어

$$\Delta_{11} = \frac{1}{s^{n-1}}(b_1 + b_2 s + \cdots + b_{2n-1} s^{2n-2}) \tag{9-9}$$

의 형태로 표시된다. 따라서 식(9-8), 식(9-9)에 의해 식(9-5)은 다음과 같이

$$Z(s) = \frac{a_0 + a_1 s + \cdots + a_{2n-1} s^{2n}}{b_1 s + b_2 s^2 + \cdots + b_{2n-1} s^{2n-1}} \tag{9-10}$$

되며, 이 식은 선형수동 2단자 회로망의 구동점 임피던스를 나타내는 일반식이라 한다.

식(9-10)에서 $Z(s) = 0$이 되는 s의 값을 영점(zero)이라하고 $Z(s) = \infty$가 되는 s의 값을 극점(pole)이라 한고 다음과 같이 표현된다.

$$Z(s) = \frac{\text{영점}}{\text{극점}}, \quad Z(s) = 0(\text{영점}), \quad Z(s) = \infty \ (\text{극점}) \tag{9-11}$$

식(9-10)에서 $s = jw$을 대입하여 정리하면

$$Z(jw) = \frac{a_0 - a_2 w^2 + \cdots (-1)^n a_{2n} w^{2n} +}{-b_2 w^2 + b_4 w^4 + \cdots (-1)^{n-1} b_{2n-2} w^{2n-2} +} \cdots \frac{jw\{a_1 - a_3 w^2 + \cdots + (-1)^{n-1} a_{2n-1} w^{2n-2}\}}{jw\{b_1 - b_3 w^2 + \cdots + (-1)^{n-1} b_{2n-1} w^{2n-2}\}}$$

$$= \frac{A_0(w) + jA_1(w)}{B_0(w) + jB_1(w)} = R(w) + jX(w) \tag{9-12}$$

가 된다. 여기서 $R(w)$를 등가저항, $X(w)$는 등가리액턴스라 하며, 수동 2단자망에서는 반드시 $R(w) \geq 0$ 이 된다.

임피던스 함수 $Z(s)$가 가지는 성질을 요약하면 다음과 같다.

① $Z(s)$에서 분자의 차수가 분모의 차수보다 1차 높은 경우 유도성 회로이고, 분자의 차수가 분모의 차수보다 1차 낮은 경우 용량성 회로이다.

② $Z(s)$에서 분자와 분모의 차수와 같은 경우 저항성회로이다.

③ $Z(s)$에서 분모와 분자의 s는 최고차수와 같거나 1차가 높거나 낮은 3가지 경우 밖에 없다.

④ $Z(s)$에서 분모, 분자의 계수는 모두 (+)의 실수이다.

⑤ $Z(s)$에서 $s=jw$로 나타낸 식 $Z(jw)$의 실수부는 "0" 또는 (+)이다.

⑥ 영점일 때, 회로는 단락상태이며, 분자항이 "0"이 되고, 기호는 "0"으로, 극점일 때 회로는 개방상태이며, 분모항이 "0"이 되고, 기호는 X로 표시한다.

그림 9.2는 영점과 극점을 표시하였다.

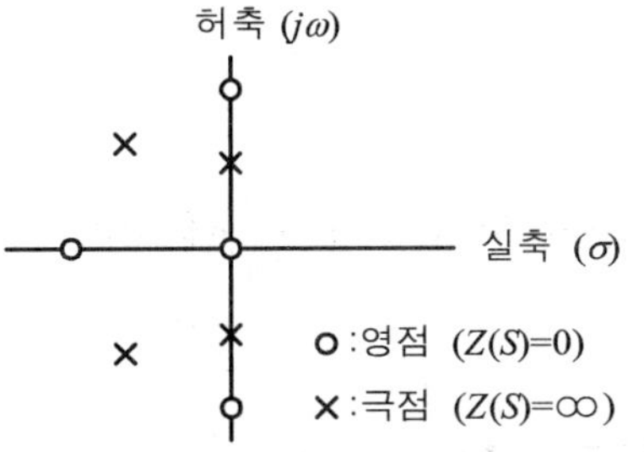

그림 9.2 영점과 극점의 표시

예제 9-1

2단자 임피던스 함수 $Z(s)=\dfrac{(s+1)(s+2)}{(s+3)(s+4)}$일 때 영점(zero)과 극점(pole)을 표시하라.

[풀이] ☞ ① 영점은 $Z(s)=0$, 즉 분자항=0이므로 $(s+1)(s+2)=0$

$\therefore\ s=-1,\ -2$

② 극점은 $Z(s)=\infty$, 즉 분모항=0 이므로 $(s+3)(s+4)=0$

$\therefore\ s=-3,\ -4$

9.2 리액턴스 2단자 회로망의 주파수 특성

자기 인덕턴스 L과 커패시턴스 C 만으로 구성된 2단자망 회로를 리액턴스 2단자망이라 한다. 리액턴스 2단자망은 w의 변화에 따른 Z의 변화를 조사하여 영점과 극점을 결정하면, 회로의 구성이나 특성을 해석할 수 있으며, 이와 같은 $w-Z$ 관계를 보인 곡선을 주파수 특성 또는 리액턴스 특징이라 한다.

(1) 인덕턴스 L만의 회로

인덕턴스 L만의 회로에서 임피던스는

$$\boldsymbol{Z}(jw) = jX_L = jwL\ , \quad \boldsymbol{Z}(s) = sL \tag{9-13}$$

이므로 $Z(s)$의 영점은 $s=0$, 극점은 $s=\infty$이고, $X_L = wL$로부터 X의 기울기를 구하기 위해 w로 미분하면

$$\frac{dX}{dw} = L > 0 \tag{9-14}$$

이 되어, 주파수 특성은 그림 9.3과 같이 w의 증가에 따라 직선적으로 증가한다.

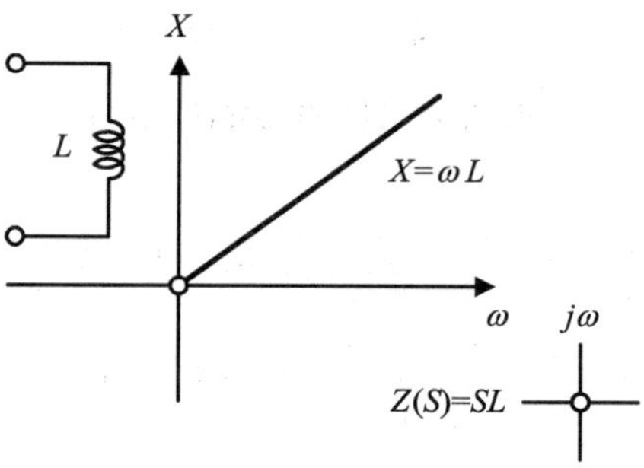

그림 9.3 인덕턴스 L과 주파수 특성

(2) 커패시턴스 C 만의 회로

커패시턴스 C 만의 회로에서 임피던스는

$$\boldsymbol{Z}(jw) = \frac{1}{jwC}, \quad \boldsymbol{Z}(s) = \frac{1}{sC} \tag{9-15}$$

이므로 $Z(s)$의 영점은 $s=\infty$, 극점은 $s=0$이고, $X_c = -\dfrac{1}{wc}$로부터 X_c의 기울기를 구하기 위해 w로 미분하면

$$\frac{dX_c}{dw} = \frac{1}{w^2 C} > 0 \tag{9-16}$$

이 되어, 주파수 특성은 그림 9.4와 같이 $-\frac{1}{w}$에 비례하여 증가한다.

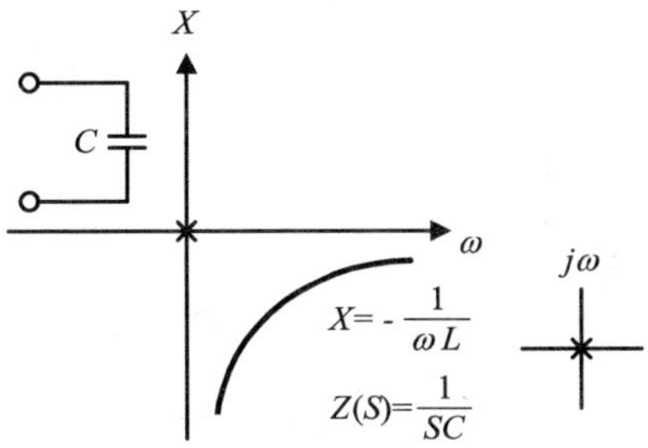

그림 9.4 커패시턴스 C 와 주파수 특성

(3) L−C 직렬회로

$L-C$ 직렬회로에서 임피던스는

$$\boldsymbol{Z}(jw) = jX = jwL + \frac{1}{jwC} = j(wL - \frac{1}{wC}) = jL \cdot \frac{w^2 - w_0^2}{w} \tag{9-17}$$

이고, 여기서 $w_0 = \frac{1}{\sqrt{LC}}$이다. $s = jw$를 식(9-17)에 대입하면

$$\boldsymbol{Z}(s) = sL + \frac{1}{sC} = \frac{s^2LC + 1}{sC} = L \cdot \frac{s^2 + w_0^2}{s} \tag{9-18}$$

이다. $X = L \cdot \frac{w^2 - w_0^2}{w}$ 이므로 X의 기울기를 구하기 위해 w로 미분하면

$$\frac{dX}{dw} = L \cdot \frac{w^2 + w_0^2}{w^2} > 0 \tag{9-19}$$

이고, $w_0 = \frac{1}{\sqrt{LC}}$이므로 공진주파수

$$f_0 = \frac{1}{2\pi\sqrt{LC}} \tag{9-20}$$

이다. 이 경우 그림 9.5에서 점선으로 표시한 L 및 C의 주파수 특성을 직렬 합성한 가운데의 실선이 종합주파수 특성이 되고, 증가함수로 나타내고, 이때 $Z(s)$ 의 영점은 $s = \pm j\dfrac{1}{\sqrt{LC}} = \pm j\omega_0$, 극점은 $s = 0$이다.

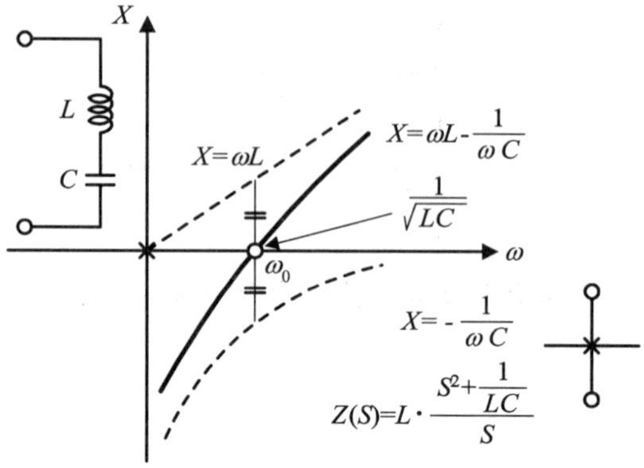

그림 9.5 L-C 직렬회로와 주파수 특성

(4) L-C 병렬회로

$L-C$ 병렬회로에서 임피던스

$$\boldsymbol{Z}(s) = \frac{sL \cdot \dfrac{1}{sC}}{sL + \dfrac{1}{sC}} = \frac{1}{C} \cdot \frac{s}{s^2 + \dfrac{1}{LC}} = \frac{1}{C} \cdot \frac{s}{s^2 + w_0^2} \tag{9-21}$$

$$\boldsymbol{Z}(jw) = \frac{jwL \cdot \dfrac{1}{jwC}}{jwL + \dfrac{1}{jwC}} = -j\frac{1}{C} \cdot \frac{w}{w^2 - w_0^2} \tag{9-22}$$

이다. $X = -\dfrac{1}{C} \cdot \dfrac{w}{w^2 - w_0^2}$ 이므로 X의 기울기를 구하기 위해 w로 미분하면

$$\frac{dX}{dw} = \frac{1}{C} \cdot \frac{w^2 - w_0^2}{(w^2 - w_0^2)} > 0 \tag{9-23}$$

이고, 여기서 $w_0 = \dfrac{1}{\sqrt{LC}}$ 이다. 따라서 공진주파수 $f_0 = \dfrac{1}{2\pi\sqrt{LC}}$ 이다. 이 경우 그림 9.6에서 점선으로 표시한 L 및 C의 주파수 특성을 병렬 합성한 실선이 종합주파수 특성이 되어, 증가함수로 나타내고, 이때 $Z(s)$의 영점은 $s=0$, 극점은 $s=\pm j\dfrac{1}{\sqrt{LC}} = \pm jw_0$이고 w_0를 병렬공진주파수 혹은 반공진주파수라 한다.

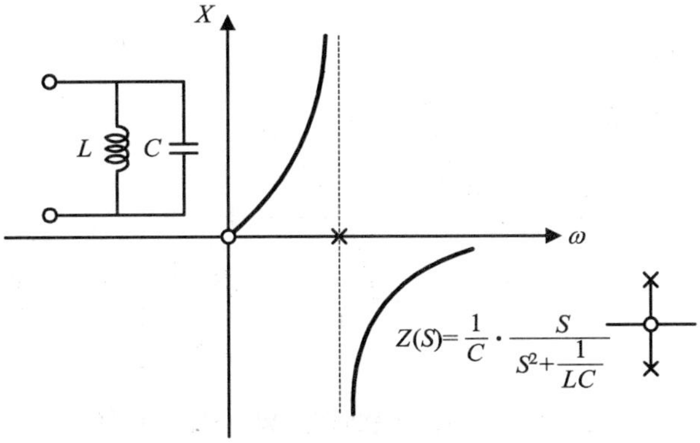

그림 9.6 L–C 병렬회로와 주파수 특성

(5) L–C 직 · 병렬회로

$L_0 - L_1 - C_1$으로 연결된 직병렬회로에서 임피던스

$$\boldsymbol{Z}(s) = sL_0 + \frac{sL_1 \cdot \dfrac{1}{sC_1}}{sL_1 + \dfrac{1}{sC_1}} = sL_0 + \frac{sL_1}{s^2L_1C_1+1} = L_0 \cdot \frac{s(s^2+w_2^2)}{s^2+w_1^2} \tag{9-24}$$

$$\boldsymbol{Z}(jw) = jwL_0 + \frac{jwL_1 \cdot \dfrac{1}{jwC_1}}{jwL_1 + \dfrac{1}{jwC_1}} = jwL_0 - \frac{1}{C_1} \cdot \frac{w}{w^2-w_1^2} \tag{9-25}$$

이고, 여기서 $w_2^2 = \dfrac{1}{\sqrt{L_1C_1}}$, $w_1^2 = \dfrac{1}{L_1C_1}(1+\dfrac{L_1}{L_0}) > 0$이다.

$X = wL_0 - \dfrac{1}{C_1} \cdot \dfrac{w}{w^2-w_1^2}$ 이므로 X의 기울기를 구하기 위해 w로 미분하면

$$\frac{dX}{dw} = L_0 + \frac{1}{C_1} \cdot \frac{w^2 - w_1^2}{(w^2 - w_1^2)^2} > 0 \tag{9-26}$$

이 된다. 이 경우의 주파수 특성은 그림 9.7과 같고 이때 $Z(s)$의 영점은 $s = 0, \pm jw_2$이고, 극점은 $s = \pm jw_1, \infty$이다. w_1은 공진주파수 w_2는 반공진주파수이다.

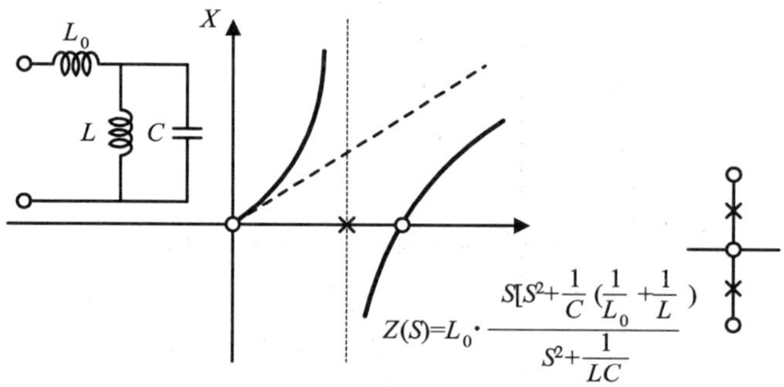

그림 9.7 L-C 직병렬회로와 주파수 특성

9.3 리액턴스 함수

$L_1 - L_2 - C_3$로 연결된 직 • 병렬회로에서 구동점 임피던스는

$$\boldsymbol{Z}(s) = sL_1 + \frac{sL_2 \cdot \frac{1}{sC_3}}{sL_2 + \frac{1}{sC_3}} = sL_1 + \frac{sL_2}{s^2 L_2 C_3 + 1}$$

$$= sL_1 \frac{(s^2 + \frac{L_1 + L_2}{L_1 L_2 C_3})}{(s^2 + \frac{1}{L_2 C_3})} \tag{9-27}$$

이 되므로 $\boldsymbol{Z}(s) = 0$인 점 즉, 영점은 공진주파수이므로 $\boldsymbol{Z}(s)$가 "0"이 되기 위해서는 식(9-27)에서 분자가 "0"이어야 하므로

$$w_1 = \sqrt{\frac{L_1 + L_2}{L_1 L_2 C_3}} \tag{9-28}$$

이 되고 하나의 영점이 생기고, sL_1의 s가 "0"일 때도 영점이 생겨 2개의 영점이 생김을 알 수 있다. 또 $\boldsymbol{Z}(s) = \infty$ 인 극은 반 공진 주파수점이 되므로 식(9-27)에서 분모가 "0"이어야 하므로

$$w_2 = \sqrt{\frac{1}{L_2 C_3}} \tag{9-29}$$

이 되고 극점이 하나 생긴다. 식(9-28)과 식(9-29)을 식(9-27)에 대입하면

$$\boldsymbol{Z}(s) = sL_1 \cdot \frac{(s^2 + w_1^2)}{(s^2 + w_2^2)} \tag{9-30}$$

이 된다. 직 • 병렬리액턴스 회로의 식에서 임의의 리액턴스 회로의 구동점 임피던스는 회로소자의 구성의 증가에 따라 식(9-30)을 일반식으로 표현하면 다음과 같고

$$\begin{aligned} \boldsymbol{Z}(s) &= K \cdot \frac{(s^2 + w_1^2)(s^2 + w_3^2)\cdots(s^2 + w_{2n-1}{}^2)}{(s^2 + w_2^2)(s^2 + w_4^2)\cdots(s^2 + w_{2m-2}{}^2)} \\ &= \frac{H(s^2 + w_1^2)(s^2 + w_3^2)\cdots(s^2 + w_{2n-1}{}^2)}{s\ (s^2 + w_2^2)(s^2 + w_4^2)\cdots(s^2 + w_{2m-2}{}^2)} \end{aligned} \tag{9-31}$$

K는 일반적으로 $\frac{H}{s}$로 두고 해석하며 $\frac{H}{s}$는 C로 SH는 L로 된다. 리액턴스 2단자회로망에서 구동점 임피던스는 다음의 성질을 갖는다.

① $\boldsymbol{Z}(s)$는 s의 정(+)의 실계수 유리함수이다. 즉 H는 정의 실수이다.
② $\boldsymbol{Z}(s)$의 극과 영점은 단일근이며 항상 허축상에 교대로 존재하여야 한다.
③ $\frac{d\boldsymbol{Z}(s)}{ds}$는 $\frac{d\boldsymbol{X}(w)}{ds} > 0$이므로 항상 실수이다.

위의 3가지 성질을 $\boldsymbol{Z}(s)$가 리액턴스 2단자 회로망의 구동점 임피던스가 되기 위한 필요충분조건이며 이것을 Foster의 리액턴스 정리라 한다.

9.4 리액턴스 2단자 회로망의 합성

(1) L-C 병렬공진회로의 직렬접속(Foster형 제1회로)

주파수특성을 가지는 리액턴스가 2단자 회로망을 구성하는 경우의 구동점 임피던스 $Z(s)$는 식(9-31)을 부분 분수로 전개하면

$$Z(s) = \frac{H(s^2+w_1^2)(s^2+w_3^2)\cdots(s^2+w_{2n-1}{}^2)}{s(s^2+w_2^2)(s^2+w_4^2)\cdots(s^2+w_{2m-2}{}^2)}$$
$$= s\left(\frac{H_0}{s^2}+\frac{H_2}{s^2+w_2^2}+\frac{H_4}{s^2+w_4^2}+\cdots+\frac{H_k}{s^2+w_k^2}+\cdots+\frac{H_{2n-2}}{s^2+w_{2m-2}{}^2}+H_\infty\right) \tag{9-32}$$

이 된다. 일반항 H_k를 구하기 위해 양변에 $(s^2+w_k^2)$을 곱하고 s^2 대신에 $-w_k^2$을 대입하면

$$H_k = (s^2+w_k^2)\frac{Z(s)}{s}\Big|_{s^2=-w_k^2} \tag{9-33}$$

단, $k = 0, 2, 4, \cdots, (2n-2), w_0 = 0$

가 된다. 이러한 관계를 간단하게 살펴보면 그림 9.8에서 구동점 임피던스는

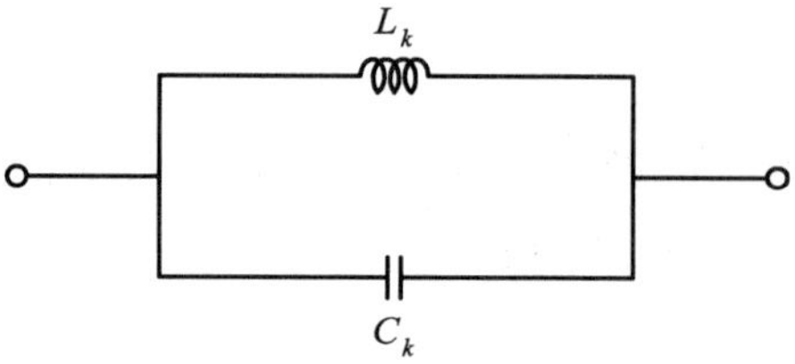

그림 9.8

$$Z(s) = \frac{sL_k \cdot \frac{1}{sC_k}}{sL_k+\frac{1}{sC_k}} = \frac{sL_k}{1+s^2L_kC_k} = \frac{s\frac{1}{C_k}}{s^2+\frac{1}{L_kC_k}} \tag{9-34}$$

이 되어 식(9-32)의 두 번째 항과 일치한다. 즉

$$\frac{s\frac{1}{C_k}}{s^2+\frac{1}{L_k C_k}} = \frac{s H_k}{s^2+w_2^2} \tag{9-35}$$

이 된다. 따라서 각 계수를 구하면

$$H_k = \frac{1}{C_k},\ w_k^2 = \frac{1}{L_k C_k},\ L_k = \frac{1}{C_k w_k^2} \tag{9-36}$$

이 된다. 따라서 식(9-32)로 주어진 $\boldsymbol{Z}(s)$는 그림 9.9와 같이 표시함으로써 병렬공진회로를 직렬접속으로 나타낼 수 있다. 이 회로를 Foster형 제1회로라고도 한다.

여기서

$$\text{제1항}\ \frac{H_0}{s} = \frac{H_0}{jw} = -j\frac{1}{w(\frac{1}{H_0})} = -j\frac{1}{wC_0} \tag{9-37}$$

이므로 제1항은 $(-\frac{1}{H_0})$의 용량성 리액턴스임을 알 수 있다.

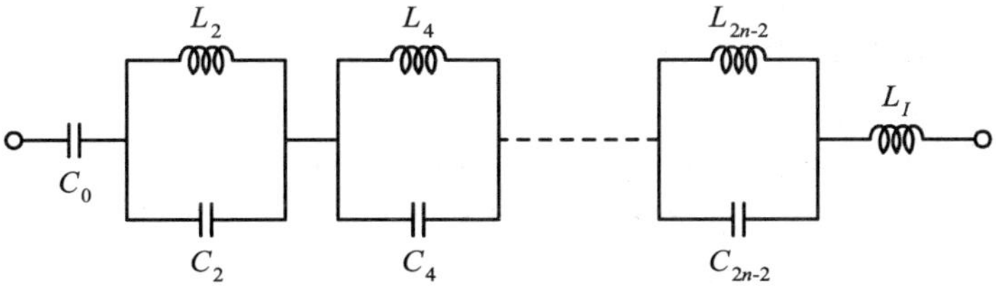

그림 9.9

그림 9.9에서 $s=0$이라는 것은 주파수가 0에서 $\boldsymbol{Z}(s)=0$가 되려면 이는 결국 C_0가 단락되어야 한다. $s=\infty$일 때 $\boldsymbol{Z}(s)=0$ 이려면 $L_\infty=0$ 즉 L_∞는 단락시켜야 한다.

$\boldsymbol{Z}(s)$를 직 • 병렬회로로 구성시 $H_\infty s$항이 있어야 하므로 $H_\infty s = \frac{Z(s)}{s}|_{s=\infty}$로 구한다.다음의 예제를 통하여 이해하라.

예제 9-2

구동점 임피던스 $Z(s)=\dfrac{2(s^2+1)(s^2+4)}{s(s^2+2)}$를 Foster형 제1회로로 구성하라.

[풀이] ☞ 주어진 구동점 임피던스를 부분분수의 형태로 변환하면

$$Z(s)=H_{\infty}s+\frac{H_0}{s}+\frac{H_1 s}{s^2+2}$$

로 하여 각 계수를 구한다.

Foster형 제1회로는 $L-C$ 직렬회로로 구성하므로 $H_{\infty}s$항이 있어야 한다.

$$\therefore\ H_{\infty}=\frac{Z(s)}{s}\Big|_{s=\infty}=\frac{2(s^2+1)(s^2+4)}{s^2(s^2+2)}\Big|_{s=\infty}=2$$

$$H_0=sZ(s)|_{s=0}=\frac{2(s^2+1)(s^2+4)}{(s^2+2)}\Big|_{s=0}=4$$

$$H_1=\frac{s^2+2}{s}Z(s)|_{s^2=-2}=\frac{2(s^2+1)(s^2+4)}{s^2}\Big|_{s=-2}=2$$

이다. 각 계수를 부분분수 전개식에 대입하면 다음과 같고,

$$\therefore Z(s)=2s+\frac{4}{s}+\frac{2s}{s^2+2}$$

$$=2s+\frac{1}{s\cdot\frac{1}{4}}+\frac{1}{s\cdot\frac{1}{2}+\frac{1}{s}}$$

이를 2단자 회로로 합성하면 그림 9.10과 같다.

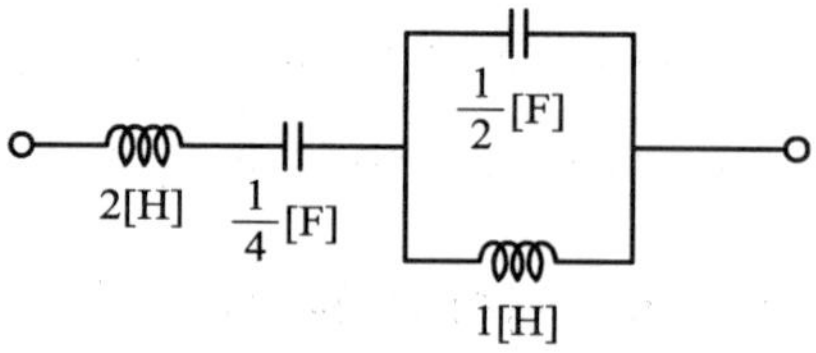

그림 9.10

(2) L−C 직렬공진회로의 병렬접속(Foster형 제2회로)

직렬공진 회로를 병렬 접속시킨 회로의 구동점 어드미턴스 $Y(s)$는

$$Y(s)=\frac{1}{Z(s)}=\frac{s\,(s^2+w_2^2)(s^2+w_4^2)\cdots(s^2+{w_{2m-2}}^2)}{H\,(s^2+w_1^2)(s^2+w_3^2)\cdots(s^2+{w_{2n-1}}^2)} \tag{9-38}$$

이다. 이 식을 부분분수로 고치면

$$Y(s)=\frac{1}{Z(s)}=s\left(\frac{F_1}{s^2+w_1^2}+\frac{F_3}{s^2+w_3^2}+\cdots+\frac{F_k}{s^2+w_k^2}+\cdots+\frac{H_{2n-1}}{s^2+{w_{2n-1}}^2}\right) \tag{9-39}$$

이 된다. 일반항 F_k을 구하기 위해 양변에 $(s^2+w_k^2)$을 곱하고 s^2대신에 $-w_k^2$을 대입하면 우변은 sF_k만 남는다.

$$\therefore\quad F_k=(s^2+w_k^2)\frac{Y(s)}{s}\Big|_{s^2=-w_k^2} \tag{9-40}$$

가 된다. 이러한 관계를 간단하게 살펴보면 그림 9.11과 같은 직렬회로에서 구동점 어드미턴스는

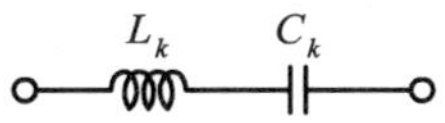

그림 9.11

$$Y(s)=\frac{1}{Z(s)}=\frac{s\,C_k}{1+L_kC_ks^2}=\frac{s\frac{1}{L_k}}{s^2+\frac{1}{L_kC_k}} \tag{9-41}$$

이 되어 식(9-39)의 항과 일치한다. 따라서 각 계수를 구하면

$$F_k=\frac{1}{L_k},\ L_k=\frac{1}{F_k},\ w_k^2=\frac{1}{L_kC_k},\ C_k=\frac{1}{L_kw_k^2} \tag{9-42}$$

이 된다. 따라서 식(9-39)로 주어진 $Y(s)$는 그림 9.12와 같이 표시함으로써 직렬공진회로를 병렬접속으로 나타낼 수 있다. 이 회로를 Foster형 제2회로라고도 한다.

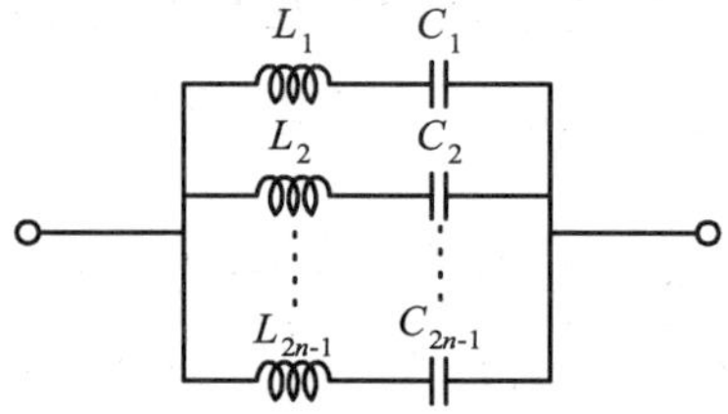

그림 9.12

예제 9-3

구동점 어드미턴스 $\boldsymbol{Y}(s)=\dfrac{s(s^2+2)}{2(s^2+1)(s^2+4)}$ 를 Foster형 제2회로로 구성하라.

[풀이] ☞ 주어진 구동점 어드미턴스를 부분분수의 형태로 변환하면

$$\boldsymbol{Y}(s)=H_\infty s+\frac{H_0}{s}+\frac{H_1 s}{s^2+1}+\frac{H_2 s}{s^2+4}$$

로 하여 각 계수를 구한다.

Foster형 제2회로는 $L-C$ 병렬회로로 구성하므로 $H_\infty s$, $\dfrac{H_0}{s}$ 항이 있어야 한다.

$$\therefore\ H_\infty=\frac{Y(s)}{s}\Big|_{s=\infty}=\frac{s^2+2}{2(s^2+1)(s^2+4)}\Big|_{s=\infty}=0$$

$$H_0=s\,Y(s)\big|_{s=0}=\frac{s^2(s^2+2)}{2(s^2+1)(s^2+4)}\Big|_{s=0}=0$$

$$H_1=\frac{s^2+1}{s}Y(s)\Big|_{s^2=-1}=\frac{s^2+2}{2(s^2+4)}\Big|_{s^2=-1}=\frac{1}{6}$$

$$H_2=\frac{s^2+4}{s}Y(s)\Big|_{s^2=-4}=\frac{s^2+2}{2(s^2+1)}\Big|_{s^2=-4}=\frac{1}{3}$$

이다. 각 계수를 부분분수 전개식에 대입하면 다음과 같고,

$$\therefore\ \boldsymbol{Y}(s)=\frac{\frac{1}{6}s}{s^2+1}+\frac{\frac{1}{3}s}{s^2+4}=\frac{1}{6s+\dfrac{6}{s}}+\frac{1}{3s+\dfrac{12}{s}}$$

$$=\frac{1}{s\cdot 6+\dfrac{1}{s\cdot\frac{1}{6}}}+\frac{1}{s\cdot 3+\dfrac{1}{s\cdot\frac{1}{12}}}$$

이를 2단자 회로로 합성하면 그림 9.13과 같다.

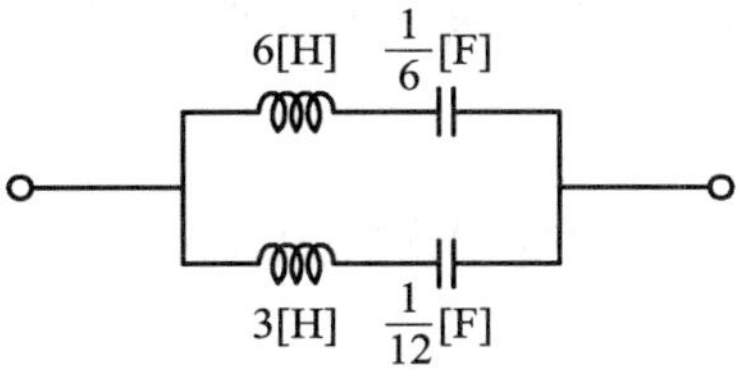

그림 9.13

(3) 사다리꼴 회로(cauer형 회로)

임의의 2단자 회로망이 그림 9.14와 같은 사다리꼴 회로에서 임피던스는 다음과 같이 연 분수 형태로 나타낸다.

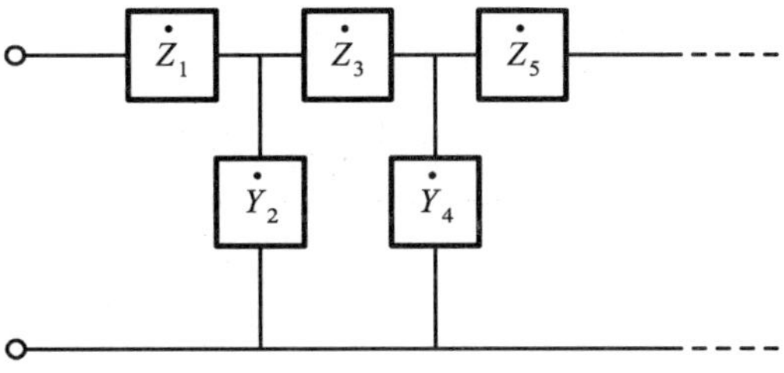

그림 9.14 사다리꼴 회로

$$Z(s) = Z_1 + \cfrac{1}{Y_2 + \cfrac{1}{Z_3 + \cfrac{1}{Y_4 + \cdots + \cfrac{1}{Y_n}}}} \tag{9-43}$$

이와 같은 사다리꼴 회로의 해석은 연분수를 내림차순으로 전개하는 형태를 1cauer형 회로라 하고, 반대로 올림차순으로 전개하는 형태를 2cauer형 회로라 한다.

예제 9-4

구동점 임피던스 $Z(s)=\dfrac{2(s^2+1)(s^2+4)}{s(s^2+2)}$을 1cauer형 회로로 구성하라.

[풀이] ☞ 1cauer형은 연분수로 전개하여 내림차순으로 전개하는 형태이므로

$$Z(s)=\frac{2(s^2+1)(s^2+4)}{s(s^2+2)}=\frac{2s^4+10s^2+8}{s^3+2s}$$

에서 내림차순으로 전개하면

$$2S \quad \leftarrow Z_1$$
$$S^3+2S \,|\, 2S^4+10S^2+8$$
$$2S^4+4S^2 \qquad \frac{1}{6}S \leftarrow Y_2$$
$$6S^2+8 \,|\, S^3+2S$$
$$S^3+\frac{4}{3}S \qquad 9S \leftarrow Z_3$$
$$\frac{2}{3}S \,\Big|\, 6S^2+8$$
$$6S^2 \qquad \frac{1}{12}S \leftarrow Y_4$$
$$8 \,\Big|\, \frac{2}{3}S$$
$$\frac{2}{3}S$$
$$0$$

이다. 이를 2단자 회로로 합성하면 그림 9.15와 같다.

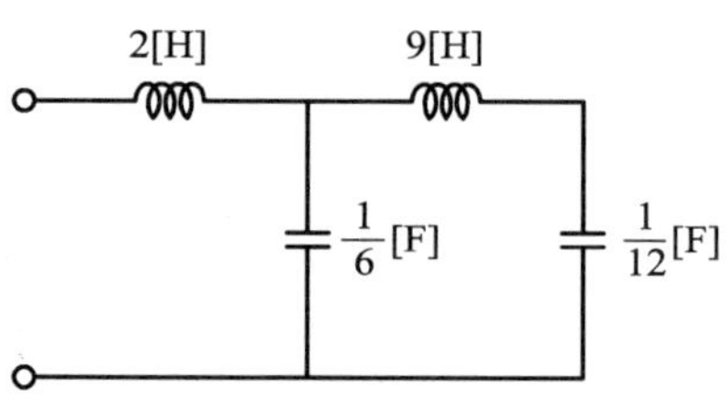

그림 9.15

예제 9-5

구동점 임피던스 $Z(s)=\dfrac{8+10s^2+2s^4}{2s+s^3}$을 2 cauer형 회로로 구성하라.

[풀이] ☞ 2 cauer형은 연분수를 올림차순으로 전개하는 형태이므로

$$\frac{4}{S} \leftarrow Z_1 : \frac{1}{S\cdot\frac{1}{4}}$$

$$2S+S^3 \;\big|\; 8+10S^2+2S^4$$

$$8+4S^2 \qquad \frac{1}{3S} \leftarrow Y_2$$

$$6S^2+2S^4 \;\big|\; 2S+S^3$$

$$2S+\frac{2}{3}S^3 \qquad \frac{18}{S} \leftarrow Z_3 : \frac{1}{S\cdot\frac{1}{18}}$$

$$\frac{1}{3}S^3 \;\big|\; 6S^2+2S^4$$

$$6S^2 \qquad \frac{1}{6S} \leftarrow Y_4$$

$$2S^4 \;\big|\; \frac{1}{3}S^3$$

$$\frac{1}{3}S^3$$

$$0$$

이다. 이를 2단자 회로로 합성하면 그림 9.16과 같다.

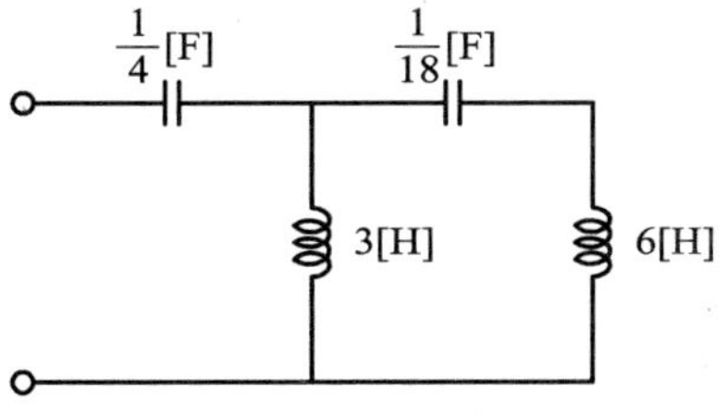

그림 9.16

9.5 임피던스 함수의 2단자 회로망의 구성

9.2절에서 언급한 각종 2단자망 회로의 구동점 임피던스를 요약하면 표1과 같고 $Z(s)$의 분모와 분자의 s에 대한 최고 차수가 같든지, 1차수가 차이가 난다. (단, $s=jw$이다.)

표 9-1

회로종류	구동점 임피던스
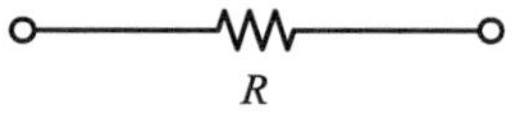	$Z(s)=R$
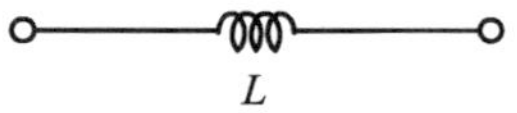	$Z(s)=sL$
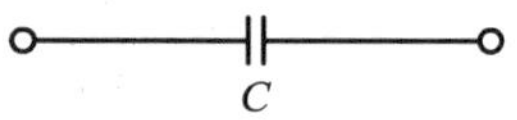	$Z(s)=\frac{1}{sC}$
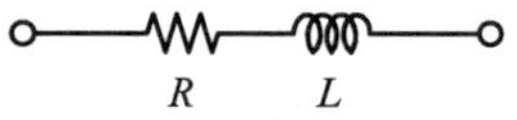	$Z(s)=R+sL$
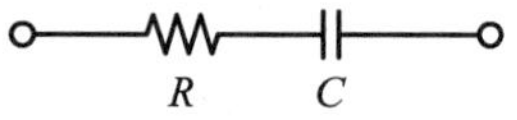	$Z(s)=R+\frac{1}{sC}=\frac{sCR+1}{sC}$
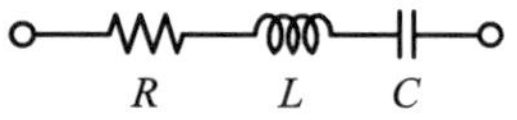	$Z(s)=R+sL+\frac{1}{sC}=\frac{s^2LC+sCR+1}{sC}$
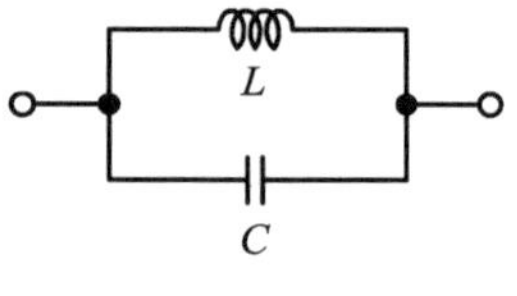	$Z(s)=\frac{sL\cdot\frac{1}{sC}}{sL+\frac{1}{sC}}=\frac{sL}{s^2LC+1}$
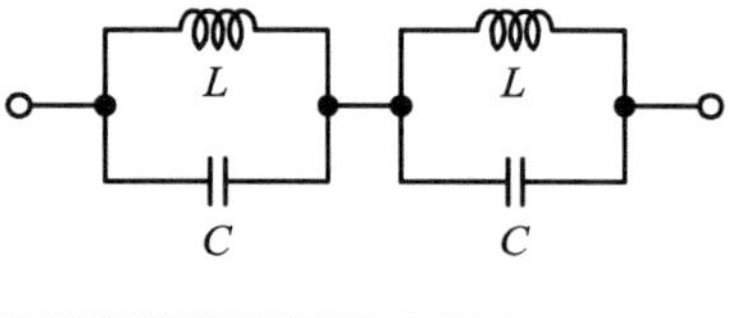	$Z(s)=\frac{sL\times\frac{1}{sC}}{sL+\frac{1}{sC}}\times 2$
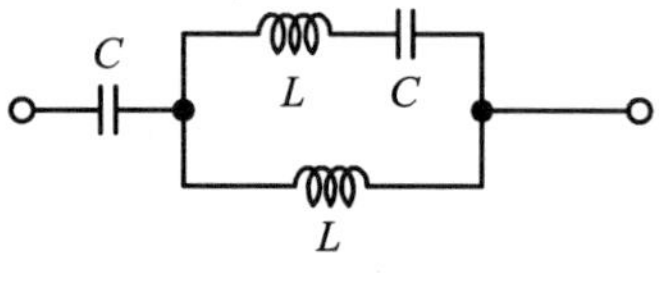	$Z(s)=\frac{1}{sC}+\frac{(sL+\frac{1}{sC})\cdot sL}{(sL+\frac{1}{sC})+sL}$

예제 9-6

그림 9.17과 같은 2단자망의 구동점 임피던스를 구하라. (단, $s = jw$이다.)

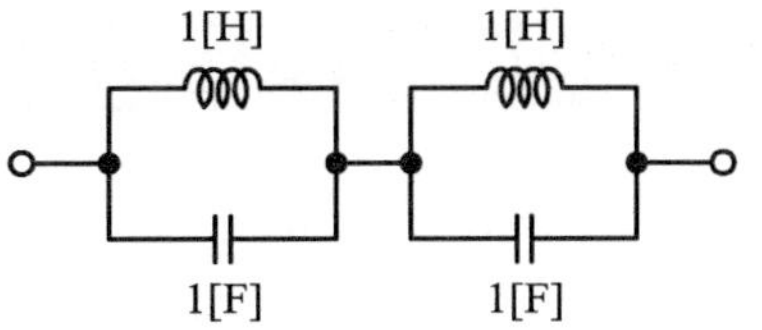

그림 9.17

[풀이] ☞ $L - C$ 직 • 병렬회로이므로

$$Z(s) = \frac{sL \times \frac{1}{sC}}{sL + \frac{1}{sC}} \times 2 = \frac{s \times \frac{1}{s}}{s + \frac{1}{s}} \times 2 = \frac{2s}{s^2+1} [\Omega]$$

예제 9-7

그림 9.18과 같은 2단자망의 구동점 임피던스 $Z(s)$를 구하라. (단, $s = jw$이다.)

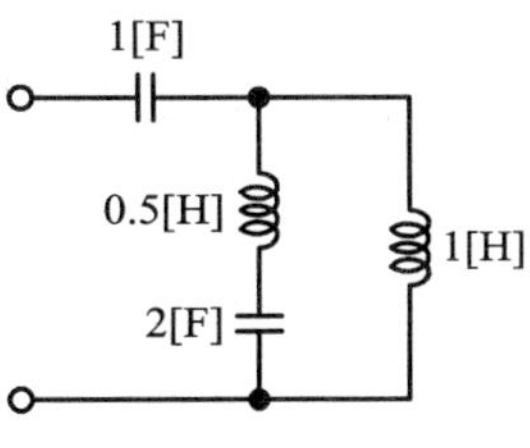

그림 9.18

[풀이] ☞ $R - L - C$ 직 • 병렬회로이므로

$$Z(s) = \frac{1}{sC} + \frac{(sL + \frac{1}{sC}) \cdot sL}{(sL + \frac{1}{sC}) + sL} = \frac{1}{s} + \frac{(0.5s + \frac{1}{2s}) \cdot s.}{0.5s + \frac{1}{2s} + s}$$

$$= \frac{1}{s} + \frac{0.5s^2 + \frac{1}{2}}{1.5s + \frac{1}{2s}} = \frac{1}{s} + \frac{(0.5s^2 + \frac{1}{2}) \cdot 2s}{(1.5s + \frac{1}{2s}) \cdot 2s}$$

$$= \frac{1}{s} + \frac{s^3 + s}{3s^2 + 1} = \frac{3s^2 + 1 + s^4 + s^2}{s(3s^2+1)}$$

$$= \frac{s^4 + 4s^2 + 1}{s(3s^2 + 1)} [\Omega]$$

예제 9-8

구동점 임피던스 $Z(s) = \dfrac{4s+2}{s}$ 로 표시되는 2단자망을 그려라.

[풀이] ☞ $$Z(s) = \frac{4s+2}{s} = 4 + \frac{2}{s} = 4 + \frac{1}{\frac{s}{2}} = R + \frac{1}{sC}$$

이므로 $R = 4[\Omega]$, $C = \dfrac{1}{2}$[F]이 된다. 따라서 2단자망은 그림 9.19와 같이 $R - C$ 직렬회로로 표시된다.

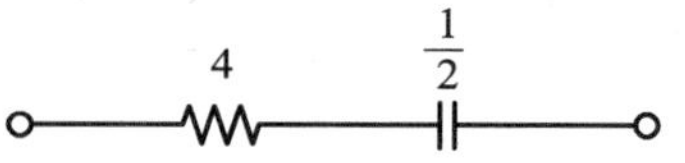

그림 9-19

예제 9-9

구동점 임피던스 $Z(s) = \dfrac{s(s+6)}{s+3}$ 로 표시되는 2단자망을 그려라.

[풀이] ☞ $$Z(s) = \frac{s(s+6)}{s+3} = s + \frac{3s}{s+3}$$

$$= s + \frac{1}{\frac{1}{3} + \frac{1}{s}}$$

의 형태이므로 $L_1 = 1$[H], $R = 3[\Omega]$, $L_2 = 1$[H]가 된다. 따라서 2단자망은 그림 9.20과 같이 $L_1 - R - L_2$ 직 • 병렬회로로 표시된다.

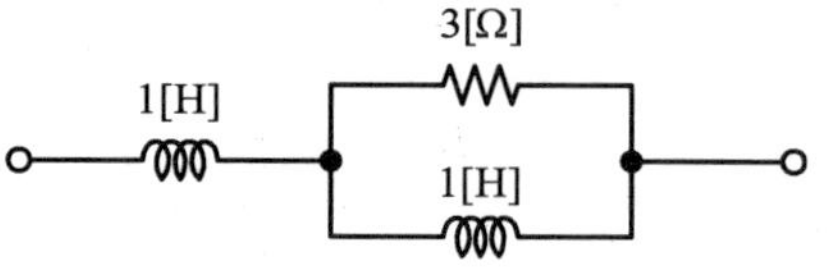

그림 9.20

9.6 역회로와 정저항 회로

(1) 역회로

2개의 2단자 회로에서 각각의 임피던스를 Z_1, Z_2라 할 때,

$$Z_1 Z_2 = K^2 \ (K^2 = \text{상수}) \tag{9-44}$$

와 같이 두 회로의 임피던스 곱이 주파수에 관계없이 일정할 때, 두 회로는 역회로의 관계에 있다고 한다. 예를 들어 $Z_1 = jwL$이고, $Z_2 = \dfrac{1}{jwC}$이라면 식(9-44)에 의해

$$Z_1 Z_2 = \frac{L}{C} = K^2 \tag{9-45}$$

가 되고, 인덕턴스 L_1과 커패시턴스 C_2는 역회로가 된다. 역회로는 쌍대회로와 같이 $L \leftrightarrow C$, $C \leftrightarrow L$, 직렬 ↔ 병렬로 변환된다. 이러한 관계를 그림 9.21에서 확인하면

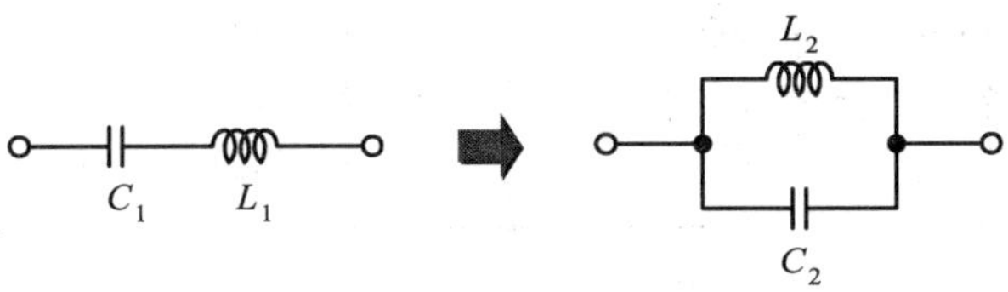

(a) Z_1 (b) Z_2

그림 9.21 역회로의 예

$$Z_1 Z_2 = \frac{L_1}{C_1} = \frac{L_2}{C_2} = K^2 \tag{9-46}$$

가 되고 $L_1 \leftrightarrow C_2$, $C_1 \leftrightarrow L_2$, 직렬 ↔ 병렬로 변환됨을 알 수 있다.

표 9-2는 역회로의 예이다.

표 9.2

Z_1	Z_1의 역회로
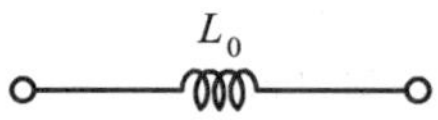	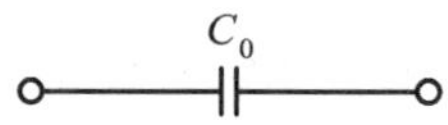
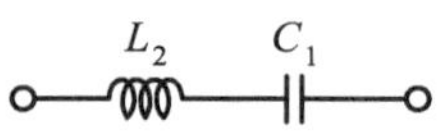	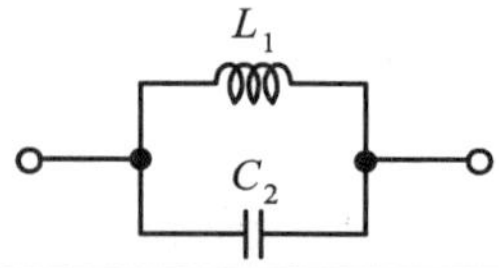
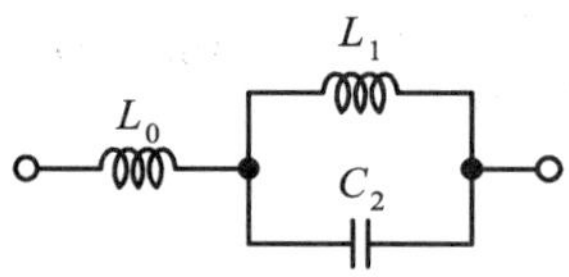	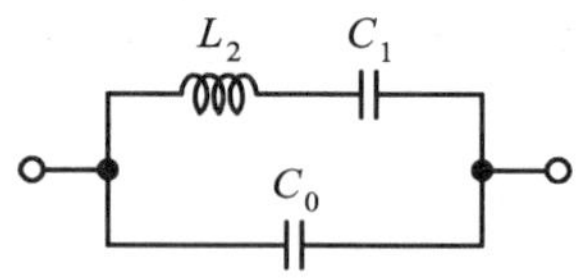
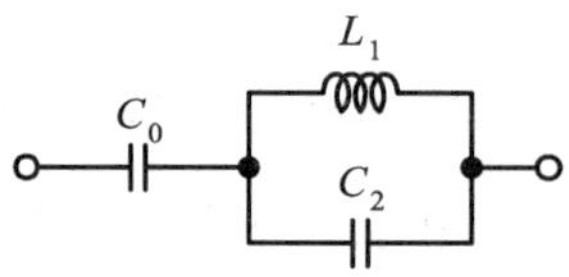	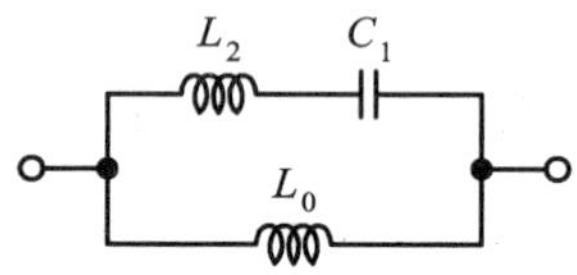
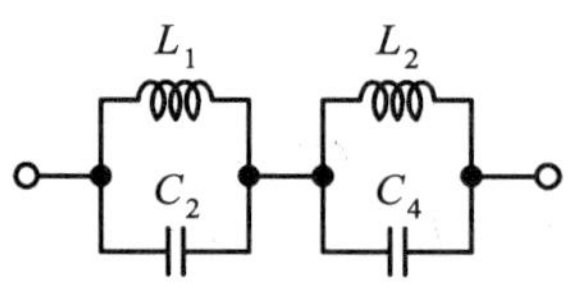	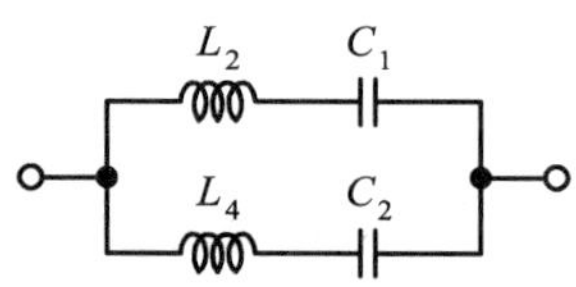

예제 9-10

그림 9.22의 (a)와 (b)가 역회로 라면 L의 값을 구하여라. (단, $K^2 = 2000$이다.)

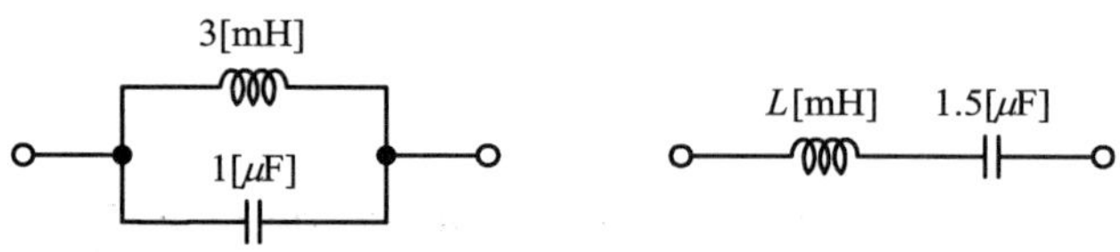

(a) (b)

그림 9.22

[풀이] ☞ 상기 그림 (b)의 1.5[μF]은 그림 (a)의 3[mH]의 역회로이므로

$$\frac{L}{C} = K^2 \text{에서} \quad L = K^2 C = 2000 \times 1 \times 10^{-6} = 2[\text{mH}]$$

(2) 정저항 회로

2단자망의 구동점 임피던스의 허수부가 모든 주파수에 대해 항상 "0"이 되고, 실수부의 크기도 주파수에 관계없이 일정한 값을 가지는 회로를 정저항 회로라 한다. 그림 9.23의 (a), (b), (c)회로는 $Z_1 Z_2$가 역회로이고, $Z_1 Z_2 = R^2$의 관계가 성립할 때 $Z = R$로 되어 정저항으로 된다.

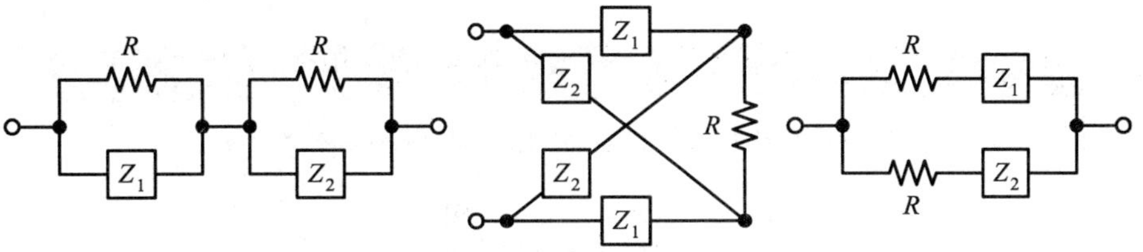

(a) (b) (c)

그림 9.23 정저항 회로의 예

2단자망이 정저항회로가 되기 위한 조건을 그림 9.23의 (a)에서 알아보면

$$\boldsymbol{Z} = \frac{R \cdot Z_1}{R+Z_1} + \frac{R \cdot Z_2}{R+Z_2} = \frac{R \cdot Z_1(R+Z_2) + R \cdot Z_2(R+Z_1)}{(R+Z_1)(R+Z_2)}$$

$$= R\left(\frac{RZ_1 + 2Z_1Z_2 + RZ_2}{R^2 + RZ_1 + RZ_2 + Z_1Z_2}\right) \qquad (9\text{-}47)$$

이므로, $\boldsymbol{Z} = R$인 정저항이 되기 위해서는 식(9-47)의 ( ) 안의 항이 1이면 되므로

$$\frac{RZ_1 + 2Z_1Z_2 + RZ_2}{R^2 + RZ_1 + RZ_2 + Z_1Z_2} = 1$$

이 되어 $RZ_1 + 2Z_1Z_2 + RZ_2 = R^2 + RZ_1 + RZ_2 + Z_1Z_2$이어야 하므로

$$\therefore \quad Z_1 Z_2 = R^2 \qquad (9\text{-}48)$$

가 되어 $Z_1 Z_2$을 역회로로 나타내면

$$Z_1 Z_2 = K^2 = \frac{L}{C} = R^2 \qquad (9\text{-}49)$$

이 성립하므로

$$R = \sqrt{\frac{L}{C}} \tag{9-50}$$

이 된다.

예제 9-11

그림 9.24의 회로에서 정저항회로가 되기 위한 R의 값을 구하라.

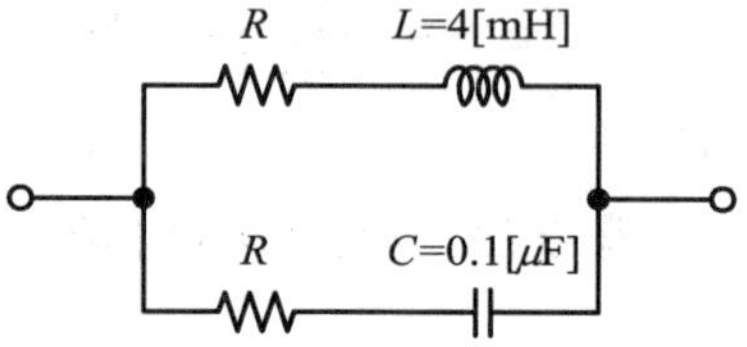

그림 9.24

[풀이] ☞ $R = \sqrt{\frac{L}{C}} = \sqrt{\frac{4\times10^{-3}}{0.1\times10^{-6}}} = 200[\Omega]$

예제 9-12

그림 9.25의 회로가 주파수에 관계없이 일정한 임피던스를 갖도록 C의 값을 결정하라.

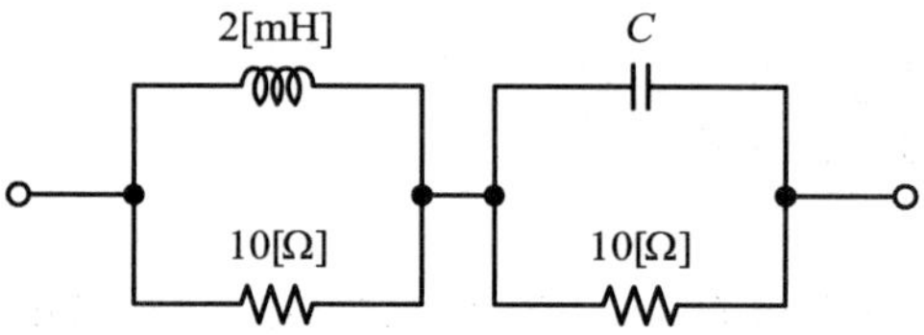

그림 9.25

[풀이] ☞ 정저항회로를 의미하므로 $R = \sqrt{\frac{L}{C}}$ 에서

$$C = \frac{L}{R^2} = \frac{2\times10^{-3}}{10^2} = 20[\mu F]$$

연습문제 1

해설은 478쪽에 있습니다.

[문제1] 구동점 임피던스에서 극점(pole)의 상태는?

㉮ 단락회로 상태를 말한다. ㉯ 개방회로 상태를 말한다.
㉰ 아무상태도 아니다. ㉱ 전류가 많이 흐르는 상태를 의미한다.

[문제2] 회로망 함수 $N(s)=\dfrac{p(s)}{q(s)}=\dfrac{a_0 8^n+a_1 8^{n-1}+\cdots a_{n-1}8+a_n}{f_0 8^n+f_1 8^{n-1}+\cdots f_{n-1}8+f_n}$에서 분모 $q(s)=0$을 만족시키는 근들은?

㉮ 영점이다. ㉯ 감쇠정수이다.
㉰ 극점이다. ㉱ 위상정수이다.

[문제3] $Z(s)=\dfrac{s^2-1}{s^3-2s-4}$의 구동점 임피던스에서 극에 해당되지 않는 것은?

㉮ $+1$ ㉯ $+2$ ㉰ $-1-j$ ㉱ $-1+j$

[문제4] 리액턴스 함수 $Z(s)=\dfrac{6s^2+1}{s(s^2+1)}$로 표시되는 리액턴스 2단자망은?

㉮ 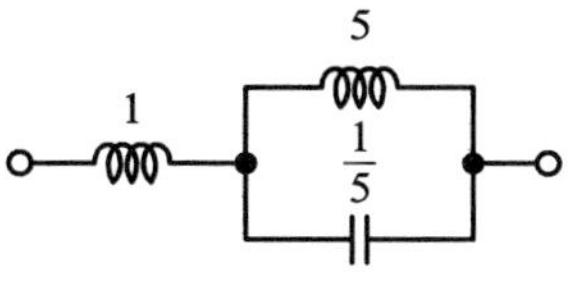

㉯ 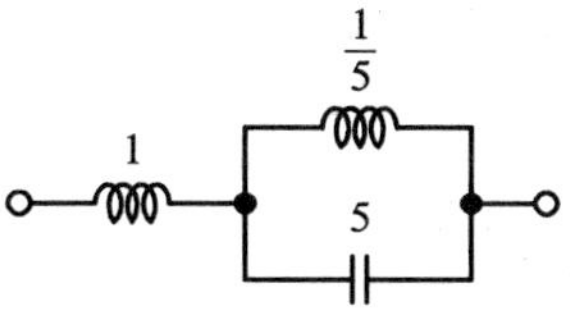

㉰ 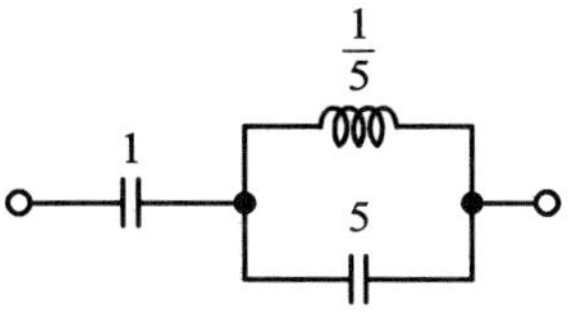

㉱ 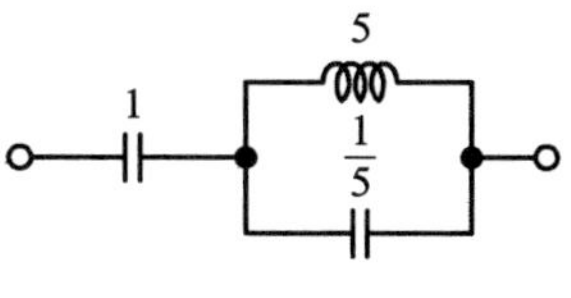

[문제5] 임피던스 함수 $Z(s)=\dfrac{5s+4}{s}$로 표시되는 리액턴스 2단자회로망은?

㉮ 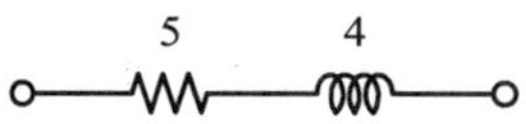

㉯ 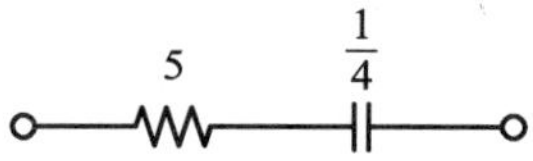

㉰ 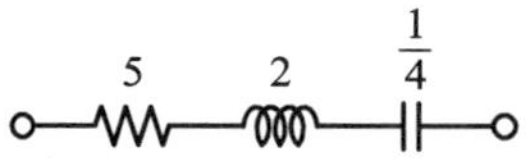

㉱ 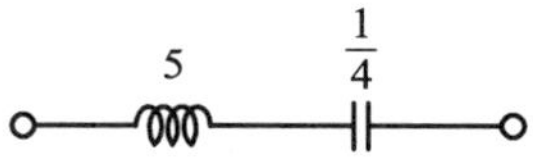

[문제6] 아래 회로에서 구동점 임피던스 $Z_{ab}[\Omega]$를 구하라.

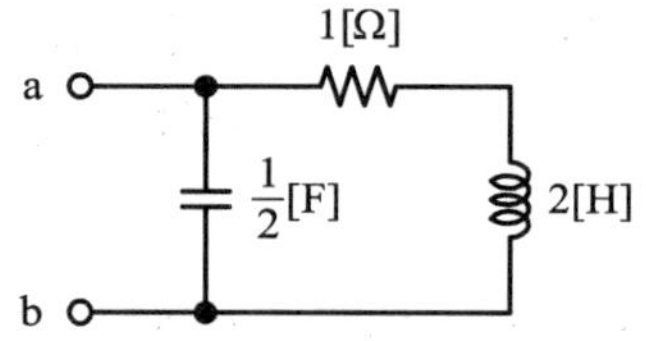

㉮ $\dfrac{2(2s+1)}{2s^2+s+2}$

㉯ $\dfrac{2s+1)}{2s^2+s+2}$

㉰ $\dfrac{2(2s-1)}{2s^2+s+2}$

㉱ $\dfrac{4s+1}{2s^2+s+2}$

[문제7] 아래 회로에서 구동점 임피던스를 표시하는 식은?

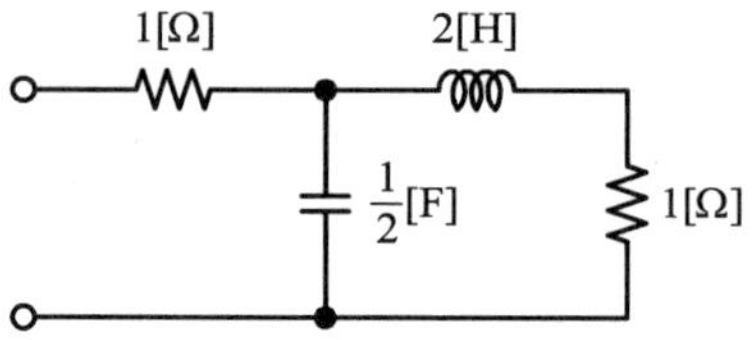

㉮ $\dfrac{2s^2+s+2}{2s^2+5s+4}$

㉯ $\dfrac{2s^2+5s+4}{2s^2+s+2}$

㉰ $\dfrac{s^2+s+1}{s^2+5s+1}$

㉱ $\dfrac{2s^2+5s+1}{2s^2+s+1}$

[문제8] 아래 회로는 역회로이다. 이 때 L'[H]와 C'[μF]의 값은? (단 K는 100이다.)

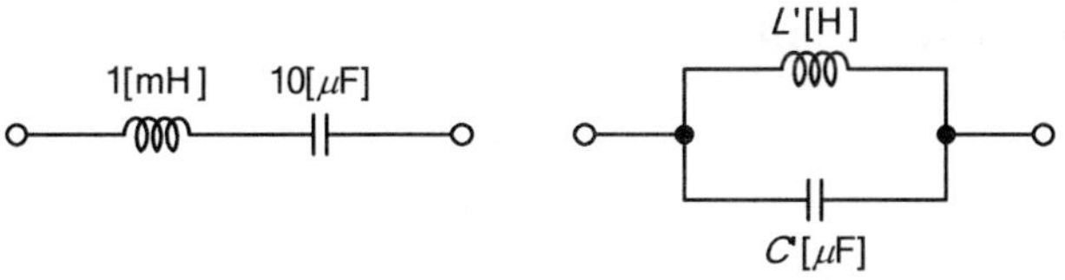

㉮ 0.1, 0.1 ㉯ 0.1, 0.2 ㉰ 0.2, 0.1 ㉱ 0.2, 0.2

[문제9] 아래 그림과 같은 회로가 정저항 회로가 되기 위한 R[Ω]의 값은 약 얼마인가?

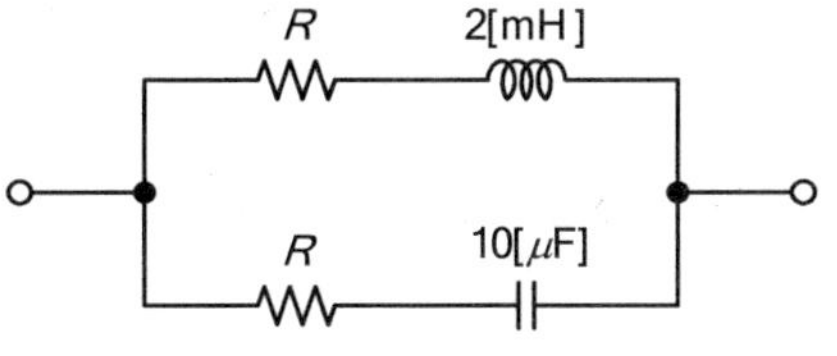

㉮ 11 ㉯ 12 ㉰ 13 ㉱ 14

[문제10] 아래 그림과 같은 회로가 정저항 회로가 되기 위한 L[H]의 값은 약 얼마인가? (단, $R = 10$[Ω], $C = 100$[μF]이다.)

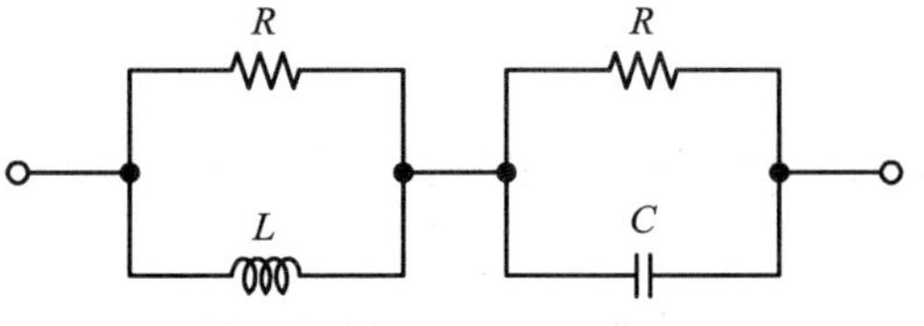

㉮ 0.01 ㉯ 0.02 ㉰ 0.03 ㉱ 0.04

연습문제 2

해설은 479쪽에 있습니다.

[문제1] 어떤 2단자 회로망의 임피던스가 $Z(s) = \dfrac{s+1}{s^2+3s+2}$ 일 때, 영점과 극점을 구하라.

[문제2] $R-L-C$ 직렬회로의 구동점 임피던스 $Z(s)$를 구하라.

[문제3] 임피던스 함수 $Z(s) = \dfrac{8s+7}{s}$ 로 표시되는 리액턴스 2단자회로망을 표시하라.

[문제4] 임피던스 함수 $Z(s) = \dfrac{4s}{s^2+9}$ 로 표시되는 리액턴스 2단자회로망은 어떻게 구성되는가?

[문제5] 아래 2단자 회로망에서 구동점 임피던스 $Z(s)$를 구하시오.

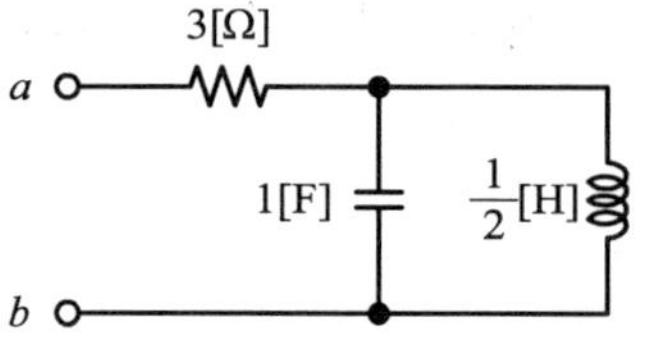

[문제6] 아래 그림에서 구동점 임피던스$Z(s)$를 구하시오.

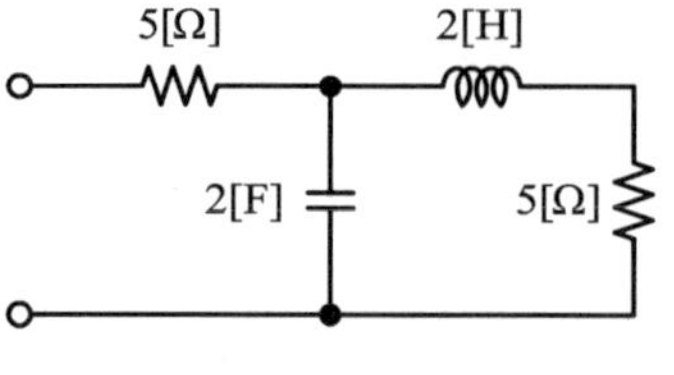

[문제7] 임피던스 함수 $Z(S) = \dfrac{S+50}{S^2+3S+2}[\Omega]$으로 주어지는 2단자 회로망에 직류 100[V]의 전압을 가했다면 이 회로의 전류는 몇 [A]인가?

[문제8] 아래 그림을 역회로로 변환하라.

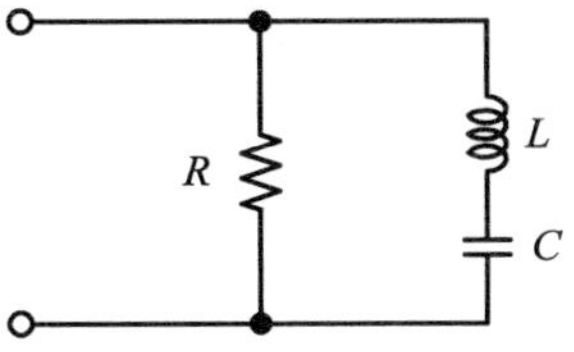

[문제9] 아래 그림과 같은 (a), (b)회로가 역회로의 관계가 있으려면 L의 값은 얼마[mH]인가?

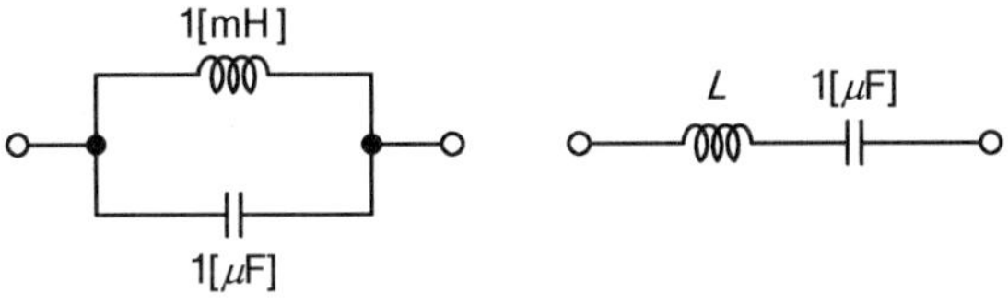

(a) (b)

[문제10] 아래 그림이 정저항 회로가 되려면 ωL [Ω]의 값을 계산하라.

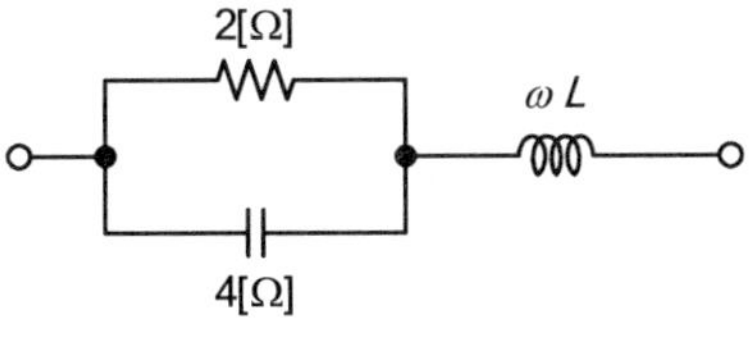

10 4단자 회로망

일반적으로 회로망은 입력단자가 있으면 반드시 출력단자가 필요하게 된다. 즉 입력과 출력을 위해 각각 2개씩의 단자를 갖게 된다. 예를 들어 전원 변압기나 각종 전기 전자통신회로의 입출력 단자는 2개의 단자 쌍으로 이루어져 있다. 이와 같이 2개의 단자쌍을 취급하는 회로를 4단자망이라 한다. 4단자망은 선형회로와 비선형회로, 수동회로와 능동회로, 쌍방향 회로와 단방향회로 등으로 분류되나 본장에서는 R, L, C, M으로 구성된 선형소자에 대해 알아본다. 또한 4단자망의 각종 파라메타의 정의와 표현법 및 접속방법에 대해 설명한다.

10.1 4단자 회로망

회로망의 내부에 능동소자를 포함하고 있는 경우를 능동 4단자망이라 하고 수동소자로만 구성된 것을 수동 4단자회로망이라 한다. 각종 4단자망의 종류는 그림 10.1과 같다.

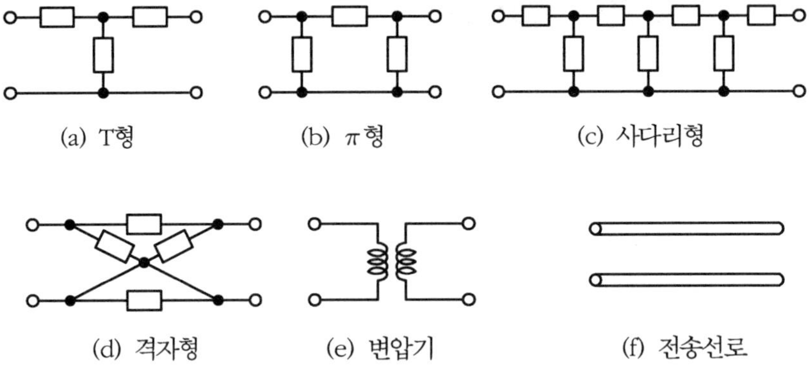

그림 10.1 4단자 회로망의 종류

그림 10.2의 4단자 회로망에서 임의의 선형회로에 대해 입력측과 출력측에 각각 $1-1'$과 $2-2'$로 표현되는 2단자 쌍으로 나타낸다. 4단자망의 특성은 양단자에서의 전압, 전류 즉 V_1, V_2, I_1, I_2의 상호관계로 표시된다.

그림 10.2 4단자망

10.2 임피던스 파라미터

그림 10.3의 box 안의 임피던스 파라미터 Z_{11}, Z_{12}, Z_{21}, Z_{22}의 정의와 이들 계수를 구해보자. 그림 10.3에서 입력단자 $1-1'$의 전압을 V_1, 전류를 I_1, 출력단자 $2-2'$의 전압을 V_2, 전류를 I_2,라 할 때, 키르히호프 제2법칙인 전압법칙을 적용하면 각각 다음과 같이 표현할 수 있다.

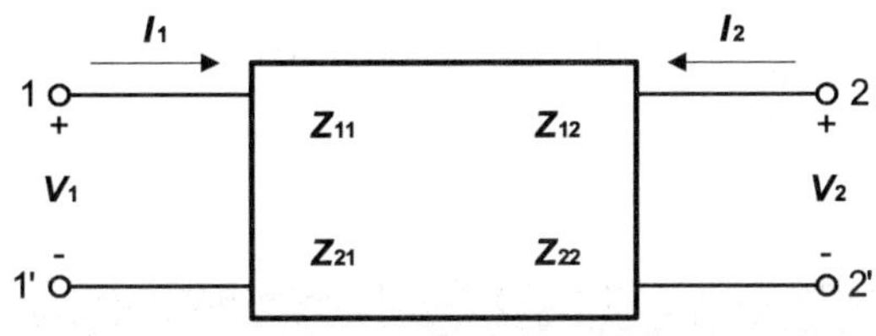

그림 10.3 임피던스 파라미터

$$\left.\begin{aligned} V_1 &= Z_{11} I_1 + Z_{12} I_2 \\ V_2 &= Z_{21} I_1 + Z_{22} I_2 \end{aligned}\right\} \tag{10-1}$$

이를 행렬식으로 정리하면

$$\begin{bmatrix} V_1 \\ V_2 \end{bmatrix} = \begin{bmatrix} Z_{11} & Z_{12} \\ Z_{21} & Z_{22} \end{bmatrix} \begin{bmatrix} I_1 \\ I_2 \end{bmatrix} \tag{10-2}$$

이며, 우변의 계수행렬을 임피던스 행렬 또는 Z행렬이라 하고, 임피던스 파라미터의 값은 입 • 출력 전류를 개방(open)하는 조건으로 가정하고 구할 수 있다. 출력단자 2차 측을 개방했을 경우 $I_2 = 0$이므로 식(10-1)은 다음과 같이 된다.

$$V_1 = Z_{11} I_1 \Rightarrow Z_{11} = \frac{V_1}{I_1}, \quad V_2 = Z_{21} I_1 \Rightarrow Z_{21} = \frac{V_2}{I_1} \tag{10-3}$$

또한 1차 측을 개방했을 경우 $I_1 = 0$이므로 식(10-1)은

$$V_1 = Z_{12} I_2 \Rightarrow Z_{12} = \frac{V_1}{I_2}, \quad V_2 = Z_{22} I_2 \Rightarrow Z_{22} = \frac{V_2}{I_2} \tag{10-4}$$

이다. 식(10-3)과 식(10-4)로부터 각 임피던스 파라미터와 그 물리적 의미는

$$
\left.\begin{array}{ll}
① \ \boldsymbol{Z_{11}} = \dfrac{\boldsymbol{V_1}}{\boldsymbol{I_1}}\Big|_{I_2=0} & : \text{1차측에서본개방구동점임피던스} \\
② \ \boldsymbol{Z_{21}} = \dfrac{\boldsymbol{V_2}}{\boldsymbol{I_1}}\Big|_{I_2=0} & : \text{1차측에서본개방전달임피던스} \\
③ \ \boldsymbol{Z_{12}} = \dfrac{\boldsymbol{V_1}}{\boldsymbol{I_2}}\Big|_{I_1=0} & : \text{2차측에서본개방전달임피던스} \\
④ \ \boldsymbol{Z_{22}} = \dfrac{\boldsymbol{V_2}}{\boldsymbol{I_2}}\Big|_{I_1=0} & : \text{2차측에서본개방구동점임피던스}
\end{array}\right\} \qquad (10\text{-}5)
$$

이다. 여기서 특히 $\boldsymbol{Z_{11}} = \boldsymbol{Z_{22}}$인 경우를 대칭회로라 한다.

예제 10-1

그림 10.4와 같은 T형 회로의 임피던스 파라미터를 구해보자.

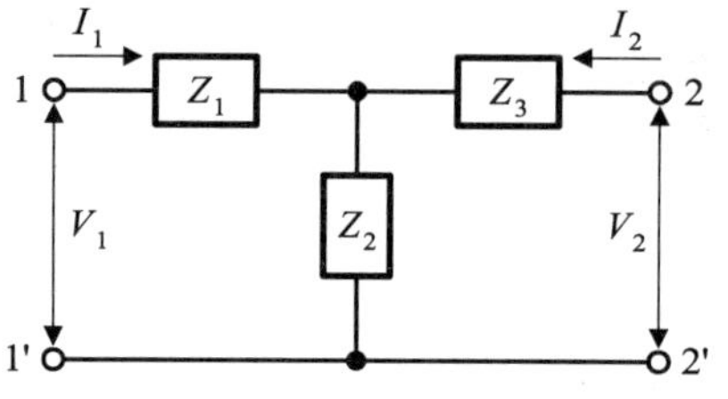

그림 10.4

[풀이] ☞ 그림 10.4에서 2차 측을 개방했을 때, 즉 $\boldsymbol{I_2} = 0$의 경우

$$※ \ I_1 = \frac{V_1}{Z_1 + Z_2}, \quad V_2 = I_1 Z_2 = \frac{V_1 Z_2}{Z_1 + Z_2} \text{ 이므로}$$

$$① \qquad \boldsymbol{Z_{11}} = \frac{V_1}{I_1}\Bigg|_{I_2=0} = \frac{V_1}{\dfrac{V_1}{Z_1 + Z_2}} = Z_1 + Z_2$$

$$② \qquad \boldsymbol{Z_{21}} = \frac{V_2}{I_1}\Bigg|_{I_2=0} = \frac{\dfrac{V_1 Z_2}{Z_1 + Z_2}}{\dfrac{V_1}{Z_1 + Z_2}} = Z_2$$

이다. 혹은 출력단자를 개방하면 Z_1과 Z_2가 직렬이 되므로

$$\boldsymbol{Z}_{11} = \frac{V_1}{I_1}\bigg|_{I_2 = 0} = Z_1 + Z_2$$

이고, $\boldsymbol{V}_2 = \boldsymbol{Z}_2 \boldsymbol{I}_1$이므로

$$\boldsymbol{Z}_{21} = \frac{V_2}{I_1}\bigg|_{I_2 = 0} = \frac{Z_2 I_1}{I_1}\bigg|_{I_2 = 0} = Z_2$$

이다.

그림 10.4에서 1차 측을 개방했을 때, 즉 $\boldsymbol{I}_1 = 0$의 경우

※ $I_2 = \dfrac{V_2}{Z_2 + Z_3}$, $V_1 = I_2 Z_2 = \dfrac{V_2 Z_2}{Z_2 + Z_3}$ 이므로

③ $$\boldsymbol{Z}_{12} = \frac{V_1}{I_2}\bigg|_{I_1 = 0} = \frac{\dfrac{V_2 Z_2}{Z_2 + Z_3}}{\dfrac{V_2}{Z_2 + Z_3}} = Z_2$$

④ $$\boldsymbol{Z}_{22} = \frac{V_2}{I_2}\bigg|_{I_1 = 0} = \frac{V_2}{\dfrac{V_2}{Z_2 + Z_3}} = Z_2 + Z_3$$

이다. 혹은 입력단자를 개방하면 Z_2과 Z_3가 직렬이 되므로

$$\boldsymbol{Z}_{22} = \frac{V_2}{I_2}\bigg|_{I_1 = 0} = Z_2 + Z_3$$

이고, $\boldsymbol{V}_1 = \boldsymbol{Z}_2 \boldsymbol{I}_2$ 이므로

$$\boldsymbol{Z}_{12} = \frac{V_1}{I_2}\bigg|_{I_1 = 0} = \frac{Z_2 I_2}{I_2}\bigg|_{I_1 = 0} = Z_2$$

이다.

이를 표시하면 그림 10.5와 같다.

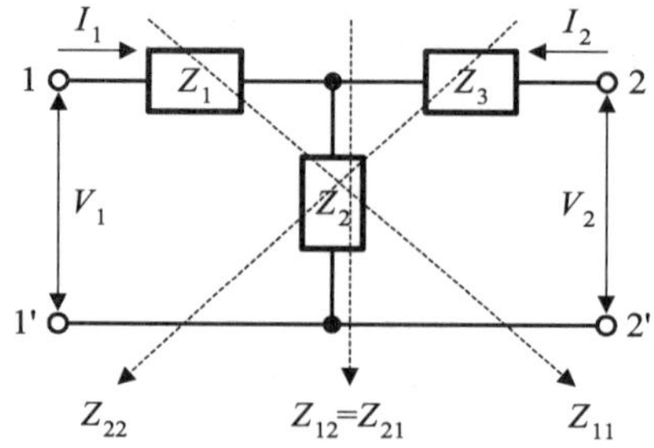

그림 10.5

예제 10-2

그림 10.6과 같은 T형 회로의 임피던스 파라미터를 구하시오.

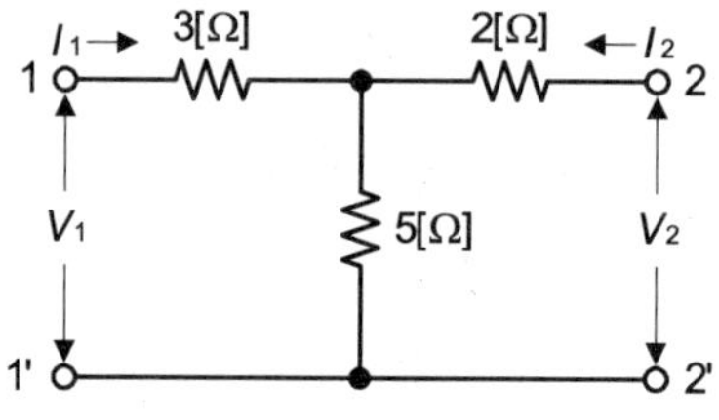

그림 10.6

[풀이] ☞ 방법(1)

$Z_1 = 3[\Omega]$, $Z_2 = 5[\Omega]$, $Z_3 = 2[\Omega]$이라면 그림 10.5로부터

$$\boldsymbol{Z}_{11} = Z_1 + Z_2 = 3 + 5 = 8[\Omega]$$
$$\boldsymbol{Z}_{12} = \boldsymbol{Z}_{21} = Z_2 = 5[\Omega]$$
$$\boldsymbol{Z}_{22} = Z_2 + Z_3 = 5 + 2 = 7[\Omega]$$

방법(2)

예제 10-1의 ①, ②, ③, ④를 참고하면

① 출력단자를 개방하면 Z_1과 Z_2가 직렬이 되므로

$$\boldsymbol{Z}_{11} = \left.\frac{V_1}{I_1}\right|_{I_2=0} = Z_1 + Z_2 = 8[\Omega]$$

이고, $\boldsymbol{V}_2 = \boldsymbol{Z}_2\,\boldsymbol{I}_1$ 이므로

$$\boldsymbol{Z_{21}} = \left.\frac{V_2}{I_1}\right|_{I_2 = 0} = \frac{Z_2 I_1}{I_1} = Z_2 = 5[\Omega]$$

이다.

② 입력단자를 개방하면 Z_2과 Z_3가 직렬이 되므로

$$\boldsymbol{Z_{22}} = \left.\frac{V_2}{I_2}\right|_{I_1 = 0} = Z_2 + Z_3 = 7[\Omega]$$

이고, $\boldsymbol{V_1} = \boldsymbol{Z_2}\ \boldsymbol{I_2}$이므로

$$\boldsymbol{Z_{12}} = \left.\frac{V_1}{I_2}\right|_{I_1 = 0} = \frac{Z_2 I_2}{I_2} = Z_2 = 5[\Omega]$$

이다.

10.3 어드미턴스 파라미터

그림 10.7의 box 안의 임피던스 파라미터 $\boldsymbol{Y_{11}}$, $\boldsymbol{Y_{12}}$, $\boldsymbol{Y_{21}}$, $\boldsymbol{Y_{22}}$의 정의와 이들 계수를 구해보자. 그림 10.7에서 입력단자 $1-1'$의 전압을 $\boldsymbol{V_1}$, 전류를 $\boldsymbol{I_1}$, 출력단자 $2-2'$의 전압을 $\boldsymbol{V_2}$, 전류를 $\boldsymbol{I_2}$,라 할 때, 키르히호프 제1법칙인 전류법칙을 적용하면 $\boldsymbol{I_1}$, $\boldsymbol{I_2}$는 다음과 같이 표현할 수 있다.

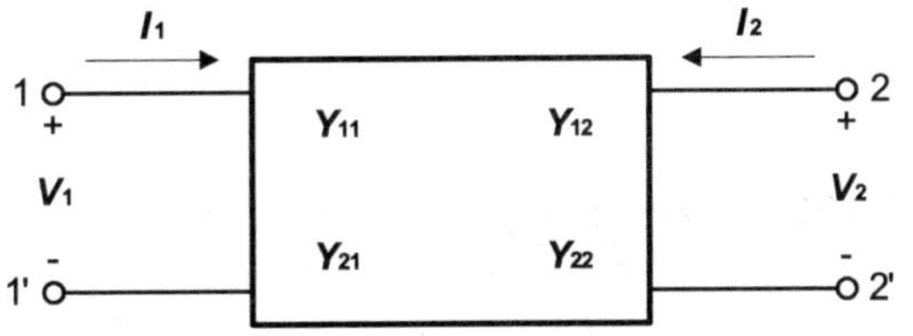

그림 10.7 어드미턴스 파라미터

$$\left.\begin{aligned} \boldsymbol{I_1} &= \boldsymbol{Y_{11}}\ \boldsymbol{V_1} + \boldsymbol{Y_{12}}\ \boldsymbol{V_2} \\ \boldsymbol{I_2} &= \boldsymbol{Y_{21}}\ \boldsymbol{V_1} + \boldsymbol{Y_{22}}\ \boldsymbol{V_2} \end{aligned}\right\} \qquad (10\text{-}6)$$

이를 행렬식으로 정리하면

$$\begin{bmatrix} I_1 \\ I_2 \end{bmatrix} = \begin{bmatrix} Y_{11} & Y_{12} \\ Y_{21} & Y_{22} \end{bmatrix} \begin{bmatrix} V_1 \\ V_2 \end{bmatrix} \tag{10-7}$$

이며, 우변의 계수행렬을 어드미턴스 행렬 또는 Y 행렬이라 하고, 어드미턴스 파라미터의 값은 입 • 출력 전압을 단락(short)하는 조건으로 가정하고 구할 수 있다. 즉, 출력 단자 2차 측을 단락하는 경우 $V_2 = 0$이므로 식(10-6)은 다음과 같이 된다.

$$I_1 = Y_{11}\ V_1 \Rightarrow Y_{11} = \frac{I_1}{V_1},\quad I_2 = Y_{21}\ V_1 \Rightarrow Y_{21} = \frac{I_2}{V_1} \tag{10-8}$$

또한 1차 측을 단락했다고 가정하면 $V_1 = 0$이므로 식(10-6)은

$$I_1 = Y_{12}\ V_2 \Rightarrow Y_{12} = \frac{I_1}{V_2},\quad I_2 = Y_{22}\ V_2 \Rightarrow Y_{22} = \frac{I_2}{V_2} \tag{10-9}$$

이다. 따라서 식(10-8)과 식(10-9)로부터 각 어드미턴스 파라미터와 그 물리적 의미는 다음과 같이 정의된다.

$$\left.\begin{aligned} &① \ Y_{11} = \frac{I_1}{V_1}\Big|_{V_2=0} \ : \text{1차측에서본단락구동점어드미턴스} \\ &② \ Y_{21} = \frac{I_2}{V_1}\Big|_{V_2=0} \ : \text{1차측에서본단락전달어드미턴스} \\ &③ \ Y_{12} = \frac{I_1}{V_2}\Big|_{V_1=0} \ : \text{2차측에서본단락전달어드미턴스} \\ &④ \ Y_{22} = \frac{I_2}{V_2}\Big|_{V_1=0} \ : \text{2차측에서본단락구동점어드미턴스} \end{aligned}\right\} \tag{10-10}$$

예제 10-3

그림 10-8과 같은 π형 회로의 어드미턴스 파라미터를 구해보자.

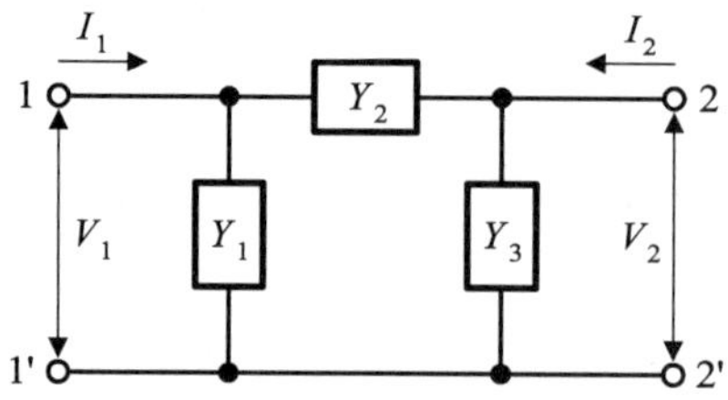

그림 10.8

[풀이] ☞ 그림 10.8에서 2차 측을 단락했을 때, 즉 $V_2 = 0$의 경우

※ $I_1 = (Y_1 + Y_2)V_1$, $I_2 = -Y_2 V_1$이므로

① $$Y_{11} = \frac{I_1}{V_1}\Big|_{V_2=0} = \frac{(Y_1 + Y_2)V_1}{V_1} = Y_1 + Y_2$$

② $$Y_{21} = \frac{I_2}{V_1}\Big|_{V_2=0} = \frac{-Y_2 V_1}{V_1} = -Y_2$$

그림 10.8에서 1차 측을 단락했을 때, 즉 $V_1 = 0$의 경우

$I_2 = (Y_2 + Y_3)V_2$, $I_1 = -Y_2 V_2$이므로

③ $$Y_{12} = \frac{I_1}{V_2}\Big|_{V_1=0} = \frac{-Y_2 V_2}{V_2} = -Y_2$$

④ $$Y_{22} = \frac{I_2}{V_2}\Big|_{V_1=0} = \frac{(Y_2 + Y_3)V_2}{V_2} = Y_2 + Y_3$$

이다. 이를 표시하면 그림 10.9와 같다.

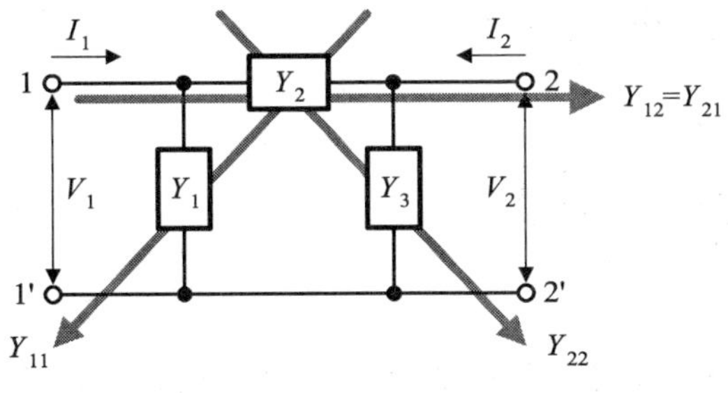

그림 10.9

예제 10-4

그림 10.10과 같은 π형 회로의 어드미턴스 파라미터를 구하시오.

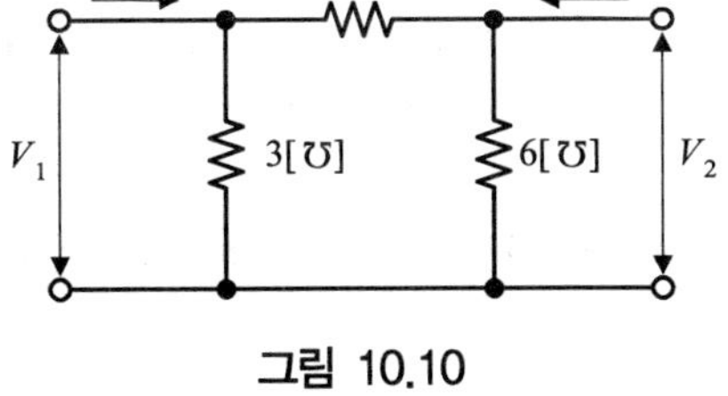

그림 10.10

[풀이] 그림 10.10에서 $Y_1 = 3[\mho]$, $Y_2 = 5[\mho]$, $Y_3 = 6[\mho]$이라면 예제 10-3의 ①, ②, ③, ④로와 그림 10.9로부터

$$Y_{11} = Y_1 + Y_2 = 3 + 5 = 8[\mho]$$
$$Y_{12} = Y_{21} = =- Y_2 =- 5[\mho]$$
$$Y_{22} = Y_2 + Y_3 = 5 + 6 = 11[\mho]$$

이다.

10.4 하이브리드 파라미터

4단자망의 4개의 변수 V_1, I_1, V_2, I_2 중 한쪽의 단자전압과 다른 쪽의 단자전류를 나머지 두 변수로 표시하기 위한 계수를 하이브리드 파라미터(Hybrid parameter)라 한다. 식(10-2)의 임피던스 행렬에서 $V_2 \Rightarrow I_2$, $I_2 \Rightarrow V_2$로 표시한 것과 같다.

$$\begin{bmatrix} V_1 \\ V_2 \end{bmatrix} = \begin{bmatrix} Z_{11} & Z_{12} \\ Z_{21} & Z_{22} \end{bmatrix} \begin{bmatrix} I_1 \\ I_2 \end{bmatrix}$$

$$\Downarrow$$

$$\begin{bmatrix} V_1 \\ I_2 \end{bmatrix} = \begin{bmatrix} H_{11} & H_{12} \\ H_{21} & H_{22} \end{bmatrix} \begin{bmatrix} I_1 \\ V_2 \end{bmatrix} \tag{10-11}$$

여기서 $H_{11}, H_{12}, H_{22}, H_{21}$을 H 파라미터 또는 하이브리드 파라미터라고 한다.

이 H 파라미터는 능동회로망의 해석에 편리하므로 트랜지스터의 특성이나 증폭회로 등 전자회로에 널리 사용되고 있다. 식(10-11)의 H 파라미터를 4단자망으로 나타내면 그림 10.11과 같다.

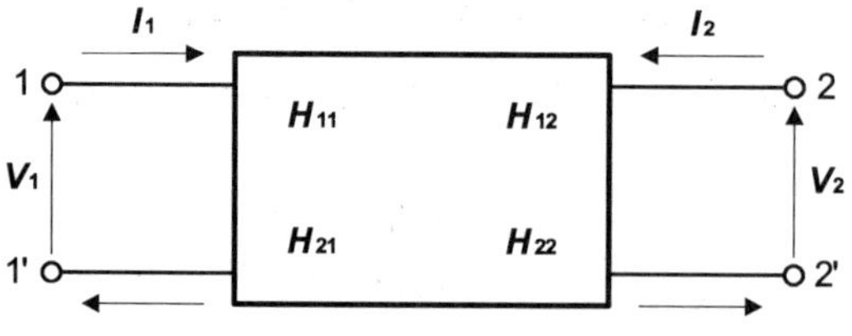

그림 10.11

그림 10.11의 box 안의 하이브리드 파라미터 $H_{11}, H_{12}, H_{21}, H_{22}$의 정의와 이들 계수를 구해보자. 식(10-11)을 풀면

$$V_1 = H_{11} I_1 + H_{12} V_2$$
$$I_2 = H_{21} I_1 + H_{22} V_2 \quad (10\text{-}12)$$

이 된다.

그림 10.11에서 1차 측을 개방했을 경우 $I_1 = 0$이므로 식(10-12)은

$$V_1 = H_{12} V_2 \Rightarrow H_{12} = \frac{V_1}{V_2}, \quad I_2 = H_{22} V_2 \Rightarrow H_{22} = \frac{I_2}{V_2} \quad (10\text{-}13)$$

이고, 2차 측을 단락했을 경우 $V_2 = 0$이므로 식(10-12)은

$$V_1 = H_{11} I_1 \Rightarrow H_{11} = \frac{V_1}{I_1}, \quad I_2 = H_{21} I_1 \Rightarrow H_{21} = \frac{I_2}{I_1} \quad (10\text{-}14)$$

이다. 식(10-13)과 식(10-14)로부터 각 H-파라미터와 그 물리적 의미는 다음과 같이 정의된다.

① $H_{11} = \frac{V_1}{I_1}|_{V_2=0}$: 단락구동점임피던스

② $H_{21} = \frac{I_2}{I_1}|_{V_2=0}$: 단락전류이득

③ $H_{12} = \frac{V_1}{V_2}|_{I_1=0}$: 개방역방향전압이득

④ $H_{22} = \frac{I_2}{V_2}|_{I_1=0}$: 개방구동점어드미턴스

(10-15)

예제 10-5

그림 10.12와 같은 회로의 하이브리드 파라미터 H_{11}를 구하시오.

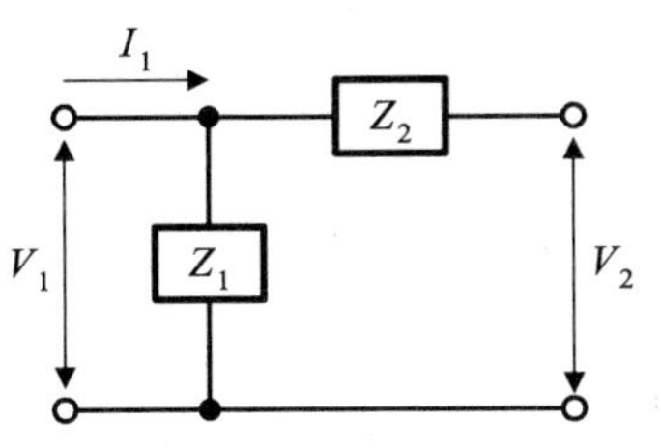

그림 10.12

[풀이] ☞ $$H_{11}=\left.\frac{V_1}{I_1}\right|_{V_2=0}=\frac{\frac{Z_1 Z_2}{Z_1+Z_2}\cdot I_1}{I_1}=\frac{Z_1 Z_2}{Z_1+Z_2}$$

10.5 4단자 정수(전송 파라미터)

회로망 해석시 한 쌍의 단자에서는 전류가 들어가고, 나머지 한 쌍의 단자에서는 전류가 나가는 회로를 분석할 때가 많고 이런 경우 회로를 해석할 경우 편리한 경우가 많다.

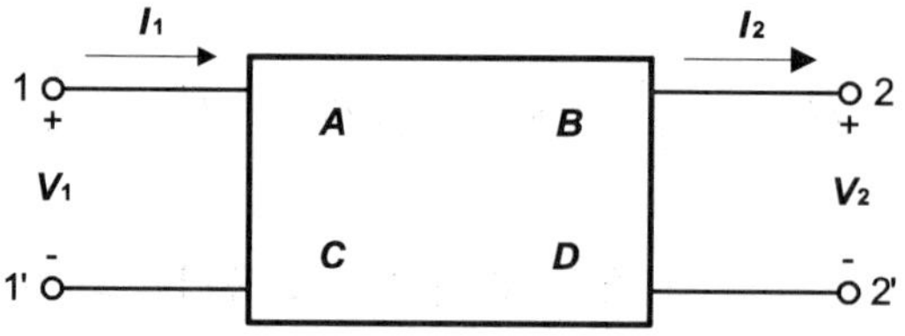

그림 10.13

그림 10.13과 같은 4단자회로망의 1차측 전압과 전류를 V_1, I_1, 2차측 전압과 전류를 V_2, I_2라 하면 이를 행렬로 표시하면 다음과 같다.

$$\begin{bmatrix} V_1 \\ I_1 \end{bmatrix}=\begin{bmatrix} A & B \\ C & D \end{bmatrix}\begin{bmatrix} V_2 \\ I_2 \end{bmatrix} \tag{10-16}$$

이 행렬의 요소 A, B, C, D를 4단자 파라미터 또는 전송 및 종속파라미터라 한다.
식(10-16)의 행렬식을 풀면

$$\left.\begin{aligned} V_1 &= AV_2+BI_2 \\ I_1 &= CV_2+DI_2 \end{aligned}\right\} \tag{10-17}$$

이고, 그림 10.13에서 출력단(2차측)을 개방하면 $I_2=0$이므로 식(10-17)은

$$V_1=AV_2 \Rightarrow A=\frac{V_1}{V_2},\quad I_1=CV_2 \Rightarrow C=\frac{I_1}{V_2} \tag{10-18}$$

이다. 또 출력단(2차측)을 단락하면 $V_2=0$이므로

$$V_1 = BI_2 \Rightarrow B = \frac{V_1}{I_2}, \quad I_1 = DI_2 \Rightarrow D = \frac{I_1}{I_2} \tag{10-19}$$

가 된다. 따라서 식(10-18)과 식(10-19)로부터 각 전송 파라미터와 그 물리적 의미는 다음과 같이 정의된다.

$$\left.\begin{array}{ll} ① \ A = \left.\dfrac{V_1}{V_2}\right|_{I_2=0} & : \text{2차측개방, 역방향전압이득(전압비)} \\ ② \ B = \left.\dfrac{V_1}{I_2}\right|_{V_2=0} & : \text{2차측단락, 역방향전달임피던스} \\ ③ \ C = \left.\dfrac{I_1}{V_2}\right|_{I_2=0} & : \text{2차측개방, 역방향전달어드미턴스} \\ ④ \ D = \left.\dfrac{I_1}{I_2}\right|_{V_2=0} & : \text{2차측단락, 역방향전류이득(전류비)} \end{array}\right\} \tag{10-20}$$

여기서,

$$\frac{A}{C} = \left.\frac{V_1}{I_1}\right|_{I_2=0} = Z_{11} \tag{10-21}$$

으로 출력단을 개방할 때, 입력단에서 본 구동점 임피던스 Z_{11}과 같다.

$$\frac{B}{D} = \left.\frac{V_1}{I_1}\right|_{V_2=0} = Z_{11} = \frac{1}{Y_{11}} \tag{10-22}$$

으로 출력단을 단락할 때 입력단에서 본 구동점 임피던스 Z_{11}과 같다.

그리고 A, B, C, D 파라미터 사이에는

$$\begin{bmatrix} A & B \\ C & D \end{bmatrix} = AD - BC = 1 \tag{10-23}$$

의 관계가 성립되며 대칭 4단자망 회로의 경우 $A = D$가 항상 성립한다.

예제 10-6

그림 10.14의 이상변압기 회로에서 전송파라미터를 구하라.

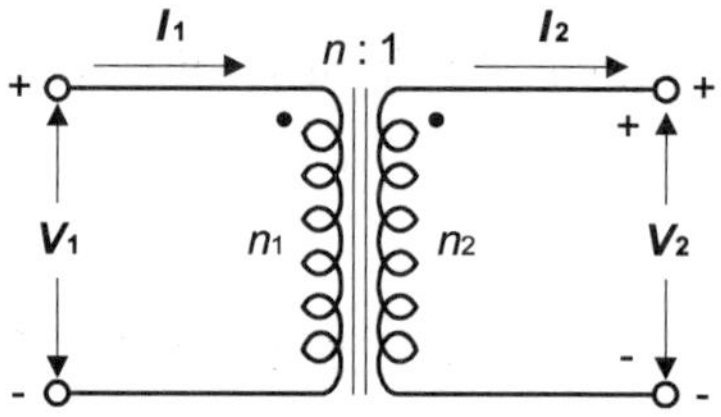

그림 10.14

[풀이] ☞ 그림 10.14에서 이상변압기의 조건은

$$\frac{V_1}{V_2}=\frac{I_2}{I_1}=\frac{n_1}{n_2}=a, \qquad \frac{I_1}{I_2}=\frac{n_2}{n_1}=\frac{1}{a}$$

이고, 식(10-17)에서

$$\begin{aligned} V_1 &= A\,V_2 + BI_2 \\ I_1 &= C\,V_2 + DI_2 \end{aligned}$$

이므로

① 출력단을 개방하면 $I_2 = 0$이므로

$$\begin{aligned} V_1 &= A\,V_2 + BI_2 \\ &= A\,V_2 + B0 \end{aligned}$$

$$\therefore\ V_1 = A\,V_2 \Rightarrow A = \frac{V_1}{V_2} = a,\ B = 0$$

이고, 출력단을 단락하면 $V_2 = 0$이므로

$$\begin{aligned} I_1 &= C\,V_2 + DI_2 \\ &= C0 + DI_2 \end{aligned}$$

$$\therefore\ I_1 = DI_2 \Rightarrow D = \frac{I_1}{I_2} = \frac{1}{a},\ C = 0$$

이다. 이상 따라서 변압기의 전송파라미터를 행렬식으로 표현하면 다음과 같다.

$$\begin{bmatrix} A & B \\ C & D \end{bmatrix} = \begin{bmatrix} a & 0 \\ 0 & \frac{1}{a} \end{bmatrix} = \begin{bmatrix} \frac{n_1}{n_2} & 0 \\ 0 & \frac{n_2}{n_1} \end{bmatrix}$$

10.6 4단자 정수의 종속접속

여러 개의 독립된 4단자망을 접속하는 방식을 종속접속이라 한다. 그림 10.15와 같이 2개의 4단자회로 N_1과 N_2를 접속한 경우

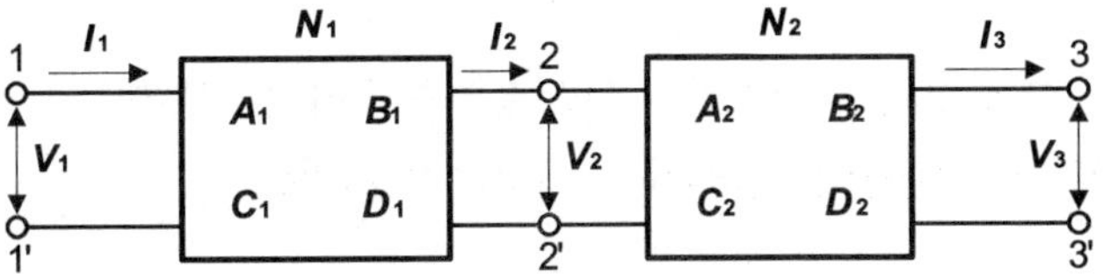

그림 10.15

4단자회로 N_1은

$$\begin{bmatrix} V_1 \\ I_1 \end{bmatrix} = \begin{bmatrix} A_1 & B_1 \\ C_1 & D_1 \end{bmatrix} \begin{bmatrix} V_2 \\ I_2 \end{bmatrix} \tag{10-24}$$

이고, N_2에 대하여

$$\begin{bmatrix} V_2 \\ I_2 \end{bmatrix} = \begin{bmatrix} A_2 & B_2 \\ C_2 & D_2 \end{bmatrix} \begin{bmatrix} V_3 \\ I_3 \end{bmatrix} \tag{10-25}$$

이다. 식(10-25)을 식(10-24)에 대입하면

$$\begin{aligned} \begin{bmatrix} V_1 \\ I_1 \end{bmatrix} &= \begin{bmatrix} A_1 & B_1 \\ C_1 & D_1 \end{bmatrix} \begin{bmatrix} A_2 & B_2 \\ C_2 & D_2 \end{bmatrix} \begin{bmatrix} V_3 \\ I_3 \end{bmatrix} \\ &= \begin{bmatrix} A_1A_2 + B_1C_2 & A_1B_2 + B_1D_2 \\ C_1A_2 + D_1C_2 & C_1B_2 + D_1D_2 \end{bmatrix} \begin{bmatrix} V_3 \\ I_3 \end{bmatrix} \end{aligned} \tag{10-26}$$

이다. 식(10-26)을 합성 4단자 회로의 방정식

$$\begin{bmatrix} V_1 \\ I_1 \end{bmatrix} = \begin{bmatrix} A & B \\ C & D \end{bmatrix} \begin{bmatrix} V_3 \\ I_3 \end{bmatrix} \tag{10-27}$$

과 비교하면 합성된 4단자망의 4단자 정수는 다음과 같다.

$$\begin{aligned} A &= A_1 A_2 + B_1 C_2, \quad B = A_1 B_2 + B_1 D_2 \\ C &= C_1 A_2 + D_1 C_2 \quad D = C_1 B_2 + D_1 D_2 \end{aligned} \tag{10-28}$$

역시

$$AD - BC = (A_1 D_1 - B_1 C_1)(A_2 D_2 - B_2 C_2) = 1 \tag{10-29}$$

이 된다. 예제 10-7 ~ 예제 10-12는 4단자회로의 정수를 구하는 기본회로이고 각종 회로에 많이 응용되며, 출제되므로 잘 풀어보고 결과식을 기억하길 바란다.

예제 10-7

그림 10.16과 같은 4단자회로의 정수 A, B, C, D을 구하라.

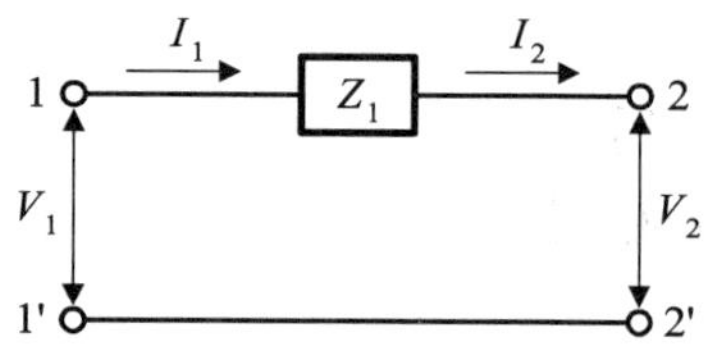

그림 10.16

[풀이] ☞ 그림 10.16에서

① 출력단을 개방하면 $I_2 = 0$이므로 $V_1 = V_2$, $I_1 = 0$이 된다. 따라서 식(10-20)에 의해

$$A = \frac{V_1}{V_2}\bigg|_{I_2=0} = 1, \qquad C = \frac{I_1}{V_2}\bigg|_{I_2=0} = 0$$

이다.

② 출력단을 단락하면 $V_2 = 0$이므로

$$I_1 = I_2 = \frac{V_1}{Z_1}$$

가 된다.

$$\therefore \quad B = \left.\frac{V_1}{I_2}\right|_{V_2=0} = \frac{V_1}{\frac{V_1}{Z_1}} = Z_1, \quad D = \left.\frac{I_1}{I_2}\right|_{V_2=0} = \frac{I_1}{I_1} = 1$$

이다. 따라서 전송파라미터를 행렬식으로 표현하면 다음과 같다.

$$\begin{bmatrix} A & B \\ C & D \end{bmatrix} = \begin{bmatrix} 1 & Z_1 \\ 0 & 1 \end{bmatrix}$$

예제 10-8

그림 10.17과 같은 4단자 회로의 정수 A, B, C, D을 구하라.

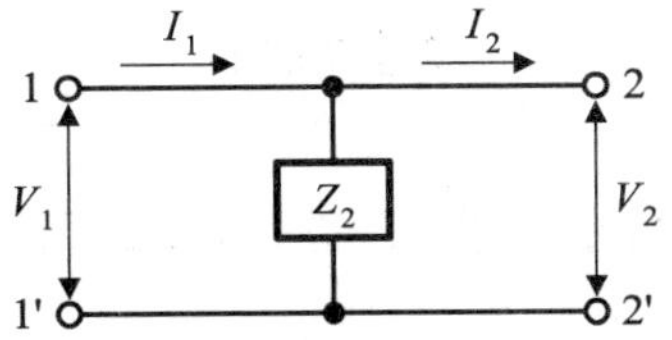

그림 10.17

[풀이] ☞ 그림 10.17에서

① 출력단을 개방하면 $I_2 = 0$이므로

$$V_1 = V_2, \quad I_1 = \frac{V_1}{Z_2}$$

이 된다. 따라서 식(10-20)에 의해

$$A = \left.\frac{V_1}{V_2}\right|_{I_2=0} = 1, \quad C = \left.\frac{I_1}{V_2}\right|_{I_2=0} = \frac{\frac{V_1}{Z_2}}{V_1} = \frac{1}{Z_2}$$

이다.

② 출력단을 단락하면 $V_2 = 0$이므로 $V_1 = 0$, $I_1 = I_2$가 된다.

$$\therefore \; B = \left.\frac{V_1}{I_2}\right|_{V_2=0} = 0, \quad D = \left.\frac{I_1}{I_2}\right|_{V_2=0} = 1$$

이 된다. 따라서 전송파라미터를 행렬식으로 표현하면 다음과 같다.

$$\begin{bmatrix} A & B \\ C & D \end{bmatrix} = \begin{bmatrix} 1 & 0 \\ \dfrac{1}{Z_2} & 1 \end{bmatrix}$$

예제 10-9

그림 10.18과 같은 4단자회로의 정수 A, B, C, D을 구하라.

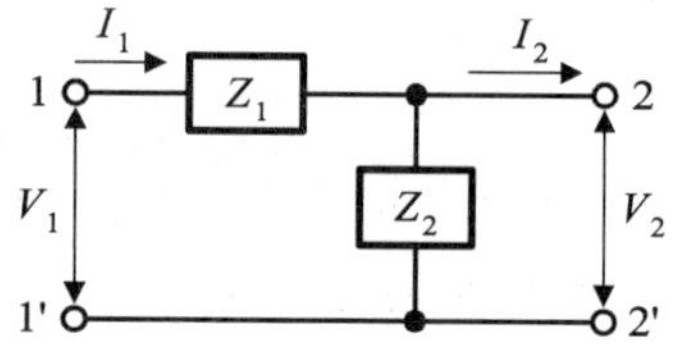

그림 10.18

[풀이] ☞ 예제 10-7과 예제 10-8이 종속 접속된 경우이므로 식(10-26)에 의해 계산하면 다음과 같다.

$$\begin{bmatrix} A & B \\ C & D \end{bmatrix} = \begin{bmatrix} 1 & Z_1 \\ 0 & 1 \end{bmatrix} \begin{bmatrix} 1 & 0 \\ \dfrac{1}{Z_2} & 1 \end{bmatrix} = \begin{bmatrix} 1 + \dfrac{Z_1}{Z_2} & Z_1 \\ \dfrac{1}{Z_2} & 1 \end{bmatrix}$$

예제 10-10

그림 10.19와 같은 회로의 전송파라미터 A, B, C, D을 구하라.

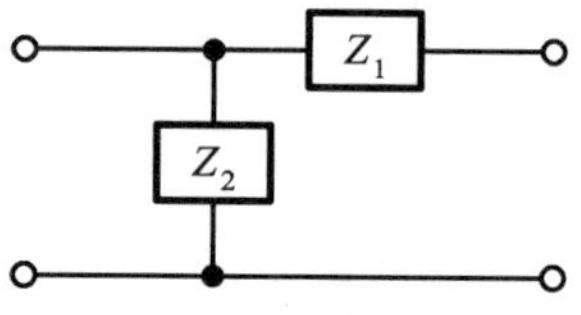

그림 10.19

[풀이] ☞ 예제 10-8과 예제 10-7이 종속 접속된 경우이므로 식(10-26)에 의해 계산하면 다음과 같다.

$$\begin{bmatrix} A & B \\ C & D \end{bmatrix} = \begin{bmatrix} 1 & 0 \\ \dfrac{1}{Z_2} & 1 \end{bmatrix} \begin{bmatrix} 1 & Z_1 \\ 0 & 1 \end{bmatrix} = \begin{bmatrix} 1 & Z_1 \\ \dfrac{1}{Z_2} & 1 + \dfrac{Z_1}{Z_2} \end{bmatrix}$$

예제 10-11

그림 10.20과 같은 T형 회로의 정수 A, B, C, D을 구하라.

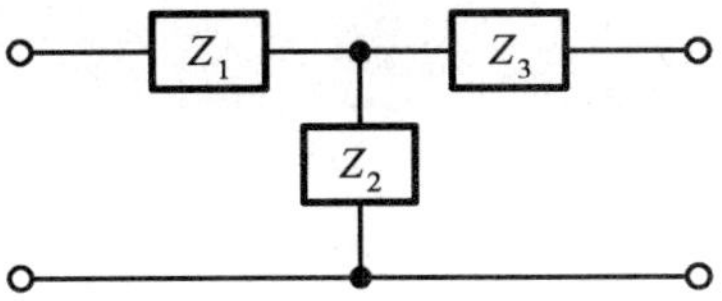

그림 10.20

[풀이] ☞ 예제 10-9와 예제 10-7이 종속 접속된 경우이므로 식(10-26)에 의해 계산하면 다음과 같다.

$$\begin{bmatrix} A & B \\ C & D \end{bmatrix} = \begin{bmatrix} 1+\dfrac{Z_1}{Z_2} & Z_1 \\ \dfrac{1}{Z_2} & 1 \end{bmatrix}\begin{bmatrix} 1 & Z_3 \\ 0 & 1 \end{bmatrix} = \begin{bmatrix} 1+\dfrac{Z_1}{Z_2} & \dfrac{Z_1Z_2+Z_2Z_3+Z_3Z_1}{Z_2} \\ \dfrac{1}{Z_2} & 1+\dfrac{Z_3}{Z_2} \end{bmatrix}$$

예제 10-12

그림 10.21과 같은 π형 회로의 정수 A, B, C, D을 구하라.

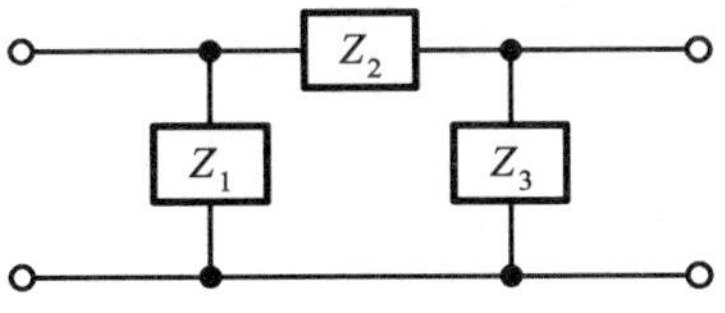

그림 10.21

[풀이] ☞ 예제 10-10과 예제 10-8이 종속 접속된 경우이므로 식(10-26)에 의해 계산하면 다음과 같다.

$$\begin{bmatrix} A & B \\ C & D \end{bmatrix} = \begin{bmatrix} 1 & Z_2 \\ \dfrac{1}{Z_1} & 1+\dfrac{Z_2}{Z_1} \end{bmatrix}\begin{bmatrix} 1 & 0 \\ \dfrac{1}{Z_3} & 1 \end{bmatrix} = \begin{bmatrix} 1+\dfrac{Z_2}{Z_3} & Z_2 \\ \dfrac{Z_1+Z_2+Z_3}{Z_1Z_3} & 1+\dfrac{Z_2}{Z_1} \end{bmatrix}$$

기본적인 4단자망의 4단자 정수를 표 10-1로 나타내었다.

표 10-1

회로의 종류 \ 4단자 정수	A	B	C	D
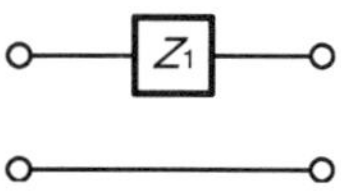	1	Z_1	0	1
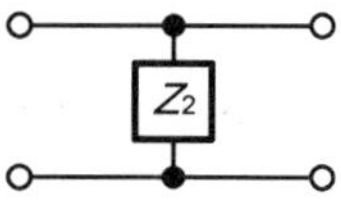	1	0	$\frac{1}{Z_2}$	1
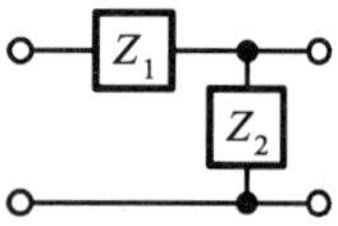	$1+\frac{Z_1}{Z_2}$	Z_1	$\frac{1}{Z_2}$	1
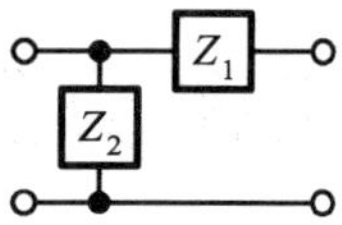	1	Z_1	$\frac{1}{Z_2}$	$1+\frac{Z_1}{Z_2}$
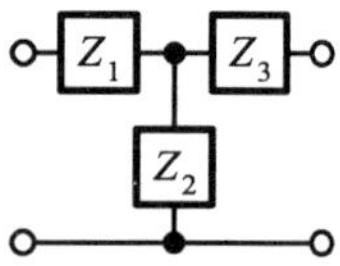	$1+\frac{Z_1}{Z_2}$	$\frac{Z_1Z_2+Z_2Z_3+Z_3Z_1}{Z_2}$	$\frac{1}{Z_2}$	$1+\frac{Z_3}{Z_2}$
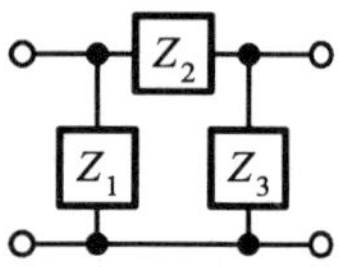	$1+\frac{Z_2}{Z_3}$	Z_2	$\frac{Z_1+Z_2+Z_3}{Z_1Z_3}$	$1+\frac{Z_2}{Z_1}$

10.7 영상파라미터

그림 10.22와 같이 외부 단자에 임피던스를 연결한 경우 즉 입력단자 1-1'에 Z_{01}을 접속하고 출력단자 2-2'에 Z_{02}을 연결한 경우 입력단자 1-1'에서 좌측에서 우측으로 본 임피던스가 다같이 Z_{01}이 되고, 또한 출력단자 2-2'에서 우측에서 좌측으로 본 임피던스가 Z_{02}가 된다고 하면 각 단자는 거울의 영상과 같은 임피던스를 갖게 되므로 이 두 임피던스를 즉 Z_{01}과 Z_{02}를 4단자망의

영상임피던스(image impedance)라 한다. 그리고 이러한 상태를 입 • 출력에 대해 임피던스가 정합되었다고(impedance matching)되었다고 한다.

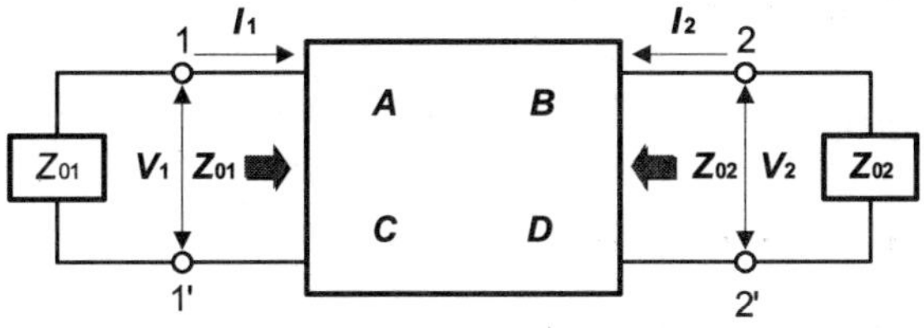

그림 10.22 영상 4단자망

(1) 영상임피던스와 4단자 정수의 관계

그림 10.22의 단자 $1-1'$에서의 임피던스 Z_{01}은

$$Z_{01} = \frac{V_1}{I_1} \tag{10-30}$$

이므로 이 식에 4단자회로의 기초방정식인 식(10-17)을 대입하면

$$Z_{01} = \frac{V_1}{I_1} = \frac{A\,V_2 + BI_2}{C\,V_2 + DI_2} \tag{10-31}$$

이고, 그림 10.22에서 $V_2 = Z_{02}I_2$이므로 이를 식(10-31)에 대입하면

$$Z_{01} = \frac{V_1}{I_1} = \frac{A\,V_2 + BI_2}{C\,V_2 + DI_2} = \frac{AZ_{02}I_2 + BI_2}{CZ_{02}I_2 + DI_2} = \frac{AZ_{02} + B}{CZ_{02} + D} \tag{10-32}$$

이다. 또한 그림 10.22의 단자 $2-2'$을 입력단으로 했을 때의 임피던스 Z_{02}은

$$Z_{02} = \frac{V_2}{I_2} = \frac{D\,V_1 + BI_1}{C\,V_1 + AI_1} \tag{10-33}$$

이고, 식(10-30)에서 $V_1 = Z_{01}I_1$이므로 이를 식(10-33)에 대입하면

$$Z_{02} = \frac{V_2}{I_2} = \frac{D\,V_1 + BI_1}{C\,V_1 + AI_1} = \frac{DZ_{01}I_1 + BI_1}{CZ_{01}I_1 + AI_1} = \frac{DZ_{01} + B}{CZ_{01} + A} \tag{10-34}$$

이다. 식(10-32)을 정리하면

$$Z_{01}\,(C\,Z_{02}+D) = A\,Z_{02} + B$$

$$C\,Z_{01}\,Z_{02}+D Z_{01}- A\,Z_{02} - B = 0 \tag{10-35}$$

이고, 식(10-34)을 정리하면

$$Z_{02}\,(C\,Z_{01}+A) = D Z_{01} + B$$

$$C\,Z_{01}\,Z_{02} + A\,Z_{02} - D Z_{01} - B = 0 \tag{10-36}$$

이다. 식(10-35)과 식(10-36)을 서로 더하면 $2\,C\,Z_{01}\,Z_{02} = 2\,B$에서

$$Z_{01} \cdot Z_{02} = \frac{B}{C} \tag{10-37}$$

이고, 식(10-35)과 식(10-36)을 서로 빼면 $2\,D\,Z_{01} = 2\,A\,Z_{02}$ 에서 다음과 같다.

$$\frac{Z_{01}}{Z_{02}} = \frac{A}{D} \tag{10-38}$$

식(10-37)과 식(10-38)을 곱하면

$$Z_{01} = \sqrt{\frac{AB}{CD}}, \qquad Z_{02} = \sqrt{\frac{DB}{AC}} \tag{10-39}$$

이 된다. 만약 대칭 4단자망이면 $A = D$가 되어야 하므로

$$Z_{01} = Z_{02} = Z_0 = \sqrt{\frac{B}{C}} \tag{10-40}$$

이 되어 Z_0를 특성임피던스라 한다. 또한

$$Z_{01} \cdot Z_{02} = \sqrt{\frac{AB}{CD}} \cdot \sqrt{\frac{BD}{AC}} = \sqrt{\frac{B^2}{C^2}} = \frac{B}{C} \tag{10-41}$$

이고,

$$Z_{01}/Z_{02} = \sqrt{\frac{\frac{AB}{CD}}{\frac{BD}{AC}}} = \sqrt{\frac{A^2}{D^2}} = \frac{A}{D} \tag{10-42}$$

로 표현할 수 있다. 다음에 영상 임피던스를 간단히 구하는 방법을 알아보자. 그림 10.22에서 출력단자 $2-2'$을 단락하고 입력단자 $1-1'$에서 본 임피던스를 Z_{1s}라 하면 $V_2 = 0$이므로 식(10-31)에서

$$Z_{1s} = \left.\frac{V_1}{I_1}\right|_{V_2=0} = \left.\frac{AV_2 + BI_2}{CV_2 + DI_2}\right|_{V_2=0} = \frac{B}{D} \tag{10-43}$$

가 된다. 또한 출력단자 $2-2'$을 개방하고 입력단자 $1-1'$에서 본 임피던스를 Z_{1o}라 하면 $I_2 = 0$이므로 식(10-31)에서 다음과 같이 된다.

$$Z_{1o} = \left.\frac{V_1}{I_1}\right|_{I_2=0} = \left.\frac{AV_2 + BI_2}{CV_2 + DI_2}\right|_{I_2=0} = \frac{A}{C} \tag{10-44}$$

역으로 입력단자 $1-1'$을 단락($V_1 = 0$), 개방($I_1 = 0$)하였을 때, 출력단자 $2-2'$에서 본 임피던스를 Z_{2s}, Z_{2o}라 하면 식(10-33)과 식(10-34)에서

$$Z_{2s} = \left.\frac{V_2}{I_2}\right|_{V_1=0} = \left.\frac{DV_1 + BI_1}{CV_1 + AI_1}\right|_{V_1=0} = \frac{B}{A} \tag{10-45}$$

$$Z_{2o} = \left.\frac{V_2}{I_2}\right|_{I_1=0} = \left.\frac{DV_1 + BI_1}{CV_1 + AI_1}\right|_{I_1=0} = \frac{D}{C} \tag{10-46}$$

가 된다. 따라서 식(10-43) ~ 식(10-46)에 의해 영상임피던스를 다음과 같이도 표시할 수 있다.

$$Z_{01} = \sqrt{Z_{1s}Z_{1o}} = \sqrt{\frac{AB}{CD}}, \quad Z_{02} = \sqrt{Z_{2s}Z_{2o}} = \sqrt{\frac{BD}{AC}} \tag{10-47}$$

예제 10-13

그림 10.23과 같은 회로의 영상임피던스 Z_{01}과 Z_{02}을 구하라.

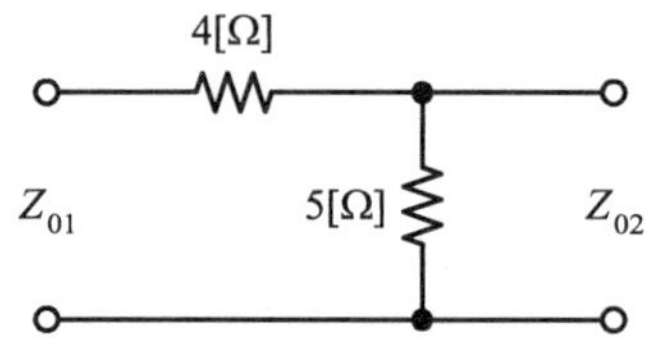

그림 10.23

[풀이] ☞ ※ 방법 ①

예제 10-9의 결과로 4단자정수를 구하면

$$\begin{bmatrix} A & B \\ C & D \end{bmatrix} = \begin{bmatrix} 1 & 4 \\ 0 & 1 \end{bmatrix} \begin{bmatrix} 1 & 0 \\ \frac{1}{5} & 1 \end{bmatrix} = \begin{bmatrix} \frac{9}{5} & 4 \\ \frac{1}{5} & 1 \end{bmatrix}$$

이고, 식(10-26)을 이용하여 위 행렬을 계산하면

$$A = 1\times 1 + 4\times\frac{1}{5} = \frac{9}{5}, \qquad B = 1\times 0 + 4\times 1 = 4$$

$$C = 1\times 0 + 1\times\frac{1}{5} = \frac{1}{5}, \qquad D = 0\times 0 + 1\times 1 = 1$$

이다. 따라서 영상임피던스는 식(10-39)로부터 다음과 같다.

$$Z_{01} = \sqrt{\frac{AB}{CD}} = \sqrt{\frac{\frac{9}{5}\times 4}{\frac{1}{5}\times 1}} = 6[\Omega],$$

$$Z_{02} = \sqrt{\frac{BD}{AC}} = \sqrt{\frac{4\times 1}{\frac{9}{5}\times\frac{1}{5}}} = \frac{10}{3} = 3.33[\Omega]$$

※ 방법 ②

$$Z_{01} = \sqrt{Z_{1s}Z_{1o}} = \sqrt{4\times(4+5)} = 6[\Omega],$$

$$Z_{02} = \sqrt{Z_{2s}Z_{2o}} = \sqrt{\left(\frac{4\times 5}{4+5}\right)\times 5} = \frac{10}{3}[\Omega]$$

예제 10-14

L형 4단자회로에서 4단자정수가 $A=\dfrac{15}{4}$, $D=1$이고 영상임피던스 $Z_{02}=\dfrac{12}{5}[\Omega]$일 때, 영상임피던스 $Z_{01}[\Omega]$의 값을 계산하라.

[풀이] ☞ 식(10-42)로부터 $\dfrac{Z_{01}}{Z_{02}}=\dfrac{A}{D}$이므로 Z_{01}은 다음과 같다.

$$Z_{01}=Z_{02}\frac{A}{D}=\frac{12}{5}\times\frac{\frac{15}{4}}{1}=\frac{180}{20}=9[\Omega]$$

(2) 영상 전달정수

영상 정합된 4단자망에서 입력신호의 전달비 또는 위상의 변화를 관찰하여 본다. 그림 10.22에서 출력단자 $2-2'$간에 Z_{02}를 접속하였을 때, 지수함수를 이용하여 입・출력 사이의 전압 및 전류의 전송비를 각각

$$\frac{V_1}{V_2}=e^{\theta_1},\quad \frac{I_1}{I_2}=e^{\theta_2} \tag{10-48}$$

이라 하면 4단자 정수식인 식(10-17)의 $V_1=AV_2+BI_2$를 도입하면

$$\begin{aligned} e^{\theta_1}&=\frac{V_1}{V_2}=\left(\frac{AV_2}{V_2}+\frac{BI_2}{V_2}\right)\\ &=\left(A+\frac{B}{Z_{02}}\right)=A+\frac{B}{\sqrt{\frac{BD}{AC}}}\\ &=\sqrt{\frac{A}{D}}\left(\sqrt{AD}+\sqrt{BC}\right) \end{aligned} \tag{10-49}$$

이고, 식(10-17)의 $I_1=CV_2+DI_2$을 도입하면

$$\begin{aligned} e^{\theta_2}&=\frac{I_1}{I_2}=\left(\frac{CV_2}{I_2}+\frac{DI_2}{I_2}\right)\\ &=\left(CZ_{02}+D\right)=C\sqrt{\frac{BD}{AC}}+D \end{aligned}$$

$$= \sqrt{\frac{D}{A}}\left(\sqrt{AD} + \sqrt{BC}\right) \tag{10-50}$$

이다. 여기서 θ_1, θ_2의 산술평균을 구하면

$$\theta = \frac{\theta_1 + \theta_2}{2} \tag{10-51}$$

$$e^{\theta} = e^{\frac{\theta_1 + \theta_2}{2}} = \sqrt{e^{\theta_1} \cdot e^{\theta_2}} = \sqrt{\frac{V_1 I_1}{V_2 I_2}} = \sqrt{AD} + \sqrt{BC} \tag{10-52}$$

가 되며 같은 방법으로

$$e^{-\theta} = \sqrt{AD} - \sqrt{BC} \tag{10-53}$$

이다. 식(10-52)의 양변에 ln을 취하면

$$\theta = \ln\left(\sqrt{AD} + \sqrt{BC}\right) \tag{10-54}$$

이 된다. 여기서 θ를 영상전달정수(image transfer constant) 또는 영상전파정수(image propagation)라 하며 Z_{01}, Z_{02}를 영상 파라미터(image parameter)라 한다.

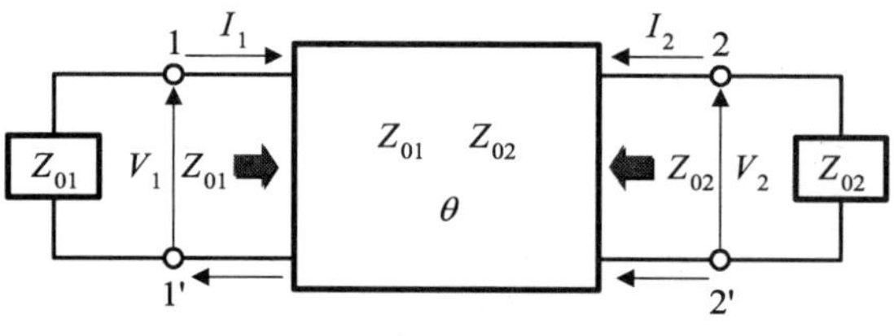

그림 10.24 영상파라미터

영상파라미터 θ는 일반적으로 복소수이므로 다음과 같다.

$$\theta = \alpha + j\beta \tag{10-55}$$

여기서 α : 영상 감쇠정수(image attenuation constant)

β : 영상 위상정수(image phase constant)

라 하며 α가 클수록 출력 전류는 입력 전류에 비해 적어지고, 단위는 [dB] 혹은 [neper=8.7 (dB)]이고, β가 클수록 출력 전류는 입력 전류보다 위상이 늦어지며 단위는 [rad] 혹은 [deg]이다. α를 전송손실이라고도 하며 다음과 같이 표시할 수 있다.

$$\alpha = \frac{1}{2}\ln\frac{P_1}{P_2} = \frac{2.303}{2}\log\frac{P_1}{P_2}[\text{neper}]$$
$$\alpha = 20\log\frac{V_1}{V_2}[\text{dB}] \tag{10-56}$$

영상파라미터 식(10-52)과 식(10-53)을 이용하여 쌍곡선 함수로 표현하면

$$\cosh\theta = \frac{1}{2}(e^{\theta} + e^{-\theta}) = \frac{1}{2}(\sqrt{AD} + \sqrt{BC} + \sqrt{AD} - \sqrt{BC}) = \sqrt{AD} \tag{10-57}$$

$$\sinh\theta = \frac{1}{2}(e^{\theta} - e^{-\theta}) = \frac{1}{2}(\sqrt{AD} + \sqrt{BC} - \sqrt{AD} + \sqrt{BC}) = \sqrt{BC} \tag{10-58}$$

$$\tanh\theta = \frac{\sinh\theta}{\cosh\theta} = \sqrt{\frac{BC}{AD}} \tag{10-59}$$

가 된다. 따라서 θ는 식(10-57), (10-58), (10-59)에 의하여 θ는 다음과 같이 표현할 수 있다.

$$\left.\begin{aligned}\theta &= \cosh^{-1}\sqrt{AD}\\ &= \sinh^{-1}\sqrt{BC}\\ &= \tanh^{-1}\sqrt{\frac{BC}{AD}}\end{aligned}\right\} \tag{10-60}$$

또 식(10-41)과 식(10-42)로부터

$$Z_{01} \cdot Z_{02} = \frac{B}{C},\quad \frac{Z_{01}}{Z_{02}} = \frac{A}{D} \tag{10-61}$$

이고, 식(10-57), 식(10-58)을 이용하여 4단자 정수 A, B, C, D를 영상파라미터 Z_{01}, Z_{02}, θ로 나타내면 다음과 같다.

$$\left.\begin{aligned}
A &= \sqrt{\frac{A}{D}} \times \sqrt{AD} = \sqrt{\frac{Z_{01}}{Z_{02}}}\cosh\theta \\
B &= \sqrt{\frac{B}{C}} \times \sqrt{BC} = \sqrt{Z_{01}Z_{02}}\sinh\theta \\
C &= \sqrt{\frac{C}{B}} \times \sqrt{BC} = \frac{1}{\sqrt{Z_{01}Z_{02}}}\sinh\theta \\
D &= \sqrt{\frac{D}{A}} \times \sqrt{AD} = \sqrt{\frac{Z_{02}}{Z_{01}}}\cosh\theta
\end{aligned}\right\} \tag{10-62}$$

따라서 식(10-17)의 4단자망 기초방정식을 영상파라미터를 식(10-62)을 이용하여 다음과 같이 나타내 수 있다.

$$V_1 = \sqrt{\frac{Z_{01}}{Z_{02}}}\cosh\theta\, V_2 + \sqrt{Z_{01}Z_{02}}\sinh\theta\, I_2 \tag{10-63}$$

$$I_1 = \frac{1}{\sqrt{Z_{01}Z_{02}}}\sinh\theta\, V_2 + \sqrt{\frac{Z_{02}}{Z_{01}}}\cosh\theta\, I_2 \tag{10-64}$$

예제 10-15

그림 10-25와 같은 회로에서 영상임피던스 Z_{01}, Z_{02}를 구하라. (단, $Z_1 = 1[\Omega]$, $Z_2 = 2[\Omega]$, $Z_3 = 3[\Omega]$이다.)

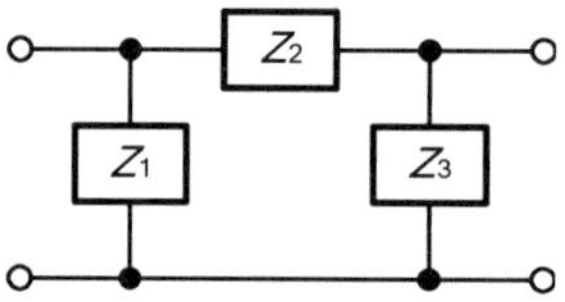

그림 10.25

[풀이] ☞ 4단자정수를 구하면

$$\begin{bmatrix} A & B \\ C & D \end{bmatrix} = \begin{bmatrix} 1 & Z_2 \\ \frac{1}{Z_1} & 1+\frac{Z_2}{Z_1} \end{bmatrix}\begin{bmatrix} 1 & 0 \\ \frac{1}{Z_3} & 1 \end{bmatrix} = \begin{bmatrix} 1+\frac{Z_2}{Z_3} & Z_2 \\ \frac{Z_1+Z_2+Z_3}{Z_1Z_2} & 1+\frac{Z_2}{Z_1} \end{bmatrix}$$

에서 $A = 1+\frac{2}{3} = \frac{5}{3}$, $B = 2$, $C = \frac{6}{3} = 2$, $D = 1+\frac{2}{1} = 3$

이 된다. 따라서 영상 파라미터 Z_{01}, Z_{02}를 구하면 각각 다음과 같다.

$$① \quad \boldsymbol{Z}_{01} = \sqrt{\frac{\boldsymbol{AB}}{\boldsymbol{CD}}} = \sqrt{\frac{\frac{5}{3}\times 2}{2\times 3}} = \sqrt{\frac{10}{18}} = \sqrt{\frac{5}{9}} = \frac{\sqrt{5}}{3}[\Omega],$$

$$② \quad \boldsymbol{Z}_{02} = \sqrt{\frac{\boldsymbol{BD}}{\boldsymbol{AC}}} = \sqrt{\frac{2\times 3}{\frac{5}{3}\times 2}} = \sqrt{\frac{18}{10}} = \sqrt{\frac{9}{5}} = \frac{3}{\sqrt{5}}[\Omega]$$

예제 10-16

그림 10.26과 같은 회로의 영상전달정수 θ를 $\cosh^{-1}$로 표시하라.

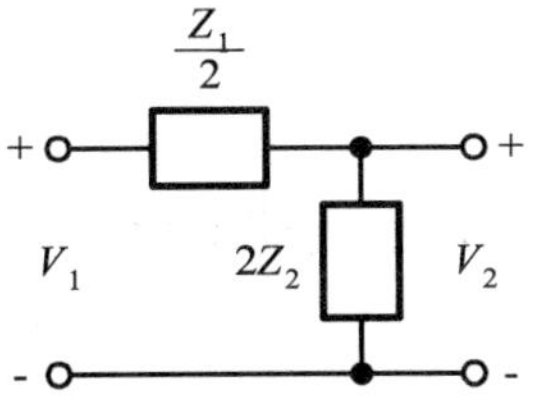

그림 10.26

[풀이] ☞ 4단자 정수를 구하면

$$\begin{bmatrix} \boldsymbol{A} & \boldsymbol{B} \\ \boldsymbol{C} & \boldsymbol{D} \end{bmatrix} = \begin{bmatrix} 1 & \frac{Z_1}{2} \\ 0 & 1 \end{bmatrix} \begin{bmatrix} 1 & 0 \\ \frac{1}{2Z_2} & 1 \end{bmatrix} = \begin{vmatrix} 1+\frac{Z_1}{4Z_2} & \frac{Z_1}{2} \\ \frac{1}{2Z_2} & 1 \end{vmatrix}$$

에서

$$\boldsymbol{A} = 1 + \frac{Z_1}{2}\times\frac{1}{2Z_2} = 1 + \frac{Z_1}{4Z_2}, \quad \boldsymbol{B} = 1\times 0 + \frac{Z_1}{2}\times 1 = \frac{Z_1}{2}$$

$$\boldsymbol{C} = 1\times 0 + \frac{1}{2Z_2}\times 1 = \frac{1}{2Z_2}, \quad \boldsymbol{D} = 0\times 0 + 1\times 1 = 1$$

이다.

$$\therefore \quad \theta = \cosh^{-1}\sqrt{\boldsymbol{AD}} = \cosh^{-1}\sqrt{1+\frac{Z_1}{4Z_2}}$$

10.8 필터회로

(1) 필터의 특성과 구성

필터(filter)는 4단자 회로망 내에서 전송전력을 어떤 주파수에서는 용이하게 통과시키고(통과대역) 그 밖의 주파수에 대해서는 현저히 저지시킬 수 있도록(감쇠대역) 설계된 R, L, C 소자들로 구성된 회로망을 말하고, 여파기라고도 한다. 여기서 어떤 주파수라 함은 통과대역과 감쇠대역의 한계주파수를 말하며 차단주파수(f_C= cut−off−frequency)라 한다. 일반적으로 필터회로의 구성은 R, L, C 소자들만의 직 · 병렬회로로 구성된 수동필터(passive filter)와 R, L, C 소자들이 트랜지스터나 증폭기들과 결합된 능동필터(active filter)회로의 2가지로 분류된다.

(2) 필터의 종류

필터의 종류는 저항필터회로와 정 K형 필터가 있다.

2-1) 저항필터회로

저항필터회로는 저항 R과 L, C 소자로 구성된 필터회로를 말하며 주파수 선택성에 따라서 다음의 종류로 구분된다.

① 저역통과필터(low−pass filter)

저역통과필터는 차단 주파수까지 통과시키고 차단 주파수이상에서는 저지나 감쇠시키는 필터이다.

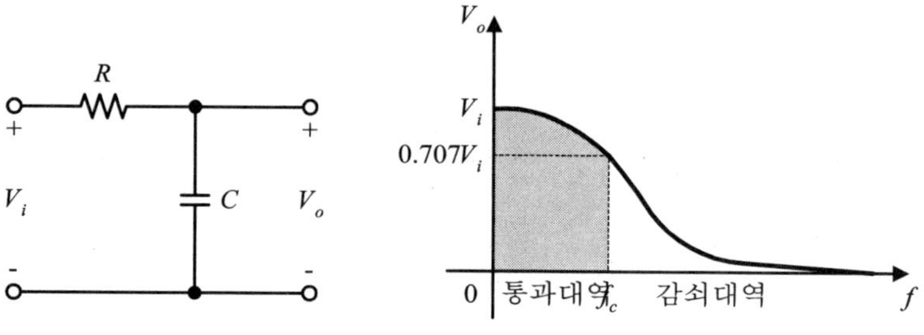

(a) $R-C$ 저역통과필터 (b) 주파수 응답곡선

그림 10.27

그림 10.27(b)에서 차단 주파수 f_c는 신호의 출력전압이 입력전압의 약 70.7[%] 이상이 되는 주파수이며 −3[dB] 주파수라 한다.

② 고역통과필터(high−pass filter)

고역통과필터는 차단 주파수로부터 무한대의 주파수까지 통과시키는 필터이다.

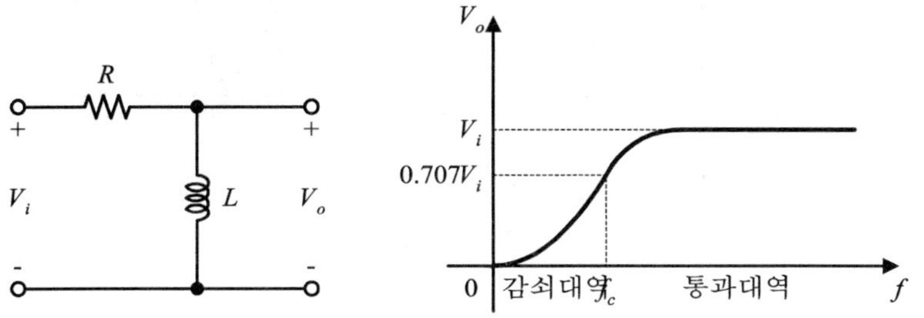

(a) $R-L$고역통과필터 (b) 주파수 응답곡선

그림 10.28

③ 대역통과필터(band−pass filter)

대역통과필터는 어느 주파수 대역폭 내의 신호를 통과시키는 필터이다.

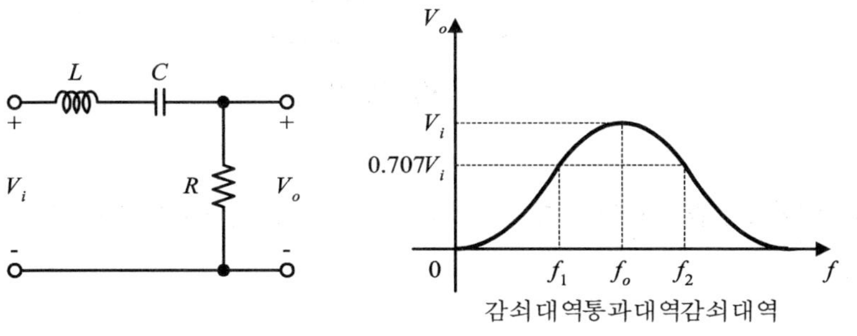

(a) 직렬공진 대역통과필터 (b) 주파수 응답곡선

그림 10.29

④ 대역저지필터(band−reject filter)

대역저지필터는 어느 주파수 대역폭 내의 신호만 감쇠시키는 필터이다.

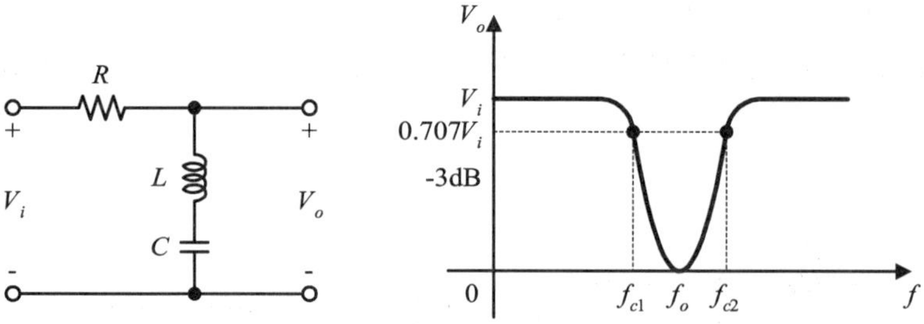

(a) 직렬공진 대역저지필터 (b) 주파수 응답곡선

그림 10.30

2-2) 정 K형 필터

정 K형 필터는 인덕턴스 L과 커패시턴스 C로 구성된 순수한 리액턴스로 구성된 4단자망 필터를 말한다. 그림 10.31과 같은 필터의 L형 기본회로에서

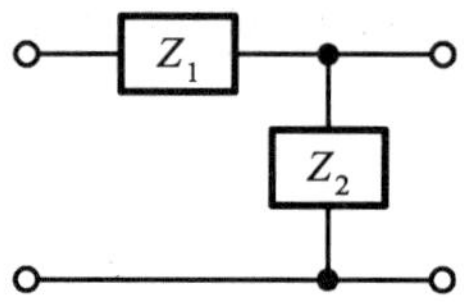

그림 10.31

$Z_1\,Z_2$ 가 역회로의 관계에 있을 때, 즉 그림 10.31에서 $Z_1 = jwL$이면 $Z_2 = \dfrac{1}{jwC}$로 되어야 한다. 따라서

$$Z_1\,Z_2 = \frac{L}{C} = K^2, \quad K = \sqrt{\frac{L}{C}} \tag{10-65}$$

의 관계에 있을 때, 이것을 정 K형 필터라 하며 K를 공칭임피던스라 하고, 정 K형 저역 및 고역 필터의 두 종류가 있다.

① 정 K형 저역필터

그림 10.32에서 $\boldsymbol{Z_1} = jw(\dfrac{L}{2})$, $\boldsymbol{Z_2} = \dfrac{1}{jw(\dfrac{C}{2})}$이고,

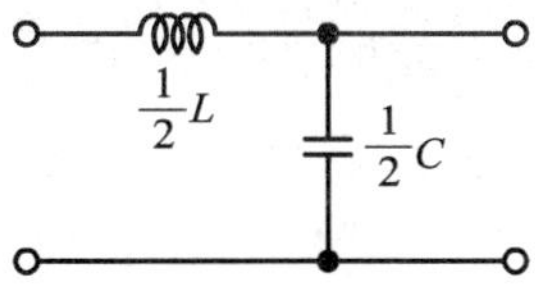

그림 10.32

차단주파수 f_c를 구하려면 허수부가 "0"이여야 하므로 $\boldsymbol{Z}_1 - \boldsymbol{Z}_2 = 0$.

따라서 $\boldsymbol{Z}_1 = \boldsymbol{Z}_2$이 되므로

$$\omega\left(\frac{L}{2}\right) = \frac{1}{\omega\left(\frac{C}{2}\right)} \Rightarrow \omega^2 = \frac{1}{\frac{LC}{4}} \Rightarrow \omega = \frac{1}{\sqrt{\frac{LC}{4}}} \Rightarrow 2\pi f_c = \frac{1}{\sqrt{\frac{LC}{4}}}$$

$$\therefore \qquad f_c = \frac{1}{2\pi\sqrt{\frac{LC}{4}}} = \frac{1}{\pi\sqrt{LC}} \tag{10-66}$$

여기서 식(10-65)의 $\frac{L}{C} = K^2$에서 $L = K^2\,C$를 이용하면 f_c는 다음과 같다.

$$f_c = \frac{1}{\pi\sqrt{K^2\,C\,C}} = \frac{1}{\pi\,K\,C}[\text{Hz}] \tag{10-67}$$

또한 식(10-67)에서

$$C = \frac{1}{\pi\,f_c\,K} \tag{10-68}$$

이고, 식(10-65)의 $\frac{L}{C} = K^2$에서 $C = \frac{L}{K^2}$을 식(10-68)에 적용하면 $\frac{L}{K^2} = \frac{1}{\pi\,f_c\,K}$ 에서

$$L = \frac{K}{\pi\,f_c} \tag{10-69}$$

이 된다.

예제 10-17

그림 10.32에서 공칭임피던스 $K=\pi[\text{k}\Omega]$, 차단 주파수 $f_c=1[\text{kHz}]$가 되도록 하는 L, C의 값을 구하라.

[풀이] ☞ 식(10-68), (10-69)로부터 C, L는 다음과 같다.

$$C=\frac{1}{\pi f_c K}=\frac{1}{\pi\times1000\times\pi\times1000}=\frac{1}{(3.14)^2\times10^6}=0.1[\mu\text{F}]$$

$$L=\frac{K}{\pi f_c}=\frac{\pi\times1000}{\pi\times1000}=1[\text{H}]$$

② 정 K형 고역필터

그림 10.33에서 $Z_1=\frac{1}{jw2C}$, $Z_2=jw2L$이고,

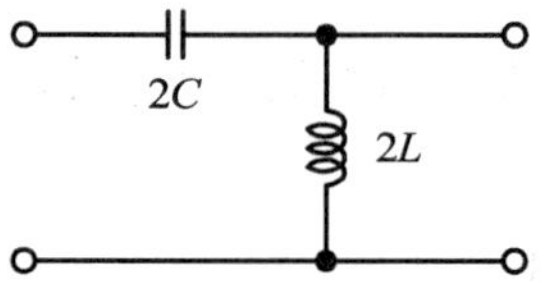

그림 10.33

차단주파수 f_c를 구하려면 허수부가 "0"이여야 하므로 $Z_1-Z_2=0$.
따라서 $Z_1=Z_2$이 되므로

$$\frac{1}{w2C}=2wL\Rightarrow w^2=\frac{1}{4LC}\Rightarrow w=\frac{1}{\sqrt{4LC}}\Rightarrow 2\pi f_c=\frac{1}{2\sqrt{LC}}$$

$$\therefore\quad f_c=\frac{1}{4\pi\sqrt{LC}} \tag{10-70}$$

여기서 식(10-65)의 $\frac{L}{C}=K^2$에서 $L=K^2C$를 이용하면 f_c는 다음과 같다.

$$f_c=\frac{1}{4\pi\sqrt{K^2CC}}=\frac{1}{4\pi KC}[\text{Hz}] \tag{10-71}$$

또한 식(10-71)에 식(10-65)의 $\frac{L}{C} = K^2$에서 $L = \frac{K^2}{C}$를 적용하면

$$C = \frac{1}{4\pi f_c K} \text{ , } L = \frac{K}{4\pi f_c} \qquad (10\text{-}72)$$

이다.

예제 10-18

그림 10.34와 같은 정 K형 고역필터에서 공칭임피던스[Ω] 및 차단 주파수를 구하라.

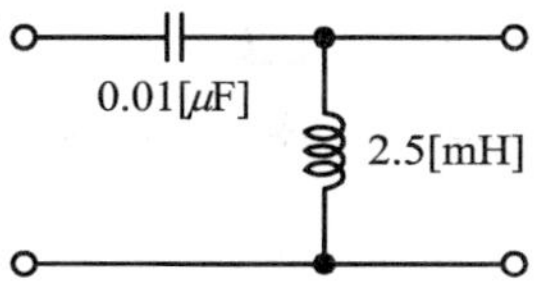

그림 10.34

[풀이] ☞ ① 공칭임피던스

식(10-65)의 $\frac{L}{C} = K^2$에서

$$K = \sqrt{\frac{L}{C}} = \sqrt{\frac{2.5 \times 10^{-3}}{0.01 \times 10^{-6}}} = 500[\Omega]$$

② 차단주파수

- 식(10-71)의 $f_c = \frac{1}{4\pi K C}$[Hz]에서

$$f_c = \frac{1}{4\pi KC} = \frac{1}{4\pi \times 500 \times 0.01 \times 10^{-6}}$$
$$= \frac{1}{2\pi \times 10^3 \times 10^{-8}} = \frac{10^5}{2 \times 3.14}$$
$$= 15.9[\text{KHz}]$$

- 식(10-72)의 $L = \frac{K}{4\pi f_c}$에서

$$f_c = \frac{K}{4\pi L} = \frac{500}{4 \times 3.14 \times 2.5 \times 10^{-3}}$$
$$= 15.9[\text{KHz}]$$

연습문제 1

해설은 482쪽에 있습니다.

[문제1] 아래 그림과 같은 T형 4단자회로의 임피던스 파라미터 Z_{11}을 구하면?

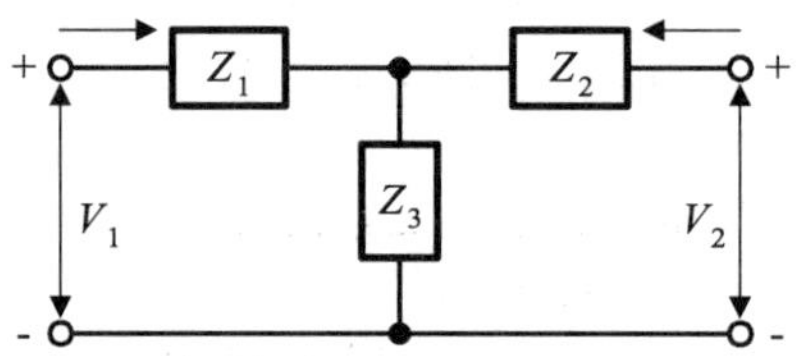

㉮ Z_1 ㉯ Z_1+Z_2 ㉰ Z_2+Z_3 ㉱ Z_1+Z_3

[문제2] 아래 그림과 같은 π형 4단자회로의 어드미턴스 파라미터 Y_{22}을 구하면?

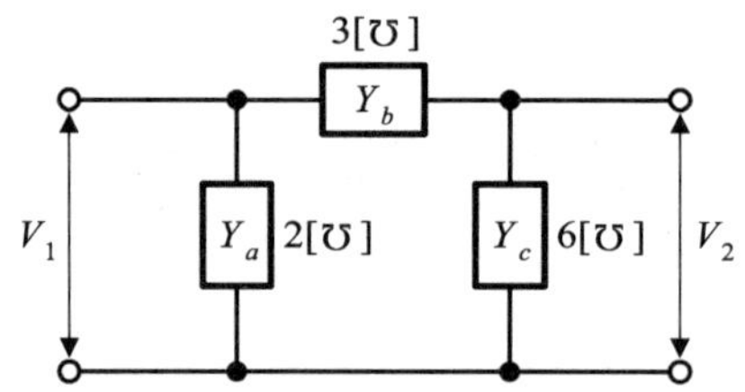

㉮ 5[℧] ㉯ 6[℧] ㉰ 9[℧] ㉱ 11[℧]

[문제3] A, B, C, D 4단자 정수를 올바르게 표현한 것은?

㉮ $AB-CD=1$ ㉯ $AD-BC=1$
㉰ $AB+CD=1$ ㉱ $AD+BD=1$

[문제4] 아래 그림과 같은 T형 4단자회로에서 4단자 정수가 잘못 구해진 것은?

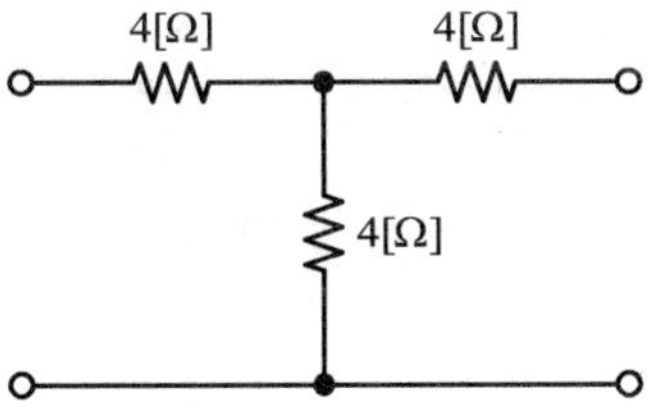

㉮ $A=2$ ㉯ $B=12$ ㉰ $C=\frac{1}{2}$ ㉱ $D=2$

[문제5] 아래의 이상변압기에서 $\frac{n_1}{n_2}=a$일 때, 4단자 정수 파라미터 행렬은?

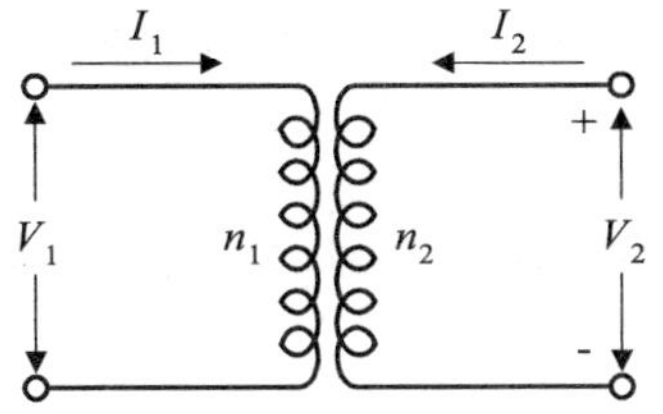

㉮ $\begin{bmatrix} a & 0 \\ 0 & \frac{1}{a} \end{bmatrix}$ ㉯ $\begin{bmatrix} \frac{1}{a} & 0 \\ 0 & a \end{bmatrix}$

㉰ $\begin{bmatrix} 0 & \frac{1}{a} \\ a & 0 \end{bmatrix}$ ㉱ $\begin{bmatrix} 0 & 0 \\ a & \frac{1}{a} \end{bmatrix}$

[문제6] 어떤 4단자망의 입력단자 $1-1'$ 사이의 영상임피던스 Z_{01}과 출력단자 $2-2'$ 사이의 영상임피던스 Z_{02}가 같게 되려면 4단자 정수 사이에 어떠한 관계에 있어야 하는가?

㉮ $AD=BC$ ㉯ $AB=CD$
㉰ $A=D$ ㉱ $B=C$

[문제7] 아래 회로와 같은 4단자망에서 특성임피던스는 몇[Ω]인가?

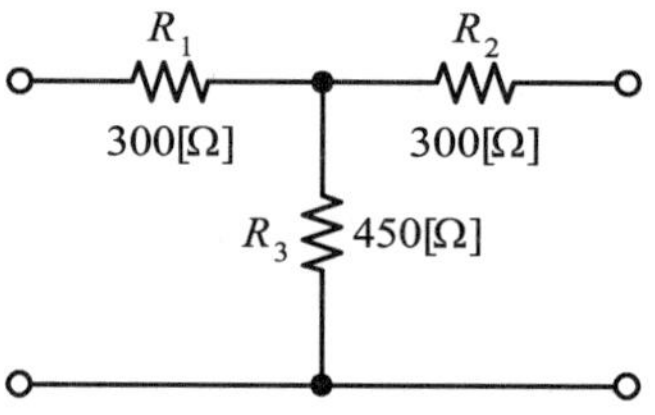

㉮ 200 ㉯ 300 ㉰ 450 ㉱ 600

[문제8] 전달정수θ가 4단자정수 A, B, C, D로 표시할 때, 올바르게 표시된 것은?

㉮ $\cosh\theta = \sqrt{BD}$

㉯ $\sinh\theta = \sqrt{BC}$

㉰ $\cosh\theta = \sqrt{\dfrac{AD}{BC}}$

㉱ $\sinh\theta = \sqrt{AD}$

[문제9] 영상임피던스 및 전달정수 θ, Z_{01}, Z_{02}와 4단자정수 A, B, C, D와의 관계식에 중 옳지 않은 것은?

㉮ $A = \sqrt{\dfrac{Z_{01}}{Z_{02}}}\cosh\theta$

㉯ $B = \sqrt{Z_{01}Z_{02}}\sinh\theta$

㉰ $C = \dfrac{1}{\sqrt{Z_{01}Z_{02}}}\cosh\theta$

㉱ $D = \sqrt{\dfrac{Z_{02}}{Z_{01}}}\cosh\theta$

[문제10] 정 K형 필터에서 임피던스 Z_1, Z_2는 공칭임피던스 K와 어떤 관계에 있는가?

㉮ $Z_1 Z_2 = K$

㉯ $\dfrac{Z_1}{Z_2} = K$

㉰ $\sqrt{\dfrac{Z_2}{Z_1}} = K$

㉱ $Z_1 Z_2 = K^2$

연습문제 2

해설은 483쪽에 있습니다.

[문제1] 아래 그림과 같은 Z 파라미터로 표시되는 4단자망의 $1-1'$ 단자간에 4[A], $2-2'$ 단자간에 1[A]의 정전류원을 연결하였을 때의 $1-1'$ 단자간의 전압 V_1과 $2-2'$ 단자간의 전압 V_2를 구하라.

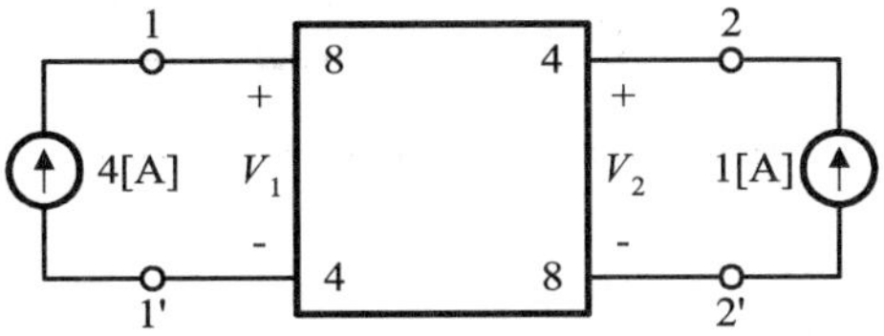

[문제2] 아래 그림과 같은 T 형 회로의 임피던스 파라미터를 구하라.

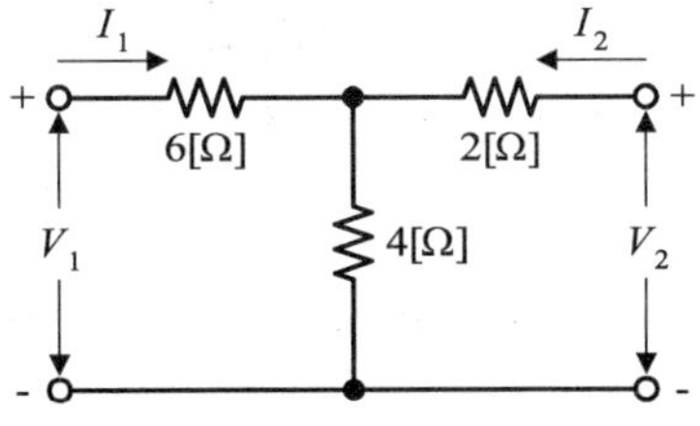

[문제3] 아래 그림과 같은 Y 파라미터로 표시되는 4단자망의 $a-a'$ 단자간에 $V_1 = 36[\mathrm{V}]$, $b-b'$ 단자간에 $V_2 = 24[\mathrm{V}]$의 정전압원을 연결하였을 때의 전류 I_1과 I_2를 구하라.

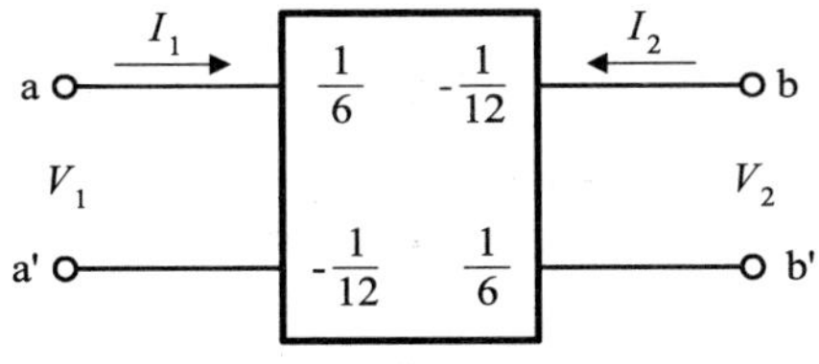

[문제4] 아래 그림과 같은 회로망에서 Z_1을 4단자 정수에 의해 표시하라.

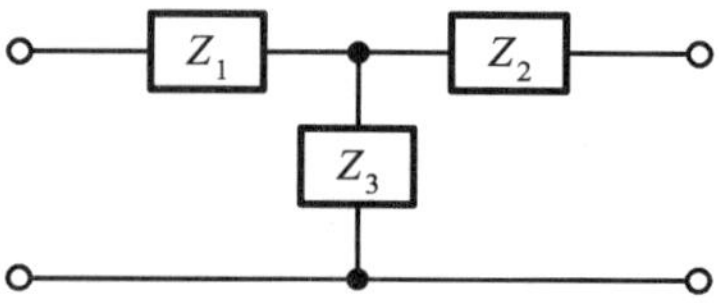

[문제5] 아래 그림에서 4단자 회로정수 A, B, C, D 중 출력단자 $3-4$가 개방되었을 때, A를 구하시오.

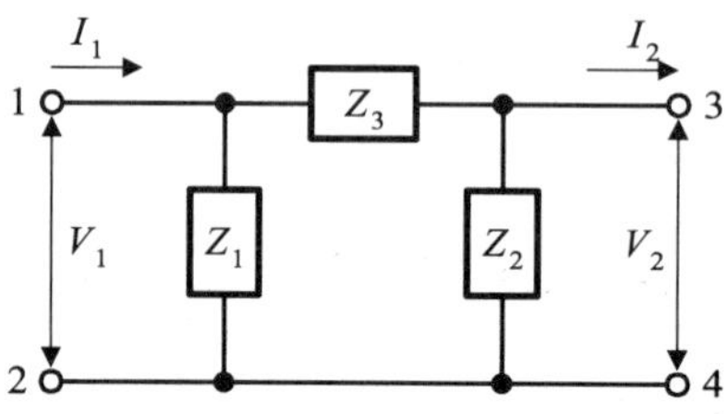

[문제6] 아래 그림과 같은 L 형회로의 영상임피던스 Z_{02}을 구하시오.

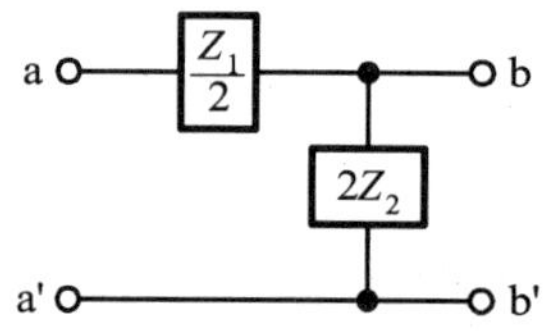

[문제7] 아래 그림과 같은 회로망의 영상임피던스 Z_{01}, Z_{02}을 구하라.
(단, $Z_1 = 4[\Omega]$, $Z_2 = 2[\Omega]$이다.)

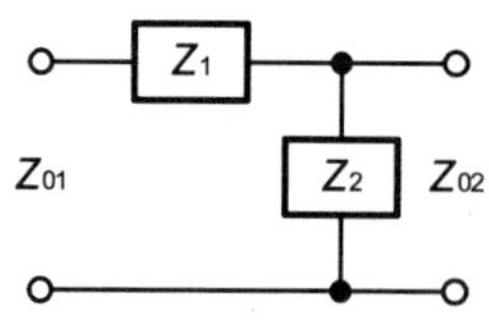

[문제8] 아래 그림과 같은 T형 회로의 영상전달정수 θ을 구하시오..

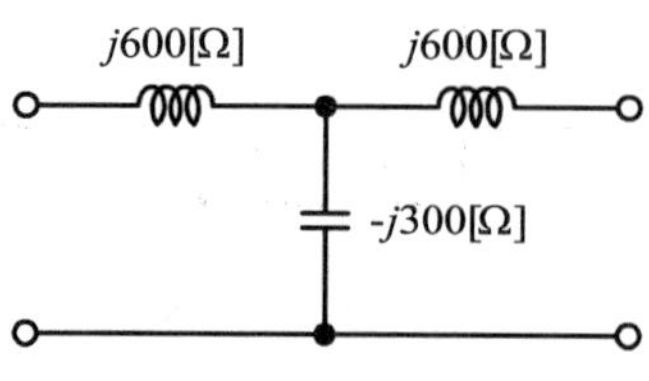

[문제9] 아래 그림과 같은 회로망의 영상임피던스 Z_{01}, Z_{02}을 구하라.
(단, $Z_1 = 1[\Omega]$, $Z_2 = 2[\Omega]$, $Z_3 = 3[\Omega]$이다.)

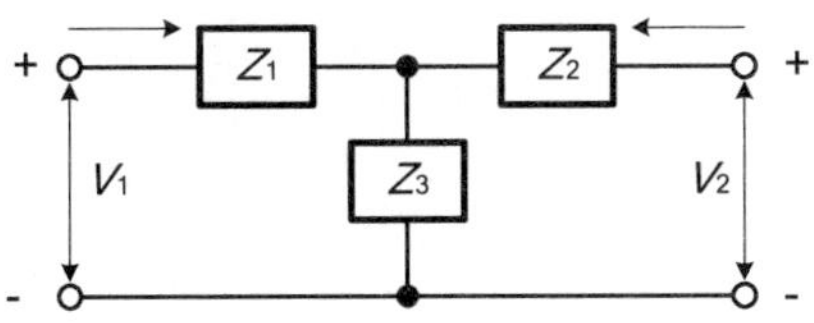

[문제10] 아래 그림과 같은 정 K형 저역여파기의 공칭임피던스 $K = 314[\Omega]$, 차단 주파수 $f_c = 100[\mathrm{kHz}]$가 되도록 하는 L, C의 값을 구하라.

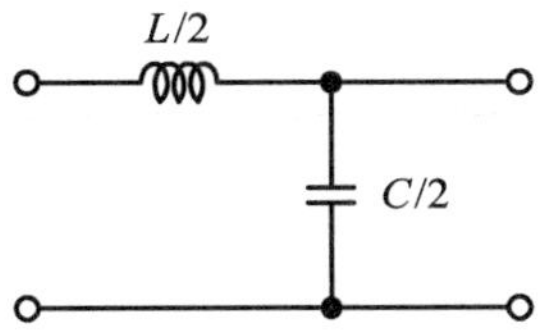

11 과도현상

일반적으로 전기회로망은 전원을 공급한 후 일정한 시간이 경과하면 회로에 흐르는 전류, 전압은 안정되고, 항상 같은 상태를 반복하며 일정한 전력을 소비한다. 이러한 상태를 정상상태(static state)라 한다. 그러나 수동소자인 R, L, C 등으로 구성된 회로에서 스위치가 동작하거나 회로소자의 특성이 순간적으로 변한다면 각 부의 전압, 전류 등의 에너지가 순간적으로 정상상태에 도달하지 못하고 정상상태로 되돌아가려는 짧은 시간이 존재한다. 이와 같이 정상상태에 도달하기까지의 시간을 과도시간이라 하고, 과도시간 동안 나타나는 현상을 과도현상(transient state)이라 한다. 본장에서는 여러 회로를 통해 이러한 과도현상에 대해 설명한다.

11.1 직류회로의 과도현상

(1) R-L 직렬회로

1-1) 직류전압을 인가할 경우 (충전시)

그림 11.1에서 $t=0$인 순간에 스위치 S_1을 ON, S_2을 OFF하였을 때, 흐르는 전류를 $i(t)$라 하면 $i(t)$는 시간경과에 따라 어떻게 변화하는지 알아보자.

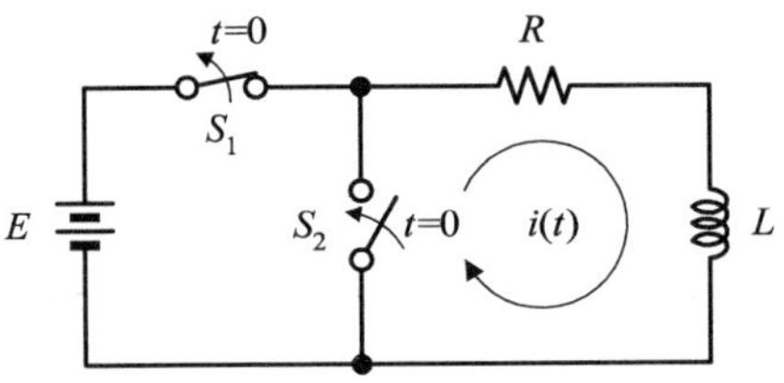

그림 11.1

그림 11.1에서 키르히호프 전압법칙에 의해 다음의 미분방정식이 된다.

$$R \cdot i(t) + L \cdot \frac{di(t)}{dt} = E \tag{11-1}$$

식(11-1)의 방정식의 해를 구하는 여러 가지 방법 중 식(11-2)와 같은 적분인자법으로 해를 구해보자.

$$i(t) = e^{-Pt}\left[\int Q \cdot e^{Pt}\,dt + K\right] \tag{11-2}$$

식(11-1)을 적분인자법으로 구하기 위해 양변을 L로 나누면 다음과 같다.

$$\frac{di(t)}{dt}+\frac{R}{L}\cdot i(t)=\frac{E}{L} \tag{11-3}$$

여기서, $\frac{R}{L}=P$(인자항), $\frac{E}{L}=Q$(상수항)이라 하면 이를 식(11-2)에 대입하여 정리하면 식(11-4)과 같은 일반해를 구할 수 있다.

$$\begin{aligned} i(t) &= e^{-\frac{R}{L}t}\cdot\left[\int\frac{E}{L}\cdot e^{\frac{R}{L}t}dt+K\right] \\ &= e^{-\frac{R}{L}t}\cdot\left[\frac{E}{L}\int e^{\frac{R}{L}t}\,dt+K\right] \\ &= \frac{E}{L}\cdot e^{-\frac{R}{L}t}\cdot\frac{L}{R}\cdot e^{\frac{R}{L}t}+K\cdot e^{-\frac{R}{L}t} \\ &= \frac{E}{R}+K\cdot e^{-\frac{R}{L}t}=I+K\cdot e^{-\frac{R}{L}t} \end{aligned} \tag{11-4}$$

여기서 적분 상수 K는 회로의 초기 조건에 의해 결정되므로 초기값 $i(0_+)$의 설정은 스위치 S_1 동작상태 바로 직전상태이다. 따라서 초기값 $i(0_+)$설정을 하면 스위치 S_1이 OFF, S_2는 ON 상태이므로

$$t=0\text{일 때,}\quad i(0_+)=0 \tag{11-5}$$

이 된다. 식(11-5)의 초기값을 식(11-4)에 적용하여 K를 구하면

$$0=\frac{E}{R}+Ke^{-0}\quad \therefore K=-\frac{E}{R} \tag{11-6}$$

이 된다. 식(11-6)을 식(11-4)에 대입하면 다음과 같이 구해진다.

$$\begin{aligned} i(t) &= \frac{E}{R}-\frac{E}{R}\cdot e^{-\frac{R}{L}t} \\ &= \frac{E}{R}\cdot(1-e^{-\frac{R}{L}t})=I\cdot(1-e^{-\frac{R}{L}t}) \end{aligned} \tag{11-7}$$

미분방정식의 일반해는 정상해와 과도해의 합으로 주어지므로 $i(t) = i_s(t) + i_t(t)$가 되고, $i_s(t) = \frac{E}{R}$를 정상전류, $i_t(t) = \frac{E}{R}e^{-\frac{R}{L}t}$를 과도전류라 한다. 또한 특성근은 $-\frac{R}{L}$의 값을 갖는다. 그림 11.2는 전류가 시간 t와 함께 변하는 상태를 나타내었다.

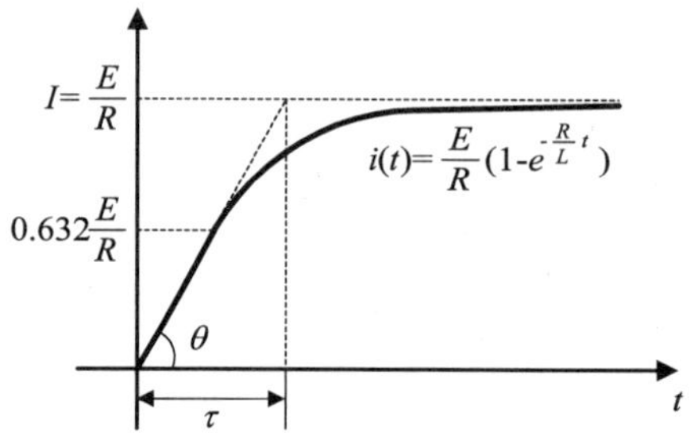

그림 11.2

그림 11.2에서 $t=0$에서의 $i(t)$의 곡선의 접선을 그어서 접선이 정상전류 I와 만나는 시간의 길이를 τ 라 하면 접선을 구하기 위하여 식(11-7)을 미분하여 $t=0$을 대입하면

$$\left.\frac{di(t)}{dt}\right|_{t=0} = \left(-\frac{E}{R} \cdot e^{-\frac{R}{L}t}\right)' = -\frac{E}{R} \cdot \left(-\frac{R}{L}\right) \cdot e^{-\frac{R}{L}t} = \frac{E}{L} = \tan\theta \quad (11\text{-}8)$$

이고, 그림 11.2에서

$$\tan\theta = \frac{\frac{E}{R}}{\tau} \quad (11\text{-}9)$$

가 된다. 식(11-8)에 식(11-9)를 대입하면

$$\frac{E}{L} = \tan\theta = \frac{\frac{E}{R}}{\tau}$$

$$\tau = \frac{L}{R}[\text{sec}] \quad (11\text{-}10)$$

가 되며 이 τ를 회로의 시정수(time constant)라 하며, 보통 정상 전류값의 63.2[%]에 이르는 시간을 말한다. 시정수가 크면 클수록 과도기가 오래 지속되고, 적으면 적을수록 지속시간이

짧아진다. $e^{-\frac{R}{L}t}$ 는 지수함수인 동시에 감쇠함수이므로 시정수 $\frac{L}{R}$의 역수 $\frac{R}{L}$는 감쇠율이 된다. 그러므로 감쇠율 α는 다음과 같다.

$$\alpha = \frac{1}{\tau} = \frac{R}{L} \tag{11-11}$$

식(11-10), (11-11)을 식(11-7)에 대입하면

$$i(t) = \frac{E}{R} \cdot (1 - e^{-\frac{R}{L}t}) = \frac{E}{R} \cdot (1 - e^{-\frac{1}{\tau}t}) = \frac{E}{R} \cdot (1 - e^{-\alpha t}) \tag{11-12}$$

으로 나타낼 수 있다.

1-2) 직류전압을 제거한 경우 (방전시)

그림 11.1에서 정상상태의 직류전류 I가 흐르고 있을 때, $t = 0$인 순간에 스위치 S_1을 OFF, S_2을 ON하였을 때, 흐르는 전류를 $i(t)$의 시간경과에 따라 어떻게 변화하는지 알아보면 키르히호프 전압법칙에 의해 다음의 미분방정식이 된다.

$$R \cdot i(t) + L \cdot \frac{di(t)}{dt} = 0 \tag{11-13}$$

식(11-13)을 적분인자법으로 구하기 위해 양변을 L로 나누면 다음과 같다.

$$\frac{di(t)}{dt} + \frac{R}{L} \cdot i(t) = 0 \tag{11-14}$$

여기서, $\frac{R}{L} = P$, $Q = 0$이 되므로 이를 식(11-2)에 대입하여 정리하면

$$\begin{aligned} i(t) &= e^{-Pt}\left[\int Q \cdot e^{Pt} dt + K\right] \\ &= e^{-\frac{R}{L}t} \cdot \left[\int 0 \cdot e^{\frac{R}{L}t} dt + K\right] \\ &= K \cdot e^{-\frac{R}{L}t} \end{aligned} \tag{11-15}$$

여기서 적분 상수 K는 회로의 초기 조건에 의해 결정되므로 초기값 $i(0_+)$의 설정은 스위치 S_2 동작상태 바로 직전상태이므로 초기값 $i(0_+)$설정을 하면 스위치 S_2가 OFF 상태, S_1은 ON이므로

$$t=0\text{일 때,}\quad i(0_+)=\frac{E}{R} \tag{11-16}$$

이 된다. 식(11-16)을 식(11-15)에 적용하여 K을 구하면

$$\frac{E}{R}=K\bullet e^{-0},\quad \therefore\ K=\frac{E}{R} \tag{11-17}$$

이 된다. 식(11-17)을 식(11-15)에 대입하면 다음과 같이 구해지고

$$i(t)=K\bullet e^{-\frac{R}{L}t}=\frac{E}{R}\bullet e^{-\frac{R}{L}t}=I\bullet e^{-\frac{R}{L}t} \tag{11-18}$$

과도전류만 존재함을 알 수 있으며, 그림 11.3은 그림 11.1의 $R-L$ 직렬회로에서 충•방전시 전류변화를 나타내었다.

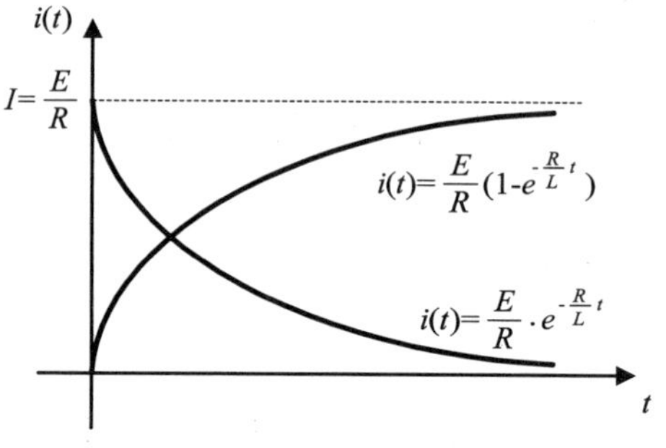

그림 11.3

예제 11-1

그림 11.4와 같은 회로에서 스위치 S를 닫은 후 4초 후에 흐르는 전류를 구하라.

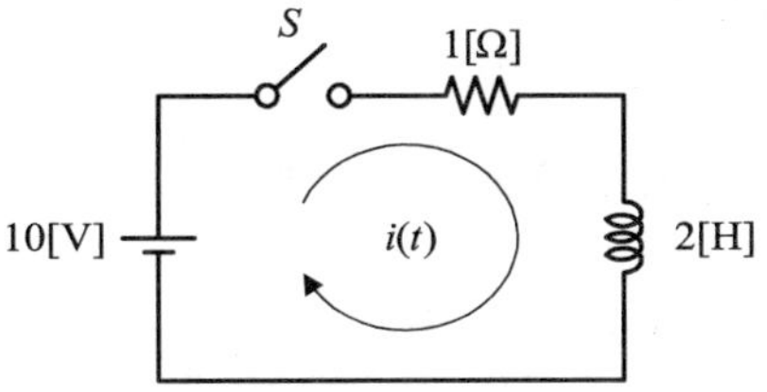

그림 11.4

[풀이] ☞ 식(11-7)에서

$$i(t) = \frac{E}{R}(1 - e^{-\frac{R}{L}t})$$
$$= 10(1 - e^{-\frac{1}{2}\times 4})$$
$$= 10(1 - 0.135)$$
$$= 0.865[A]$$

예제 11-2

시정수 τ인 $R-L$ 직렬회로에서 직류전압을 인가할 때, $t=\tau$ 되는 시간에 흐르는 전류는 최종값의 몇 [%]인가?

[풀이] ☞ 식(11-12)에서

$$i(t) = \frac{E}{R}(1 - e^{-\frac{R}{L}t}) = I(1 - e^{-\frac{1}{\tau}\tau})$$
$$= I(1 - e^{-1}) = I(1 - 0.368)$$
$$= 0.632\,I\ [A]$$

이므로 최종값의 63.2[%]에 이른다.

예제 11-3

코일의 권수 $N = 1000$, 저항 $R = 20[\Omega]$이다. 전류 $I = 10[A]$를 흘릴 때, 자속 $\Phi = 3 \times 10^{-2}[wb]$이다. 이 회로의 시정수를 구하라.

[풀이] ☞ $LI = N\Phi$에서 코일의 인덕턴스 L는

$$L = \frac{N\Phi}{I} = \frac{1000 \times 3 \times 10^{-2}}{10} = 3[H]$$

$$\therefore \tau = \frac{L}{R} = \frac{3}{20} = 0.15[s]$$

(2) R-C 직렬회로

2-1) 직류전압을 인가할 경우 (충전시)

그림 11.5에서 $t = 0$인 순간에 스위치 S_1을 ON, S_2을 OFF하였을 때, 흐르는 전류를 $i(t)$라 하면 $i(t)$는 시간경과에 따라 어떻게 변화하는지 알아보자.

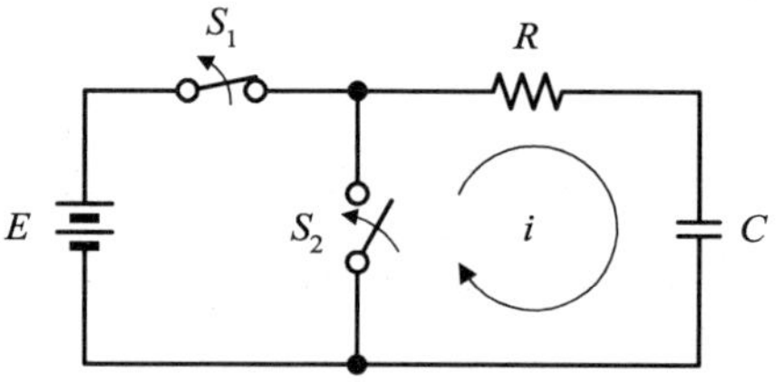

그림 11.5

그림 11.5에서 키르히호프 전압법칙에 의해 다음의 미분방정식이 된다.

$$R \cdot i(t) + \frac{1}{C}\int i(t)\,dt = E \tag{11-19}$$

전류와 전하사이에는

$$i(t) = \frac{dq(t)}{dt},\ q(t) = \int i(t)\,dt \tag{11-20}$$

의 관계에 있으므로 식 (11-20)을 식(11-19)에 대입하면

$$R \cdot \frac{dq(t)}{dt} + \frac{1}{C}q(t) = E \tag{11-21}$$

이 된다. 식(11-21)의 방정식의 해를 구하기 위해 양변을 R로 나누면 다음과 같다.

$$\frac{dq(t)}{dt} + \frac{1}{RC}q(t) = \frac{E}{R} \tag{11-22}$$

여기서, $\frac{1}{RC} = P$(인자항), $\frac{E}{R} = Q$(상수항)이라 하면 이를 식(11-2)에 대입하여 정리하면 식(11-23)과 같은 일반해를 구할 수 있다.

$$\begin{aligned} q(t) &= e^{-\frac{1}{RC}t} \cdot \left[\int \frac{E}{R} \cdot e^{\frac{1}{RC}t} dt + K\right] \\ &= e^{-\frac{1}{RC}t} \cdot \left[\frac{E}{R}\int e^{\frac{1}{RC}t} dt + K\right] \\ &= \frac{E}{R} \cdot e^{-\frac{1}{RC}t} \cdot RC \cdot e^{\frac{1}{RC}t} + K \cdot e^{-\frac{1}{RC}t} \\ &= CE + K \cdot e^{-\frac{1}{RC}t} \end{aligned} \tag{11-23}$$

여기서 적분 상수 K는 회로의 초기 조건에 의해 결정되므로 초기값 $q(0_+)$의 설정은 스위치 S_1의 동작상태 바로 직전상태이므로 초기값 $q(0_+)$의 설정을 하면 스위치 S_1가 OFF, S_2은 ON상태이므로

$$t = 0\text{일 때,} \quad q(0_+) = 0 \tag{11-24}$$

이 된다. 식(11-24)의 초기값을 식(11-23)에 적용하여 K를 구하면

$$0 = CE + Ke^{-0} \quad \therefore K = -CE \tag{11-25}$$

이 된다. 식(11-25)을 식(11-23)에 대입하면 다음과 같이 구해진다.

$$\begin{aligned} q(t) &= CE - CE \cdot e^{-\frac{1}{RC}t} \\ &= CE(1 - e^{-\frac{1}{RC}t}) \end{aligned} \tag{11-26}$$

식(11-26)의 일반해는 정상해와 과도해의 합으로 주어지므로, 정상해 $q_s(t) = CE$가 되고, 과도해 $q_t(t) = CE \cdot e^{-\frac{1}{RC}t}$가 되며, 전류를 구하기 위해 식(11-26)을 $i(t) = \frac{dq(t)}{dt}$의 식을 이용하여 정리하면 다음과 같다.

$$\begin{aligned} i(t) &= \frac{dq(t)}{dt} \\ &= \frac{d}{dt}[CE \cdot (1 - e^{-\frac{1}{RC}t})] \\ &= (-CE \cdot e^{-\frac{1}{RC}t})' \\ &= -CE \cdot (-\frac{1}{RC}) \cdot e^{-\frac{1}{RC}t} \\ &= \frac{E}{R} \cdot e^{-\frac{1}{RC}t} = I \cdot e^{-\frac{1}{RC}t} \end{aligned} \tag{11-27}$$

그림 11.6은 전하와 전류가 시간 t와 함께 변하는 상태를 나타내었다.

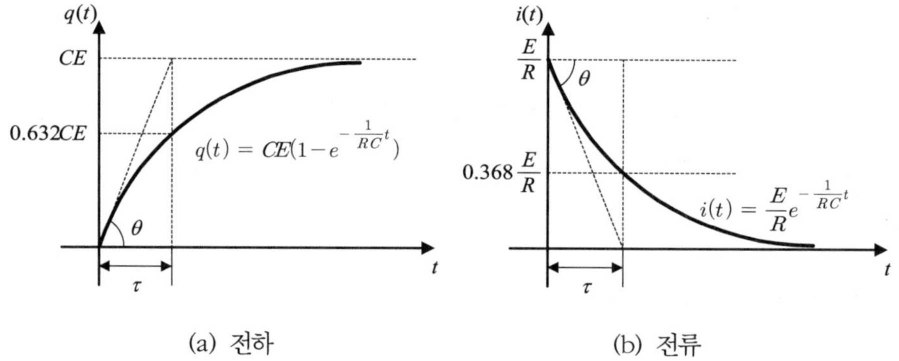

그림 11.6

그림 11.6(a)에서 $q(t)$의 곡선에 $t = 0$에서 그린 접선이 횡축과 교차하는 시간 τ가 시정수이므로

$$\frac{dq(t)}{dt}\bigg|_{t=0} = \frac{E}{R} = \frac{CE}{\tau} = \tan\theta \tag{11-28}$$

로 표현되므로 시정수

$$\tau = RC \tag{11-29}$$

가 된다. 마찬가지로 그림 11.6(b)에서 $i(t)$의 곡선에 $t=0$에서 그린 접선이 횡축과 교차하는 시간 τ가 역시 시정수이므로

$$\left.\frac{di(t)}{dt}\right|_{t=0} = \frac{E}{R} \cdot \left(-\frac{1}{RC}\right) \cdot e^{-\frac{1}{RC}} = -\frac{I}{RC} = \frac{-I}{\tau} = \tan\theta$$

$$\therefore\ \tau = RC \tag{11-29}$$

가 된다.

2-2) 직류전압을 제거한 경우 (방전시)

그림 11.5에서 정상상태의 직류전류 I가 흐르고 있을 때, $t=0$인 순간에 스위치 S_1을 OFF, S_2을 ON하였을 때, 흐르는 전류를 $i(t)$의 시간경과에 따라 어떻게 변화하는지 알아보면 키르히호프 전압법칙에 의해 다음의 미분방정식이 된다.

$$R \cdot \frac{dq(t)}{dt} + \frac{1}{C}q(t) = 0 \tag{11-30}$$

식(11-30)의 방정식의 해를 구하기 위해 양변을 R로 나누면 다음과 같다.

$$\frac{dq(t)}{dt} + \frac{1}{RC}q(t) = 0 \tag{11-31}$$

여기서, $\frac{1}{RC} = P$(인자항), $0 = Q$(상수항)이라 하면 이를 식(11-2)에 대입하여 정리하면 식(11-32)와 같이 일반해를 구할 수 있다.

$$q(t) = e^{-\frac{1}{RC}t} \cdot \left[\int 0 \cdot e^{\frac{1}{RC}t}dt + K\right]$$

$$= e^{-\frac{1}{RC}t} \cdot K \tag{11-32}$$

여기서 적분 상수 K는 회로의 초기 조건에 의해 결정되므로 초기값 $i(0_+)$의 설정은 스위치S_2의 동작상태 바로 직전상태이므로 초기값 $i(0_+)$의 설정을 하면 스위치 S_2가 OFF, S_1은 ON 상태이므로

$$t=0\text{일 때},\quad q(0_+)=CE \tag{11-33}$$

이 된다. 식(11-33)의 초기값을 식(11-32)에 적용하여 K를 구하면

$$CE=K \quad \therefore K=CE \tag{11-34}$$

이 된다. 식(11-34)을 식(11-32)에 대입하면 다음과 같이 구해진다.

$$q(t)=CE\bullet e^{-\frac{1}{RC}t} \tag{11-35}$$

따라서 직류전압을 제거한 경우 (방전 시) 과도항만 존재함을 알 수 있다.

전류를 구하기 위해 식(11-35)을 $i(t)=\dfrac{dq(t)}{dt}$의 식을 이용하여 정리하면 다음과 같다.

$$\begin{aligned} i(t) &= \frac{dq(t)}{dt} \\ &= \frac{d}{dt}[CE\bullet e^{-\frac{1}{RC}t}] \\ &= CE\bullet(-\frac{1}{RC})\bullet e^{-\frac{1}{RC}t} \\ &= -\frac{E}{R}\bullet e^{-\frac{1}{RC}t}=-I\bullet e^{-\frac{1}{RC}t} \end{aligned} \tag{11-36}$$

여기서, (-) 부호는 방전전류를 의미한다.

예제 11-4

그림 11.7의 회로에 $R=10[\Omega]$, $C=0.1[F]$이다. $t=0$에서 스위치 S를 닫아 직류전압 100[V]를 회로의 양단에 인가했을 때, 충전전하를 구하라.

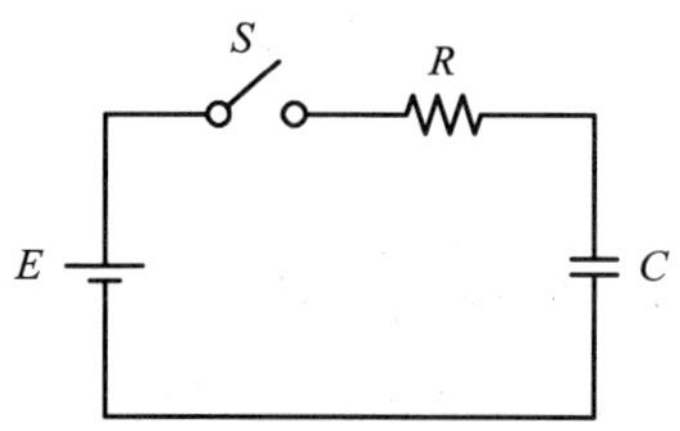

그림 11.7

[풀이] ☞ 식(11-26)에 의하여

$$q(t) = CE(1-e^{-\frac{1}{RC}t}) = 0.1\times 100(1-e^{-\frac{1}{10\times 0.1}t})$$
$$= 10(1-e^{-t})[C]$$

예제 11-5

그림 11.5의 회로에서 직류전압 $E = 10[V]$를 인가하고, $t=0$에서 스위치 S_1을 ON, S_2을 OFF했을 때, 0.1초 후 전류를 구하라.(단, $R = 1000[\Omega]$, $C = 50[\mu F]$이고, 초기상태의 정전용량의 전하는 "0"이다.)

[풀이] ☞ 식(11-27)에서

$$i(t) = \frac{E}{R}\cdot e^{-\frac{1}{RC}t} = \frac{10}{1000}\times e^{-\frac{1}{1000\times 50\times 10^{-6}}\times 0.1}$$
$$= 10^{-2}\times e^{-2} = 10^{-2}\times 0.135$$
$$\fallingdotseq 1.35[mA]$$

(3) R-L-C 직렬회로

그림 11.8과 같이 $R-L-C$ 직렬회로에서 $t=0$인 순간에 스위치 S를 닫아서 직류 전압 E를 인가하는 경우 흐르는 전류 $i(t)$는 키르히호프 전압법칙에 의하여 다음 식이 성립한다.

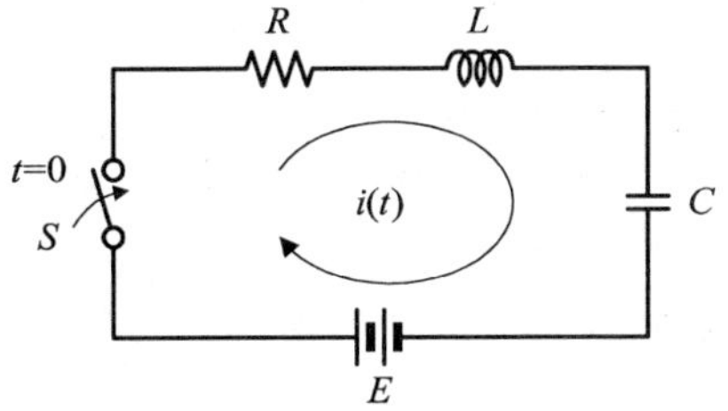

그림 11.8

$$R\cdot i(t) + L\cdot\frac{di(t)}{dt} + \frac{1}{C}\cdot\int i(t)dt = E \qquad (11\text{-}37)$$

또한 식(11-20)에서 $i(t) = \frac{dq(t)}{dt}$, $q(t) = \int i(t)\,dt$이므로 식(11-37)은 다음과 같다.

$$L \cdot \frac{d^2 q(t)}{dt^2} + R \cdot \frac{dq(t)}{dt} + \frac{1}{C} \cdot q(t) = E \tag{11-38}$$

이 식의 일반해 $q(t)$는 정상해 $q_s(t)$와 과도해 $q_t(t)$의 합이 되므로 정상해 $q_s(t)$는 $t = \infty$일 때 값이므로 C 양단의 전압은 E[V]로 충전되어 $q_s(t) = CE$가 된다. 과도해 $q_t(t)$는 식(11-38)의 우변을 "0"으로 놓고 $\frac{d^2 q(t)}{dt^2} = k^2$, $\frac{dq(t)}{dt} = k$라 하고, 특성방정식을 세우면

$$Lk^2 + Rk + \frac{1}{C} = 0 \tag{11-39}$$

이다. $ak^2 + bk + C = 0$에서 $b^2 - 4aC > 0$의 경우 2차방정식의 근을 구하면

$$k = -\frac{b}{2a} \pm \sqrt{(\frac{b}{2a})^2 - \frac{1}{aC}} = -\alpha \pm \beta \text{ 이므로,}$$

$$k_1 = -\frac{b}{2a} + \sqrt{(\frac{b}{2a})^2 - \frac{1}{aC}} = -\alpha + \beta,$$

$$k_2 = -\frac{b}{2a} - \sqrt{(\frac{b}{2a})^2 - \frac{1}{aC}} = -\alpha - \beta$$

이다. 이를 식(11-39)에 적용하면 다음과 같다.

$$\left.\begin{aligned} k_1 &= -\frac{R}{2L} + \sqrt{(\frac{R}{2L})^2 - \frac{1}{LC}} = -\alpha + \beta \\ k_2 &= -\frac{R}{2L} - \sqrt{(\frac{R}{2L})^2 - \frac{1}{LC}} = -\alpha - \beta \end{aligned}\right\} \tag{11-40}$$

여기서, 2개의 근 k_1, k_2는 R, L, C의 값에 따라 다음 3가지의 현상이 일어나며

① 임계적의 경우 : $(\frac{R}{2L})^2 - \frac{1}{LC} = 0$ 이거나, 또는 $R^2 = \frac{4L}{C}$의 조건일 때,

② 비진동적의 경우 : $(\frac{R}{2L})^2 - \frac{1}{LC} > 0$ 이거나, 또는 $R^2 > \frac{4L}{C}$의 조건일 때,

③ 진동적의 경우 : $(\frac{R}{2L})^2 - \frac{1}{LC} < 0$ 이거나 또는 $R^2 < \frac{4L}{C}$의 조건일 때,

진동적인 경우 $\alpha = \frac{R}{2L}$, $\beta = \sqrt{\frac{1}{LC} - (\frac{R}{2L})^2}$ 라 하고 자유 진동 각주파수라 한다. 그림 11.9는 위의 세 특성을 나타낸 것이다.

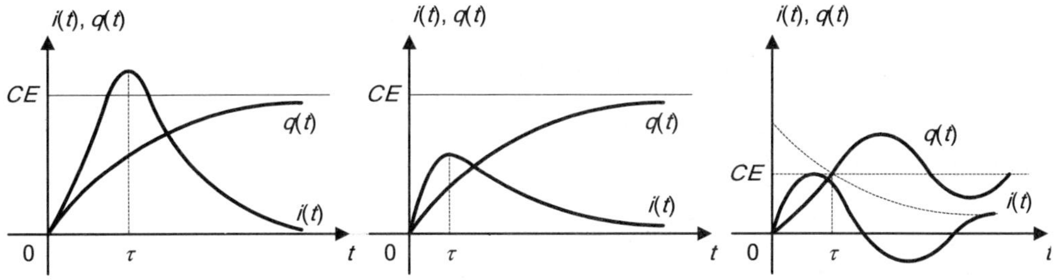

(a) 임계적의 경우 (b) 비진동적의 경우 (c) 진동적의 경우

그림 11.9

예제 11-6

$R-L-C$ 직렬회로에서 R=100[Ω], $L = 0.1 \times 10^{-3}$[H], $C = 0.1 \times 10^{-6}$[F]일 때, 이 회로의 특성을 판별하라.

[풀이] ☞ $R^2 = 10^4$, $\frac{4L}{C} = \frac{4 \times 0.1 \times 10^{-3}}{0.1 \times 10^{-6}} = 4 \times 10^3$ 에서 $R^2 > \frac{4L}{C}$의 조건이므로 비진동적이다.

11.2 교류회로의 과도현상

(1) R-L 직렬의 교류회로

그림 11.10과 같은 $R-L$ 직렬회로에 $t = 0$에서 S를 ON하고, $e = E_m \sin(wt + \theta)$ 의 교류전압을 인가할 때, 흐르는 전류를 $i(t)$라 하면 키르히호프 전압법칙(KVL)에 의하여 다음과 같다.

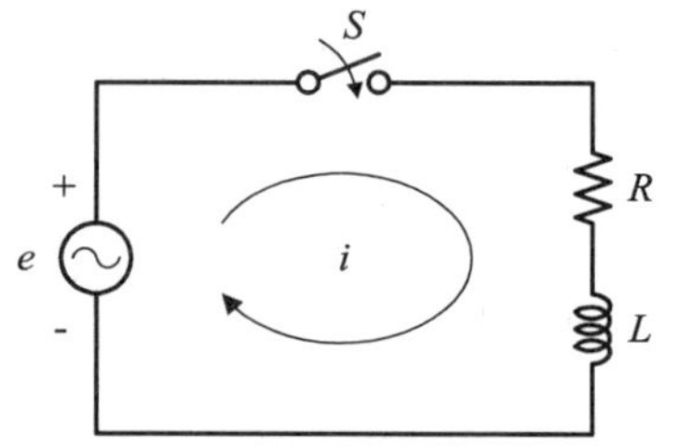

그림 11.10

$$R \cdot i(t) + L \cdot \frac{di(t)}{dt} = E_m \sin(wt + \theta) \tag{11-41}$$

이 방정식에서 전류의 정상해 $i_s(t)$는

$$i_s(t) = \frac{e}{\boldsymbol{Z}} = \frac{E_m}{\sqrt{R^2 + (wL)^2}} \sin(wt + \theta - \Phi)$$
$$= I_m \sin(wt + \theta - \Phi) \tag{11-42}$$

가 됨을 알 수 있다. 여기서 $\Phi = \tan^{-1}\frac{wL}{R}$이다. 과도해 $i_t(t)$는 이미 배운 바와 같이 $i_t(t) = K \cdot e^{-\frac{R}{L}t}$이다. 따라서 $i(t) = i_s(t) + i_t(t)$이므로 다음과 같이 된다.

$$i(t) = I_m \sin(wt + \theta - \Phi) + K \cdot e^{-\frac{R}{L}t} \tag{11-43}$$

여기서, K에 대한 초기조건은 $t = 0$일 때, $i(t) = 0$이므로

$$0 = I_m \sin(\theta - \Phi) + K$$
$$\therefore \quad K = -I_m \sin(\theta - \Phi) \tag{11-44}$$

이 된다. 따라서 식(11-44)을 식(11-43)에 대입하면 다음과 같다.

$$i(t) = I_m \sin(wt + \theta - \Phi) - I_m \sin(\theta - \Phi) \cdot e^{-\frac{R}{L}t} \tag{11-45}$$

식(11-45)에서 $\theta - \Phi = 0$인 경우에 과도항은 항상 "0"인 것을 알 수 있다. 즉, 전압의 위상각 θ가 부하각 Φ와 같으면 과도현상은 발생하지 않는다. 또한 $\theta - \Phi = \frac{\pi}{2}$일 때, 과도항이 최대가 됨을 알 수 있다.

(2) R-C 직렬의 교류회로

그림 11.11과 같은 $R-C$직렬회로에 $t=0$에서 S를 ON하고, $e=E_m\sin(wt+\theta)$ 의 교류전압을 인가할 때, 흐르는 전류를 $i(t)$라 하면 키르히호프 전압법칙(KVL)에 의하여 다음과 같다.

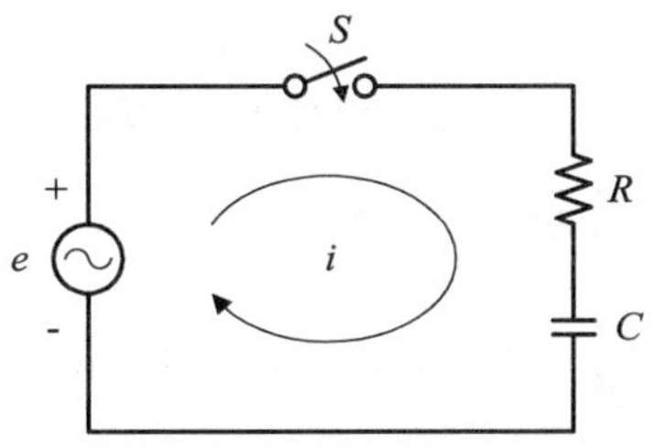

그림 11.11

$$Ri(t)+\frac{1}{C}\int i(t)dt=E_m\sin(wt+\theta) \tag{11-46}$$

식(11-46)의 양변을 R로 나누고, 식(11-20)에서 $i(t)=\frac{dq(t)}{dt}$, $q(t)=\int i(t)dt$을 적용하면 다음과 같다.

$$\frac{dq(t)}{dt}+\frac{1}{RC}q(t)=\frac{E_m}{R}\sin(wt+\theta) \tag{11-47}$$

여기서 식(11-47)의 우변을 "0"으로 할 때, 과도항은

$$q_t(t)=Ke^{-\frac{1}{RC}t} \tag{11-48}$$

이다. 정상항 $q_s(t)$는 회로에 흐르는 전류가 $i_s(t)=I_m\sin(wt+\theta+\Phi)$이므로

$$\begin{aligned} q_s(t) &= \int i_s(t)dt=\int I_m\sin(wt+\theta+\Phi)dt \\ &= -\frac{I_m}{w}\cos(wt+\theta+\Phi) \\ &= -\frac{E_m}{w\sqrt{R^2+(\frac{1}{wC})^2}}\cos(wt+\theta+\Phi) \end{aligned} \tag{11-49}$$

이 된다. 그러므로

$$q(t) = q_s(t) + q_t(t)$$
$$= -\frac{I_m}{w}\cos(wt+\theta+\Phi) + Ke^{-\frac{1}{RC}t}$$
$$= -\frac{E_m}{w\sqrt{R^2+(\frac{1}{wC})^2}}\cos(wt+\theta+\Phi) + Ke^{-\frac{1}{RC}t} \quad (11\text{-}50)$$

가 된다. 여기서, $\Phi = \tan^{-1}\frac{1}{wCR}$이다. 적분상수 K에 대한 초기조건은 $t=0$일 때, $q(t)=0$ 이므로

$$0 = -\frac{E_m}{w\sqrt{R^2+(\frac{1}{wC})^2}}\cos(\theta+\Phi) + K \quad (11\text{-}51)$$

이다.

$$\therefore \quad K = \frac{E_m}{w\sqrt{R^2+(\frac{1}{wC})^2}}\cos(\theta+\Phi)$$
$$= \frac{E_m}{wZ}\cos(\theta+\Phi)$$
$$= \frac{I_m}{w}\cos(\theta+\Phi) \quad (11\text{-}52)$$

이 된다. 따라서 식(11-52)을 식(11-50)에 대입하면 다음과 같다.

$$q(t) = -\frac{I_m}{w}\cos(wt+\theta+\Phi) + \frac{I_m}{w}cos(\theta+\Phi)e^{-\frac{1}{RC}t} \quad (11\text{-}53)$$

전류 $i(t)$는

$$i(t) = \frac{dq(t)}{dt}$$
$$= I_m\sin(wt+\theta+\Phi) - \frac{I_m}{wCR}e^{-\frac{1}{RC}t}\cos(\theta+\Phi) \quad (11\text{-}54)$$

이 된다. 식(11-54)에서 $\cos(\theta + \Phi) = 0$이면 즉 $\theta + \Phi = \frac{\pi}{2}$, $\theta = \frac{\pi}{2} - \Phi$인 경우에 과도항은 "0"이 되어 과도현상은 발생하지 않고, $\cos(\theta + \Phi) = \pm 1$이면 즉 $\theta + \Phi = 0$, $\theta = -\Phi$인 경우 과도항은 최대가 됨을 알 수 있다.

예제 11-7

6.28[Ω]의 저항과 1[mH]의 인덕턴스를 직렬로 접속한 회로에 과도전류가 생기기 않으려면 $e = E_m \sin(wt + \theta)$의 교류전압을 어느 위상에 가하면 되는가? 단, 주파수는 1[kHz]이다.

[풀이] ☞ $R - L$ 직렬회로에 $e = E_m \sin(wt + \theta)$의 교류전압을 인가하는 경우 회로에 흐르는 전류는 식(11-45)에 의하여

$$i(t) = I_m \sin(wt + \theta - \Phi) - I_m \sin(\theta - \Phi) \cdot e^{-\frac{R}{L}t}$$

이므로 과도전류가 생기지 않으려면 $\sin(\theta - \Phi)$가 "0"이어야 한다. 즉, 전압의 위상각 θ가 부하각 Φ와 같으면 과도현상은 발생하지 않는다.

$$\therefore \quad \Phi = \tan^{-1}\frac{wL}{R} = \tan^{-1}\frac{2\pi \times 1000 \times 1 \times 10^{-3}}{6.28} = \tan^{-1}1 = \frac{\pi}{4}$$

연습문제 1

해설은 487쪽에 있습니다.

[문제1] 아래 그림에서 스위치 S를 닫을 때의 전류 $i(t)$는 얼마[A]인가?

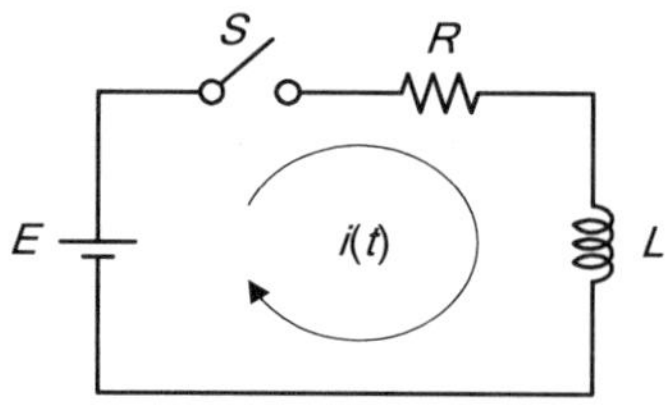

㉮ $\frac{E}{R}e^{-\frac{R}{L}t}$ ㉯ $\frac{E}{R}e^{-\frac{L}{R}t}$

㉰ $\frac{E}{R}(1-e^{-\frac{R}{L}t})$ ㉱ $\frac{E}{R}(1-e^{-\frac{L}{R}t})$

[문제2] 문제1의 회로에서 스위치 S를 닫을 때의 시정수[s]의 값은?
(단, $R=20[\Omega]$, $L=10[\text{mH}]$이다.)

㉮ 5×10^{-1} ㉯ 5×10^{-2} ㉰ 5×10^{-3} ㉱ 5×10^{-4}

[문제3] 아래 그림과 같이 R_1, R_2 저항 및 인덕턴스 L의 직렬회로가 있다. 이 회로에 대한 서술에서 올바른 것은?

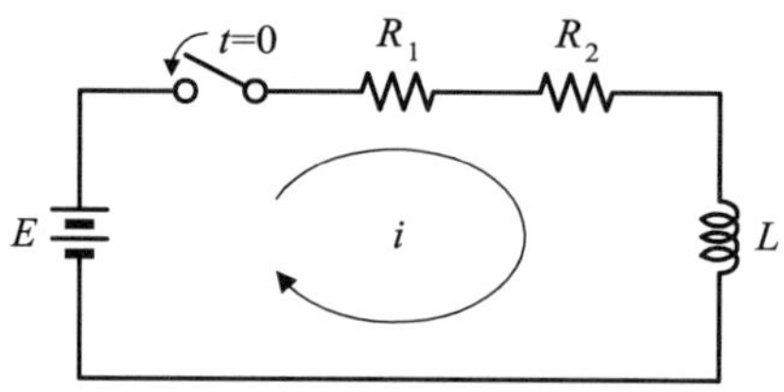

㉮ 이 회로의 시정수는 $\dfrac{L}{R_1+R_2}[s]$이다.

㉯ 정상전류값은 $\dfrac{E}{R_2}$이다.

㉰ 이 회로의 특성근은 $\dfrac{R_1+R_2}{L}$이다.

㉱ 이 회로의 전류값 $i(t)=\dfrac{E}{R_1+R_2}(1-e^{-\frac{L}{R_1+R_2}t})$이다.

[문제4] 아래 회로는 스위치 "1"의 위치에서 정상상태에 있었다. $t=0$에서 순간적으로 스위치를 "2"로 할 때의 $i(t)$[A]는?

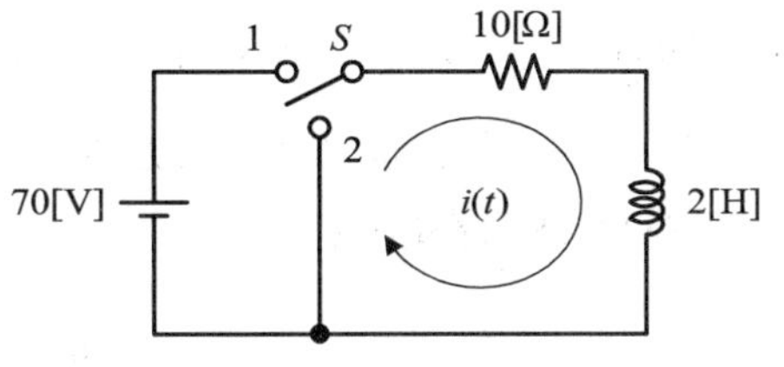

㉮ $7e^{-4t}$　　㉯ $7e^{-5t}$　　㉰ $7e^{-6t}$　　㉱ $7e^{-7t}$

[문제5] 아래 회로에서 스위치 S를 닫을 때, t초 후의 저항 R에 걸리는 전압[V]는 얼마인가?

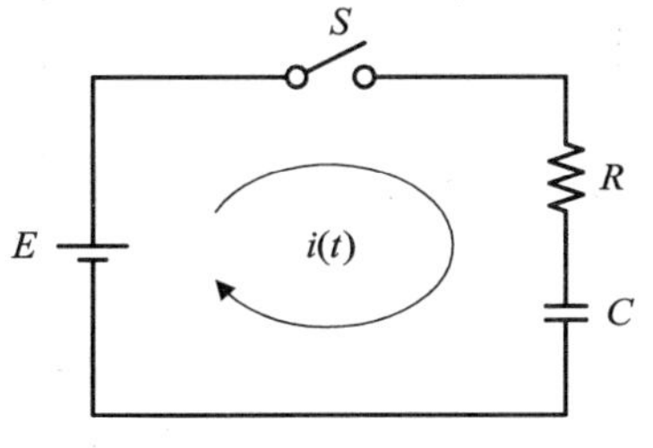

㉮ $Ee^{-\frac{1}{RC}t}$　　㉯ $Ee^{-\frac{C}{R}t}$

㉰ $E(1-e^{-\frac{1}{RC}t})$　　㉱ $E(1-e^{-\frac{C}{R}t})$

[문제6] $R-C$ 직렬회로에서 $R=1[\text{K}\Omega]$, $C=4[\mu F]$이라면 시정수를 구하라.

㉮ 3[ms]　　㉯ 4[ms]　　㉰ 5[ms]　　㉱ 6[ms]

[문제7] 아래 그림과 같은 회로에서 스위치 S가 "1"의 위치에 있을 때, C양단전압이 V_C로 충전되었고, $i(t)=0$이다. $t=0$에서 S를 "2"로 전환시켰을 때, 전류 $i(t)$는?

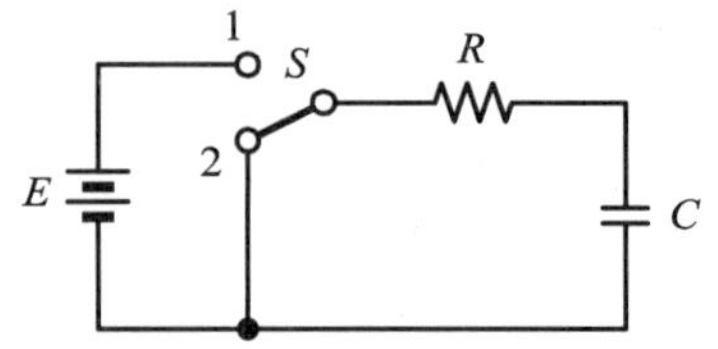

㉮ $\frac{V_C}{R}e^{-\frac{1}{RC}t}$　　㉯ $(1-\frac{V_C}{R}e^{-\frac{1}{RC}t})$

㉰ $-\frac{V_C}{R}e^{-\frac{1}{RC}t}$　　㉱ $(1-\frac{V_C}{R}e^{-\frac{1}{RC}t})$

[문제8] 저항 $R=5000[\Omega]$, 정전 용량 $C=20[\mu F]$가 직렬로 접속된 회로에 일정전압 $E=100[V]$를 인가하고, $t=0$에서 스위치를 닫을 때, 콘덴서 단자전압[V]은? (단, 처음에 콘덴서는 충전되지 않았다.)

㉮ $10(1-e^{-10t})$　　㉯ $10(1-e^{-20t})$

㉰ $100(1-e^{-10t})$　　㉱ $100(1-e^{-20t})$

[문제9] 아래 그림과 같은 $R-L-C$ 직렬회로에서 진동조건은 어느 것인가?

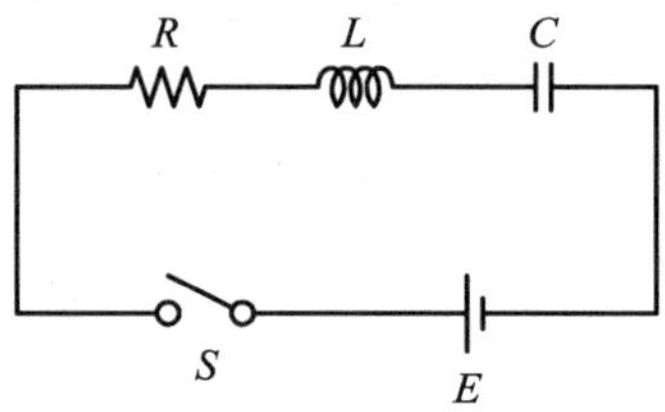

㉮ $R<2\sqrt{\frac{C}{L}}$　　㉯ $R<2\sqrt{\frac{L}{C}}$

㉰ $R<2\sqrt{LC}$　　㉱ $R<\frac{1}{2\sqrt{LC}}$

[문제10] 문제 9의 회로에서 $L=5\times10^{-3}[H]$이고, $R=100[\Omega]$, $C=2\times10^{-6}[F]$일 때, 이 회로는 어떤 상태인가?

㉮ 임계적이다.　　㉯ 비진동적이다.

㉰ 진동적이다.　　㉱ 정현파 진동이다.

연습문제 2

해설은 488쪽에 있습니다.

[문제1] 아래 그림과 같은 $R-L$ 직렬회로에서 스위치 S를 닫을 때 L에 걸리는 전압 e_L과 시정수를 구하라. (단, $R=50[\mathrm{K}\Omega]$, $L=50[\mathrm{H}]$이다.)

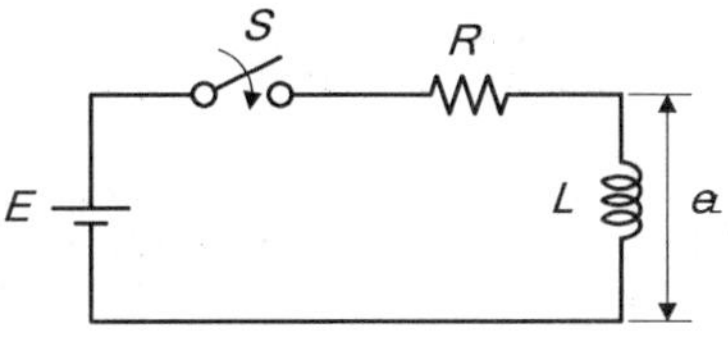

[문제2] 아래 그림과 같은 회로에서 동작전류는 10[mA], 코일의 저항은 1200[Ω] 이다. S가 닫히고 0.015[sec] 이내로 이 릴레이가 작동하려면 L[H]의 값은 얼마인가?

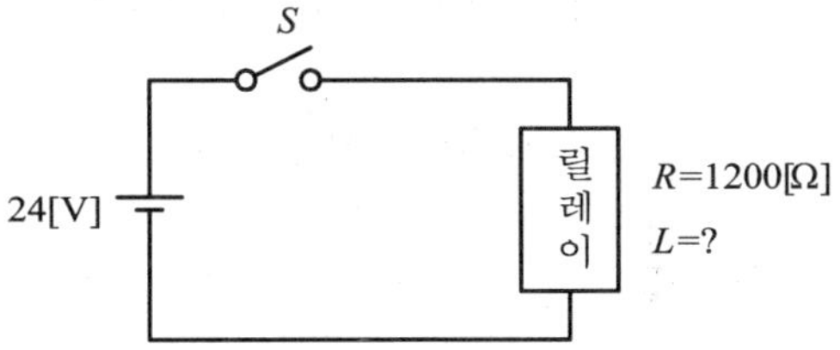

[문제3] 아래 그림과 같은 회로가 정상상태로 있을 때, S를 닫은 후 인덕턴스의 전위차 $v_L(t)$를 구하라.

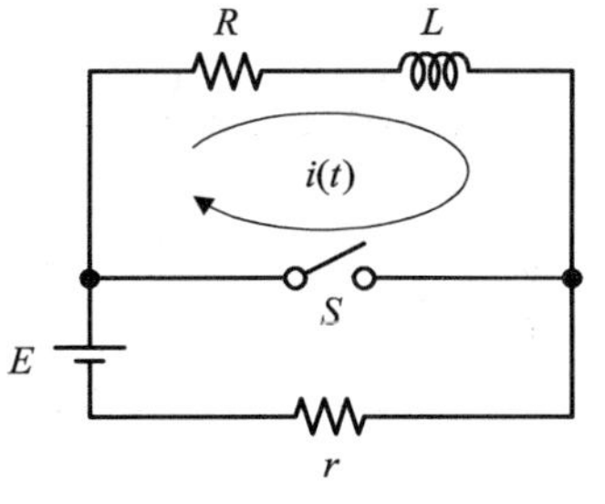

[문제4] 아래 그림과 같은 회로에서 1차측에 E[V]를 가하고, S를 닫았을 때, 2차측에 유도되는 최대전압을 구하라. (단, 상호인덕턴스는 M[H]은 +로 한다.)

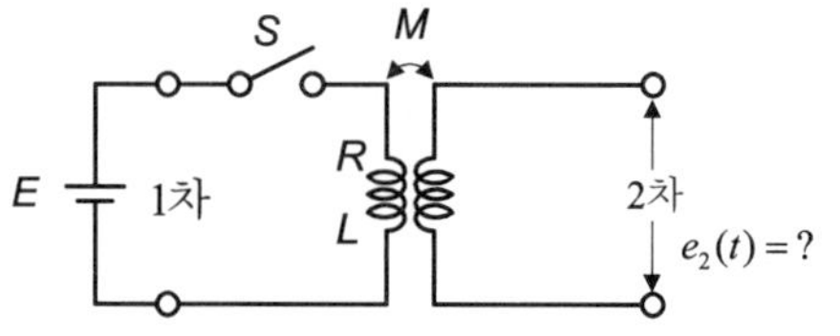

[문제5] 아래 그림과 같은 회로에서 스위치 S가 닫힌 상태에서 정상전류가 흐르고 있다. $t = 0$에서 스위치 S를 열 때, 회로에 흐르는 전류를 구하라.

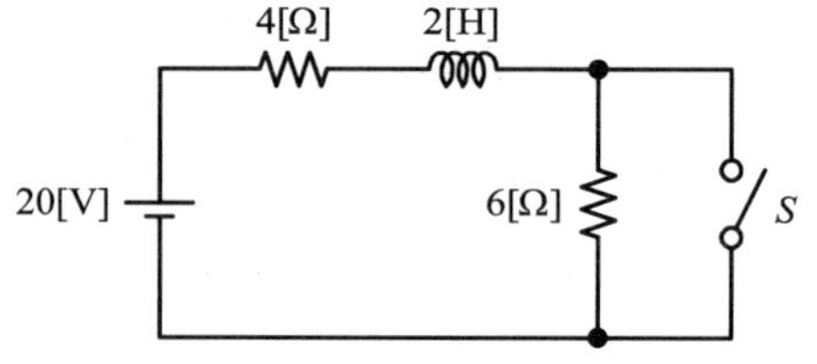

[문제6] 아래 그림과 같은 회로에서 $t = 0$에서 스위치 S를 닫았다. 콘덴서의 초기 전압을 0[V]라 할 때, 이 회로에 흐르는 전류 $i(t)$을 구하시오.

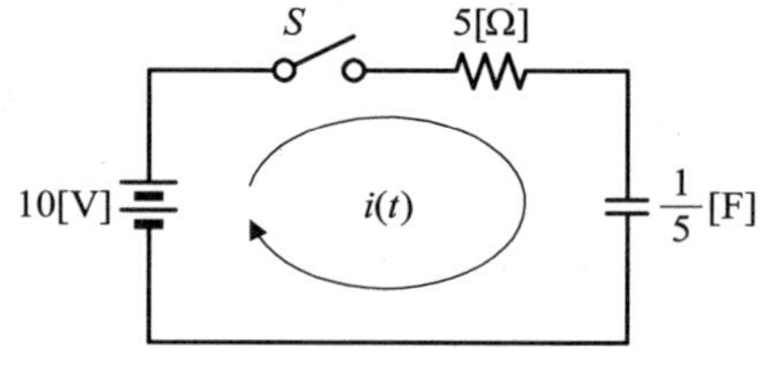

[문제7] 아래 그림과 같은 회로에서 콘덴서 C는 초기값이 "0"이다. $t = 0$에서 스위치 S를 닫은 후 0.02[sec] 후에 콘덴서에 충전된 전압을 구하라.

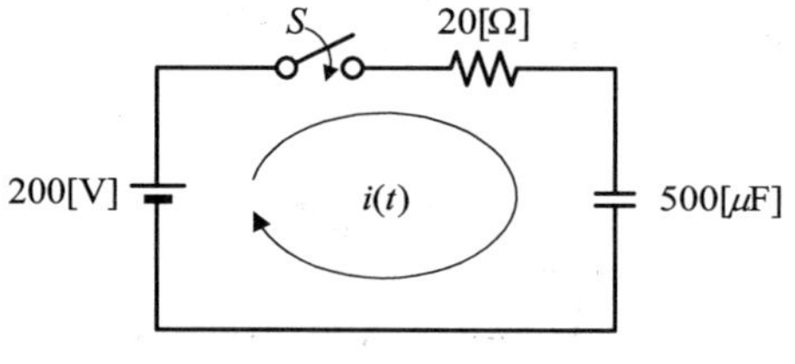

[문제8] 아래 그림과 같은 회로에서 $t=0$에서 스위치 S를 닫았다. 이 회로의 완전응답 $i(t)$을 구하라. (단, 콘덴서 C는 그림의 극성으로 $\frac{V}{2}$의 초기전압을 갖고 있다.)

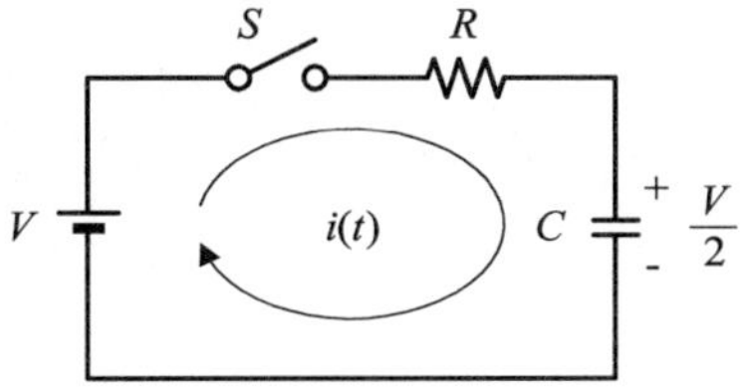

[문제9] 아래 회로에서 콘덴서 C[F]에 축적된 전하량이 Q[C]이라 하면 $t=0$에서 스위치 S를 닫을 때, 저항 R에서 소비되는 전력을 구하라.

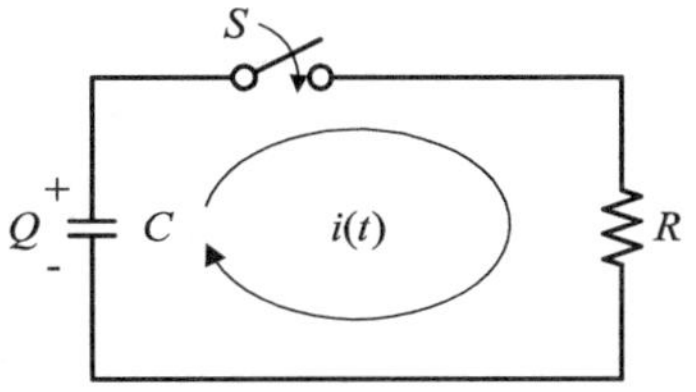

[문제10] $R-L-C$ 직렬회로에서 R, L, C 값에 따른 3가지 현상 조건을 써라.

12 라플라스 변환과 회로해석

11장의 과도현상에서 회로의 응답을 구하려면 미분방정식을 해석해야 하는 어려움이 있다. 그러나 이 장에서 소개하는 Laplace 변환은 미분방정식으로 주어지는 회로 방정식을 이용 정상해, 과도해 등의 해법을 간단히 구할 수 있고, 시스템 함수의 개념을 쉽게 이해시킨다. 본 장에서는 Laplace의 기본개념과 제 정리에 대해 설명하고, Laplace의 유용성을 이해하여 과도현상 등 전기 회로에 응용하고자 한다.

12.1 라플라스(Laplace) 변환의 정의

어떤 임의의 시간함수 $f(t)$에 복소 지수함수 e^{-st}를 곱한 $f(t)e^{-st}$를 시간 t에 대하여 "0"에서 "∞"까지 적분하면 $f(t)$는 라플라스 연산자 s를 갖는 주파수함수 $F(s)$로 변환된다. 즉, $f(t)$의 라플라스 변환은 다음 식으로 표현되고,

$$F(s) = \mathcal{L}[f(t)] = \int_0^\infty f(t)e^{-st}\,dt \tag{12-1}$$

반대로 주파수영역의 함수 $F(s)$를 시간의 함수 $f(t)$로 변환하는 것을 라플라스 역변환이라 하며 표현은 다음과 같다.

$$f(t) = \mathcal{L}^{-1}[F(s)] \tag{12-2}$$

12.2 주요함수의 라플라스(Laplace) 변환

(1) 상수(constant): a

$f(t) = a$이므로 라플라스 변환은 다음과 같다.

$$F(s) = \mathcal{L}[f(t)] = \int_0^\infty a \bullet e^{-st}\,dt = a\left[-\frac{e^{-st}}{s}\right]_0^\infty = -\frac{a}{s}(e^{-\infty} - e^{-0})$$

$$\therefore\quad \mathcal{L}[a] = \frac{a}{s} \tag{12-3}$$

(2) 단위 계단 함수(unit step function)

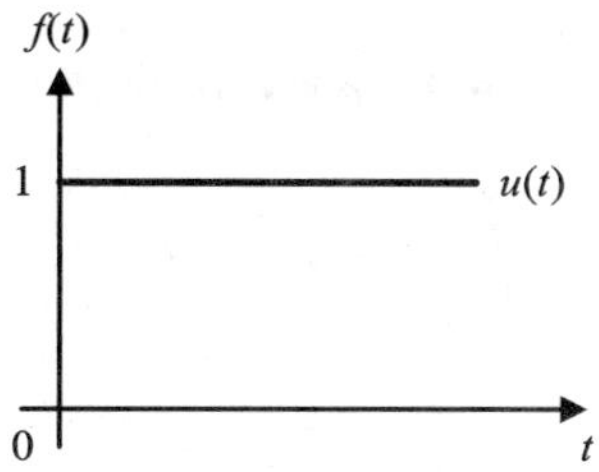

그림 12.1

회로에 직류전원이 인가되는 것을 나타내는 것과 같고, 그림 12.1과 같이 $t < 0$에서 $f(t)$가 "0"이고, $t=0$에서 $f(t)=1$로 된 후 일정한 값을 유지하는 함수를 말하며 높이가 "1"인 계단처럼 생겼으며, 기호 $u(t)$로 표시하고 다음 식으로 정의한다.

$$f(t)=u(t)=\begin{cases}0 : t<0 \\ 1 : t \geqq 0\end{cases} \tag{12-4}$$

이 함수는 $t=0$에서 스위치를 ON하는 경우 직류 전압 전원의 크기가 1[V]인 것을 의미한다고 생각하면 된다. 단위 계단 함수를 라플라스 변환하면 다음과 같다.

$$\begin{aligned} F(s) &= \mathcal{L}[u(t)] = \int_0^{\infty} u(t) \cdot e^{-st}\,dt = \int_0^{\infty} 1 \cdot e^{-st}\,dt \\ &= \left[-\frac{1}{s} \cdot e^{-st}\right]_0^{\infty} = -\frac{1}{s}(e^{-\infty} - e^{-0}) = \frac{1}{s} \end{aligned} \tag{12-5}$$

또한 그림 12.2와 같이 단위 계단 함수가 시간 이동하는 경우

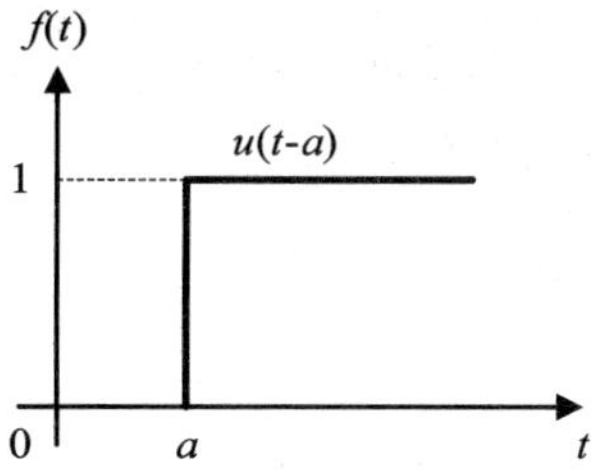

그림 12.2

$$f(t)=u(t-a)=\begin{cases}0 : t<a \\ 1 : t \geqq a\end{cases} \tag{12-6}$$

와 같이 정의하고 $u(t-a)$를 라플라스 변환하면 다음과 같다.

$$\begin{aligned} F(s) = \mathcal{L}[u(t-a)] &= \int_0^{\infty} u(t-a) \cdot e^{-st}\,dt \\ &= \int_0^a 0 \cdot e^{-st}\,dt + \int_a^{\infty} 1 \cdot e^{-st}\,dt \\ &= \left[-\frac{1}{s} \cdot e^{-st}\right]_a^{\infty} = -\frac{1}{s}(e^{-\infty} - e^{-as}) = \frac{1}{s}e^{-as} \end{aligned} \tag{12-7}$$

예제 12-1

그림 12.3과 같은 파형의 라플라스 변환을 구하라.

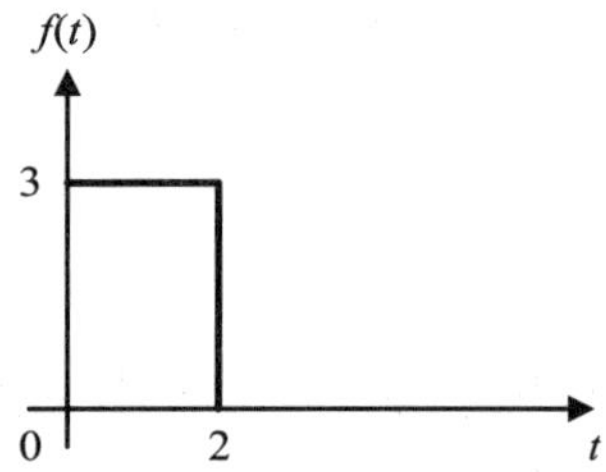

그림 12.3

[풀이] ☞ 식(12-5), 식(12-7)의 단위 계단 함수를 사용하면 다음과 같다.

$$f(t) = 3u(t) - 3u(t-2)$$

$$\mathcal{L}[f(t)] = \mathcal{L}[3u(t) - 3u(t-2)]$$

$$= \frac{3}{s} - \frac{3}{s}e^{-2s} = \frac{3}{s}(1 - e^{-2s})$$

예제 12-2

그림 12.4와 같은 파형의 라플라스 변환을 구하라.

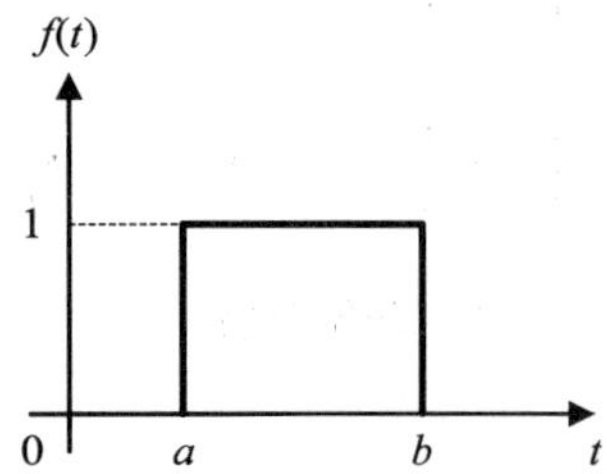

그림 12.4

[풀이] ☞ 식(12-7)의 단위 계단 함수를 사용하면 다음과 같다.

$$f(t)=u(t-a)-u(t-b)$$
$$F(s)=\mathcal{L}[f(t)]=\mathcal{L}[u(t-a)-u(t-b)]$$
$$=\frac{1}{s}e^{-as}-\frac{1}{s}e^{-bs}=\frac{1}{s}(e^{-as}-e^{-bs})$$

(3) 단위 램프 함수(unit ramp function)

단위 램프 함수는 단위 경사 함수 또는 등속함수라고도 하며 단위 계단 함수를 적분하여 얻을 수 있고 그림 12.5와 같이 기울기가 "1"인 직선이며 정의는 식(12-8)과 같다.

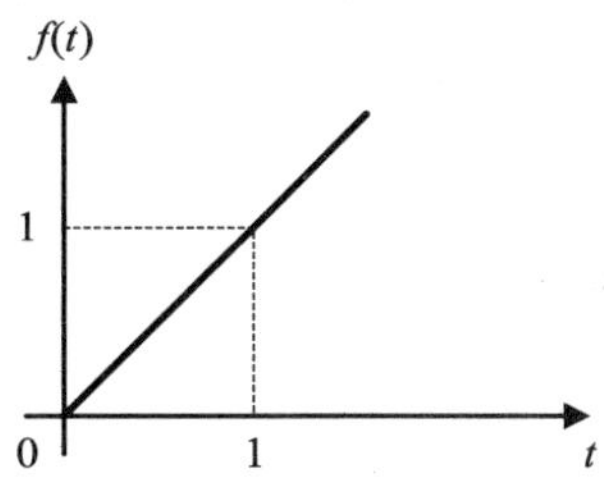

그림 12–5

$$f(t)=tu(t)=\begin{cases}0 : t<0 \\ t : t>0\end{cases} \tag{12-8}$$

$tu(t)$를 라플라스 변환하면

$$F(s)=\mathcal{L}[tu(t)]=\int_0^{\infty} t\cdot u(t)\,e^{-st}\,dt=\int_0^{\infty} t\cdot e^{-st}dt$$

가 되며, 부분 적분 공식 $\int u\,dv=uv-\int v\,du$에서

$u=t,\ dv=e^{-st}dt,\ du=1,\ v=-\frac{1}{s}e^{-st}$라 하면

$$\int_0^{\infty} t\cdot e^{-st}\,dt=\left[-t\cdot\frac{e^{-st}}{s}\right]_0^{\infty}-\int_0^{\infty}\left(-\frac{e^{-st}}{s}\right)dt$$
$$=0+\frac{1}{s}\int_0^{\infty}e^{-st}dt=\frac{1}{s}\left[-\frac{1}{s}e^{-st}\right]_0^{\infty}$$

$$= -\frac{1}{s^2}[0-1] = \frac{1}{s^2} \quad (12\text{-}9)$$

가 된다. 일반적으로

$$\mathcal{L}[at^n] = \frac{a \cdot n!}{s^{n+1}} \quad (12\text{-}10)$$

이다. 즉 $\mathcal{L}[t^2] = \frac{2}{s^3}$, $\mathcal{L}[t^3] = \frac{3!}{s^4} = \frac{3\times2\times1}{s^4} = \frac{6}{s^4}$ 이 되며 식(12-10)을 포물선 함수라 한다.

예제 12-3

$f(t) = at^4$을 라플라스 변환하라.

[풀이] ☞ 식(12-10)에서 다음과 같다.

$$\mathcal{L}[at^n] = \frac{a \cdot n!}{s^{n+1}} = \frac{a \cdot 4!}{s^5}$$

$$= \frac{a \cdot 4\times3\times2\times1}{s^5} = \frac{24a}{s^5}$$

(4) 지수 함수

지수함수 $f(t) = e^{-at}$에 대한 라플라스 변환은

$$F(s) = \mathcal{L}[f(t)] = \int_0^\infty e^{-at} \cdot e^{-st}\,dt = \int_0^\infty e^{-(s+a)t}\,dt$$

$$= \left[-\frac{1}{s+a} \cdot e^{-(s+a)t}\right]_0^\infty = \frac{1}{s+a} \quad (12\text{-}11)$$

가 된다. 또한 지수함수 $f(t) = e^{at}$을 라플라스 변환하면 다음과 같다.

$$F(s) = \mathcal{L}[f(t)] = \int_0^\infty e^{at} \cdot e^{-st}\,dt = \int_0^\infty e^{-(s-a)t}\,dt$$

$$= \left[-\frac{1}{s-a} \cdot e^{-(s-a)t}\right]_0^\infty = \frac{1}{s-a} \quad (12\text{-}12)$$

(5) 정현 함수(sinωt)

$f(t)=\sin wt$를 라플라스 변환하면 다음과 같다.

$$F(s)=\mathcal{L}[f(t)]=\mathcal{L}[\sin wt]=\int_0^\infty \sin wt \cdot e^{-st}\,dt \qquad (12\text{-}13)$$

삼각함수는 주기함수이므로 $f(t)$를 지수함수로 고치면

$$\sin wt=\frac{e^{jwt}-e^{-jwt}}{2j}\text{ 이므로}$$

$$\begin{aligned}
\int_0^\infty \sin wt \cdot e^{-st}\,dt &= \int_0^\infty \frac{e^{jwt}-e^{-jwt}}{2j}\cdot e^{-st}\,dt \\
&=\frac{1}{2j}\left[\int_0^\infty e^{jwt}\cdot e^{-st}\,dt-\int_0^\infty e^{-jwt}\cdot e^{-st}\,dt\right] \\
&=\frac{1}{2j}\left[\int_0^\infty e^{-(s-jw)t}\,dt-\int_0^\infty e^{-(s+jw)t}\,dt\right] \\
&=\frac{1}{2j}\left[\frac{-1}{s-jw}\cdot e^{-(s-jw)t}+\frac{1}{s+jw}\cdot e^{-(s+jw)t}\right]_0^\infty \\
&=\frac{1}{2j}\left[\frac{-1}{s-jw}(e^{-\infty}-e^{+0})+\frac{1}{s+jw}(e^{-\infty}-e^{-0})\right] \\
&=\frac{1}{2j}\left(\frac{1}{s-jw}-\frac{1}{s+jw}\right) \\
&=\frac{1}{2j}\left(\frac{s+jw-s+jw}{s^2+w^2}\right) \\
&=\frac{1}{2j}\left(\frac{2jw}{s^2+w^2}\right) \\
&=\frac{w}{s^2+w^2} \qquad (12\text{-}14)
\end{aligned}$$

(6) 여현 함수(cosωt)

$f(t)=\cos wt$를 라플라스 변환하면 다음과 같다.

$$F(s)=\mathcal{L}[f(t)]=\mathcal{L}[\cos wt]=\int_0^\infty \cos wt \cdot e^{-st}\,dt \qquad (12\text{-}15)$$

$f(t)$를 지수함수로 고치면

$$\cos wt = \frac{e^{jwt} + e^{-jwt}}{2} \text{ 이므로}$$

$$\begin{aligned}
\int_0^\infty \cos wt \cdot e^{-st}\, dt &= \int_0^\infty \frac{e^{jwt} + e^{-jwt}}{2} \cdot e^{-st}\, dt \\
&= \frac{1}{2}\left[\int_0^\infty e^{jwt} \cdot e^{-st}\, dt + \int_0^\infty e^{-jwt} \cdot e^{-st}\, dt\right] \\
&= \frac{1}{2}\left[\int_0^\infty e^{-(s-jw)t}\, dt + \int_0^\infty e^{-(s+jw)t}\, dt\right] \\
&= \frac{1}{2}\left[\frac{-1}{s-jw} \cdot e^{-(s-jw)t} - \frac{1}{s+jw} \cdot e^{-(s+jw)t}\right]_0^\infty \\
&= \frac{1}{2}\left[\frac{-1}{s-jw}(e^{-\infty} - e^{+0}) - \frac{1}{s+jw}(e^{-\infty} - e^{-0})\right] \\
&= \frac{1}{2}\left(\frac{1}{s-jw} + \frac{1}{s+jw}\right) \\
&= \frac{1}{2}\left(\frac{s+jw+s-jw}{s^2+w^2}\right) \\
&= \frac{1}{2}\left(\frac{2s}{s^2+w^2}\right) \\
&= \frac{s}{s^2+w^2} \qquad (12\text{-}16)
\end{aligned}$$

(7) 쌍곡선 함수

쌍곡선 함수인 $\sin hwt = \frac{1}{2}(e^{wt} - e^{-wt})$의 라플라스 변환은 다음과 같다.

$$\begin{aligned}
F(s) = \mathcal{L}[\sin hwt] &= \frac{1}{2}\left[\int_0^\infty e^{wt} \cdot e^{-st}\, dt - \int_0^\infty e^{-wt} \cdot e^{-st}\, dt\right] \\
&= \frac{1}{2}\left[\int_0^\infty e^{-(s-w)t}\, dt - \int_0^\infty e^{-(s+w)t}\, dt\right] \\
&= \frac{1}{2}\left[\frac{-1}{s-w} \cdot e^{-(s-w)t} + \frac{1}{s+w} \cdot e^{-(s+w)t}\right]_0^\infty
\end{aligned}$$

$$= \frac{1}{2}\left[\frac{-1}{s-w} \cdot (e^{-\infty} - e^{+0}) + \frac{1}{s+w} \cdot (e^{-\infty} - e^{-0})\right]$$

$$= \frac{1}{2}\left(\frac{1}{s-w} - \frac{1}{s+w}\right)$$

$$= \frac{1}{2}\left(\frac{s+w-s+w}{s^2-w^2}\right)$$

$$= \frac{1}{2}\left(\frac{2w}{s^2-w^2}\right)$$

$$= \frac{w}{s^2-w^2} \tag{12-17}$$

또한 쌍곡선 함수인 $\cos hwt = \frac{1}{2}(e^{wt} + e^{-wt})$의 라플라스 변환은 다음과 같다.

$$F(s) = \mathcal{L}[\cos hwt] = \frac{1}{2}\left[\int_0^{\infty} e^{wt} \cdot e^{-st} dt + \int_0^{\infty} e^{-wt} \cdot e^{-st} dt\right]$$

$$= \frac{1}{2}\left[\int_0^{\infty} e^{-(s-w)t} dt + \int_0^{\infty} e^{-(s+w)t} dt\right]$$

$$= \frac{1}{2}\left[\frac{-1}{s-w} \cdot e^{-(s-w)t} - \frac{1}{s+w} \cdot e^{-(s+w)t}\right]_0^{\infty}$$

$$= \frac{1}{2}\left[\frac{-1}{s-w} \cdot (e^{-\infty} - e^{+0}) - \frac{1}{s+w} \cdot (e^{-\infty} - e^{-0})\right]$$

$$= \frac{1}{2}\left(\frac{1}{s-w} + \frac{1}{s+w}\right)$$

$$= \frac{1}{2}\left(\frac{s+w+s-w}{s^2-w^2}\right)$$

$$= \frac{1}{2}\left(\frac{2s}{s^2-w^2}\right)$$

$$= \frac{s}{s^2-w^2} \tag{12-18}$$

지금까지 여러 함수의 라플라스 변환과정이 복잡한 수식을 이용하는 번거로움이 있다. 따라서 표 12-1은 많이 사용되고 있는 중요한 함수의 라플라스 변환결과이므로 이를 이용하여 각종 문제를 푸는데 참조하기 바란다.

표 12.1

	$f(t)$	$F(s)$		$f(t)$	$F(s)$
①	$\delta(t)$	1	⑩	$\sinh wt$	$\dfrac{w}{s^2-w^2}$
②	$u(t), 1$	$\dfrac{1}{s}$	⑪	$\cosh wt$	$\dfrac{s}{s^2-w^2}$
③	t	$\dfrac{1}{s^2}$	⑫	$t\sin wt$	$\dfrac{2ws}{(s^2+w^2)^2}$
④	t, t^2, t^n	$\dfrac{1}{s^2}, \dfrac{2}{s^3}, \dfrac{n!}{s^{n+1}}$	⑬	$t\cos wt$	$\dfrac{s^2-w^2}{(s^2+w^2)^2}$
⑤	e^{at}, e^{-at}	$\dfrac{1}{s-a}, \dfrac{1}{s+a}$	⑭	$e^{-at}\sin wt$	$\dfrac{w}{(s+a)^2+w^2}$
⑥	te^{-at}	$\dfrac{1}{(s+a)^2}$	⑮	$e^{-at}\cos wt$	$\dfrac{s+a}{(s+a)^2+w^2}$
⑦	$t^n e^{-at}$	$\dfrac{n!}{(s+a)^{n+1}}$	⑯	$te^{-at}\sin wt$	$\dfrac{2w(s+a)}{\{(s+a)^2+w^2\}^2}$
⑧	$\sin wt$	$\dfrac{w}{s^2+w^2}$	⑰	$te^{-at}\cos wt$	$\dfrac{(s+a)^2-w^2}{\{(s+a)^2+w^2\}^2}$
⑨	$\cos wt$	$\dfrac{s}{s^2+w^2}$	⑱	$\dfrac{\sin wt}{t}$	$\tan^{-1}\dfrac{w}{s}$

12.3 라플라스 변환의 기본정리

일반적으로 함수 $f(t)$의 $F(s)$를 구하려면 식(12-1)로 정의되는 적분을 계산해야 한다. 그러나 라플라스 변환이 가지는 몇 가지 성질을 이용하면 적분계산 없이도 $F(s)$를 간단히 구할 수 있게 된다. 많은 정리 중에서 주로 사용하는 몇 가지 정리에 대해 설명하니 잘 기억하여 관련 문제를 해결하는데 적극 이용하길 바란다.

(1) 선형성의 정리

라플라스 변환은 선형시스템에 대한 해석을 다루는 것으로 이 정리는 기본 함수에 상수배되고 서로 덧셈 또는 뺄셈이 되는 경우에 적합하다. $f_1(t)$와 $f_2(t)$는 시간 함수이고, a, b가 상수이면 다음 식이 성립한다.

$$\mathcal{L}[af_1(t) \pm bf_2(t)] = aF_1(s) \pm bF_2(s) \tag{12-19}$$

이를 증명하면

$$\begin{aligned}\mathcal{L}[af_1(t) \pm bf_2(t)] &= \int_0^{\infty}[af_1(t) \pm bf_2(t)]e^{-st}dt \\ &= a\int_0^{\infty} f_1(t)e^{-st}dt \pm b_2\int_0^{\infty} f_2(t)e^{-st}dt \\ &= aF_1(s) \pm bF_2(s)\end{aligned}$$

가 된다.

$f(t) = \sin wt$를 라플라스 변환하면 앞 절의 식(12-14)와 같이 복잡한 적분과정을 거쳐야 하나 선형정리를 이용하면 아래와 같이 간단히 구할 수 있다.

$f(t)$를 지수함수로 고치면 $\sin wt = \dfrac{e^{jwt} - e^{-jwt}}{2j}$ 이므로 표 12.1의 ⑧항을 이용하면

$$\begin{aligned}\int_0^{\infty} \sin wt \cdot e^{-st}dt &= \int_0^{\infty} \frac{e^{jwt} - e^{-jwt}}{2j} \cdot e^{-st}dt \\ &= \frac{1}{2j}\left(\frac{1}{s - jw} - \frac{1}{s + jw}\right) \\ &= \frac{1}{2j}\left(\frac{s + jw - s + jw}{s^2 + w^2}\right) \\ &= \frac{1}{2j}\left(\frac{2jw}{s^2 + w^2}\right) \\ &= \frac{w}{s^2 + w^2}\end{aligned}$$

이 된다. 쌍곡선 함수인 $\cosh wt = \dfrac{1}{2}(e^{wt} + e^{-wt})$의 라플라스 변환은 다음과 같다.

$$\begin{aligned}F(s) = \mathcal{L}[\cosh wt] &= \frac{1}{2}\left[\int_0^{\infty} e^{wt} \cdot e^{-st}dt + \int_0^{\infty} e^{-wt} \cdot e^{-st}dt\right] \\ &= \frac{1}{2}\left(\frac{1}{s - w} + \frac{1}{s + w}\right) \\ &= \frac{1}{2}\left(\frac{s + w + s - w}{s^2 - w^2}\right)\end{aligned}$$

$$= \frac{1}{2}\left(\frac{2s}{s^2 - w^2}\right)$$

$$= \frac{s}{s^2 - w^2}$$

이 된다.

예제 12-4

다음 함수를 라플라스 변환하라.

① $f(t) = 1 - e^{-at}$

② $f(t) = 3e^{-2t} + 4e^{3t}$

③ $f(t) = \sin t \cos t$

[풀이] ☞ ① 선형정리와 표12.1의 ②, ⑤항을 이용하면 다음과 같다.

$$\mathcal{L}[f(t)] = \mathcal{L}[1 - e^{-at}] = \frac{1}{s} - \frac{1}{s+a}$$

$$= \frac{s+a-s}{s(s+a)} = \frac{a}{s(s+a)}$$

② 표12.1의 ⑤항을 이용하면

$$\mathcal{L}[f(t)] = \mathcal{L}[3e^{-2t} + 4e^{3t}]$$

$$= \frac{3}{s+2} + \frac{4}{s-3} = \frac{3(s-3)+4(s+2)}{(s+2)(s-3)}$$

$$= \frac{7s-1}{(s+2)(s-3)}$$

이 된다.

③ $f(t) = \sin t \cos t$

$$\mathcal{L}[f(t)] = \mathcal{L}[\sin t \cos t]$$

$$= \mathcal{L}\left[\frac{1}{2}\sin 2t\right]$$ → 표 12.1의 ⑧항을 이용하면

$$= \frac{1}{2} \cdot \frac{2}{s^2 + 2^2} = \frac{1}{s^2 + 4}$$

가 된다.

(2) 상사성의 정리

$\mathcal{L}[f(t)] = F(s)$일 때, a를 상수라 하면 함수의 라플라스 변환은 다음과 같다.

$$\mathcal{L}[f(at)] = \frac{1}{a}F(\frac{s}{a}) \tag{12-20}$$

이를 증명하면 $at = \tau$라 놓으면 $t = \frac{\tau}{a}, dt = \frac{1}{a}d\tau$ 라 하면

$$\begin{aligned}\mathcal{L}[f(at)] &= \int_0^{\infty} e^{-st} f(at)\,dt = \int_0^{\infty} e^{-s(\frac{\tau}{a})} f(\tau)\frac{1}{a}d\tau \\ &= \frac{1}{a}F(\frac{s}{a})\end{aligned}$$

가 된다.

예제 12-5

$\mathcal{L}[\cos 2t]$함수를 라플라스 변환하라.

[풀이] ☞ $\mathcal{L}[\cos 2t] = \frac{s}{s^2+2^2}$이므로, 상사성의 정리 $\mathcal{L}[f(at)] = \frac{1}{a}F(\frac{s}{a})$에서 $a = 2$로 놓으면 다음과 같다.

$$\mathcal{L}[\cos 2t] = \frac{1}{2}\frac{(\frac{s}{2})}{(\frac{s}{2})^2+1} = \frac{s}{s^2+4}$$

또는 표 12-1의 ⑨항을 바로 적용해도 결과는 같다. 본인이 쉬운 방법을 택하면 된다.

(3) 복소 추이의 정리

$\mathcal{L}[f(t)] = F(s)$일 때, 이 함수에 지수함수가 곱해진 함수의 라플라스 변환은 다음과 같다.

$$\begin{aligned}\mathcal{L}[f(t)e^{\pm at}] &= \int_0^{\infty} f(t)e^{\pm st} \cdot e^{-st}\,dt \\ &= \int_0^{\infty} f(t) \cdot e^{-(s \mp s)t}\,dt \\ &= F(s \mp a)\end{aligned} \tag{12-21}$$

예제 12-6

다음 함수를 라플라스 변환하라.

① $f(t) = -4te^{5t}$

② $f(t) = 4e^{-5t}\sin 4t$

[풀이] ☞ ① 표 12.1의 ④항에서 $\mathcal{L}[f(t)] = \mathcal{L}[-4t] = \dfrac{-4}{s^2}$이므로 이를 복소 추이로 풀면

$$\mathcal{L}[-4te^{5t}] = \left.\frac{-4}{s^2}\right|_{s\to s-5} = \frac{-4}{(s-5)^2}$$

가 된다. 또는 표 12-1의 ⑥항을 바로 적용해도 결과는 같다.

② 표 12.1의 ⑧항에서 $\mathcal{L}[f(t)] = \mathcal{L}[4\sin 4t] = \dfrac{16}{s^2+16}$이므로 이를 복소 추이로 풀면

$$\mathcal{L}[4e^{-5t}\sin 4t] = \left.\frac{16}{s^2+16}\right|_{s\to s+5} = \frac{16}{(s+5)^2+16}$$

가 된다. 또는 표 12-1의 ⑭항을 바로 적용해도 결과는 같다.

(4) 시간 추이의 정리

$\mathcal{L}[f(t)] = F(s)$일 때, $f(t)$의 함수를 시간 t의 양의 방향으로 a만큼 떨어진 평행 이동한 함수를 $f(t-a)$라고 하면 이 함수의 라플라스 변환은 다음과 같다.

$$\mathcal{L}[f(t-a)] = e^{-as}F(s) \tag{12-22}$$

이를 증명하면

$\mathcal{L}[f(t-a)] = \int_0^\infty f(t-a)e^{-st}dt$에서 $t-a=\tau$라 하면 $t=\tau+a$, $dt=d\tau$이므로

$$= \int_0^\infty f(\tau)e^{-s(\tau+a)}d\tau$$

$$= e^{-as}\int_0^\infty f(\tau)e^{-s\tau}d\tau$$

$$= e^{-as}F(s)$$

가 된다.

예제 12-7

$f(t)=(t-3)^4$의 라플라스 변환을 구하여라.

[풀이] ☞ $\mathcal{L}[t^4]=\dfrac{4!}{s^5}$ 이므로 이것을 시간 추이 정리로 풀면 다음과 같다.

$$\mathcal{L}[(t-3)^4]=e^{-3s}\times\frac{24}{s^5}=\frac{24e^{-3s}}{s^5}$$

(5) 실미분 정리

$\mathcal{L}[f(t)]=F(s)$라 하고 이 함수의 1차 미분에 대한 라플라스 변환은 다음과 같다.

$$\mathcal{L}[f(t)]=sF(s)-f(0_+) \tag{12-23}$$

여기서 $f(0_+)$는 $f'(t)$의 초기값이다.

이를 증명하면

$$\mathcal{L}[\frac{d(f)t}{dt}]=\int_0^\infty \frac{df(t)}{dt}\cdot e^{-st}dt$$

에서

$$u=e^{-st},\ dv=f(t)dt,\ du=-se^{-st},\ v=f(t)$$

라 하면 부분 적분 공식

$$\int udv=uv-\int vdu$$

을 사용하면,

$$\begin{aligned}\mathcal{L}[\frac{d(f)t}{dt}]&=[e^{-st}f(t)]_0^\infty-\int_0^\infty f(t)(-se^{-st})dt\\&=-f(0_+)+s\int_0^\infty e^{-st}f(t)dt\\&=sF(s)-f(0_+)\end{aligned}$$

이다. 2차 미분의 경우 1차 미분을 한 번 더 미분한 경우이므로 $\frac{d^2}{dt^2}f(t) = \frac{d}{dt}\frac{d}{dt}f(t)$로 표시할 수 있고 따라서

$$\mathcal{L}[\frac{d^2}{dt^2}f(t)] = s\,\mathcal{L}[\frac{d}{dt}f(t)] - \frac{d}{dt}f(0_+)$$

$$= s[s\,F(s) - f(0_+)] - \frac{d}{dt}f(0_+)$$

$$= s^2F(s) - s\,f(0_+) - \frac{d}{dt}f(0_+) \qquad (12\text{-}24)$$

여기서, $\frac{d}{dt}f(0_+)$은 $t=(0_+)$ 즉, 스위치 동작 직후에 구한 $f(t)$의 도함수이고, 같은 방법으로 n차 도함수의 라플라스 변환은 다음과 같다.

$$\mathcal{L}[\frac{d^2}{dt^2}f(t)] = s^nF(s) - s^{n-1}f(0_+) - s^{n-2}\frac{d}{dt}f(0_+) - \cdots - \frac{d^{n-1}}{dt^{n-1}}f(0_+) \qquad (12\text{-}25)$$

예제 12-8

$\frac{df(t)}{dt} + f(t) = 1$의 라플라스 변환 $F(s)$의 값을 구하시오. (단, 초기값은 "0"이다.)

[풀이] ☞ $\mathcal{L}[\frac{df(t)}{dt}] = sF(s) - f(0_+)$이므로 문제로 부터

$$sF(s) - f(0_+) + F(s) = \frac{1}{s}$$

$$(s+1)F(s) = \frac{1}{s}$$

$$\therefore f(s) = \frac{1}{s(s+1)}$$

이 된다.

(6) 실적분 정리

$\mathcal{L}[f(t)] = F(s)$라 하고 이 함수의 적분에 대한 라플라스 변환은 다음과 같다.

$$\mathcal{L}[\int f(t)\,dt] = \frac{1}{s}F(s) + \frac{1}{s}f^{-1}(0_+) \qquad (12\text{-}26)$$

이를 증명하면

$$\mathcal{L}[\int f(t)dt] = \int_0^\infty [f(t)dt]e^{-st}dt$$

에서

$$u = \int f(t)dt,\ dv = e^{-st}dt,\ du = f(t),\ v = -\frac{1}{s}e^{-st}$$

라 하면 부분 적분 공식

$$\int udv = uv - \int vdu$$

을 사용하면,

$$\begin{aligned}\mathcal{L}[\int f(t)dt] &= \int_0^\infty [f(t)dt]e^{-st}dt \\ &= \left[\int f(t)dt \cdot (-\frac{1}{s}e^{-st})\right]_0^\infty - \int_0^\infty f(t)(-\frac{1}{s}e^{-st})dt \\ &= \frac{1}{s}F(s) + \frac{1}{s}f^{-1}(0_+)\end{aligned}$$

이 된다. 여기서 $f^{-1}(0_+)$는 t가 정의 영역으로부터 $t \to 0$으로 접근할 때 $f(t)$의 적분값으로 초기값이 된다. 따라서 $\int dt$는 적분의 초기값이다. 초기값이 "0"이면 $\int dt \to \frac{1}{s}$로 치환된다. 같은 방법으로 2차 적분의 라플라스 변환은 다음과 같이 구해진다.

$$\mathcal{L}[\int\int f(t)^2 dt] = \frac{F(s)}{s^2} + \frac{f^{-1}(0_+)}{s^2} + \frac{f^{-2}}{s} \tag{12-27}$$

따라서 n차 적분의 라플라스 변환은 다음과 같다.

$$\mathcal{L}[\int\int\int \cdots \int f(t)dt^n] = \frac{F(s)}{s^n} + \frac{f^{-1}(0_+)}{s^n} + \cdots + \frac{f^{-n+1}(0_+)}{s^2} + \frac{f^{-n}(0_+)}{s} \tag{12-28}$$

여기서 모든 초기값이 "0"이면 다음과 같다.

$$\mathcal{L}[\int\int\int\cdots\int f(t)\,dt^n] = \frac{1}{s^n}F(s) \tag{12-29}$$

예제 12-9

$f(t) = \int_0^t (t^2 + e^{-3t})dt$를 라플라스 변환을 구하라. (단, 모든 초기값은 "0"이다.)

[풀이] ☞ $\mathcal{L}[t^2 + e^{-3t}] = \frac{2}{t^3} + \frac{1}{s+3}$ 이므로

$$\mathcal{L}[\int_0^t (t^2 + e^{-3t})\,dt] = \frac{1}{s}(\frac{2}{s^3} + \frac{1}{s+3}) = \frac{s^3+2s+6}{s^4(s+3)}$$

(7) 초기값 정리

$\mathcal{L}[f(t)] = F(s)$일 때, $f(t)$의 초기값 $f(0_+)$는 다음과 같다.

$$f(0_+) = \lim_{t\to 0} f(t) = \lim_{s\to\infty} s \cdot F(s) \qquad t > 0 \tag{12-30}$$

이를 증명하면

$$\mathcal{L}[\frac{d}{dt}f(t)] = s \cdot F(s) - f(0_+)$$

에 의하여

$$\lim_{s\to\infty}[\int_0^\infty \frac{d}{dt}f(t)e^{-st}dt] = \lim_{s\to\infty}[s \cdot F - f(0_+)]$$

이고, $\lim_{s\to\infty} e^{-st} = 0$ 이므로 상기식의 좌변은 "0"이 되어

$$0 = \lim_{s\to\infty}[s \cdot F(s) - f(0_+)]$$

가 된다. 따라서

$$f(0_+) = \lim_{t \to 0} f(t) = \lim_{s \to \infty} s \cdot F(s)$$

이 됨을 알 수 있다.

예제 12-10

$F(s) = \dfrac{4(s+1)}{s^2+2s+5}$ 일 때, $f(t)$의 초기값을 구하라.

[풀이] ☞ 식(12-30)에 의해 다음과 같이 구할 수 있다.

$$f(0_+) = \lim_{s \to \infty} s\,F(s) = \lim_{s \to \infty} s \frac{4s+4}{s^2+2s+5}$$

$$= \lim_{s \to \infty} \frac{4s+4}{s+2+\frac{5}{s}} = \lim_{s \to \infty} \frac{4+\frac{4}{s}}{1+\frac{2}{s}+\frac{5}{s^2}} = 4$$

(8) 최종값 정리

$\mathcal{L}[f(t)] = F(s)$이고, $\lim_{t \to \infty} f(t)$가 존재하면, $\lim_{t \to \infty} f(t) = f(\infty)$는 다음과 같다.

$$f(\infty) = \lim_{t \to \infty} f(t) = \lim_{s \to 0} s \cdot F(s) \tag{12-31}$$

이를 증명하면

$$\mathcal{L}[\frac{d}{dt}f(t)] = sF(s) - f(0_+)$$

에 의하여

$$\lim_{s \to 0}[\int_0^{\infty} \frac{d}{dt}f(t)e^{-st}dt] = \lim_{s \to 0}[sF - f(0_+)]$$

이고, $\lim_{s \to 0} e^{-st} = 1$이므로 상기식의 좌변은

$$\lim_{s\to 0}\left[\int_0^\infty \frac{d}{dt}f(t)e^{-st}dt\right] = \int_0^\infty \frac{d}{dt}f(t)dt = \lim_{t\to\infty}\int_0^t \frac{d}{dt}f(t)dt$$

$$= \lim_{t\to\infty}\int_0^t df(t) = \lim_{t\to\infty}[f(t)]_0^t$$

$$= \lim_{t\to\infty}[f(t) - f(0_+)]$$

가 되고, 따라서

$$\lim_{s\to 0} s \cdot F(s) - f(0_+) = \lim_{t\to\infty}[f(t) - f(0_+)]$$

이므로

$$\lim_{t\to\infty} f(t) = f(\infty) = \lim_{s\to 0} s \cdot F(s)$$

이 됨을 알 수 있다.

예제 12-11

$F(s) = \dfrac{3s+10}{s^3+2s^2+5s}$ 일 때, $f(t)$의 최종값을 구하라.

[풀이] ☞ 식(12-31)에 의해 다음과 같다.

$$\lim_{t\to\infty} f(t) = \lim_{s\to 0} s \cdot F(s) = \lim_{s\to 0} s \cdot \frac{3s+10}{s(s^2+2s+5)}$$

$$= \lim_{s\to 0} \cdot \frac{3s+10}{s^2+2s+5} = \frac{10}{5} = 2$$

12.4 부분 분수에 의한 라플라스 역변환

$F(s)$로부터 $f(t)$를 구하는 것을 $F(s)$의 라플라스 역변환이라 하며 다음과 같이 표현할 수 있다.

$$\mathcal{L}^{-1}[F(s)] = f(t) \tag{12-32}$$

만약 $f(t) = e^{-at}$의 라플라스 변환식은

$$F(s) = \mathcal{L}[f(s)] = \mathcal{L}[e^{-at}] = \frac{1}{s+a} \tag{12-33}$$

이므로 이를 라플라스 역변환하면 다음과 같다.

$$f(t) = \mathcal{L}^{-1}[F(s)] = \mathcal{L}^{-1}[\frac{1}{s+a}] = e^{-at} \tag{12-34}$$

대부분 라플라스 변환의 식은 분수로 이루어져 있으므로 라플라스 변환식 $F(s)$의 역변환은 $F(s)$를 부분 분수로 전개하여 역변환하면 쉽게 구할 수 있다.

$F(s)$는

$$F(s) = \frac{P(s)}{Q(s)} \tag{12-35}$$

의 형식으로 표시되는 경우가 비교적 많으며, 여기서 $F(s)$는 분모 $Q(s)$의 차수가 분자$P(s)$의 차수보다 큰 진분수라고 가정한다. 식(12-35)의 분모 $Q(s)$를 인수분해 하여 각 인수에 대한 분수식에 대한 합으로 표시하면 다음과 같이

$$\begin{aligned} F(s) = \frac{P(s)}{Q(s)} &= \frac{P(s)}{(s-a_1)(s-a_2)\cdots(s-a_n)} \\ &= \frac{K_1}{s-a_1} + \frac{K_2}{s-a_2} + \cdots + \frac{K_n}{s-a_n} \end{aligned} \tag{12-36}$$

되고, $Q(s)=0$을 만족하는 근에는 서로 다른 실근, 중근, 공액복소수의 3종류가 있으며 이들 방법에 대한 부분 분수화에 대해 알아보자.

(1) 서로 다른 두 실근의 경우

식(12-36)에서 $K_1, K_2, K_3 \cdots K_n$는 다음과 같이 구할 수 있다.

$$\left.\begin{aligned} K_1 &= (s-a_1)F(s)|_{s=a_1} \\ K_2 &= (s-a_2)F(s)|_{s=a_2} \\ K_3 &= (s-a_3)F(s)|_{s=a_3} \\ &\vdots \\ K_n &= (s-a_n)F(s)|_{s=a_n} \end{aligned}\right\} \tag{12-37}$$

예제 12-12

$F(s) = \dfrac{2}{(s+1)(s+3)}$ 를 라플라스 역변환하라.

[풀이] ☞ 위의 수식을 부분 분수로 전개하면 다음과 같이 되고.

$$F(s) = \frac{2}{(s+1)(s+3)} = \frac{K_1}{s+1} + \frac{K_2}{s+3}$$

식(12-37)에서

$$K_1 = (s+1)\,F(s) = (s+1)\frac{2}{(s+1)(s+3)})\bigg|_{s=-1} = \frac{2}{s+3}\bigg|_{s=-1} = 1$$

$$K_2 = (s+3)\,F(s) = (s+3)\frac{2}{(s+1)(s+3)})\bigg|_{s=-3} = \frac{2}{s+1}\bigg|_{s=-3} = -1$$

이므로

$$F(s) = \frac{1}{(s+1)} - \frac{1}{s+3}$$

가 된다. 따라서 시간함수는 위의 식에 대해 라플라스 역 변환하면 다음과 같다.

$$f(t) = \mathcal{L}^{-1}[F(s)] = \mathcal{L}^{-1}[\frac{1}{s+1} - \frac{1}{s+3}] = e^{-t} - e^{-3t}$$

(2) 중근의 경우

극점이 실수축 상에 중복적으로 존재하는 경우로 다음과 같은 경우이다.

$$F(s) = \frac{P(s)}{Q(s)} = \frac{P(s)}{(s-a_1)(s-a_2)+(s-a_3)^2}$$
$$= \frac{K_1}{s-a_1} + \frac{K_2}{s-a_2} + \frac{K_3}{(s-a_3)^2} + \frac{K_4}{s-a_3} \qquad (12\text{-}38)$$

K_1, K_2, K_3, K_4는 다음과 같이 구할 수 있고,

$$\left.\begin{aligned} K_1 &= (s-a_1) \cdot F(s)|_{s=a_1} \\ K_2 &= (s-a_2) \cdot F(s)|_{s=a_2} \\ K_3 &= (s-a_3)^2 \cdot F(s)|_{s=a_3} \end{aligned}\right\} \tag{12-39}$$

K_4은

$$K_4 = \frac{d}{ds}[F(s) \cdot (s-a_3)^2|_{s=a_3} \tag{12-40}$$

으로 구할 수 있다.

예제 12-13

$F(s) = \dfrac{s+3}{(s+1)^2(s+2)}$를 라플라스 역변환하라.

[풀이] ☞ 위의 수식을 부분 분수로 전개하면 다음과 같이 되고,

$$F(s) = \frac{s+3}{(s+1)^2(s+2)} = \frac{K_1}{s+2} + \frac{K_2}{(s+1)^2} + \frac{K_3}{s+1}$$

K_1, K_2는 식(12-39)에서 다음과 같다.

$$K_1 = F(s) \cdot (s+2)|_{s=-2} = \frac{s+3}{(s+1)^2} = \frac{-2+3}{(-2+1)^2} = 1$$

$$K_2 = F(s) \cdot (s+1)^2|_{s=-1} = \frac{s+3}{s+2} = \frac{-1+3}{-1+2} = 2$$

K_3는 식(12-40)에 의해

$$K_3 = \frac{d}{ds}[F(s) \cdot (s+1)^2|_{s=-1}$$

$$= \frac{d}{ds}[\frac{s+3}{s+2}]_{s=-1}$$ [p.433 2-3 미분 공식 (8) 참조]

$$= \frac{(s+2)-(s+3)}{(s+2)^2}|_{s=-1}$$

$$= \frac{(-1+2)-(-1+3)}{(-1+2)^2} = -1$$

이 된다. 따라서 각 계수를 부분 분수식에 대입하여 라플라스 역변환을 취하면 다음과 같다.

$$f(t) = \mathcal{L}^{-1}[F(s)] = \mathcal{L}^{-1}[\frac{1}{s+2}] + \mathcal{L}^{-1}[\frac{2}{(s+1)^2}] + \mathcal{L}^{-1}[\frac{-1}{s+1}]$$

$$\therefore\ f(t) = e^{-2t} + 2te^{-t} - e^{-t}$$

가 된다.

(3) 공액 복소근을 포함하는 경우

$$F(s) = \frac{P(s)}{Q(s)} = \frac{P(s)}{(s+\alpha)^2 + w^2} = \frac{Cs + D}{(s+\alpha)^2 + w^2} \tag{12-41}$$

여기서 C, D는 다음과 같이 구한다.

$$[(s+\alpha)^2 + w^2] \cdot F(s)|_{s=-\alpha+jw} = Cs + D|_{s=-\alpha+jw} \tag{12-42}$$

예제 12-14

$F(s) = \dfrac{2}{[(s+1)^2+1]s}$ 를 라플라스 역변환하라.

[풀이] ☞ 위의 수식을 부분 분수로 전개하면 다음과 같이 되고,

$$F(s) = \frac{K_1}{s} + \frac{Cs + D}{(s+1)^2 + 1}$$

$$K_1 = [F(s) \cdot s|_{s=0} = \frac{2}{(s+1)^2+1} = 1 \text{이고,}$$

C, D는 다음과 같이 구한다.

$$[(s+1)^2 + 1] \cdot F(s)|_{s=-1+j} = Cs + D|_{s=-1+j}$$

$$\frac{2}{s}|_{s=-1+j} = Cs + D|_{s=-1+j}$$

$$\frac{2}{-1+j} = C(-1+j) + D = (D - C + jC)$$

$$2 = (-1+j)(D - C + jC) = -D + C - jC + jD - jC - C$$

$$= -j2C + jD - D$$

$$= j(D - 2C) - D$$

이므로 계수 비교에 의해 $C = -1, D = -2$ 이다.
따라서 각 계수를 부분 분수 전개식에 각 각 대입하면

$$F(s) = \frac{K_1}{s} + \frac{Cs+D}{(s+1)^2+1} = \frac{2}{s} + \frac{-s-2}{(s+1)^2+1}$$
$$= \frac{1}{s} - \frac{s+1}{(s+1)^2+1} - \frac{1}{(s+1)^2+1}$$

가 되므로

$$f(t) = \mathcal{L}^{-1}[F(s)] = \mathcal{L}^{-1}[\frac{1}{s}] - \mathcal{L}^{-1}[\frac{s+1}{(s+1)^2+1}] - \mathcal{L}^{-1}[\frac{1}{(s+1)^2+1}]$$
$$\therefore\ f(t) = 1 - e^{-t}\cos t - e^{-t}\sin t$$

가 된다.

12.5 라플라스 변환을 이용한 미분방정식의 해석

앞 장에서 과도현상을 해석하려면 복잡한 미분방정식을 풀어야 하고, 차수가 높게 되면 일반해를 구하는 것이 상당히 어렵게 된다. 그러나 미분방정식을 라플라스 변환시키고 그 함수를 부분분수 전개법을 이용하여 역변환하면 용이하게 해를 구할 수 있다.

다음의 예를 통해 실제 라플라스 변환을 적용시켜보자.

예제 12-15

$\frac{d^2y(t)}{dt^2} + 3\frac{dy(t)}{dt} + 2y(t) = 2u(t)$의 미분방정식을 풀어라.(단, $y(0_+) = 1$, $y'(0_+) = 0$ 이다.)

[풀이] ☞ 주어진 함수를 라플라스 변환하면

$$s^2 Y(s) - s\,y(0_+) - y'(0_+) + 3s\,Y(s) - 3y(0_+) + 2\,Y(s) = \frac{2}{s}$$

$$(s^2 + 3s + 2)\,Y(s) = \frac{2}{s} + s\,y(0_+) + y'(0_+) + 3y(0_+)$$

위의 식에 초기조건을 대입하고, 정리하면

$$(s^2+3s+2)Y(s)=\frac{2}{s}+s+0+3=\frac{2+s^2+3s}{s}$$

$$\therefore \quad Y(s)=\frac{2+s^2+3s}{s(s^2+3s+2)}=\frac{2}{s(s^2+3s+2)}+\frac{s+3}{s^2+3s+2}$$
$$=\frac{2}{s(s+1)(s+2)}+\frac{s+3}{(s+1)(s+2)}$$

가 된다.

여기서 $Y_1(s)=\frac{2}{s(s+1)(s+2)}$, $Y_2(s)=\frac{s+3}{(s+1)(s+2)}$라 하고, 이를 부분분수 전개법으로 전개하고, K_1, K_2, K_3를 구하면 다음과 같고,

① $$Y_1(s)=\frac{2}{s(s+1)(s+2)}=\frac{K_1}{s}+\frac{K_2}{s+1}+\frac{K_3}{s+2}$$

$$K_1=\frac{2}{(s+1)(s+2)}\Big|_{s=0}=\frac{2}{2}=1,$$

$$K_2=\frac{2}{s(s+2)}\Big|_{s=-1}=\frac{2}{-1}=-2$$

$$K_3=\frac{2}{s(s+1)}\Big|_{s=-2}=\frac{2}{2}=1$$

이들 계수를 대입하고, 라플라스 역변환하면

$$y_1(t)=\mathcal{L}^{-1}[Y_1(s)]=\mathcal{L}^{-1}[\frac{1}{s}]-\mathcal{L}^{-1}[\frac{2}{s+1}]+\mathcal{L}^{-1}[\frac{1}{s+2}] \text{에서}$$
$$y_1(t)=1-2e^{-t}+e^{-2t}$$

가 된다.

② $$Y_2(s)=\frac{s+3}{(s+1)(s+2)}=\frac{K_1}{s+1}+\frac{K_2}{s+2}$$

$$K_1=\frac{s+3}{s+2}\Big|_{s=-1}=\frac{2}{1}=2,$$

$$K_2=\frac{s+3}{s+1}\Big|_{s=-2}=\frac{1}{-1}=-1$$

이들 계수를 대입하고, 라플라스 역변환하면

$$y_2(t)=\mathcal{L}^{-1}[Y_2(s)]=\mathcal{L}^{-1}[\frac{2}{s+1}]-\mathcal{L}^{-1}[\frac{1}{s+2}] \text{ 에서}$$

$y_2(t)=2e^{-t}-e^{-2t}$ 가 되어

$$\therefore y(t) = y_1(t) + y_2(t) = 1 - 2e^{-t} + e^{-2t} + 2e^{-t} - e^{-2t}$$
$$= 1$$

이 된다.

예제 12-16

그림 12.6의 $R-L$회로에서 $t=0$에서 직류전압 E를 인가하는 경우 스위치 S을 ON하였을 때 회로에 흐르는 전류 $i(t)$를 구하라. (단, 초기조건 $i(0_+)=0$ 이다.)

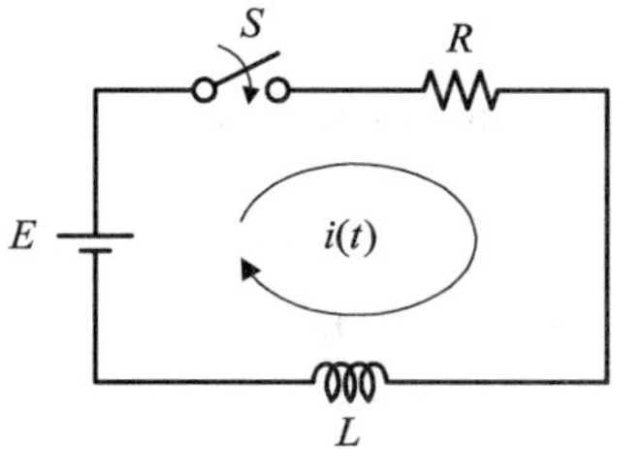

그림 12.6

[풀이] ☞ 회로의 전압방정식은

$$R \cdot i(t) + L \cdot \frac{di(t)}{dt} = E$$

이므로, 양변을 라플라스 변환하여 초기값을 대입하면

$$RI(s) + L[sI(s) - i(0_+)] = \frac{E}{s}$$

$$I(s)(R + sL) = \frac{E}{s}$$

이다. 이 식을 $I(s)$에 대해 정리하면

$$I(s) = \frac{\frac{E}{s}}{R + sL} = \frac{E}{s(R + sL)} = \frac{\frac{E}{L}}{s\left(\frac{R}{L} + s\right)} = \frac{E}{L} \cdot \frac{1}{s\left(\frac{R}{L} + s\right)}$$

이고, 이를 부분 분수로 전개하면 다음과 같다.

$$I(s) = \frac{K_1}{s} + \frac{K_2}{\frac{R}{L} + s}$$

여기서 K_1, K_2를 구하면

$$K_1 = \frac{E}{L} \cdot \frac{1}{\frac{R}{L}+s}\Big|_{s=0} = \frac{E}{R}$$

$$K_2 = \frac{E}{L} \cdot \frac{1}{s}\Big|_{s=-\frac{R}{L}} = -\frac{E}{R}$$

이므로 이를 $I(s)$식에 대입하면 다음과 같고,

$$I(s) = \frac{E}{R} \cdot \left(\frac{1}{s} - \frac{1}{s+\frac{R}{L}}\right)$$

이 식을 라플라스 역 변환하면

$$i(t) = \mathcal{L}^{-1} I(s) = \frac{E}{R}(1 - e^{-\frac{R}{L}t})$$

가 된다. 따라서 앞장의 과도현상에서 적분인자법으로 구한 결과가 같고, 계산이 간단함을 알 수 있다.

예제 12-17

그림 12-7의 $R-C$ 회로에서 $t=0$에서 직류전압 E를 인가하는 경우 스위치 S을 ON하였을 때 회로에 흐르는 전류 $i(t)$를 구하라. (단, 초기조건 $i(0_+)=0$ 이다.)

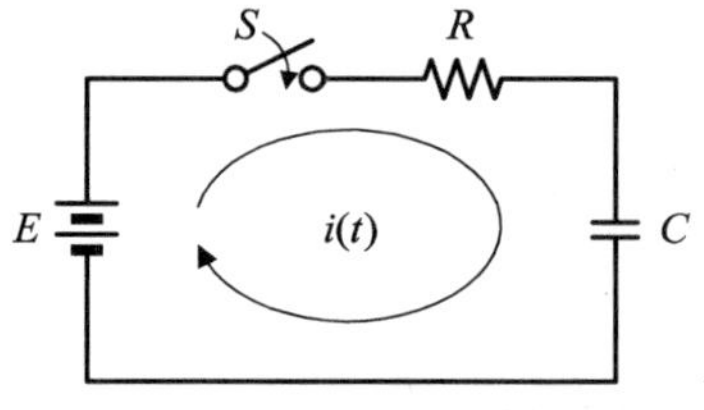

그림 12.7

[풀이]　☞ 회로의 전압방정식은

$$R \cdot i(t) + \frac{1}{C}\int i(t)\,dt = E$$

이므로, 양변을 라플라스 변환하여 초기값을 대입하면

$$R \cdot I(s) + \frac{1}{Cs} I(s) = \frac{E}{s}$$

$$I(s)(R + \frac{1}{Cs}) = \frac{E}{s}$$

이다. 이 식을 $I(s)$에 대해 정리하면

$$I(s) = \frac{E}{s(R + \frac{1}{Cs})} = \frac{E}{sR + \frac{1}{C}} = \frac{\frac{E}{R}}{s + \frac{1}{RC}}$$

이고, 이 식을 라플라스 역변환하면 다음과 같다.

$$i(t) = \mathcal{L}^{-1} I(s) = \frac{E}{R} e^{-\frac{1}{RC}t}$$

가 된다. 따라서 앞장의 과도현상에서 적분인자법으로 구한 결과가 같고, 계산이 간단함을 알 수 있다.

연습문제 1

해설은 492쪽에 있습니다.

[문제1] 함수 $f(t)$의 라플라스 변환은 어떤 식으로 정의되는가?

㉮ $\int_{-\infty}^{\infty} f(t)e^{st}dt$ ㉯ $\int_{-\infty}^{\infty} f(t)e^{-st}dt$

㉰ $\int_{0}^{\infty} f(t)e^{-st}dt$ ㉱ $\int_{0}^{\infty} f(t)e^{st}dt$

[문제2] $f(t)=3t^2$의 라플라스 변환으로 옳은 것은?

㉮ $\frac{3}{s^2}$ ㉯ $\frac{6}{s^2}$ ㉰ $\frac{3}{s^3}$ ㉱ $\frac{6}{s^3}$

[문제3] ①$\mathcal{L}[\cos wt]$, ②$\mathcal{L}[\sin at]$를 구하면?

㉮ ① $\frac{1}{s^2-a^2}$, ② $\frac{1}{s^2-w^2}$ ㉯ ① $\frac{1}{s^2+a^2}$, ② $\frac{s}{s^2+w^2}$

㉰ ① $\frac{s}{s^2+w^2}$, ② $\frac{a}{s^2+a^2}$ ㉱ ① $\frac{a}{s+a}$, ② $\frac{w}{s+w}$

[문제4] $\cosh wt$를 라플라스 변환하면?

㉮ $\frac{s}{s^2-w^2}$ ㉯ $\frac{w}{s^2-w^2}$ ㉰ $\frac{s}{s^2+w^2}$ ㉱ $\frac{w}{s^2+w^2}$

[문제5] $f(t)=\sin t+2\cos t$를 라플라스 변환하면?

㉮ $\frac{2s}{s^2+1}$ ㉯ $\frac{2s+1}{s^2+1}$ ㉰ $\frac{2s+1}{(s+1)^2}$ ㉱ $\frac{2s}{(s+1)^2}$

[문제6] $\dfrac{dx}{dt}+3x=5$의 라플라스 변환은? (단, $x(0_+)=0$ 이다.)

㉮ $\dfrac{5}{s(s+3)}$ ㉯ $\dfrac{3}{s(s+3)}$ ㉰ $\dfrac{3s}{s+5}$ ㉱ $\dfrac{5}{s+5}$

[문제7] $v_i(t)=Ri(t)+L\dfrac{di(t)}{dt}+\dfrac{1}{C}\int i(t)dt$ 에서 모든 초기조건을 "0"으로 하고 라플라스 변환하면 어떻게 되는가?

㉮ $\dfrac{Cs}{LCs^2+RCs+1}V_i(s)$ ㉯ $\dfrac{1s}{LCs^2+RCs+1}V_i(s)$

㉰ $\dfrac{LCs}{LCs^2+RCs+1}V_i(s)$ ㉱ $\dfrac{C}{LCs^2+RCs+1}V_i(s)$

[문제8] $F(s)=\dfrac{3s+8}{s^2+9}$의 함수를 라플라스 역 변환하면?

㉮ $3\cos 3t-\dfrac{8}{3}\sin 3t$ ㉯ $3\sin 3t+\dfrac{8}{3}\cos 3t$

㉰ $3\cos 3t+\dfrac{8}{3}\sin t$ ㉱ $3\cos 3t+\dfrac{8}{3}\sin 3t$

[문제9] 어떤 회로의 전류에 대한 라플라스 변환이 다음과 같을 때, 전류의 시간 함수는?

$$I(s)=\frac{1}{s^2+2s+2}$$

㉮ $5e^{-t}$ ㉯ $2\sin t$

㉰ $e^{-t}\sin t$ ㉱ $e^{-t}\cos t$

[문제10] $F(s)=\dfrac{2s+3}{s^2+3s+2}$의 시간함수는?

㉮ $e^{-t}-e^{-2t}$ ㉯ $e^{-t}+e^{-2t}$

㉰ $e^{-t}+2e^{-2t}$ ㉱ $e^{-t}-2e^{-2t}$

연습문제 2

해설은 494쪽에 있습니다.

[문제1] 아래 그림과 같은 파형의 라플라스 변환을 구하라.

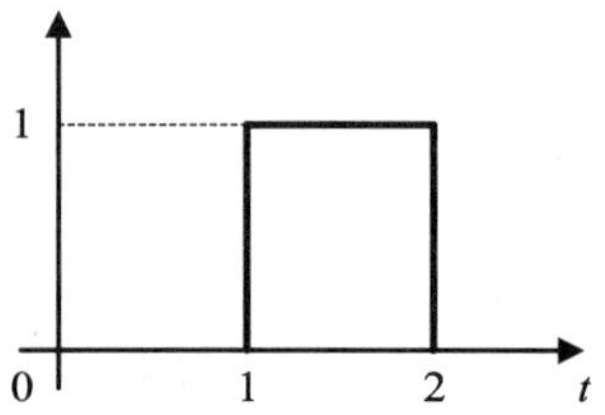

[문제2] $f(t) = 4 + e^{4t} + 4t$ 함수를 라플라스 변환을 구하라.

[문제3] $f(t) = 3e^{-t} + 2e^{-2t}$ 함수를 라플라스 변환을 구하라.

[문제4] $f(t) = (t-4)^3$ 함수를 라플라스 변환하라.

[문제5] $\frac{dy(t)}{dt} + y(t) = 7$ 함수를 라플라스 변환하라. (단, 초기값은 "0"이다.)

[문제6] $f(t) = \int_0^t (t^2 + e^{-2t})dt$ 함수를 라플라스 변환을 구하라. (단, 초기값은 "0"이다.)

[문제7] $F(s)=\dfrac{10s+2}{s^3+2s^2+3s}$ 일 때, $f(t)$의 최종값을 구하라.

[문제8] $F(s)=\left[\dfrac{s^2+3s+10}{s^2+2s+5}\right]$를 라플라스 역변환하라.

[문제9] $F(s)=\dfrac{s^2+2}{s\,(s+1)(s+2)}$를 라플라스 역변환하라.

[문제10] $30u(t)=\dfrac{di(t)}{dt}+4i(t)+4\int i(t)\,dt$ 에서 모든 초기조건을 "0"으로 하였을 때, 전류 $i(t)$를 구하라.

A 부록

물리상수, 단위, 그리스문자 표기법
주요 수학 공식
연습문제 정답 및 풀이
찾아보기

부록 1

1-1 물리정수

정수명	약어 및 크기
전자파(빛)의 속도	$c = 2.997925 \times 10^{-8}$[m/s]
전자의 정지 질량	$m = 9.10955 \times 10^{-31}$[kg]
전자의 전하	$e = -1.60219 \times 10^{-19}$[c]
전자의 비전하	$\frac{e}{m} = 1.7558802 \times 10^{11}\left[\frac{\mathrm{c}}{\mathrm{kg}}\right]$
양자의 질량	$m_p = 1.67252 \times 10^{-27}$[kg]
중성자의 정지질량	$m_n = 1.6749543 \times 10^{-27}$[kg]
1kg분자의 분자수	$N = 6.604 \times 10^{26}$
진공 유전율	$\varepsilon_0 = \frac{10^7}{4\pi c^2} = 8.085518782 \times 10^{12}[\mathrm{Fm}^{-1}]$
진공투자율	$\mu_0 = 4\pi \times 10^{-7} = 1.25663706144 \times 10^{-6}[\mathrm{Hm}^{-1}]$
아보가드로수	$N_a = 6.022045 \times 10^{23}[\mathrm{mol}^{-1}]$
프랑크 정수	$h = 6.626176 \times 10^{-34}$[J • s]
볼쯔만 정수	$\mathrm{k} = \frac{R}{N_a} = 1.380662 \times 10^{-23}[\mathrm{J} \cdot \mathrm{k}^{-1}]$

1-2 단위의 승수

접두어 및 호칭	약어	크기
exa(엑사)	E	10^{18}
peta(페타)	P	10^{15}
tera(테라)	T	10^{12}
giga(기가)	G	10^{9}
mega(메가)	M	10^{6}
kilo(킬로)	k	10^{3}
milli(밀리)	m	10^{-3}
micro(마이크로)	μ	10^{-6}
nano(나노)	n	10^{-9}
pico(피코)	p	10^{-12}
femto(펨토)	f	10^{-15}
atto(애토)	a	10^{-18}

1-3 그리이스 문자

문자		호칭	문자			호칭
A	α	alpha(알파)	N		ν	nu(뉴)
B	β	beta(베타)	Ξ		ξ	xi(크사이)
Γ	γ	gamma(감마)	O		o	omicron(오미크론)
Δ	δ	delta(델타)	Π		π	pi(파이)
E	ε	epsilon(엡실론)	P		ρ	rho(로)
Z	ζ	zeta(지타)	Σ		σ	sigma(시그마)
H	η	eta(이타)	T		τ	tau(타우)
Θ	θ	theta(세타)	Υ		υ	upsilon(입실론)
I	ι	iota(요타)	Φ	$\varnothing$	φ	phi(파이)
K	κ	kappa(카파)	X		χ	chi(카이)
Λ	λ	lambda(람다)	Ψ		ψ	psi(프사이)
M	μ	mu(뮤)	Ω		ω	omega(오메가)

부록 2 : 주요 수학 공식

2-1 대수

[1] 지수

$$a^m a^n = a^{m+n} \qquad \frac{a^m}{a^n} = a^{m-n} \qquad (a^m)^n = a^{mn} \qquad a^{-n} = \frac{1}{a^n}$$

$$a^{\frac{m}{n}} = (\sqrt[n]{a})^n \qquad \sqrt[n]{a}\,\sqrt[n]{b} = \sqrt[n]{ab} \qquad \sqrt[m]{\sqrt[n]{a}} = \sqrt[mn]{a} \qquad a^0 = 1$$

[2] 2차 방정식 : $ax^2 + bx + c = 0$

$$x = \frac{-b \pm \sqrt{b^2 - 4ac}}{2a}$$

1) $b^2 - ac > 0$ 2근은 실수이고 같지 않음
2) $b^2 - ac = 0$ 2근은 실수이고 서로 같음
3) $b^2 - ac < 0$ 2근은 허수임

[3] 대수 : $\log_a y = x$ 는 $a^x = y$인 x, y의 관계를 표시한다.

1) $\log_a a = 1$

2) $\log_a 1 = 0$

3) $\log_a xy = \log_a x + \log_a y$

4) $\log_a \dfrac{y}{x} = \log_a y - \log_a x$

5) $\log_a x^n = n \log_a x$

6) $\log_a \sqrt[n]{x} = \dfrac{1}{n} \log_a x$

$\log_e x$를 자연대수, $\log_{10} x$를 상용대수라 하면

$$e = 1 + \frac{1}{1!} + \frac{1}{2!} + \frac{1}{3!} + \cdots + \frac{1}{n!} = 2.71828\cdots$$

$\log_{10} x = M \log_e x$ 에서 $M = \dfrac{1}{\log_e 10} = 0.43429\cdots$

$$\frac{1}{M} = \log_e 10 = 2.30258\cdots$$

[4] 2항정리

1) $\dfrac{1}{1-x} = 1 + x + x^2 + x^3 + \cdots \ (|x| < 1)$

2) $\dfrac{1}{1+x} = 1 - x + x^2 - x^3 + \cdots \ (|x| < 1)$

3) $(1+x)^m = 1 + \dfrac{m}{1!}x + \dfrac{m(m-1)}{2!}x^2 + \cdots$

$\quad + \dfrac{m(m-1)\cdots(m-n_1)}{n!}x^n + \cdots \ (|x| < 1)$

4) $\varepsilon^x = 1 + \dfrac{x}{1!} + \dfrac{x^2}{2!} + \dfrac{x^3}{3!} + \cdots \ (|x| < \infty)$

5) $a^x = 1 + \dfrac{x \log a}{1!} + \dfrac{x^2 (\log a)^2}{2!} + \dfrac{x^3 (\log a)^3}{3!} + \cdots \ (|x| < \infty)$

6) $\log(1+x) = x - \dfrac{x^2}{2} + \dfrac{x^3}{3} + \dfrac{x^4}{4} + \dfrac{x^5}{5} + \cdots \ (-1 < x \leq 1)$

7) $\log(1-x) = -x - \dfrac{x^2}{2} - \dfrac{x^3}{3} - \dfrac{x^4}{4} - \dfrac{x^5}{5} - \cdots \ (-1 \leq x < 1)$

8) $\sin x = x - \dfrac{x^3}{3!} + \dfrac{x^5}{5!} + \dfrac{x^7}{7!} + \cdots$

$\quad + (-1)^n \dfrac{x^{2n+1}}{(2n+1)!} + \cdots \ (|x| < \infty)$

9) $\cos x = 1 - \dfrac{x^2}{2!} + \dfrac{x^4}{4!} + \dfrac{x^6}{6!} + \cdots + (-1)^n \dfrac{x^{2n}}{2n!} + \cdots \ (|x| < \infty)$

10) $\tan x = x + \frac{1}{3}x^3 + \frac{2}{15}x^5 + \frac{17}{315}x^7 + \cdots \ (|x| < \frac{\pi}{2})$

11) $\sinh x = x + \frac{x^3}{3!} + \frac{x^5}{5!} + \frac{x^7}{7!} + \cdots + \frac{x^{2n+1}}{(2n+1)!} + \cdots \ (|x| < \infty)$

12) $\cosh x = 1 + \frac{x^2}{2!} + \frac{x^4}{4!} + \frac{x^6}{6!} + \cdots + \frac{x^{2n}}{2n!} + \cdots \ (|x| < \infty)$

13) $\tanh^{-1}x = x + \frac{x^3}{3} + \frac{x^5}{5} + \frac{x^7}{7} + \cdots \ (|x| < 1)$

2-2 삼각함수

(1) $\sin^2 a + \cos^2 a = 1$

(2) $1 + \tan^2 a = \sec^2 a$

(3) $1 + \cot^2 a = \mathrm{cosec}^2 a$

(4) $\sin\frac{a}{2} = \sqrt{\frac{1-\cos a}{2}}$

(5) $\cos\frac{a}{2} = \sqrt{\frac{1+\cos a}{2}}$

(6) $\tan\frac{a}{2} = \sqrt{\frac{1-\cos a}{1+\cos a}}$

(7) $\sin a = \frac{e^{ja} + e^{-ja}}{2j}$

(8) $\cos a = \frac{e^{ja} + e^{-ja}}{2}$

(9) $\sin^2\theta = \frac{1}{2}(1-\cos 2\theta)$

(10) $\sin\alpha \cdot \cos\beta = \frac{1}{2}\left\{\sin(\alpha+\beta) + \sin(\alpha-\beta)\right\}$

(11) $\sin\alpha \cdot \sin\beta = \frac{1}{2}\left\{\cos(\alpha-\beta) - \cos(\alpha+\beta)\right\}$

2-3 미분 공식

(1) $y = C \qquad y' = 0$

(2) $y = x^m \qquad y' = mx^{m-1}$

(3) $y = x \qquad y' = 1$

(4) $y = \frac{1}{x} \qquad y' = \frac{1}{x^2}$

(5) $y = \sqrt{x} \qquad y' = \frac{1}{2\sqrt{x}}$

(6) $y = a^x \qquad y' = a^x \log a$

(7) $y = \varepsilon^x \qquad y' = \varepsilon^x$

(8) $\frac{d}{dx}\left(\frac{u}{v}\right) = \frac{v\frac{du}{dx} - u\frac{dv}{dx}}{v^2}$

(9) $y = \log x \qquad y' = \frac{1}{x}$

(10) $y = x^x \qquad y' = x^x(\log + 1)$

(11) $y = \sin x \qquad y' = \cos x$

(12) $y = \cos x \qquad y' = -\sin x$

(13) $y = \tan x \qquad y' = \sec^2 x$

(14) $y = \cot x \qquad y' = -\mathrm{cosec}^2 x$

(15) $y = \sec x \qquad y' = \sec x \tan x$

(16) $y = \mathrm{cosec}\,x \qquad y' = -\mathrm{cosec}\,x \cot x$

(17) $y = \sin ax \qquad y' = a\cos ax$

(18) $y = \cos ax \qquad y' = -a\cos ax$

(19) $y = \tan ax \qquad y' = a\sec^2 ax$

(20) $y = \cot ax \qquad y' = -a\,\mathrm{cosec}^2 ax$

(21) $y = \sin^{-1}x \qquad y' = \dfrac{1}{\sqrt{1-x^2}} \quad (-\dfrac{\pi}{2} < y < \dfrac{\pi}{2})$

(22) $y = \cos^{-1}x \qquad y' = \dfrac{1}{\sqrt{1-x^2}} \quad (0 < y < \pi)$

(23) $y = \tan^{-1}x \qquad y' = \dfrac{1}{1+x^2} \quad (-\dfrac{\pi}{2} < y < \dfrac{\pi}{2})$

(24) $y = \cot^{-1}x \qquad y' = \dfrac{1}{\sqrt{1-x^2}} \quad (-\dfrac{\pi}{2} < y < \dfrac{\pi}{2})$

(25) $y = \sec^{-1}x \qquad y' = \dfrac{1}{x\sqrt{x^2-1}} \quad (0 < y < \pi,\ x^2 > 1)$

(26) $y = \mathrm{cosec}^{-1}x \qquad y' = \dfrac{1}{x\sqrt{x^2-1}} \quad (-\dfrac{\pi}{2} < y < \dfrac{\pi}{2},\ x^2 > 1)$

(27) $y = \sinh x \qquad y' = \cosh x$

(28) $y = \cosh x \qquad y' = \sinh x$

(29) $y = \tanh x \qquad y' = \mathrm{sech}^2 x$

(30) $y = \coth \qquad y' = -\mathrm{cosech}^2 x$

(31) $y = \mathrm{sech}\,x \qquad y' = -\mathrm{sech}\,x \tanh x$

(32) $y = \mathrm{cosech}\,x \qquad y' = -\mathrm{cosech}\,x \coth x$

(33) $y = \sinh^{-1}x \qquad y' = \dfrac{1}{\sqrt{1+x^2}}$

(34) $y = \cosh^{-1}x \qquad y' = \dfrac{1}{\sqrt{x^2-1}} \quad (y > 0,\ x^2 > 1)$

(35) $y = \tanh^{-1}x \qquad y' = \dfrac{1}{\sqrt{1-x^2}} \quad (x^2 < 1)$

(36) $y = \coth^{-1}x \qquad y' = \dfrac{1}{\sqrt{1-x^2}} \quad (x^2 > 1)$

(37) $y = \mathrm{sech}^{-1}x \qquad y' = \dfrac{-1}{x\sqrt{1-x^2}} \quad (0 < x < 1)$

(38) $y = \mathrm{cosech}^{-1}x \qquad y' = -\dfrac{1}{x\sqrt{x^2+1}}$

2-4 미분 방정식

(1) $\dfrac{dy}{dx} + Py = Q \qquad y = e^{-\int P dx} \int Q e^{\int P dx} dx + C$ (P,Q는 $f(x)$)

(2) $\dfrac{dy}{dx} + Py = 0 \qquad y = Ae^{-\int P dx}$ (A는 정수)

(3) $\frac{dy}{dx} + Py = r \qquad y = Ae^{-\int Pdx} + \frac{r}{P}$

(4) $\frac{d^2y}{dx^2} + n^2y = 0 \qquad y = A\sin x + B\cos x$ (A, B, n는 정수)

또는 $y = K\sin(nx + \varphi)$ (K, φ는 정수)

(5) $\frac{d^2y}{dx^2} - n^2y = 0 \qquad y = Ae^{nx} + Be^{-nx}$

$a\frac{d^2y}{dx^2} - n^2y = 0$

$am^2 + bm + c = 0$의 근을 m_1, m_2라 하면

$y = C_1e^{m1x} + C_2e^{m2x}$ ($b^2 - 4ac > 0$ 때)

$y = e^{mx}(A + Bx)$ ($b^2 - 4ac = 0$ 때)

$y = e^{px}(A\cos\omega x + B\sin\omega x)$($b^2 - 4ac < 0$ 때)

$m_1 = p + j\omega, \quad m_2 = p - j\omega,$

$p = -b/2a, \quad \omega = \sqrt{4ac - b^2}/2a$

2-5 쌍곡선함수와 복소수

(1) $\sinh x = \frac{1}{2}(e^x - e^{-x}) = -j\sin jx$

(2) $\cosh x = \frac{1}{2}(e^x + e^{-x}) = \cos jx$

(3) $\tanh x = \frac{\sinh x}{\cosh x} = -j\tan jx$

(4) $\cosh^2 x - \sinh^2 x = 1$

(5) $\sinh jx = j\sin x$

(6) $\cosh jx = j\tan x$

(7) $\tanh jx = j\tan x$

(8) $\sinh^{-1}x = \log_e(x + \sqrt{x^2+1}) = \cosh^{-1}\sqrt{1+x^2}$

(9) $\cosh^{-1}x = \log_e(x + \sqrt{x^2-1}) = \sinh^{-1}\sqrt{x^2-1} \quad (x > 1)$

(10) $(\cos\theta + j\sin\theta)^n = \cos n\theta + j\sin n\theta$

2-6 기초함수의 부정적분

(1) $\int dx = x + C$

(2) $\int x^m dx = \frac{x^{m+1}}{m+1} + C \quad (m+1 \neq 0)$

(3) $\int \frac{dx}{x}\log x + C$

(4) $\int \frac{dx}{x \pm a} = \log(x \pm a) + C$

(5) $\int \varepsilon^x dx = \varepsilon^x + C$

(6) $\int \varepsilon^{ax} dx = \frac{1}{a}\varepsilon^{ax} + C$

(7) $\int a^x dx = \frac{a^x}{\log a} + C \qquad (a > 0,\ a \neq 1)$

(8) $\int a^{bx} dx = \frac{a^{bx}}{b\log a} + C \qquad (a > 0,\ a \neq 1)$

(9) $\int \log x dx = x(\log x - 1) + C$

(10) $\int s\varepsilon^{ax} dx = \frac{\varepsilon^{ax}}{a^2}(ax - 1) + C$

(11) $\int \sin x dx = -\cos x + C$

(12) $\int \sin ax dx = -\frac{1}{a}\cos ax + C$

(13) $\int \cos x dx = \sin x + C$

(14) $\int \cos ax dx = \frac{1}{a}\sin ax + C$

(15) $\int \tan x dx = -\log|\cos x| + C$

(16) $\int \cot x dx = \log|\sin x| + C$

(17) $\int \sin^2 x dx = \frac{1}{2}x - \frac{1}{4}\sin 2x + C$

(18) $\int \cos^2 x dx = \frac{1}{2}x + \frac{1}{4}\sin 2x + C$

(19) $\int \sec^2 ax\, dx = \frac{1}{a}\tan ax + C$

(20) $\int \operatorname{cosec}^2 ax\, dx = -\frac{1}{a}\cot ax + C$

(21) $\int \frac{dx}{\sin x} = \log\tan\frac{x}{2} + C$

(22) $\int \frac{dx}{\cos x} = \log(\frac{\pi}{4} + \frac{x}{2}) + C$

(23) $\int \varepsilon^{ax}\sin bx\, dx = \frac{1}{a^2 + b^2}\varepsilon^{ax}(a\sin bx - b\cos bx) + C$

(24) $\int \varepsilon^{ax}\cos bx\, dx = \frac{1}{a^2 + b^2}\varepsilon^{ax}(a\cos bx - b\sin bx) + C$

(25) $\int \sin^{-1}x dx = x\sin^{-1}x + \sqrt{1 - x^2} + C$

(26) $\int \cos^{-1}x dx = x\cos^{-1}x - \sqrt{1 - x^2} + C$

(27) $\int \sin hx\, dx = \cos hx + C$

(28) $\int \cos hx\, dx = \sin hx + C$

(29) $\int \tan hx\, dx = \log\cos hx + C$

(30) $\int \frac{dx}{\sqrt{a^2 - x^2}} = \sin^{-1}\frac{x}{a} + C \ (\ |x| < a\ )$

(31) $\int \frac{dx}{a^2 + x^2} = \frac{1}{a}\tan^{-1}\frac{x}{a} + C$

(32) $\int \frac{dx}{\sqrt{x^2 \pm a^2}} = \log(x + \sqrt{x^2 \pm a^2}) + C$

(33) $\int \sqrt{a^2 - x^2}\, dx = \frac{1}{2}(x\sqrt{a^2 - x^2} + a^2\sin^{-1}\frac{x}{a}) + C$

(34) $\int \sqrt{x^2 \pm a^2}\, dx = \frac{1}{2}\left\{x\sqrt{x^2 \pm a^2} \pm a^2\log(x + \sqrt{x^2 \pm a})\right\} + C$

(35) $\int \frac{dx}{x^2 - a^2} = \frac{1}{2a}\log(\frac{x - a}{x + a}) + C \qquad (x > a)$

연습문제 정답 및 해설

제 1 장

제 1 장 연습문제 1

[문제1] 답 ㉰

풀이 $i = \frac{dq}{dt} = (t^3)' = 3t^2 = 75$

[문제2] 답 ㉯

풀이 $q = \int i \cdot dt = \int_0^2 3000\,(2t + 3t^2)\,dt = [3000(t^2 + t^3)]_0^2$

$= 36000[A \cdot sec] = 10[Ah]$

[문제3] 답 ㉮

풀이 $w = \int v \cdot dq = \int v \cdot idt$ ($i = \frac{dq}{dt}$ 에서 $dq = i \cdot dt$)

$= \int_0^2 3t\,3t^2\,dt = \int_0^2 9t^3 dt = \frac{9}{4}[t^4]_0^2 = 36[J]$

[문제4] 답 ㉰

풀이 $P = VI = \frac{V^2}{R}$ 에서 $R = \frac{V^2}{P} = \frac{V^2}{1000}[\Omega]$이다.

정격의 80[%]의 전압을 가했을 때의 전력을 P'라 하면

$P' = \frac{V^2}{R} = \frac{(0.8)^2\,V^2}{\frac{V^2}{1000}} = 640[W]$

[문제5] 답 ㉯

풀이 $R=\rho\frac{l}{s}$

$$=1.673\times10^{-8}\times\frac{10}{\pi\times(0.5\times10^{-3})^2}$$

$$=0.213[\Omega]$$

[문제6] 답 ㉰

풀이

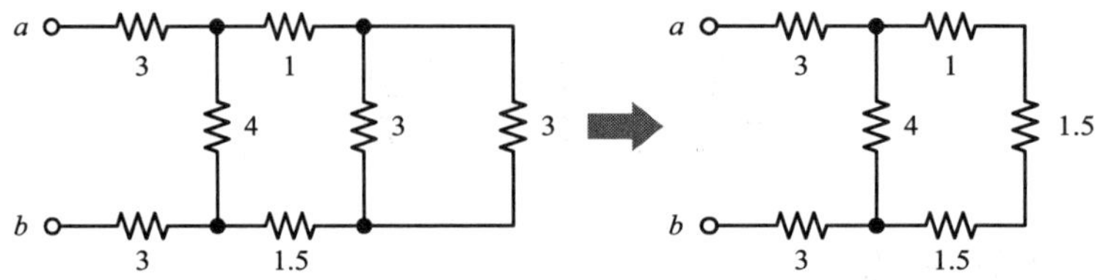

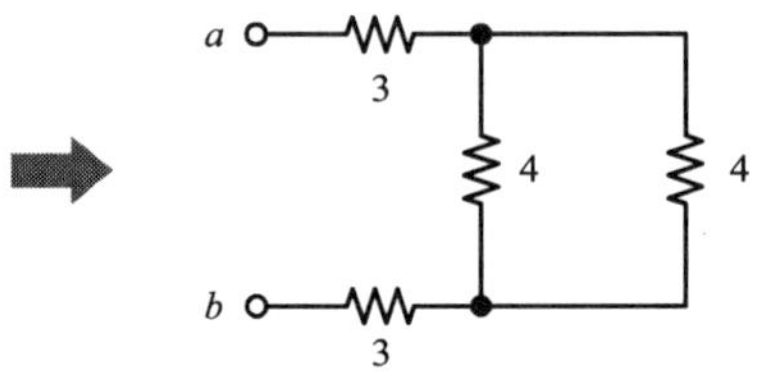

이므로 $6+\frac{4\times4}{4+4}=8[\Omega]$

[문제7] 답 ㉱

풀이 60[W]의 전구 5개를 6시간 사용한 전력량 :60 [W] × 5 개 × 6h = 1800 [Wh]

40[W]의 전구 4개를 5시간 사용한 전력량 :40 [W] × 4 개 × 5h = 800 [Wh]

900[W]의 오븐 1개를 1시간 사용한 전력량 :900 [W] × 1 개 × 1h = 900 [Wh]

600[W]의 청소기를 30분간 사용한 전력량 :600 [W] × 1 개 × 0.5h = 300 [Wh]

100[W]의 TV를 5시간 사용한 전력량 :100 [W] × 1 개 × 5h = 500 [Wh]

따라서, 총 전력량은 4.3[Kwh]이다.

[문제8] 답 ㉮

풀이 전력 $P=VI=220\times10=2.2$[kW],

열량 $H=0.24PT=0.24\times2.2\times10^3\times60=31.68$[kcal]

[문제9] 답 ㉯

풀이 $V_L=L\frac{di}{dt}$에서 $L=\frac{V_L}{\frac{di}{dt}}=\frac{20}{\frac{50-10}{0.01}}=5\times10^{-3}[H]=5[mH]$

[문제10] 답 ㉰

풀이 직렬 : $C_s=\frac{3\times5}{3+5}=\frac{15}{8}$, 병렬: $C_P=3+5=8$

$$\therefore \ \frac{C_P}{C_S}=\frac{8}{\frac{15}{8}}=\frac{64}{15}=4.3\text{배}$$

제 1 장 연습문제 2

[문제1] **답** 12×10^{-3} [C]

풀이 $q=\int i\cdot dt=\int_0^2 (5t^3-4t)\times 10^{-3}dt=[\frac{5}{4}t^4-\frac{4}{2}t^2]_0^2\times 10^{-3}$

$=12\times 10^{-3}$[C]

[문제2] **답** $I_1=10$[A], $I_2=6$[A], $I_3=4$[A]

풀이 $I_1=\frac{40}{2.8+\frac{2\times 3}{2+3}}=10$[A], $I_2=\frac{3}{2+3}\times 10=6$[A], $I_3=\frac{2}{2+3}\times 10=4$[A]

a점에서 $I_1(10)=I_2(6)+I_3(4)$ 이므로 들어가는 전류와 나가는 전류의 합이 같으므로 키르히호프전류법칙이 성립한다.

[문제3] **답** 30[V]

풀이 $I_1=\frac{100}{3.5+\frac{6\times 2}{6+2}}=20$ [A], $I_3=\frac{6}{6+2}\times 20=15$[A]

$\therefore \ V_{ab}=2\times I_3=2\times 15=30$[V]

[문제4] **답** $r_1=24$[Ω]

풀이 문제의 그림에서 전류가 2[A]이고, 전압이 24[V]이므로 합성저항은 12[Ω]이다.

r_1과 r_2의 비는 2 : 1이면 된다. 따라서

$4+\frac{r_1 r_2}{r_1+r_2}=12\cdots$ ①　　$r_1=2r_2\ \cdots$ ②

식 ①, ②로부터 $r_1=24$[Ω]　$r_2=12$[Ω]

*** 전류비증명**

r_1에 흐르는 전류를 I_1, r_2에 흐르는 전류를 r_2라 하면

$$I_1=2\times\frac{12}{24+12}=\frac{24}{36}[\text{A}]$$

$$I_2=2\times\frac{24}{24+12}=\frac{48}{36}[\text{A}]$$

$\therefore \ I_1 : I_2=1:2$임이 증명된다.

[문제5] **답** $0 \leqq t \leqq 1$ 사이에서 $v_L = 0[V]$

$1 \leqq t \leqq 5$ 사이에서 $v_L = 25[V]$, 파형은 아래 그림 참조

풀이 그림에서 $0 \leqq t \leqq 1$ 사이에서 $V_L = L\dfrac{di}{dt} = 10 \times \dfrac{0}{1-0} = 0[V]$

$1 \leqq t \leqq 5$ 사이에서 $V_L = L\dfrac{di}{dt} = 10 \times \dfrac{10-0}{5-1} = 25[V]$

이고, 전압파형은 아래와 같다.

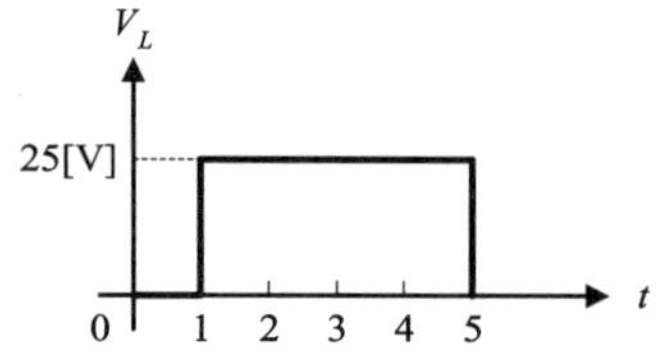

[문제6] **답** 150[mA]

풀이 $i = C\dfrac{dv}{dt} = 100 \times 10^{-6} \times (5t^3)'$

$= 100 \times 10^{-6} \times 15t^2$

$= 100 \times 10^{-6} \times 15 \times 100$

$= 150[mA]$

[문제7] **답** 550[V]

풀이 $v_c = v_0 + \dfrac{1}{C}\int_0^t i\,dt = 50 + \dfrac{1}{0.01}\int_0^5 1\,dt = 550[V]$

[문제8] **답** $2 \leqq t \leqq 4$ 사이에서 $i = 5[A]$

$4 \leqq t \leqq 6$ 사이에서 $i = -5[A]$, 파형은 아래 그림 참조

풀이 커패시터 양단에 그림과 같은 전압을 인가했을 때, 흐르는 전류 $i = C\dfrac{dv}{dt}$ 이므로

$2 \leqq t \leqq 4$ 사이에서 $i = C\dfrac{dv}{dt} = 5 \times \dfrac{2-0}{4-2} = 5[A]$

$4 \leqq t \leqq 6$ 사이에서 $i = C\dfrac{dv}{dt} = 5 \times \dfrac{0-2}{6-4} = -5[A]$

이고, 전류파형은 아래와 같다.

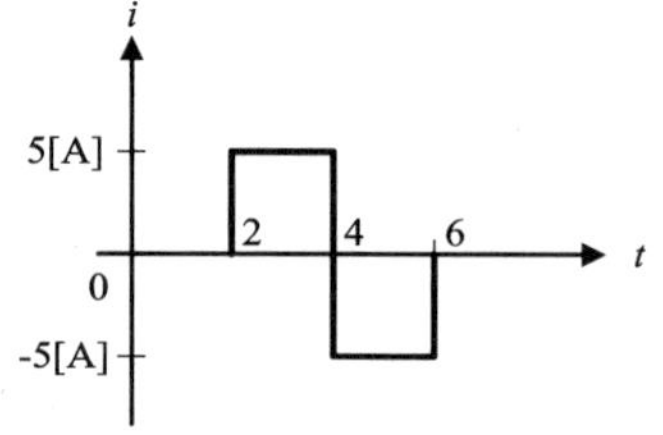

[문제9] **답** ① $C_T = \frac{60}{11}$[μF], ② $Q_T = 6 \times 10^{-4}$ [C]

③ $V_1 = 60[V]$, $V_2 = 30[V]$, $V_3 = 20[V]$

풀이 ① 콘덴서의 합성정전용량(C_T)

직렬접속이므로

$$\frac{1}{C_T} = \frac{1}{C_1} + \frac{1}{C_2} + \frac{1}{C_3} = \frac{1}{10} + \frac{1}{20} + \frac{1}{30} = \frac{11}{60}$$

$$\therefore\ C_T = \frac{60}{11}[\mu F]$$

② 전체전하량

직렬이므로 어느 점이든 전하량이 같으므로 전체전하량

$$Q_T = C_T \cdot V = \frac{60}{11} \times 10^{-6} \times 110 = 6 \times 10^{-4}[C]$$

③ 각 콘덴서의 양단에 걸리는 전압 V_1, V_2 , V_3의 계산

$$V_1 = \frac{Q_T}{C_1} = \frac{6 \times 10^{-4}}{10 \times 10^{-6}} = 60[V]$$

$$V_2 = \frac{Q_T}{C_2} = \frac{6 \times 10^{-4}}{20 \times 10^{-6}} = 30[V]$$

$$V_3 = \frac{Q_T}{C_3} = \frac{6 \times 10^{-4}}{30 \times 10^{-5}} = 20[V]$$

[문제10] **답** 1[μF]

풀이 $C_x + (\frac{C_1 C_2}{C_1 + C_2}) + C_3 = C_T$에서

$C_x + \frac{6}{5} + 2.8 = 5 \quad \therefore C_x = 5 - 2.8 - 1.2 = 1[\mu F]$

제 2 장

제 2 장 연습문제 1

[문제1] 답 ㉰

풀이 문제에서 $\omega = 377$이다. $\omega = 2\pi f$이므로

$$\omega = 2\pi f = 377 \quad \therefore f = \frac{377}{2\pi} = 60[\text{Hz}]$$

[문제2] 답 ㉰

풀이 e_2항의 $\cos = \sin + 90^0$이므로

$$e_2 = 150\sin(120\pi t - 30^0 + 90^0) = 150\sin(120\pi t + 60^0)$$

$$\theta = \theta_2 - \theta_1 = 60^0 - (-30^0) = 90^0$$

$\therefore$ e_1과 e_2의 위상차 $\theta = \frac{\pi}{2}$이고, $\omega = 2\pi t = 120\pi$에서 $f = 60[\text{Hz}]$이다.

$\therefore$ $\theta = \omega t$에서 $t = \frac{\theta}{\omega} = \frac{\pi}{2} \times \frac{1}{2\pi f} = \frac{\pi}{2} \times \frac{1}{120\pi} = \frac{1}{240}$[초]

[문제3] 답 ㉯

풀이 $v = 100\cos(120\pi t + \frac{\pi}{3})$

$= 100\sin(120\pi t + 150^\circ)$에 $t = 0$를 대입하면

$= 100\sin 150^\circ = 50[\text{V}]$

[문제4] 답 ㉰

풀이 $v_{av} = \frac{2V_m}{\pi}$이므로 $V_m = \frac{\pi}{2} v_{av} = \frac{\pi}{2} \times 191 \fallingdotseq 300[\text{V}]$

[문제5] 답 ㉱

풀이 실효값을 V, 최대값을 V_m, 평균값을 v_{av}이라 하면

정현파 교류에서 $V = \frac{V_m}{\sqrt{2}}$, $v_{av} = \frac{2}{\pi} V_m$에서 $V_m = \frac{\pi}{2} v_{av}$이다.

$$\therefore V = \frac{V_m}{\sqrt{2}} = \frac{1}{\sqrt{2}} \times \frac{\pi}{2} v_{av} = \frac{\pi}{2\sqrt{2}} v_{av}$$

[문제6] 답 ㉯

풀이 파고율 $= \frac{\text{최대값}}{\text{실효값}}$, 파형률 $= \frac{\text{실효값}}{\text{평균값}}$이므로

최대값 = 파고율×실효값=파고율×파형률×평균값

$= 1.732 \times 1.155 \times 100 \fallingdotseq 200[\text{V}]$

[문제7] **답** ㉯

풀이 삼각파의 경우 실효값은 $\frac{V_m}{\sqrt{3}}$ 이고, 평균값은 $\frac{V_m}{2}$ 이다.

[문제8] **답** ㉮

풀이 구형파의 파고율과 파형률은 모두 1이다.

[문제9] **답** ㉯

풀이 주기는 2, 적분구간은 0~2이고, $\frac{i}{t} = \frac{100}{2}$ 이므로 $i = 50t$ 이다.

$\therefore\ I = \sqrt{\frac{1}{T}\int_0^T i^2\,dt}$ 에서

$$= \sqrt{\frac{1}{2}\int_0^2 (50t)^2\,dt} = \sqrt{\frac{2500}{2}\left[\frac{t^3}{3}\right]_0^2} = \frac{100}{\sqrt{3}} \fallingdotseq 57.7$$

별해 삼각파의 실효값 = $\frac{I_m}{\sqrt{3}}$ 이므로, $I = \frac{100}{\sqrt{3}} \fallingdotseq 57.7$

[문제10] **답** ㉱

풀이 $\boldsymbol{V} = \frac{14.14}{\sqrt{2}} \angle (30^0 + 90^0) = \frac{10\sqrt{2}}{\sqrt{2}} \underline{/30^\circ + 90^\circ} = 10\angle 120^0$

제 2 장 연습문제 2

[문제1] **답** $4\angle\frac{\pi}{6} = 4(\cos\frac{\pi}{6} + j\sin\frac{\pi}{6}) = 2\sqrt{3} + j2$

풀이 $\boldsymbol{A}_1 = 20(\cos\frac{\pi}{3} + j\sin\frac{\pi}{3}) = 20\angle\frac{\pi}{3}$

$\boldsymbol{A}_2 = 5(\cos\frac{\pi}{6} + j\sin\frac{\pi}{6}) = 5\angle\frac{\pi}{6}$

$$\therefore\ \boldsymbol{A}_3 = \frac{\boldsymbol{A}_1}{\boldsymbol{A}_2} = \frac{20\angle\frac{\pi}{3}}{5\angle\frac{\pi}{6}} = 4\angle(\frac{\pi}{3} - \frac{\pi}{6}) = 4\angle\frac{\pi}{6} = 4(\cos\frac{\pi}{6} + j\sin\frac{\pi}{6})$$

$$= 2\sqrt{3} + j2$$

[문제2] **답** $10\sqrt{3} + j10$

풀이 전압과 전류를 벡터로 표시하면 $\dot{V} = \frac{200}{\sqrt{2}}\angle 0^\circ$, $\dot{I} = \frac{10}{\sqrt{2}}\angle -\frac{\pi}{6}$ 이다.

$$\therefore\ \dot{Z}=\frac{\dot{V}}{\dot{I}}=\frac{\dfrac{200\angle 0^0}{\sqrt{2}}}{\dfrac{10\angle -\dfrac{\pi}{6}}{\sqrt{2}}}=20\angle\frac{\pi}{6}=20(\cos 30^\circ+j\sin 30^\circ)=10\sqrt{3}+j10\,[\Omega]$$

[문제3] **답** ≒3.33[V]

풀이 그림에서 주기는 0.04, 적분구간은 0~0.02이다. 따라서

$$v_{av}=\frac{1}{T}\int_0^{0.02}5\times10^4(t-0.02)^2\,dt$$

$$=\frac{5\times10^4}{0.04}\left[\frac{1}{3}(t-0.02)^3\right]_0^{0.02}$$

$$=\frac{5\times10^6}{12}[(0.02-0.02)^3-(0-0.02)^3]$$

$$=\frac{5\times10^6\times8\times10^{-6}}{12}$$

≒ 3.33[V]

[문제4] **답** ≒43.58[A]

풀이

$$I=\sqrt{\frac{1}{T}\int_0^T i^2\,dt}=\sqrt{\frac{1}{30}\left[\int_0^{10}(50)^2dt+\int_{10}^{30}(40)^2dt\right]}$$

$$=\sqrt{\frac{1}{30}([2500t]_0^{10}+[1600t]_{10}^{30})}=\sqrt{\frac{57000}{30}}=\sqrt{1900}\fallingdotseq 43.58$$

[문제5] **답** $10\sqrt{2}$[A]

풀이

$$I_{av}=\frac{1}{T}\int_0^T i\,dt=\frac{1}{2t}\int_t^{2t}I_m\,dt=10[A]$$

$$=\frac{1}{2t}\cdot I_m\cdot t=\frac{I_m}{2}$$

$$I_m=2\times I_{av}=20$$

$$I=I_{eff}=\sqrt{\frac{1}{T}\int_0^T i^2\,dt}=\sqrt{\frac{1}{2t}\int_t^{2t}I_m^2\,dt}=\sqrt{\frac{1}{2t}\cdot I_m^2\cdot t}=\frac{I_m}{\sqrt{2}}$$

$$\therefore\ I=I_{eff}=\frac{I_m}{\sqrt{2}}=\frac{20}{\sqrt{2}}=10\sqrt{2}\,[A]$$

별해 구형반파의 경우 실효값$=\dfrac{V_m}{\sqrt{2}}$, 평균값$=\dfrac{V_m}{2}$ 이므로

$$\text{실효값}=\frac{V_m}{\sqrt{2}}=\frac{2\times\text{평균값}}{\sqrt{2}}=\frac{2\times10}{\sqrt{2}}=10\sqrt{2}\,[A]$$

〈예제 2-11〉 참조

[문제6] 답 실효값 : 4.08[V], 평균값 : 2.5[V]

풀이 그림에서 주기는 2이고 적분구간은 0~1이고 전압은 $\frac{v}{t} = \frac{10}{1}$

$\therefore v = 10t$ 이다. 상기값을 아래식에 대입하면

① 실효값$= V = V_{eff} = \sqrt{\frac{1}{T}\int_0^T v^2\,dt} = \sqrt{\frac{1}{2}\int_0^1 (10t)^2\,dt}$

$= \sqrt{\frac{50}{3}[t^3]_0^1} = \sqrt{\frac{50}{3}} = 4.08$[V]

② 평균값 $= v_{av} = \frac{1}{2}\int_0^1 (10t)\,dt = \frac{5}{2}[t^2]_0^1 = 2.5$[V]

[문제7] 답 $j20$

풀이 $\dot{I_1} = 5(\cos\frac{\pi}{6} + j\sin\frac{\pi}{6}) = 5\angle 30^0$, $\dot{I_2} = 4(\cos\frac{\pi}{3} + j\sin\frac{\pi}{3}) = 4\angle 60^0$

$\dot{I_1} \times \dot{I_2} = 5\angle 30^0 \times 4\angle 60^0 = (5\times 4)\angle(30^0 + 60^0) = 20\angle 90^0$

$= 20(\cos 90^0 + j\sin 90^0) = 20(0 + j1) = j20$

[문제8] 답 $10\angle\frac{\pi}{3}$

풀이 복소수의 극좌표형식은 크기와 각도로 표시하고, 크기는 실효값으로 나타낸다.

실효값 $I = \frac{10\sqrt{2}}{\sqrt{2}} = 10$[A], $\theta = \frac{\pi}{3}$ 이다.

∴ 극좌표로 표시하면 $I\angle\theta = 10\angle\frac{\pi}{3}$ 이다.

[문제9] 답 (1) $i = 5\sqrt{2}\sin(wt + 36.9^0)$ (2) $v = 10\sqrt{2}\sin(wt - \frac{\pi}{3})$

풀이 (1) $\boldsymbol{I} = 4 + j3 = \sqrt{4^2 + 3^2}\angle\tan^{-1}\frac{3}{4} = 5\angle 36.9^0$

$\therefore i = 5\sqrt{2}\sin(wt + 36.9^0)$

(2) $\boldsymbol{V} = 10e^{-j\frac{\pi}{3}} = 10\angle -\frac{\pi}{3}$

$\therefore v = 10\sqrt{2}\sin(wt - \frac{\pi}{3})$

[문제10] 답 $\sqrt{3900}$ [V]

풀이 v_1과 v_2를 phasor로 나타내면

$\boldsymbol{V_1} = 20\angle 0^0$, $\boldsymbol{V_2} = 50\angle(-30^0 + 90^0)$

$= 50(\cos 60^0 + j\sin 60^0) = 25 + j25\sqrt{3}$

$\therefore \boldsymbol{V} = \boldsymbol{V_1} + \boldsymbol{V_2} = 20 + 25 + j25\sqrt{3} = 45 + j25\sqrt{3}$

$\therefore |\boldsymbol{V}| = V = \sqrt{45^2 + (25\sqrt{3})^2} = \sqrt{3900}$ [V]

제 3 장

제 3 장 연습문제 1

[문제1] 답 ㉯

풀이 전압과 전류의 위상이 같으므로 순저항이다.

[문제2] 답 ㉯

풀이 $i = \frac{V_m}{wL}\sin(wt - 90^0) = \frac{10\sqrt{2}}{400}\sin(100t - 90^0 - 50^0)$

$= 0.025\sqrt{2}\sin(100t - 140^0)$

[문제3] 답 ㉮

풀이 $X_C = \frac{1}{wC} = \frac{1}{400 \times 1 \times 10^{-6}} = 2500[\Omega]$

$\therefore i = \frac{V_m}{X_C}\sin(wt + 90^0) = \frac{100\sqrt{2}}{2500}\sin(400t + 90^0) = 0.04\sqrt{2}\sin(400t + 90^0)[A]$

[문제4] 답 ㉰

풀이 $X_L = wL = 1000 \times 10 \times 10^{-3} = 10[\Omega]$

$\therefore\ I_m = \frac{V_m}{Z} = \frac{\sqrt{2}\ V}{\sqrt{10^2 + 10^2}} = \frac{100\sqrt{2}}{10\sqrt{2}} = 10[A]$

[문제5] 답 ㉰

풀이 $I = \frac{V}{Z} = \frac{V}{\sqrt{R^2 + X_C^2}} = \frac{100}{\sqrt{8^2 + X_C^2}} = 10$

$\therefore\ X_C = 6[\Omega]$

[문제6] 답 ㉯

풀이 $X_L(wL) > X_C\ (\frac{1}{wC})$일 때: 유도성 회로가 되어 전류가 $\theta = \tan^{-1}\frac{wL - \frac{1}{wC}}{R}$ 만큼 뒤진다.

[문제7] 답 ㉱

풀이 $\dot{Z} = R + j(X_L - X_C) = \sqrt{2} + j(10 - 10)$

$|Z| = Z = \sqrt{\sqrt{2}^2} = \sqrt{2}[\Omega]$

$\therefore\ I_m = \dfrac{V_m}{Z} = \dfrac{\sqrt{2}\times 110}{\sqrt{2}} = 110[A]$

[문제8] 답 ㉮

풀이 $\dot{Y} = \dfrac{1}{R} + \dfrac{1}{jX_L} = \dfrac{1}{\frac{1}{3}} + \dfrac{1}{j\frac{1}{4}} = 3 - j4$

[문제9] 답 ㉯

풀이 $Y = \sqrt{(\frac{1}{R})^2 + (wC)^2}\ \angle \tan^{-1} wCR$

$= \sqrt{(\frac{1}{R})^2 + (wC)^2}\ \angle\theta$

$\therefore\ i = Y \cdot v = \sqrt{(\frac{1}{R})^2 + (wC)^2}\ \angle\theta \cdot V_m \cos wt$

$\therefore\ i = \sqrt{(\frac{1}{R})^2 + (wC)^2} \cdot V_m \cos(wt + \theta)$

[문제10] 답 ㉮

풀이 $\left|\dfrac{1}{Z}\right| = \dfrac{1}{Z} = \sqrt{(\frac{1}{R})^2 + (wC - \frac{1}{wL})^2} = \sqrt{(\frac{1}{1})^2 + (\frac{1}{1} - \frac{1}{1})^2} = 1$

$\therefore\ Z = 1$

제 3 장 연습문제 2

[문제1] 답 $L \fallingdotseq 8[mH]$, $C \fallingdotseq 885[\mu F]$

풀이 ① $X_L = 2\pi f L$ 에서

$$L = \frac{X_L}{2\pi f} = \frac{3}{2\times 3.14\times 60} \fallingdotseq 8[mH]$$

② $X_C = \dfrac{1}{2\pi f C}$ 에서

$$C = \frac{1}{2\pi f X_C} = \frac{1}{2\times 3.14\times 60\times 3} = 8.846\times 10^{-4} \fallingdotseq 885[\mu F]$$

[문제2] 답 약 8[mH]

풀이 $Z = \dfrac{V}{I} = \dfrac{100}{20} = 5[\Omega]$, $Z = \sqrt{R^2 + X_L^2} = 5 = \sqrt{4^2 + X_L{}^2}$

$\therefore\ X_L = 3[\Omega]$이므로 $X_L = 2\pi f L = 3[\Omega]$

따라서 $L = \dfrac{3}{2\pi f} = \dfrac{3}{2\times 3.14\times 60} \fallingdotseq 8\times 10^{-3} = 8[mH]$

[문제3] 답 $i = 80\sin(0.25t + 53.1^0)$, $I = 40\sqrt{2}$, 전류는 전압보다 53.1^0앞선다.

풀이 합성임피던스 $\dot{Z} = R + \frac{1}{jwC} = 3 - j\frac{1}{0.25} = 3 - j4$

임피던스의 크기 $|Z| = \sqrt{3^2 + 4^2} = 5[\Omega]$

위상차 $\theta = \tan^{-1}\frac{X_C}{R} = \tan^{-1}\frac{4}{3} \fallingdotseq 53.1^\circ$

$\therefore$ ① $i = \frac{V_m}{Z}\sin(wt + \theta)$ 에서

$$= \frac{200\sqrt{2} \times \sqrt{2}}{5}\sin(0.25t + 53.1^\circ)$$

$$= 80\sin(0.25t + 53.1^\circ)\,[\mathrm{A}]$$

② $I = \frac{I_m}{\sqrt{2}} = \frac{80}{\sqrt{2}} = 40\sqrt{2}\,[\mathrm{A}]$

③ 전류는 전압보다 53.1^0앞선다.

[문제4] **답** $\frac{1}{\sqrt{2}}\sin(2t + \frac{\pi}{12})$

풀이 $w = 2$이므로 $wL = 4[\Omega]$, $\frac{1}{wC} = \frac{1}{2 \times \frac{1}{6}} = 3[\Omega]$

$$\dot{Z} = R + j(wL - \frac{1}{wC}) = 1 + j(4-3) = 1 + j$$

$$\therefore |Z| = Z = \sqrt{1^2 + 1^2} = \sqrt{2}\angle\frac{\pi}{4}$$

$$\therefore i = \frac{v}{Z} = \frac{1}{\sqrt{2}\angle\frac{\pi}{4}}\sin(2t + \frac{\pi}{3}) = \frac{1}{\sqrt{2}}\sin(2t + \frac{\pi}{3} - \frac{\pi}{4})$$

$$= \frac{1}{\sqrt{2}}\sin(2t + \frac{\pi}{12})$$

[문제5] **답** $3[\Omega]$

풀이 $I_R = \frac{12}{4} = 3[\Omega]$

$I_L = \sqrt{I^2 - I_R^2} = \sqrt{5^2 - 3^2} = 4\,[\mathrm{A}]$

$\therefore X_L \times I_L = 12[V]$ 이므로 $X_L = \frac{12}{I_L} = \frac{12}{4} = 3[\Omega]$

[문제6] **답** $i = 2.368\sin(377t + 6.46^0)$

풀이 $Y = \frac{1}{Z} = \sqrt{(\frac{1}{R})^2 + (wC)^2} = \sqrt{(\frac{1}{3})^2 + (2 \times 3.14 \times 60 \times 100 \times 10^{-6})^2}$

$= \sqrt{(0.333)^2 + (0.0377)^2} = 0.335$

$\theta = \tan^{-1} wCR = \tan^{-1}0.0377 \times 3 = 6.45^\circ$

$\therefore\ i = Y \cdot V_m \sin(wt+\theta) = 0.335 \times 7.07 \sin(2\pi 60\, t + 6.45^\circ)$

$= 2.368 \sin(377t + 6.45^\circ)$

[문제7] **답** $I \fallingdotseq 10[A]$, 전류는 전압보다 36.9° 뒤진다.

풀이 $I_R = \dfrac{120}{15} = 8[A],\ I_C = \dfrac{V}{X_C} = \dfrac{120}{30} = 4[A]$

$I_L = \dfrac{V}{X_L} = \dfrac{120}{12} = 10[A], \quad I_L - I_C = 6[A]$

$\theta = \tan^{-1}\dfrac{6}{8} = \tan^{-1}\dfrac{3}{4} \fallingdotseq 36.9^\circ$

$\therefore\ I = \sqrt{I_R^2 + (I_L - I_C)^2} = \sqrt{(8)^2 + (6)^2} = 10[A]$

유도성이므로 전류는 전압보다 36.9° 뒤진다.

[문제8] **답** $C \fallingdotseq 1.268[\mu F],\ Q \fallingdotseq 25.12$

풀이 공진주파수 $f_0 = \dfrac{1}{2\pi\sqrt{LC}}$ 에서

① $C = \dfrac{1}{(2\pi f_0)^2 L} = \dfrac{1}{(2 \times 3.14 \times 1000)^2 \times 20 \times 10^{-3}} \fallingdotseq 1.268[\mu F]$

② $Q = \dfrac{1}{R}\sqrt{\dfrac{L}{C}} = \dfrac{1}{5}\sqrt{\dfrac{20 \times 10^{-3}}{1.268 \times 10^{-6}}} \fallingdotseq 25.12$

[문제9] **답** $R(1+Q^2)$

풀이 $\dot{Y} = \dfrac{1}{R + j\omega_0 L} + j\omega C = \dfrac{R}{R^2 + (\omega_0 L)^2} + j(\omega C - \dfrac{\omega_0 L}{R^2 + (\omega_0 L)^2})$

에서 공진조건에서 허수부가 "0"이므로 $Y = \dfrac{R}{R^2 + (\omega_0 L)^2}$ 이다.

$\therefore\ Z_r = \dfrac{1}{Y} = \dfrac{R^2 + (\omega_0 L)^2}{R} = R + \dfrac{(\omega_0 L)^2}{R} = R(1 + \dfrac{(\omega_0 L)^2}{R^2}) = R(1 + Q^2)$

[문제10] **답** $12.5[\Omega]$

풀이 전류가 최소가 된다는 말은 병렬공진회로를 의미하므로 회로의 어드미턴스에서 허수부를 "0"으로 놓고 계산하면 된다.

$\dot{Y} = \dfrac{1}{R + j\omega_0 L} + j\omega_0 C = \dfrac{R}{R^2 + (\omega_0 L)^2} + j(\omega_0 C - \dfrac{\omega_0 L}{R^2 + (\omega_0 L)^2})$

에서 허수부는 $(\omega_0 C - \dfrac{\omega_0 L}{R^2 + (\omega_0 L)^2})$ 이므로 $\omega_0 C = \dfrac{\omega_0 L}{R^2 + (\omega_0 L)^2}$ 이고

이 식을 X_C, X_L로 변환하면 $\dfrac{1}{X_C} = \dfrac{X_L}{R^2 + (X_L)^2}$ 이다.

따라서 $X_C = \dfrac{R^2 + (X_L)^2}{X_L} = \dfrac{6^2 + 8^2}{8} = 12.5[\Omega]$

제 4 장

제 4 장 연습문제 1

[문제1] 답 ㉣

풀이 $P=\frac{V^2}{R}=600[W]$

$P'=\frac{(0.8V)^2}{R}=0.64\times\frac{V^2}{R}=0.64\times 600=384[W]$

[문제2] 답 ㉢

풀이 $P=I^2R$ 에서 $I=\frac{V}{\sqrt{R^2+X_L^2}}$ 이므로

$P=(\frac{V}{\sqrt{R^2+X_L^2}})^2\times R=\frac{V^2}{R^2+X_L^2}R$

[문제3] 답 ㉮

풀이 $P=VI\cos\theta=50\times 10\times 0.8=400[W]$

[문제4] 답 ㉮

풀이 $P=GV^2=\frac{V^2}{R}=\frac{(\frac{E_m}{\sqrt{2}})^2}{R}=\frac{E_m^2}{2R}$

[문제5] 답 ㉢

풀이 $P=VI\cos\theta$ 에서

① 역률 $\cos\theta=\frac{P}{VI}=\frac{3.2\times 10^3}{200\times 20}=\frac{3200}{4000}=0.8$

$\sin^2\theta+\cos^2\theta=1$ 에서 $\sin\theta=\sqrt{1-\cos^2\theta}$ 에서

$\sin\theta=\sqrt{1-0.64}=0.6$

② 무효전력 $P_r=VI\sin\theta=200\times 20\times 0.6=2400[Var]=2.4[KVar]$

[문제6] 답 ㉢

풀이 $P_a=V^*I=P\pm jP_r$ 에서 전류기준으로 전압의 위상이다. 따라서 허수부가 +이므로 전류가 앞선 진상이므로 용량성이다.

[문제7] 답 ㉣

풀이 $Q_C=P(\tan\theta_1-\tan\theta_2)$ 에서

$320 = 480(\tan\theta_1 - \tan\theta_2)$ 이므로

$\tan\theta_2 = \tan\theta_1 - \frac{320}{480} = \frac{\sin\theta_1}{cos\theta_1} - \frac{320}{480} = (\frac{0.8}{0.6} - \frac{320}{480}) = 0.667$

$\therefore\ \theta_2 = \tan^{-1}0.667 = 33.7^0$ 이므로

$\cos\theta_2 = \cos 33.7 = 0.83 = 83[\%]$

[문제8] 답 ㉰

풀이 $P_a = \sqrt{P^2 + P_r^2} = \sqrt{80^2 + 60^2} = 100$

$\therefore\ P = VI\cos\theta$ 에서 $\cos\theta = \frac{P}{P_a} = \frac{80}{100} = 0.8 = 80[\%]$

[문제9] 답 ㉰

풀이 $P_L = I^2 \cdot R_L = (\frac{V_S}{R_0 + R_L})^2 \cdot R_L = (\frac{V_S}{R_0 + 3R_0})^2 \cdot 3R_0$

$= \frac{3}{16} \times \frac{V_S^2}{R_0}$

$P_{\max} = \frac{V_S^2}{4R_0}[\mathrm{W}] \quad \therefore\ \frac{P_L}{P_{\max}} = \frac{\frac{3}{16} \times \frac{V_S^2}{R_0}}{\frac{1}{4} \times \frac{V_S^2}{R_0}} = \frac{12}{16} = 0.75[배]$

[문제10] 답 ㉮

풀이 3전압계법에 의한 전력 측정법이므로 식(4-51)에서

$P = \frac{1}{2R}(V_3^2 - V_1^2 - V_2^2)[\mathrm{W}]$

제 4 장 연습문제 2

[문제1] 답 $P = I_1^2 R_T = 4 \times 10 = 40[\mathrm{W}],\ P_1 = I_1^2 R_1 = 4 \times 8 = 32[\mathrm{W}]$

$P_2 = I_2^2 R_2 = \frac{16}{9} \times 3 = \frac{16}{3}[\mathrm{W}],\ P_3 = I_3^2 R_3 = \frac{4}{9} \times 6 = \frac{8}{3}[\mathrm{W}]$

풀이 •실효전압 $V = \frac{V_m}{\sqrt{2}} = \frac{20\sqrt{2}}{\sqrt{2}} = 20[\mathrm{V}]$

•합성저항 $R_T = R_1 + \frac{R_2 \cdot (R_3 + R_4)}{R_2 + R_3 + R_4} = 8 + \frac{3 \times 6}{3+6} = 10[\Omega]$

•$I_1 = \frac{20}{10} = 2[\mathrm{A}],\ I_2 = 2 \times \frac{6}{9} = \frac{4}{3},\ I_3 = 2 \times \frac{3}{9} = \frac{2}{3}$

•전체 소비전력을 P, R_1에서의 소비전력을 P_1

R_2에서의 소비전력을 P_2, R_3, R_4에서의 소비전력을 P_3, P_4라 하면

$\bullet P = I_1^2\ R_T = 4 \times 10 = 40[\text{w}], \quad P_1 = I_1^2\ R_1 = 4 \times 8 = 32[\text{W}]$

$\bullet P_2 = I_2^2\ R_2 = \frac{16}{9} \times 3 = \frac{16}{3}[\text{w}],\ P_3 = I_3^2\ R_3 = \frac{4}{9} \times 3 = \frac{4}{3}[\text{W}],$

$P_4 = I_3^2 \cdot R_4 = \frac{4}{9} \times 3 = \frac{4}{3}[\text{w}]$

이므로 $P = P_1 + P_2 + P_3 + P_4 = 32 + \frac{16+4+4}{3} = 40[\text{W}]$가 되어
각 저항에서 소비하는 전력은 전체 소비전력과 같음을 알 수 있다.

[문제2] **답** 역률 1. 소비전력 $P = 500[\text{w}]$

풀이

$i = 10\cos(100\pi t - \frac{\pi}{3}) = 10\sin(100\pi t - \frac{\pi}{3} + \frac{\pi}{2})$

$= 10\sin(100\pi t + \frac{\pi}{6})$

$\theta = (\frac{\pi}{6} - \frac{\pi}{6}) = 0^0 \quad \therefore p \bullet f = \cos 0^0 = 1$

$P = VI\cos\theta = \frac{100}{\sqrt{2}} \times \frac{10}{\sqrt{2}} \cos 0^0 = 500[\text{w}]$

[문제3] **답** 1.2[Kw]

풀이

$P = (\frac{V}{\sqrt{R^2 + X_L^2}})^2 \times R = \frac{V^2}{R^2 + X_L^2} R[\text{w}] = \frac{100^2 \times 3}{3^2 + 4^2} = 1200 = 1.2[\text{Kw}]$

[문제4] **답** 4 [Ω]

풀이

$P_a = VI = 200 \times 30 = 6000[VA]$

$P_r = \sqrt{P_a^2 - P^2} = \sqrt{(6000)^2 - (4800)^2} = 3600[\text{Var}]$

$P_r = I^2 X$에서

$X = \frac{P_r}{I^2} = \frac{3600}{30^2} = \frac{3600}{900} = 4[\Omega]$

[문제5] **답** 역률 $p \bullet f = 0.95$, 무효률 $r \bullet f = 0.316$,
유효전력 $P = 1.5[\text{Kw}]$, 무효전력 $P_r = 500[\text{Var}]$, 피상전력 $P_a = 1.58[\text{KVA}]$

풀이

$\dot{Z} = 2 + \frac{5(-j10)}{5 - j10} = 2 - \frac{j10}{1 - j2} = 6 - j2 = 6.324$

$\dot{Y} = \frac{1}{\dot{Z}} = \frac{1}{6 - j2} = \frac{6 + j2}{(6 - j2)(6 + j2)} = \frac{6 + j2}{40}$

$= \underset{G}{\underset{\downarrow}{0.15}} + \underset{+jB}{\underset{\downarrow}{j0.05}} = 0.158$

① 역률 $p \bullet f = \frac{R}{Z} = \frac{6}{6.324} = 0.95$, 무효률 $r \bullet f = \frac{X}{Z} = \frac{2}{6.324} = 0.316$

② *유효전력은 식 (4-21)에 의해

$P = G \bullet V^2 = 0.15 \times 100^2 = 1500[\text{W}] = 1.5[\text{kW}]$

*무효전력은 식 (4-22)에 의해

$P_r = B \cdot V^2 = 0.05 \times 100^2 = 500$[Var]

*피상전력은 식 (4-26)에 의해

$P_a = Y \cdot V^2 = 0.158 \times 100^2 = 1580$[VA]$= 1.58$[KVA]

[문제6] **답** $Z = 18.4 - j8.8[\Omega]$, $P = 460$[w]

풀이 $Z = \dfrac{V}{I} = \dfrac{100 + j20}{4 + j3} = \dfrac{(100 + j20)(4 - j3)}{4^2 + 3^2} = 18.4 - j8.8[\Omega]$

$P_a = V^* I = (100 - j20)(4 + j3) = 460 + j220$[VA]

$\therefore P = 460$[W]이고, 전류기준이므로 허수가 (+), ∴ 용량성이다.

[문제7] **답** ≒4.17[Ω]

풀이 $P_a = V \cdot I = 100 \times 30 = 3$[KVA],

$P_r = \sqrt{P_a^2 - P^2} = \sqrt{3^2 - 1.8^2} = 2.4$[KVar]

역률이 100[%]되기 위해서는 2.4[KVA]의 콘덴서가 필요하므로

$Q_C = P_r = \dfrac{V^2}{X_c} = 2.4 \times 10^3 \quad \therefore X_c = \dfrac{100^2}{2.4 \times 10^3} \fallingdotseq 4.17[\Omega]$

[문제8] **답** $P_{\max} = \dfrac{V_{0^2}}{8R_0}$

풀이 최대값을 실효값으로 나타내면 $\dfrac{V_0}{\sqrt{2}}$ 이다.

따라서 $P_{\max} = \dfrac{V^2}{4R_0} = \dfrac{(\dfrac{V_0}{\sqrt{2}})^2}{4R_0} = \dfrac{V_{0^2}}{8R_0}$[W]

[문제9] **답** $Z_0 = 2 - j5$

풀이 발전기 내부임피던스와 선로 임피던스의 합을 전원임피던스로 생각하면 전원 임피던스

$Z_S = Z_g + Z_l = 0.3 + j2 + 1.7 + j3[\Omega]$

$= 2 + j5$ 이다.

따라서 최대전력전달조건의 $Z_0 = Z_s^*$ 이므로

$Z_0 = 2 - j5$

[문제10] **답** 600[W]

풀이 3전류계법에 의한 문제이므로

$P = \dfrac{R}{2}(I_1^2 - I_2^2 - I_3^2) = \dfrac{R}{2}(A_3^2 - A_2^2 - A_1^2)$

$= \dfrac{100}{18}(17^2 - 9^2 - 10^2)$

$= 600$[W]

제 5 장

제 5 장 연습문제 1

[문제1] 답 ㉮

풀이 $V_L = M\frac{di}{dt}$ 에서, $M = \frac{V_L}{\frac{di}{dt}} = \frac{75}{150} = \frac{1}{2}$

[문제2] 답 ㉱

풀이 $k = \frac{M}{\sqrt{L_1 L_2}}$ 에서 $M = k\sqrt{L_1 L_2}$ 이고, 이상결합이므로 $k = 1$이다.

따라서 $M = 1\sqrt{4 \times 9} = 6\,[\text{mH}]$

[문제3] 답 ㉮

풀이 $10 = 5 + L_b + 2M \quad \cdots ①$

$10(1-0.4) = 5 + L_b - 2M \quad \cdots ②$

식 ①+②하면 $16 = 10 + 2L_b$

$\therefore L_b = 3\ [\text{mH}]$

[문제4] 답 ㉰

풀이 ㉮의 경우 : 전류는 같은(합)의 방향이므로 (+), 흑점은 같은 위치에 있으므로 (+) 따라서 M의 극성은 (+)이다.

㉯의 경우 : 전류는 다른(차)의 방향이므로 (−), 흑점은 다른 위치에 있으므로 (−) 따라서 M의 극성은 (+)이다.

㉰의 경우 : 전류는 같은(합)의 방향이므로 (+), 흑점은 다른 위치에 있으므로 (−) 따라서 M의 극성은 (−)이다.

㉱의 경우 : 전류는 다른(차)의 방향이므로 (−), 흑점은 다른 위치에 있으므로 (−) 따라서 M의 극성은 (+)이다.

[문제5] 답 ㉮

풀이 그림 (a)는 감극성이므로 $L = L_1 + L_2 - 2M = 4 + 5 - 2 \times 3 = 3[\text{H}]$

그림 (b)는 가극성이므로 $L = L_1 + L_2 + 2M = 4 + 6 + 2 \times 3 = 16[\text{H}]$

[문제6] 답 ㉱

풀이 $n = \sqrt{\frac{L_1}{L_2}}$ 이다. 식 (5-41)참조, 기타는 식 (5-58) (5-59)참조

[문제7] 답 ㉯

풀이 $Z_{in} = Z_L = n^2 R_L = \left(\frac{n_1}{n_2}\right)^2 R_L = \left(\frac{1}{2}\right)^2 \times 900 = 225[\Omega]$

[문제8] 답 ㉯

풀이 $\frac{V_2}{V_1} = \frac{n_2}{n_1} = \frac{1}{n}$ 에서

$V_2 = V_1 \times \frac{1}{n} = 120 \times \frac{1}{4} = 30[V]$

[문제9] 답 ㉱

풀이 $\frac{1}{jwC_1} R_2 = \frac{1}{jwC_2} R_1 \rightarrow \frac{R_2}{C_1} = \frac{R_1}{C_2}$

$\therefore C_1 R_1 = C_2 R_2$

[문제10] 답 ㉰

풀이 오른쪽 그림과 같이 브리지 평형회로이므로

$I = \frac{12}{3} = 4[A]$

$I_{AB} = 4 \times \frac{6}{12} = 2[A]$

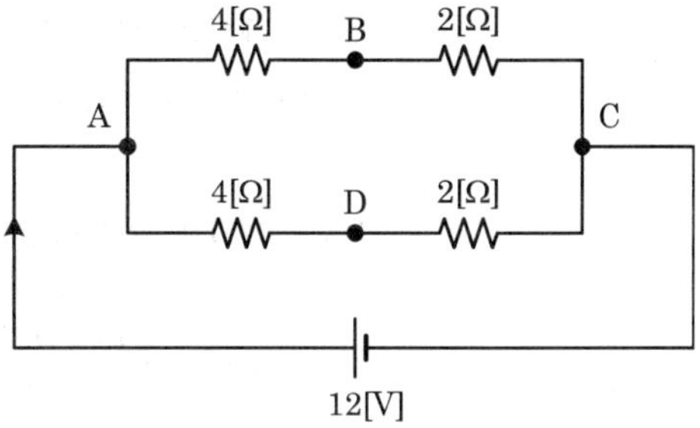

제 5 장 연습문제 2

[문제1] 답 $n_1 = 250$회, $n_2 = 256$회

풀이 $\Phi_1 = \Phi_{11} + \Phi_{12} = (0.875 + 3.125) \times 10^{-6} = 4[\mu Wb]$이므로, 권선수 n_1과 n_2는

$n_1 = \frac{L_1 i_1}{\Phi_1} = \frac{0.2 \times 5 \times 10^{-3}}{4 \times 10^{-6}} = 250$회 $n_2 = \frac{M_{12} i_1}{\Phi_{12}} = \frac{0.16 \times 5 \times 10^{-3}}{3.125 \times 10^{-6}} = 256$회

[문제2] 답 약 0.917

풀이 $k = \sqrt{k_{12} \times k_{21}} = \sqrt{\frac{\Phi_{12}}{\Phi_1} \times \frac{\Phi_{21}}{\Phi_2}} = \sqrt{\frac{5.5 \times 10^{-4}}{6 \times 10^{-4}} \times \frac{5.5 \times 10^{-3}}{6 \times 10^{-3}}} \fallingdotseq 0.917$

[문제3] 답 4[mH]

풀이 $30 = L_1 + L_2 + 2M$ … ①

$14 = L_1 + L_2 - 2M$ … ②

식 ①-②하면 $16 = 4M$

$\therefore M = 4[mH]$

[문제4] 답 19 : 1

풀이 $k = \dfrac{M}{\sqrt{L_1 L_2}}$ 에서 $M = k\sqrt{L_1 L_2}$

① 가극성의 경우 $L^+ = L_1 + L_2 + 2M$에서 M을 대입하면

$L^+ = L_1 + L_2 + 2k\sqrt{L_1 L_2}$ 이다. 각 수치를 대입하면

$= 20 + 20 + 2 \times 0.9\sqrt{20 \times 20} = 76$

② 감극성의 경우 $L^- = L_1 + L_2 - 2M$

$L^- = L_1 + L_2 - 2k\sqrt{L_1 L_2} = 20 + 20 - 2 \times 0.9\sqrt{20 \times 20} = 4$

∴최대와 최소의 비는 76 : 4 = 19 : 1

[문제5] 답 $V_2 = 3.1\angle -5.5^\circ$

풀이 그림에서 두 전류의 방향은 반대이므로 (-), 흑점은 같은 위치에 찍혀 있으므로 (+) 따라서 상호인덕턴스 M 의 극성은 (-)이다. 그림에 대한 전압방정식은 다음과 같다.

왼쪽의 폐회로에서 → $V_1 = (R_1 + jwL_1)I_1 - jwMI_2$

오른쪽 폐회로에서 → $0 = -jwMI_1 + (R_L + jwL_2)I_2$

각 각의 수치를 대입하면 → $(1 + j6)I_1 - j4I_2 = 5\angle 0^\circ$

→ $-j4I_1 + (20 + j8)I_2 = 0$

수치를 대입한 상기 식에서 I_2을 크래머공식에 의해 풀면 다음과 같다.

$$I_2 = \frac{\begin{vmatrix} (1+j6) & 5 \\ -j4 & 0 \end{vmatrix}}{\begin{vmatrix} (1+j6) & -j4 \\ -j4 & (20+j8) \end{vmatrix}} = \frac{j20}{(1+j6)(20+j8)+16}$$

$$= \frac{j20}{20 + j8 + j120 - 48 + 16} = \frac{j20}{-12 + j128}$$

$$= \frac{j20(-12 - j128)}{(-12 + j128)(-12 - j128)}$$

$= 0.156 - j0.015$

$= 0.156\angle -5.5^\circ$ [A]

따라서 부하저항 R_2에 걸리는 전압은 다음과 같다.

$V_2 = I_2 \times R_2 = 0.156\angle -5.5^\circ \times 20 = 3.12\angle -5.5^\circ$

[문제6] 답 $Z_{ab} = Z_{in} \fallingdotseq 11.76[\Omega]$

풀이 그림에서 두 전류는 합해지므로 (+), 흑점은 같은 위치에 찍혀 있으므로 (+) 따라서 상호인덕턴스 M의 극성은 (+)이다. 또한 $v_1 = 2\sqrt{2}\sin\omega t$에서

$V_1 = 2\angle 0^\circ$이고 $\omega = 1$이다. 따라서 그림에 대한 전압방정식은 다음과 같고

왼쪽의 폐회로에서 → $V_1 = (R_1 + jwL_1)I_1 + jwMI_2$

오른쪽 폐회로에서 → $0 = +jwMI_1 + (R_L + jwL_2)I_2$

각 각의 수치를 대입하면 → $(1+j2)I_1 + j6\,I_2 = 2\angle 0^\circ$, $j6\,I_1 + (5+j4)I_2 = 0$

수치를 대입한 상기 식에서 I_1을 크래머공식에 의해 풀면 다음과 같다.

$$I_1 = \frac{\begin{vmatrix} 2 & j6 \\ 0 & (5+j4) \end{vmatrix}}{\begin{vmatrix} (1+j2) & j6 \\ j6 & (5+j4) \end{vmatrix}} = \frac{2(5+j4)}{(1+j2)(5+j4)+36}$$

$$= \frac{10+j8}{5+j4+j10-8+36} = \frac{10+j8}{33+j14}$$

$$= \frac{(10+j8)(33-j14)}{(33+j14)(33-j14)} = \frac{330-j140+j264+112}{1285}$$

$$= 0.34 + j0.01 \quad = 0.34\angle 1.68^\circ \text{[A]}$$

$$\therefore Z_{ab} = Z_{in} = \frac{V_1}{I_1} = \frac{2\angle 0^\circ}{0.34\angle 1.68^\circ} \fallingdotseq 5.88\angle -1.68^\circ$$

이므로 크기는 ≒5.88[Ω]이다.

[문제7] **답** $V_2 = 400$[V], $Z_{ab} = Z_{in} = 10$[Ω]

풀이 권선비 $n = \frac{n_1}{n_2} = \frac{1}{4}$ 이고, $\frac{V_2}{V_1} = \frac{n_2}{n_1} = \frac{1}{n}$ 에서

① 2차 측 전압

$$V_2 = V_1 \times \frac{n_2}{n_1} = 100 \times 4 = 400\text{[V]}$$

② 구동점 임피던스

$$Z_{ab} = Z_{in} = n^2 Z_L = \frac{1}{16} \times 160 = 10[\Omega]$$

[문제8] **답** $R_1 C_3 = R_2 C_4$, $C_3 R_4 = C_1 R_2$

풀이 $Z_1 Z_4 = Z_2 Z_3$에서

$$\frac{1}{(\frac{1}{R_1} + jw C_1)} \cdot (R_4 + \frac{1}{jw C_4}) = R_2 \cdot \frac{1}{jw C_3}$$

$$jw C_3 \cdot (R_4 + \frac{1}{jw C_4}) = R_2 \cdot (\frac{1}{R_1} + jw C_1)$$

$$jw C_3 R_4 + \frac{C_3}{C_4} = \frac{R_2}{R_1} + jw C_1 R_2$$

$$\frac{C_3}{C_4} = \frac{R_2}{R_1},\ C_3 R_4 = C_1 R_2 \quad \therefore R_1 C_3 = R_2 C_4\ ,\ C_3 R_4 = C_1 R_2$$

[문제9] **답**

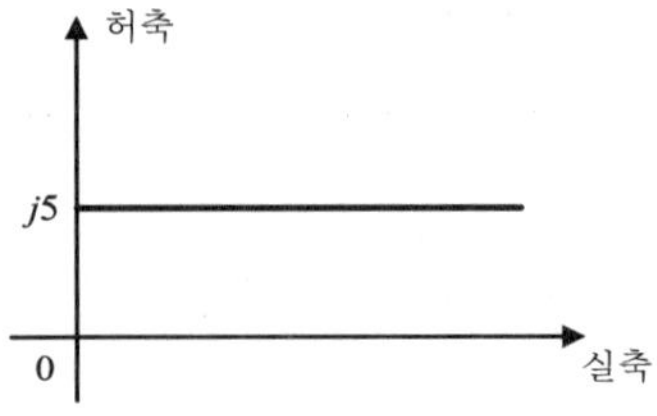

풀이 그림에서 $R-L$ 직렬회로이고 임피던스는 $Z=R+j5$가 되어 허수부 기호는 항상 (+)이고, 저항값은 양수이어야 하므로, 실수축에서 5만큼 떨어져서 평행인 1상한에 존재하는 반무한직선이 된다.

[문제10] **답** 중심은 $\left(\frac{1}{2R},0\right)$, 반지름 $\frac{1}{2R}$인 원점을 지나는 원

풀이 $Z=R+j\left(wL-\frac{1}{wC}\right)=R+jX$

$$Y=\frac{1}{Z}=\frac{1}{R+jX}=\frac{R}{R^2+X^2}-j\frac{X}{R^2+X^2}=G+jB$$

$$G^2+B^2=\left(\frac{R}{R^2+X^2}\right)^2+\left(\frac{-X}{R^2+X^2}\right)^2=\frac{R}{(R^2+X^2)^2}+\frac{X_2}{(R^2+X^2)^2}$$

$$=\frac{R^2+X^2}{(R^2+X^2)^2}=\frac{1}{R^2+X^2}=\frac{G}{R}\left(R\text{가 일정하므로 } G=\frac{R}{R^2+X^2}\text{ 적용}\right)$$

따라서 $G^2+B^2=\frac{G}{R}$을 아래 식으로 변형하면 다음과 같다.

$\therefore \left(G-\frac{1}{2R}\right)^2+B^2=\left(\frac{1}{2R}\right)^2$, 중심은 $\left(\frac{1}{2R},0\right)$이 되고, 반지름이 $\frac{1}{2R}$인 원이 된다.

제 6 장

제 6 장 연습문제 1

[문제1] **답** ㉣

풀이 나무는 모든 마디를 연결하여 폐로를 만들지 못하는 가지들의 집합을 말하므로 집합(1, 7, 8, 2)은 폐로를 만듦으로 나무가 아니다.

[문제2] **답** ㉣

풀이 $I=\frac{V}{R}=\frac{6}{2}=3[A],\ R=2[\Omega]$

[문제3] **답** ㉮

풀이 접속점 a에 대해 키르히호프 제1법칙(KCL)을 적용하면

$I_1 = I_2 + I_3 \quad \cdots ①$

폐회로 (Ⅰ), (Ⅱ)에 대하여 키르히호프 제2법칙(KVL)을 시계방향으로 각 각 적용하면

$10 = I_1 + 2I_2 \quad \cdots ②$

$20 = -2I_2 + 3I_3 \quad \cdots ③$

식 ①을 식 ② 대입하면

$10 = 3I_2 + I_3 \quad \cdots ④$ 이다.

식 ③과 ④에서 I_2, I_3를 각 각 구하면

$$I_2 = \frac{\begin{vmatrix} 20 & 3 \\ 10 & 1 \end{vmatrix}}{\begin{vmatrix} -2 & 3 \\ 3 & 1 \end{vmatrix}} = \frac{20-30}{-2-9} = \frac{-10}{-11} = \frac{10}{11}\ [A]$$

$$I_3 = \frac{\begin{vmatrix} -2 & 20 \\ 3 & 10 \end{vmatrix}}{\begin{vmatrix} -2 & 3 \\ 3 & 1 \end{vmatrix}} = \frac{-20-60}{-11} = \frac{-80}{-11} = \frac{80}{11}\ [A]$$

$\therefore I_1 = I_2 + I_3 = \frac{10}{11} + \frac{80}{11} = \frac{90}{11}[A]$ 가 된다.

[문제4] **답** ㉣

풀이 문제의 회로에서 좌측의 전압원을 전류원 등가회로로 변환하고 절점 및 각 지로전류를 표시하면 오른쪽 그림과 같다.

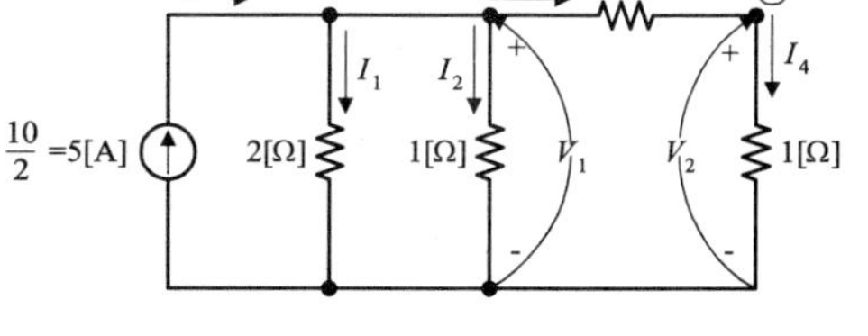

그림에서 절점 ①의 전류 방정식은

$$5 = I_1 + I_2 + I_3$$

$$5 = \frac{V_1}{2} + V_1 + \frac{1}{2}(V_1 - V_2)$$

$$5 = 2V_1 - \frac{1}{2}V_2 \qquad \cdots ①$$

절점 ②의 전류 방정식은

$$0 = -I_3 + I_4$$

$$0 = -\frac{1}{2}(V_1 - V_2) + V_2$$

$$0 = -\frac{1}{2}V_1 + \frac{3}{2}V_2 \qquad \cdots ②$$

이 되고, 식 ①과 ②에서 전위 V_1, V_2를 각 각 구하면 다음과 같다.

$$V_1 = \frac{\begin{vmatrix} 5 & -\frac{1}{2} \\ 0 & \frac{3}{2} \end{vmatrix}}{\begin{vmatrix} 2 & -\frac{1}{2} \\ -\frac{1}{2} & \frac{3}{2} \end{vmatrix}} = \frac{\frac{15}{2}}{2 \times \frac{3}{2} - \frac{1}{4}} = \frac{\frac{15}{2}}{\frac{11}{4}} = \frac{60}{22} = \frac{30}{11}\ [\mathrm{V}]$$

$$V_2 = \frac{\begin{vmatrix} 2 & 5 \\ -\frac{1}{2} & 0 \end{vmatrix}}{\begin{vmatrix} 2 & -\frac{1}{2} \\ -\frac{1}{2} & \frac{3}{2} \end{vmatrix}} = \frac{\frac{5}{2}}{2 \times \frac{3}{2} - \frac{1}{4}} = \frac{\frac{5}{2}}{\frac{11}{4}} = \frac{20}{22} = \frac{10}{11}\ [\mathrm{V}]$$

[문제5] **답** ㉰

풀이 문제의 회로에서 전압원을 전류원으로 바꾸면 오른쪽 회로와 같고

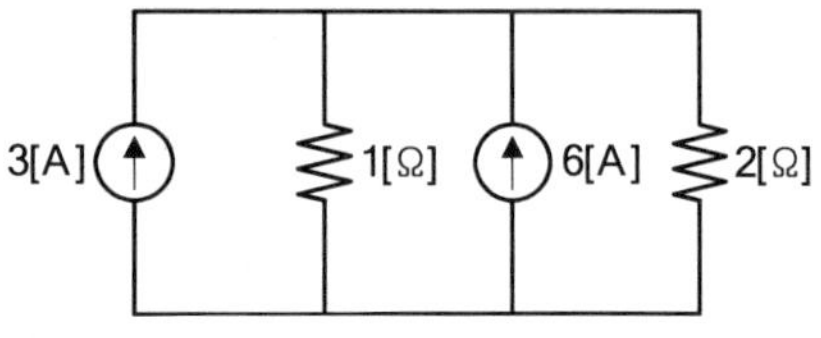

3[A]와 6[A]는 같은 방향이므로 합하고 1[Ω]과 2[Ω]에 흐르는 전류를 I_1, I_2라 하면 최종회로는 다음과 같다.

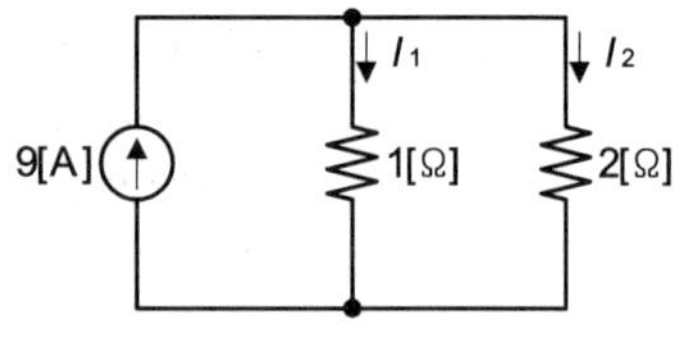

$$\therefore I_1 = 9 \times \frac{2}{3} = 6\,[\mathrm{A}],\ I_2 = 9 \times \frac{1}{3} = 3[\mathrm{A}]$$

이고 $2[\Omega]$에 걸리는 단자전압을 V_2라 하면 $V_2 = I_2 \times 2 = 3 \times 2 = 6[\mathrm{V}]$ 이다.

[문제6] 답 ㉮

풀이 $E = E_{TH} = 5 \times \frac{3}{2+3} = 3[V],\ R = R_{TH} = 0.8 + \frac{2 \times 3}{2+3} = 2[\Omega]$

[문제7] 답 ㉱

풀이 문제의 회로에서 a, b 단자 좌측을 테브난의 정리를 사용하고, 우측을 전압 등가회로로 변환하면 오른쪽 회로와 같다.

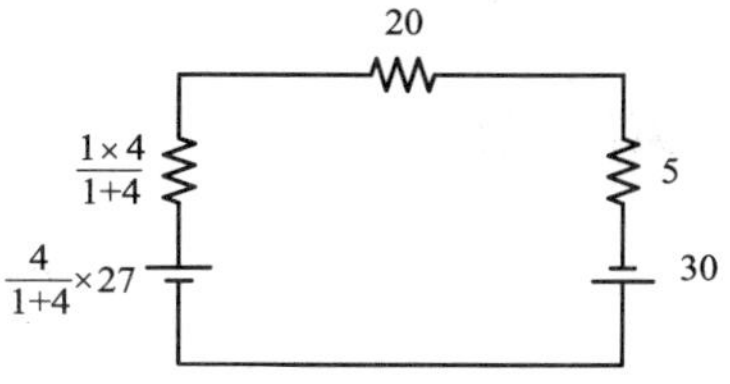

20[Ω]의 저항에 흐르는 전류는

$$I_{20} = \frac{E}{R_T} = \frac{\frac{4}{1+4} \times 27 + 30}{0.8 + 20 + 5} = \frac{51.6}{25.8} = 2[A]$$

$$\therefore P_{20} = I_{20}^2 \times R_{20} = 2^2 \times 20 = 80[w]$$

[문제8] 답 ㉯

풀이 문제의 회로에서 6[V]는 24[V]와 10[V]와 반대방향이므로 − 이다. 따라서 밀만의 정리에 의해서

$$V_{ab} = \frac{\frac{V_1}{Z_1} + \frac{V_2}{Z_2} + \frac{V_3}{Z_3}}{\frac{1}{Z_1} + \frac{1}{Z_2} + \frac{1}{Z_3}} = \frac{\frac{24}{12} - \frac{6}{3} + \frac{10}{5}}{\frac{1}{12} + \frac{1}{3} + \frac{1}{5}} = \frac{\frac{360 - 360 + 360}{180}}{\frac{15 + 60 + 36}{180}}$$

$$= \frac{360}{111} = \frac{120}{37}[V]$$

[문제9] 답 ㉰

풀이 ① 전류원 개방시

$I' = \frac{4}{4} = 1[A]$

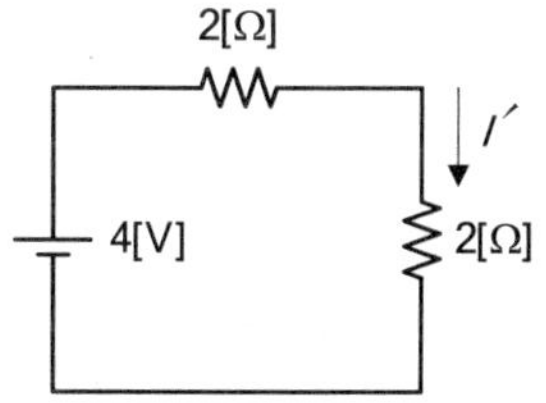

② 전압원 단락시

$I'' = 6 \times \frac{2}{4} = 3[A]$

$I = I' + I'' = 1 + 3 = 4[A]$

∴ 2[Ω] 양단에 걸리는 전압

$V_{ab} = 2 \times 4 = 8[V]$

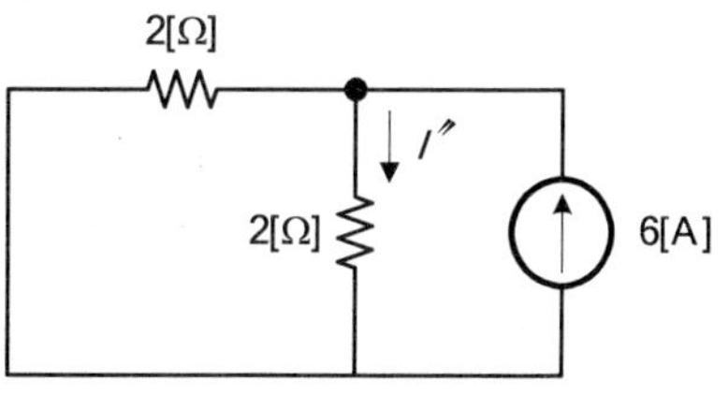

[문제10] 답 ㉮

풀이 가역 정리 $E_1 I_1 = E_2 I_2$를 적용하면 $100 I_1 = 50 \times 5$

따라서, $I_1 = 2.5[A]$이다.

제 6 장 연습문제 2

[문제1] **답** 5개

풀이 독립된 전압방정식의 수 $= b-(n-1)=10-(6-1)=5$개

[문제2] **답**

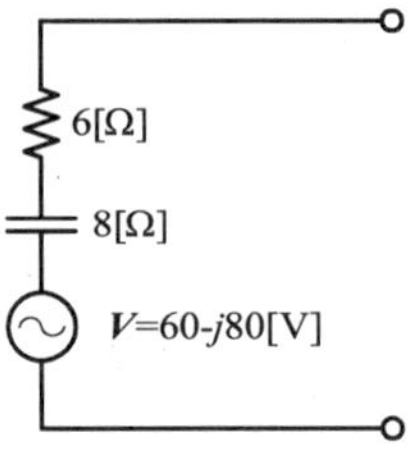

풀이 전류원을 전압원으로 등가시키므로

$Z = 6-j8$은 직렬로, $V = I \times Z = 10(6-j8) = 60-j80$[V]이다.

[문제3] **답** $I_1 = \frac{8}{11},\ I_2 = \frac{7}{11},\ I_3 = \frac{1}{11}$[A]

풀이 접속점 a에 대해 키르히호프 제1법칙(KCL)을 적용하면

$I_1 = I_2 + I_3 \quad \cdots ①$

폐회로 (I), (II)에 대하여 키르히호프 제2법칙(KVL)을 시계방향으로 각 각 적용하면

$20 = 10I_1 + 20I_2 \quad \cdots ②$

$-10 = -20I_2 + 30I_3 \quad \cdots ③$

식 ①을 식 ② 대입하면

$20 = 30I_2 + 10I_3 \quad \cdots ④$

이다. 식 ③과 ④에서 I_2, I_3을 각 각 구하면

$$I_2 = \frac{\begin{vmatrix} -10 & 30 \\ 20 & 10 \end{vmatrix}}{\begin{vmatrix} -20 & 30 \\ 30 & 10 \end{vmatrix}} = \frac{-100-600}{-200-900} = \frac{-700}{-1100} = \frac{7}{11}\ [A]$$

$$I_3 = \frac{\begin{vmatrix} -20 & -10 \\ 30 & 20 \end{vmatrix}}{\begin{vmatrix} -20 & 30 \\ 30 & 10 \end{vmatrix}} = \frac{-400+300}{-200-900} = \frac{-100}{-1100} = \frac{1}{11}\ [A]$$

$\therefore I_1 = I_2 + I_3 = \frac{7}{11} + \frac{1}{11} = \frac{8}{11}$[A]가 된다.

[문제4] **답** 6.96[V]

풀이 문제의 회로에서 좌측의 전압원을 전류원 등가회로로 변환하고 절점 및 각 지로전류를 표시하면 아래 회로와 같다.

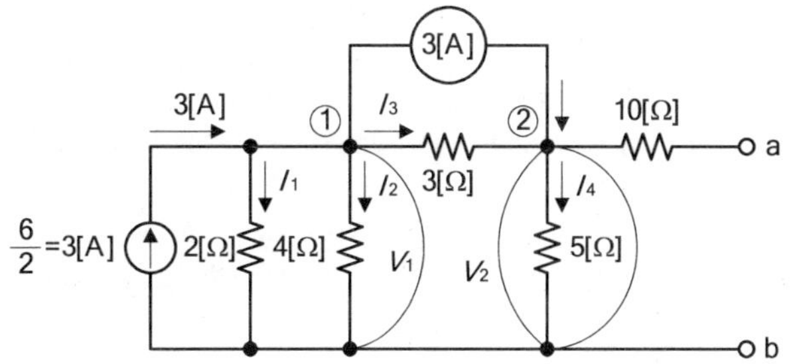

5[Ω]양단 전압이므로 그림의 절점 ②의 V_2로 바로 구할 수 있고, 저항 5[Ω]과 전류 I_4의 곱으로도 구할 수 있다.

※ V_1, V_2의 계산

그림에서 절점 ①의 전류 방정식은

$$3 = I_1 + I_2 + I_3 + 3$$

$$0 = \frac{1}{2} V_1 + \frac{1}{4} V_1 + \frac{1}{3} (V_1 - V_2)$$

$$0 = (\frac{1}{2} + \frac{1}{3} + \frac{1}{4}) V_1 - \frac{1}{3} V_2$$

$$0 = (\frac{6+4+3}{12}) V_1 - \frac{1}{3} V_2$$

$$0 = \frac{13}{12} V_1 - \frac{1}{3} V_2 \qquad \cdots ①$$

절점 ②의 전류 방정식은

$$I_3 + 3 = I_4$$

$$3 = - I_3 + I_4$$

$$3 = -\frac{1}{3}(V_1 - V_2) + \frac{1}{5} V_2$$

$$3 = -\frac{1}{3} V_1 + (\frac{1}{3} + \frac{1}{5}) V_2$$

$$3 = -\frac{1}{3} V_1 + \frac{8}{15} V_2 \qquad \cdots ②$$

이 되고, 식 ①과 ②에서 전위 V_1, V_2를 각 각 구하면 다음과 같다.

$$V_1 = \frac{\begin{vmatrix} 0 & -\frac{1}{3} \\ 3 & \frac{8}{15} \end{vmatrix}}{\begin{vmatrix} \frac{13}{12} & -\frac{1}{3} \\ -\frac{1}{3} & \frac{8}{15} \end{vmatrix}} = \frac{3 \times \frac{1}{3}}{\frac{13}{12} \times \frac{8}{15} - \frac{1}{9}} = \frac{1}{\frac{13}{3} \times \frac{2}{15} - \frac{1}{9}}$$

$$= \frac{1}{\frac{26}{45} - \frac{1}{9}} = \frac{1}{\frac{21}{45}} = \frac{1}{\frac{7}{15}} = \frac{15}{7} \text{ [V]}$$

$$V_2 = \frac{\begin{vmatrix} \frac{13}{12} & 0 \\ -\frac{1}{3} & 3 \end{vmatrix}}{\begin{vmatrix} \frac{13}{12} & -\frac{1}{3} \\ -\frac{1}{3} & \frac{8}{15} \end{vmatrix}} = \frac{\frac{39}{12}}{\frac{7}{15}} = \frac{\frac{13}{4}}{\frac{7}{15}} = \frac{195}{28} = 6.96 \text{ [V]}$$

상기 6.96[V]가 답이나, I_4를 구하여 저항 5[Ω]을 곱해도 마찬 가지므로

$$I_4 = \frac{V_2}{5} = \frac{6.96}{5} = 1.392\text{[A]}$$

$\therefore V_2 = 5 \times I_4 = 5 \times 1.392 = 6.96$[V]이므로 V_2와 같아 풀이 과정이 맞음을 알 수 있다.

$$I_1 = \frac{V_1}{2} = \frac{\frac{15}{7}}{2} = \frac{15}{14} = \frac{30}{28} \text{ [A]}$$

$$I_2 = \frac{V_1}{4} = \frac{\frac{15}{7}}{4} = \frac{15}{28} \text{ [A]}$$

$$I_3 = \frac{1}{3}(V_1 - V_2) = \frac{1}{3}\left(\frac{15}{7} - \frac{195}{28}\right) = -\frac{45}{28} \text{ [A]}$$

$$I_4 = \frac{V_2}{5} = \frac{\frac{195}{28}}{5} = \frac{39}{28} \text{ [A]이다.}$$

∴ 절점 ①에서

$$0 = I_1 + I_2 + I_3 = \frac{30}{28} + \frac{15}{28} - \frac{45}{28}$$

절점 ②에서

$$3 = -I_3 + I_4 = \frac{45}{28} + \frac{39}{28} = 3$$

따라서 키르히호프 제1법칙이 성립함을 알 수 있다.

[문제5] **답**

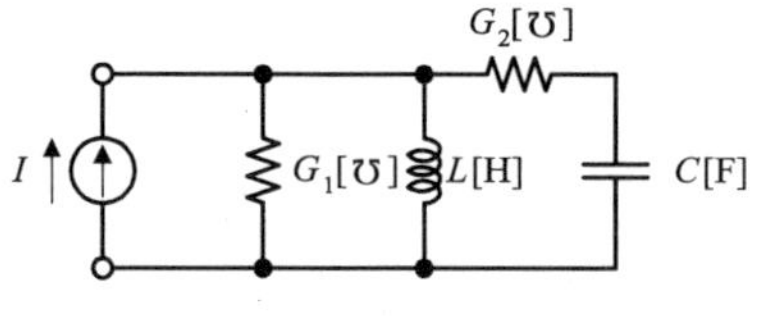

풀이 표 6.1을 이용 그림의 R_1, R_2를 G_1, G_2으로, C는 L로, L는 C로, V는 I로 각 각 변환하고, 직렬은 병렬로, 병렬은 직렬로 변환하면 답의 회로와 같다.

[문제6] **답** $I = -0.2[A]$

풀이 ① 문제의 회로에서 3[A] 전류원을 제거했을 경우, 이때의 전류를 I'라 하면

3[A]전류원을 제거 했을 때의 회로

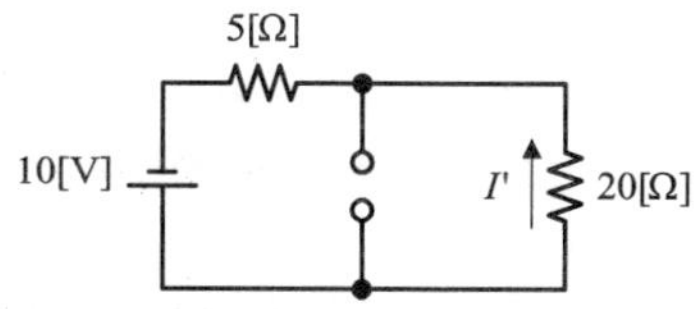

$I' = \frac{V}{R_T} = \frac{10}{5+20} = 0.4[A]$ 이다.

10[V]의 전압원을 제거했을 경우,
이때의 전류를 I''라 하면
3[V]전압원을 제거 했을 때의 회로

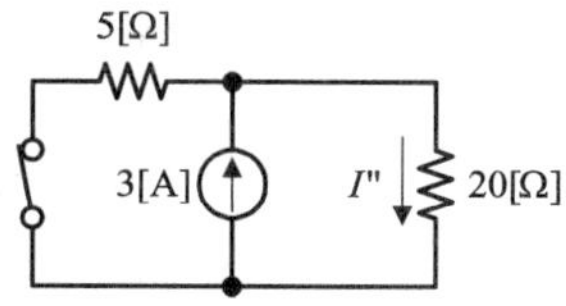

$I'' = 3 \times \frac{5}{5+20} = 0.6[A]$

이므로 문제의 회로에서 I와 방향이 같은 것은 I'이고, 반대방향은 I''이므로
$I = I' - I'' = 0.4 - 0.6 = -0.2[A]$이다.

② 별해
문제의 회로에서 좌측의 전압원을 전류원을 변환하면

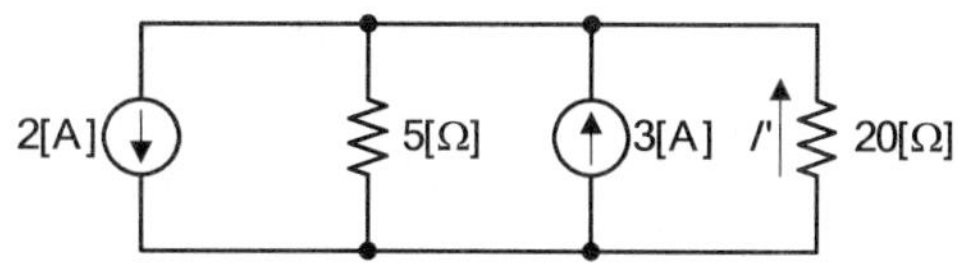

$\therefore I = 1 \times \frac{5}{5+20} = \frac{5}{25} = 0.2[A]$

전류의 방향이 반대이므로
$I = -0.2[A]$이다.

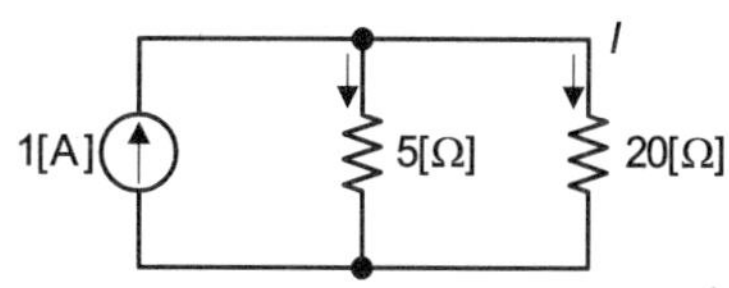

[문제7] **답** $E_s = E_{TH} = 8[V],\ R_s = R_{TH} = 9[\Omega]$

풀이 문제(a)의 전류원을 전압원으로 바꾼 등가회로는 아래회로와 같고,

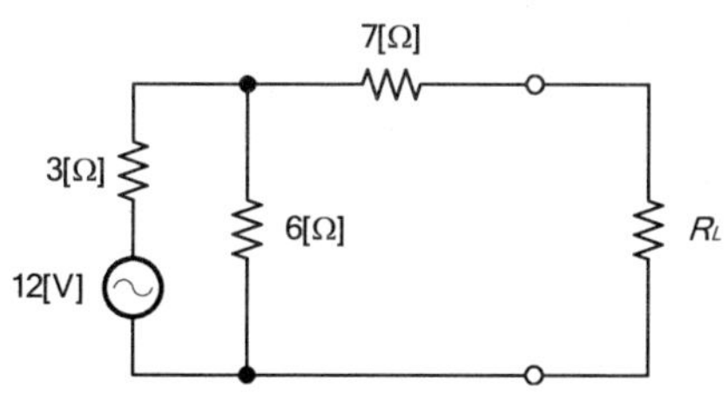

테브난의 정리에 의해

$$E_s = E_{TH} = 12 \times \frac{6}{3+6} = 8[V],\text{이고 } R_s = R_{TH} = 7 + \frac{3 \times 6}{3+6} = 9[\Omega]\text{이다.}$$

[문제8] **답** $I_L = 1.5[A]$

풀이 문제의 회로에서
① 테브난의 정리를 이용한 경우 a, b를 개방하면

$V_{TH} = \frac{6}{4+6} \times 20 = 12[V]$이고,

20[V]의 전압원을 단락시키고 단자 a, b에서 본 테브난의 저항 R_{TH}는

$$R_{TH} = 2.6 + \frac{6 \times 4}{6+4} = 2.6 + 2.4 = 5[\Omega] \text{ 이다.}$$

부하저항에 흐르는 전류 I_L는

$$I_L = \frac{V_{TH}}{R_{TH} + R_L} = \frac{12}{5+3} = 1.5[A] \text{ 이고,}$$

테브난의 등가회로는 오른쪽과 같다.

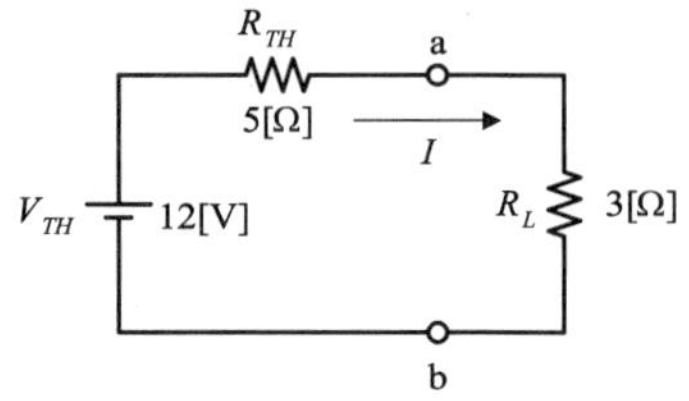

테브난의 등가회로

② 노튼의 정리를 이용한 경우
위의 테브난의 등가회로에서

$$I_N = \frac{V_{TH}}{R_{TH}} = \frac{12}{5} = 2.4[A]$$

R_N은 상기 테브난의 등가회로에 직렬로 연결된 R_{TH}을 병렬로 연결하면 테브난의 등가회로를 노튼의 등가회로로 변환하면 오른쪽 회로와 같이 된다.

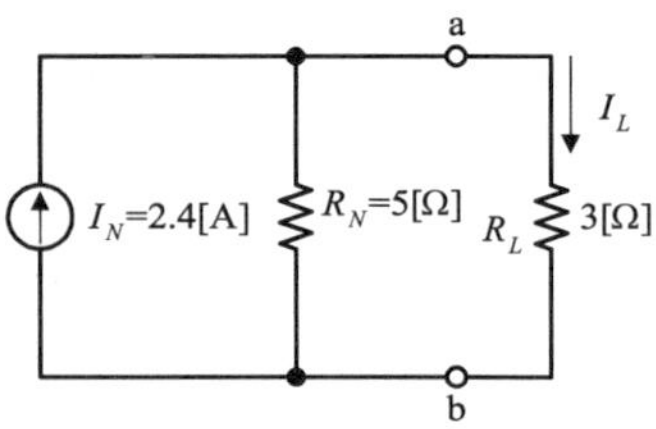

노튼의 등가회로

따라서

$$I_L = I_N \times \frac{R_N}{R_N + R_L} = 2.4[A] \times \frac{5}{5+3} = 1.5[A]$$

가 되어 테브난의 정리나 노튼의 정리로 계산한 I_L값은 같음을 알 수 있다.

[문제9] **답** $V_{ab} = 8[V]$

풀이 밀만의 정리에 의해서

$$V_{ab} = \frac{\frac{V_1}{Z_1} + \frac{V_2}{Z_2} + \frac{V_3}{Z_3}}{\frac{1}{Z_1} + \frac{1}{Z_2} + \frac{1}{Z_3}} = \frac{\frac{5}{30} + \frac{10}{10} + \frac{5}{30}}{\frac{1}{30} + \frac{1}{10} + \frac{1}{30}} = \frac{\frac{5+30+5}{30}}{\frac{1+3+1}{30}}$$

$$= \frac{40}{5} = 8[V]$$

[문제10] **답** $V_{ab} = 100[V]$

풀이 밀만의 정리에 의해서

$$V_{ab} = \frac{\frac{E_1}{R_1} + \frac{E_2}{R_2}}{\frac{1}{R_1} + \frac{1}{R_2} + \frac{1}{R_3}} = \frac{\frac{110}{1} + \frac{120}{2}}{\frac{1}{1} + \frac{1}{2} + \frac{1}{5}} = \frac{1700}{17} = 100\,[V]$$

제 7 장

제 7 장 연습문제 1

[문제1] 답 ㉯

풀이 대칭 n 상 성형결선의 경우 선간전압과 상전압의 위상차는

$$\theta = \frac{\pi}{2}(1-\frac{2}{n}) = \frac{180^0}{2}(1-\frac{2}{6}) = 90^0 \times \frac{2}{3} = 60^0$$

[문제2] 답 ㉮

풀이 대칭 n 상 환상결선의 경우 선전류과 상전류의 위상차는

$\theta = \frac{\pi}{2}(1-\frac{2}{n})$ 만큼 뒤진다.

[문제3] 답 ㉯

풀이 $V_l = 2V_p \sin\frac{\pi}{n} = 2\times 100\times \sin\frac{\pi}{12} = 51.76$

[문제4] 답 ㉰

풀이 ① Y 평형 3상 결선에서 $V_l = \sqrt{3}\ V_p$이고, $I_l = I_p = \frac{V_p}{Z}$이므로

$$I_{Yl} = \ = \frac{V_p}{Z} = \frac{\frac{V_l}{\sqrt{3}}}{R} = \frac{\frac{200}{\sqrt{3}}}{R} = \frac{200}{\sqrt{3}\,R}$$

② Δ 평형 3상 결선에서 $V_l = V_p = ZI_p$이고, $I_l = \sqrt{3}\ I_p$이므로

$$I_{\Delta l} = \sqrt{3}\ I_p = \sqrt{3}\cdot \frac{V_p = V_l}{Z} = \frac{\sqrt{3}\times 200}{R} = \frac{200\sqrt{3}}{R}$$

③ I_{Y_l}과 $I_{\Delta l}$의 $\frac{200}{R}$은 공통이므로 제거하면

$$I_{Y_l} = \frac{1}{\sqrt{3}} = \frac{\sqrt{3}}{3},\quad I_{\Delta l} = \sqrt{3}$$

따라서 Δ로 접속시 3배 많은 전류가 흐르므로

$I_{\Delta l} = 3I_{Y_l} = 3\times 10 = 30[\mathrm{A}]$

[문제5] 답 ㉱

풀이 평형 3상$\Delta-\Delta$결선의 경우 $V_l = V_p = ZI_p$, 이고

$I_l = \sqrt{3}\ I_p$이이므로 부하 1상의 임피던스는 다음과 같다.

$$Z = \frac{V_p}{\frac{I_l}{\sqrt{3}}} = \frac{220}{\frac{30}{\sqrt{3}}} = \frac{220\sqrt{3}}{30} = 12.7$$

[문제6] 답 ㉯

풀이 Δ결선 저항을 Y 결선 저항으로 변환하면 오른쪽 그림과 같다.

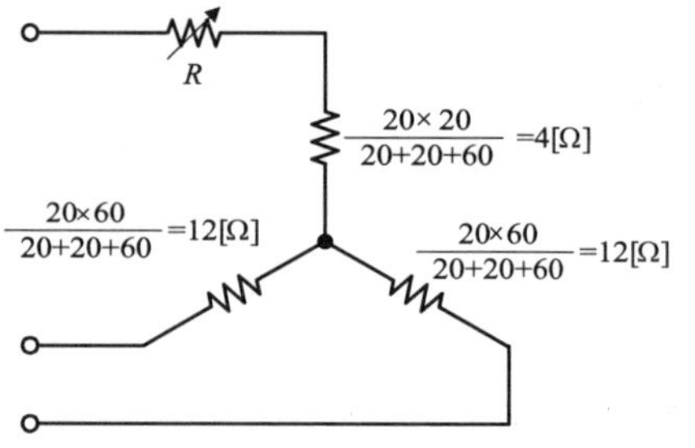

그림에서 각 상의 선 전류가 같기 위해서는 각 선 저항이 같아야 하므로

$R + 4 = 12$ 이어야 하므로

$R = 8[\Omega]$이 된다.

[문제7] 답 ㉰

풀이 문제의 회로에서 $\Delta \rightarrow Y$ 등가 변환하면 오른쪽 그림과 같고 $Y-Y$ 결선이 된다.

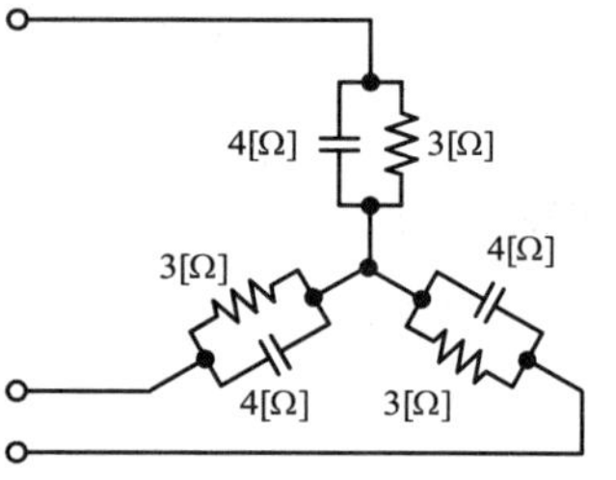

그림에서 1상의 어드미턴스 $\boldsymbol{Y} = \frac{1}{3} + j\frac{1}{4}$ 이다.

$Y-Y$ 결선에서는

$V_l = \sqrt{3}\ V_p$이고, $I_l = I_p = \frac{V_p}{Z}$이므로

$$I_l = \frac{V_p}{Z} = \frac{\frac{V_l}{\sqrt{3}}}{Z} = \frac{1}{Z} \cdot \frac{V_l}{\sqrt{3}} = Y \cdot \frac{V_l}{\sqrt{3}} = \sqrt{(\frac{1}{3})^2 + (\frac{1}{4})^2} \cdot \frac{200}{\sqrt{3}} = 48.1$$

[문제8] 답 ㉱

풀이 $P = 3I_P^2 R = 3 \times 20^2 \times 3 = 3600[\text{W}]$

[문제9] 답 ㉮

풀이 $\text{U(이용률)} = \frac{V\text{결선시의 용량}}{2\text{대의 용량}} = \frac{\sqrt{3}EI}{2EI} = \frac{\sqrt{3}}{2} = 0.866 = 86.6[\%]$

[문제10] 답 ㉯

풀이 $I_0 = \frac{1}{3}(I_a + I_b + I_c) = \frac{1}{3}(15 + j2 - 20 - j14 - 3 + j10)$

$$= \frac{1}{3}(-8 - j2) = -2.67 - j0.67$$

제 7 장 연습문제 2

[문제1] **답** $V_l = 51.76[V],\ \theta = 75^0$

풀이 $V_l = 2V_p \sin\frac{\pi}{n} = 2\times 100\ \sin\frac{\pi}{12}$

$= 51.76[V]$

$$\theta = \frac{\pi}{2}(1-\frac{2}{n}) = \frac{180^0}{2}(1-\frac{2}{12}) = 90^0 \times \frac{5}{6} = 75^0$$

[문제2] **답** $I_l = 5\sqrt{3}\ [A]$

풀이 Δ결선에서는 $V_l = V_p = ZI_p$, 이고 $I_l = \sqrt{3}\ I_p$이므로

$$I_p = \frac{V_l = V_p}{Z} = \frac{100}{12-j16} = \frac{100}{\sqrt{12^2+16^2}} = 5\,[A]$$

$$\therefore\ I_l = \sqrt{3}\ I_p = 5\sqrt{3}[A]$$

[문제3] **답** $I_l = 10\ [A]$

풀이 평형 Y 결선에서 $V_l = \sqrt{3}\ V_p$이고, $I_l = I_p = \frac{V_p}{Z}$이므로

$$I_l = \frac{V_p}{Z} = \frac{\frac{V_l}{\sqrt{3}}}{Z} = \frac{\frac{100\sqrt{3}}{\sqrt{3}}}{\sqrt{6^2+8^2}} = 10[A]$$

[문제4] **답** $I = 8.66\ [A]$

풀이 문제의 회로에서 가운데 Δ결선을 Y 로 변환하면 $\frac{r}{3}$이 되어

각 상의 저항은 $r+\frac{r}{3} = 4[\Omega]$인 Y 결선이 된다. 평형 Y 결선에서

$V_l = \sqrt{3}\ V_p$이고, $I_l = I_p = \frac{V_p}{Z}$이므로

$$I = I_l = I_p = \frac{V_p}{r+\frac{r}{3}} = \frac{\frac{V_l}{\sqrt{3}}}{4} = \frac{60}{4\sqrt{3}} = \frac{60\sqrt{3}}{12} = 5\sqrt{3} = 8.66[A]$$

[문제5] **답** $I = \frac{100}{\sqrt{3}}\left(\sqrt{\frac{1}{R^2}+9w^2c^2}\right)\ [A]$

풀이 문제의 회로를 다음 회로 (a)로 볼 수 있고, 이를 Y 결선으로 등가 변환하면 (b)와 같다.

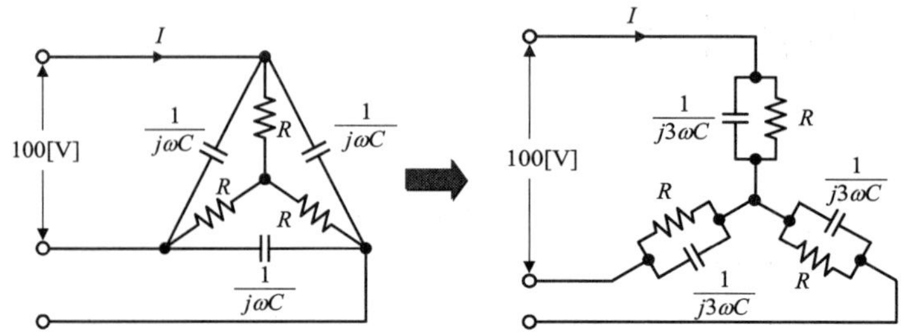

그림 (b)에서 $\boldsymbol{Y} = \frac{1}{\boldsymbol{Z}} = \frac{1}{R} + \frac{1}{jX_c} = \frac{1}{R} + \frac{1}{\frac{1}{j3\omega c}} = \frac{1}{R} + j3\omega c$ 이고

크기 $Y = \frac{1}{Z} = \sqrt{\left(\frac{1}{R}\right)^2 + (3\omega c)^2} = \sqrt{\frac{1}{R^2} + 9\omega^2 c^2}$ 이다.

평형 Y 결선에서 $V_l = \sqrt{3}\, V_p$이고, $I_l = I_p = \frac{V_p}{Z}$ 이므로

$$I = I_p = I_l = \frac{V_p}{Z} = \frac{\frac{V_l}{\sqrt{3}}}{Z} = \frac{100}{\sqrt{3}\cdot Z}$$

$$= \frac{100}{\sqrt{3}} \cdot Y = \frac{100}{\sqrt{3}}\left(\sqrt{\frac{1}{R^2} + 9w^2c^2}\right)\text{[A]}$$

[문제6] **답** $P_Y = \frac{1}{3} P_\triangle$

풀이 $P_\triangle = 3I_p^2 R = 3\left(\frac{V_l}{R}\right)^2 R = \frac{3V_l^2}{R}$ 이고,

Y 결선의 경우 상전압은 선간전압의 $\frac{1}{\sqrt{3}}$ 이므로

$$P_Y = 3 \times \frac{\left(\frac{V_l}{\sqrt{3}}\right)^2}{R} = \frac{V_l^2}{R}$$ 이다.

$$\therefore P_Y = \frac{1}{3} P_\triangle$$

[문제7] **답** $P = 24$[kW]

풀이 문제의 회로에서 R_1으로 된 $\varDelta$결선을 Y 결선으로 변환하면

$R_{1Y} = \frac{30}{3} = 10[\Omega]$이 되므로 등가회로는 아래 그림과 같다.

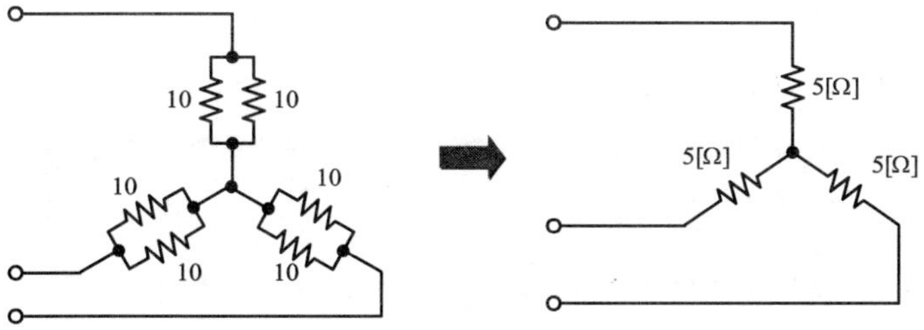

따라서 $P = 3I_p^2 \cdot R = 3 \times \left(\frac{200}{5}\right)^2 \times 5 = 24000[W] = 24[kW]$

[문제8] **답** $P = 1536[W]$

풀이 $P = 3I_p^2 R = 3\left(\frac{V_p}{Z}\right)^2 \cdot R = \frac{3V_p^2 \cdot R}{Z_p^2} = \frac{3\left(\frac{V_l}{\sqrt{3}}\right)^2 \cdot R}{R^2 + X^2} = \frac{3\left(\frac{200}{\sqrt{3}}\right)^2 \times 24}{24^2 + 7^2} = 1536[W]$

[문제9] **답** $I_0 = 20\sin\omega t[A]$

풀이 각 전류를 벡터로 나타내면

$I_a = 60\angle 0^\circ = 60$, $I_b = 60\angle -90^\circ = -j60$, $I_c = 60\angle +90^\circ = j60$ 이다.

따라서 영상전류는

$I_0 = \frac{1}{3}(I_a + I_b + I_c) = \frac{1}{3}(60 - j60 + j60) = 20$ 이고

$\therefore I_0 = 20\sin\omega t$ 이다.

[문제10] **답** 불평형률$= \frac{\text{역상분}}{\text{정상분}} \times 100[\%]$

$= \frac{13.8}{106.2} \times 100 = 13[\%]$

풀이 $V_a = 120$, $V_b = -60 - j80$, $V_c = -60 + j80$

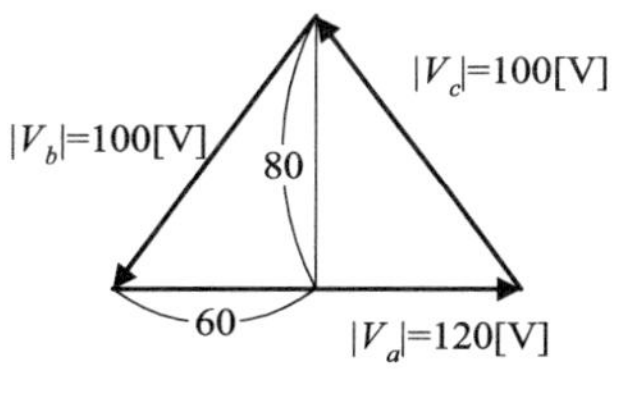

① 역상분

$V_2 = \frac{1}{3}(V_a + a^2 V_b + a V_c)$

$= \frac{1}{3}\left\{120 + \left(-\frac{1}{2} - j\frac{\sqrt{3}}{2}\right)(-60 - j80) + \left(-\frac{1}{2} + j\frac{\sqrt{3}}{2}\right)(-60 + j80)\right\}$

$= \frac{1}{3}(120 + 60 - 80\sqrt{3}) = 13.8$

② 정상분

$$V_1 = \frac{1}{3}(V_a + aV_b + a^2 V_c)$$

$$= \frac{1}{3}\left\{120 + \left(-\frac{1}{2} + j\frac{\sqrt{3}}{2}\right)(-60 - j\,80) + \left(-\frac{1}{2} - j\frac{\sqrt{3}}{2}\right)(-60 + j80)\right\}$$

$$= \frac{1}{3}(120 + 60 + 80\sqrt{3}) = 106.2$$

③ 불평형률 $= \frac{\text{역상분}}{\text{정상분}} = \frac{V_2}{V_1} \times 100\,[\%]$

$$= \frac{13.8}{106.2} \times 100 = 13\,[\%]$$

제 8 장

제 8 장 연습문제 1

[문제1] 답 ㉮

풀이 비정현파는 직류분 + 기본파 + 여러 개의 고조파로 구성된다.

[문제2] 답 ㉯

풀이 주기적인 비정현파는 일반적으로 푸리에 급수에 의해 표시되므로 무수히 많은 주파수의 합성이다.

[문제3] 답 ㉯

풀이 정현대칭의 조건은 $f(t) =- f(-t)$이다.

[문제4] 답 ㉱

풀이 .반파대칭의 왜형파에서는 직류분(a_0)은 "0"이고 a_n , b_n만 남는다.
.우함수의 경우 사인항이 없다.
. 기함수의 정현항을 구할 때는 반주기마다 적분하여 2배한다.
.반파대칭의 경우 한주기마다 동일한 파형이 반복된다.

[문제5] 답 ㉮

풀이 그림은 반파 정현대칭파이므로 기함수이고, 홀수의 정현항이 존재한다.

[문제6] 답 ㉰

풀이 반파 정현대칭파이므로 기함수이고, 홀수의 정현항이 존재한다.

[문제7] 답 ㉮

풀이

$$D = \frac{\sqrt{V_3^2 + V_5^2 + \cdots}}{V_1} = \sqrt{(\frac{V_3}{V_1})^2 + (\frac{V_5}{V_1})^2} = \sqrt{0.4^2 + 0.2^2} = \sqrt{(\frac{4}{10})^2 + (\frac{2}{10})^2}$$

$$= \sqrt{\frac{20}{100}} = \frac{1}{\sqrt{5}}$$

[문제8] 답 ㉯

풀이

$$P = P_1 + P_2 = V_1 I_1 \cos\theta_1 + V_2 I_2 \cos\theta_2$$

$$= \frac{100}{\sqrt{2}} \cdot \frac{40}{\sqrt{2}} \cos 30^0 + \frac{20}{\sqrt{2}} \cdot \frac{5}{\sqrt{2}} cos\, 45^0$$

$$= \frac{4000}{2} \cdot \frac{\sqrt{3}}{2} + \frac{100}{2} \cdot \frac{1}{\sqrt{2}} = 1767.4 \fallingdotseq 1.77[KW]$$

[문제9] 답 ㉰

풀이 $I_3 = \frac{V_3}{Z_3} = \frac{V_3}{\sqrt{R^2 + (3wL)^2}} = \frac{50}{\sqrt{8^2+6^2}} = 5[A]$

[문제10] 답 ㉱

풀이 $I_2 = \frac{V_2}{Z_2} = \frac{V_2}{\sqrt{R^2 + (\frac{1}{2wC})^2}} = \frac{100}{\sqrt{8^2 + (\frac{1}{2} \times 12)^2}} = 10[A]$

제 8 장 연습문제 2

[문제1] 답 $a_0 + \sum_{n=1}^{\infty} a_n \cos n\omega t + \sum_{n=1}^{\infty} b_n \sin n\,\omega t$

풀이

$$\begin{aligned} f(t) &= a_0 + a_1 \cos \omega t + a_2 \cos 2\omega t + \ ....a_n \cos n\,\omega t \\ &\quad + b_1 \sin \omega t + b_2 \sin 2\omega t + \ ....b_n \cos n\,\omega t \\ &= a_0 + \sum_{n=1}^{\infty} a_n \cos n\omega t + \sum_{n=1}^{\infty} b_n \sin n\,\omega t \end{aligned}$$

여기서 a_0, a_n, b_n을 푸리에 계수라 하며 a_0를 직류분, a_n을 cos 성분, b_n을 sin 성분이라 한다.

[문제2] 답 $f(t) = \frac{4I_m}{\pi}\left(\sin\omega t + \frac{1}{3}\sin 3\omega t + \frac{1}{5}\sin 5\omega t + \cdots\right)$

풀이 문제의 그림에서 정현대칭(기함수)인 동시에 반파대칭성을 갖고 있다. 기함수는 b_n항만 존재하고, 반파대칭파는 기수고조파 성분만 존재한다. 따라서 Fourier급수의 전개식은 n가 홀수인 b_n만 존재한다. 따라서

$$\begin{aligned} b_n &= \frac{2}{\pi}\int_0^{\pi} f(t)\sin n\theta d(\theta) = \frac{2}{\pi}\int_0^{\pi} I_m \sin n\theta d(\theta) \\ &= \frac{2I_m}{\pi}\int_0^{\pi} \sin n\theta d(\theta) = \frac{2I_m}{\pi}\left[-\frac{1}{n}\cos n\theta\right]_0^{\pi} \\ &= -\frac{2I_m}{n\pi}[\cos n\pi - 1] = \frac{2I_m}{n\pi}[1 - \cos n\pi] \end{aligned}$$

따라서 $n =$ 홀수의 경우 : $[1-\cos n\pi] = 2 \quad \therefore \ \frac{4I_m}{\pi}$

$n =$ 짝수의 경우 : $[1-\cos n\pi] = 0$

$$\therefore \ f(t) = \frac{4I_m}{\pi}\left(\sin\omega t + \frac{1}{3}\sin 3\omega t + \frac{1}{5}\sin 5\omega t + \cdots\right)$$

[문제3] **답** $f(t) = 2.5 + \frac{10}{\pi} \cdot \left\{\frac{1}{1}\cos\omega t - \frac{1}{3}\cos 3\omega t + \frac{1}{5}\cos 5\omega t - \frac{1}{7}\cos 7\omega t + \cdots\right\}$

풀이 문제의 그림은 종축에 대칭이므로 우함수이고, a_0 , a_n만 구하면 된다.

직류분 a_0는 한주기의 평균값 이므로

$$a_0 = \frac{5 \times \frac{\pi}{2}}{\pi} = 2.5 \text{ 이고,}$$

a_n은 반주기까지 적분하여 두 배 하면 되므로 다음과 같이 된다.

$$\begin{aligned} a_n &= \frac{2}{\pi}\int_0^{\frac{\pi}{2}} 5 \cdot \cos n\theta \, d(\theta) \\ &= \frac{10}{\pi}\int_0^{\frac{\pi}{2}} \cos n\theta \, d(\theta) \quad = \frac{10}{\pi} \cdot \frac{1}{n}[\sin n\theta]_0^{\frac{\pi}{2}} \\ &= \frac{10}{\pi} \cdot \frac{1}{n} \cdot \sin\left(\frac{\pi}{2} n\right) \quad (n = 1, 2, 3, 4 \cdots) \end{aligned}$$

따라서

$$a_1 = \frac{10}{\pi} \cdot \frac{1}{1} \cdot \sin\frac{\pi}{2} = \frac{10}{\pi}, \qquad a_2 = \frac{10}{\pi} \cdot \frac{1}{2} \cdot \sin\pi = 0$$

$$a_3 = \frac{10}{\pi} \cdot \frac{1}{3} \cdot \sin\frac{3\pi}{2} = -\frac{10}{\pi} \cdot \frac{1}{3}, \quad a_4 = \frac{10}{\pi} \cdot \frac{1}{4} \cdot \sin 2\pi = 0$$

$$a_5 = \frac{10}{\pi} \cdot \frac{1}{5} \cdot \sin\frac{5\pi}{2} = \frac{10}{\pi} \cdot \frac{1}{5}, \quad a_6 = \frac{10}{\pi} \cdot \frac{1}{6} \cdot \sin 4\pi = 0$$

$$a_7 = \frac{10}{\pi} \cdot \frac{1}{7} \cdot \sin\frac{7\pi}{2} = -\frac{10}{\pi} \cdot \frac{1}{7} \text{ 이다.}$$

즉 짝수항은 "0"이 되고, 홀수항을 대입하면 $f(t)$는 다음과 같다.

$$f(t) = 2.5 + \frac{10}{\pi} \cdot \left\{\frac{1}{1}\cos\omega t - \frac{1}{3}\cos 3\omega t + \frac{1}{5}\cos 5\omega t - \frac{1}{7}\cos 7\omega t + \cdots\right\}$$

[문제4] **답** $f(t) = \frac{20}{\pi}\left[\sin\omega t - \frac{1}{2}\sin 2\omega t + \frac{1}{3}\sin 3\omega t - \frac{1}{4}\sin 4\omega t + \cdots\right]$

풀이 문제의 그림에서 정현대칭 기함수이므로 b_n항만 존재한다.

$\frac{f(t)}{wt} = \frac{10}{\pi}$에서 $f(t) = \frac{10}{\pi}wt$ 이고, $wt = \theta$로 환산하면, $f(t) = \frac{10}{\pi}\theta$이다.

$$\begin{aligned} b_n &= \frac{2}{\pi}\int_0^{\pi} f(t)\sin n\theta \, d(\theta) \\ &= \frac{2}{\pi}\int_0^{\pi} \frac{10}{\pi}\theta \sin n\theta \, d(\theta) = \frac{20}{\pi^2}\int_0^{\pi} \theta \sin n\theta \, d(\theta) \\ &= \frac{20}{\pi^2}\left[-\frac{\theta}{n}\cos n\theta + \frac{1}{n^2}\sin n\theta\right]_0^{\pi} = \frac{20}{\pi^2}\left[-\frac{\pi}{n}\cos n\pi\right. \\ &= \frac{20}{n\pi}[-\cos n\pi] \text{ 이다.} \end{aligned}$$

따라서 $n =$ 홀수의 경우 : $(-\cos n\pi) = 1$ 이 되어 $\dfrac{20}{n\pi}$ 이고,

$n =$ 짝수의 경우: $(-\cos n\pi) = -1$ 이 되어 $-\dfrac{20}{n\pi}$ 이다.

$\therefore \quad f(t) = \dfrac{20}{\pi}\left[\sin\omega t - \dfrac{1}{2}\sin 2\omega t + \dfrac{1}{3}\sin 3\omega t - \dfrac{1}{4}\sin 4\omega t + \cdots\right]$ 이 된다.

[문제5] **답** $f(t) = \dfrac{4A}{\pi}\left(\sin\omega t + \dfrac{1}{3}\sin 3\omega t + \dfrac{1}{5}\sin 5\omega t + \cdots + \dfrac{1}{n}\sin n\omega t\right)$

풀이 그림은 반파대칭성이다.

반파대칭파는 기수고조파 성분만 존재한다.

따라서, Fourier급수의 전개식은 n가 홀수인 a_n, b_n만 존재한다.

따라서

$$\begin{aligned}a_n &= \frac{2}{\pi}\int_0^{\pi} f(t)\cos n\theta d(\theta)\\ &= \frac{2A}{\pi}\int_0^{\pi}\cos n\theta d(\theta)\\ &= \frac{2A}{n\pi}[\sin n\theta]_0^{\pi}\\ &= 0\end{aligned}$$

$$\begin{aligned}b_n &= \frac{2}{\pi}\int_0^{\pi} f(t)\sin n\theta d(\theta) \quad = \frac{2}{\pi}\int_0^{\pi} A\sin n\theta d(\theta)\\ &= \frac{2A}{\pi}\frac{1}{n}[-\cos n\theta]_0^{\pi} = \frac{2A}{n\pi}[1-\cos n\pi]\end{aligned}$$

$n = 1, 3, 5$의 경우 : $\dfrac{4A}{n\pi}$ 이므로 푸리에 전개식은 다음과 같다.

$$f(t) = \frac{4A}{\pi}\left(\sin\omega t + \frac{1}{3}\sin 3\omega t + \frac{1}{5}\sin 5\omega t + \cdots\right)$$

[문제6] **답** $f(t) = a_1\cos wt + a_3\cos 3wt + a_5\cos 5wt + \cdots$

풀이 반파 및 여현 대칭인 비정현파의 경우, 우함수는 a_n항만 존재하고, 반파대칭파는 기수고조파 성분만 존재한다.

따라서, Fourier급수의 전개식은 n가 홀수인 a_n만 존재한다.

[문제7] **답** $P \fallingdotseq 283.5[W]$, $P_a \fallingdotseq 1542[VA]$

풀이 전류 i의 3항은 cos이므로 sin으로 바꾸어 다시 표현하면

$i = 20\sin(wt - 30^\circ) + 15\sin(3wt + 30^\circ) + 10\sin(5wt + 30^\circ)$

① 유효전력

$$\begin{aligned}P &= P_1 + P_3 + P_5\\ &= V_1 I_1\cos\theta_1 + V_3 I_3\cos\theta_3 + V_5 I_5\cos\theta_5 + \cdots\end{aligned}$$

$$= \frac{100}{\sqrt{2}} \cdot \frac{20}{\sqrt{2}} \cos 60^0 - \frac{50}{\sqrt{2}} \cdot \frac{15}{\sqrt{2}} \cos 30^0 + \frac{25}{\sqrt{2}} \cdot \frac{10}{\sqrt{2}} cos\, 30^0$$

$$= \frac{2000}{2} \cdot \frac{1}{2} - \frac{750}{2} \cdot \frac{\sqrt{3}}{2} + \frac{250}{2} \cdot \frac{\sqrt{3}}{2}$$

$$≒ 283.5[W]$$

② 피상전력

$$P_a = V_n I_n$$

$$= \sqrt{(V_1^2 + V_3^2 + V_5^2)\ (I_1^2 + I_3^2 + I_5^2)}$$

$$= \sqrt{(\frac{100}{\sqrt{2}})^2 + (\frac{50}{\sqrt{2}})^2 + (\frac{25}{\sqrt{2}})^2 \times (\frac{20}{\sqrt{2}})^2 + (\frac{15}{\sqrt{2}})^2 + (\frac{10}{\sqrt{2}})^2}$$

$$= \sqrt{\frac{100^2 + 50^2 + 25^2}{2} \times \frac{20^2 + 15^2 + 10^2}{2}}$$

$$= \sqrt{6562.5 \times 362.5}$$

$$≒ 1542[VA]$$

[문제8] **답** $P ≒ 3406.45[W]$

풀이

$$I_1 = \frac{V_1}{Z_1} = \frac{V_1}{\sqrt{R^2 + (wL)^2}} = \frac{200}{\sqrt{8^2 + 6^2}} = 20[A]$$

$$I_3 = \frac{V_3}{Z_3} = \frac{V_3}{\sqrt{R^2 + (3wL)^2}} = \frac{100}{\sqrt{8^2 + 18^2}} = \frac{100}{19.7} ≒ 5.08[A]$$

$$\therefore P = I_1^2 R + I_3^2 R = 20^2 \times 8 + (5.08)^2 \times 8$$

$$≒ 3408\ [W]$$

[문제9] **답** $≒1$

풀이

$$D = \frac{\text{고조파의 실효값}}{\text{기본파의 실효값}} = \frac{\sqrt{I_2^2 + I_3^2 + I_4^2}}{I_1}$$

$$= \frac{\sqrt{(\frac{25}{\sqrt{2}})^2 + (\frac{30}{\sqrt{2}})^2 + (\frac{40}{\sqrt{2}})^2}}{\frac{56}{\sqrt{2}}} ≒ 1$$

[문제10] **답** $≒0.92$

풀이

$$P = V_1 I_1 \cos\theta_1 + V_3 I_3 \cos\theta_3$$

$$= \frac{20}{\sqrt{2}} \times \frac{30}{\sqrt{2}} \times \cos 0^0 + \frac{30}{\sqrt{2}} \times \frac{20}{\sqrt{2}} \times \cos 0^0 = 600[W]$$

$$P_a = VI = \sqrt{\frac{20^2 + 30^2}{2}} \times \sqrt{\frac{30^2 + 20^2}{2}} = 650$$

$$\therefore \cos\theta = \frac{P}{P_a} = \frac{600}{650} ≒ 0.92$$

제 9 장

제 9 장 연습문제 1

[문제1] 답 ㉯

풀이 $Z(s)=\infty$가 되는 경우이며 이때의 회로는 개방상태가 되어 전류가 흐르지 못한다.

[문제2] 답 ㉰

풀이 $p(s)=0$ 이면 영점, $q(s)=0$이면 극점이다.

[문제3] 답 ㉮

풀이 극점은 $z(s)=\infty$가 되는 경우이며 분모항이"0"이다.

따라서 $s^3-2s-4=0$ 이므로 $(s-2)(s^2+2s+2)=0$ 을 인수분해하면

$(s-2)(s+1+j)(s+1-j)=0$

$\therefore s=2,\ -1-j,\ -1+j$

[문제4] 답 ㉱

풀이 $Z(s)$를 부분분수로 전개하여 정리하면

$$Z(s)=\frac{6s^2+1}{s(s^2+1)}=\frac{1}{s}+\frac{5s}{s^2+1}=\frac{1}{s}+\frac{1}{\frac{1}{5}s+\frac{1}{5s}}$$

이되어 ㉱의 그림과 같다.

[문제5] 답 ㉯

풀이 $$Z(s)=\frac{5s+4}{s}=5+\frac{4}{s}=5+\frac{1}{s\cdot\frac{1}{4}}$$

$\therefore R=5[\Omega],\ C=\frac{1}{4}$ [F]이 직렬로 연결된 회로이다.

[문제6] 답 ㉮

풀이 $$Z(s)=\frac{\frac{1}{sC}\times(sL+R)}{\frac{1}{sC}+(sL+R)}=\frac{\frac{2}{s}(2s+1)}{\frac{2}{s}+2s+1}=\frac{2(2s+1)}{2s^2+s+2}[\Omega]$$

[문제7] 답 ㉯

풀이 $$Z(s)=1+\frac{\frac{2(2s+1)}{s}}{(2s+1)+\frac{2}{s}}=1+\frac{4s+2}{2s^2+s+2}=\frac{2s^2+5s+4}{2s^2+s+2}$$

[문제8] 답 ㉮

풀이 LC 직렬회로의 역회로는 $L' C'$의 병렬회로이므로

$$K^2 = \frac{L}{C'} = \frac{L'}{C} = 100^2 = 10^4$$

$$L' = CK^2 = 10 \times 10^{-6} \times 10^4 = 0.1[\text{H}]$$

$$C' = \frac{L}{K^2} = \frac{10^{-3}}{10^4} = 10^{-7} = 0.1[\mu\text{F}]$$

[문제9] 답 ㉱

풀이 $R = \sqrt{\frac{L}{C}} = \sqrt{\frac{2 \times 10^{-3}}{10 \times 10^{-6}}} \fallingdotseq 14.14[\Omega]$

[문제10] 답 ㉮

풀이 $R = \sqrt{\frac{L}{C}}$ 에서 $L = CR^2 = 100 \times 10^{-6} \times 10^2 = 0.01[\text{H}]$

제 9 장 연습문제 2

[문제1] 답 영점: -1, 극점 : -1, -2

풀이 ① 영점은 $Z(s) = 0$, 즉 분자항=0 이므로 $s + 1 = 0$

$\therefore s = -1$

② 극점은 $Z(s) = \infty$, 즉 분모항=0 이므로 $s^2 + 3s + 2 = 0$을 인수분해하면

$(s+1)(s+2) = 0 \qquad \therefore s = -1, -2$

[문제2] 답 $Z(s) = \dfrac{L \cdot \left(s^2 + \frac{R}{L}s + \frac{1}{LC}\right)}{s}$

풀이 $Z(s) = R + sL + \dfrac{1}{sC} = \dfrac{s^2LC + sRC + 1}{sC} = \dfrac{L \cdot \left(s^2 + \frac{R}{L}s + \frac{1}{LC}\right)}{s}$

[문제3] 답 아래그림 참조

풀이 $Z(s) = \dfrac{8s+7}{s} = 8 + \dfrac{7}{s} = 8 + \dfrac{1}{\frac{1}{7}s} = R + \dfrac{1}{sC}$ 이므로

$R = 8[\Omega]$, $C = \frac{1}{7}[\text{F}]$이 아래 그림과 같이 직렬로 연결된 회로이다.

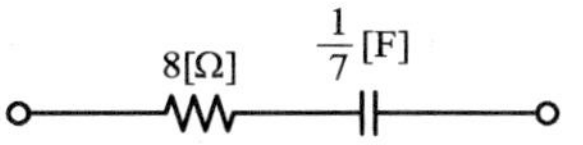

[문제4] 답 $C = \frac{1}{4}$[F]와 $L = \frac{4}{9}$[H]이 병렬로 연결 된 회로이다.

풀이 $Z(s) = \frac{4s}{s^2+9}$ 에서 분자, 분모를 $4s$로 나누면

$$Z(s) = \frac{1}{\frac{s^2}{4s}+\frac{9}{4s}}$$ 에서

$\frac{9}{4s}$의 분자, 분모를 9로 나누면 $\frac{1}{\frac{s}{4}+\frac{1}{\frac{4}{9}s}}$가 되어 L-C 병렬회로로 구성되고

$C = \frac{1}{4}$[F], $L = \frac{4}{9}$[H]이다.

[문제5] 답 $Z(s) = 3 + \frac{s}{s^2+2}$

풀이 문제의 회로에서

$$Z(s) = R + \frac{\frac{1}{sC} \times sL}{\frac{1}{sC} + sL} = 3 + \frac{\frac{1}{s} \times \frac{s}{2}}{\frac{1}{s} + \frac{s}{2}} = 3 + \frac{\frac{1}{2}}{\frac{2+s^2}{2s}} = 3 + \frac{s}{s^2+2}$$

[문제6] 답 $Z(s) = \frac{20s^2+52s+10}{4s^2+10s+1}$

풀이 문제의 회로에서

$$Z(s) = R + \frac{\frac{1}{sC} \times (sL+R)}{\frac{1}{sC} + (sL+R)} = 5 + \frac{\frac{2s+5}{2s}}{(2s+5)+\frac{1}{2s}} = 5 + \frac{\frac{2s+5}{2s}}{\frac{(2s+5)2s+1}{2s}}$$

$$= 5 + \frac{2s+5}{4s^2+10s+1} = \frac{5(4s^2+10s+1)+2s+5}{4s^2+10s+1}$$

$$= \frac{20s^2+52s+10}{4s^2+10s+1}$$

[문제7] 답 $I = 4$[A]

풀이 직류이므로 $S = 0$

$$\therefore \frac{V}{Z(s)} = \frac{100}{25} = 4\text{[A]}$$

[문제8] 답 아래회로 참조

풀이 역회로는 쌍대회로와 같이 $R \leftrightarrow G$, $L \leftrightarrow C$, $C \leftrightarrow L$, 직렬 $\leftrightarrow$ 병렬로 변환된다.
이러한 관계를 이용하면 문제의 역회로는 아래 그림과 같다.

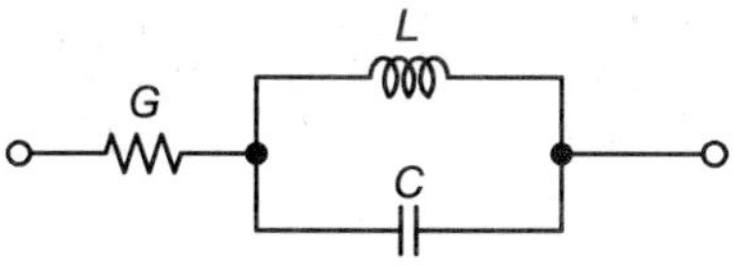

[문제9] 답 0.1[mH]

풀이 문제의 그림(b)의 1[μF]은 그림 (a)의 1[mH]의 역회로이므로

$$\frac{L}{C} = K^2 \text{ 에서 } K^2 = \frac{1 \times 10^{-3}}{1 \times 10^{-6}} = 10^3$$

$$\therefore L = K^2 C = 10^3 \times 10^{-6}$$
$$= 10^{-3} \text{ [H]}$$
$$= 1 \text{ [mH]}$$

[문제10] 답 $\omega L = 0.8[\Omega]$

풀이 문제의 회로의 임피던스

$$Z = j\omega L + \frac{-j8}{2-j4} = j\omega L + \frac{-j8(2+j4)}{(2-j4)(2+j4)} = j\omega L + \frac{32-j16}{2^2+4^2}$$
$$= j\omega L + \frac{32-j16}{20} = 1.6 + j(\omega L - 0.8)$$

정저항 회로가 되려면 허수부가 "0"이 되어야 하므로

$\omega L - 0.8 = 0$

$\therefore \ \omega L = 0.8[\Omega]$

제 10 장

제 10 장 연습문제 1

[문제1] 답 ㉣

풀이 그림 [10-5]에서 $Z_{11} = Z_1 + Z_3$ 이다.

[문제2] 답 ㉢

풀이 그림 [10-9]에서 $Y_{22} = Y_b + Y_c$ 이다.

[문제3] 답 ㉡

풀이 $\begin{bmatrix} A & B \\ C & D \end{bmatrix} = AD - BC = 1$ 이다.

[문제4] 답 ㉢

풀이 문제의 회로를 행렬식으로 표현하면 다음과 같다.

$$\begin{bmatrix} A & B \\ C & D \end{bmatrix} = \begin{bmatrix} 1 & 4 \\ 0 & 1 \end{bmatrix}\begin{bmatrix} 1 & 0 \\ \frac{1}{4} & 1 \end{bmatrix}\begin{bmatrix} 1 & 4 \\ 0 & 1 \end{bmatrix} = \begin{bmatrix} 2 & 4 \\ \frac{1}{4} & 1 \end{bmatrix}\begin{bmatrix} 1 & 4 \\ 0 & 1 \end{bmatrix} = \begin{bmatrix} 2 & 12 \\ \frac{1}{4} & 2 \end{bmatrix}$$ 이므로

$C = \frac{1}{4}$ 이다. (or p.346 표 10-1의 5칸 항 참조)

[문제5] 답 ㉮

풀이 문제의 이상변압기의 조건은

$\frac{V_1}{V_2} = \frac{I_2}{I_1} = \frac{n_1}{n_2} = a,\ \frac{I_1}{I_2} = \frac{n_2}{n_1} = \frac{1}{a}$ 이므로

변압기의 전송파라미터를 행렬식으로 표현하면 다음과 같다.

$$\begin{bmatrix} A & B \\ C & D \end{bmatrix} = \begin{bmatrix} a & 0 \\ 0 & \frac{1}{a} \end{bmatrix} = \begin{bmatrix} \frac{n_1}{n_2} & 0 \\ 0 & \frac{n_2}{n_1} \end{bmatrix}$$ (or p.340 예제 10-6 참조)

[문제6] 답 ㉢

풀이 $\frac{Z_{01}}{Z_{02}} = \frac{A}{D}$ 이므로 $A = D$이다.

[문제7] 답 ㉣

풀이 ①문제의 회로는 대칭 4 단자망이므로 $A = D$가 되어야 한다.

$$\therefore \quad Z_{01} = Z_{02} = Z_0 = \sqrt{\frac{B}{C}}$$

$$\begin{bmatrix} A & B \\ C & D \end{bmatrix} = \begin{bmatrix} 1 & 300 \\ 0 & 1 \end{bmatrix} \begin{bmatrix} 1 & 0 \\ \frac{1}{450} & 1 \end{bmatrix} \begin{bmatrix} 1 & 300 \\ 0 & 1 \end{bmatrix} = \begin{bmatrix} 1+\frac{300}{450} & 300 \\ \frac{1}{450} & 1 \end{bmatrix} \begin{bmatrix} 1 & 300 \\ 0 & 1 \end{bmatrix}$$

$$= \begin{bmatrix} 1+\frac{300}{450} & 300(1+\frac{300}{450})+300 \\ \frac{1}{450} & \frac{300}{450}+1 \end{bmatrix}$$

$$\therefore C = \frac{1}{450},\ B = \frac{300 \times 450 + 300 \times 300 + 300 \times 450}{450}$$

$$\therefore \quad Z_{01} = Z_{02} = Z_0 = \sqrt{\frac{B}{C}} = \sqrt{\frac{\frac{300 \times 450 + 300 \times 300 + 300 \times 450}{450}}{\frac{1}{450}}}$$

$$= 600$$

② 별해

p.346 표 10-1의 5칸 항을 참고로 하면

$A = 1 + \frac{300}{450}$, $B = \frac{300 \times 450 + 450 \times 300 + 300 \times 300}{450}$,

$C = \frac{1}{450}$, $D = 1 + \frac{300}{450}$ 으로 계산하면 쉽게 문제를 해결할 수 있다.

[문제8] 답 ㉯

풀이 $\cosh\theta = \sqrt{AD}$, $\sinh\theta = \sqrt{BC}$, $\tanh\theta = \sqrt{\frac{BC}{AD}}$ 이다.

[문제9] 답 ㉰

풀이 $C = \frac{1}{\sqrt{Z_{01} Z_{02}}} \sin h\theta$ 이다. (p.354 식 10-62 참조)

[문제10] 답 ㉱

풀이 정 K형 필터가 되려면 임피던스 Z_1과 Z_2가 역회로의 관계에 있어야한다.

즉 $Z_1 Z_2 = K^2$ 가 되어야 한다.

제 10 장 연습문제 2

[문제1] 답 $V_1 = 36[V]$, $V_2 = 24[V]$

풀이 $\begin{bmatrix} V_1 \\ V_2 \end{bmatrix} = \begin{bmatrix} Z_{11} & Z_{12} \\ Z_{21} & Z_{22} \end{bmatrix} \begin{bmatrix} I_1 \\ I_2 \end{bmatrix} = \begin{bmatrix} 8 & 4 \\ 4 & 8 \end{bmatrix} \begin{bmatrix} 4 \\ 1 \end{bmatrix} = \begin{bmatrix} 36 \\ 24 \end{bmatrix}$

[문제2] 답 $Z_{11} = 10[\Omega],\ Z_{12} = Z_{21} = 4[\Omega], Z_{22} = 6[\Omega]$

풀이 방법(1)

$Z_1 = 6[\Omega],\ Z_2 = 4[\Omega],\ Z_3 = 2[\Omega]$이라면 예제[10-1]의 ①②③④혹은 그림[10-5]로부터

$Z_{11} = Z_1 + Z_2 = 6 + 4 = 10[\Omega]$

$Z_{12} = Z_{21} = Z_2 = 4[\Omega]$

$Z_{22} = Z_2 + Z_3 = 4 + 2 = 6[\Omega]$

방법(2)

① 출력단자를 개방하면 Z_1과 Z_2가 직렬이 되므로

$Z_{11} = \frac{V_1}{I_1}|_{I_2=0} = Z_1 + Z_2 = 10[\Omega]$ 이고,

$V_2 = Z_2\, I_1$ 이므로

$Z_{21} = \frac{V_2}{I_1}|_{I_2=0} = Z_2 = 4[\Omega]$

② 입력단자를 개방하면 Z_2과 Z_3가 직렬이 되므로

$Z_{22} = \frac{V_2}{I_2}|_{I_1=0} = Z_2 + Z_3 = 6[\Omega]$ 이고,

$V_1 = Z_2\, I_2$ 이므로

$Z_{12} = \frac{V_1}{I_2}|_{I_1=0} = Z_2 = 4[\Omega]$ 이다.

[문제3] 답 $I_1 = 4[A],\ I_2 = 1[A]$

풀이

$$\begin{bmatrix} I_1 \\ I_2 \end{bmatrix} = \begin{bmatrix} Y_{11} & Y_{12} \\ Y_{21} & y_{22} \end{bmatrix}\begin{bmatrix} V_1 \\ V_2 \end{bmatrix} = \begin{bmatrix} \frac{1}{6} & -\frac{1}{12} \\ -\frac{1}{12} & \frac{1}{6} \end{bmatrix}\begin{bmatrix} 36 \\ 24 \end{bmatrix} = \begin{bmatrix} 4 \\ 1 \end{bmatrix}$$

[문제4] 답 $Z_1 = \frac{A-1}{C}$

풀이

$$\begin{bmatrix} A & B \\ C & D \end{bmatrix} = \begin{bmatrix} 1+\frac{Z_1}{Z_3} & Z_1 \\ \frac{1}{Z_3} & 1 \end{bmatrix}\begin{bmatrix} 1 & Z_2 \\ 0 & 1 \end{bmatrix} = \begin{bmatrix} 1+\frac{Z_1}{Z_3} & \frac{Z_1Z_3 + Z_2Z_3 + Z_2Z_1}{Z_3} \\ \frac{1}{Z_3} & 1+\frac{Z_2}{Z_3} \end{bmatrix}$$ 에서

(p.346 표 10-1 5칸 항 참조)

$A = 1 + \frac{Z_1}{Z_3},\ C = \frac{1}{Z_3}$ 이므로 $Z_1 = (A-1)Z_3 = \frac{A-1}{C}$ 이다.

[문제5] **답** $A = 1 + \dfrac{Z_3}{Z_2}$

풀이 문제의 회로에서

$$A = \frac{V_1}{V_2}\Big|_{I_2=0} = \frac{V_1}{I_1 Z_2} = \frac{V_1}{\dfrac{Z_2}{Z_2+Z_3}\cdot V_1} = \frac{Z_2+Z_3}{Z_2} = 1 + \frac{Z_3}{Z_2}$$

(or p.346 표 10-1 6칸 항 참조)

[문제6] **답** $Z_{02} = \sqrt{\dfrac{BD}{AC}} = \sqrt{\dfrac{Z_1 Z_2}{1+\dfrac{Z_1}{4Z_2}}}$ [Ω]

풀이 문제의 회로에서 4단자 정수를 구하면

$$\begin{bmatrix} A & B \\ C & D \end{bmatrix} = \begin{bmatrix} 1 & \dfrac{Z_1}{2} \\ 0 & 1 \end{bmatrix}\begin{bmatrix} 1 & 0 \\ \dfrac{1}{2Z_2} & 1 \end{bmatrix} = \begin{bmatrix} 1+\dfrac{Z_1}{4Z_2} & \dfrac{Z_1}{2} \\ \dfrac{1}{2Z_2} & 1 \end{bmatrix}$$ 이다. (p.346 표 10-1 3항 참조)

$$\therefore\ Z_{02} = \sqrt{\frac{BD}{AC}} = \sqrt{\frac{\dfrac{Z_1}{2}}{\left(1+\dfrac{Z_1}{4Z_2}\right)\cdot\dfrac{1}{2Z_2}}} = \sqrt{\frac{Z_1 Z_2}{1+\dfrac{Z_1}{4Z_2}}}\ [\Omega]$$

[문제7] **답** $Z_{01} = 2\sqrt{6}\,[\Omega],\ Z_{02} = \sqrt{\dfrac{8}{3}}\,[\Omega]$

풀이 문제의 회로는 p.346 표 10-1 3항을 참고하면

$$A = 1 + \frac{4}{2} = 3,\ B = 4,\ C = \frac{1}{2},\ D = 1$$

$$\therefore\ Z_{01} = \sqrt{\frac{AB}{CD}} = \sqrt{\frac{12}{\dfrac{1}{2}}} = \sqrt{24} = 2\sqrt{6}\ [\Omega]$$

$$Z_{02} = \sqrt{\frac{BD}{AC}} = \sqrt{\frac{4}{\dfrac{3}{2}}} = \sqrt{\frac{8}{3}}\ [\Omega]$$

[문제8] **답** 아래회로 참조

풀이 ① 문제의 회로에서 4단자 정수를 구하면

$$\begin{bmatrix} A & B \\ C & D \end{bmatrix} = \begin{bmatrix} 1 & j600 \\ 0 & 1 \end{bmatrix}\begin{bmatrix} 1 & 0 \\ \dfrac{1}{-j300} & 1 \end{bmatrix}\begin{bmatrix} 1 & j600 \\ 0 & 1 \end{bmatrix} = \begin{bmatrix} -1 & j600 \\ \dfrac{j}{300} & 1 \end{bmatrix}\begin{bmatrix} 1 & j600 \\ 0 & 1 \end{bmatrix} = \begin{bmatrix} -1 & 0 \\ \dfrac{j}{300} & -1 \end{bmatrix}$$

이다.

$$\therefore \theta = \cosh^{-1}\sqrt{AD} = \cosh^{-1}1 = 0$$

② 별해

p.346. 표 10-1의 5번째 항을 이용하면

$$A = 1 + \frac{j600}{-j300} = -1,$$

$$B = \frac{j600 \times (-j300) + (-j300) \times j600 + j600 \times j600}{-j300} = 0$$

$$C = \frac{1}{-j300} = \frac{j}{300}, \qquad D = 1 + \frac{j600}{-j300} = -1$$

$$\therefore \theta = \cosh^{-1}\sqrt{AD} = \cosh^{-1} = 0$$

[문제9] 답 $Z_{01} = \sqrt{\frac{44}{5}}, \quad Z_{02} = \sqrt{\frac{55}{4}}$

풀이

$$A = 1 + \frac{Z_1}{Z_3} = 1 + \frac{1}{3} = \frac{4}{3}$$

$$B = \frac{Z_1 Z_2 + Z_2 Z_3 + Z_3 Z_1}{Z_3}$$

$$= \frac{2+6+3}{3} = \frac{11}{3}$$

$$C = \frac{1}{Z_3} = \frac{1}{3}$$

$$D = 1 + \frac{Z_2}{Z_3} = 1 + \frac{2}{3} = \frac{5}{3}$$

$$Z_{01} = \sqrt{\frac{AB}{CD}} = \sqrt{\frac{\frac{4}{3} \times \frac{11}{3}}{\frac{1}{3} \times \frac{5}{3}}} = \sqrt{\frac{44}{5}}$$

$$Z_{02} = \sqrt{\frac{BD}{AC}} = \sqrt{\frac{\frac{11}{3} \times \frac{5}{3}}{\frac{4}{3} \times \frac{1}{3}}} = \sqrt{\frac{55}{4}}$$

[문제10] 답 $C \fallingdotseq 0.01[\mu F] \quad L = 1[mH]$

풀이

$$C = \frac{1}{\pi f_c k} = \frac{1}{3.14 \times 100 \times 10^3 \times 314} \fallingdotseq 0.01[\mu F],$$

$$L = \frac{K}{\pi f_c} = \frac{314}{3.14 \times 100 \times 10^3} = 1[mH]$$

제 11 장

제 11 장 연습문제 1

[문제1] 답 ㉰

풀이 $R-L$ 직렬회로에서 스위치를 닫을 때의 흐르는 전류는 식(11-7)에 의해

$i(t)=\dfrac{E}{R}(1-e^{-\frac{R}{L}t})$ 이다.

[문제2] 답 ㉱

풀이 $R-L$ 직렬회로의 시정수 $\tau=\dfrac{L}{R}[s]$이므로

$\tau=\dfrac{L}{R}=\dfrac{10\times10^{-3}}{20}=5\times10^{-4}[s]$이다.

[문제3] 답 ㉮

풀이 특성근은 항상(−)값을 갖는다. 즉 $-\dfrac{R_1+R_2}{L}$이다.

정성전류 $I=\dfrac{E}{R_1+R_2}$[A]이다.

전류값 $i(t)=\dfrac{E}{R_1+R_2}(1-e^{-\frac{R_1+R_2}{L}t})$이다.

[문제4] 답 ㉯

풀이 문제의 회로에서 방전 시의 전류이므로 식 (11-18)에 의해

$i(t)=\dfrac{E}{R}\cdot e^{-\frac{R}{L}t}=\dfrac{70}{10}e^{-\frac{10}{2}t}=7e^{-5t}$

[문제5] 답 ㉮

풀이 $R-C$ 직렬회로에서 충전 시 전류 $i(t)=\dfrac{E}{R}e^{-\frac{1}{RC}t}$이므로

$v_R=i(t)R=Ee^{-\frac{1}{RC}t}$이다.

[문제6] 답 ㉯

풀이 시정수 $\tau=RC=1000\times4\times10^{-6}=4$ [ms]

[문제7] 답 ㉰

풀이 문제의 $R-C$ 직렬회로에서 방전 시 전류

$$i(t) = -\frac{E}{R} e^{-\frac{1}{RC}t} = -\frac{Q}{RC} e^{-\frac{1}{RC}t}$$ 이고,

초기 전하 $Q = CV_C$ 이므로

$$= -\frac{CV_C}{RC} e^{-\frac{1}{RC}t} = -\frac{V_C}{R} e^{-\frac{1}{RC}t}$$ 이다.

[문제8] **답** ㉰

풀이 $R-C$ 직렬회로에서 충전시의 전하 $q(t) = CE(1-e^{-\frac{1}{RC}t})$ 이고,

$v_C(t) = \frac{q(t)}{C}$ 이므로

$$= E(1-e^{-\frac{1}{RC}t})$$
$$= 100(1-e^{-\frac{1}{5000 \times 20 \times 10^{-6}}t})$$
$$= 100(1-e^{-10t})[\mathrm{V}]$$

[문제9] **답** ㉯

풀이 문제의 $R-L-C$ 직렬회로에서 진동조건은

$(\frac{R}{2L})^2 - \frac{1}{LC} < 0$ 이거나 또는 $R^2 < \frac{4L}{C}$ 의 조건이므로

$R < 2\sqrt{\frac{L}{C}}$ 이다.

[문제10] **답** ㉮

풀이 문제의 $R-L-C$ 직렬회로에서 $R^2 = 10^4$ 이고,

$\frac{4L}{C} = \frac{4 \times 5 \times 10^{-3}}{2 \times 10^{-6}} = 10^4$ 에서

$R^2 = 4\frac{L}{C}$ 의 조건이 성립하므로 임계적이다.

제 11 장 연습문제 2

[문제1] **답** $e_L = E \cdot e^{-\frac{R}{L}t}[\mathrm{V}]$, $\tau = 1[\mathrm{ms}]$

풀이 ① $e_L = L \cdot \frac{di(t)}{dt} = L \cdot \frac{d}{dt}\frac{E}{R} \cdot (1-e^{-\frac{R}{L}t})$

$$= -L \cdot \frac{E}{R} \cdot (-\frac{R}{L}) \cdot e^{-\frac{R}{L}t} = E \cdot e^{-\frac{R}{L}t}$$

② $\tau = \frac{L}{R} = \frac{50}{50 \times 10^3} = 1[\mathrm{ms}]$

[문제2] **답** $L \fallingdotseq 26[H]$

풀이 $i(t) = \frac{E}{R} \cdot (1-e^{-\frac{R}{L}t})$에서 주어진 값을 각 각 대입하면

$$0.01 = \frac{24}{1200}(1-e^{-\frac{1200}{L}\times 0.015})$$

$$0.01 = 0.02 - 0.02 \times e^{-\frac{18}{L}}$$

$$-0.01 = -0.02 \times e^{-\frac{18}{L}}$$

$$\frac{1}{2} = e^{-\frac{18}{L}} \rightarrow \ln\frac{1}{2} = -\frac{18}{L} \rightarrow -0.693 = -\frac{18}{L}$$

$$\therefore L = \frac{18}{0.693} = 25.97 \fallingdotseq 26[H]$$

[문제3] **답** $v_L(t) = -\frac{RE}{R+r} \cdot e^{-\frac{R}{L}t}$

풀이 S를 닫았을 때는 방전 시 이므로 식 (11-15)에 의해

$i(t) = Ke^{-\frac{R}{L}t}$ ⋯ ①에서,

초기 값 $t=0$ 일 때, $i(0_+) = \frac{E}{R+r}$ 이므로 이를 ①식에 대입하면 $K = \frac{E}{R+r}$ 이다.

$\therefore\ i(t) = \frac{E}{R+r} \cdot e^{-\frac{R}{L}t}$가 된다.

따라서 $v_L(t) = L \cdot \frac{di(t)}{dt} = L \cdot \frac{d}{dt}\frac{E}{R+r} \cdot e^{-\frac{R}{L}t}$

$$= L \cdot \frac{E}{R+r} \cdot \frac{d}{dt}e^{-\frac{R}{L}t}$$

$$= L \cdot \frac{E}{R+r} \cdot (-\frac{R}{L}) \cdot e^{-\frac{R}{L}t}$$

$$= -\frac{RE}{R+r} \cdot e^{-\frac{R}{L}t}$$

[문제4] **답** $e_2(t) = \frac{M}{L}E$ [V]

풀이 1차측회로의 전류 $i(t) = \frac{E}{R}(1-e^{-\frac{R}{L}t})$이고,

2차측에 유도되는 전압

$e_2(t) = M\frac{di(t)}{dt} = M \cdot \frac{d}{dt}\frac{E}{R}(1-e^{-\frac{R}{L}t})$

$$= M \cdot \frac{E}{R} \cdot \frac{d}{dt}(1-e^{-\frac{R}{L}t})$$

$$= -M \cdot \frac{E}{R} \cdot -(\frac{R}{L}) \cdot e^{-\frac{R}{L}t}$$

$$= \frac{M}{L} \cdot E \cdot e^{-\frac{R}{L}t}$$

따라서 $e_2(t)$의 최대값은 $\frac{M}{L}E$ [V]이다.

[문제5] 답 $i(t) = 2 + 3e^{-5t}$

풀이 문제의 회로에서 $R_1 = 4[\Omega]$, $R_2 = 6[\Omega]$, $V = 20$[V] 라하고, S를 열 때 전압방정식은 아래의 식과 같고, 이 식의 양변을 L로 나누면 ①과 같다.

$$L \cdot \frac{di(t)}{dt} + (R_1 + R_2) \cdot i(t) = V$$

$$\frac{di(t)}{dt} + \frac{(R_1 + R_2)}{L} \cdot i(t) = \frac{V}{L} \cdots ①$$ 주어진 값을 대입하면

$$\frac{di(t)}{dt} + \frac{10}{2} \cdot i(t) = \frac{20}{2} \rightarrow \frac{di(t)}{dt} + 5 \cdot i(t) = 10$$ 이므로

$P = 5$, $Q = 10$이다.

이를 적분인자법으로 해를 구하면

$$i(t) = e^{-Pt} \cdot [\int Q \cdot e^{Pt}dt + K]$$

$$= e^{-5t} \cdot [\int 10 \cdot e^{5t}dt + K]$$

$$= e^{-5t} \cdot \frac{10}{5} \cdot e^{5t} + K \cdot e^{-5t}$$

$$= 2 + K \cdot e^{-5t} \cdots ②$$ 이다.

K을 구하기 위해 초기조건 $t = 0$ 일 때, $i(0_+) = 5$을 ②식에 적용하면

$5 = 2 + K$ 따라서 $K = 3$이다.

$\therefore\ i(t) = 2 + 3 \cdot e^{-5t}$ 이다.

[문제6] 답 $i(t) = 2e^{-t}$

풀이 $R-C$ 직렬회로의 충전 시 전류는 식 (11-27)에 의해 다음과 같다.

$$i(t) = \frac{E}{R} \cdot e^{-\frac{1}{RC}t} = \frac{10}{5} \cdot e^{-\frac{1}{5 \times \frac{1}{5}}t} = 2e^{-t}$$

[문제7] 답 $v_c(t) = 173$[V]

풀이 $R-C$ 직렬회로의 충전 시 전하는 식 (11-26)에 의해 다음과 같다.

$q(t) = CE(1 - e^{-\frac{1}{RC}t})$ 또한 콘덴서 충전된 전압 $v_c(t) = \frac{q(t)}{C}$ 이므로

$$v_c(t) = \frac{q(t)}{C} = E(1 - e^{-\frac{1}{RC}t}) = 200(1 - e^{-\frac{1}{20 \times 500 \times 10^{-6}} \times 0.02})$$

$$=200(1-e^{-2})=200(1-0.135)=200\times 0.865=173[V]$$이다.

[문제8] 답 $i(t)=\frac{V}{2R}\cdot e^{-\frac{1}{RC}t}$

풀이 문제의 $R-C$ 직렬회로에서

초기값이 있으므로 충전 시 전하는 식 (11-23)에 의해 다음과 같다.

$$q(t)=CV+K\cdot e^{-\frac{1}{RC}t}$$

K를 구하기 위해 초기조건 $t=0$일 때,

$q(0_+)=\frac{CV}{2}$의 조건을 상기 식에 대입하면 $\frac{CV}{2}=CV+K$, $K=-\frac{CV}{2}$이다.

$$\therefore\ q(t)=CV-\frac{CV}{2}\cdot e^{-\frac{1}{RC}t}$$

따라서 $i(t)=\frac{dq(t)}{dt}=\frac{d}{dt}(CV-\frac{CV}{2}e^{-\frac{1}{RC}t})$

$$=-\frac{CV}{2}\cdot(-\frac{1}{RC})\cdot e^{-\frac{1}{RC}t}$$

$$=\frac{V}{2R}\cdot e^{-\frac{1}{RC}t}$$이다.

[문제9] 답 $P=\frac{Q^2}{RC^2}\cdot e^{-\frac{2}{RC}t}$

풀이 $R-C$ 직렬회로의 충전 시 전류는 식 (11-27)에 의해 다음과 같고,

$i(t)=\frac{E}{R}\cdot e^{-\frac{1}{RC}t}$, $Q=CE$ 이므로

$$=\frac{Q}{RC}\cdot e^{-\frac{1}{RC}t}$$이다.

$\therefore P=i(t)^2\cdot R=\frac{Q^2}{R^2C^2}\cdot e^{-\frac{2}{RC}t}\cdot R=\frac{Q^2}{RC^2}\cdot e^{-\frac{2}{RC}t}$ 이다.

[문제10] 답 아래해석 참조

풀이 ① 임계적의 경우 : $(\frac{R}{2L})^2-\frac{1}{LC}=0$ 이거나, 또는 $R^2=\frac{4L}{C}$의 조건일 때,

② 비진동적의 경우 : $(\frac{R}{2L})^2-\frac{1}{LC}>0$ 이거나, 또는 $R^2>\frac{4L}{C}$의 조건일 때,

③ 진동적의 경우 : $(\frac{R}{2L})^2-\frac{1}{LC}<0$ 이거나 또는 $R^2<\frac{4L}{C}$의 조건일 때,

제 12 장

제 12 장 연습문제 1

[문제1] 답 ㉰

풀이 어떤 임의의 시간함수 $f(t)$에 복소 지수함수 e^{-st}를 곱한 $f(t)e^{-st}$를 시간 t에 대하여 "0"에서 "∞"까지 적분하면

$f(t)$는 라플라스 연산자 s를 갖는 주파수함수$F(s)$로 변환된다.

즉, $f(t)$의 라프라스 변환은 다음 식으로 표현된다.

$$F(s) = \mathcal{L}[f(t)] = \int_0^{\infty} f(t)\,e^{-st}\,dt$$

[문제2] 답 ㉱

풀이 $\mathcal{L}[at^n] = \dfrac{a \cdot n!}{s^{n+1}}$ 에서

$$= \frac{3\times 2\times 1}{s^{2+1}} = \frac{6}{s^3}$$

[문제3] 답 ㉰

풀이 p.404의 표 12-1에 ⑧, ⑨항의 공식에 의해

①$\mathcal{L}[\cos wt] = \dfrac{s}{s^2+w^2}$, ②$\mathcal{L}[\sin at] = \dfrac{a}{s^2+a^2}$ 이다.

[문제4] 답 ㉮

풀이 쌍곡선 함수인 $\cos h\,wt = \dfrac{1}{2}(e^{wt}+e^{-wt})$의 라플라스 변환은 다음과 같다.

$$\mathcal{L}[\cos h\,wt] = \frac{1}{2}\left(\frac{1}{s-w}+\frac{1}{s+w}\right) = \frac{1}{2}\left(\frac{2s}{s^2-w^2}\right) = \frac{s}{s^2-w^2}$$

[문제5] 답 ㉯

풀이 라플라스 변환의 선형성의 정리에 의해서 다음과 같다.

$$F(s) = \mathcal{L}[f(t)] = \mathcal{L}[\sin t] + \mathcal{L}[2\cos t]$$

$$= \frac{1}{s^2+1} + \frac{2s}{s^2+1} = \frac{2s+1}{s^2+1}$$

[문제6] 답 ㉮

풀이 $\frac{dx}{dt}+3x=5$의 라플라스 변환하면

$$sX(s)+3X(s)=\frac{5}{s} \quad \therefore X(s)=\frac{5}{s(s+3)}$$

[문제7] 답 ㉮

풀이 $v_i(t)=Ri(t)+L\frac{di(t)}{dt}+\frac{1}{C}\int i(t)\,dt$를 라플라스 변환하면

$$V_i(s)=RI(s)+LsI(s)+\frac{1}{sC}I(s)$$

$$\therefore I(s)=\frac{1}{R+Ls+\frac{1}{sC}}V_i(s)=\frac{sC}{LCs^2+RCs+1}V_i(s)$$

[문제8] 답 ㉱

풀이 $F(s)=\frac{3s+8}{s^2+9}=\frac{3s}{s^2+3^2}+\frac{8}{s^2+3^2}=3(\frac{s}{s^2+3^2})+\frac{8}{3}(\frac{3}{s^2+3^2})$

$$\therefore f(t)=\mathcal{L}^{-1}[F(s)]=3\cos 3t+\frac{8}{3}\sin 3t$$

[문제9] 답 ㉰

풀이 $I(s)=\frac{1}{s^2+2s+2}=\frac{1}{(s+1)^2+1}$

$$\therefore f(t)=\mathcal{L}^{-1}[I(s)]=e^{-t}\sin t$$

[문제10] 답 ㉯

풀이 $F(s)=\frac{2s+3}{s^2+3s+2}=\frac{2s+3}{(s+2)(s+1)}=\frac{k_1}{s+2}+\frac{k_2}{s+1}$

$$k_1=F(s)(s+2)=\frac{(2s+3)}{(s+1)}\Big|_{s=-2}=1$$

$$k_2=F(s)(s+1)=\frac{(2s+3)}{(s+2)}\Big|_{s=-1}=1$$

k_1, k_2를 대입하면

$$F(s)=\frac{1}{s+2}+\frac{1}{s+1}$$

$$\therefore f(t)=\mathcal{L}^{-1}[F(s)]=e^{-t}+e^{-2t}$$

제 12 장 연습문제 2

[문제1] 답 $\mathcal{L}[f(t)] = \frac{1}{s}(e^{-s} - e^{-2s})$

풀이 단위 계단 함수를 사용하면 다음과 같다.

$f(t) = u(t-1) - u(t-2)$

$\mathcal{L}[f(t)] = \mathcal{L}[u(t-1) - u(t-2)] = \frac{1}{s}e^{-s} - \frac{1}{s}e^{-2s} = \frac{1}{s}(e^{-s} - e^{-2s})$

[문제2] 답 $\mathcal{L}[f(t)] = \frac{4}{s} + \frac{1}{s-4} + \frac{4}{s^2}$

풀이 $\mathcal{L}[f(t)] = \mathcal{L}[4 + e^{4t} + 4t] = \frac{4}{s} + \frac{1}{s-4} + \frac{4}{s^2}$

[문제3] 답 $\mathcal{L}[f(t)] = \frac{5s+8}{(s+1)(s+2)}$

풀이 선형정리에 의하여 다음과 같이 된다.

$\mathcal{L}[f(t)] = \mathcal{L}[3e^{-t} + 2e^{-2t}]$

$= \frac{3}{s+1} + \frac{2}{s+2} = \frac{5s+8}{(s+1)(s+2)}$

[문제4] 답 $\mathcal{L}[f(t)] = \frac{6e^{-4s}}{s^4}$

풀이 $\mathcal{L}[t^3] = \frac{3!}{s^4}$ 이므로 이것을 시간 추이 정리로 풀면 다음과 같다.

$\mathcal{L}[(t-4)^3] = e^{-4s} \times \frac{3 \times 2 \times 1}{s^4} = \frac{6e^{-4s}}{s^4}$

[문제5] 답 $Y(s) = \frac{7}{s(s+1)}$

풀이 $\mathcal{L}[\frac{dy(t)}{dt}] = \mathcal{L}[sY(s) - y(0_+)]$에서

$sY(s) - y(0_+) + Y(s) = \frac{7}{s}$

여기서, 초기값 $y(0_+) = 0$ 이므로

$sY(s) + Y(s) = \frac{7}{s}$

$\therefore Y(s) = \frac{7}{s(s+1)}$

[문제6] 답 $F(s)=\dfrac{s^3+2s+4}{s^4(s+2)}$

풀이 $\mathcal{L}[t^2+e^{-2t}]=\dfrac{2}{s^3}+\dfrac{1}{s+2}$ 이므로

$$\mathcal{L}[\int_0^t (t^2+e^{-2t})\,dt]=\frac{1}{s}(\frac{2}{s^3}+\frac{1}{s+2})=\frac{s^3+2s+4}{s^4(s+2)}$$

[문제7] 답 $f(\infty)=\dfrac{2}{3}$

풀이 $\lim\limits_{t\to\infty} f(\infty)=\lim\limits_{s\to 0} s\cdot F(s)=\lim\limits_{s\to 0}\dfrac{10s+2}{(s^2+2s+3)}=\dfrac{2}{3}$

[문제8] 답 $\mathcal{L}^{-1}[F(s)]=\delta(t)+e^{-t}(\cos 2t+2\sin 2t)$

풀이 $F(s)=\left[\dfrac{s^2+3s+10}{s^2+2s+5}\right]=1+\dfrac{s+5}{s^2+2s+5}=1+\dfrac{s+5}{(s+1)^2+2^2}$

$$=1+\frac{s+1}{(s+1)^2+2^2}+2\times\frac{2}{(s+1)^2+2^2}$$

$$\therefore \mathcal{L}^{-1}[F(s)]=\delta(t)+e^{-t}\cos 2t+2e^{-t}\sin 2t$$

$$=\delta(t)+e^{-t}(\cos 2t+2\sin 2t)$$

[문제9] 답 $f(t)=\mathcal{L}^{-1}[F(s)]=1-3e^{-t}+3e^{-2t}$

풀이 문제의 수식을 부분 분수로 전개하면 다음과 같이 되고,

$$F(s)=\frac{s^2+2}{s(s+1)(s+2)}=\frac{K_1}{s}+\frac{K_2}{s+1}+\frac{K_3}{s+2}$$

$$K_1=\frac{s^2+2}{(s+1)(s+2)}|_{s=0}=1$$

$$K_2=\frac{s^2+2}{s(s+2)})|_{s=-1}=-3$$

$$K_3=\frac{s^2+2}{s(s+1)}|_{s=-2}=3$$

이므로

$F(s)=\dfrac{1}{s}-\dfrac{3}{s+1}+\dfrac{3}{s+2}$가 된다.

따라서 시간함수는 위의 식에 대해 라플라스 역 변환하면 다음과 같다.

$$f(t)=\mathcal{L}^{-1}[F(s)]=\mathcal{L}^{-1}[\frac{1}{s}-\frac{3}{s+1}+\frac{3}{s+2}]$$

$$=1-3e^{-t}+3e^{-2t}$$

[문제10] 답 $i(t)=\mathcal{L}^{-1}[I(s)]=30te^{-2t}$

풀이 문제의 양변을 라플라스 변환하고, $I(s)$에 대해 정리하면

$$\frac{30}{s}=sI(s)+4I(s)+\frac{4}{s}I(s)$$

$$\frac{30}{s}=I(s)\left(s+4+\frac{4}{s}\right)$$

$$I(s)=\frac{\frac{30}{s}}{s+4+\frac{4}{s}}=\frac{30}{s^2+4s+4}=\frac{30}{(s+2)^2}$$ 이고

이를 라플라스 역 변환하면 다음과 같다.

$$\therefore i(t)=\mathcal{L}^{-1}[I(s)]=30te^{-2t}$$

찾아보기
Index

[아]

[자]

저자와의
협의에 의해
인지 생략

최신 회로(망)이론

8판 2쇄 2025년 2월 10일

저 자 최수열 / 정명덕
발행인 송광헌
발행처 도서출판 복두(더)
주 소 서울특별시 영등포구 경인로 82길 3-4
센터플러스 807호
(우) 07371
전 화 02-2164-2580
FAX 02-2164-2584
등 록 1993. 11. 22. 제 10-902 호

정가 : 32,000원
ISBN : 979-11-6675-445-6 93560

한국과학기술출판협회 회원사